国家"十二五"规划重点图书

中国地质调查局
青藏高原1:25万区域地质调查成果系列

中华人民共和国
区域地质调查报告

比例尺　1:250 000

斯诺乌山幅　　狮泉河幅
（I44C004001）（I44C004002）

项目名称： 1:25万斯诺乌山幅、狮泉河幅区域地质调查

项目编号： 200213000009

项目负责： 许荣科

图幅负责： 郑有业

报告编写： 许荣科　次　琼　庞振甲　齐建宏　郑有业

　　　　　　肖兰斌　雷裕红　巴桑次仁　泽仁扎西　何来信

编写单位： 西藏自治区地质调查院

单位负责： 苑举斌（院长）

　　　　　　杜光伟（总工程师）

内 容 提 要

西藏1:25万斯诺乌山幅、狮泉河幅区域地质调查报告成果主要有在狮泉河左左—羊尾山一带二叠系中首次采获吴家坪阶牙形石、长兴阶牙形石等化石。图区雅鲁藏布江蛇绿混杂岩带分解为南、北两支,使该带的西延问题得到了初步的解决;在狮泉河蛇绿混杂岩带采获放射虫化石时代J_3—K_1,并发现狮泉河蛇绿混杂岩带与班公湖蛇绿混杂岩带在测区北东叠接。曲松一带前寒武纪变质岩系分解为变质表壳岩和变质深成岩两部分,初步确定表壳岩沉积年龄为1283Ma,其中发现有584Ma的变质深成侵入体。新发现阿依拉山岩体中的榴闪岩包体,为研究测区的变质-变形史提供了新的信息。新发现金属矿化点6处,其中与其他项目合作发现的嘎拉勒Cu-Au矿经进一步工作证实为中型矿床规模。

全书资料翔实,成果突出,可供从事地层古生物、构造、矿产资源勘查的生产、科研人员及高等院校相关专业师生参考使用。

图书在版编目(CIP)数据

中华人民共和国区域地质调查报告·斯诺乌山幅(I44C004001)、狮泉河幅(I44C004002):比例尺 1:250 000/许荣科等著.—武汉:中国地质大学出版社,2014.6

ISBN 978-7-5625-3447-1

Ⅰ.①中…

Ⅱ.①许…

Ⅲ.①区域地质调查-调查报告-中国②区域地质调查-调查报告-西藏

Ⅳ.①P562

中国版本图书馆 CIP 数据核字(2014)第 126607 号

中华人民共和国区域地质调查报告		许荣科 郑有业	
斯诺乌山幅(I44C004001)、狮泉河幅(I44C004002) 比例尺 1:250 000		次 琼	等著
责任编辑:王 荣 刘桂涛		责任校对:戴 莹	
出版发行:中国地质大学出版社(武汉市洪山区鲁磨路388号)		邮政编码:430074	
电 话:(027)67883511	传 真:67883580	E-mail:cbb@cug.edu.cn	
经 销:全国新华书店		http://www.cugp.cug.edu.cn	
开本:880 毫米×1 230 毫米 1/16	字数:792 千字 印张:23 图版:31 附图:2		
版次:2014 年 6 月第 1 版	印次:2014 年 6 月第 1 次印刷		
印刷:武汉市籍缘印刷厂	印数:1—1 500 册		
ISBN 978-7-5625-3447-1		定价:480.00 元	

如有印装质量问题请与印刷厂联系调换

前　言

青藏高原包括西藏自治区、青海省及新疆维吾尔自治区南部、甘肃省南部、四川省西部和云南省西北部，面积达 260 万 km^2，是我国藏民族聚居地区，平均海拔 4500m 以上，被誉为"地球第三极"。青藏高原是全球最年轻、最高的高原，记录着地球演化最新历史，是研究岩石圈形成演化过程和动力学的理想区域，是"打开地球动力学大门的金钥匙"。

青藏高原蕴藏着丰富的矿产资源，是我国重要的资源后备基地。青藏高原是地球表面的一道天然屏障，影响着中国乃至全球的气候变化。青藏高原也是我国主要大江大河和一些重要国际河流的发源地，孕育着中华民族的繁生和发展。开展青藏高原地质调查与研究，对于推动地球科学研究、保障我国资源战略储备、促进边疆经济发展、维护民族团结、巩固国防建设具有非常重要的现实意义和深远的历史意义。

1999 年国家启动了"新一轮国土资源大调查"专项，按照温家宝总理"新一轮国土资源大调查要围绕填补和更新一批基础地质图件"的指示精神，中国地质调查局组织开展了青藏高原空白区 1∶25 万区域地质调查攻坚战，历时 6 年多，投入 3 亿多，调集 25 个来自全国省（自治区）地质调查院、研究所、大专院校等单位组成的精干区域地质调查队伍，每年近千名地质工作者，奋战在世界屋脊，徒步遍及雪域高原，完成了全部空白区 158 万 km^2 共 112 个图幅的区域地质调查工作，实现了我国陆域中比例尺区域地质调查的全面覆盖，在中国地质工作历史上树立了新的丰碑。

青藏高原 1∶25 万 I44C004001（斯诺乌山幅）、I44C004002（狮泉河幅）区域地质调查项目，由西藏自治区地质调查院承担，工作区位于西藏边陲地区狮泉河一带，西与印度接壤。目的是通过对调查区进行全面的区域地质调查，以区域构造调查与研究为先导，合理划分测区的构造单元，对测区不同地质单元、不同的构造-地层单位采用不同的填图方法进行全面的区域地质调查，力争在成矿有利地段取得找矿新发现。最终通过对沉积建造、变质变形、岩浆作用的综合分析，反演区域地质演化史，建立测区构造模式。

I44C004001（斯诺乌山幅）、I44C004002（狮泉河幅）地质调查工作时间为 2002—2004 年，累计完成地质填图面积为 22 151km^2，实测剖面 117.9km，地质路线 4200km，采集各种类样品 4763 件，全面完成了设计工作量。主要成果有：①在狮泉河左左—羊尾山一带二叠系中首次采获吴家坪阶牙形石（*Clarkina liangshanensis*）、长兴阶牙形石（*Clarkina changxingensis*）等化石；②图区雅鲁藏布江蛇绿混杂岩带分解为南、北两支，使该带的西延问题得到了初步的解决；在狮泉河蛇绿混杂岩带采获放射虫化石的时代为 J_3—K_1，并发现狮泉河蛇绿混杂岩带与班公湖蛇绿混杂岩带在测区北东叠接；③曲松一带前寒武纪变质岩系分解为变质表壳岩和变质深成岩两部分，初步确定表壳岩沉积年龄为 1283Ma，其中发现有 584Ma 的变质深成侵入体，新发现阿依拉山岩体中的榴闪岩包体，为研究测区的变质-变形史提供了新的信息；④新发现金属矿化点 6 处，其中与其他项目合作发现的嘎拉勒 Cu-Au 矿经进一步工作证实为中型矿床规模。

2004 年 4 月，中国地质调查局组织专家对项目进行最终成果验收。评审认为，成果报告资料齐全，工作量达到（或超过）设计规定，技术手段、方法、测试样品质量符合有关规范、规定。报告及专题报告章节齐全，内容翔实，文、图、表匹配得当，论述有据，反映了较高的研究程度,达到了任务书和设计要求,提交的地质图图面结构合理、信息量大。经评审委员会认真评议,一致建议项目报告通过评审,斯诺乌山幅、狮泉河幅成果报告被评为良好级。

参加报告编写的主要有郑有业、许荣科、次琼、庞振甲、齐建宏、雷裕红,由郑有业、许荣科编纂定稿,地质报告排版工作由次琼完成。

先后参加野外工作的还有杨树正、肖兰斌、邱庆伦、雷裕红、巴桑次仁、泽仁扎西、王刚、吴赋、何来信、贡布等。在整个项目实施和报告编写过程中,得益于许多单位和领导的大力协助、支持,尤其要感谢的是中国地质调查局、成都地质矿产研究所、西藏自治区地质调查院、西藏自治区地质调查院二分院、拉萨工作总站;感谢项目工作期间,热心为项目提供指导和帮助的于庆文研究员、夏代祥教授级高工、王大可教授级高工、王立全研究员、张克信教授、郭铁鹰教授、梁定益教授、王成源教授、罗建宁研究员、陈智梁研究员、姚冬生教授级高工、王仪昭教授级高工、龚泉胜教授级高工、曹德斌教授级高工、李才教授、周详教授级高工、万永文教授、向树元教授、田立富教授、朱跃声高级工程师等;感谢西藏地质矿产勘查开发局苑举斌副局长(兼地质调查院院长)及西藏地质调查院的领导:刘鸿飞副院长、杜光伟总工程师、蒋光武高工等为项目工作顺利进行所提供的技术支持,感谢二分院领导夏德全、王德康、魏保军总工程师、李国梁主任等的热情关心和悉心指导,同时也对所有曾关心和支持本项目工作的兄弟单位及个人一并诚谢!

为了充分发挥青藏高原1:25万区域地质调查成果的作用,全面向社会提供使用,中国地质调查局组织开展了青藏高原1:25万地质图的公开出版工作,由中国地质调查局成都地质调查中心组织承担图幅调查工作的相关单位共同完成。出版编辑工作得到了国家测绘局孔金辉、翟义青及陈克强、王保良等一批专家的指导和帮助,在此表示诚挚的谢意。

鉴于本次区调成果出版工作时间紧、参加单位较多、项目组织协调任务重以及工作经验和水平所限,成果出版中可能存在不足与疏漏之处,敬请读者批评指正。

"青藏高原1:25万区调成果总结"项目组

2010年9月

目　　录

第一章　绪论 (1)
第一节　目的任务 (1)
第二节　自然地理及交通概况 (1)
第三节　地质调查研究史 (3)
一、前人工作取得的成果 (3)
二、存在的主要问题 (3)
第四节　总体部署及工作量投入 (4)
一、总体工作部署原则 (4)
二、项目实施过程 (4)
三、项目完成情况及质量评述 (5)

第二章　地层及沉积岩 (9)
第一节　中—新元古界 (11)
一、雅鲁藏布江地层区仲巴-札达地层小区 (12)
二、北喜马拉雅地层分区及冈底斯-腾冲地层区 (15)
第二节　石炭系 (15)
一、雅鲁藏布江地层区仲巴-札达地层小区纳兴组(C_1n) (15)
二、冈底斯-腾冲地层区措勤-申扎地层分区拉嘎组(C_2P_1l) (18)
第三节　二叠系 (21)
一、喜马拉雅地层区北喜马拉雅地层分区色龙群($P_{2-3}S$) (21)
二、雅鲁藏布江地层区仲巴-札达地层小区曲嘎组(P_2qg) (22)
三、冈底斯-腾冲地层区措勤-申扎地层分区 (25)
第四节　三叠系 (33)
一、雅鲁藏布江地层区仲巴-札达地层小区 (33)
二、冈底斯-腾冲地层区措勤-申扎地层分区淌那勒组($T_{1-2}t$) (38)
第五节　侏罗系 (42)
一、喜马拉雅地层区北喜马拉雅地层分区才里群(JC) (42)
二、雅鲁藏布江地层区雅鲁藏布江蛇绿混杂岩南带 (45)
三、班戈-八宿地层分区坦嘎小区 (46)
四、班公湖-怒江地层区 (55)
第六节　白垩系 (59)
一、雅鲁藏布江地层区 (59)
二、冈底斯-腾冲地层区措勤-申扎地层分区 (62)
三、班戈-八宿地层分区狮泉河小区 (75)
第七节　古近系 (99)
一、喜马拉雅地层区秋乌组 (99)
二、冈底斯-腾冲地层区措勤-申扎地层分区 (100)
三、班戈-八宿地层分区狮泉河小区 (108)

第八节　新近系 ………………………………………………………………………… (109)
      一、雅鲁藏布江地层区 ……………………………………………………………… (109)
      二、冈底斯-腾冲地层区乌郁群 …………………………………………………… (112)
   第九节　第四系 ………………………………………………………………………… (117)
      一、下更新统香孜组（Qp_1x） …………………………………………………… (117)
      二、中上更新统地层 ………………………………………………………………… (118)
      三、全新世 …………………………………………………………………………… (122)
      四、第三纪以来的沉积和气候变迁 ………………………………………………… (124)

第三章　岩浆岩 ……………………………………………………………………………… (125)
   第一节　蛇绿岩 ………………………………………………………………………… (125)
      一、雅江蛇绿岩带 …………………………………………………………………… (126)
      二、班-怒蛇绿岩带 ………………………………………………………………… (134)
      三、狮泉河蛇绿混杂岩带 …………………………………………………………… (142)
   第二节　中酸性侵入岩 ………………………………………………………………… (173)
      一、冈底斯岩浆带 …………………………………………………………………… (175)
      二、拉轨岗日岩浆带 ………………………………………………………………… (219)
      三、岩浆活动与构造演化关系讨论 ………………………………………………… (229)
   第三节　火山岩 ………………………………………………………………………… (230)
      一、前中生代火山岩 ………………………………………………………………… (231)
      二、早白垩世则弄群火山岩 ………………………………………………………… (238)
      三、早白垩世乌木垄铅波岩组火山岩 ……………………………………………… (272)
      四、古新世林子宗群火山岩 ………………………………………………………… (285)
      五、渐新世—中新世日贡拉组火山岩 ……………………………………………… (294)

第四章　变质岩 ……………………………………………………………………………… (299)
   第一节　区域变质岩 …………………………………………………………………… (299)
      一、区域动力热流变质作用 ………………………………………………………… (299)
      二、俯冲变质作用 …………………………………………………………………… (304)
      三、区域低温动力变质作用 ………………………………………………………… (313)
   第二节　动力变质作用 ………………………………………………………………… (313)
      一、曲松面状动力变质带 …………………………………………………………… (314)
      二、线状动力变质带 ………………………………………………………………… (315)
   第三节　接触变质作用 ………………………………………………………………… (316)
   第四节　变质事件期次 ………………………………………………………………… (316)
      一、变质事件期次划分的依据 ……………………………………………………… (316)
      二、变质事件期次的划分 …………………………………………………………… (317)

第五章　地质构造及构造演化史 …………………………………………………………… (318)
   第一节　构造分区 ……………………………………………………………………… (318)
      一、测区的大地构造分区 …………………………………………………………… (320)
      二、边界断裂特征 …………………………………………………………………… (321)
   第二节　构造单元的建造和构造变形特征 …………………………………………… (323)
      一、印度陆块（Ⅰ） ………………………………………………………………… (323)
      二、雅江结合带（Ⅱ） ……………………………………………………………… (326)

三、冈底斯-拉萨-腾冲陆块(Ⅲ) ·· (329)
　　四、狮泉河晚燕山期结合带(Ⅳ) ·· (334)
　　五、班公湖-怒江早燕山期结合带(Ⅴ) ·· (337)
　第三节　构造层次分析及大地构造相 ·· (339)
　　一、构造层次分析 ·· (339)
　　二、大地构造相的划分 ·· (339)
　第四节　新构造运动 ·· (340)
　　一、高原隆升的沉积、火山岩浆及构造效应 ·· (340)
　　二、青藏高原隆升过程及动力学浅析 ·· (341)
　第五节　地质发展史 ·· (344)
　　一、基底形成阶段 ·· (344)
　　二、特提斯洋演化阶段 ·· (344)
　　三、印度大陆和欧亚大陆的碰撞闭合及陆内造山隆升阶段 ···································· (346)

第六章　结束语 ·· (347)
　　一、取得的主要地质成果 ·· (347)
　　二、存在的不足及今后工作建议 ·· (348)

主要参考文献 ·· (349)
图版说明及图版 ·· (352)
附图　1∶25万斯诺乌山幅(I44C004001)、狮泉河幅(I44C004002)地质图及说明书

第一章 绪 论

第一节 目的任务

I44C004001(斯诺乌山幅)、I44C004002(狮泉河幅)1∶25万区域地质调查是中国地质调查局于2002年4月28日以基[2002]002-22号文向西藏自治区地质调查院下达的国土资源大调查地质调查子项目。

任务书编号:基[2002]002-22

项目名称:西藏1∶25万斯诺乌山幅(I44C004001)、狮泉河幅(I44C004002)区域地质调查

项目编码:200213000009

所属实施项目:青藏高原南部空白区基础地质调查与研究

实施单位:成都地质矿产研究所

工作性质:基础地质调查

工作年限:2002年01月—2004年12月

工作单位:西藏自治区地质调查院

目标与任务:充分收集和研究区内及邻区已有的地质资料和成果,按照《1∶25万区域地质调查技术要求(暂行)》和《青藏高原艰险地区1∶25万区域地质调查要求(暂行)》及其他相关的规范、指南,参照造山带填图的新方法,应用遥感等新技术手段,以区域构造调查与研究为先导,合理划分测区的构造单元,对测区不同地质单元、不同的构造-地层单位采用不同的填图方法进行全面的区域地质调查,力争在成矿有利地段取得找矿新发现。最终通过对沉积建造、变质变形、岩浆作用的综合分析,反演区域地质演化史,建立测区构造模式。

本次调查完成填图面积22 151km^2;本着图幅带专题的原则,选择蛇绿岩带的演化及岩浆作用与中新生代构造演化等重大地质问题进行专题研究,为探讨青藏高原大地构造演化提供基础资料。

本项目的最终成果除提交印刷地质图件、报告及专题报告外,还提交以ARC/INFO图层格式数字化的数据光盘及图幅与图层描述数据、报告文字数据各一套。并于2004年7月提交野外验收成果,2004年12月提交最终验收成果。

第二节 自然地理及交通概况

1∶25万斯诺乌山幅、狮泉河幅位于西藏边陲地区,西与印度接壤。行政区划分属阿里地区,归噶尔县、日土县、革吉县、札达县管辖(图1-1)。两个图幅的地理坐标分别为东经79°30′—81°00′、北纬32°00′—33°00′;东经78°00′—79°30′、北纬32°00′—33°00′。两个图幅的面积分别为15 582.079km^2、6568.895km^2,总面积22 150.938km^2。

测区属山地宽谷湖盆地貌,测区内有两大山系,呈北西-南东向展布。西南角为喜马拉雅山脉,东北角—中部地区为冈底斯山脉。海拔6000m以上的高峰有18座(其中最高峰为巴尔觉,海拔6657m,位于斯诺乌山幅中印国境线处),5500~6000m的高峰有15座。雪线高度约6000m,沿这些山峰长年积

雪,发育典型的山岳冰川,具有各种类型的冰川地貌。北部湖面海拔一般 4240~4530m。总体地势东南、西北高,中部低。阿依拉山脉为印度河和恒河的分水岭,呈北北西向分布,北东属印度河流域,南西属恒河流域。狮泉河是区内最长的一条河流,其次有色尔底曲、如许藏布等。

测区属高原寒带季风干旱气候区。年平均气温为 0.2℃,最低气温达 −34.6℃。7—9 月份为雨季,年降水量约 74mm,蒸发量大,日照时间长,狮泉河地区日照时数为每年 3370 小时。无霜期短,只有两个月。冬春季为大风季节,最大风速可达 27m/s,狂风大作时,行人难以睁眼与呼吸。总之,测区自然条件恶劣,以高寒缺氧、低气压、干旱、雷暴、冰雹、沙暴为特点。

狮泉河镇是阿里地区行署及噶尔县政府驻地所在。全镇约有 2 万人,邮电、通讯、文教、卫生、商贸服务基本齐全。狮泉河镇北距新疆叶城 1033km;前往拉萨有两条路线,北线距拉萨 1700km,南线为 1500km。新藏公路纵贯测区南北,测区西部高原荒漠区,东部属雪山峡谷地区,多数沟谷大小车可通行,但阿依拉山主峰、斯诺乌山及嘎里约一带通行困难,此外在湖滩、沟谷湿润地段和沙化较强地带易发生陷车事故,交通条件总体一般。

测区以畜牧业为主,出产绵羊、山羊及牦牛;种植业方面,仅在少数河滩种植青稞;缺乏林业、工业及食品加工业,经济落后。

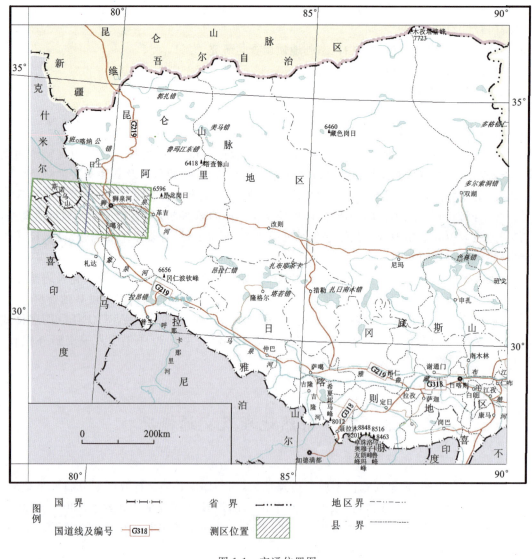

图 1-1 交通位置图

第三节 地质调查研究史

一、前人工作取得的成果

区内的地质调查基本始于1951年,其主要的地质工作及成果见表1-1,其中资料较为系统的当属1:100万日土幅区域地质调查以及西藏地质矿产局第二地质大队与原武汉地质学院合作进行的阿里地质科考。上述工作成果为本次工作打下了资料和研究基础,在本次野外和室内综合研究中仍具有重要的参考价值。

此外,中国地质调查局第一批空白区成果的总结和发布,对开阔我们的眼界及立足本测区实际资料,进一步与区域对比来总结、上升测区的成果是非常具有启发的。

二、存在的主要问题

前人的工作为测区描绘了一个基本的地质构造轮廓,但限于当时工作的比例尺和地学认识,仍存在一些尚未解决的重要地质问题:如狮泉河构造混杂岩带的性质及与冈底斯火山-岩浆弧带、班公湖-怒江结合带之间的成生和演化关系;雅江带在图区的形迹。尤其是狮泉河带与测区大地构造划分及地层区划分、构造演化关系极为密切,是本次工作的重中之重。

表 1-1 测区研究程度一览表

序号	工作性质	工作时间	工作单位	工作成果
1	科考	1906—1908年		斯文·赫定(Sven Hedin)曾在阿里地区进行了地理、地质考察,偏重于地理
2	科考	1976年	中国科学院	中国科学院青藏综合考察队阿里分队沿日土—狮泉河—噶尔新村、狮泉河—革吉公路开展了路线地质调查,对这一地区的地层、古生物、沉积岩、变质岩、构造变形、超镁铁岩及中酸性岩进行了开拓性的研究,并编制了阿里地区1:200万地质草图,这些成果已为中国大地构造图(1:400万,1979),亚洲地质图(1:500万,1982)所选用
3	矿产地质调查	1980—1983年	地质矿产部	地质矿产部高原地质调查大队进行了地质矿产专题考察
4	区域地质调查	1980—1987年	西藏地质矿产局区域地质调查大队	西藏地质矿产局区域地质调查大队开展1:100万日土幅区域地质调查工作,是本区最早的较系统的地质调查工作。编有地质图、矿产图及区域地质调查报告
5	科考	1980—1986年	西藏地质矿产局第二地质大队与武汉地质学院	西藏地质矿产局第二地质大队与武汉地质学院合作,对图区内东经79°以东的地域进行了综合地质考察,在地层、古生物、岩浆岩、蛇绿岩等方面收集了大量的资料,编有《西藏阿里地质》、《西藏阿里古生物》及1:200万阿里地区地质图、1:200万阿里地区大地构造图
6	矿产地质普查	1984年	西藏地质矿产局区域地质调查大队	西藏地质矿产局区域地质调查大队在日土县界哥拉一带开展砂金调查,施工少量浅井工程,编有《西藏日土—文部一带砂金矿化点踏勘简报》

续表 1-1

7	矿产地质普查	1986 年	西藏地质矿产局第二地质大队	西藏地质矿产局第二地质大队在日土县札达一带进行了 1∶20 万金矿路线地质调查，编有《西藏自治区日土县札达 1∶20 万金矿路线地质调查报告》
8	区域地质总结	1986—1989 年	西藏地质矿产局	西藏地质矿产局总结已有区域地质资料，编写了《西藏自治区地质志》，编制 1∶150 万西藏自治区地质图、1∶200 万西藏自治区岩浆岩图和构造图
9	矿产地质总结	1991 年	地质矿产部成都地质矿产研究所	地质矿产部成都地质矿产研究所阿里矿产勘查研究队编制了 1∶100 万西藏阿里地区矿产分布图及《西藏阿里地区矿产分布图说明书》
10	1∶100 万青藏高原中西部航磁概查	1998—1999 年	中国国土资源部航空遥感中心	确定了测区的航磁分带，并据航磁异常提出了一些成矿靶区
11	矿产地质普查	1999—2000 年	西藏地质矿产厅第六地质大队	西藏地质矿产厅第六地质大队在日土县界哥拉一带开展砂金地质调查工作

除上述重要问题外，测区还存在以下问题：①在曲松一带地层的划分填图，《1∶100 万日土幅区域地质调查报告》和《西藏阿里地质》在此处的划分存在矛盾，如老变质岩的存在与否，如果存在，它在北喜马拉雅区的出现则有点反常，它反映了怎样的地质信息？冈底斯带古生代地层的时代上限仅止于中二叠世末吗？左左组的岩性、化石面貌（哑地层）与吉普日阿组显然是存在重大差异的，它们是同时异相的沉积物吗？②在曲松盆地内与区域构造线垂直的北东向构造的意义；③则弄群火山岩的岩性及演化规律所反映的冈底斯带的演化，林子宗群与则弄群在岩性和岩石化学方面的差异；④测区内多期岩浆侵入活动所反映的构造意义及与地壳演化规律的关系，尤其是岩浆混合作用在地壳生长中的意义等科学问题。以上存在问题是本次工作要解决的关键性科学问题，并就最关键的狮泉河构造混杂岩带特设立专题："狮泉河蛇绿混杂岩地质特征及动力学"。其中岩浆岩部分与中国地质大学（武汉）马昌前教授和雷裕红硕士合作进行。

第四节　总体部署及工作量投入

一、总体工作部署原则

工作区属于实测图幅，根据《区域地质调查研究总则》、项目任务书、批准的项目设计书要求，考虑到测区的工作条件艰苦，遥感解译效果较好，据解译程度将测区实测填图路线控制在 4000～4200km（主干路线 566km），单幅图实测路线和遥感解译路线总长度应大于 4000km（其中斯诺乌山幅为 1600km）。在工作过程中工作量和样品要重点部署，并坚持遥感先行和资料研究贯穿始终的原则。

二、项目实施过程

（一）2002 年野外踏勘、剖面测制及设计编写阶段

项目于 2002 年 3 月组队，3—4 月收集资料，5 月做出队前物资准备，于 6 月 6 日出队，6 月 11 日到达野外驻地狮泉河镇开展工作。首先设置三条长地质路线进行踏勘，以初步了解区内野外地质概况、交

通。6月下旬—8月下旬开展剖面测制工作,9月初开始填图工作。截至收队前完成剖面测制 127.9km(除斯诺乌山幅地层外,几乎所有地质体已有一条或一条以上剖面控制,基本建立了狮泉河幅地质-构造格架)。实测填图 7000km², 野外地质路线长度 1165km。并于 10 月初收队,完成项目设计编写、修改、复制,资料综合整理等工作。

（二）2003 年野外主要实测填图阶段

2003 年 3 月—4 月 20 日整理资料,4 月 21 日出队,4 月 26 日到达野外驻地狮泉河镇开展工作。首先开始扫面填图工作,分队人员团结一心,克服高山缺氧、海拔比差大等困难,连续作战,于 6 月中旬基本完成了狮泉河幅填图工作。6 月 20 日开始对阿依拉山以西(喜马拉雅板片及雅鲁藏布结合带)进行了为期一个月的野外调查。7 月 20 日开始对图幅以北高海拔及交通不便区(班-怒结合带)进行了为期 15 天的野外调查工作。8 月 5 日至收队前进行了复查工作。截至收队前完成剖面测制 50km,几乎所有地质体已有一条或一条以上剖面控制,基本建立起了测区地质-构造格架。实测填图 15 151km², 野外地质路线长度 2700km。并于 9 月初收队。之后开始项目送样工作、剖面绘制、资料综合整理等。

（三）资料综合整理和报告编写阶段

2004 年上半年,继续进行资料的综合整理,2004 年 6 月,西藏地质调查院和中国地质调查局西南项目办在分队驻地狮泉河镇先后就项目野外资料进行了初审和终审,评为优良级图幅,评分为 89.9 分,同意转入室内进行最终报告编写。

三、项目完成情况及质量评述

（一）地形图及地理数据库质量评述

1. 1∶10 万地形图

野外中以 1∶10 万地形图作为填图基本工作手图,所使用的 14 幅地形图有 6 幅(狮泉河幅、噶尔县幅、乌木垄幅、三宫幅、百假幅和赤左幅)是中国人民解放军总参谋部测绘局依据 1970—1971 年航摄,于 1974 年调绘,并分别于 1976 年、1977 年出版;其余 8 幅(且坎幅、扎西岗幅、他江幅、典角幅、台丁拉幅、山岗幅、阿孜幅和楚鲁松杰幅)都是中国人民解放军总参谋部测绘局根据 1983 年版 1∶5 万地形图,于 1987 年编绘,同年出版。所有手图均采用 1971 年版图式。地形图绘制采用了高斯-克吕格投影,克拉索夫斯基参考椭球体,1954 年北京坐标系,1956 年黄海高程系,等高距均为 40m。所使用的地形图地形地物显示性好,作为野外手图和实际材料图,完全可以满足 1∶25 万地质制图要求。

2. 1∶25 万地形图

本次收集并使用的 1∶25 万多色地形图,是国家测绘局据 1976 年和 1977 年出版的 1∶10 万地形图与 1982 年出版的 1∶5 万地形图,于 1987 年编绘,1988 年出版的 1∶25 万地形图。它采用 1985 年版图式,1954 年北京坐标系,1956 年黄海高程系绘制,等高距为 100m,地形现势满足 1∶25 万地质制图要求,可直接作为此次原图的地理底图。

3. 1∶25 万地形数据库

本次收集并使用的 1∶25 万地形数据是由国家基础地理中心提供的,它由地形数据库、数字高程模型(DEM)数据库、地名数据库三部分组成,地形数据库以矢量方式存储管理 1∶25 万地形图上的境界、水系、交通、居民地、地貌等要素。数据库管理系统采用 ARC/INFO 7.1 版。地名数据库以关系数据库方式存储和管理1∶25万地形图上的各类地名信息,数据库管理系统采用ORACLA 7.0版。地形数据库、数字高程模型存储高斯-克吕格及经纬度坐标各一套,格式为ARC/INFO的Coverage和Grid。

1∶25万数据库通过国家级验收,其数据完整性、逻辑一致性、位置精度、属性精度、接边精度、现势性均符合国家测绘局制定的有关技术规定和标准的要求,质量优良、可靠。

(二) 总工作量完成情况及质量评述

1. 总体工作完成情况

通过2002—2003两年的野外地质调查,斯诺乌山、狮泉河两幅1∶25万区调野外填图工作已基本完成,几乎所有的地质体均有剖面控制(并采集了必要样品,所收集资料和采集的样品能够满足报告编制的需求,路线总长度也达到了设计的要求,完成的工作量见表1-2。

需要指出的是遥感解译区通过艰苦的努力,缩小了范围,并有适量的路线控制,使整个图幅的路线控制较为合理。但图幅内典角西北部和楚鲁松杰以北,虽属我国领土,但自20世纪70年代以来,一直为印度实际控制,无法进入进行野外实际填图,故对这一部分采用遥感解译填图。

2. 具体的质量监控

1) 引用规范

按《1∶25万区域地质调查技术要求(暂行)》(DD2001—02)执行,按项目任务书、批准的设计书执行,并参考引用如下技术标准:

《青藏高原B类区1∶25万区域地质调查研究技术要求(征)》(DD2002—XX)

《区域地质图图例(1∶50 000)》(GB958—89)

《区域地质调查研究总则(1∶50 000)》(DZ/T0001—91)

《区域地质调查工作暂行规范(1∶200 000)》

《浅覆盖区区域地质调查细则(1∶50 000)》(DZ/T0158—95)

《城市地区区域地质调查工作技术要求(1∶50 000)》(ZB/TD10004—89)

《区域水文地质工程地质环境地质综合勘查规范(1∶50 000)》(GB/T4158—93)

《省(自治区)环境地质调查基本要求(试行)(1∶50 000)》

《地质图用色标准及用色原则(1∶50 000)》(DZ/T0179—1997)

《国家基础地理信息系统全国1∶250 000数据库技术规定》

《1∶250 000遥感地质调查技术规定》(DD2001—01)

2) 剖面

地层剖面采用半仪器法测制,比例尺一般为1∶2000～1∶5000,蛇绿混杂岩和花岗岩采用1∶10 000路线剖面控制,使用半仪器法或用GPS测制。

3) 路线

在每一新区工作前,均进行了踏勘,踏勘路线基本穿越了全测区,对测区的遥感解译及工作的部署起到了指导作用。

实测路线间距一般4～8km,在蛇绿岩带和火山岩区尽可能地加密;在遥感解译区布设了遥感解译路线,填制了遥感解译卡片,路线总长度达到了设计书的要求。

4) 样品

样品均进行了严格筛选,测试单位均具有较高的资质,其中薄片、化石(包括放射虫、牙形、孢粉)、电子探针分析样品及同位素Ar-Ar样品由中国地质大学(武汉)承担,锆石SHARIP由中国地质科学院离子探针分析实验室承担,硅酸盐由原地质矿产部沈阳综合岩矿测试中心完成,人工重砂由原地质矿产部兰州中心实验室承担,稀土和微量元素由中国科学院地质与地球物理所承担,钾-氩同位素测年及钐-

铷同位素测年由国土资源部宜昌同位素室承担,锆石铀-铅测年、Rb-Sr 示踪和 Nd-Sm 示踪由国土资源部天津同位素室承担,热释光由首都师范大学承担。

上述分析样品,其中除部分同位素测年样品、部分放射虫样品外,其余分析报告分队均已收到。

表 1-2 实物工作量一览表

	项目	单位	设计工作量	2002年完成工作量	2003年完成工作量	完成总工作量	完成百分比(%)	备注
	1:25万地质填图（实测及遥感解译）	km²	22 151	7000	15 151	22 151	100	
	1:25万地质填图路线	km	4200	1500	2700	4200	100	
	实测地质剖面	km	198.6	127.9	50	177.9	90	1:10 000 剖面 91.2km(2002年,76.4km),1:5000 剖面 95.9km(2002年,48.5km),1:2000 剖面 11.3km(2002年,3.0km),1:500 剖面 0.2km
	探槽	m³	830		830	830	100	
	矿点检查	个	3		3	3	100	
各类样品	岩石标本	块	2400	1200	1000	2200	92	确定岩性及联图
	岩石薄片	块	1500	600	677	1277	85	准确确定岩性
	人工重砂	件	10	2	2	4	40	用于花岗岩副矿物研究
	粒度分析	件	80	20	60	80	100	沉积岩沉积环境调研
	大化石	件	200	80	66	146	73	确定地层时代
	微体化石	件	150	80	18	98	66	确定地层时代
	岩石化学全分析	件	200	150	80	230	115	15 项
	岩石微量元素定量分析	件	200	150	80	230	115	18～23 种
	岩石稀土元素定量分析	件	200	150	80	230	115	15 种元素
	K-Ar 年龄样	件	12	6	30	36	300	
	Rb-Sr 年龄样	组	4	2	16	18	450	(未测年龄,取示踪样16件)
	¹⁴C 年龄样	件	5		3	3	60	
	钾长石 Ar-Ar 测年	组			2	2		
	Nd-Sm 同位素样	组	5	2	17	19	380	(含16件示踪样)
	锆石 U-Pb 同位素样	组	5	2	3	5	100	一组样品含8件,合计80件
	岩石化学分析样	件	193	30	44	74	49	部分样品由雅江项目补采
	光片	块	16		16	16	100	矿石组构分析
	岩组分析	件	16	6	10	16	50	构造定量研究
	电子探针分析样	件	50		50	50	100	特征变质矿物研究
	热释光(光释光)	件	5	5	12	17	340	
	包体测温	件	12	6		12	100	

5）质量监控体系

在项目组成立伊始，项目组即按照地质调查院的要求，建立地质调查院—项目组—填图组三级质量保证体系，把项目要实现的任务目标分解，落实到小组与个人。在项目工作过程中，开展开展个人自检、填图组互检及项目分队抽检三级检查。在填图组组长领导下对所获原始资料进行100%的自检互检，在此基础上由项目负责领导进行项目资料的室内及野外抽查，室内资料抽查率大于40%，野外实地抽查率不小于8%，每一次质量检查结果均应形成文字，并填写相关质量检查卡片。

西藏地质调查院（以下简称西藏地调院）对项目工作的质量非常关心，刘鸿飞副院长、夏代祥教授级高工（中国地质调查局质检专家）、蒋光武高工都曾多次检查工作，指出了不足，并在许多方面予以指导。

中国地质调查局西南项目办的王大可教授级高级工程师、王立全研究员、潘桂棠研究员、罗建宁、陈智梁、姚冬生等专家都曾对项目工作进行了检查和指导，并提出了宝贵建议，尤其是王大可、王立全两位专家曾多次赴野外现场检查指导。上述领导和专家的检查指导，为项目组弥补不足、发现和解决一些区内的重要地质问题，起到了重要的指导、监督和推动作用。

（三）报告编写

通过三年的地质工作，在西藏地质矿产勘查开发局、西藏地调院及二分院的领导下，在项目全体参与人员的努力下，齐心协力、克服了种种困难，历尽艰辛，终于圆满完成了本次工作的地质调查任务，这是全体项目工作人员辛勤劳动的结晶。参加历年野外地质调查的人员组成如下：2002年度地质技术人员有许荣科、次琼、庞振甲、杨书正、何来信、邱庆伦、齐建宏、肖兰斌、泽仁扎西、贡布、巴桑次仁、雷裕红等，司机有齐甲、普布次仁、李代军、胡波；2003年度地质技术人员有许荣科、次琼、庞振甲、杨书正、何来信、邱庆伦、齐建宏、肖兰斌、王刚、贡布、雷裕红、吴赋等，司机有齐甲、普布次仁、李代军、胡波；参与2004年度资料整理和报告编写的技术人员有许荣科、次琼、庞振甲、齐建宏、雷裕红、郑有业等。

本报告共分六章，编写人员分工如下：第一章绪论由郑有业、许荣科执笔；第二章地层及沉积岩由庞振甲、齐建宏和杨树正执笔；第三章岩浆岩第一节由许荣科、次琼和郑有业执笔，第二节由次琼和雷裕红执笔，第三节由许荣科、次琼和肖兰斌执笔，第四章变质岩由齐建宏、巴桑次仁、泽仁扎西执笔；第五章地质构造及构造演化史由许荣科、次琼、何来信执笔；第六章由许荣科、郑有业执笔。郑有业、许荣科、次琼统纂了全稿，由次琼编辑出版稿、地质图说明书及地质图。

由于工作区高寒缺氧、气候恶劣、交通不便以及笔者水平所限，不足之处在所难免，望领导、专家及同仁批评指正。

第二章 地层及沉积岩

根据西藏自治区地质矿产局(以下简称西藏地矿局)(1997)和潘桂棠等(2002)对青藏高原及邻区地层的初步划分方案,测区属于藏滇地层大区,区内出露地层有元古宙、古生代、中生代及新生代地层,有序沉积地层、无序变质地层及蛇绿混杂岩均有发育,其中中生代地层构成测区地层的主体,约占测区地层出露面积的70%。

1. 地层分区

一般认为测区属于藏滇地层大区,但对测区内分区和小区的划分方面,受以往地质尤其是构造资料所限,一些分区界线在测区内的位置不明,如《西藏自治区岩石地层》(1997)中测区内班戈-八宿地层分区的界线不清楚,雅江结合带南支是否存在,北支从何通过?从而牵扯到曲松一带地层的归属,有必要根据测区内本次工作的进展,先将测区的大地构造分区简介如下:

基于雅江缝合带南北亚带的存在或部分存在,以及研究区狮泉河带及邻近的班公湖-怒江结合带(可简称班-怒带)分别代表同一大洋在侏罗纪和白垩纪两次成洋的事实,参考潘桂棠等(2002)青藏高原及邻区大地构造单元初步划分意见,对测区大地构造划分如下:

Ⅰ 印度陆块
　Ⅰ$_2$北喜马拉雅特提斯沉积带
Ⅱ 雅鲁藏布江结合带
　Ⅱ$_1$雅鲁藏布江结合带南支
　Ⅱ$_2$札达陆块
　Ⅱ$_3$雅鲁藏布结合带北支
Ⅲ 冈底斯-念青唐古拉板片
　Ⅲ$_1$冈底斯晚燕山期火山-岩浆弧
　Ⅲ$_2$隆格尔断隆带
Ⅳ 狮泉河晚燕山期结合带
Ⅴ 班公湖-怒江早燕山期结合带
　Ⅴ$_1$坦嘎早燕山期弧前盆地及微岩浆弧(相当于班戈-嘉黎岩浆弧)(J)
　Ⅴ$_2$班公湖-怒江蛇绿混杂岩南支(热帮错北呈南东东向展布的蛇绿混杂岩带)(JK)

根据上述在构造分区方面取得的进展,参考西藏地矿局(1997)及中国地质调查局,成都地质矿产研究所(以下简称成都地矿所)(2004)的地层分区划分方案,划定了各地层分区及小区在测区内的界线,尤其是将研究区曲松一带的雅鲁藏布江结合带南支、北支及所挟持的微陆块均单独划出来,分别作为一个地层小区,将冈底斯-腾冲地层区的班戈-八宿地层分区划分为狮泉河小区和坦嘎小区(图2-1),地层分区划分及各地层分区地层单位见表2-1。

2. 地层划分原则

测区内既有成层有序的史密斯地层,具有环形火山机构的火山岩,也有大量无序的构造混杂岩系及老变质岩,对不同的地层采用不同的划分方案,其具体的划分原则如下:

(1)元古宙地层为非史密斯地层,采用构造地层方法填图,使用岩群、岩组构造地层单位表示。

表 2-1 地层划分表

地层分区 / 地层系统			大区	藏滇地层大区						
			区	喜马拉雅	雅鲁藏布江			冈底斯-腾冲		班公湖-怒江
			分区	北喜马拉雅				措勒-申扎	班戈-八宿	
界	系	统	小区代号		雅江南带	仲巴-札达	雅江北带		狮泉河小区	坦嘎小区
新生界	第四系	全新统	Qh	冲积、冲洪积、湖积、沼积、冰碛、风积、冰雪覆盖、化学堆积						
		上中更新统	Qp₂₋₃	冲洪积（Ⅰ—Ⅲ级阶地）、高阜状山前冰碛						
		下更新统	Qp₁	札达群	香孜组					
	新近系	上新统	N₂		托林组			乌郁群		
		中新统	N₁				野马沟组			
	古近系	渐新统	E₃					日贡拉组	丁青湖组	
		始新统	E₂			秋乌组		林宗子群	年波组	
		古新统	E₁						典中组	
中生界	白垩系	上统	K₂					竞柱山组		
		下统	K₁			齐尼桑巴群	夏浦沟蛇绿混杂岩群	捷嘎组	郎山组 / 多尼组 / 朗久组 / 托称组 / 多爱组	蛇绿混杂岩狮泉河群 / 乌波木垄组铅
	侏罗系	上统	J₃	才里群	拉弄拉组 / 雄聂聂组二段 / 雄聂聂组一段	波博蛇绿混杂岩群		日松组 / 多仁组	拉贡塘组	蛇绿混杂岩班公湖 / 木嘎岗日岩群
		中统	J₂							
		下统	J₁							
	三叠系	上统	T₃			曲龙共巴组				
		中统	T₂				穷果群	淌那勒组		
		下统	T₁							
古生界	二叠系	上统	P₃		色龙群			坚扎弄组 / 下拉组		
		中统	P₂				曲嘎组 二段	昂杰组		
		下统	P₁				曲嘎组 一段	拉嘎组		
	石炭系	上统	C₂							
		下统	C₁				纳兴组			
中—新元古界	前震旦系		Pt₂₋₃		聂拉木岩群		日轨岗岩群 三岩组 / 二岩组 / 一岩组	古拉岩组 / 念青唐		

（2）对图区内大面积分布的未变质或变质变形较弱的古生代—新生代（第四纪除外）浅变质地层，采用以岩石地层为主的多重地层划分方法，在前人所建立的地层单位基础上，结合本次调查研究成果，划分群、组级正式岩石地层单位和段级非正式岩石地层单位。

（3）对分布在图区的狮泉河蛇绿混杂岩、班-怒带蛇绿混杂岩、雅鲁藏布江蛇绿混杂岩建立岩群构造地层单位，采用基质+岩片的填图方法。

（4）对大面积分布的则弄群火山岩采用火山岩双重填图方法，划分群、组级正式岩石地层单位。

（5）第四纪地层采用地质地貌方法填图，结合成因类型进行地层单位划分。

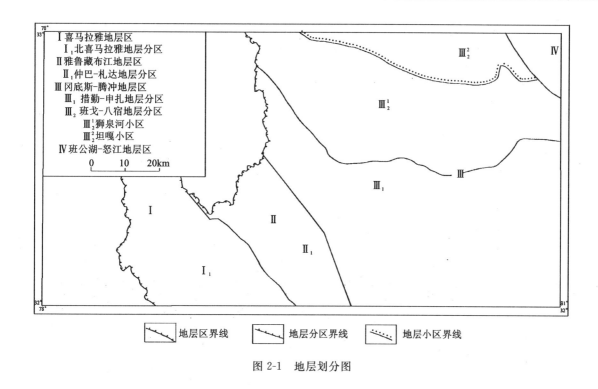

图 2-1 地层划分图

第一节 中—新元古界

测区的中—新元古界地层在北喜马拉雅地层区、雅鲁藏布江地层区、冈底斯-腾冲地层区均有分布，其中雅鲁藏布江地层区仲巴-札达地层小区出露面积最大，也是测区内研究最为详细的地带，将作重点介绍，其他地带将简要予以介绍。

测区内的这套变质岩系主要由片岩、片麻岩夹少量的大理岩组成，其变质程度可达角闪岩相，郭铁鹰等(1991)首次将该套地层划分出来，认为可与珠峰一带的纳木那尼群相对比，并将之划入纳木那尼群（与聂拉木群相当），但描述不详，而同时进行的《1∶100万日土幅区域地质调查报告》[①]未填绘出这套地层，故这套地层的存在与否当时存在疑问。之后西藏地矿局(1997)、潘桂棠等(2002)的青藏高原及邻区地层的初步划分方案以及中国地质调查局、成都地矿所(2004)均未采纳郭铁鹰等(1991)的划分。通过本次工作确认该套变质岩系虽经多期变质变形，尤其是后期经受了程度不等的糜棱岩化改造，从而导致退变质和强烈的变形，但对其变质程度的研究，证实其早期变质矿物组合反映的变质程度可与前人所定的聂拉木岩群、念青唐古拉岩群等相对比；这套变质岩系与上覆石炭系及二叠系地层等呈断层接触，上新统札达群托林组角度不整合于其上。此外，通过本次工作，在该套地层内划分出一套片麻岩所代表的变质深成侵入体，根据变质片岩与片麻状变质深成侵入体接触处混合岩化和变质程度较强，向外变弱，推测二者原来呈侵入接触；据本次工作在这套变质侵入岩中采获的锆石表面年龄，确定岩体侵位时间为584Ma，故这套变质片岩的成岩时间应早于新元古代末，而片麻岩中锆石上交点年龄为 1283 ± 206 Ma，则可能代表了其沉积年龄，故将这套地层归入中新元古界是合适的。它在仲巴-札达地层小区内属新发现的一个未命名地层，一些学者建议新建地层单位，但我们考虑到这套地层的岩性可与拉轨岗日岩群相对比，片麻岩的侵入年龄也与侵入拉轨岗日岩群中的侵入岩年龄相近，尤其是潘桂棠等(2004)据最新的一批1∶25万区调资料综合分析后认为："冈底斯-喜马拉雅地区具有5.5亿年左右形成的统一基底。"

[①] 西藏自治区地质矿产局.1∶100万日土幅区域地质调查报告,1987.全书类同。

因此不再建立新的地层单位,将特提斯-喜马拉雅地层区的拉轨岗日岩群延入测区使用,并根据这套地层岩性组合和变形差异分为三个岩组,各岩组间呈断层接触,由北向南变质变形程度变弱。

一、雅鲁藏布江地层区仲巴-札达地层小区

测区仲巴-札达地层小区中—新元古界地层出露拉轨岗日岩群($PtL.$),主要呈近东西向展布,分布在曲松一带,出露面积约 600km²。

(一)剖面列述

——札达县曲松乡拉轨岗日岩群剖面(图 2-2)

剖面起点位于札达县曲松乡山岗牧场三村,起点坐标:北纬 32°17′58″,东经 79°15′16″。

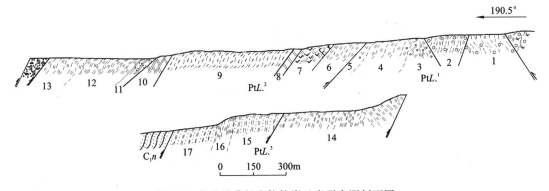

图 2-2 札达县曲松乡拉轨岗日岩群实测剖面图

纳兴组(C_1n) 变质砂岩夹砂板岩

———————— 断 层 ————————

拉轨岗日岩群三岩组($PtL.^3$)　　　　　　　　　　　　　　　　　　　　　　　　厚 620.1m

17. 灰黑色糜棱岩化砂板岩　　　　　　　　　　　　　　　　　　　　　　　　　　272.79m

16. 青灰色糜棱岩化绢云千枚状板岩　　　　　　　　　　　　　　　　　　　　　　8.79m

15. 灰黑色糜棱岩化细砂质板岩　　　　　　　　　　　　　　　　　　　　　　　　124.51m

———————— 断 层 ————————

14. 灰黑色糜棱岩化绢千枚质板岩、灰白色糜棱岩化绢云千枚岩　　　　　　　　　　74.02m

———————— 断 层 ————————

拉轨岗日岩群二岩组($PtL.^2$)　　　　　　　　　　　　　　　　　　　　　　　　厚 1502.9m

13. 灰白色糜棱岩化绢云千枚岩　　　　　　　　　　　　　　　　　　　　　　　　180.14m

12. 灰黑色糜棱岩化绢云板岩　　　　　　　　　　　　　　　　　　　　　　　　　193.3m

11. 青灰色糜棱岩化千枚岩夹弱糜棱岩化石英岩　　　　　　　　　　　　　　　　　36m

———————— 断 层 ————————

10. 灰白色初糜棱岩化白云质大理岩　　　　　　　　　　　　　　　　　　　　　　22.20m

———————— 断 层 ————————

9. 灰黑色二云母片岩质糜棱岩化含红柱石千枚岩　　　　　　　　　　　　　　　　803.93m

———————— 断 层 ————————

8. 黄色初糜棱岩化大理岩　　　　　　　　　　　　　　　　　　　　　　　　　　3.61m

———————— 断 层 ————————

7. 灰黑色含炭质角闪云母片岩质糜棱千枚状板岩　　　　　　　　　　　　　　　　2.11m

———————— 断 层 ————————

6. 糜棱岩化绢云千枚岩夹二云母片岩质糜棱片岩,底部为大理岩　　　　　　　　　112.72m

══════════════ 断　层 ══════════════	
拉轨岗日岩群一岩组（PtL¹.）	**厚 571.49m**
5. 初糜棱岩化石榴斜黝帘石黑云母角闪片岩夹糜棱岩化石榴黑云角闪片岩	3.38m
4. 含黑云母白云母片岩质糜棱绢云千枚岩	233.84m
3. 石榴二云母片岩质糜棱千枚岩	7.33m
══════════════ 断　层 ══════════════	
2. 石榴二云母片岩质糜棱千枚状板岩夹糜棱片岩	250.22m
══════════════ 断　层 ══════════════	
1. 条带状混合岩化石榴二云母片岩质糜棱片岩	80.10m
（断层，未见底）	

（二）岩性组合、岩石特征

拉轨岗日岩群经多期变质变形，后又发生了程度不等的糜棱岩化改造等退变质作用，变形均较为强烈，岩石发育糜棱面理，局部构造透镜体构成类似多米诺骨牌的构造（图 2-3），总体构造无序，但局部有序，根据不同地段岩石组合及变质程度的差异，可分为三个非正式岩组，各岩组之间岩石组合及岩石特征略有差异。

1. 拉轨岗日岩群一岩组

岩性主要由条带状混合岩化石榴二云母片岩、含黑云母白云母片岩、石榴斜黝帘石黑云角闪片岩组成，变质矿物组合，主要以二云母共生为特征，石榴石仅在偏底部变质程度较高的几层出现，该岩组具体岩性特征如下所示。

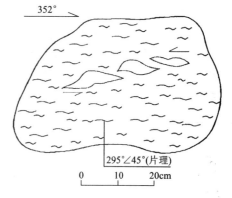

图 2-3　片岩中呈多米诺骨牌构造的构造透镜体

条带状混合岩化石榴二云母片岩　变余鳞片粒状变晶结构，岩石由石英（35%～65%）、白云母（20%～40%）、黑云母（15%～20%）、石榴石（<2%）组成。石英和云母定向排列，显示较强烈的糜棱线理，岩石含少量石榴石变斑晶，现已蚀变为绿泥石和少量石榴石残晶，原石榴石假象呈眼球状、碎裂状，表明石榴石为糜棱岩化前期产物，即原岩为富含泥质的碎屑岩先变质为石榴石二云母片岩，后叠加了糜棱岩化作用。

含黑云母白云母片岩　鳞片粒状变晶结构，岩石由石英（60%）、白云母（30%）、黑云母（5%）、长石（<5%）等组成。石英和长石变余碎屑状，镶嵌粒状，碎粒状。白云母多呈"云母鱼"状，云母鱼相连构成云母条带，显示糜棱面理和片理构造，黑云母一部分由长英质碎屑变质重结晶排挤出的泥质条带变质重结晶而成，少部分分布于白云母边缘，由白云母变质重结晶而成。该类岩石由原岩为泥质粉砂岩、细砂岩变质为片岩，后被叠加了糜棱岩化作用而形成。

石榴斜黝帘石黑云角闪片岩　鳞片粒状变晶结构，主要由角闪石（35%）、黑云母（10%）、石英（40%）、斜黝帘石（25%）、铁铝榴石（10%）组成。其中角闪石为普通角闪石；石英为镶嵌粒状；斜黝帘石为板状—不规则粒状；铁铝榴石为碎裂状的等轴粒状；黑云母呈片状，受应力作用多发生变形、弯曲、透镜体化，相连成条带，显示片理和糜棱面理的构造。其原岩为基性火山岩（玄武岩）经角闪岩相变质后又发生了糜棱岩化作用。

2. 拉轨岗日岩群二岩组

岩性主要由糜棱岩化绢云千枚岩、糜棱岩化绢云千枚状板岩、大理岩组成，局部夹糜棱岩化二云母片岩、石英岩、糜棱岩化含炭质角闪云母片岩等。其具体的岩石特征如下所示。

含炭质角闪云母片岩　鳞片柱粒状变晶结构，岩石由石英（20%）、黑云母（15%）、斜长石（20%）、普通角闪石(13%)、斜黝帘石(10%)、绢云母(10%)、炭质(7%)及其他物质(<5%)组成。原岩为基性岩(或基性凝灰岩)经角闪岩相变质变成片岩,后叠加糜棱岩化作用,炭质可能是糜棱岩化时方解石的分解产物。

黄色初糜棱岩化大理岩　鳞片粒状变晶结构,岩石主要由方解石(<85%)、石英(10%)、白云母(>5%)组成。岩石经糜棱岩化作用,方解石呈长形粒状定向排列,石英呈透镜体状,白云母呈透镜体状,相连成条带状,各种条带平行排列,显示糜棱线理构造,原岩可能为泥灰岩。该岩性层向顶部渐变为白云质大理岩。

二云母片岩质糜棱岩化千枚岩(或千枚状板岩)　鳞片粒状变晶结构,主要由石英(35%)、白云母(35%)、黑云母(15%)、斜长石(5%)、绿泥石(5%)和其他物质(<5%)组成。其中石英呈晶粒状,集合体呈透镜体状,夹于白云母条带之间。原岩应为富含泥质的陆源碎屑岩变质成二云母片岩再经受了糜棱岩化作用的改造。

3. 拉轨岗日岩群三岩组

岩性主要由灰黑色糜棱岩化绢云千枚质板岩和灰黑色糜棱岩化细砂质板岩组成的基本韵律组成。其具体的岩石特征如下所示。

糜棱岩化绢云千枚质板岩　千枚状构造,岩石由石英、绢云母、绿泥石、长石、磁铁矿组成。石英呈镶嵌状,显然为变晶成因,绢云母鳞片状,排列定向性极强,绿泥石绢云母共生,长石为不规则粒状,既有斜长石又有钾长石,镜下为显微片理构造。石英含量为45%~50%,长石小于10%,绢云母为35%~40%,绿泥石为5%,磁铁矿少量。

糜棱岩化细砂质板岩　手标本上为板状构造,镜下为片理构造,岩石由石英(<60%)、斜长石(10%±)、绢云母(25%)、绿泥石(5%)等组成。石英呈粒状变晶结构,粒径多为0.06mm;绢云母为片状定向排列,构成显微片理构造;长石为不规则粒状;绿泥石与绢云母共生。

(三) 原岩恢复及环境分析

根据一岩组岩石组合主要为条带状混合岩化石榴二云母片岩、含黑云母白云母片岩、石榴斜黝帘石黑云角闪片岩,变质矿物组合中富含云母,特征变质矿物为石榴石,反映它的原岩主要为一套富铝的泥质岩石。而其中的石榴斜黝帘石黑云角闪片岩,据镜下鉴定,确定其原岩可能是基性火山岩,地球化学分析反映其属于岛弧火山岩,很可能为橄榄安粗岩,指示岛弧拉裂的特征。综上,我们认为一岩组的沉积环境可能为岛弧环境的泥坪细碎屑夹基性火山熔岩。

二岩组岩性主要由糜棱岩化绢云千枚岩、糜棱岩化绢云千枚状板岩、大理岩组成,局部夹糜棱岩化二云母片岩、石英岩、糜棱岩化含炭质角闪云母片岩等。它的碎屑岩也以富含云母,尤其是绢云母为特征,反映了其沉积碎屑较细,有可能为泥坪沉积或深海复理石沉积,但根据部分片岩中含有炭质,反映水体不深,而所夹的厚层大理岩一般形成于台地,尤其大理岩中不同程度地含有云母、石英,反映原岩可能为泥灰岩,仍应归属于台地沉积为宜。与一岩组相比,二岩组下部出现大理岩,相对指示了陆源碎屑的缺乏,因此,一岩组—二岩组可能存在一个水体加深的海侵过程。二岩组顶部附近出现白云质大理岩及石英岩,指示属于潮坪或滨海环境,反映了在二岩组早期水体略有加深后,又存在一个水体逐渐变浅的过程。三岩组由绢云千枚岩—绢云千枚状板岩组成,由底向顶,绢云母含量在25%~40%之间变化,并且绢云千枚状板岩中长石出现变余组构,指示细碎屑含量的减少,属一种向上变粗的进积相序,反映了海退,但含有较多的泥质表明分选可能不佳,可能属于潮坪沉积中的混合坪沉积。

综上,测区拉轨岗日岩群的沉积环境总体可能与泥坪相当,但在早期存在偏碱性的基性火山喷发,中部存在由碳酸钙组成的大理岩,向上则出现白云质大理岩—砂板岩,反映了先退积后进积的一套相序,说明它代表的海盆曾存在一个早期伸展向晚期萎缩转化的演变过程,也指示测区在这一时期位于盆地边缘,沉积易受到海进和海退的影响。

(四) 时代讨论

该套地层变质变形较强,前人及本次工作均未发现化石,郭铁鹰等(1991)据其变质程度与珠峰一带的纳木那尼群可对比,将该套地质体划入前寒武系。本次工作根据这套地层虽叠加了后期糜棱岩化造成的退变质,但早期变质的残留矿物反映其变质程度与区域上念青唐古拉岩群及聂拉木岩群相当。测区内拉轨岗日岩群与上覆地层纳兴组呈断层接触,但二者变质程度及变形特点完全不同,尤其是拉轨岗日岩群及变质深成侵入体中普遍发育片理或片麻理,纳兴组的变质只达到低绿片岩相;变余组构很清晰,局部层理仍清楚可辨,与前者曾发生过高级变质、透入性面理构造发育,S_0面理几乎已完全被置换明显不同;此外测区内的这套变质岩系的沉积组合与这一地层分区的幕霞群(O)结晶灰岩、泥质条带灰岩夹砂板岩、志留系德尼塘嘎群(S)的石英细一粉砂岩和生物灰岩、白云质大理岩明显不同,变质程度明显较这两个地层高。上述特点反映了拉轨岗日岩群是变质基底岩系,而后者只是盖层沉积,测区内的拉轨岗日岩群的形成较区域上有化石记录的幕霞群早,拉轨岗日岩群和纳兴组之间可能有部分地层已被断失。本项目在侵入该套地层的变质深成侵入体中采用锆石 U-Pb 法,测得同位素年龄上交点为 $1283±206$Ma(图 2-4),此年龄值代表了早期沉积或火山事件,故确定该套地层的沉积时代为中元古代。

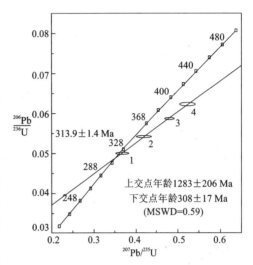

图 2-4 拉轨岗日岩群二云母钾长片麻岩锆石 U-Pb 年龄图解

二、北喜马拉雅地层分区及冈底斯-腾冲地层区

冈底斯-腾冲地层区在阿依拉花岗岩中见到片麻岩出露,并发现一些斜长角闪岩包体,它们遭受了燕山末期的岩浆侵入改造。据遥感解译北喜马拉雅地层分区存在片岩和片麻岩,但片麻岩大面积分布地带由于位于边境处等因素无法进入实测,故依据地层区划的不同,将冈底斯-腾冲地层区的老变质岩划为念青唐古拉岩群,将北喜马拉雅地层分区的老变质岩划为聂拉木岩群。根据对翁波岩基内斜长角闪岩包体与热嘎拉剖面处斜长角闪岩夹层地化特征对比,确定它们形成于相似的环境,念青唐古拉岩群仅据岩性与拉轨岗日岩群没有多大的区别,因此推测它们的沉积时间相一致,其变质时间与区域一致,可能与 5.5 亿年左右的泛非事件(潘桂棠等,2004)有关。

第二节 石 炭 系

测区的石炭系地层出露较为局限,仅在雅鲁藏布江地层区仲巴-札达地层分区内出露下石炭统纳兴组;冈底斯-腾冲地层区措勤-申扎地层分区出露有上石炭统—下中二叠统拉嘎组。

一、雅鲁藏布江地层区仲巴-札达地层小区纳兴组(C_1n)

纳兴组分布于曲松一带,呈近 EW 向展布,出露面积约 $55 km^2$。

(一) 创名、定义及划分沿革

穆恩之等(1973)据聂拉木县章东区赖西(纳兴)剖面创名纳兴群,原义指一套浅海相碎屑岩沉积,夹少量砂质石灰岩。西藏地矿局(1997)将此套地层称为纳兴组,并将其定义为:"一套碎屑岩,其岩性以页岩和石英砂岩为主,粉砂岩、钙质页岩次之,含丰富的双壳类、腕足类及少量的方锥石、腹足类化石。"

测区该套地层为一套浅变质岩系,岩性主要为一套滨海相碎屑岩夹大量的含炭页岩,砂岩基本层序显示三角洲沉积特点,其与下伏拉轨岗日岩群为断层接触,与上覆曲嘎组为角度不整合接触。根据测区这套地层含有大量的炭质页岩,与这一地层分区的上石炭统—下二叠统打昌群灰白—深灰色石英细砂岩、含砾砂岩、板岩夹大理岩沉积明显不同,而与札达底雅一带夹有煤线的石炭系纳兴组相类似。故本次工作沿用纳兴组表示测区的这一套地层。

(二) 剖面列述

——札达县曲松乡纳兴组剖面(图 2-5)

剖面起点位于札达县曲松乡山岗牧场三村,起点坐标:北纬 32°17′58″,东经 79°15′16″(与中—新元古界为同一剖面)。

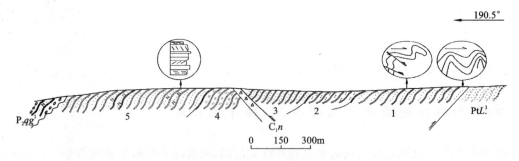

图 2-5 札达县曲松乡纳兴组实测剖面图

上覆地层:曲嘎组(P_2qg) 厚层变砾岩夹变长石砂岩

～～～～～～～～ 角度不整合 ～～～～～～～～

纳兴组(C_1n)　　　　　　　　　　　　　　　　　　　　　　　　　　厚度 590.35m

  5. 青灰色变长石砂岩夹灰黑色砂质板岩　　　　　　　　　　　　　　198.92m
  4. 青灰色绢云千枚状板岩夹灰黑色砂质板岩　　　　　　　　　　　　　6.22m

================ 断　层 ================

  3. 灰黑色细砂质板岩　　　　　　　　　　　　　　　　　　　　　　　78.19m
  2. 青灰色粉砂质板岩　　　　　　　　　　　　　　　　　　　　　　　62.42m
  1. 灰黑色变砂岩夹砂板岩　　　　　　　　　　　　　　　　　　　　　244.10m

================ 韧性断层 ================

下伏地层:拉轨岗日岩群三岩组(PtL_1^3) 灰黑色糜棱岩化砂板岩

(三) 岩性组合及岩石学特征

测区纳兴组岩性主要由变砂岩、砂板岩夹大量含炭页岩组成(图 2-6)。

灰黑色砂质板岩 岩石具板状构造,由石英(50%~60%)、长石(10%)、绢云母(15%~25%)、绿泥石(<5%)等组成。石英为变余碎屑状,粒径多为 0.07~0.16mm;长石形态及粒径与石英相似;绢云母呈片状,与绿泥石定向排列,显示板状构造。

灰黑色变砂岩 岩石具变余砂状结构,主要成分由石英(50%~60%),长石(15%~25%),绿泥石

(5%~10%)，绢云母(<10%)等组成。石英为他形粒状，变晶结构；长石呈变余碎屑状，粒径与石英相似，含黑色炭质；云母呈鳞片状，略定向。

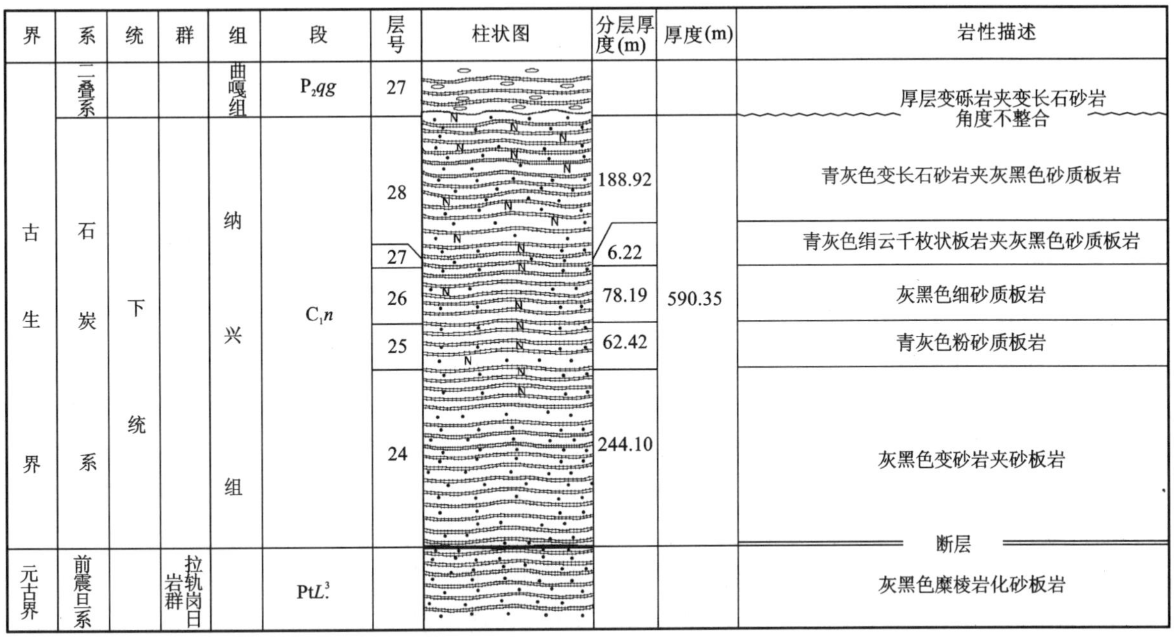

界	系	统	群	组	段	层号	柱状图	分层厚度(m)	厚度(m)	岩性描述
古生界	二叠系			曲嘎组	P₂qg	27				厚层变砾岩夹变长石砂岩
										角度不整合
	石炭系	下统		纳兴组	C₁n	28		188.92	590.35	青灰色变长石砂岩夹灰黑色砂质板岩
						27		6.22		青灰色绢云千枚状板岩夹灰黑色砂质板岩
						26		78.19		灰黑色细砂岩板岩
						25		62.42		青灰色粉砂质板岩
						24		244.10		灰黑色变砂岩夹砂板岩
										断层
元古界	前震旦系		拉轨岗日岩群		PtL³					灰黑色糜棱岩化砂板岩

图 2-6 纳兴组地层剖面柱状图

(四) 基本层序特征及沉积环境分析

该套地层虽经历了低绿片岩相浅变质作用，但变质较弱，尤其在砂岩中变余组构大量存在，与下伏拉轨岗日岩群糜棱岩化片岩明显形成于不同的构造层次，其原岩组合为一套碎屑岩夹含炭页岩，局部地段基本层序仍较清晰。一般有以下两种(图 2-7)：a 类由变细砂岩→变中粒砂岩组成的基本层序，细砂岩中多发育楔状交错层理，中粒砂岩中多发育板状斜层理、平行层理、楔状交错层理、块状层理，该类基本层序主要发育于纳兴组底部；b 类由变长石砂岩→灰黑色砂板岩组成的基本层序，主要发育于纳兴组中上部，并以该类基本层序为主。

测区该套地层主要由变砂岩、砂板岩夹大量含炭页岩组成，在砂岩和砂板岩中均有较高的炭质，在炭质页岩中炭质最高达 20%，在细砂岩中多发育楔状交错层理；中粒砂岩中发育板状斜层理、平行层理、楔状交错层理、块状层理较多。综合上述岩性组合及层序特征，表明其沉积环境为植被相对较发育的滨海相。

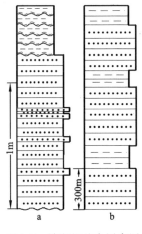

图 2-7 纳兴组基本层序图

(五) 地层时代讨论

该套地层中虽含炭质较高(最高达 20% 以上)，但由于能干性较弱，在经受浅变质后，炭质板岩或页岩风化非常强烈，化石不易保存，虽经多次采样，但均未获得可证实时代的化石。郭铁鹰等(1991)曾将这套地层归入泥盆系，本次工作发现这套地层与上覆的曲嘎组呈微角度不整合接触。郭铁鹰等(1991)在曲嘎组(当时称为热卡拉群)中曾采获了大量的化石：单体珊瑚类 *Lytvolasma elliptium* Wu, *Lytvolasma rhapidoseptum* He et Weng, 腕足类 *Taeniothaerus* sp., *Fusispirifer nitiensis semiplecata* Ching, *F. transversa* Ching, *Mayangells* sp. 等，将曲嘎组的时代厘定为下二叠统(相当于现在的中下二叠统)。故这套地层的时代应早于早二叠世，再考虑到该套地层岩石组合总体与札达底雅一带的石炭系相近，如两处的纳兴组都含炭质较高，在底雅一带石炭系中甚至出现煤线。综上，将测区纳兴组的时代归于石炭系下统。

二、冈底斯-腾冲地层区措勤-申扎地层分区拉嘎组(C_2P_1l)

(一)创名、定义及划分沿革

拉嘎组由林宝玉(1983)在申扎县永珠乡创名,用以代表他本人1981年命名的永珠群上组。夏代祥(1979)将该套地层划入永珠群上部。林宝玉(1983)、夏代祥(1979)将永珠群划分为上、下组,杨式薄、范影年(1981)根据腕足类化石将该套地层划分为上石炭统昂杰组、石炭系—二叠系过渡层朗玛日阿组。1:100万日土幅将该套地层划入朗玛群昂杰组,所指都属同一套地层,《西藏地层》清理时沿用拉嘎组,并将其定义为:"以一套含砾砂岩为特征的粗碎屑岩。"主要岩性为灰白、灰黄、灰绿色石英砂岩,含砾砂岩,含砾板岩,粉砂岩,页岩夹薄层砾岩。含冷、暖水相珊瑚及腕足类。顶与上覆地层昂杰组灰岩到页岩均为整合接触。

测区该套地层分布于狮泉河羊尾山一带,出露面积不足$1km^2$,岩性主要由石英细砂岩和钙质页岩构成的韵律组成,底未见,顶与昂杰组灰岩为整合接触。郭铁鹰等(1991)在测区羊尾山一带将其命名为那子夺波组(还包含现在上部的昂杰组灰岩层),《西藏自治区岩石地层》认为那子夺波组下部砂岩所指与拉嘎组相同,故据岩石地层对比将测区上述地层归入拉嘎组。需要指出的是:羊尾山对面的一套火山岩系,前人认为可能属那子夺波组(拉嘎组)底部的物质,但据本次项目详细填图及追索证实,羊尾山南侧实质上存在一隐伏断裂,两侧沉积相存在较大差异,对面的火山岩系不可能是拉嘎组底部的物质,而据火山岩之下存在下拉组的含硅质条带灰岩,火山岩系上部则是三叠系淌那勒组白云岩沉积,证实测区拉嘎组底部未见火山岩出露。根据区域对比,认为测区这套岩性的时代为晚石炭世—早二叠世,底部存在穿时。

(二)剖面列述

——狮泉河羊尾山拉嘎组剖面(图2-8)

剖面起点位于噶尔县狮泉河镇东羊尾山,起点坐标:北纬32°30′59″,东经80°08′30″。

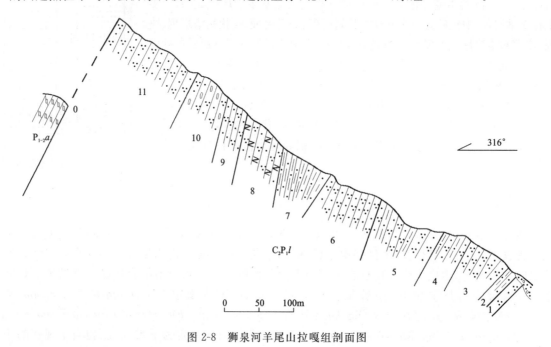

图2-8 狮泉河羊尾山拉嘎组剖面图

上覆地层:昂杰组($P_{1-2}a$) 灰色中薄层粗粒亮晶灰岩
———————— 整 合 ————————
拉嘎组(C_2P_1l)　　　　　　　　　　　　　　　　　　　　厚>519.69m

11. 浅肉红色中厚层状细粒石英砂岩夹绿色薄层状砂泥质页岩　　　　　　　　　　　　101.4m
10. 灰白色含砾中粗粒含岩屑石英砂岩　　　　　　　　　　　　　　　　　　　　　34.67m
9. 紫红色细粒石英砂岩　　　　　　　　　　　　　　　　　　　　　　　　　　　34.56m
8. 灰白色中厚层状含长石石英变砂岩　　　　　　　　　　　　　　　　　　　　　63.60m
7. 灰绿—黄褐色钙质,砂泥质页岩偶夹薄层灰白色石英细砂岩　　　　　　　　　　　　54.92m
6. 灰白色厚层状中细粒石英砂岩偶夹灰绿色薄层状钙质石英砂岩　　　　　　　　　　64.08m
5. 灰白色中厚层夹薄层石英细砂岩夹薄层灰绿黄褐色钙质泥质页岩　　　　　　　　　96.00m
4. 灰绿、黄褐色薄层砂泥质页岩与灰白色中厚层状石英细砂岩互层　　　　　　　　　24.34m
3. 灰白色中厚层夹薄层石英细砂岩夹薄层灰绿、黄褐色钙质砂泥质页岩　　　　　　　　4.30m
2. 灰绿、黄褐色钙质砂泥质页岩偶夹薄层黄褐色石英细砂岩　　　　　　　　　　　　16.47m
1. 灰白色中厚层块状细粒石英砂岩夹灰绿色、黄褐色钙质砂泥质页岩　　　　　　　>11.39m

（未见底）

（三）岩性组合及岩石学特征

该套地层岩性由石英细砂岩、含长石石英砂岩及含砾岩屑石英砂岩代表的粗碎屑与钙泥质页岩代表的细碎屑等组成韵律沉积,向上有粒度变粗的特点(图2-9),岩石学特征如下所示。

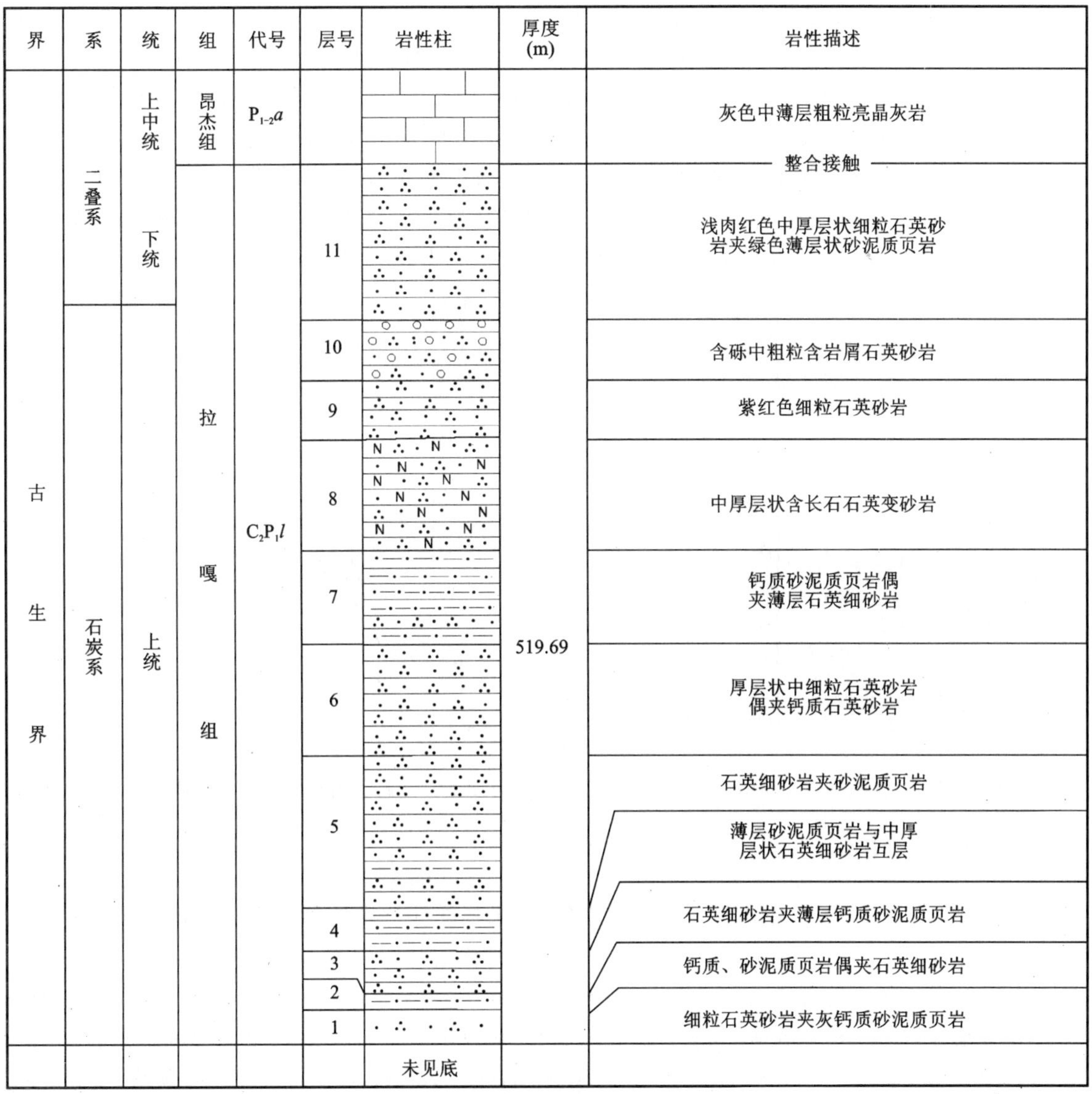

界	系	统	组	代号	层号	岩性柱	厚度(m)	岩性描述
古生界	二叠系	上中统	昂杰组	$P_{1-2}a$				灰色中薄层粗粒亮晶灰岩
								——整合接触——
		下统	拉嘎组	C_2P_1l	11		519.69	浅肉红色中厚层状细粒石英砂岩夹绿色薄层状砂泥质页岩
	石炭系	上统			10			含砾中粗粒含岩屑石英砂岩
					9			紫红色细粒石英砂岩
					8			中厚层状含长石石英变砂岩
					7			钙质砂泥质页岩偶夹薄层石英细砂岩
					6			厚层状中细粒石英砂岩偶夹钙质石英砂岩
					5			石英细砂岩夹砂泥质页岩 / 薄层砂泥质页岩与中厚层状石英细砂岩互层
					4			石英细砂岩夹薄层钙质砂泥质页岩
					3			钙质、砂泥质页岩偶夹石英细砂岩
					2			
					1			细粒石英砂岩夹灰钙质砂泥质页岩
					未见底			

图 2-9　羊尾山拉嘎组地层剖面柱状图

石英细砂岩 细粒砂状结构,孔隙式胶结,砂屑以石英为主,含量约85%,少量燧石、长石等约5%;基质为硅质或泥质,含量小于10%。

含长石石英砂岩 砂状结构,砂屑以石英为主,少量长石、燧石等,基质为硅质、泥质。其中石英砂含量为90%±,长石砂为5%±,燧石等为2%±,基质约3%。

含砾含岩屑石英砂岩 含砾砂状结构,孔隙式胶结,砂屑由石英(85%)、岩屑(7%)、长石(<3%)、砾(2%~3%)组成,基质含量小于5%。

(四)基本层序特征

拉嘎组主要发育以下5类基本层序(图2-10):a类为石英细砂岩→钙泥质页岩组成韵律型基本层序;b类为钙泥质页岩夹石英细砂岩组成韵律型基本层序;c类为石英细砂岩与钙泥质页岩互层组成韵律型基本层序;d类为石英砂岩组成的单一层序;e类为含砾含岩屑石英砂岩组成的单一层序。其中以a、b、c类基本层序为主,d、e类仅出现于剖面中上层位,单层厚度由底向顶逐渐变厚,粒度变粗。

(五)沉积环境分析

该套地层主要由一套碎屑岩和钙泥质页岩组成,砂岩和页岩内多见有水平纹层理;在c类基本层序中发育有潮汐层理,基本层序底部多见冲刷面,页岩单层厚度1~2mm,石英细砂岩单层厚度为1~3cm。根据岩石粒度分析(图2-11),样品曲线由两类组成,一类(样品b-549、b-553、b-207)曲线跳跃总体占89%~96%,悬浮总体占3%~8%。跳跃区间斜率68~73,S截点突变,分选性较好;悬浮区间斜率较缓,分选性较差,为波浪带海砂。另一类(样品b-550)曲线由三段组成,曲线跳跃总体占94%,悬浮总体占4%,滚动总体小于1%。跳跃区间斜率67,S截点突变,T截点不明显,分选性较好;悬浮区间斜率较缓,分选性较差,它的总体特点与前一类基本相似,反映也属于波浪带海砂沉积。综合上述岩性组合、基本层序特征和粒度分析结果确定拉嘎组沉积环境应为潮坪相沉积。

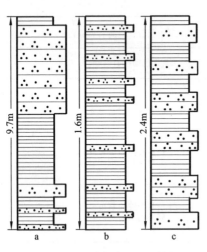

图2-10 拉嘎组基本层序图

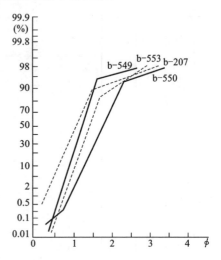

图2-11 拉嘎组粒度分布累计概率曲线图

(六)地层时代讨论

该套地层中生物化石稀少,本次工作没有发现化石,采集的牙形样品也未发现牙形化石。但测区这套砂岩的沉积明显可与区域上的拉嘎组相对比。对于其时代的认识存在不同看法:如郭铁鹰等(1991)在扎日南木错一带的同一地层中曾采获腕足类 *Spiriferella*,? *Neospirifer*,? *Costiferina* 等化石,并认为具有喜马拉雅相 *Taeniothaerus* 动物群的化石特征;《1:100万日土幅区域地质调查报告》在区域上该套地层中采获腕足类 *Stepamiviella*,珊瑚 *Amplexocarinia*,同时产我国华南腕足类 *Phricodothyris*,认为属晚石炭世;而本次工作在测区羊尾山一带的昂杰组底部采获的牙形化石据多位专家鉴定,证实属早二叠世末—中二叠世分子。综合以上分析,考虑到测区这套地层厚519.69m,仅为标准剖面该地层厚度(厚960m)的一半,下未见底,上部与昂杰组呈整合接触,在测区内其上部有存在穿时的可能性,故将测区拉嘎组的时代划入晚石炭世—早二叠世。

第三节 二 叠 系

二叠系地层在测区分布面积较大,在北喜马拉雅地层分区出露有色龙群;在雅鲁藏布江地层区出露有曲嘎组;在冈底斯-腾冲地层区由下至上出露有昂杰组、下拉组、坚扎弄组地层。

一、喜马拉雅地层区北喜马拉雅地层分区色龙群($P_{2-3}S$)

色龙群由中国希夏邦马峰登山队科学考察队(1964)于聂拉木县希夏邦马峰北色龙村创名,1982年发表,原称"色龙组"。中国科学院西藏科学考察队(1966—1968)对色龙剖面再次工作,将原"色龙组"改称色龙群。郭铁鹰等(1991)将札达县马阳村忙宗荣一带的一套含砾碎屑岩命名为马阳组,忙宗荣下组、中组、上组。西藏地矿局(1997)认为以上地层单位所指均属同一套岩石地层,因而恢复使用色龙群,包括下部曲布组和上部曲布日嘎组。

测区该套地层分布在翁波岩基两侧,本次工作主要对曲松西南日萨和曲松北西扎玛附近的色龙群做了工作,该剖面(图2-12)列述如下。

——札达县曲松乡西南日萨色龙群剖面

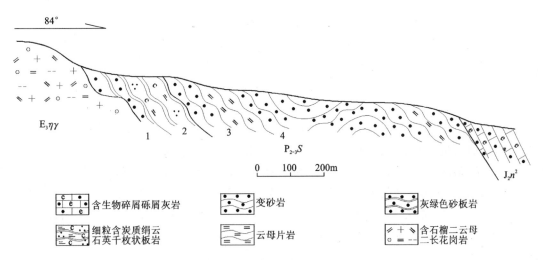

图2-12 札达县曲松乡西南日萨色龙群剖面图

色龙群($P_{2-3}S$)	(褶皱,未见顶)	厚度>251m
4. 变砂岩		>70m
3. 绢云千枚状板岩		70m
2. 细粒含炭绢云千枚状砂板岩		58m
1. 黑云角岩化变砂岩		>53m

——————————— 侵 入 ———————————

翁波电气石二云母花岗岩

该剖面岩性主要由灰绿色砂板岩、细粒含炭质绢云母石英千枚状砂板岩、灰绿色变砂岩夹绢云母千枚状板岩组成,原岩可能为一套细粒长石石英杂砂岩。在变砂岩和砂板岩中发育平行层理、板状斜层理,表明其沉积环境应为滨海相。在该剖面上翁波岩基侵入其中,造成岩体附近强烈的接触变质,故色龙群下未见底。同时,在该路线剖面上,它与上覆侏罗系才里群呈断层接触,但据路线剖面上二者构造形态的不同,推测二者间有可能曾存在过角度不整合。在翁波岩基以北,据遥感解译及少量的前人资料,出露大面积的色龙群,但因属两国边境地带,部分地段目前实质上被对方实际控制,从无人能进入翁波岩基以北地带进行实测,本次工作也同样未能进入这一带。据遥感影像特征分析,岩性组合等和翁波岩基以南基本相似,但影像特征还显示可能含有一定量的灰岩,在这一地带也存在大套侏罗系地层,影像与色龙群的明显不同,推测二者呈角度不整合接触。

该套浅变质岩系在翁波岩基以东实测区只零星出露,本次工作中未采获化石,测区内该套岩石的变质程度明显高于侏罗系地层,故尽管测区内路线剖面上侏罗系与之呈正断层接触,但仍证实其形成时代早于聂聂雄拉组。据区域对比,这套地层的岩性与区域上色龙群相一致,郭铁鹰等(1991)在马阳组和忙宗荣组(相当于测区色龙群)中采获大量中晚二叠世的化石,类型有腕足类、腹足类、珊瑚、双壳类等,故将测区这套地层时代归属于中晚二叠世。区域上这套地层与上覆的三叠系土隆群呈整合接触,但本测区内未见到这套三叠系地层,下侏罗统也未见出现,可能指示沿翁波一线存在古凸起,从而造成沉积缺失,由于剖面处存在地层断失,而南侧主要依靠遥感解译,尚难断言。

二、雅鲁藏布江地层区仲巴-札达地层小区曲嘎组(P_2qg)

(一)创名、定义及划分沿革

《1:100万噶达克幅区域地质调查报告》[①]对香孜-霍尔地区的札达县曲嘎、嘎尔松布赤达若、仲巴帮玛昌翁等地的二叠系地层研究后,新建曲嘎组。定义为以碎屑岩、石英砂岩、粉砂岩、板岩、页岩为主夹灰岩的一套地层,所含化石主要为腕足类和珊瑚,菊石、双壳类次之。

Diener(1990)就提出"西藏相",盛金章等(1962)使用西藏群。《1:100万日喀则、亚东幅区域地质调查报告》[②]的雅鲁藏布江地区使用了巨日浦组一名。测区这套二叠系地层,最早由郭铁鹰、梁定益等(1982)厘定,将之划入北喜马拉雅地层区,并将之创名为热卡拉群,西藏地矿局(1997)认为热卡拉群所指与曲嘎组地层含义相同,本次工作在测区发现雅江缝合带南亚带的存在,从而证实测区内该套地层夹于雅江缝合带南北二亚带间,属于仲巴-札达地层小区(成都地矿所,2002)西延的部分,该套地层与下伏石炭系纳兴组地层为角度不整合接触;与上覆穷果群呈断层接触(依据见本章第四节穷果群),大部分地带被札达群托林组角度不整合覆盖。故本次工作采用西藏地矿局(1997)及成都地矿所(2002)的划分方案,使用曲嘎组一名来表示测区的这一套地层,并依据岩性组合将其划分为一段、二段。其时代据现在二叠系一般为三分,郭铁鹰等(1991)原来在测区曲嘎组(热卡拉群)采到的部分生物分子属栖霞阶,故将其时代划为中二叠世,但该套地层上部未采到化石,存在穿时,即顶跨入上二叠统的可能(表2-2)。

表2-2 二叠系曲嘎组划分沿革表

《1:100万噶达克幅区域调查报告》[①]	《1:100万日喀则、亚东幅区域调查报告》[②]	郭铁鹰、梁定益(1982)	西藏地矿局(1997)	成都地矿所(2002)	成都地矿所(2004)	本次工作
下二叠统曲嘎组	下二叠统巨日浦组	下二叠统热卡拉群	下二叠统曲嘎组	中二叠统曲嘎组	中上二叠统曲嘎组	中二叠统曲嘎组

---

①西藏自治区地质矿产局.1:100万噶达克幅区域地质调查报告,1987.全书类同。
②西藏自治区地质矿产局.1:100万日喀则、亚东幅区域地质调查报告,1993.全书类同。

(二)剖面列述

——札达县曲松乡曲嘎组剖面(图 2-13)

剖面位于札达县曲松乡山岗牧场附近,起点坐标:北纬 $32°13'16''$,东经 $79°14'01''$。

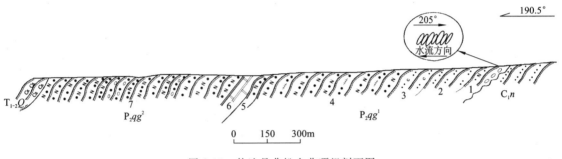

图 2-13 札达县曲松乡曲嘎组剖面图

上覆地层:穷果群($T_{1-2}Q$) 薄层泥钙质板岩夹薄层灰岩
============ 韧性断层 ============

曲嘎组二段(P_2qg^2) **厚 265.78m**
  7. 长石砂板岩夹变长石砂岩,砾质砂岩,砾砂板岩   264.57m
  6. 大理岩   1.21m

曲嘎组一段(P_2qg^1) **厚 330.81m**
  5. 黄褐色长石砂板岩夹变长石砂岩   1.39m
  4. 青灰色细长石砂板岩夹变细粒石英杂砂岩   225.23m
  3. 灰黑色厚层含炭粉砂质板岩   5.11m
  2. 青灰色厚层粉砂质板岩   55.05m
  1. 厚层变砾岩夹变长石砂岩   44.04m
～～～～～～ 角度不整合 ～～～～～～
下伏地层:纳兴组(C_1n) 青灰色变长石砂岩夹灰黑色砂质板岩

(三)岩性组合及岩石学特征

该套地层为一套浅变质岩石,一段岩性主要由变砾岩、变砂岩、粉砂质板岩、长石砂板岩等组成;二段岩性主要由大理岩、砾质砂岩、砾质砂板岩等组成。其岩石学特征如下所示。

1. 一段

该段沉积主要由变砾岩、变砂岩、粉砂质板岩、长石砂板岩等组成。

变砾岩 变余砾状结构,以石英砾为主,含下伏地层的砂岩砾、片麻岩砾石,砾石多呈扁平状,磨圆较好,圆—次圆状,分选较好,长轴一般为 8cm±,个别可达 10cm±,部分砾石与杂基一起有扭曲现象,砾石在水平方向上略具定向,平行排列,略叠瓦状,砾石含量约 80%,胶结物为砂质,含量约 20%。

变砂岩 变余砂状结构,主要成分由石英(50%~60%)、长石(20%~30%)、绿泥石(5%~10%)、绢云母(<5%)等组成。石英他形粒状,变晶结构;长石变余碎屑状,云母鳞片状,略定向。

长石砂板岩 板状构造,岩石由石英(50%~60%)、长石(15%~20%)、绢云母(20%)、黑云母(5%)、磁铁矿(<2%)等组成。石英变余他形柱粒状;长石多为斜长石,变余碎屑状;云母鳞片状,为原岩中泥质变质结晶而成,具弱定向。

2. 二段

该段沉积出露厚度较小,岩性主要由大理岩、砾质砂岩、砾质砂板岩等组成,局部夹长石砂板岩。

大理岩 粒状变晶结构,岩石由石英(15%)、方解石(>65%)、白云母(15%)、磁铁矿(<5%)等组成。方解石近等轴粒状,粒径多为 0.04~0.09mm;石英变余粒状,粒径 0.04~0.13mm;白云母为细小片状,呈团块或不规则条带状产出,由原岩中泥质结晶而成。

(四)沉积环境分析

1. 一段

该段沉积底部为变砾岩夹变砂岩,之上为砂板岩夹变砂岩组成的韵律层。

曲嘎组底部基本层序(图 2-14、图 2-15)由块状砾岩→块状砂岩组成,底部明显为一侵蚀面,局部砂岩中夹有砾岩透镜体,砾石分选中等,块状砂岩中可见正粒序层理;中上部主要由一套石英和杂基含量较高的碎屑岩组成,显示该段沉积水体相对较浅,为海滩沉积。

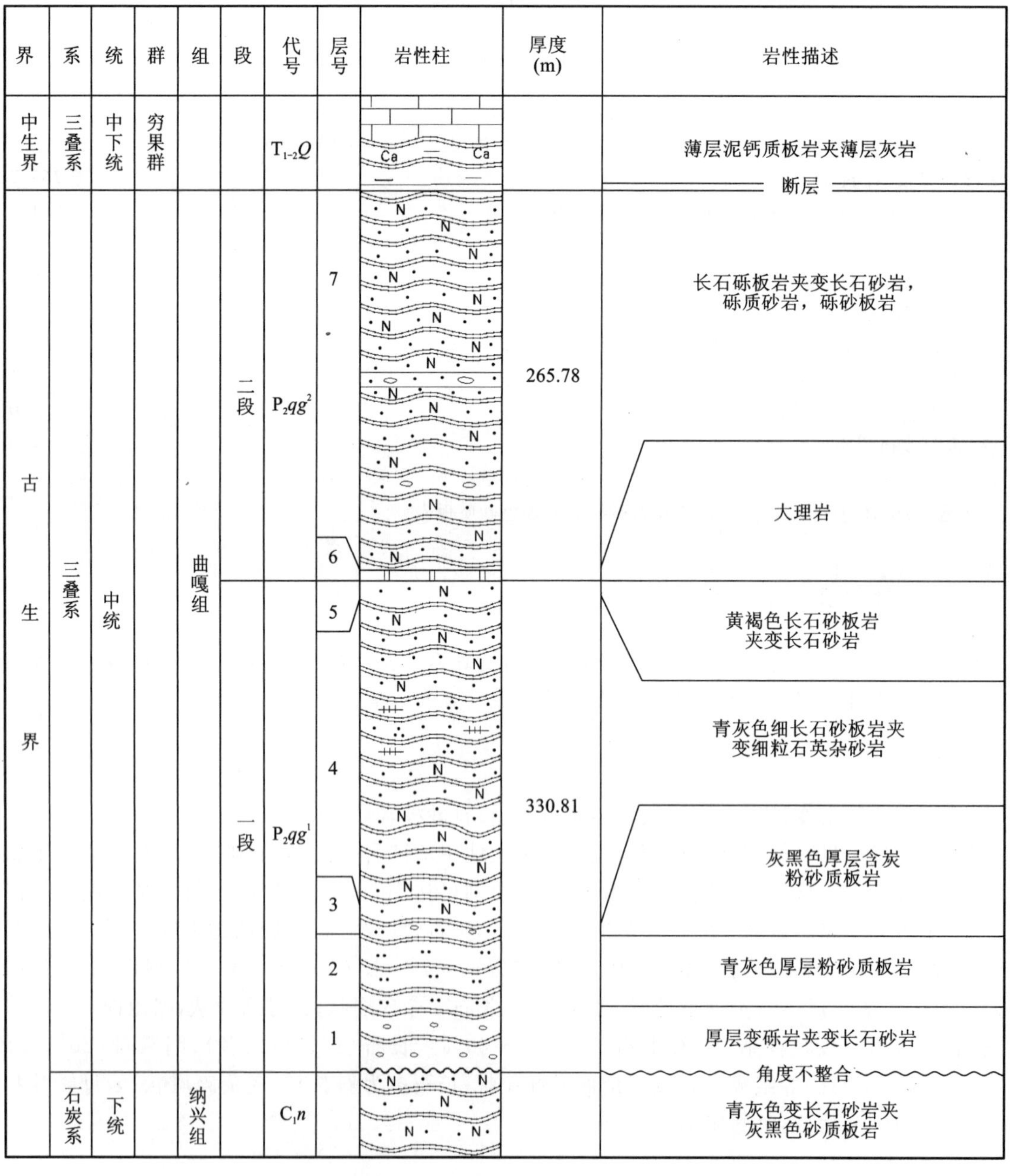

界	系	统	群	组	段	代号	层号	岩性柱	厚度(m)	岩性描述
中生界	三叠系	中下统	穷果群			$T_{1-2}Q$				薄层泥钙质板岩夹薄层灰岩
										断层
古生界	三叠系	中统	曲嘎组		二段	P_2qg^2	7		265.78	长石砾板岩夹变长石砂岩,砾质砂岩,砾砂板岩
							6			大理岩
							5			黄褐色长石砂板岩夹变长石砂岩
					一段	P_2qg^1	4		330.81	青灰色细长石砂板岩夹变细粒石英杂砂岩
							3			灰黑色厚层含炭粉砂质板岩
							2			青灰色厚层粉砂质板岩
							1			厚层变砾岩夹变长石砂岩
										角度不整合
	石炭系	下统	纳兴组			C_1n				青灰色变长石砂岩夹灰黑色砂质板岩

图 2-14 仲巴-札达地层小区曲嘎组地层剖面柱状图

2. 二段

该段沉积底部见有大理岩,原岩为碎屑灰岩,之上由长石砂板岩夹长石砂岩、砾质砂岩、含砾砂板岩组成,依据该岩性组合特征,该段沉积相应为台地相,水体相对变深。

综合一、二段沉积环境分析,一段沉积水体相对较浅,为海滩沉积;二段灰岩的出现代表了一次海侵事件,反映海侵进一步扩大、水体加深,沉积相由海滩沉积变为台地相沉积,但由于紧接着很快发生了气候变冷事件,从而导致了沉积萎缩,在冰期形成成分复杂的含砾板岩(可能系冰水成因或冰筏相)。

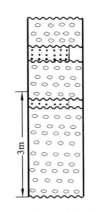

图 2-15 曲嘎组底部变砾岩夹变砂岩基本层序

(五) 生物地层及时代讨论

在测区内发现曲嘎组与下伏石炭系地层为微角度不整合接触,曲嘎组底部砾岩最主要的砾石组分为糜棱岩化石英脉的砾石,其次还含有片麻岩砾石。砾岩含下伏地层的砂岩砾,砾岩底面为一Ⅰ型侵蚀面,显示下伏砂岩形成后又被侵蚀,但侵蚀角度很小,二者近于平行,故二者之间无疑至少应存在一较长时间的沉积间断(该不整合面也是海侵面或构成低水位楔顶面)。在砾岩中砾和砂一起在沉积后发生了扭曲(图版25-7、25-8),反映了变形应力非常强烈,这一变形过程无疑与伸展造成的糜棱岩化有关。

测区的这套地层岩石组合与区域上的曲嘎组相一致,《西藏自治区岩石地层》将区域上的曲嘎组划为早二叠世(二叠纪二分法),成都地矿所(2002)将曲嘎组划为中二叠世(二叠纪三分法),中国地质调查局、成都地矿所(2004)划为中晚二叠世。郭铁鹰等(1991)曾在测区内热嘎拉剖面上采获大量化石,单体珊瑚类有 *Lytvolasma elliptium* Wu, *Lytvolasma rhapidoseptum* He et Weng;腕足类有 *Taeniothaerus* sp.,*Fusispirifer nitiensis semiplecata* Ching,*F. transversa* Ching,*Mayangells* sp. 等。据上述化石,郭铁鹰等(1991)将测区该套地层的时代定为早二叠世栖霞阶,按二叠纪三分法置为中二叠世。综合上述,将测区这套地层划为中二叠世较合适。

三、冈底斯-腾冲地层区措勤-申扎地层分区

该区二叠系地层分布较广,出露面积较大,以中上二叠统昂杰组;上二叠统下拉组、坚扎弄组地层为主。主要出露于冈底斯火山-岩浆弧和狮泉河-申扎-嘉黎结合带之间的左左断隆带(可能相当于隆格尔断隆带的西延部分)。划分沿革见表 2-3。

表 2-3 措勤-申扎地层分区二叠系—三叠系地层划分沿革

《1:100万日土幅区域地质调查报告》(1987)			《西藏阿里地质》(1991)			《西藏自治区岩石地层》(1997)			成都地矿所(2002)			本次工作		
上覆	缺失			缺失			缺失			缺失		中下三叠统	淌那勒组	
二叠系	上统	左左组	二叠系	上统	缺失	二叠系	上统	坚扎弄组	二叠系	上统	敌布错组	二叠系	上统	坚扎弄组
								?						
		羊尾山组			羊尾山组		下统	下拉组		中统	下拉组			下拉组
	下统			下统									中统	昂杰组
		那子夺波组			那子夺波组			昂杰组			昂杰组		下统	
						石炭系	上统	拉嘎组		下统	拉嘎组	石炭系	上统	拉嘎组

（一）昂杰组（$P_{1-2}a$）

1. 创名、定义及划分沿革

昂杰组由夏代祥（1979）于申扎县永珠昂杰创名，1983年发表，原义指：岩性为灰黑色粉砂岩，下部夹砂岩、页岩，中上部夹棕褐色生物碎屑灰岩及钙质砂岩，顶部为灰黑色页岩，底部为厚约10m的灰白色含砾生物碎屑灰岩，产双壳类、腕足类化石。杨式溥、范影年（1981）根据化石将上部细碎屑岩夹生物灰岩划归下二叠统下拉组，将下部灰岩及以下的碎屑岩称为石炭系—二叠系过渡层朗玛日阿组，而将其下伏的碎屑岩、泥质岩称为上石炭统昂杰组。《1∶100万日土幅区域地质调查报告》亦据化石将昂杰组中部划归下拉组，将其下部灰岩及以下整个含砾层都称为昂杰组。郭铁鹰等（1991）将羊尾山一带的一套以薄层灰岩夹泥板岩组成的地层创名为那子夺波组（上部）。西藏地矿局（1997）沿用昂杰组一名，并将其定义为："指整合于拉嘎组碎屑岩与下拉组灰岩间的一套以细碎屑岩、灰岩为特征的地层体，局部含火山物质，产双壳类和腕足类化石"。并明确指出测区的那子夺波组上部属昂杰组。

本次工作沿用昂杰组一名。测区该套地层位于左左断隆带内，分布面积约30km²，仅在羊尾山一带产出，岩性由含白云石粗粒亮晶灰岩、砂屑灰岩、泥质岩石组成。顶底分别与下拉组和拉嘎组整合接触。

2. 剖面列述

羊尾山剖面（图2-16）位于噶尔县狮泉河镇东羊尾山，剖面起点坐标：北纬32°30′59″，东经80°08′30″。

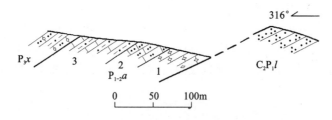

图2-16 狮泉河羊尾山昂杰组实测剖面图

上覆地层：下拉组　灰色中厚层中粗粒砂屑亮晶灰岩夹深灰色硅质条带灰岩

——————————— 整　合 ———————————

昂杰组（$P_{1-2}a$）	厚105.52m
3. 灰褐色中薄层砂屑灰岩与土黄色薄层砂泥质页岩互层	23.91m
2. 青灰色中薄层细粒砂屑灰岩夹黄褐色砂泥质板岩	59.00m
1. 中薄层粗粒亮晶灰岩	22.61m

——————————— 整　合 ———————————

下伏地层：上石炭统—下二叠统拉嘎组　中厚层细粒石英砂岩夹灰绿色薄层状砂泥质页岩

3. 岩性组合、分布特征

羊尾山一带昂杰组出露较齐全，岩性主要为砂屑灰岩夹泥钙质板岩，底以粗晶灰岩整合覆于拉嘎组变石英砂岩上，顶与下拉组硅质灰岩呈整合接触。

含白云石粗粒亮晶灰岩　主要由方解石（>85%），少量白云石（13%）和石英（<2%）组成，方解石粒度为细粒（1～2mm）。

砂屑灰岩　主要由方解石（60%～90%），石英砂屑（10%～40%）组成；砂屑多为次圆—圆状，分布均匀，粒径0.18～0.36mm；方解石不规则粒状，粒径0.25mm±。

4. 基本层序特征

昂杰组基本层序主要分为三类：a 类由中薄层砂屑灰岩→薄层砂泥质页岩组成；b 类由薄层中细粒长石砂岩→粉砂岩→泥晶灰岩组成，底部见冲刷面(图 2-17)；c 类由含白云石粗粒亮晶灰岩组成的单一层序组成。c 类单一层序组成了昂杰组的底部，中上部由 a 类基本层序构成的半旋回性韵律层组成，其中砂泥质页岩中发育水平纹层。层序 b 在下部偶见，其内的碎屑具有向上变细的正粒序特点，砂岩中发育水平纹层。

5. 沉积环境分析

在羊尾山一带，昂杰组底部由粗粒砂屑亮晶灰岩组成，灰岩分选较好，并有较高的磨圆度，最底部的一层灰岩中含有少量白云石，向上变为方解石组成的砂屑灰质，灰岩中含有少量陆源碎屑，而该地段砂岩夹层与灰岩构成的基本层序 b（由薄层中细粒长石砂岩→粉砂岩→

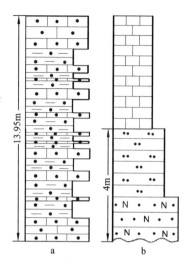

图 2-17 昂杰组基本层序图

泥晶灰岩组成，底部见冲刷面）也反映了水体动荡的浅水环境特点。综上说明昂杰组底部为水体较浅的碳酸盐岩台地潮坪相沉积。昂杰组中上部基本层序主要由中薄层砂屑灰岩→薄层砂泥质页岩组成，剖面位置上薄层土黄色板岩及其他地带黑色板岩的出现，灰岩主要呈薄层粉砂屑-泥晶组成，生物化石稀少，这些反映了水体流动不畅、有少量陆源细碎屑物质加入的半闭塞台地碳酸盐沉积相特征。根据昂杰组由底至顶沉积相的变化，反映了这一时期水体在不断加深，它们构成一个海侵相序。

6. 地层时代讨论

在羊尾山剖面昂杰组的最底部（第 1 层）采获牙形石(HS-64)，经中国科学院王成源研究员鉴定，认为该样应属 *Mesogondolella idahoensis* 种类；*Mesogondolella idahoensis* 种的时限是早二叠世 Kungurian 阶（空谷阶）到中二叠世 Roadian（罗德阶）的早期。综合上述，并考虑到区域上昂杰组中产腕足类 *Spirifer tastubensis*，*Martinia* sp.，双壳类 *Aviculopecten alternatoplicatus*？，上述化石西藏地矿局(1997)认为属晚石炭世—早二叠世（根据二叠纪三分法和石炭系上界下调，应属于早二叠世），由于在测区上部的下拉组灰岩中采到吴家坪阶及长兴阶的牙形化石，显然测区下拉组的形成时代较区域上晚，即存在穿时性，故测区的昂杰组的主要形成时代可能是中二叠世，但也存在向下穿时的可能性，因而，将测区这套地层时代置于早中二叠世。

（二）下拉组(P_3x)

1. 创名、定义及划分沿革

下拉组由夏代祥、徐仲勋(1979)命名，夏代祥(1983)介绍，创名剖面位于申扎县永珠下拉山，原义指：岩性为灰色、灰白色结晶灰岩，生物碎屑灰岩，条带状灰岩，含鲢类、珊瑚、腕足类和双壳类化石。1979 年西藏地矿局区调队在该地区开展 1∶100 万区调工作，随后中国地质科学院、中国科学院南京地质古生物研究所都称这套灰岩为下拉组。西藏地矿局(1997)沿用此名，并定义为一套碳酸盐岩，局部夹少量碎屑岩的地层体，含鲢、珊瑚和腕足类，与下伏地层昂杰组为整合接触。2002 年，成都地矿所的《青藏高原及邻区地层初步划分方案》也采用了下拉组，但据二叠纪三分法的原则，将下拉组的时代定为中二叠世。

测区内的这套地层，出露面积约 100km²，在羊尾山和左左均有分布。羊尾山一带为砂屑灰岩夹硅质灰岩（灰岩内含硅质条带、角砾），在薄层硅质灰岩中含较多生物碎屑，生物种属有珊瑚、腕足类等。底与昂杰组整合接触，顶与坚扎弄组千枚状砂板岩呈平行不整合接触。左左一带主要为一套硅质泥晶灰岩、砂屑灰岩，并夹有数层紫红色硅质岩，下部薄层灰岩中含有较多生物碎屑（珊瑚、腕足类），未见底，顶与左左组呈平行不整合接触。其为一套含硅质条带的砂屑灰岩、泥晶灰岩，郭铁鹰等(1991)将其创名为羊尾山组,并采获珊瑚、腕足类、有孔虫、苔藓虫、双壳类翼蛤等化石种属,认为时代可能相当于栖霞阶。本次工作时,据羊尾山组岩性组合与下拉组地层相当[西藏地矿局(1997)认为狮泉河羊尾山处羊尾山组下伏的那子夺波组上部属昂杰组],将该套地层厘定为下拉组。

需要指出的是,本次工作在羊尾山下拉组顶部发现坚扎弄组沉积,确认二者呈假整合接触,在左左一带确认淌那勒组白云岩平行不整合于这套地层之上。根据在这套地层内采获的牙形化石,确认测区内这套沉积实质上形成于晚二叠世,并在假整合于其上的淌那勒组中发现了早三叠世牙形化石。故将这套地层的时代确定为晚二叠世。

2. 剖面列述

1) 朗久电站剖面(图2-18)

剖面起点位于噶尔县左左区朗久电站,起点坐标:北纬32°26′46″,东经80°21′21″。

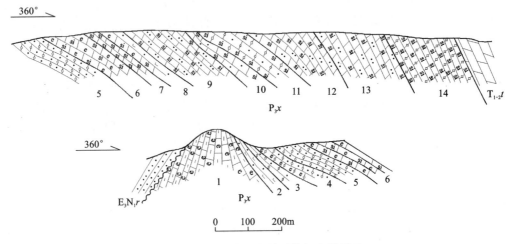

图2-18 噶尔县朗久电站下拉组实测剖面

上覆地层:早三叠世淌那勒组白云岩

―――――――― 平行不整合 ――――――

下拉组(P_3x)	厚>848.77m
14. 灰黑色块状硅质泥晶灰岩	180.8m
13. 灰色块状粉砂屑硅质灰岩	175.61m
12. 灰色块状粉砂屑硅质灰岩夹紫红色厚层硅质岩	13.97m
11. 灰黑色块状含硅质泥晶灰岩夹灰白色亮晶粉砂屑灰岩	6.12m
10. 灰黑色块状含硅质砂屑灰岩	11.80m
9. 灰色厚层状含硅质粉砂屑灰岩	88.28m
8. 灰黑色中薄层含生屑硅质灰岩夹钙质砂岩,含腕足类、海百合茎及苔藓虫化石	23.69m
7. 灰黑色块状硅质灰岩与薄层硅质灰岩互层	8.53m
6. 灰黑色泛紫红色中层生物碎屑硅质灰岩与薄层生物碎屑硅质灰岩,含腕足类、海百合茎化石	5.96m
5. 灰黑色中薄层砂质泥晶灰岩	36.99 m
4. 灰色中层含生物碎屑泥晶灰岩夹薄层砂屑泥晶灰岩,生物碎屑泥晶灰岩中含有孔虫、腕足类、海百合茎化石碎片	16.77m
3. 灰黑色中层泥晶灰岩夹厚层含砂泥晶灰岩,含腕足类、介形虫、有孔虫、海百合茎和藻类化石碎片:*Hindeodus* sp. Scelement,*Hindeodus* sp. Paelement,*Enantiognathus ziegleri* (Diebel,1956),*Clarkina changxingensis*(Wang et Wang Z H,1981)	4.78m
2. 褐黄色中薄层粗粒钙质砂岩,含腕足类、苔藓虫化石碎片	4.78m
1. 厚层含生物碎屑礁灰岩	>152.5m

(未见底)

2）羊尾山剖面（图2-19）

剖面位于噶尔县狮泉河镇东羊尾山，剖面起点坐标：北纬32°30′59″，东经80°08′30″。

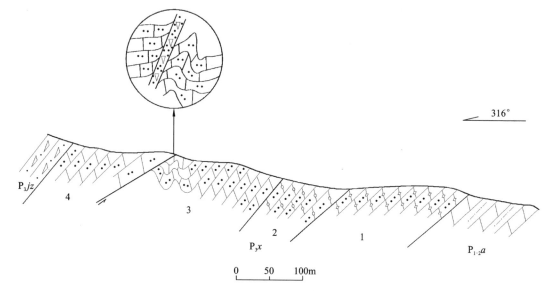

图2-19 狮泉河羊尾山下拉组实测剖面图

上覆地层：坚扎弄组（P_3jz） 青灰色中细粒钙质岩屑杂砂岩夹薄层泥岩

———————— 平行不整合 ————————

下拉组（P_3x）   **厚578.7m**

4. 深灰色中薄层状细粒砂屑灰岩偶夹深灰色硅质灰岩条带   197.53m

———————— 断 层 ————————

3. 灰色薄层夹中厚层状细粒砂屑灰岩夹深灰色硅质灰岩条带，采集有珊瑚、腕足类及其化石碎片   154.79m
2. 灰色中厚层状细粒砂屑亮晶灰岩夹深灰色硅质灰岩条带，见有珊瑚、腹足类、海百合茎等化石   31.88m
1. 灰色中厚层状中粗粒砂屑亮晶灰岩夹深灰色硅质条带，偶夹泥质岩，见有海百合茎化石   194.5m

———————— 整 合 ————————

下伏地层：昂杰组（$P_{1-2}a$） 灰褐色中薄层砂屑灰岩与土黄色薄层砂泥质页岩互层

3. 岩性组合及分布特征

在羊尾山一带，下拉组主要由中薄层—中厚层状细粒砂屑灰岩夹硅质条带灰岩、细粒—中粗粒砂屑亮晶灰岩夹硅质条带灰岩组成，在薄层硅质灰岩中含较多生物碎屑，生物种属有珊瑚、腕足类等，底部偶夹页岩。

在左左北日阿嘎勒一带，岩性主要由灰白色—灰黑色的中薄层状泥晶灰岩、砂屑灰岩夹角砾灰岩、燧石团块及大理岩化灰岩组成，局部夹火山碎屑岩或火山碎屑熔岩及红色硅质岩。

在左左一带，岩性主要由一套灰色中厚层—薄层硅质灰岩，局部夹粉砂屑灰岩组成，下部薄层灰岩中含有较多生物碎屑（珊瑚、腕足类），上部在与淌那勒组接触部位夹有多层红色硅质岩。

含泥灰质硅质岩 隐晶结构，岩石主要由方解石和硅质矿物组成，其中方解石含量为10%～40%，硅质60%～90%，硅质矿物为微粒状石英，集合体呈放射状的玉髓和隐晶质蛋白石，方解石自形粒状，粒径多为0.3mm，分布不均匀。

砂屑灰岩 砂屑结构，主要由砂屑（40%）和方解石（60%）组成，砂屑多为燧石砂屑，少数为灰岩岩屑，方解石为细晶-微晶质，粒径小于0.1mm。

泥晶灰岩 泥晶结构，主要由泥晶方解石组成，方解石粒径小于0.1mm，岩石较破碎，重结晶而成的颗粒形成粗的方解石脉较发育。

4. 基本层序特征

在左左一带下拉组未见底,底部层序由礁体—泥灰质砂岩组成,之上为中层—中薄层碎屑泥晶灰岩,偶见硅质条带。向上在砂屑灰岩夹硅质条带中基本层序较为单一,仅为硅质灰岩→薄层灰岩和硅质灰岩组成的单一层序,且以硅质灰岩组成的单一层序为主。其中薄层灰岩单层厚5~10cm(图2-20a)。

在左左北日阿嘎勒一带,下拉组基本层序由泥晶灰岩→燧石团块(图2-20b)和硅质灰岩→砂屑灰岩(图2-20c)组成,其中以后者为主。

在羊尾山一带,下拉组基本层序仅由类砂屑灰岩→硅质条带组成,硅质条带一般厚3~5cm,最厚8cm(图2-20d)。

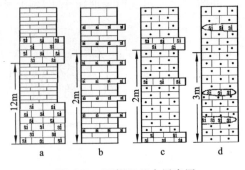

图2-20 下拉组基本层序图

5. 沉积环境分析

羊尾山一带该套地层岩性及基本层序较为单调,主要由中厚层的含硅质条带泥晶灰岩组成,显然属于开阔台地相碳酸盐岩沉积。底部夹有少量泥质,反映早期水体略浅,可能属开阔台地相—局限台地相之间的过渡类型。

左左一带未见底,其下部剖面第1层的大部分构成礁灰岩核,礁体处产状近于直立,礁体内造礁生物较少,主要由灰泥充填,构成障积灰泥丘,系典型斑礁。由礁体向北(第1层内)产状由陡逐渐变缓,灰岩中出现大量的生物碎屑并含有少量的灰岩角砾,反映了礁体顶部被风浪破坏、滑塌堆积在礁前陡斜坡上的沉积,但它还是礁体的一部分。而第2层钙质砂岩主要由钙质碎屑组成,含少量石英碎屑,砂岩中广泛发育水平纹层理。根据较粗碎屑岩石粒度分析(图2-21),曲线跳跃总体占89%,悬浮总体占6%,跳跃区间斜率陡,S截点突变,反映水动力条件较为单一,分选性较好;悬浮区间斜率较缓,分选性较差,为波浪带海砂沉积。综合其北侧发育礁体,该部分产状相对北侧礁体滑塌的部分要缓得多,判断第2层反映的沉积相为浅水碳酸盐沙滩相,它指示了随着礁体的生长,灰泥丘顶面逐渐接近海平面,从而形成一套浅滩相沉积。向上此处的昂杰组沉积物由生物碎屑砂泥灰岩组成,含有一定的砂泥灰质及生物碎屑的出现,缺乏陆源碎屑,指示为开阔台地相沉积。反映在浅水碳酸盐沙滩相沉积之后,地壳又发生过缓慢的沉降,水体在加深。礁体相划分见图2-22。根据以上对比,礁体相实质上可与羊尾山一带的下拉组第1层相对比。

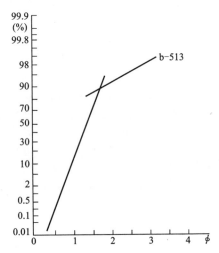

图2-21 下拉组粒度分布累计概率曲线图

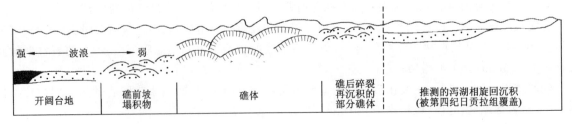

图2-22 左左区下拉组底部礁体形态示意图

岩石中生物化石丰富,特别是生物碎屑含量丰富,最高可达 20%±,化石种属有珊瑚、腕足类、有孔虫、苔藓虫、双壳类翼蛤等,化石碎片较多,反映了总体可能水不深,阳光氧气充足,有时可能有波浪作用的特点,也从另一方面证实它可能属于开阔台地相沉积。根据测区下拉组底部含有冷温型动物分子,而向上则主要为特提斯暖水动物群的典型化石(郭铁鹰等,1991),说明它位于冈瓦纳大陆边缘,处于冷暖水生物区混合部位。

在测区下拉组中含有许多小的硅质条带,在下拉组顶部附近出现数层红色硅质岩。根据区域上这一时期存在火山喷发和测区下拉组顶部也存在类似的火山活动,对硅质岩的地球化学分析指示属混合型成因,硅质岩的颜色也与火山热液形成的相似,故较高的铁锰质反映了其属火山热液成因的产物,$w(V)/w(Y)=1.36$,$w(Ti)/w(V)=25.4$,与大陆边缘硅质岩的组成大致接近,说明它形成于大陆边缘台地环境。

6. 生物地层及时代讨论

以往在测区的下拉组中采到鏟 *Schubertella* sp.,有孔虫 *Baisalina quizhouensis* Wang,*Cribrogenerina* sp.,*Tetrataxis* sp.,苔藓虫 *Fenestella* sp.,*Pennireptepora* sp. 和大量的腕足类、珊瑚、双壳类翼蛤等化石种属。本次工作在左左一带该地层剖面第 1 层中采到牙形化石组合(图版 1):*Hindeodus typicalis* Sweet Paelement,*Xaniognathus* sp.,*Lonchodina* sp.,*Hindeodus* sp. Scelement,*Hindeodus* sp. Paelement;在第 3 层中采获的牙形化石组合:*Hindeodus* sp. Scelement,*Hindeodus* sp. Paelement,*Enantiognathus ziegleri*(Diebel,1956),*Clarkina changxingensis*(Wang et Wang Z H,1981)(以上化石由赖旭龙教授鉴定,张克信教授复核)。其中 *Clarkina changxingensis*(Wang et Wang Z H,1981)是长兴阶 *Clarkina changxingensis* 带的标准化石。根据层序及相分析,羊尾山一带的下拉组底部可与左左一带的下拉组底部层位相对应,而在上覆的淌那勒组白云岩中部采到奥伦尼可阶牙形化石(共获 7 个牙形种属),以及在淌那勒组采获牙形种属的层位之下尚有厚达 500 多米的该组白云岩沉积,确定测区内下拉组的时限为晚二叠世。

区域上一般将下拉组定为中或中下二叠统,测区内的下拉组明显具有层位略高的特点,它很可能指示了测区内相对位于水体较深部位,联系到巴基斯坦一带有相对较连续的二叠纪—三叠纪沉积,那么,在西构造结东翼的测区一带发现晚二叠世沉积也就不足为怪,它从另一方面证实前人所提到的下拉组具有穿时的现象。

(三)坚扎弄组(P_3jz)

1. 创名、定义及划分沿革

坚扎弄组由李星学、吴一民等 1985 年命名,创名剖面位于措勤县夏岗江雪山坚扎弄沟,原指一套陆相的含煤碎屑岩建造。代表该区下二叠统。1971 年西藏第四地质队首次发现该套地层,并命名为尖扎辽旺组,时代归侏罗纪或三叠纪—侏罗纪,但无实测剖面,资料也未公开发表;1983 年,蒋忠惕、徐正余将其时代改为晚二叠世。1985 年李星学等在此实测了地质剖面,采集了大量生物化石,创名坚扎弄组。西藏地矿局(1997)沿用此名,并定义为:一套含煤陆相碎屑岩,下部以砂岩、砾岩为主,中部为粉砂岩夹粗—细砂岩及薄煤层,上部为粉砂岩夹细砂岩,产植物化石等,未见顶底,时代定为晚二叠世。权威的中国地层典(2000)也采用了这一名称,时代据蒋忠惕等采到的孢粉化石仍定为晚二叠世。以前认为该套地层除命名剖面位置外,无第二个相似露头点,但近年来,区域上该套地层被大量发现,并有将这套地层定为敌布错组的趋势,但二者所指的沉积地质体实质上是相同的。

测区该套地层出露局限,面积不足 1km²,仅在羊尾山一带呈窄条带状近 NE - SW 向分布,基本层序由砂岩夹含炭页岩组成。岩性以一套含炭质较高的陆相碎屑岩夹薄层炭质页岩组成,底部为一层厚约 10m 的砂质千枚状板岩。向西很快相变为一套泻湖相的砂岩、白云岩、泥岩,向东尖灭。顶底与淌那勒组灰岩和下拉组硅质灰岩均为平行不整合接触。显然可与区域上的坚扎弄组相对比,故我们仍沿用西藏地矿局(1997)和《中国地层典》(2000)的划分方案,将这套地层定为坚扎弄组。

2. 剖面列述

狮泉河羊尾山剖面(图 2-23)位于噶尔县狮泉河镇东羊尾山,剖面起点坐标:北纬 32°30′59″,东经 80°08′30″。

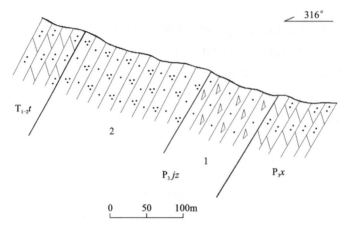

图 2-23 狮泉河羊尾山坚扎弄组实测剖面图

上覆地层:淌那勒组($T_{1-2}t$) 硅化白云质砂屑灰岩

———————— 平行不整合 ————————

坚扎弄组(P_3jz) **厚 148.05m**
2. 青灰色中粒石英砂岩夹薄层泥岩 109.6m
1. 青灰色中细粒钙质岩屑杂砂岩夹薄层泥岩 38.45m

———————— 平行不整合 ————————

下伏地层:下拉组(P_3x) 灰岩夹硅质条带

3. 岩性组合及岩石学特征

测区该套地层为一套含炭质较高的陆相碎屑岩,分布极为局限,仅发育于羊尾山一带,基本层序由砂岩夹含炭页岩组成,岩性以中粒石英砂岩,中细粒钙质岩屑杂砂岩夹薄层炭质页岩组成,底部为一层厚约 10m 的砂质千枚状板岩。向西很快相变为一套泻湖相的砂岩、白云岩、泥岩,向东尖灭。

中细粒钙质岩屑杂砂岩 中细粒砂状结构,基底-孔隙式胶结,成分主要由钙质岩屑砂(75%)、石英砂(<5%)和基质(钙质、硅质)(>20%)组成。岩屑多为棱角状—次棱角状,少数为次圆状,粒径 0.15~0.43mm;石英砂屑多为棱角状—次棱角状,粒径 0.12~0.25mm。

中粒石英砂岩 砂状结构、孔隙式胶结,碎屑成分主要由石英(约 90%)、杂基(约 10%)组成,胶结物为钙质。

4. 基本层序特征

坚扎弄组主要由三类基本层序组成(图 2-24):a 类由石英砂岩→泥岩组成;b 类由砂屑灰岩→钙质砂岩→泥岩组成;c 类由薄层千枚状板岩(原岩为粉砂岩)→石英砂岩→炭质泥页岩组成。其中 b 类构成一向上变细变薄、内源碎屑减少、陆源碎屑增多的潮坪沉积变为泥坪沉积,水周期性变浅;c 类千枚状板岩发育小角度交错层理,炭质泥页岩发育水平纹层。

上述三类基本层序均发育于狮泉河镇羊尾山一带,其中以 a 类为主,b、c 类次之。

5. 沉积环境分析

在该套地层中,粉砂岩中发育小角度交错层理,石英砂岩顶部水平纹层发育,炭泥质页岩中水平纹层也较发育,三类基本层序总体都发育有向上变细、单层变薄的正粒序特点,而泥质岩中含炭较高,呈夹层出现于碎屑岩中。根据较粗碎屑岩石粒度分析(图2-25),曲线跳跃总体占93%,悬浮总体占5%,跳跃区间斜率73,S截点突变,反映水动力条件较为单一,分选性较好;悬浮区间斜率相对较缓,分选性较差,为波浪带海砂沉积。显示属于滨海相沉积,但在局部地带发育一套潮坪-泻湖相的砂岩、白云岩、泥岩,这些反映了这一时期水体极浅,海湾形态复杂多变的特点。测区该套地层的发现,其沉积相与下拉组开阔台地相碳酸盐沉积的巨大差异,说明在晚二叠世晚期测区内存在海退,并有可能造成沉积间断,但海水并未退出全区,在一些低洼地带形成了滨海-潮坪沉积。

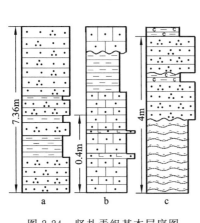

图 2-24 坚扎弄组基本层序图

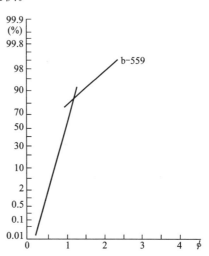

图 2-25 坚扎弄组粒度分布累计概率曲线图

6. 生物地层及地层时代讨论

测区内该套地层本次工作未采到化石。区域上在该套地层内采获有植物化石 *Phyllotheca*, *Noeggerathiopsis*, *Pecopteris*, *Sphenopteris*, *Carpolithus*, *Cardiocarpus* 等。测区主体以砂岩夹炭质页岩组成的沉积组合总体可与区域对比,并根据其与下伏地层晚二叠世下拉组呈平行不整合接触关系及与上覆地层早三叠世涧那勒组块状硅质灰岩呈平行不整合接触关系,将其时代划归晚二叠世。

第四节 三 叠 系

三叠系地层在测区分布面积较大。在雅鲁藏布江地层区仲巴-札达地层小区内出露有下中三叠统穷果群、上三叠统曲龙共巴组地层;在冈底斯-腾冲地层区左左弧背断隆带内出露有下中三叠统涧那勒组一套厚度较大的白云岩沉积。

一、雅鲁藏布江地层区仲巴-札达地层小区

该地层小区内三叠系地层出露有下中三叠统穷果群和上三叠统曲龙共巴组,主要分布于曲松以东至齐尼桑巴一带,在测区分布面积约260km²,呈近北西向展布。两组地层之间为整合接触关系,多数地带被札达群托林组角度不整合覆盖。

(一)穷果群($T_{1-2}Q$)

1. 创名、定义及划分沿革

1983年西藏区调队在1:100万日喀则幅区域地质填图过程中,在仲巴县北的穷果乡测制了早、中

三叠世地层剖面，首创穷果群，原始定义为：岩性主要为深灰色中—薄层状砂板岩、页岩（或千枚岩）夹泥灰岩的一套地层体。

西藏地矿局（1993）引用其名。后经西藏地矿局（1997）将其定义为：岩性以深灰—黑色薄层灰岩、泥灰岩与板岩、页岩（或千枚岩）互层为特征的一套地层体，产双壳类、菊石等化石，正层型为1983年西藏区调队测制的仲巴县北穷果剖面。之后成都地矿所（2002）的初步划分方案及中国地质调查局、成都地矿所（2004）《1∶150万青藏高原地质图》都应用了这一方案。

测区的这套地层出露于仲巴-札达地层小区内曲松一带，出露面积约180km²，呈近东西向条带状展布，岩性为一套薄层黑色、黑绿色灰岩夹泥钙质板岩，局部为互层。郭铁鹰等（1991）将该套地层称为兰成曲群中组，并采获有大量的双壳类化石，时代主要属于早中三叠世。测区的这套地层岩性及时代明显可与穷果群相对比，故本次工作采用穷果群一名表示它，底与下伏曲嘎组沉积呈断层接触，顶与曲龙共巴组的一套砂岩、砂屑灰岩呈整合接触。

2. 剖面列述

1）札达县曲松乡穷果群剖面（图2-26）

剖面位于札达县曲松乡山岗牧场，剖面起点坐标：北纬32°17′58″，东经79°15′16″。

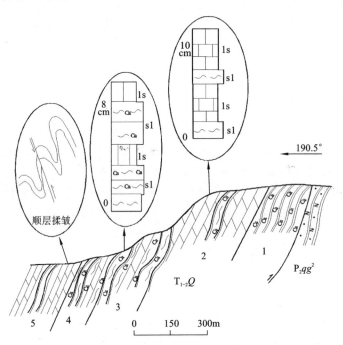

图2-26 札达县曲松乡穷果群实测剖面图

穷果群（$T_{1-2}Q$）	（因地形因素未见顶）	厚＞370.24m
5. 薄层灰岩，偶夹薄层泥钙质板岩		＞105.29m
4. 薄层泥钙质板岩，偶夹薄层灰岩		21.97m
3. 薄层泥钙质板岩夹薄层灰岩		42.32m
2. 薄层板理化灰岩夹泥钙质板岩		162.91m
1. 薄层泥钙质板岩夹薄层灰岩		37.76m

━━━━━━━━━━━ 韧性断层 ━━━━━━━━━━━

曲嘎组上段长石砂板岩夹变长石砂岩、砾质砂岩、含砾砂板岩

2）曲松乡热卡拉剖面

我们对前人曲松热卡拉剖面复查后，据与西藏地矿局（1997）对比，认为原剖面的二叠系地层相当于曲嘎组，第1—9层相当于穷果群，但穷果群与下伏曲嘎组之间并非整合接触，而是存在韧性断层分割，之间有地层

缺失。自原剖面的第10层开始向上，不再夹有黑色泥质板岩，出现粗粒砂屑灰岩，并含有大量的双壳类等生物碎片，反映水体由滞流环境向连通较好的浅水环境转化，属滨浅海相沉积，故将第10层划入曲龙共巴组。曲龙共巴组与下伏的穷果群二者之间呈整合接触(图2-27)。我们将该剖面引述如下。

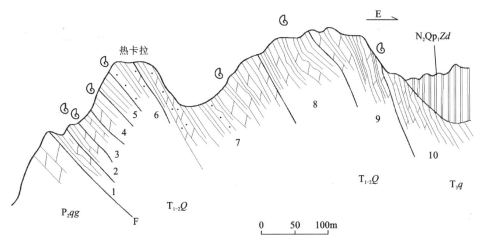

图 2-27 札达曲松热卡拉三叠系剖面图

上覆地层：曲龙共巴组　上部为灰绿色砂质千枚状板岩及板岩，下部为黑灰色板岩夹薄层状砂质结晶灰岩，含双壳类：*Daonella* sp., *D.* aff. *moussoni* Merian, *D.* (*Longidaonella*) cf. *semicordiformis* Farsen(原剖面第10层)　　　　　　　　　　　　　　　　　　　　　　　　　　　　>150m

———————— 整　合 ————————

穷果群（$T_{1-2}Q$）　　　　　　　　　　　　　　　　　　　　　　　　　　　　　　　　**厚>286m**

9. 黑灰色薄层状结晶灰岩夹黑色板岩　　　　　　　　　　　　　　　　　　　　　　　　60m
8. 黑色板岩夹深灰色薄层结晶灰岩，含双壳类：*Daonella anteroumbonalis* Yin et Nie, *D.* sp., *Halobia* sp.　　　　　　　　　　　　　　　　　　　　　　　　　　　　　　　　60m
7. 黑灰色中厚层状结晶灰岩夹黑色板岩及薄层砂质灰岩，含双壳类：*Daonella* sp.　　　90m
6. 黑色板岩夹砂质灰岩及少量薄层泥质灰岩　　　　　　　　　　　　　　　　　　　　30m
5. 黑灰色板岩夹薄层砂质灰岩，含双壳类：*Daonella indica* Bittner, *D.* sp., *Halobia subplanicosta* Chen　　　　　　　　　　　　　　　　　　　　　　　　　　　　　　　　　　　　　8m
4. 黑色薄层状结晶灰岩与黑色板岩互层，含双壳类：*D.* (*Longidaonella*) cf. *obtuse* Rieher　10m
3. 黑色—灰色板岩夹中—薄层状结晶灰岩、泥灰岩和泥质砂岩　　　　　　　　　　　　8m
2. 黑色中厚层状结晶灰岩、泥质板岩，底部含双壳类　　　　　　　　　　　　　　　　4m
1. 土黄色薄层结晶灰岩、泥灰岩夹少量黑色页岩　　　　　　　　　　　　　　　　　　16m

════════════ 韧性断层 ════════════

曲嘎组灰岩

3. 岩性组合及基本层序特征

测区该套地层分布于曲松一带，两条剖面及路线调查均反映岩性为一套薄层灰岩夹泥钙质板岩，局部为互层。与区域上该套地层的岩性相一致。测区内该套地层未见底，顶与曲龙共巴组呈整合接触。这也与区域上大多数地带相一致。

穷果群主要由三类基本层序组成(图2-28)：a类由薄层板理化灰岩→泥钙质板岩组成；b类由薄层泥钙质板岩→薄层灰岩组成；c类由粉砂屑泥晶灰岩→薄层泥岩组成。其中以a、c类为主，b类次之。a类基本层序主要组成穷果群中下部，b、c类主要组成穷果群上部。

4. 沉积环境分析

该套地层岩性组合为一套薄层灰岩夹泥钙质板岩，局部为互层。其中泥钙质板岩具水平层理，暗色泥钙质板岩中含少量粒径可达 0.7cm 的黄铁矿，生物极度匮乏，仅发育少量的浮游双壳类及菊石类生物，反映它代表缺氧、欠补偿的深水盆地沉积(图 2-29)。由于缺乏陆源物质的补给，故主要是暗色的薄层灰岩，陆源沉积物仅有少量由风刮来的粘土沉积。综合上述，确定测区内穷果群的沉积环境为次深海盆地相。

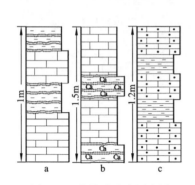

图 2-28 穷果群基本层序图

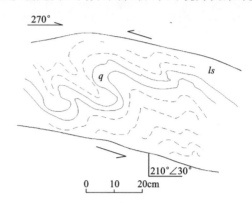

图 2-29 穷果群中灰岩与石英脉顺层揉皱现象素描图

5. 生物地层及时代讨论

该套沉积地层前人工作较为详细，郭铁鹰等(1991)在测区内的该套地层中曾采集到大量的化石，主要为浮游生物化石。其中在曲松组底部第 1 层中所含菊石 *Proptychites lawrencianus*(Koninck)，双壳类 *Claraia hubeiensis - Promyalina* 组合及牙形石 *Neogondolella planate*(Clark)，郭铁鹰等(1991)认为属下三叠统纳木马尔阶(可能与现奥伦尼克阶相当)的常见分子；而第 4 层的 *D.*(*Longidaonella*) cf. *obtuse* 和之上的 *Semicordiformis*，*Daonella indica* 等，梁定益等(1991)认为分属中三叠统安尼阶和拉丁阶，故测区这套地层时代属早中三叠世。

(二) 曲龙共巴组(T_3q)

测区内该套地层出露于仲巴-札达陆块单元内曲松一带，出露面积约 80km²，呈近北西向条带状展布。

1. 创名、定义及划分沿革

顾庆阁 1965 年命名，创名剖面在定日县南龙江乡西约 2km 的曲龙共巴，原义指以黑色页岩为主的一套地层，代表上三叠统诺利阶。

尹集祥(1974)等沿用此名，1991 年郭铁鹰等在普兰、札达地区创名多让群，此套地层与曲龙共巴组为同物异名。西藏地矿局(1997)沿用此名，2002 年中国地质调查局西南项目办亦沿用此名。西藏地矿局(1997)将其定义为：主要指夹于土隆群薄层灰岩与德日荣组石英砂岩之间的一套黑色页岩为特征的地层，含丰富的菊石、双壳、牙形刺等。

测区的这套地层，郭铁鹰等(1991)将之放入兰成曲群中组顶部(热卡拉剖面第 10 层)，但未测至该地层顶部。本次工作在该地带追索续测了剖面，发现它下部主要为钙质砂岩，底与穷果群为整合接触；中部为中薄层灰岩夹粉砂质板岩，上部为钙泥质板岩夹灰岩或呈互层。该套地层变形明显较穷果群弱得多，与邻幅 1：25 万札达县幅[①]区调野外资料对比后，表明在札达县幅也存在类似的地层，但该报告将之置于穷果群上部。我们考虑到这套地层内大量生物碎屑的出现、灰岩中含大量灰泥碎屑、沉积物复杂多变都显示其环境与穷果群不同，应代表动荡的浅水环境，将其单独划分出来可能更为合适。区域上一般将整合于穷果群之上的地层称为修康群，但标准剖面上的修康群含有蛇绿岩组分，实质上是一套混杂地层，首轮开展的青藏高原 1：25 万区调图幅已将其解体。测区该套地层总体有序、构造变形不强，

[①] 河北省地质调查院. 1：25 万札达县幅区域地质调查报告，2004. 全书类同。

这一位置也未见到蛇绿岩组分,似与标准的修康群存在一定差异。岩性可与曲龙共巴组相对比,故暂将这套地层划入曲龙共巴组,以示与区域上含有蛇绿岩的修康群相区别。

2. 剖面列述

札达县曲松乡曲龙共巴组剖面(图 2-30)位于札达县曲松乡热嘎拉沟,剖面起点坐标:北纬 32°13′32″,东经 79°11′53″。

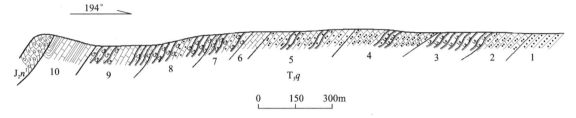

图 2-30 札达县曲松乡曲龙共巴组剖面图

才里群聂聂雄拉组一段灰岩(J_2n^1)

=================== 韧性断层 ===================

曲龙共巴组(T_3q)   **厚>1450.68m**

10. 深灰色泥晶灰岩与灰绿色页岩互层   152.03m
9. 灰黑色钙泥质板岩夹泥晶灰岩   174.5m
8. 灰黑色钙质板岩夹砂屑泥晶灰岩   143.03m
7. 灰黑色钙泥质板岩夹砂屑泥晶灰岩   113.21m
6. 灰黑色板劈理化薄层泥晶灰岩   14.36m
5. 灰黑色中薄层粉砂屑泥晶灰岩偶夹粉砂质板岩   450.62m
4. 褐黄色中厚层粉砂屑灰岩夹薄层砂屑灰质板岩   160.24m
3. 灰黑色亮晶灰质板岩   141.83m
2. 灰黑色薄层粉砂屑灰岩   93.95m
1. 钙质砂岩韵律层,含双壳类、海百合茎等生物碎片   >6.91m

[札达群覆盖未见底,经追索证实可与郭铁鹰等(1991)的热卡拉剖面第 10 层相对比]

3. 岩性组合及岩石学特征

测区该套地层以滨浅海相碳酸质碎屑岩沉积为主,在上部夹有大量的深水泥质页岩,下部有钙质砂岩。

粉砂屑泥灰岩   粉砂结构,岩石主要由方解石(>90%)、石英(7%)、铁质(3%)组成,方解石为泥晶结构,石英呈他形粒状。

变质长石石英杂砂岩   变余砂状结构,岩石由石英(45%~60%)、长石(10%~20%)、绿泥石(5%)、绢云母(10%~20%)、方解石(<5%)、磁铁矿(<5%)等组成,石英呈变余他形粒状,长石多为斜长石,云母和绿泥石略具定向。

4. 基本层序特征

该套地层由下而上基本层序可分为以下几类(图 2-31):a 类由钙质粗砂岩、中细砂岩、粉砂质板岩组成的韵律层;b 类由中厚层粉砂屑灰岩夹薄层砂屑灰质板岩组成的层序;c 类由中薄层粉砂屑泥晶灰岩偶夹粉砂质板岩组成的层序;d 类由灰黑色钙泥质板岩夹砂屑泥晶灰岩组成的层序;e 类由灰黑色钙泥质板岩夹泥晶灰岩组成的层序;f 类由深灰色泥晶灰岩与灰绿色页岩组成的层序;g 类由灰黑色薄层粉砂屑灰岩组成的单一层序;h 类由灰黑色亮晶灰质板岩组成的单一层序。在各类层序中,都有相对向上变细的不太发育的正粒序特点。

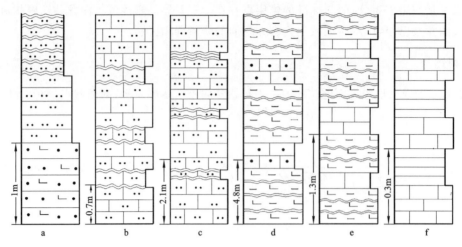

图 2-31 曲龙共巴组基本层序图

5. 沉积环境分析

测区该套地层以碳酸质碎屑岩为主。底部主要由 a 类基本层序组成，砂岩中，单个层系厚仅 1～2mm，砂岩中的碎屑为亮晶钙质，磨圆好，显示形成于水动力较强的台地潮坪相环境。根据它与穷果群沉积相的差异，指示在中三叠世末可能存在海退。中部以 b、c 类基本层序为主，岩性总体以砂屑灰岩为主，但砂屑粒度变小，并混入大量陆源细碎屑物质，指示水体变深，沉积环境可能是台地内相对水体较深的边缘相。泥质沉积与泥灰岩的交替出现可能反映了这一时期沉积环境动荡多变，但据其沉积特征，其总体还应是一套浅海相的沉积，仅上部附近所夹的暗色泥板岩可能是深水沉积。

根据中国地质调查局、成都地矿所(2004)的《青藏高原及邻区地质图说明书(1∶150 万)》，区域上这一地层区的修康群沉积为一套浅海相类复理石沉积，岩性由灰色、灰黄色钙质砂岩、粉砂岩、板岩夹(泥)灰岩、硅质岩的不完整韵律互层组成，测区的这套地层内缺乏硅质岩，沉积物的水深明显较修康群浅，在札达盆地内未发现雅江南带蛇绿岩，而在札达盆地北缘，据本次工作证实存在洋脊玄武岩。在札达盆地所处位置，前人及本次工作均未见到蛇绿岩露头，那么在这一位置是否未曾拉开成洋，仅为一坳陷盆地，还是因构造或其他原因未见出露，其原因目前尚难下结论。

6. 时代讨论

郭铁鹰等(1991)在测区的热嘎拉剖面该套地层中（即兰成曲群第 10 层）采到了一些化石，有双壳类：*Daonella* sp., *D.* aff. *moussoni* Merian, *D.* (*Longidaonella*) cf. *semicordiformis* Farsen, 将上述化石归入中三叠世。西藏地矿局(1997)晚三叠世曲龙共巴组层型剖面底部也含有类似的化石，本次工作在测区曲龙共巴组底部附近也采到与郭铁鹰等采到的化石类似的化石碎片。考虑到这套地层厚达 1000 多米，沉积相总体与曲龙共巴组可对比，而与下伏的穷果群存在较大的差异，而穷果群中部的化石已指示属于巴柔阶，故推测这套地层主体可能属于晚三叠世，但不排除下部有穿时的可能，即底部可能含有少量中三叠世晚期的沉积。

二、冈底斯-腾冲地层区措勤-申扎地层分区淌那勒组($T_{1-2}t$)

淌那勒组为本次工作新建的，指分布于措勤-申扎地层分区内平行不整合于坚扎弄组地层或下拉组硅质灰岩之上的一套白云岩。出露面积约 70km²，呈 NW-SE 向条带状展布。厚度约 3675m，根据本次工作在其内采获的牙形化石分析，时代为早中三叠世。

（一）建组理由及定义

冈底斯板片以发育冈底斯火山岩浆弧而著称，该地区已知的下中三叠统地层仅零星发育在板片东南缘

(拉萨北堆龙德庆—墨竹工卡一带)和东北部(洛隆县新荣—申扎县巫嘎一线)一带。而板片的大部分地段则一向被认为缺失三叠纪沉积(西藏地矿局,1993;西藏地矿局,1997;成都地矿所,2002,赵政璋等,2001)。2002—2003年开展的1:25万区调工作在狮泉河一带,在前人认为属二叠系吉普日阿组的地层中(西藏自治区地矿局,1997)获得早三叠世的牙形石种属,从而确证在冈底斯板片西北缘存在早三叠世地层。

测区的这套地层为一套白云岩,《1:100万日土幅区域地质调查报告》将该套地层划分为左左组,原义指平行不整合于下二叠统羊尾山组(羊尾山组已废除,据岩石地层相当于下拉组)之上、上未见顶的一套白云岩,在该套白云岩中未采获任何化石,时代推测为晚二叠世,层型剖面位于西藏自治区噶尔县左左一带。而西藏地矿局(1997)认为该套地层与吉普日阿组部分相当,废除了该名称。根据本次工作的进展,我们认为该套地层的岩性组合、与上下地层的接触关系均与吉普日阿组存在显著差异,将之划归吉普日阿组,存在如下依据。

1. 两套地层的岩石组合不同

根据郭铁鹰等(1983)对吉普日阿组的定义,吉普日阿组下部为碎屑岩,上部为灰岩,局部夹安山岩;而测区狮泉河一带的该套地层为白云岩,两套地层的岩性组合存在较大差异。

2. 与上下层的接触关系不同

吉普日阿组与下伏龙格组生物碎屑灰岩呈角度不整合接触,与上伏的下中三叠统欧拉组白云岩夹粗玄岩、含放射虫硅质岩呈整合接触。而通过本次工作确认,测区狮泉河一带的该套地层与下伏的下拉组呈平行不整合,顶与上二叠统下拉组呈断层接触。与上下层的接触关系存在重大差异,这一点在岩石地层清理中并未提及。

3. 两套地层的古生物面貌存在显著差异

根据郭铁鹰等(1983)对吉普日阿组的定义,吉普日阿组下部为砾岩、砂砾岩或砂质灰岩、粉砂岩互层,含腕足类、海百合茎碎屑,上部为浅灰色—深灰色的白云质灰岩,局部夹安山岩,含单体珊瑚和群体珊瑚。通过狮泉河一带的该带地层为一套白云岩,化石稀少。

如恢复左左组也不妥,原左左组已被废止,而本次工作采获的化石面貌为早三叠世,显然与原左左组的时代定义不同,应另行建组。通过本次工作详细研究对比,在原剖面位置重新测制了剖面,并查明了该套地层的岩性组合、与上下地层的接触关系及化石特征,新建淌那勒组。

(二)剖面列述

——噶尔县左左乡淌那勒组实测剖面(图2-32)

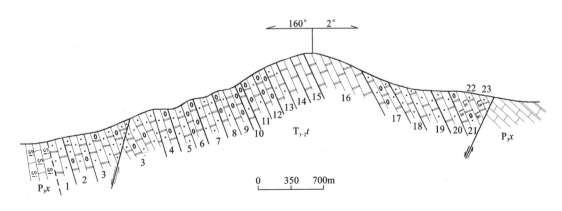

图2-32 噶尔县左左乡淌那勒组实测剖面图

剖面位于噶尔县左左,剖面起点坐标:北纬32°26′46″,东经80°21′21″。

下拉组　灰黑色薄层夹中厚层泥晶灰岩

========================= 断　层 =========================

淌那勒组（$T_{1-2}t$）　　厚3674.45m

23. 白色夹灰黑色中薄层砂屑白云岩	90.58m
22. 深灰色中薄层砂屑灰岩夹薄层砂屑灰岩	164.64m
21. 深灰色薄层灰质砂屑白云岩夹薄层细砾屑白云岩	102.66m
20. 灰黑色厚层状含灰质团块砂屑白云岩	203.79m
19. 灰色厚层块状砂屑白云岩夹浅色砂屑白云岩	194.80m
18. 灰白色厚层状砂屑白云岩	66.74m
17. 灰白色中薄层砂屑白云岩夹厚层状砾屑白云岩	47.71m
16. 灰白色中厚层块状白云岩	829.94m
15. 厚层白云岩夹块状白云岩	41.76m
14. 块状白云岩	122.36m
13. 灰黑色砂屑白云岩	68.69m
12. 块状砾屑白云岩夹含砾砂屑白云岩	59.43m
11. 块状砂屑白云岩夹厚层砾屑白云岩	111.08m
10. 薄层砾屑白云岩与中层砂屑白云岩互层	13.02m
9. 块状砾屑白云岩夹中层砂屑白云岩	22.76m
8. 块状中砾屑白云岩,中层砾质白云岩,中薄层砂屑白云岩构成旋回	46.21m
7. 灰黄色块状砂屑白云岩	468.07m
6. 块状砾屑白云岩	90.92m
5. 灰黄色砂屑白云岩	78.07m
4. 块状砾屑白云岩夹厚层砂屑白云岩	157.21m
3. 块状细砂屑白云岩夹中薄层中砾屑白云岩。产化石（HS-27）: *Pachycladina obliqua* Stacyche,1964（4）;*Neohindeodella triassie* Müller,1956（4）;*Parachirogmathus ethingtoni* Clark,1959（2）;*Pachycladina trideetata* Wang Z H et Cao,1981（1）;*Cornudina angnltaris* Wang Z H et Cao,1981（2）;*Pachycladina symmetrica* Staesche,1964（3）	309.77m
2. 块状粉砂屑白云岩夹中薄层砾质砂屑白云岩	304.94m
1. 块状粉砂屑白云岩,底部为厚约2m的硅化灰岩角砾	79.73m

——————　平行不整合　——————

下伏地层:下拉组灰岩

（三）岩性组合及岩石学特征

该套地层分布于测区狮泉河—左左一带,位于左左弧背断隆单元内,岩性主要由一套深灰色—灰黄色中薄层—厚层砂屑白云岩、砾屑白云岩、含砾砂屑白云岩组成,底部为厚约2m的硅化灰岩角砾。

砂屑白云岩　岩石具砂屑结构,砂屑含量10%～20%,砂屑成分为白云石,多棱角状;基质为细晶-泥晶白云石（80%～90%）。

砾屑白云岩　具角砾结构,角砾形态为棱角状,大小为2～15mm,含量大于80%;基质为细粒白云石,含量为15%～20%,粒径为0.15～0.3mm。

含砾砂屑白云岩　岩石具含砾结构,角砾为棱角状,大小为2～5mm,含量为5%～10%;基质为细粒白云石,含量大于90%,粒径为0.15～0.2mm。

（四）基本层序特征

淌那勒组由以下9类基本层序（图2-33）组成:a类由具鸟眼构造、水平纹理的薄层白云岩→具水平纹理的中层白云岩→具块状层理的白云岩组成，顶面具泥裂现象；b 类由中细粒砾屑白云岩→细粒砂屑白云岩组成；c 类由块状中粗砾屑白云岩→厚层中砾屑白云岩→厚层细砾屑白云岩组成，该类基本层序发育正粒序层理（海进相序）；d 类由具块状层理的粗砾屑白云岩→具正粒序层理的角砾→中砾白云岩→具块状层理的粗砾屑白云岩→块状层理砂屑白云岩组成；e 类由砾屑白云岩→砂屑白云岩组成，顶底常具冲刷面；f 类由砂屑白云岩→中砾屑白云岩组成，该类基本层序为向上变粗的逆粒序层理，基本呈渐变过渡，底部具冲刷面；g 类由砾屑白云岩→砂屑白云岩组成；h 类由细砂屑白云岩→砾屑白云岩组成，砾屑白云岩底部具冲刷面；i 类由灰质砂屑白云岩→灰色薄层砾屑白云岩组成。

在左左区朗久电站一带淌那勒组基本层序以 b、c、e、h 为主，a、d、f、g 次之。在左左区北—狮泉河以南一带的淌那勒组主要由 i 类基本层序组成。

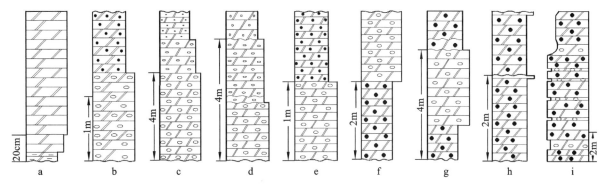

图 2-33　淌那勒组基本层序图

（五）沉积环境分析

沉积物全由白云岩组成，反映这一时期气候干旱。下部的第 1—13 层主要是多个由砾屑白云岩—砂屑白云岩—粉砂屑白云岩组成的向上粒度变细的退积相序组成，少量为向上变粗的逆粒序层（基本层序），指示了它位于盆地边缘，海进海退频繁，波浪作用较为强烈的特点，属于碳酸盐岩台地潮间带沉积。第 14—16 层主要由块状白云岩组成，但这套白云岩内层纹发育的基本层序由具鸟眼构造、水平纹理的薄层白云岩→具水平纹理的中层白云岩→具块状层理的白云岩组成（基本层序 a），顶面具泥裂现象。沿走向追索，局部地带仍夹有少量的砾屑白云岩，可能指示这一时期沉积环境主要为碳酸盐岩台地潮上带，但夹有少量潮间带的沉积。第 17—23 层沉积组合及基本层序与第 1—13 层相似，指示它也属于潮间带的沉积，但与下部相比，出现极少量的灰质，反映气候可能由干旱向湿润过渡。

（六）生物地层及时代讨论

本次工作在该套地层 3 层砂屑白云岩中采集的牙形样品（HS-27）中，共获 6 个牙形种属（图版 2）：*Pachydadina obliqua* Stacyche,1964(4)；*Neohindeodella triassie* Miiller,1956(4)；*Parachirogmathus ethingtoni* Clark,1959(2)；*Pachycladina trideetata* Wang Z H et Cao,1981 (1)；*Cornudina angnltaris* Wang Z H et Cao,1981(2)；*Pachircladina symmetrica* Staesche,1964(3)。上述化石组合为早三叠世末奥伦尼可阶，根据在含化石的层位之上还有厚达千米的白云岩沉积，而沉积相分析指示向上具有向湿润气候过渡的迹象，根据贵州一带中晚三叠世之交的沉积由白云岩变为灰岩反映了气候的整体变化，推测这套沉积物顶部附近可能为中三叠世的沉积。综上，确定这套地层时代为早中三叠世。

第五节 侏 罗 系

测区侏罗纪地层分布较广,在各个地层区均有分布。在喜马拉雅地层区北喜马拉雅地层分区分布有中侏罗统才里群;在雅鲁藏布江地层区分布有晚三叠世—侏罗纪波博蛇绿混杂岩群(雅鲁藏布江蛇绿混杂岩南带);在班戈-八宿地层分区狮泉河小区分布有多仁组和日松组,坦嘎小区分布有侏罗纪拉贡塘组一套浊积岩沉积地层;在班公湖-怒江地层区分布有班公湖蛇绿混杂岩群和木嘎岗日岩群。

一、喜马拉雅地层区北喜马拉雅地层分区才里群(JC)

(一)创名、定义及划分沿革

才里群由西藏区调队 1987 年在普兰县才里创名,原义指时代为早中侏罗世的一套碳酸盐岩建造。1987 年西藏区调队将札达具曲松南的一套时代为中—晚侏罗世的灰岩称为"曲松群"。西藏地矿局(1997),成都地矿所(2002),中国地质调查局、成都地矿所(2004)均沿用了才里群,划分沿革见表 2-4。

表 2-4 才里群划分沿革表

岩石地层时代	《1:100 万噶达克幅区域地质调查报告》(1987)	《1:100 万日土幅区域地质调查报告》(1987)	郭铁鹰等(1991)	西藏地矿局(1997)	成都地矿所(2002)	本次工作		
上覆上侏罗统	门卡墩组	门卡墩组	查嘎沟组	门卡墩组	门卡墩组	缺失		
中下侏罗统	才里群	曲松群	波林组	才里群	拉弄拉组	才里群	拉弄拉组	
			优秀沟组		聂聂雄拉组		聂聂雄拉组	二段
			普色拉组					一段
					普普嘎组		缺失	

测区该套地层由一套碳酸岩夹碎屑岩组成,由底向顶陆源碎屑含量增高。郭铁鹰等(1991)将测区的这套地层称为中侏罗统,《1:100 万日土幅区域地质调查报告》创名为曲松群,时代定为中侏罗世。本次工作根据这套地层的岩性、化石组合均可与才里群相对比,沿用才里群一名,并根据该套地层岩性组合特征和成都地矿所(2002)关于青藏高原及邻区地层划分与对比建议稿,将测区内的才里群由顶到底依次划分为拉弄拉组($J_2 l$)、聂聂雄拉组($J_2 n$)两个组,区域上部分地带出现于才里群底部的普普嘎组在测区未出露。聂聂雄拉组又可分为二段($J_2 n^2$)、一段($J_2 n^1$)两个非正式段。但在遥感解译地带统称为才里群。其时代据本次工作及前人采获的化石,确定测区的才里群时代为中侏罗世。

(二)剖面列述

1. 札达县曲松乡打尔宗沟剖面(图 2-34)

剖面位于札达县曲松乡打尔宗沟,剖面起点坐标:北纬 32°33′12″,东经 79°03′54″。

拉弄拉组($J_2 l$)	(未见顶)	厚>1375.19m
16. 青灰色中厚层状微晶灰岩		533.9m

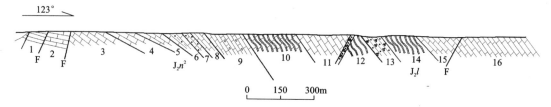

图 2-34　札达县曲松乡聂聂雄拉组二段、拉弄拉组实测剖面图

━━━━━━━━━━　断　层　━━━━━━━━━━

15. 青灰色中薄层微晶灰岩	301.97m
14. 灰黑—深黑色中厚层状泥质板岩	186.73m
13. 灰白—浅白色厚层石英砂岩	57.3m
12. 深黑色中厚层状泥质板岩	7.47m

━━━━━━━━━━　断　层　━━━━━━━━━━

11. 灰黑色中层状泥晶灰岩	174.16m
10. 泥晶灰岩与泥质板岩互层	113.66m

━━━━━━━━━━　断　层　━━━━━━━━━━

聂聂雄拉组二段（J_2n^2）　　　　　　　　　　　　　　　　　　**厚＞404.74m**

9. 泥晶灰岩夹微晶灰岩夹砾屑灰岩	52.86m
8. 灰黑色中薄层状泥晶灰岩	10.43m
7. 浅灰黑色砾屑灰岩	1.35m
6. 泥晶灰岩夹钙质、粉砂质板岩	11.27m
5. 灰黑色中—巨厚层状泥晶灰岩	35.92m
4. 青灰色巨厚层状微晶灰岩	30.37m
3. 青灰色微晶灰岩偶夹砾屑灰岩。产化石 Choffatioa baluchistanensis（Noetling）（俾路支朝夫特菊石）；Choffatia cf. madani Spath（马旦朝夫特菊石）	178.89m
2. 灰黑色巨厚层状砾屑灰岩	39.64m

━━━━━━━━━━　断　层　━━━━━━━━━━

1. 浅色中粒石英砂岩	＞44.01m

━━━━━━━━━━　断　层　━━━━━━━━━━

曲龙共巴组薄层板岩夹薄层灰岩

（未见底）

2. 札达县曲松乡东岗曲剖面（图 2-35）

剖面位于札达县曲松乡东岗曲，剖面起点坐标：北纬 32°13′32″，东经 79°11′53″。

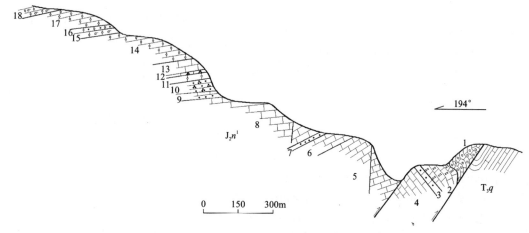

图 2-35　札达县曲松乡东岗曲聂聂雄拉组实测剖面图

聂聂雄拉组一段（J_2n^1）	（未见顶）	厚>1168.32m
18. 浅灰白色豆状亮晶灰岩		>4.21m
17. 灰白色中厚层—块状亮晶灰岩		102.13m
16. 灰白色鲕状亮晶灰岩		3.3m
15. 灰白色豆粒亮晶灰岩		3.2m
14. 灰白色中厚层—块状亮晶灰岩		127.42m
13. 灰白色中厚层微晶灰岩		30.72m
12. 灰白色中厚层灰质角砾岩		2.65m
11. 灰白色中厚层块状亮晶灰岩		5.30m
10. 灰白色中厚层状石英砂岩		51.73m
9. 微晶灰岩夹长石石英砂岩夹灰质板岩。产化石 Monthivaltia sp.（高壁珊瑚未定种），Radulopecten sp.		17.8m
8. 深灰色中厚层—块状微晶灰岩		180.45m
7. 石英砂岩夹泥晶灰岩		4.74m
6. 深灰色中厚层夹薄层泥晶灰岩		82.67m
5. 深灰色中厚层—块状泥晶灰岩		303.89m

============ 断 层 ============

4. 深灰色中厚层块状泥晶灰岩		31.90m
3. 灰白色砂屑灰岩夹粒屑灰岩		2.28m
2. 白云岩化灰岩夹泥晶灰岩		106.28m
1. 灰白色厚层状亮晶灰岩		107.65m

============ 断 层 ============

穷果群薄层灰岩，偶夹薄层泥钙质板岩

（三）岩性组合

1. 聂聂雄拉组一段（J_2n^1）

该段岩性主要由亮晶灰岩、微晶灰岩、鲕状亮晶灰岩、豆状亮晶灰岩、泥晶灰岩、粒屑灰岩、长石石英砂岩夹灰质板岩、灰质角砾岩等组成。该套沉积中化石较多，向上岩石粒度有变粗趋势，在东岗曲一带，因受构造影响，岩石层面扭曲。

2. 聂聂雄拉组二段（J_2n^2）

该段岩石主要由泥晶灰岩、微晶灰岩、砾屑灰岩夹石英砂岩、钙质粉砂质板岩等组成，区域上呈NE向展布于曲松以南，该套沉积中菊石等化石多见，向上碎屑岩夹层有增多趋势。

3. 拉弄拉组（J_2l）

该组岩性主要由微晶灰岩、泥晶灰岩、泥质板岩、石英砂岩等组成。该组岩石分布于剖面顶部曲松以南的大片区域。由底到顶砂岩、板岩有增多趋势，化石稀少，显示了海退迹象。

（四）基本层序特征

该套地层层序单调，多由单一岩性层组成。在聂聂雄拉组一段发育a类基本层序，由中厚层块状微晶灰岩→中厚层块状细粒长石石英砂岩→薄层块状长石石英粉砂岩组成；在聂聂雄拉组二段发育b类由砾屑灰岩→微晶灰岩组成的基本层序和c类由粉砂—泥质板岩→泥晶灰岩组成的基本层序（图2-36）。其中a类层序中的砂岩组成了一个向上变细的弱正粒序层理。

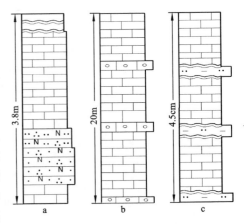

图2-36 才里群基本层序图

（五）沉积环境分析

1. 碳酸盐岩台地边缘相

聂聂雄拉组一段下部及拉弄拉组岩性主要由微晶灰岩、泥晶灰岩、石英砂岩、泥质板岩等组成，向上陆源碎屑有增多趋势，化石相对稀少，在 a 类基本层序砂岩中发育有交错层理，以及向上变细的弱正粒序层理，显示该类沉积属碳酸盐岩台地边缘相沉积，且随着沉积厚度的增加，水深相对变浅。

2. 开阔碳酸盐岩台地相

该沉积相较发育，聂聂雄拉组二段由泥晶灰岩、微晶灰岩、砾屑灰岩夹陆源碎屑岩夹层组成。发育有 b、c 类基本层序，砂岩、粉砂质-泥质板岩呈夹层出现，基本层序显示有向上变细的弱正粒序层理，产菊石等化石，分析其代表了开阔碳酸盐岩台地相沉积。

3. 浅海碳酸盐岩潮坪相

聂聂雄拉组一段上部岩性由鲕状灰岩、豆状灰岩、灰质角砾岩、亮晶灰岩等组成，该类沉积相底部有厚约 2.6m 的灰质角砾岩，属原地堆积的角砾，棱角状—次棱角状，分选极差，在微晶灰岩中可见水平纹层，这些特点代表了海水强烈搅动的潮汐地带沉积。

（六）生物地层及时代讨论

测区才里群生物化石较为丰富，本次工作聂聂雄拉组一段微晶灰岩中采获 HS-109 kiodo 灰岩；*Monthivaltia* sp.（高壁珊瑚未定种）（HS-110）；*Radulopecten* sp.（HS-111）；*Epismilia yilashanensis* Liao（依拉山外剑珊瑚）（HS-122）；*Axosmilia* sp.（轴剑珊瑚未定种）；六射珊瑚；在聂聂雄拉组二段砾屑灰岩中采获 *Choffatioa baluchistanensis*（Noetling）（俾路支朝夫特菊石）、*Choffatia* cf. *madani* Spath（马旦朝夫特菊石）（HS-140）。以上化石均为中侏罗世的产物。

综合上述生物组合、地层接触关系及前人资料，将测区才里群时代划归中侏罗世。

二、雅鲁藏布江地层区雅鲁藏布江蛇绿混杂岩南带

——波博蛇绿混杂岩群

前人一般将雅鲁藏布江缝合带（可简称雅江带）与印度河缝合带统称为雅鲁藏布江-印度河缝合带。但实际上雅江带在西部仲巴-札达之间分为南北两支，南支在札达以西倾没；北支仅见于札达老武起拉一带（郭铁鹰等，1991）。再向西延，雅江带的蛇绿岩是否存在，或雅江带与印度缝合带结合部位两个带能否对接在一起，缺乏实际地质资料。《1∶100 万日土幅区域地质调查报告》在该图幅的西南角、中国与印控克什米尔交界地带的阿依拉断裂（即达机翁-彭错林断裂）上，根据（MSS）卫片解译圈定了一个 101 号超基性岩体，称为阿依拉蛇绿岩带，并认为雅江带由此通过。由于边境原因，对该 101 岩体当时未进行实际工作验证。

本次工作在斯诺乌山、狮泉河一带经过系统区域地质调查工作，在雅鲁藏布江缝合带与印度河缝合带结合部位的札达县曲松一带证实了雅鲁藏布江南北两支蛇绿岩在该地区的存在，并将雅鲁藏布江南支蛇绿岩命名为波博蛇绿岩，雅鲁藏布江北支蛇绿岩命名为夏浦沟蛇绿岩。

蛇绿混杂岩群构造区划上属于雅鲁藏布江缝合带的南支，沿札达-拉孜-邛多江断裂（研究区内称之为曲松深断裂）呈北西向条带状展布，在研究区内东南缘止于札达盆地边缘的翁波岩基，北西缘延入印控克什米尔地区，测区延伸约 65km，出露宽约 5km，分布于一个糜棱岩化带中，并受到喜马拉雅期酸性

岩体侵入改造。而大量地残留于酸性岩体中呈顶垂体或捕房体存在，含少量的蛇纹岩，主要为糜棱岩化玄武岩(图2-37)。并随糜棱岩化程度的增强，存在弱板劈理化玄武岩—板岩—板状千枚岩—片麻岩的变化，与天巴拉沟内夏浦沟蛇绿岩中玄武岩的变形特点相似。

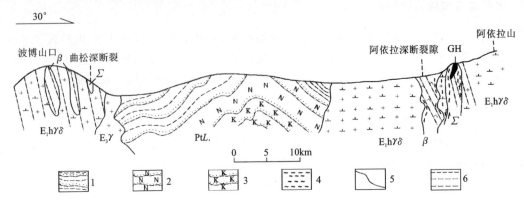

图 2-37 波博山口—天巴拉剖面图

1.片岩；2.斜长片麻岩；3.钾长片麻岩；4.混合岩化；5.超动接触；6.糜棱岩；β:玄武岩；GH:闪长岩；
Σ:变质超基性岩；PtL.:拉轨岗日岩群；$E_3\gamma$:渐新世电气石二云母花岗岩；$E_1h\gamma\delta$:古新世浆混花岗闪长岩

在曲松以北的波博山口一带见有波博蛇绿岩，该蛇绿岩向北西延出国境线，向南东止于札达盆地边缘，与图幅内已发现的雅江北带相距约37km，也与仲巴—札达之间雅江南北带距离相一致，曲松一带的两条蛇绿岩带所挟持地层组合也与仲巴—札达之间地层相当，故测区内波博蛇绿混杂岩群为雅江南带的西延部分，证实雅江南带在札达曲松以北出露，并延出国外。据ETM遥感图像反映，该带在伊米斯山口北不远处被北东向走滑断层截断，错距达15km，之后沿北北西向至少可延至北纬33°以北，且向北该带似有变宽趋势，与北带的间距向北变大。

郭铁鹰等(1991)指出："在普兰-象泉河蛇绿岩带(雅江带南支)南部姜叶玛的硅质中，含有放射虫 Rikivatella 组合，从层位上看，应属 T_3 晚期，此带北部玛旁雍错蛇绿岩套的硅质岩中，也含有相同的放射虫组合等，时代为 T_3 晚期，也可能延至 J_1；在达巴可见中新统最上部—下更新统砂砾岩不整合覆盖在蛇绿岩套之上，因此，该带蛇绿岩形成于 T_3—J_1 期间，而它的侵位时间应在晚中新世之前。"最新的区调资料(1:25万萨嘎县幅[①]、桑桑区幅[②]、吉隆县幅[③]、日喀则市幅[④]等)确定该带玄武岩的钾-氩法年龄为 157～190Ma，属于早中侏罗世，区域上还考虑到修康群时代为晚三叠世，将雅江南带蛇绿岩的时代确定为晚三叠世—中侏罗世，本次工作在测区该带内没有获得任何佐证该带形成年龄的依据，据该带所处位置可能是雅江带南支西延的部分，与区域对比，将波博蛇绿混杂岩形成时代划归晚三叠世—中侏罗世。

三、班戈-八宿地层分区坦嘎小区

该地层小区位于班公湖-怒江结合带与狮泉河蛇绿混杂岩带之间，呈NW-SE向条带状展布，出露有中晚侏罗世拉贡塘组的一套深海—次深海的浊积岩、陆棚边缘盆地-浅海陆棚相沉积的多仁组和一套浅海陆架沉积的日松组。其中拉贡塘组出露面积约600km²，是该地层小区内最主要的地层，而多仁组和日松组这两套晚侏罗世的地层在测区出露极为有限，分布面积约14km²，岩性均为一套碎屑岩为主的沉积。

[①] 河北省地质调查院.1:25万萨嘎县幅区域地质调查报告，2004.全书类同。
[②] 河北省地质调查院.1:25万桑桑区幅区域地质调查报告，2004.全书类同。
[③] 河北省地质调查院.1:25万吉隆县幅区域地质调查报告，2004.全书类同。
[④] 西藏地质调查院.1:25万日喀则市幅区域地质调查报告，2004.全书类同。

(一) 拉贡塘组($J_{2-3}l$)

1. 创名、定义及划分沿革

1955 年由李璞在洛隆县腊久区西卡达至藏卡扎乌沟"拉贡塘层"演变而来。郭铁鹰(1991)将该套地层归入中侏罗统麻嘎藏布组;《1:100 万日土幅区域地质调查报告》将该套地层划归中侏罗世木嘎岗日群;西藏地矿局(1997)将本区该时代地层划归拉贡塘组。

本次工作发现该套地层为一套浊积的钙质砂岩—细粒长石石英砂岩夹泥硅质岩,南侧主要为一套由基质和岩片组成的狮泉河蛇绿构造混杂岩,与北侧该套总体有序、局部无序的一套浊积—复理石沉积地层截然不同,南界东边与狮泉河蛇绿混杂岩为一系列犬牙交错的断层相接,南界西边与白垩系多尼组断层相接,北界与班-怒带蛇绿混杂岩断层相接。在邻幅班公湖一带大量出露,据西藏地矿局(1997)定义及区域对比,将该套地层归入拉贡塘组。

2. 剖面列述

1) 日土县坦嘎剖面(图 2-38)

剖面位于日土县坦嘎沟,剖面起点坐标:北纬 32°53′09″,东经 80°37′43″。

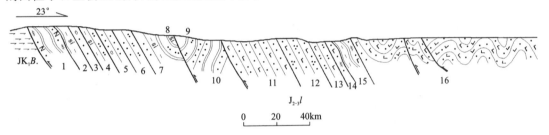

图 2-38 日土县坦嘎拉贡塘组实测剖面图

拉贡塘组	(褶皱未见顶)	厚>608.88m
8. 含钙粉砂岩夹泥硅质板岩		>89.17m
7. 中层钙质细砂岩、粉砂岩夹泥硅质板岩		108.71m
6. 中层钙质细砂岩、粉砂岩		110.52m
5. 中薄层砂砾岩、细砂岩夹板岩		52.58m
4. 薄层泥硅质和粉砂岩互层		65.96m
3. 含砾粗砂岩夹中细粒砂岩、泥硅质板岩		36.0m
2. 中薄层细砂岩—泥硅质板岩互层,鲍马序列 BE 段		61.55m
1. 钙质长石杂砂岩夹板岩,具鲍马序列沉积相序 ABD 段		>84.38m

============== 断 层 ==============

班公湖蛇绿混杂岩群

2) 日土县甲岗路线剖面(图 2-39)

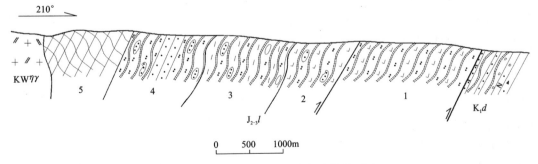

图 2-39 日土县甲岗拉贡塘组路线剖面图

拉贡塘组	（岩体侵入破坏,未见顶）	厚＞1776.75m
5. 深黑色角岩		444.6m
4. 粉砂质板岩夹砂岩及砂岩透镜		410.40m
3. 粉砂质板岩夹砂岩透镜与泥质板岩互层		374.54m
2. 钙质板岩、粉砂质板岩夹砂岩透镜体互层		342.00m
========== 断　层 ==========		
1. 粉砂质板岩与钙质板岩互层		＞205.21m
========== 断　层 ==========		
多尼组变砂岩、砂板岩夹灰岩		
（未见底）		

3. 岩性组合

测区拉贡塘组为一套浅变质的浊积岩系,与南侧狮泉河蛇绿构造混杂岩的界线为一系列犬牙交错的断层,颜色一般为灰—深灰色或灰绿色,在其内见到两套岩石组合。第一套分布较广,岩性由具有深海浊积特点的含砾砂岩、中粗粒砂岩夹细粒砂岩、泥硅质板岩等组成,发育水平层理、鲍马层序、重荷模、粒序层理、黄铁矿结核；第二套由中厚层的钙质砂岩、钙质石英砂岩、钙质中粗粒杂砂岩、板岩等组成,发育块状层理、粒序层理、重荷模等沉积构造。

4. 基本层序特征

该套地层经历了浅变质变形,但其基本层序依旧清晰可见,测区拉贡塘组基本层序可归纳如下(图2-40)。

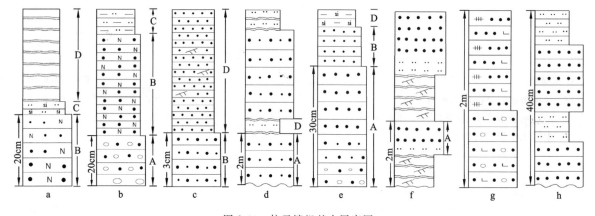

图 2-40　拉贡塘组基本层序图

a 类由 B、C、D 段组成的基本层序,b 类由 A、B、C 段组成的基本层序,c 类由 B、D 段组成的基本层序,d 类由 A、D 段组成的基本层序,e 类由 A、B、D 段组成的基本层序,f 类由板岩→厚层砂岩组成的反粒序基本层序,g 类由含砾钙质中粗粒砂岩→钙质中粗粒杂砂岩组成的基本层序,h 类由薄层钙质细砂岩→粉砂岩组成的基本层序。

层序底界面较清晰,多不平整,发育有印模、槽模构造。岩石中浊积岩鲍马层序比较清楚:其中 A 段由含砾砂岩、中粗粒块状砂岩组成,具块状层理和正粒序层理,反粒序层理少见；B 段由中细粒长石砂岩、中细粒砂岩组成,发育有弱正粒序层理及平行层理；C 段由硅质粉砂岩、粉砂质板岩、粉砂岩组成,粉砂岩中发育水平层理；D 段由泥质板岩、粉细砂岩、粉砂质-泥质板岩、粉砂质板岩、泥硅质岩组成,发育有水平层理；E 段(具水平纹层理或小型爬升层理),在填图过程中偶见。

在 a 类层序 C 段与 D 段及粉砂岩与泥质板岩接触界面附近,泥岩具有由地震引起的流动现象,粉砂岩具液化现象,并有砂质脉体穿入；在 e 类由 A、B、D 段组成的鲍马层序中,A 段砂砾岩由底向顶砾石含量减少,向上过渡为中粗粒砂岩；在 f 类基本层序中砂岩一般厚 1m 左右,具反粒序层理,底部由粉细砂岩组成,向上过渡为中粗粒砂岩,碎屑呈次圆状,主要为长石,并含有20%～30%的钙质,该基本层序反应了一种海进相序,层序内还见有由灰岩砾组成的A段,局部有由粗的灰岩砾及燧石砾组成的水道沉积。该套地层中除发育大量浊积岩外,还发育其他沉积,如粉砂质板岩、具水平层理的中砂岩。

5. 沉积环境分析

测区该套沉积总体为一套浅变质的浊积岩系,综合上述岩性组合、基本层序特征,特别是其内发育的鲍马层序及粒序层理、水平层理、印模、地震造成的液化流动现象;有震积砂岩呈岩墙状切穿板岩现象(图2-41),分析该套沉积主要属大陆斜坡环境下的浊流沉积。而在g类由含砾钙质中粗粒砂岩→钙质中粗粒杂砂岩组成的基本层序中的含砾钙质中粗粒砂岩中,砾石成分主要为大量钙质粉砂岩,少量燧石岩,在平面上砾岩很快相变为砂岩,指示可能属水道沉积。

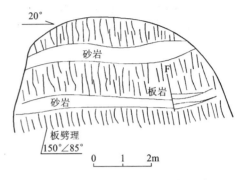

图2-41 震积砂岩呈岩墙状切穿板劈理

6. 地层时代讨论

该套地层生物化石稀少,本次工作未采到化石。据《1:100万日土幅区域地质调查报告》在测区日松南该套地层内采到:*Complexastrea* sp.,*Calamophylliopsis* sp.等珊瑚化石,在班公湖东岸采到珊瑚 *Epistreptophyllum diatritum* Wu,*Thecosmilia* sp.,*Montastrea* sp.,在日土县城西浅变质砂页岩中亦产中晚侏罗世的珊瑚 *Mitrodendron*? sp.;热邦错北部产 *Lochmaeosmilia* sp.等,它们大多见于中晚侏罗世,拉贡塘组之上为白垩系覆盖,故将测区该套地层划入中晚侏罗世。

(二) 多仁组(J_3d)

1. 概述

在班戈-八宿地层分区狮泉河小区且坎以西、狮泉河蛇绿混杂岩群以北图幅边部姜甲日一带出露一套强烈角岩化的碎屑岩地层。在测区出露面积约11.4 km²,向北延出图外。

西藏地矿局(1997)和西藏地矿局(1993)将噶尔-古昌-吴如错断裂与革吉-果芒错断裂所夹地块称为班戈-八宿区,建立接奴群,由下至上划分为马里组、桑卡拉佣组和拉贡塘组,代表中晚侏罗世沉积,其岩性以滨-浅海沉积为特征,为一套碎屑岩与碳酸盐岩组合。

郭铁鹰等(1991)将日松一带划入班公错-怒江与达机翁-彭错林深大断裂所夹之冈底斯分区,建立了侏罗纪日松群,并进一步划分为麻嘎藏布组和答波组,以代表中侏罗世斜坡相复理石沉积。

《1:100万日土幅区域地质调查报告》将日松地区归为冈底斯-念青唐古拉地层区的昂仁岗日分区,根据岩性组合的不同,中上侏罗统划归木嘎岗日群、沙木罗组。

《1:25万喀纳幅区域地质调查报告》[①]区调工作新建多仁组,定义为班-怒结合带南缘班戈-八宿分区西段的一套活动大陆边缘型浅海边缘盆地沉积,以一套条纹条带状细粒石英砂岩为特征。

测区内该套地层岩性由深灰—灰黄色中厚层状中细粒石英砂岩组成,受岩体侵入影响,岩石发生了强烈角岩化。《1:100万日土幅区域地质调查报告》将之划入木嘎岗日群,郭铁鹰等(1991)划为麻嘎藏布组。考虑到测区内该套地层分布非常有限,岩性与邻幅多仁组可对比,故采用《1:25万喀纳幅区域地质调查报告》的划分方案,将这套地层称为多仁组。

---

① 江西省地质调查院.1:25万喀纳幅区域地质调查报告,2004.全书类同。

2. 剖面列述

测区内这套地层出露面积很小，邻幅喀纳幅内出露面积大，所测剖面靠近测区北缘，从剖面与我们填图资料对比，指示沉积组合及沉积环境基本相同，现引述邻幅剖面如下。

日土县日松剖面(图2-42)起点坐标：北纬 32°58′35.4″，东经 79°48′48″。

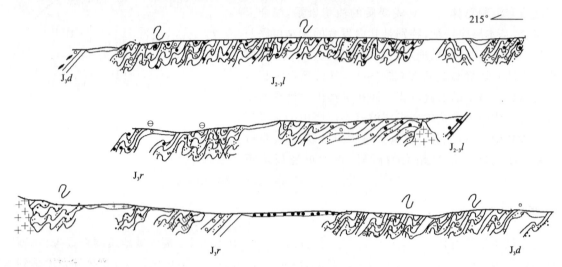

图 2-42　接奴群地层剖面图

上覆地层：日松组(J_3r)　灰—深灰色厚层状含砾粉砂岩。砾石大小不一，小者仅 0.5～2cm，大者达 30～50cm，结构成熟度相差较大，呈次棱角状—次圆状，其成分极杂，普遍含黄铁矿晶体

―――――――――――――― 整　合 ――――――――――――――

多仁组(J_3d)　　　　　　　　　　　　　　　　　　　　　　　　　　　　　　　**厚 952.28m**

43. 灰白色中薄层状钙硅质粉砂岩，岩石总体较均一，不显纹理特征，普遍具蚀变现象，常蚀变为含粉砂葡萄石岩　　　　　　　　　　　　　　　　　　　　　　　　　　　　9.59m

42. 灰—灰黄色中厚层状条纹条带微细粒岩屑石英砂岩，单层厚 20～40cm，条纹条带呈斑马纹状，局部见有含炭斑点板岩。产有：*Pseudomelania* sp.，*Nicaniella*? sp.　　　52.55m

41. 灰—深灰色中厚层状微细粒石英岩屑砂岩。砂岩单层厚 30～60cm，平行层理发育　　31.84m

40. 灰—深灰色中厚层状条纹条带微细粒石英砂岩，砂岩单层厚 20～40cm，条纹条带常显斑马纹状　　　　　　　　　　　　　　　　　　　　　　　　　　　　　　　　　　34.77m

―――――――――――――― 断　层 ――――――――――――――

39. 灰—灰黄色中厚层状细粒石英岩屑砂岩夹薄层灰—深灰色泥岩，两组元厚度比为(20～50cm)：(3～8cm)。砂岩中局部发育似层状—透镜状灰白色条带　　　　　　　　　29.80m

―――――――――――――― 断　层 ――――――――――――――

38. 灰—灰黄色中薄层条带状角岩化白云质微细粒石英砂岩(石英透辉石角岩)，局部见及递变层理，沿层面可见放射状硅灰石晶体　　　　　　　　　　　　　　　　　　　72.14m

37. 浮土掩盖　　　　　　　　　　　　　　　　　　　　　　　　　　　　　　　　80.04m

36. 灰色中厚层状条纹条带微细粒石英砂岩，砂岩单层厚 20～50cm，常构成 0.5～2cm 的灰—灰白色相间的条带　　　　　　　　　　　　　　　　　　　　　　　　　　　53.88m

35. 灰色厚层状细粒石英岩屑砂岩与杂色条纹条带状微细粒石英砂岩构成韵律性层序，组(单)元厚度达数米以上，厚层砂岩中平行层理发育，局部见斜层理，微细粒砂岩中条纹条带特别发育　　　　　　　　　　　　　　　　　　　　　　　　　　　　　　　　20.72m

34. 灰—青灰色厚层状细粒石英岩屑砂岩。平行层理发育，局部见斜层理，岩石表面含有稀疏不一的斑点(斑点状红柱石石英角岩)　　　　　　　　　　　　　　　　　　　29.48m

33. 灰—白色厚层细粒石英岩屑砂岩与深灰色条纹条带状微细粒岩屑石英砂岩构成韵律性层序，两组(单)元厚度比为(60～150cm)：(40～80cm)。厚层砂岩中发育平行层理，局部含扁透镜状泥砾，沿裂面常见有放射状硅灰石晶体，岩石具角岩化特征　　　　　　84.80m

32. 灰白—灰黑色中厚层条带状角岩化微粒石英砂岩,其条纹条带特别发育,似斑马纹特征	72.64m
31. 灰—深灰色中厚层条纹条带状含硅钙粉砂质泥岩夹中薄层状石英岩屑砂岩,组(单)元厚度比为(1～2m):(8～20cm)。石英岩屑砂岩中显示平行层理特征	52.45m
30. 灰白色厚层状细粒石英砂岩与灰黑色厚层含钙微细粒石英岩屑砂岩呈近韵律性互层,组元厚度比为(60～150cm):(60～120cm)。岩石中条纹条带发育,石英砂岩中发育有斜层理。岩石可能受岩体影响,常见角岩化现象,沿裂面发育有放射状硅灰石晶体	55.14m
29. 浮土掩盖	101.97m
28. 浅灰色厚层状中细粒岩屑石英砂岩夹中厚层条纹条带状灰黑色含硅钙粉砂质泥岩,两组元厚度比为(50～200cm):(30～60cm)。砂岩中有时见夹似层状—透镜状细砾石层,泥岩中具角岩化特征。砂岩中发育有平行层理,往上有砂岩增加、泥岩减少之趋势。沿层面常见有放射状硅灰石晶体,零星见有腹足类化石:Ptygmatis cf. ferruginse Cossmann(锈色褶螺比较种)	155.28m

———————— 整 合 ————————

下伏地层:拉贡塘组($J_{2-3}l$) 灰—深灰色中薄层状含粉砂菱铁质泥岩与中薄层细粒菱铁质岩屑砂岩构成韵律性层序,两者厚度比为(20～50cm):(5～30cm)。砂岩中平行层理发育

3. 岩性组合及层序特征

多仁组总体以深灰—灰黄色中厚层状中细粒石英砂岩组成,发育斑马纹条带。据邻幅《1:25万喀纳幅区域地质调查报告》,在日松附近,下部为一套厚层中细粒石英砂岩夹条纹条带深色含硅钙粉砂质泥岩,含有大量的腹足类化石:*Ptygmatis* cf. *ferruginse* Cossmann,中部则基本为厚层细粒石英岩屑砂岩与杂色条纹条带微细粒石英砂岩构成韵律性层序,平行层理发育,局部见斜层理和包卷层理,岩石中含有一定量的硅质,常发育有放射状硅灰石晶体,顶部则为条纹条带状微细粒岩屑石英砂岩夹含炭斑点板岩和薄层钙质粉砂岩,岩石普遍具蚀变特征,局部见含粉砂葡萄石岩。产:*Pseudomelania* sp.(假黑螺,未定种),*Nicaniella*? sp.(小尼坎蛤,未定种)。区域上,本组亦以条纹条带为特征,但存在一定的相变,总体上有西部发育、往东变弱的趋势,延至岗日附近仍具条纹条带特征,夹有较多的薄层灰岩,至马里附近,已缺乏本组典型沉积。

4. 沉积环境分析

多仁组系指位于班-怒结合带南缘班戈-八宿分区西段的一套陆棚边缘盆地-浅海陆棚相沉积。

据《1:25万喀纳幅区域地质调查报告》,多仁组以微细粒石英砂岩为特征,条纹条带发育,常显斑马纹状,普遍含有钙硅质成分,发育有四种较为典型的基本层序。岩石中主要发育平行层理、水平层理,常见有包卷层理,底部产腹足类 *Ptygmatis* cf. *ferruginse* Cossmann,顶部产腹足类 *Pseudomelania* sp.,双壳类 *Nicaniella*? sp.,总体属浅海陆缘盆地低能沉积环境。

5. 时代归属

本套地层化石极为稀少,基本为一套"哑"地层,对其时代归属前人颇有异议。

西藏地矿局(1997)和西藏地矿局(1993)均将其划为木嘎岗日群,由于采获的化石极少,仅将其时代统归为侏罗纪;而郭铁鹰等(1991)根据采获少量的双壳类和中晚侏罗世放射虫,则将其归入日松群麻嘎藏布组,时代大致置于中侏罗世。

《1:25万喀纳幅区域地质调查报告》在多仁组顶底均采获腹足类 *Ptygmatis* cf. *ferruginse* Cossmann, *Pseudomelania* sp. 和双壳类 *Nicaniella*? sp. 及珊瑚类化石,区域上采获珊瑚 *Stylosmilia* sp. 。于日松南采获放射虫化石(王玉净等):*Paronaella bandyi* Pessagno, *Emiluvia hopsoni* Pessagno, *Tripocyclia jonesi* Pessagno, *Hsuum maxwelli* Pessagno, *Mirifusus guadalupensis* Pessagno, *Ristola procera* (Pessagno), *Peripyridium ordinarium* (Pessagno), *Angulobracchia purisimaensis* (?) (Pessagno), *Acanthocircus variabilis* (Squinabol), *Ristola altissima* (Rust), *Andromeda podbielensis* (Ozvoldova), *Podobursa helvetica* (?) (Rust), *Tetraditryma* sp., cf. *T. corralitosensis*(Pessagno), *Paronaella kotura* Baumgartner, *Higumastra imbricata* (Ozvoldova), *Hsuum erraticum* Wu, *Archaeospongoprunum elegans* Wu, *Ristola* sp., *Emiluvia* sp., *Tripocyclia* sp.。

以上所采获的化石中, *Ptygmatis* cf. *ferruginse* Cossmann 是西藏地区晚侏罗世之常见属。而放射虫 *Paronaella bandyi* Pessagno, *Emiluvia hopsoni* Pessagno, *Tripocyclia jonesi* Pessagno, *Hsuum maxwelli* Pessagno, *Mirifusus guadalupensis* Pessagno, *Ristola procera* (Pessagno), *Peripyridium ordinarium* (Pessagno), *Angulobracchia purisimaensis* (?) (Pessagno), *Acanthocircus variabilis* (Squinabol), *Ristola altissima*(Rust)多数见于上侏罗统 Oxfordian 至 Tithonian 阶下部,少数延续到 Tithonian 阶上部;其中有 7 个种与西藏南部代表 Kimmeridgian 晚期至 Tithonian 早期的放射虫相同。以上这些属种最有可能是晚侏罗世 Kimmeridgian 晚期至 Tithonian 早期。

综上所述,多仁组的生物面貌无论是腹足类化石,还是微古化石均具强烈的晚侏罗世色彩,其时代归属晚侏罗世无疑。

(三)日松组(J_3r)

1. 概述

在班戈-八宿地层分区狮泉河小区且坎以西、狮泉河蛇绿混杂岩群以北图幅边部出露一套碎屑岩局部夹灰岩的地层体,在测区出露面积约 2.6km², 向北延出图外。

西藏地矿局(1997)和西藏地矿局(1993)将噶尔-古昌-吴如错断裂与革吉-果芒错断裂所夹地块称为班戈-八宿区,建立接奴群,由下至上划分为马里组、桑卡拉佣组和拉贡塘组,代表中晚侏罗世沉积,其岩性以滨—浅海沉积为特征,为一套碎屑岩与碳酸盐岩组合。

郭铁鹰等(1991)将日松一带划入班公错-怒江与达机翁-彭错林深大断裂所夹之冈底斯分区,建立了侏罗纪日松群,并进一步划分为麻嘎藏布组和答波组,以代表中侏罗世斜坡相复理石沉积。

《1:100 万日土幅区域地质调查报告》将日松地区归为冈底斯-念青唐古拉地层区的昂仁岗日分区,根据岩性组合的不同,中上侏罗统划归木嘎岗日群、沙木罗组。

《1:25 万喀纳幅区域地质调查报告》工作新建日松组,指分布于班戈-八宿分区的一套浅海陆架沉积组合,底部为一套粗碎屑岩夹砾屑生物灰岩,盛产腹足类、珊瑚化石,往上则为砂岩与粉砂岩、泥岩构成的韵律性层序,虫迹构造发育,局部见炭化植物碎片。

测区内该套地层分布范围有限。依据与《1:25 万喀纳幅区域地质调查报告》对比,将测区内该套地层称为日松组,系测区内该套地层岩性组合、沉积环境等与日松组相似,该套地层大面积分布在测区北日松一带,因而采用邻幅划分方案,称该套地层为日松组。并引述邻幅剖面。

2. 剖面列述

测区内这套地层出露有限,故未测制剖面,根据野外填图反映其岩性与《1:25 万喀纳幅区域地质调查报告》新建的日松组可对比,《1:25 万喀纳幅区域地质调查报告》中剖面完全可以反映测区内这套地层的特点,故引述 1:25 万喀纳幅日土县日松剖面(图 2-42)如下。

剖面起点坐标:北纬 32°58′35.4″,东经 79°48′48″。

灰白色细粒斑状角闪黑云斜长花岗岩($K_1\lambda\delta^S$)

——————— 侵 入 ———————

日松组(J_3r) 厚＞907.68m

74. 灰—浅灰色中厚层状不等粒长石石英砂岩夹薄层深灰色粉砂岩,两者构成韵律性层序,组元厚度比为(20～70cm):(15～35cm)。砂岩中常发育平行层理,偶见有小型槽状交错层理和正递变层理,局部有透镜状泥质团块。岩石具角岩化特征   80.98m

73. 灰色薄层状石英细砂岩与深灰色薄层微细粒砂岩、灰黑色薄层粉砂质泥岩构成不完整的旋回性层序,三组元厚度比为(1~14cm)∶(1~2cm)∶(0.5~4cm)。发育有水平层理、平行层理,褶皱变形较强烈,岩石具热蚀变特征,常见有红柱石角岩化现象	32.82m
72. 浮土掩盖	5.93m
71. 灰—浅灰色薄层石英细砂岩与灰—深灰色薄层粉砂岩夹深灰色碳酸盐质微砂质粉砂岩构成旋回性层序,三组元厚度比为(1~3cm)∶(0.5~3cm)∶(0.5~1.5cm)。发育水平层理、平行层理	9.11m
70. 浅灰—灰色薄层石英细砂岩与深灰色薄层粉砂岩组成韵律性层序,两组元厚度比为(2~16cm)∶(1~7cm)。砂岩中普遍含少量黄铁矿晶体($d=3mm$)。局部夹有含炭粉砂质泥岩条带,沿层面产丰富的遗迹化石:*Taenidium satanassi*(撒旦螺旋带迹)	57.83m
69. 浮土掩盖	53.60m
68. 灰色块状砾岩。砾石大小参差不一,砾径以 3~5cm 为主,个别可达 50~100cm,成分单一,基本以砂岩砾为主,少量泥岩砾及砂砾岩砾,结构成熟度相差较大,次棱角状—次圆状不等,无定向特征	29.25m
67. 深灰—灰黑色中厚层状粉砂质泥岩,单层厚 20~40cm 不等,含一定量的砂质成分	23.40m
66. 灰—浅灰色厚层状含钙石英粗砂岩与灰色中厚层状细砂岩组成韵律性层序,两者呈互层状。表面沿裂隙常见有钙质薄膜	10.25m
65. 灰黑色中—薄层状条纹条带粉砂岩。岩石中条纹条带较发育,含细小的黄铁矿晶体	19.78m
64. 灰—浅灰色厚层状含砾不等粒钙质岩屑砂岩与中薄层状石英细砂岩组成韵律性层序,组元厚度比为 120cm∶(15~20cm)。局部发育有正递变层理	25.58m
63. 灰—深灰色中薄层状条纹条带微细粒钙质粉砂岩夹黑色中薄层状含钙砂质泥岩,两组元厚度比为(1~6cm)∶(1~3cm),岩石普遍具阳起石化特征,含炭化植物碎片	46.28m
62. 灰—浅灰色厚层状石英细砂岩与深灰—灰黑色薄层状粉砂岩构成韵律性层序,两组元厚度比为(80~120cm)∶(30~40cm)。往上有砂岩变薄、粉砂岩增厚之趋势	63.97m
61. 灰—浅灰色中厚层状中粒石英砂岩与中层状含砾粗砂岩呈韵律性互层,夹深灰色薄层粉砂岩。砾石成分以泥岩砾为主,砾径 2~6mm,呈星散分布	23.36m
══════════════ 断 层 ══════════════	
60. 灰—浅灰色(风化后为黄褐色)中厚层中细粒白云质石英砂岩夹薄层深灰色粉砂岩。两者构成韵律性层序,两组元厚度比为(20~96cm)∶(2~10cm)	25.36m
59. 浮土掩盖	133.19m
58. 灰—灰黄色(夹杂有紫红色)厚层粉砂质泥岩夹厚层细粒岩屑杂砂岩(1.5~2.8m)∶(3~60cm)。局部夹透镜状白云质细晶灰岩。砂岩中普遍发育平行层理,局部见斜层理。岩石中普遍含星散状黄铁矿。白云质细晶灰岩一般呈透镜状,分布较为局限	61.36m
57. 灰—深灰色厚层状陆屑泥晶砾屑灰岩。岩石单层厚 30~60cm,砾屑砾径 2~3.5mm,一般呈扁豆状,总体具成层定向特征,成分以泥晶灰岩为主,含少量 0.2~1.5mm 陆屑	8.75m
56. 中薄层状细粒岩屑砂岩与薄层粉砂质泥岩构成韵律性层序,组元厚度比为(1~3m)∶(40~60mm)。砂岩中发育平行层理,岩石中普遍含黄铁矿晶体	68.36m
55. 灰色厚层含砾粉砂岩。砾石大小不一,小者仅 0.5~2cm,大者达 30~50cm。结构成熟度相差较大,为棱角状—次圆状,成分复杂,以砂岩砾为主,无定向特征。常见有星散状黄铁矿	16.28m
54. 灰—深灰色中薄层状细粒岩屑砂岩与薄层泥岩构成韵律性层序,组元厚度比为(3~20cm)∶(5~10cm)。岩石中含星散状黄铁矿晶体。局部产遗迹化石:*Taenidium satanassi*(撒旦螺旋带迹)	34.37m
53. 断层	0.36m
52. 灰—灰黄色中厚层状粉砂质泥岩。岩石局部显示水平纹层特征,普遍含黄铁矿晶体,粒径一般为 1~3mm,少 5~6mm	12.61m
51. 灰—杂色厚层状复成分中粗砾岩,单层厚 40~60cm,砾径以 0.5~2cm 为主,少量达 3~8cm,成分较杂,以砂岩砾、灰岩砾为主,结构成熟度较好,呈次棱角状—次圆状	0.72m
50. 灰—深灰色厚层状含砾粉砂岩。砾石砾径一般为 5~15cm,个别可达 1~2m,其结构成熟度相差较大,呈棱角状—次圆状,成分极杂,无定向排列特征	0.24m

49. 灰—深灰色厚层复成分中粗砾岩。单层厚 40～80cm。砾石砾径以 0.5～1.2cm 为主,结构成熟度较高,主要呈次圆状;成分较杂,以灰岩砾为主,局部夹砂质条带　　　　0.16m

48. 灰—深灰色中厚层状含钙粉砂质泥岩夹薄层细粒岩屑砂岩,两组元厚度比为(1～2m):(5～10cm)。泥岩中普遍含有化石,以腹足类为主,偶见双壳类、珊瑚、海百合茎,局部夹有数层薄层生物灰岩层,腹足类含量达 50%～60%。主要化石有:*Nerinella danusensis* (d'Orbigny)(达努斯小海娥螺)、*Nerinella ornata* (d'Orbigny)(纹饰小海娥螺)、*Exelissa* sp.(外平滑螺,未定种)、*Pectinacea* gen. et sp. indet(海扇类)　　　　27.43m

47. 深灰色中厚层状复成分含生屑细砾岩,单层厚 20～40cm,砾石成分较单一,以灰质砾为主,少量泥砾、砂质砾,含有较多的生物碎片,以腹足类为主　　　　1.62m

46. 灰—杂色厚层状复成分中粗砾岩。单层厚 40～80cm。砾石成分较杂,砾径以 0.5～2cm 为主,少量达 3～8cm,呈次棱角状—次圆状　　　　3.23m

45. 灰—深灰色厚层状含砾粉砂岩。砾石大小不一,小者仅 0.5～2cm,大者达 30～50cm,结构成熟度相差较大,呈次棱角状—次圆状,其成分极杂,普遍含黄铁矿晶体　　　　14.48m

——————整　合——————

下伏地层:多仁组(J_3d)　灰白色中薄层状钙硅质粉砂岩,岩石总体较均一,不显纹理特征,普遍具蚀变现象,常蚀变为含粉砂葡萄石岩

3. 岩性组合及层序特征

该套地层在测区为一套碎屑岩组合,岩性由细粒岩屑砂岩与粉砂质板岩为主体,局部夹有含砾砂岩、含砾粉砂岩及陆屑泥晶砾屑灰岩。据邻幅《1:25 万喀纳幅区域地质调查报告》,该套地层底部为一套粗碎屑岩组合,含有较多的生物化石,产腹足类:*Nerinella danusensis*(d'Orbigny)、*Nerinella ornata* (d'Orbigny)、*Exelissa* sp.;海扇:*Pectinacea* gen. et sp. indet 及少量双壳类、珊瑚、海百合茎等;往上粒度变细,砂岩中普遍含黄铁矿晶体,细碎屑岩中水平层理、平行层理发育,沿层面常见有虫迹:*Taenidium satanassi*(撒旦螺旋带迹),局部有炭化植物碎片,可能形成于滞流还原环境,属较深水环境。

4. 沉积环境分析

日松组底部为一套粗碎屑沉积,以复成分砾岩、含砾粉砂岩为特征,其间夹有数层生物灰岩层,富含腹足类和珊瑚化石,属海水较浅的浅海陆架环境;中部则以中薄层状岩屑砂岩与粉砂岩、泥岩构成的复理石沉积为特征,普遍含黄铁矿,为封闭—半封闭的滞流还原环境所沉积,产遗迹化石:*Cosmorhaphe helminthopsidea*,*Taenidium satanassi*,主要为软体动物的活动迹、觅食迹,多出现于较深水的浅海陆架环境;上部则以中细粒石英岩屑砂岩、粉砂岩、泥岩为特征,局部夹有数层砾岩、砂砾岩,平行层理发育,局部发育斜层理,含丰富的遗迹化石。从整体上看,有碎屑粒度向上变粗的趋势,反映了该组由早期向晚期有海水变浅的趋势,最终逐渐退出沉积环境。

5. 时代归属

《西藏自治区岩石地层》(1997)和《西藏自治区区域地质志》(1993)均将其划为木嘎岗日群,由于采获的化石极少,仅将其时代统归为侏罗纪;而郭铁鹰等(1991)根据采获少量的双壳类和中晚侏罗世放射虫,则将其归入日松群麻嘎藏布组,时代只大致置于中侏罗世。

因该套地层在测区出露极为有限,《1:25 万喀纳幅区域地质调查报告》在日松组底部发现多层生物灰岩,腹足类异常发育,主要有 *Nerinella danusensis*(d'Orbigny),*Nerinella ornata* (d'Orbigny),*Exelissa* sp.,还产有 *Pectinacea* gen. et sp. indet。区域上,在左用错附近采获放射虫:*Radidaria* sp.,*Triactoma*(?) cf. *novimexicana* Yang et Wang。

以上所采获的化石中,*Nerinella danusensis*(d'Orbigny),*Nerinella ornata* (d'Orbigny)都是西藏地区晚侏罗世的常见属,从而将该套地层时代划归晚侏罗世,我们据测区内的该套地层与之岩性可对比,将测区内该套地层归入晚侏罗世。

四、班公湖-怒江地层区

该地层区位于狮泉河蛇绿混杂岩群以北、测区东北角坦嘎一带,主要出露有侏罗纪—早白垩世班公湖蛇绿混杂岩群和侏罗纪木嘎岗日岩群复理石相沉积。向东向北均延出图外,向西被乌木垄花岗岩侵入,分布面积约 500km²,多数地带被郎山组灰岩角度不整合覆盖。

(一)班公湖蛇绿混杂岩群

1. 概述

班公湖蛇绿混杂岩群空间上位于狮泉河蛇绿混杂岩群以北,南与狮泉河蛇绿混杂岩群在保昂扎附近以断层为界相汇合,向北延出图外,测区延伸约 38km,出露宽度为 10km 左右,北以断层为界和木嘎岗日群相接,南以断层为界与拉贡塘组相接。班公湖蛇绿混杂岩群与狮泉河蛇绿混杂岩群相比最显著的特点是班公湖蛇绿混杂岩群构造线方向为 NNW 向,而有别于狮泉河蛇绿混杂岩群 NWW—近 EW 向的构造线方向,与狮泉河蛇绿混杂岩群形成一个较大的交角。班公湖蛇绿混杂岩群由偏东的保昂扎和偏西的嘎布勒两个条带组成,中间被乌哥桑二长花岗岩阻隔。该蛇绿混杂岩群大部分地带由变质超基性岩组成基质,局部为砂板岩基质,枕状玄武岩、辉绿岩墙群、硅质岩、碳酸盐岩、浊积岩岩片等混杂其中,具典型的基质、岩片二元结构(图 2-43)。

班公湖蛇绿混杂岩群总体上具有较强的变质变形,多以褶皱产出,板劈理发育,岩石总体较破碎,多字型构造、膝折等多见,层内的顺层揉皱发育。岩片总体上呈与构造线方向一致的一系列透镜体产出,大小不一,形态各异。

2. 基质

班公湖蛇绿混杂岩群大部分地带由变质的辉橄岩、橄辉岩或蛇纹岩构成基质;局部由砂板岩构成基质。基质和岩片一起构成褶皱,组成了一个变形相对较强的构造层次。

1)变质超镁铁岩基质

该类基质岩性由辉橄岩、橄辉岩、硅化、菱镁矿化蛇纹岩组成,岩石色率较深,呈灰黑—墨绿色,蛇纹石化强烈,蛇纹石含量可高达 70%~80%,局部沿裂隙有纤维状蛇纹石生成。受韧性剪切应力的作用,该类岩石碎裂程度高,局部由于强烈的碎裂和硅质脉体的穿插发生褪色现象。从碎裂角砾和新生脉体揉皱(图 2-44)判断该韧性剪切具有左旋剪切的性质(图 2-45),总体上该类岩石有较强烈的硅化,局部有绿帘石化现象。

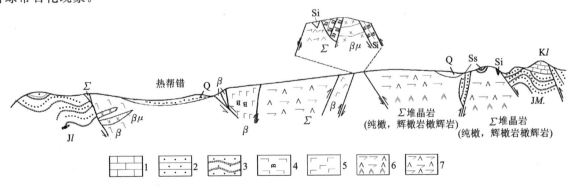

图 2-43 班公湖蛇绿岩剖面图

1.生物碎屑灰岩;2.砂岩;3.变砂岩;4.枕状玄武岩;5.块状玄武岩;6.超镁铁堆晶岩;7.变质辉橄岩
Q:第四系;Kl:郎山组;JM.木嘎岗日岩群;Jl:拉贡塘组;βμ:辉绿玢岩(脉);Si:硅质岩;Ss:砂岩;β:玄武岩

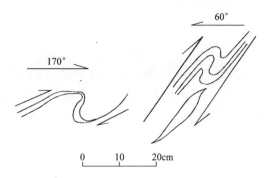

图 2-44 班-怒带辉橄岩基质中的脉体揉皱现象素描图

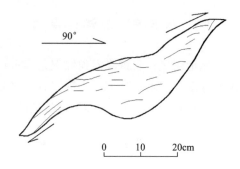

图 2-45 蛇纹岩透镜体指示左行走滑图

2) 砂板岩基质

该类基质主要出露于班公湖蛇绿混杂岩群北侧图幅边部，向北延出图外，主要岩石类型由灰色粉砂质板岩、灰色变粉砂岩、灰白色岩屑杂砂岩、变长石砂岩等组成，该类岩石总体上构成班-怒带内相对有序的部分，岩石在大部分地段原始沉积层理仍有保留，板理或糜棱面理置换不完整，但受糜棱岩化作用的影响，局部变形强烈的地带出现了杆状构造、石香肠构造、眼球状构造等。

3. 岩片

班公湖蛇绿混杂岩群由基质、岩片二元结构组成，该带内岩片类型主要有玄武岩岩片、辉绿岩岩片、硅质岩岩片、浊积形成的砂板岩岩片等，灰岩岩片只零星见到而且规模较小。各类岩片在平面上均呈不规则透镜体或条带相互混杂，岩片以脆韧性断层为界混杂于基质中，岩片长轴方向多与构造线方向一致，岩片大小不一，大者长轴可达3~4km，岩片普遍具程度不等的糜棱岩化作用、硅化、碳酸岩化、绿泥石化、绿帘石化等，局部有孔雀石化现象。需说明的是班-怒带内蛇绿岩总体由底部超镁铁质岩→堆晶岩系→基性侵入岩→枕状熔岩→上覆硅质岩组成（图2-46），各组分是比较齐全的，底部超镁铁质岩构成了混杂岩带的基质，其余各组分以岩片混杂其中。

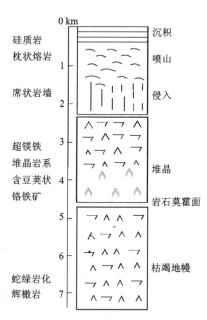

图 2-46 班-怒带南缘蛇绿岩拟层序图

1) 玄武岩岩片

该类岩片是班-怒带内分布最广的一类岩片。并可分为两类，一类是具有枕状构造的枕状玄武岩，该类岩石中多含有角砾，岩枕长轴一般为30~50cm，呈椭圆形—近似圆形，玄武岩内有大量辉绿岩脉穿插，含量最大可占50%以上，该类岩石多发育网环状裂隙，枕内发育气孔构造，岩石多具细碧岩化现象。另一类是不具有枕状构造的玄武岩，该类岩石多呈灰绿色，板劈理较发育，普遍具糜棱岩化现象，局部矿物发生了重结晶，但仍残余有熔岩结构。局部板理化玄武岩中夹有角砾，角砾几乎未变质形，大小为5~20cm不等，近椭圆形—圆形，呈绿色，具有较多气孔，个别类似火山枕。在班-怒带南侧糜棱岩化作用较强区域，玄武岩在韧性剪切带内由南向北经历了由玄武岩→板理化玄武岩→玄武质片岩的递进变质过程。并在玄武质片岩内伴有2cm×0.3cm的硬绿泥石形成，硬绿泥石局部有定向。总之，该类岩片呈大小不一的构造透镜体出现，板理化强烈，与板理化方向一致的顺层揉皱发育（图2-47），岩石普遍具较强烈的绿泥石化、绿帘石化现象。

2) 辉绿岩岩片

该类岩片呈灰绿—灰黑色，具典型的辉绿结构，由长石搭成格架，辉石充填其中，它们均呈细粒，常以脉体产于玄武岩中，单个辉绿岩脉一般宽1~3m，并且冷凝边常位于北侧，南侧不太明显。

3) 浊积形成的砂板岩岩片

该类岩片在班-怒带中较为多见,在平面及剖面上呈透镜体或不规则块体产出,岩性以岩屑长石变砂岩、粉砂质板岩为主。岩屑长石变砂岩为灰绿色,中粗粒结构,主要由长石(80%)和岩屑组成,岩屑以火山岩岩屑为主,次为硅质岩岩屑,岩屑磨圆分选都较差,属典型浊流沉积,局部地段的硅质岩岩屑形状呈拉长的不规则状。砂岩常呈透镜体产于板岩中(图2-48),岩石总体上以板理为主,显示了砂岩透镜板理化后的构造置换现象。

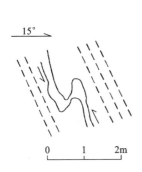
图 2-47 玄武岩中的劈理及揉皱

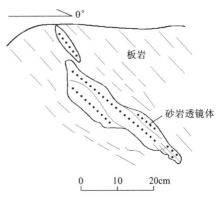
图 2-48 砂岩透镜体板理化后的构造置换现象

4) 硅质岩岩片

该类岩片由薄层硅质岩和泥硅质板岩组成,岩石中板劈理发育,层理多与劈理斜交。

4. 班公湖蛇绿混杂岩群时代讨论

前人由硅质岩中采获的放射虫化石组合,确定日土附近班-怒带蛇绿岩形成的年龄为中晚侏罗世(郑一义等,1983;1:100万日土幅;郭铁鹰等,1991)。一般认为西段班-怒带闭合的时间不超过晚侏罗世末。尽管也有人根据班-怒带内存在早白垩世晚期富含圆笠虫化石的郎山组灰岩,而认为日土一带班-怒带发育的时间为中侏罗世—早白垩世,但实质上前人早已指出郎山组灰岩角度不整合于班-怒带蛇绿混杂岩之上(1:100万日土幅;郭铁鹰等,1991)。本次工作发现:上覆的郎山组灰岩变质变形弱,仅发育非常宽缓的褶皱,而下伏的班-怒带内褶皱冲断强烈,也证实了郎山组沉积时,班-怒带早已闭合,二者间存在沉积间断;且郎山组沉积范围缩小,沉积相属滨浅海,反映盆地的性质已由洋盆转化为前陆盆地。由此并根据班-怒带裂解和闭合均存在东早西晚的特点,可以确定班-怒带闭合的时间不会超过晚侏罗世末。

测区北邻幅1:25万日土幅区调[①]在班-怒带硅质岩中采获侏罗纪—早白垩世的放射虫,但认为主体时代可能为侏罗纪,与测区相接的这部分蛇绿岩,双方均未获得年龄证据,但从狮泉河带主要属于早白垩世的沉积和区域上班-怒带形成时间为侏罗纪,推测测区这部分向北与班-怒带主带相接,向南与狮泉河带相斜接的蛇绿岩的形成时间可能介于侏罗纪的班-怒带和早白垩世的狮泉河带之间。故将这套地层的时代划归晚侏罗世—早白垩世。

(二)木嘎岗日岩群($JM.$)

1. 创名、定义及划分沿革

木嘎岗日岩群由文世宣于1979年命名,创名地点位于改则县木嘎岗日主峰东南,原义指不整合伏于第三系棕红色碎屑岩之下,代表中侏罗统的一套深灰色、灰黑色、灰绿色砂岩、泥岩夹硅质灰岩、灰岩透镜体的地层。1:100万改则幅、1:100万日土幅及西藏地矿局(1993)中都沿用此名。郭铁鹰等在

[①] 江西省地质调查院.1:25万日土幅区域地质调查报告,2004.全书类同。

《西藏阿里地质》中将日土一带与此相同的一套地层称日松群。西藏地矿局(1997)沿用木嘎岗日岩群一名，并将之定义为"系指沿班公错-怒江断裂带分布的一套深灰色、暗绿色、灰黑色泥质板岩与变质砂岩、粉砂岩夹灰岩、硅质灰岩为主的地层体，化石稀少，有少量双壳类、腕足类等"。

测区该套地区出露于班公湖蛇绿混杂岩北侧，近NWW向展布，出露面积约100km²，岩性为一套具复理石相的变砂岩、板岩组成，南界与班公湖蛇绿混杂岩为一系列犬牙交错的断层，向北延出图外。故据西藏地矿局(1997)定义，采用1：25万日土幅的划分方案将该套地层归入木嘎岗日岩群。

2. 剖面列述

日土县牙纳木嘎岗日岩群剖面(图2-49)位于日土县牙纳，剖面起点坐标：北纬33°56′08″，东经80°50′42″。

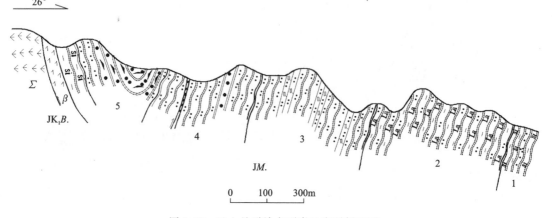

图2-49　日土县牙纳木嘎岗日岩群剖面图

木嘎岗日岩群(JM.)　　　　　　　　　　（褶皱未见顶）　　　　　　　　　　　　　　**厚>1375.46m**

5. 灰黑色粉砂-泥质板岩夹变质岩屑细砂岩、粉砂岩。粉砂岩中发育水层理，细砂岩中发育正粒序层理　　　　　　　　　　　　　　　　　　　　　　　　　　　　　　>321.43m
4. 灰黑色变质粉砂质板岩夹变砂岩　　　　　　　　　　　　　　　　　　　　　102.6m
3. 粉砂质板岩夹粉砂质结晶灰岩　　　　　　　　　　　　　　　　　　　　　　375.4m
2. 粉砂质泥灰质板岩夹变砂岩夹糜棱岩化透镜体　　　　　　　　　　　　　　　425.86m
1. 灰黑色泥硅质板岩夹薄层状长石砂岩，泥硅质板岩中含1～4mm的黄铁矿，含量约15%，原生层理多已被板理置换，但原生层理局部仍然可见　　　　　　　　　　　　150.17m

（褶皱未见底）

3. 岩性组合及基本层序

测区木嘎岗日岩群为一套浅变质的浊积岩系，与南侧班公湖蛇绿混杂岩群界线为一系列犬牙交错的断层，颜色一般为灰—深灰色或灰绿色，在其内由下至上见到两套岩石组合。第一套分布局限，岩性由具有深海复理石特点的灰黑色泥硅质板岩夹薄层状长石砂岩组成，泥硅质板岩中含1～4mm的黄铁矿，含量约15%；第二套分布较广，由变粉砂岩、变砂岩、粉砂质板岩等组成，发育平行层理、槽模、地震造成的液化流动现象，由底向顶由粗粒—细粒砂岩构成正粒序层理，砂岩含量增高。

该套地层经历了浅变质变形，但其基本层序依旧清晰可见，测区木嘎岗日岩群基本层序可归纳如下(图2-50)。

a类由粉砂质板岩→变砂岩组成的反粒序基本层序，b类由粉砂质板岩→粉砂屑灰岩组成的基本层序，c类由粉砂

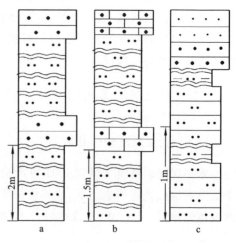

图2-50　木嘎岗日岩群基本层序图

岩→粉砂泥质板岩组成的基本层序。其中 b 类粉砂质板岩和粉砂屑灰岩中发育平行层理，c 类粉砂岩→粉砂泥质板岩中发育有水平层理。砂岩具有由地震引起的流动现象，粉砂岩具液化现象，并有砂质脉体穿入，该套地层中除发育大量浊积岩外，还发育其他沉积，如粉砂质板岩，具水平层理的中砂岩，砂屑灰岩及含粗粒黄铁矿的泥硅质岩等。

4. 沉积环境分析

测区该套沉积为一套浅变质的浊积岩系，综合上述岩性组合、基本层序特征，特别是其内发育的粒序层理、水平层理、地震造成的液化流动现象，分析该套沉积属大陆斜坡环境下的浊流沉积。由该套地层底部的泥硅质板岩（含 1～4mm 的粗粒黄铁矿）到粉砂质板岩，到顶部砂岩，反映碎屑粒度变粗，指示随着沉积填平，水体逐渐变浅的演化特点。

5. 地层时代讨论

该套地层生物化石稀少，本次工作未采到化石。文世宣(1979)等在建立该地层单位时，在灰岩透镜体中采获珊瑚：*Plesiosmilia* cf. *truncata* Koby, *Stylina* cf. *kachensis* 及层孔虫、腕足类化石。文世宣等根据珊瑚 *Stylina* cf. *kachensis* 和双壳类 *Protocardia stricklandi* 等化石，将木嘎岗日岩群定为中侏罗世。

据 1：100 万日土幅区域成果在测区北部该套地层内砂岩、粉砂岩中零星采到化石：*Complexastrea* sp., *Calamophylliopsis* sp., *Thecosmilia* sp., *Montastrea* sp., *Lochmaeosmilia* sp., *Epistreptophyllum diatritum* Wu, *Mitrodendron*? sp.；郭铁鹰等(1991)在该套地层中曾采到大量中晚侏罗世的放射虫，故将测区该套地层划入侏罗纪。

第六节 白 垩 系

白垩纪地层在测区分布面积最广，除喜马拉雅地层区外其余地层区均有广泛出露。在雅鲁藏布江地层区出露有本次工作新建的齐尼桑巴群一套滨浅海相碎屑岩沉积和晚侏罗世—早白垩世雅鲁藏布江缝合带的北支夏浦沟蛇绿混杂岩群；在冈底斯-腾冲地层区白垩纪地层出露极广，在措勤-申扎地层分区由老到新出露有以火山岩为主的则弄群、以灰岩为主的捷嘎组、以一套磨拉石相的紫红色砾岩夹生屑泥晶灰岩组成的竞柱山组。在狮泉河小区由下至上出露有狮泉河蛇绿混杂岩群、本次工作新建的分布于狮泉河蛇绿混杂岩群各亚带间的相对于狮泉河蛇绿混杂岩无序地层而成层有序的岛弧地体为主的乌木垄铅波岩组、以一套拗陷盆地沉积的碎屑岩为主夹少量灰岩的多尼组和角度不整合覆盖于狮泉河蛇绿混杂岩群之上的一套碳酸盐岩为主的郎山组。

一、雅鲁藏布江地层区

在该地层区出露有本次工作新建的齐尼桑巴群一套滨浅海相碎屑岩沉积和晚侏罗世—早白垩世雅鲁藏布江缝合带的北支夏浦沟蛇绿混杂岩群。

（一）仲巴-札达地层小区帕达那组(K_2p)

帕达那组由刘成杰 1988 创名，创名剖面位于昂仁县桑桑帕达那沟，西藏地矿局(1997)定义为一套由灰、灰绿、紫红色砂岩、砂质泥岩及泥灰岩组成的地层体，产双壳类、腕足类、腹足类、植物等化石，与下伏昂杰组复理石整合接触。

在测区内的札达盆地东北边缘位置，出露一套浅变质的砂砾岩，局部地带有含海百合茎碎片的灰岩出露，它角度不整合于下覆的穷果群之上（图 2-51），其上被札达群托林组角度不整合覆盖。根据岩石粒度分析（图 2-52），样品 b-1352 曲线跳跃总体占 94%，悬浮总体占 3%，跳跃区间斜率 72，S 截点突变,分选性较好;悬浮区间斜率较缓,分选性较差,为滨浅海砂。样品 b-1183 由三段组成,曲线跳跃总体占 92%,悬浮总体占 4%,滚动总体小于 1%;跳跃区间斜率 76,S 截点突变,T 截点不明显,分选性较好;悬浮区间斜率较缓,分选性一般,为滨浅海砂沉积。

根据该套沉积与上覆及下伏地层的角度不整合接触关系,再考虑到雅江南带闭合时间最晚为中侏罗世,确定这套地层的形成时间只可能为晚侏罗世—中新世。它是一套海相沉积,根据测区内测得阿依拉同碰撞花岗岩的年龄在 67~68Ma,测区内冈底斯弧区在 60Ma 出现林子宗群山间裂谷沉积(反映了这一时期冈底斯弧区前缘由于碰撞造成快速抬升,从而造成抬升区北面拉裂),再考虑到测区紧邻印度西北部,而印度西北部赞之格地区在 52Ma 由海相沉积转化为陆相沉积,故这套沉积的时间应不晚于始新世。由上述确定该套地层可能是印度大陆北缘在晚侏罗世—白垩纪的被动陆缘沉积或冈底斯弧前的滨浅海相沉积,考虑到测区内冈底斯弧火山岩的形成时间主要为早白垩世,因此推测测区内这套地层的主体沉积时间可能为白垩纪。

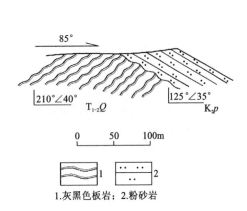

图 2-51 帕达那组与穷果群的角度不整合接触关系

1.灰黑色板岩;2.粉砂岩

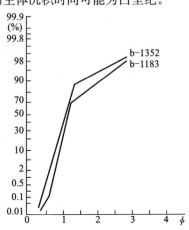

图 2-52 齐尼桑巴群粒度分布累计概率曲线图

测区该套地层的出露位置位于雅江结合带北支附近,岩性及形成时代明显可与帕达那组定义一致,西藏地矿局(1997)指出:在冈仁波齐峰东南的札贡日阿—巴茅沟一带帕达那组为一套滨海相的砂砾岩、砂岩等,测区的这套地层完全与之相类似,故测区的这套地层实质上是冈仁波齐峰一带帕达那组西延的部分。

(二) 雅鲁藏布江蛇绿混杂岩北带夏浦沟蛇绿混杂岩群

夏浦沟蛇绿混杂岩群构造区划上属于雅鲁藏布江缝合带的北支,沿达机翁-彭错林-朗县断裂(研究区内沿袭前人仍称之为阿依拉深断裂)一线,由南东向北西,在测区最北侧的夏浦沟、中北部的藏子冻嘎曲、中部的天巴拉、北侧台丁拉一带均发现了蛇绿岩或其残片,由夏浦沟向西受构造和岩体侵入改造增强,且西北部天巴拉—台丁拉之间产出榴闪岩,故夏浦沟和天巴拉两条沟的地质情况可分别代表研究区内该蛇绿岩南东段和北西段的情形。

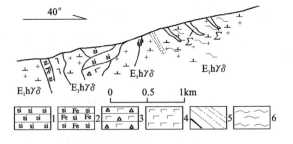

图 2-53 夏浦沟蛇绿岩剖面

1.硅质岩;2.赤铁碧玉岩;3.玄武安山质火山角砾岩;4.玄武岩;
5.断层/韧性剪切带;6.片麻理
Σ:变质超基性岩;$E_1h\gamma\delta$:古新世浆混花岗闪长岩

1. 夏浦沟剖面(图 2-53)

在夏浦沟出露的蛇绿岩组分有变质辉橄岩、细碧岩化玄武岩、赤铁碧玉岩、玄武质角砾岩及上覆的硅质岩等,其中细碧岩化玄武岩、赤铁碧玉岩、玄武质角砾岩及硅质岩遭受变形较弱,仅呈顶垂体产于浆混巨斑状花岗闪长岩中,宽仅数米。与岩体接触变质较弱,并多限于边部,构造恢复显示曾发育 II 型褶皱,在硅质岩及火山岩中虽有劈理置换层理现象,但层理仍很清晰,基本属于中构造层次的产物。在剖面上偏北东侧的糜棱岩化变质辉橄岩出露宽达数百米,受酸性岩体侵入造成的混合岩化改造较强,在岩体中呈一系列的透镜体存在,并随着与岩体混合岩化现象的增强,由透镜体核部向边部硅化增强,边缘附近出现围岩组分——钾长石新生晶体。而在岩体一侧可看到大量硅化蛇纹岩捕房体。超基性岩透镜体和围岩均具有较强的糜棱岩化,反映浆混巨斑状花岗闪长岩侵位过程中应力较强,故超基性岩发生韧性变形这一过程应发生在地下中深构造层次。

在糜棱岩化变质辉橄岩和南侧的细碧岩化玄武岩等之间存在宽约百米的韧性变形带,从钾长石巨斑晶被搓碎及定向反映其是逆断层,倾角较陡,达75°,倾向西,走向与蛇绿岩带一致,呈北北西。

2. 天巴拉剖面

在天巴拉沟及以西出露的地质体有浆混巨斑状花岗闪长岩、变质超基性岩、糜棱岩化玄武岩及榴闪岩等。变质超基性岩呈顶垂体或构造透镜体赋存于浆混巨斑状花岗闪长岩中,断续出露宽约数百米(图2-54),遭受了强烈的构造变形和混合岩化,整个大透镜体被岩体分割为一系列小透镜体,其中边缘附近的这些小透镜体多已发生硅化和混合岩化,原岩特征大部分都已消失,但在近核部一带的透镜体中仍保存了粗大近圆形的辉石假晶形态和黑色蛇纹石,且有数百米范围之规模,岩石中辉石的含量在20%~40%之间变化,显示原岩系地幔岩——辉橄岩,并代表蛇绿岩中的超镁铁堆积部分。在该地带还见到了新生的石榴石和角闪石代替辉橄岩中的辉石假晶现象,即形成了榴闪岩,榴闪岩也遭受了混合岩化,其内有浆混花岗闪长岩脉体穿切,并在与围岩接触处色率变浅。

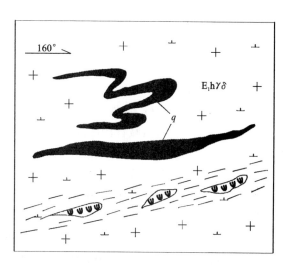

图2-54 蛇纹岩在浆混花岗闪长岩片理化带中呈断续相连的透镜体

在榴闪岩略偏南侧见到了蛇纹岩,蛇纹岩已发生糜棱岩化和混合岩化,其中糜棱岩化略早,在强带处形成叶蛇纹石片岩(室内鉴定为透闪石片岩,并认为系超基性岩变质形成),弱带处有变形强的面理构造和弱的透镜体构成S-C组构,在混合岩化过程中(可能还伴有糜棱岩化),强构造带混合岩化形成混合片麻岩,弱构造带内变形较弱的构造透镜体则保留了原岩的成分或变形,从一些透镜中残留构造及变质变形关系显示蛇纹岩可能主要由细粒辉橄岩变质形成。

玄武岩在空间上构成一个透镜体,与东侧的变质超基性岩间存在一走向近南北、倾向西的高角度正断层。玄武岩已发生脆性-韧性变形,且距围岩——浆混花岗闪长岩愈近,混合岩化和糜棱岩化愈强,变形强处已近于混合片麻岩,但变形较弱地带由色率仍可判定原岩系玄武岩,并夹有薄层赤铁碧玉岩。在糜棱岩化较强的混合片麻岩中发现两期片麻理交切现象,反映山前地带的深断裂曾多次活动。

前人在测区外(南边)的日康巴蛇绿岩(也有人称为达机翁蛇绿岩)剖面上见有较完整的蛇绿岩层序,此剖面蛇绿岩组成由下至上为:方辉橄榄岩、纯橄榄岩(含铬铁矿)→含长橄榄岩→橄长岩→辉长岩→基性枕状熔岩→放射虫硅质岩。测区蛇绿岩组成与此剖面相比较,具有蛇绿岩层序不全的特点。但据夏斌等(1997)对该达机翁蛇绿岩再度调查,发现其中的基性熔岩实质上是安山岩,根据地球化学分析认为是新特提斯洋岛格局中的某种岛弧环境下形成的产物。测区内该蛇绿岩的火山熔岩主要为含角砾的安山岩,之上出现安山质凝灰熔岩,经地球化学分析反映其与日康巴蛇绿岩特征相似(详见蛇绿岩部分),故测区内这套蛇绿岩无疑是日康巴蛇绿岩西延的部分,属于传统意义上的雅江结合带北支。测区内这套地层出露不佳,而目前区域上对雅江北带的蛇绿岩又进行了进一步的解体,尚无统一名称,故暂将这部分地层命名为夏浦沟蛇绿岩。

本次工作在该套地层中未采获化石,王希斌等(1987)认为雅鲁藏布江蛇绿岩带(雅江带北支)的中段作为洋壳形成的时代为早白垩世。首轮青藏高原空白区填图证实雅江蛇绿岩北带形成时间为晚侏罗世—早白垩世,构造混杂时间为晚白垩世—始新世,邻幅《1:25万札达县幅区域地质调查报告》也获得相似结论。据区域对比,确定测区内夏浦沟蛇绿岩形成时间为晚侏罗世—早白垩世,考虑到北侧的弧火山岩的形成时间为早白垩世,本次工作在阿依拉眼球状花岗闪长岩中获得铀-铅法年龄为132.8Ma,此年龄代表了雅鲁藏布江蛇绿岩带开始俯冲的时间,故这套弧前蛇绿岩的形成时间很可能为早白垩世,但由于缺乏直接的证据,我们仍据区域对比将其时代定为晚侏罗世—早白垩世。

二、冈底斯-腾冲地层区措勤-申扎地层分区

在该地层区白垩纪地层出露极广,由老到新出露有以火山岩为主的则弄群、以灰岩为主的捷嘎组、以一套磨拉石相的紫红色砾岩夹生屑泥晶灰岩组成的竞柱山组。

(一)则弄群

1. 创名、定义及划分沿革

则弄群由西藏区调队 1983 年创名于申扎县东则弄附近的不尔嘎,原义指岩性为杂色复成分砾岩、中酸性凝灰岩及火山角砾岩、砂岩与页岩互层,夹淡黄色生物碎屑砂岩与灰岩,厚度 991m,产双壳类化石,时代为早白垩世。《西藏自治区区域地质志》和《西藏自治区岩石地层》均基本沿用了这一划分,并指出其未见底,上与捷嘎组呈整合接触。

测区内的这套地层,郭铁鹰(1983)将之划为拉梅拉组,时代据采获的圆笠虫、珊瑚、腕足类化石组合划归为早白垩世;《1:100 万日土幅区域调查成果》将该套地层划归玉多组(包括了测区这套以火山岩为主的地层和上覆的大套灰岩沉积),由于玉多组包括了狮泉河蛇绿岩、郎山组等,且前人所划的玉多组跨班戈-八宿和措勤-申扎两个地层区,拉梅拉组也存在类似的问题,故西藏地矿局(1997)废除了上述地层单位,沿用了则弄群。

在本项目工作中,发现测区冈底斯弧区的早白垩世则弄群弧火山岩中夹灰岩数量较少,层多较薄,以礁灰岩为主,岩性分布具有绕环形火山机构分布的特点,而上覆的一套巨厚的灰岩夹碎屑岩地层则几乎不含火山岩,二者间界线清晰,分别可与西藏地矿局(1997)定义的则弄群和捷嘎组相对应。但需要指出的是测区内的捷嘎组灰岩盖在则弄群弧火山岩不同阶段形成的火山沉积之上,在一些地带发现大套灰岩底部具有上超现象,从而指示二者之间存在沉积间断,局部地带见到二者呈微角度不整合接触,反映则弄群沉积时,曾发生过海侵。区域上一般认为捷嘎组沉积时发生过海侵,其晚期的灰岩为最大海侵期产物,超覆于下伏的砂岩、页岩之上。上述特点反映了它们是不同地质演化阶段的产物,前者是陆缘弧火山强烈活动阶段的沉积记录,而后者则代表了测区一带冈底斯陆缘弧火山活动趋于静止后发生海侵的一套静水条件下的碳酸盐岩沉积,故将测区的两套地层据与西藏地矿局(1997)、成都地矿所(2002年)的划分方案和中国地质调查局、成都地矿所(2004)的青藏高原1:150万地质图对比,分别划分为则弄群和捷嘎组两套地层,并将根据测区内则弄群火山岩由底向顶查分为中基性、酸性、碱性三套岩性组合,相互之间存在明显的火山喷发不整合,指示火山活动明显具有脉动特点,由此将则弄群划分为三个组,依次为多爱组、托称组、朗久组。其中多爱组岩性以中基性火山岩为主夹中酸性火山岩;托称组岩性以中酸性火山岩为主;朗久组岩性以碱性火山岩为主。根据各组所夹生物碎屑灰岩中的化石及均被捷嘎组灰岩角度不整合覆盖,将之均归属于早白垩世。划分沿革见表 2-5。

表 2-5 则弄群划分沿革表

西藏区调队 (1983,1985)	郭铁鹰等(1991)		1:100 万日土幅	西藏地矿局(1997)	中国地质调查局、 成都地矿所(2004)	本次工作(2004)	
茶里错群	欧利下组		龙门卡群	茶里错群	茶里错群	林子宗群	
捷嘎组	甲岗群	革吉组		捷嘎组	捷嘎组	捷嘎组	
则弄群		拉梅拉组	玉多组	则弄群	则弄群	则弄群	朗久组
							托称组
							多爱组
					拉嘎组	下拉组	

2. 剖面列述

1) 左左乡多爱沟剖面

剖面(图2-55)位于噶尔县左左乡多爱沟,剖面起点坐标:北纬32°07′54″,东经80°32′18″。

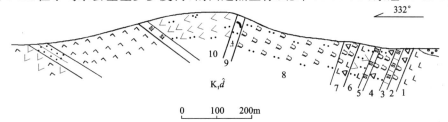

图2-55 噶尔县左左乡多爱沟多爱组实测剖面图

| 多爱组($K_1\hat{d}$) | (褶皱未见顶) | 厚>568.7m |

10. 灰绿色安山质火山凝灰岩　　　　　　　　　　　　　　　　297m
9. 紫红色英安质晶屑熔结凝灰岩　　　　　　　　　　　　　　1.48m
8. 火山凝灰熔岩　　　　　　　　　　　　　　　　　　　　　272.31m
7. 玄武质火山角砾熔岩　　　　　　　　　　　　　　　　　　35.45m
6. 灰色玄武安山质凝灰岩　　　　　　　　　　　　　　　　　32.79m
5. 灰白色厚层硅质岩　　　　　　　　　　　　　　　　　　　2.66m
4. 紫红色角砾凝灰熔岩　　　　　　　　　　　　　　　　　　52.48m
3. 褐灰色凝灰质硅质灰岩,含圆笠虫化石　　　　　　　　　　8.69m
2. 灰绿色角砾熔岩　　　　　　　　　　　　　　　　　　　　17.37m
1. 紫红色玄武岩　　　　　　　　　　　　　　　　　　　　　>26.06m

(覆盖未见底)

2) 噶尔县荣列剖面

剖面(图2-56)位于噶尔县荣列,剖面起点坐标:北纬32°08′10″,东经80°24′50″。

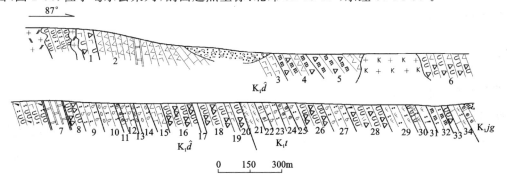

图2-56 噶尔县左左乡荣列多爱组实测剖面图

捷嘎组灰岩

================ 断　层 ================

托称组($K_1 t$)　　　　　　　　　　　　　　　　　　　　　　　　　　　厚1160.46m

34. 英安质晶屑玻屑凝灰岩　　　　　　　　　　　　　　　　6.41m
33. 大理岩化灰岩　　　　　　　　　　　　　　　　　　　　19.47m
32. 火山角砾熔岩夹熔结火山凝灰岩　　　　　　　　　　　　96.46m
31. 英安质晶屑玻屑凝灰岩　　　　　　　　　　　　　　　　52.15m
30. 英安质凝灰熔岩　　　　　　　　　　　　　　　　　　　44.38m
29. 英安质晶屑玻屑凝灰岩　　　　　　　　　　　　　　　　236.42m
28. 流纹质晶屑凝灰角砾熔岩　　　　　　　　　　　　　　　278.18m
27. 细沉凝灰岩　　　　　　　　　　　　　　　　　　　　　107.01m

26. 暗紫红色火山角砾熔岩	120.77m
25. 细沉凝灰岩	23.25m
24. 生屑泥晶灰岩,含圆笠虫及固着蛤等化石	34.67m
23. 细沉凝灰岩	39.42m
22. 硅化灰岩	19.08m
21. 流纹英安岩	82.79m

~~~~~~~~~~ 喷发不整合 ~~~~~~~~~~

多爱组（$K_1\hat{d}$） 厚 **2152.66m**

20. 火山角砾熔岩	52.40m
19. 安山玄武岩	8.10m
18. 火山角砾熔岩	143.76m
17. 斑状流纹岩	8.15m
16. 浅灰绿色火山角砾熔岩	160.84m
15. 暗紫红色安山质玄武岩	63.93m
14. 含砾粗沉凝灰岩	57.01m
13. 复成分砾岩	8.47m
12. 浅灰色沉凝灰岩	59.81m
11. 生物碎屑灰岩	3.71m
10. 沉凝灰岩	105.92m
9. 粗沉凝灰岩夹细沉凝灰岩	54.11m
8. 火山角砾熔岩	47.12m
7. 大理岩	23.27m
6. 火山角砾熔岩,玄武质晶屑岩屑凝灰熔岩	289.64m
5. 玄武质安山岩,暗紫红色熔结火山角砾岩	243.30m
4. 灰绿色熔结火山角砾岩	175.14m
3. 紫红色安山质玄武岩	102.6m
2. 灰绿色安山质玄武岩	428.93m
1. 灰绿色玄武质角砾熔岩	116.45m

———————— 侵　入 ————————

二长花岗岩

3）噶尔县扎龙康巴西剖面

剖面（图 2-57）位于噶尔县扎龙康巴西,剖面起点坐标：北纬 32°10′11″,东经 80°34′43″。

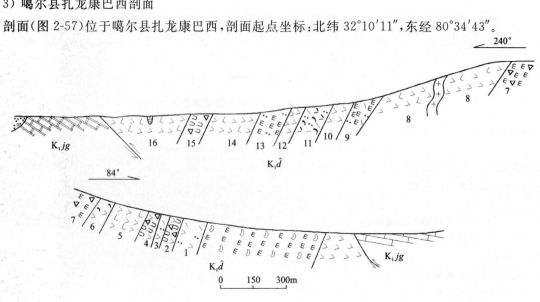

图 2-57　噶尔县扎龙康巴多爱组实测剖面图

捷嘎组灰岩($K_1 jg$)

==================== 断　层 ====================

多爱组($K_1\hat{d}$)　　　　　　　　　　　　　　　　　　　　　　　　　　　厚 2186.93m
16. 玄武质安山岩　　　　　　　　　　　　　　　　　　　　　　　　　569.47m
15. 火山角砾熔岩　　　　　　　　　　　　　　　　　　　　　　　　　 72.19m
14. 玄武质安山岩　　　　　　　　　　　　　　　　　　　　　　　　　154.22m
13. 熔结凝灰岩　　　　　　　　　　　　　　　　　　　　　　　　　　 89.61m
12. 安山岩　　　　　　　　　　　　　　　　　　　　　　　　　　　　 40.59m
11. 流纹质晶屑玻屑凝灰岩　　　　　　　　　　　　　　　　　　　　　 99.64m
10. 安山岩　　　　　　　　　　　　　　　　　　　　　　　　　　　　 70.25m
 9. 晶屑、玻屑熔结凝灰岩　　　　　　　　　　　　　　　　　　　　　105.07m
 8. 玄武质安山岩　　　　　　　　　　　　　　　　　　　　　　　　　441.39m
 7. 熔结火山角砾岩　　　　　　　　　　　　　　　　　　　　　　　　131.50m
 6. 灰白色晶屑凝灰岩　　　　　　　　　　　　　　　　　　　　　　　 33.56m
 5. 玄武质安山岩　　　　　　　　　　　　　　　　　　　　　　　　　161.93m
 4. 安山质火山角砾熔岩　　　　　　　　　　　　　　　　　　　　　　 74.90m
 3. 灰白色晶屑凝灰岩　　　　　　　　　　　　　　　　　　　　　　　 13.21m
 2. 安山质火山角砾熔岩　　　　　　　　　　　　　　　　　　　　　　 31.79m
 1. 灰白色晶屑凝灰岩　　　　　　　　　　　　　　　　　　　　　　　 96.61m

火山颈相集块岩(火山机构中心相,可能为最晚期部分就地爆发形成)

4）噶尔县朗久康巴托称组剖面

剖面(图 2-58)位于噶尔县扎龙康巴西,剖面起点坐标：北纬 32°18′13″,东经 80°18′30″。

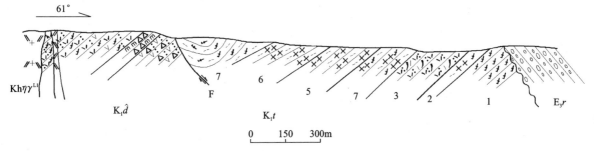

图 2-58　噶尔县左左朗纠康巴托称组实测剖面图

上覆地层：日贡拉组砾岩

～～～～～～～～～～ 角度不整合 ～～～～～～～～～～

托称组($K_1 t$)　　　　　　　　（未见顶）　　　　　　　　　　　　厚 269.97m
 7. 黑云母英安岩　　　　　　　　　　　　　　　　　　　　　　　　　 50.13m
 6. 黑云母流纹岩　　　　　　　　　　　　　　　　　　　　　　　　　 34.87m
 5. 黑云母流纹岩　　　　　　　　　　　　　　　　　　　　　　　　　 38.90m
 4. 黑云母英安流纹岩　　　　　　　　　　　　　　　　　　　　　　　 26.01m
 3. 浅灰色岩屑晶屑凝灰岩　　　　　　　　　　　　　　　　　　　　　 89.11m
 2. 黑云母英安岩　　　　　　　　　　　　　　　　　　　　　　　　　 20.73m
 1. 灰白色英安岩　　　　　　　　　　　　　　　　　　　　　　　　　 10.22m

（未见底）

5）噶尔县江拉达沟剖面

剖面(图 2-59)位于噶尔县扎龙康巴西,剖面起点坐标：北纬 32°09′24″,东经 80°47′45″。

托称组($K_1 t$)　　　　　　　（断层及褶皱未见顶）　　　　　　　厚＞797.33m
20. 蚀变流纹质含火山角砾晶屑、玻屑熔结凝灰岩　　　　　　　　　　　 60.50m
21. 蚀变流纹质含火山角砾晶屑、玻屑弱熔结凝灰岩　　　　　　　　　　141.84m
22. 蚀变流纹质含火山角砾晶屑、玻屑熔结凝灰岩　　　　　　　　　　　 46.06m

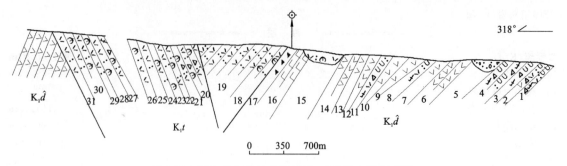

图 2-59　噶尔县江拉达沟托称组、多爱组实测剖面图

23. 灰白色流纹质晶屑、玻屑熔结凝灰岩　　　　　　　　　　　　　　　　159.44m
24. 蚀变流纹质含晶屑、玻屑熔结凝灰岩　　　　　　　　　　　　　　　　81.86m
25. 蚀变英安(流纹)质玻屑熔结凝灰岩　　　　　　　　　　　　　　　　　53.12m
26. 灰色流纹质熔结凝灰岩　　　　　　　　　　　　　　　　　　　　　　72.02m
27. 蚀变英安质含火山角砾晶屑、玻屑熔结凝灰岩　　　　　　　　　　　　52.37m
28. 灰白色流纹质熔结凝灰岩　　　　　　　　　　　　　　　　　　　　　8.64m
29. 紫红色英安质熔结凝灰岩　　　　　　　　　　　　　　　　　　　　　4.65m
30. 灰白色流纹质熔结凝灰岩　　　　　　　　　　　　　　　　　　　　　90.33m
31. 青灰色流纹质凝灰岩　　　　　　　　　　　　　　　　　　　　　　　26.52m

～～～～～～　　喷发不整合　　～～～～～～

多爱组（$K_1\hat{d}$）　　　　　　　　　　　　　　　　　　　　　　　　　**厚＞1899.78m**
16. 紫红色玄武岩　　　　　　　　　　　　　　　　　　　　　　　　　　9.31m
14. 角闪安山岩与黑云母安山岩互层　　　　　　　　　　　　　　　　　　835.78m
13. 蚀变黑云母安山岩　　　　　　　　　　　　　　　　　　　　　　　　144.13m
12. 紫红色角闪安山岩　　　　　　　　　　　　　　　　　　　　　　　　137.47m
11. 蚀变英安流纹质含角砾晶屑凝灰熔岩　　　　　　　　　　　　　　　　232.62m
10. 安山岩　　　　　　　　　　　　　　　　　　　　　　　　　　　　　148.28m
9. 多斑安山岩夹英安流纹质岩屑晶屑凝灰熔岩　　　　　　　　　　　　　85.67m
8. 蚀变英安流纹质岩屑晶屑凝灰熔岩　　　　　　　　　　　　　　　　　69.74m
7. 多斑黑云母安山岩　　　　　　　　　　　　　　　　　　　　　　　　40.89m
6. 多斑角闪安山岩(部分被第四系覆盖)　　　　　　　　　　　　　　　　＞201.75m
4. 蚀变英安质火山角砾凝灰熔岩(部分被第四系覆盖)　　　　　　　　　　＞54.61m
3. 蚀变英安质火山角砾凝灰熔岩夹蚀变安山岩　　　　　　　　　　　　　21.75m
2. 蚀变英安质火山角砾凝灰熔岩　　　　　　　　　　　　　　　　　　　11.09m
1. 蚀变英安流纹质火山角砾凝灰熔岩　　　　　　　　　　　　　　　　　2.77m

（覆盖未见底）

6）噶尔县夺布昂穷剖面

剖面（图 2-60）位于噶尔县夺布昂穷，剖面起点坐标：北纬 30°59′50″，东经 80°28′28″。

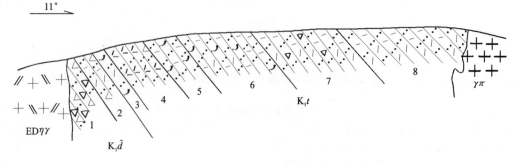

图 2-60　噶尔县夺布昂穷托称组、多爱组实测剖面图

花岗斑岩
———————— 侵　　入 ————————

托称组（K_1t）　　　　　（未见顶）　　　　　　　　　　　　　　　　　厚＞**561.85m**
　8. 深灰色玻屑、晶屑粗凝灰岩　　　　　　　　　　　　　　　　　　　　　212.71m
　7. 灰白色流纹质岩屑玻屑角砾粗凝灰岩　　　　　　　　　　　　　　　　128.02m
　6. 深灰色玻屑、晶屑凝灰岩　　　　　　　　　　　　　　　　　　　　　　105.13m
　5. 灰白色流纹质玻屑晶屑凝灰岩　　　　　　　　　　　　　　　　　　　　49.04m
　4. 灰色英安质粗凝灰岩　　　　　　　　　　　　　　　　　　　　　　　　47.34m
　3. 灰白色流纹质玻屑晶屑凝灰岩　　　　　　　　　　　　　　　　　　　　19.61m

～～～～～～　　　喷发不整合　　～～～～～～

多爱组（$K_1\hat{d}$）　　　　　　　　　　　　　　　　　　　　　　　　　厚**32.68m**
　2. 紫红色安山质岩屑熔凝灰岩　　　　　　　　　　　　　　　　　　　　　26.14m
　1. 灰绿色安山质角砾凝灰岩　　　　　　　　　　　　　　　　　　　　　　6.54m

（未见底）
———————— 侵　　入 ————————
达果弄巴勒二长花岗岩单元

在上述剖面上捷嘎组与多爱组、托称组火山岩主要为断层接触，但在路线调查过程中，发现捷嘎组与则弄群各组呈假整合接触，尤其是赤左藏布北，在地壳差异抬升形成的断面处，北侧捷嘎组近于水平超覆在具有火山机构的多爱组、托称组上的特点非常清晰，在其他一些路线调查中也见到二者微角度不整合接触的证据，在捏达一带见到典中组角度不整合覆盖在则弄群典中组之上。

7) 噶尔县左左乡嘎波突正剖面

剖面（图2-61）位于噶尔县扎龙康巴西，剖面起点坐标：北纬32°19′12″，东经80°33′44″。

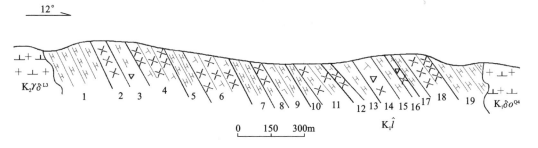

图2-61　噶尔县左左嘎波突正朗久组、托称组实测剖面图

七一桥浆混石英闪长岩
———————— 侵　　入 ————————

朗久组（$K_1\hat{l}$）　　　　　（未见顶）　　　　　　　　　　　　　　　　厚＞**5066.13m**
　19. 灰色粗面岩　　　　　　　　　　　　　　　　　　　　　　　　　　　713.32m
　18. 紫红色流纹岩　　　　　　　　　　　　　　　　　　　　　　　　　　99.72m
　17. 粗面岩　　　　　　　　　　　　　　　　　　　　　　　　　　　　　0.96m
　16. 含角砾碱性流纹岩　　　　　　　　　　　　　　　　　　　　　　　　14.42m
　15. 灰色粗面岩　　　　　　　　　　　　　　　　　　　　　　　　　　　96.13m
　14. 含角砾碱性流纹岩　　　　　　　　　　　　　　　　　　　　　　　　102.60m
　13. 粗面岩　　　　　　　　　　　　　　　　　　　　　　　　　　　　　136.15m
　12. 碱性流纹岩　　　　　　　　　　　　　　　　　　　　　　　　　　　8.17m
　11. 粗面流纹岩　　　　　　　　　　　　　　　　　　　　　　　　　　　193.18m
　10. 紫红色粗面岩　　　　　　　　　　　　　　　　　　　　　　　　　　23.58m
　9. 粗面玄武岩　　　　　　　　　　　　　　　　　　　　　　　　　　　192.07m
　8. 紫红色粗面流纹岩　　　　　　　　　　　　　　　　　　　　　　　　39.81m

7. 粗面岩	472.32m
6. 碱性流纹岩	1451.01m
5. 粗面岩	51.19m
4. 碱性流纹岩	375.80m
3. 紫红色含角砾粗面岩	65.39m
2. 紫红色流纹岩	63.80m
1. 灰褐色粗面岩	>966.51m

(未见底)

———————— 侵 入 ————————

郎弄浆混花岗闪长岩

该剖面朗久组未见底,在西侧追索后,确定它与下伏的托称组呈喷发不整合接触,朗久组底部有厚约数米的橄榄拉斑玄武岩,之上为厚约1m的粗安岩,之后有厚1.2m的石英粗面岩,再向上过渡为灰褐色粗面岩(图版8-4)。

而在赤左藏布西5km处,见到了朗久组的粗面岩与下伏的下拉组含鏟灰岩呈角度不整合接触(图2-62)。再见到朗久组橄榄拉斑玄武岩中夹有薄层生物碎屑灰岩(图版10-3),之上又被大套的捷嘎组生物碎屑灰岩所覆盖,在山体较高的地带,捷嘎组被剥蚀呈残余(图版10-1、10-2)。

3. 岩性组合

测区则弄群火山岩分布面积较大,岩性复杂,本次工作依据岩性组合特征及火山韵律特征,将则弄群火山岩划分为三个组,多爱组、托称组及朗久组,其中多爱组岩性以中基性火山岩为主夹中酸性火山岩;托称组岩性以中酸性火山岩为主;朗久组岩性以碱性火山岩为主,多爱组、托称组及朗久组相互间接触关系实为喷发不整合(图2-63),剖面上三个组产状多相背,但该类不整合与传统意义上的角度不整合有很大区别,它指示了火山活动具有脉动特征,可能存在沉积间断,因此本书在图面上采用平行不整合接触表示之。

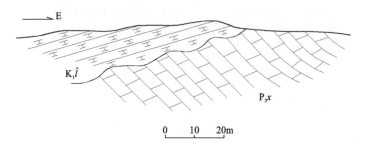

图 2-62 朗久组的粗面岩与下拉组含鏟灰岩呈角度不整合接触

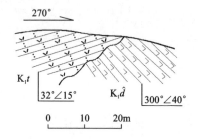

图 2-63 托称组与多爱组喷发不整合接触关系素描图

1) 多爱组($K_1\hat{d}$)

该组岩性主要由玄武岩、玄武质安山岩、玄武质火山角砾熔岩、玄武安山质凝灰岩、英安质晶屑玻屑凝灰岩、流纹英安岩、安山玄武岩、安山岩、安山质火山角砾熔岩、火山凝灰熔岩、火山角砾熔岩、细沉凝灰岩、生屑灰岩等组成,该组岩性以中基性为特征,广泛分布于狮泉河向盆地以南冈底斯火山岩浆弧的广大区域,由南向北,随喷发中心由南向北转移,岩性由基性向中基性变化趋势。

2) 托称组(K_1t)

该组岩性主要由黑云英安岩、黑云母英安流纹岩、灰白色英安岩、黑云母流纹岩、浅灰色岩屑晶屑凝灰岩、安山质凝灰岩、英安质晶质屑熔结凝灰岩等组成。该组岩性以中酸性为基本特征,广泛分布于多爱组以北的广大区域,多呈层状覆于多爱组之上,产状较缓,但局部地带形成火山构造,从而形成二者在图面上的展布不按构造线分布。

3) 朗久组（$K_1\hat{l}$）

该组岩性主要由粗面岩、含角砾粗面岩、粗面玄武岩、粗面流纹岩、碱性流纹岩、含角砾碱性流纹岩、流纹岩、生屑灰岩等组成。该组岩性以碱性为基本特征，广泛分布于狮泉河左左乡一带，地表形态多为椭圆或不规则椭圆状。

4. 基本层序特征（火山韵律特征）

在以中基性钙碱性火山岩为主的多爱组，据夺布昂穷剖面显示，多爱组存在明显的宽缓褶皱，但其原始沉积韵律仍保持完好。多爱组也是则弄群火山岩中基本层序发育最广泛、最完整的（图2-64），在远火山机构处，岩性主要由熔岩与角砾熔岩或凝灰熔岩组成，而在机构附近，则发育大量的沉积火山碎屑岩，原始沉积层理（图2-65）、火山角砾的定向排列（图2-66）等沉积特征多见。托称组内中酸性火山熔岩中流纹构造发育（图2-67）。

在多爱组和托称组中常见的层序类型有：a 类由紫红色玄武质角砾熔岩→安山质凝灰熔岩组成；b 类由英安质粗凝灰岩→细凝灰岩组成；c 类为在沉凝灰岩中发育的多个向上变细的正粒序层序；d 类由玄武质细砾岩→玄武质含砾砂岩→玄武质粉砂岩→玄武质沉凝灰岩组成，该类层序底部为一套玄武质细砾岩沉积，砾石呈次圆状，大小2～10mm，基底式胶结构，胶结构为钙泥质，单层厚10～20cm，发育明显的正粒序层理，层序厚度向上变薄，粒度变细，反映了一套浅水沉积的特点；e 类由紫红色角闪安山岩→黑云安山岩组成。在以酸性火山碎屑、火山熔岩为主的托称组中，在狮泉河南捏达一带，多爱组中见有正粒序层理的紫红色厚层砾质沉凝灰岩，砾石含量25%～40%，多为同成分砾石，少量为安山质，砾石多呈次棱角状—次圆状，分选一般，砾石长轴略有定向，层理明显，均发育有向上变细的正粒序特点，其上局部见有含砾砂岩，层理明显，发育纹层构造，并具正粒序特点（图2-68）；在局部熔结凝灰岩、熔结角砾岩中柱状节理十分发育，这些特点都反映了这一时期沉积曾有局部地带已露出水面。在该套沉积中，流纹构造较为发育，局部可见有气孔构造，显示了海相沉积的特点。

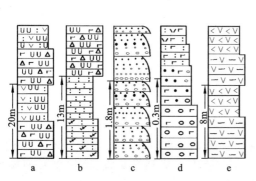

图 2-64 多爱组基本层序图

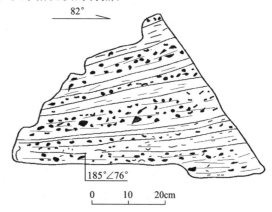

图 2-65 多爱组沉凝灰岩中的层理构造素描图

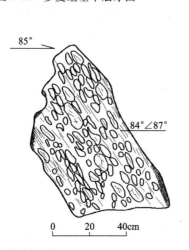

图 2-66 多爱组熔结火山角砾岩中的角砾定向素描图

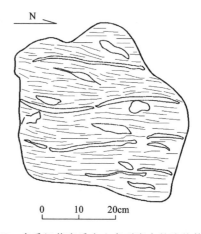

图 2-67 多爱组英安质火山角砾岩中的流纹构造图

在以碱性火山为特征的朗久组中,宏观上其沉积有由粗→细的特征,而且越向上越偏碱性。在可里朵—列格勒路线304点发育有具正粒序特点的复成分砾岩与沉凝灰岩层序(图2-69),其中砾石成分复杂,有凝灰岩砾、玄武质砾石等,分选一般,砾径多为4cm±,最大可达1m,砾石具弱定向,含量达60%,大致平行层理分布,磨圆较好,以次圆状较多,胶结物为凝灰质。

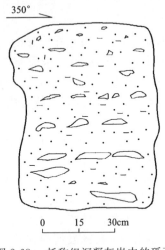
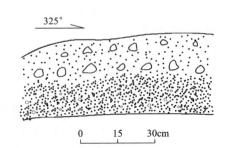

图2-68 托称组沉凝灰岩中的砾石的正粒序及弱定向

图2-69 朗久组中的沉火山角砾岩与沉凝灰岩正粒序层理素描图

在综合各组沉积特征的基础上,以剖面为单位,我们研究了各组的韵律划分等(详见第四章)。

5. 沉积环境分析

测区则弄群火山岩为海相环境下的产物,具海相线状裂隙式兼中心式喷发的特点,为白垩纪经板块俯冲后在大陆一侧形成的陆缘弧环境。从所夹的灰岩及碎屑岩反映了滨浅海相沉积的特点。对火山岩本次工作做了双重填图,具体的火山相划分见第四章。

6. 时代讨论

测区内的这套地层,《1∶100万日土幅区域地质调查报告》将之与上覆白垩系捷嘎组碳酸盐岩统划归玉多组,并根据在玉多组上部灰岩(相当于现捷嘎组)中采获的大量化石,将玉多组划归早白垩世。

区域上根据同位素资料及捷嘎组整合于则弄群之上,一般将则弄群的时代确定为晚侏罗世末—早白垩世,本次工作在测区该套多爱组火山岩地层内的生屑灰岩夹层中采集到海蛾螺、圆笠虫及珊瑚 *Actirnastrea pseudominirna major*(假微型光型珊瑚大型亚种)等化石,在托称组和朗久组所夹的生屑灰岩中发现圆笠虫化石,捷嘎组灰岩微角度不整合于上述三个组的火山岩之上。在江巴一带,102~104Ma 的浆混石英闪长岩侵入则弄群火山岩。综上所述,确定测区则弄群时代为早白垩世。

(二)捷嘎组(K_1jg)

1. 创名、定义及划分沿革

由西藏区调队1987年在革吉县捷嘎创名,原义指岩性为灰岩、生物碎屑灰岩、圆笠虫灰岩、岩屑砂岩、凝灰岩,中下部多夹火山碎屑岩、玄武岩、安山岩、流纹岩、熔凝灰岩以及硅质燧石岩的一套地层,含固着蛤、圆笠虫等,时代为白垩纪。

1957年地质部青海石油普查大队黑河中队在申扎地区最先创名"堡尔嘎岩系",1983年西藏区调队将其改为不尔嘎组;1986年西藏区调队在木嘎岗日地区又将此套地层创名为去申拉组。西藏地矿局(1997)沿用捷嘎组一名,并定义为:岩性为杂色变质砂岩、砾岩、灰岩及变质火山岩及火山碎屑岩、灰岩的一套地层体,产双壳类、腹足、圆笠虫等化石。但以往的捷嘎组的定义具有二义性,如西藏地矿局(1997)指出狮泉河一带的捷嘎组为一套火山碎屑岩夹灰岩,但又指出不尔嘎一带(则弄群及捷嘎组创名地点)的灰岩为捷嘎组,二者为整合接触,因此使二者的界线划分不易掌握。

测区的这套灰岩及下伏的则弄群火山岩,前人将其划分为玉多组,但前人的玉多组还包括了狮泉河蛇绿岩的一部分及郎山组的沉积,故《西藏自治区岩石地层》中已废除了该组。在本项目工作中,发现测区冈底斯弧区的早白垩世则弄弧火山岩中夹灰岩数量较少,层多较薄,以礁灰岩为主,岩性分布具有绕环形火山机构分布的特点,而上覆的一套巨厚的灰岩夹碎屑岩地层则几乎不含火山岩,二者间界线清晰,而捷嘎组覆盖在多爱组、朗久组、托称组等不同阶段形成的不同性质的弧火山岩之上,在一些地带发现捷嘎组底部灰岩具有上超现象,从而指示捷嘎组和则弄群火山岩之间存在沉积间断,局部地带见到二者呈微角度不整合接触,反映则弄群沉积时,曾发生过海侵。因此它与下伏的则弄群弧火山岩之间至少是两个不同构造演化阶段的沉积产物,故在测区内将弧火山岩之上的这套不含火山岩的灰岩夹碎屑岩沉积组合划分为捷嘎组,而将之下的弧火山岩划为则弄群。测区内则弄弧火山岩变形不强,与捷嘎组之间仅呈微角度不整合接触,考虑到区域上二者呈整合接触,故将图区内二者之间的接触关系整体定为假整合。林子宗群角度不整合覆于捷嘎组之上。

2. 剖面列述

噶尔县江拉达沟剖面(图 2-70)位于噶尔县江拉达沟,剖面起点坐标:北纬 32°00′16″,东经 80°51′13″。

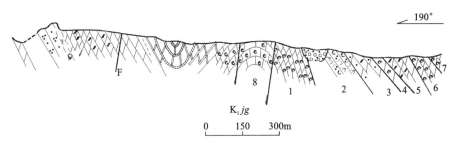

图 2-70 噶尔县左左区江拉达捷嘎组实测剖面图

捷嘎组($K_1 jg$)	(第四系冲洪积物覆盖)	厚 508.62m
6、7. 含生物碎屑泥晶灰岩,产动物化石 *Ampullina xainzaenssis* Yu(申扎坛螺);*Orbitolina* sp.		>5.17m
5. 泥晶灰岩夹生物碎屑灰岩,产圆笠虫等化石		158.32m
4. 土黄色含白云质灰岩夹厚层泥晶灰岩		23.37m
3. 块状泥晶灰岩夹生物介壳泥晶灰岩,生物介壳灰岩中生物碎屑含量达30%~40%,主要为圆笠虫化石,顶产个体可达十几厘米的双壳类		15.39m
2. 含沙泥晶灰岩夹白云岩化泥晶灰岩,泥晶灰岩中生物碎屑含量可达10%,最大腕足类个体可达十几厘米		105.38m
1. 含生屑泥晶灰岩夹生物碎屑泥晶灰岩,生物碎屑含量在10%~40%,主要为圆笠虫、双壳类、有孔虫、来齐藻、介形虫等		>145.06m

(褶皱断裂未见底)

3. 岩性组合及岩石学特征

该套海相碳酸岩地层,与下伏则弄群火山岩为角度不整合接触关系(图 2-71、图 2-72,图版 8-3、图版 10-1);与上覆古新世—始新世林子宗群火山岩亦为角度不整合接触关系(图 2-73),其岩性组合特征如下所示。

下部主要为一套泥晶灰岩夹白云岩化泥晶灰岩,部分地带如江拉达等地还夹有大量的中细粒石英砂岩、钙质粉砂岩、碳酸盐化绢云千枚岩等,区域上仅限于赤左—江拉达一带,由东向西有变薄趋势,该部分岩石由底到顶均发育有正粒序层理;上部主要为含生物碎屑泥晶灰岩、泥晶灰岩夹薄层生物堆积泥钙质板岩,在测区捷嘎组出露范围内大量分布。捷嘎组具体岩性特征如下所示。

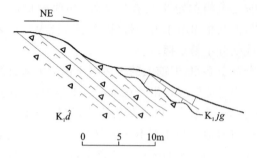
图 2-71 捷嘎组与多爱组微角度不整合接触关系

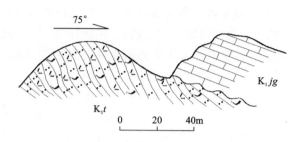
图 2-72 捷嘎组与下伏则弄群火山岩为角度不整合接触关系

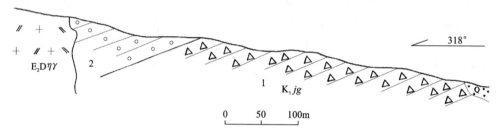
图 2-73 噶尔县左左乡达果弄巴勒二长花岗岩单元与捷嘎组的接触关系

砂屑泥晶灰岩 砂屑结构,成分由碎屑(泥晶灰岩)(90%)、微晶方解石(5%~10%)、生屑(1%±)组成,碎屑为富泥质的砂状泥晶方解石集合体,大小 0.1~0.25mm,多为半圆—不规则状。因含泥量的差异,砂屑结构非常明显。

含粉砂碳酸盐化绢云千枚岩 变余粉砂结构,板状构造,成分由绢云母(20%+)、粉砂(5%)、泥质(50%+)、方解石(20%+)组成。碳酸盐化顺层交代岩石,重结晶出绢云母定向排列,显示板状构造。

褐铁矿化或铁白云石化砂屑泥晶灰岩 砂屑泥晶结构,成分由泥晶方解石(85%~90%)、亮晶方解石(1%~5%)、褐铁矿或铁白云石(10%~15%)、生物碎屑(<1%)组成,岩石较碎裂,砂屑大小一般为 0.1~0.2mm,不规则状。

生物碎屑灰岩 生物碎屑结构,块状构造,成分主要由生物碎屑 30%~40%、基质 60%~70%组成。生物碎屑主要为有孔虫,其次有藻类、介形虫等;基质主要由细晶-粉晶方解石组成,含少量石英砂屑。

含生物碎屑泥晶灰岩 含生屑泥晶结构,成分主要由生屑(<10%)、泥晶方解石(80%~85%±)、石英砂屑(<10%)组成,生物碎屑为有孔虫、介形虫碎片、少量来齐藻等,粒径小于 0.36mm。

泥晶灰岩 泥晶结构,成分由泥晶方解石(80%~95%)、石英砂(<10%)、生物碎屑(<5%~10%)组成,石英砂呈棱角状,粒径小于 0.06mm;生物碎屑为有孔虫及其碎片,岩石局部有白云岩化现象。

4. 层序特征

捷嘎组基本层序可分为 9 类(图 2-74):a 类由泥晶灰岩→生物介壳灰岩→钙质泥岩组成;b 类由泥晶灰岩→钙质泥岩组成;c 类由砾屑灰岩→含砾钙质砂岩(发育水平层理)→泥晶灰岩组成;d 类由中细粒石英砂岩→粉砂岩→泥质粉砂岩组成,粉砂岩中发育低角度楔状交错层理;e 类由亮晶灰岩→砂屑灰岩→砾屑灰岩→泥晶灰岩—含砾灰岩组成;f 类由泥晶灰岩→粉砂屑亮晶灰岩→泥质粉砂屑亮晶灰岩→亮晶砂屑灰岩(发育正粒序层理)→钙质粉砂岩→硅质粉砂岩组成,底部多为侵蚀界面;g 类由亮晶灰岩→砂屑灰岩→泥晶灰岩→白云质灰岩→钙质粉砂岩组成;h 类由(赤左扎杂嘎穷)含细砂粉砂岩→粉砂岩(正粒序层理)→泥质粉砂岩(具水平层理)→薄层硅质岩(具水平层理)→砂岩夹泥硅质岩透镜体组成;i 类由(郎纠能错)细粒岩屑长石砂岩→中细粒岩屑长石砂岩→泥晶灰岩→砾屑灰岩→生屑灰岩组成,中细粒岩屑长石砂岩中发育交错层理、平行层理和粒序层理。

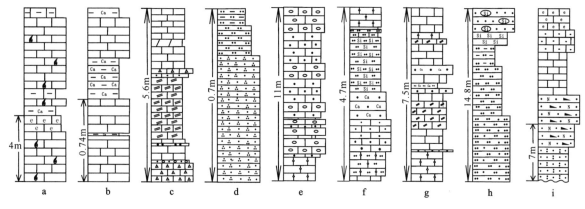

图 2-74 捷嘎组基本层序

5. 沉积环境分析

捷嘎组沉积环境依据岩性组合、基本层序、沉积构造可分为以下两种类型。

捷嘎组下部沉积物以泥晶灰岩夹白云岩化泥晶灰岩为主,部分地带夹有大量的中细粒石英砂岩、钙质粉砂岩、碳酸盐化绢云千枚岩等,基本层序以 c~i 为主,根据碳酸盐的基本层序发育正粒序层理,水平纹层理—水平层理较为发育,冲刷面频繁出现和白云质碎屑的存在和生物相对较破碎,局部地带的灰岩中发育有波痕,指示这一时期沉积属水体较浅、沉积间断频繁的潮坪相沉积。但其中陆源碎屑岩的存在反映了这一时期有大量陆源碎屑加入,可能与这一阶段发生海侵有关,指示它与下伏的则弄群沉积物之间存在长时间的沉积间断。故这一时期总体属于陆地边缘碎屑岩相—碳酸盐潮坪相的过渡区。

向上沉积由厚层泥晶灰岩和含圆笠虫生物堆积泥灰岩组成,灰岩内化石丰富,尤其是保存有完整的大个体的腹足类,反映了随着海侵规模的扩大,海盆水体在加深。沉积相已转化为水动力较弱、氧气充足的开阔台地相沉积,而具有水平纹理的圆笠虫生物堆积灰岩则很可能是周期性的风暴形成的贝壳沉积,而在更远岸的局部地带(江拉达沟口西)水体更深(图 2-75、图 2-76),甚至出现硅质岩。

测区内捷嘎组的沉积总体反映了一套海进相序的沉积,根据竞柱山组沉积更为局限,推测捷嘎组顶部可能存在海退相序,但由于剥蚀,这部分沉积记录在测区内未保存下来。

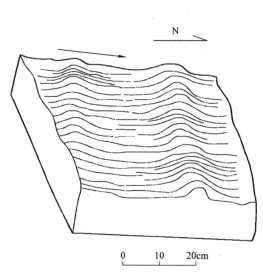

图 2-75 捷嘎组中的波痕素描图

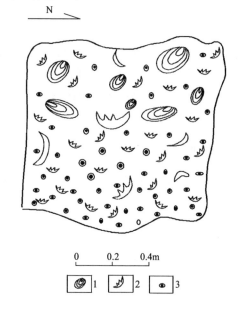

图 2-76 捷嘎组中的生物介壳灰岩素描图
1.双壳类化石;2.生物碎屑;3.圆笠虫化石

从岩性组合和生物化石面貌反映捷嘎组部分层位可与郎山组对比,它们可能是狮泉河带闭合后再度发生海侵、在不同大地构造位置的同一残海盆地沉积;前人(1:100万日土幅)将这套沉积均划入玉多组,并认为这套沉积具有南早北晚的特点,而郎山组与下伏的狮泉河蛇绿混杂岩呈角度不整合接触;测区内则弄群弧火山岩变形不强,与捷嘎组之间仅呈微角度不整合接触,据《西藏自治区岩石地层》,在措勤—申扎一带它与下伏的则弄群火山岩呈整合接触。以上说明都指示了海盆南深北浅、东深西浅的特点,从而导致由盆地边缘角度不整合接触向盆地内的微角度不整合—整合过渡的特点。

6. 生物地层及时代讨论

测区内捷嘎组与下伏的则弄群弧火山岩呈微角度不整合接触,与上覆的林子宗群亦呈角度不整合。本次工作测得林子宗群底部层位火山岩的钾-氩全岩年龄为60Ma,同时野外发现格格肉超单元达果弄巴勒二长花岗岩单元(本次工作测得 Sm-Nd 法模式年龄为50Ma)侵入该地层(图2-73),在该套地层中本次工作获得丰富的化石,有 Acanthochaetetes aff. seunesi Alloiteau (in Fischer, 1970)(瑟内棘刺毛珊瑚亲近种),Orbitolina sp.(圆笠虫未定种),Lucina sp.(满月蛤),Ampullina xainzaensis Yu(申扎坛螺),Adiozoptyxis coquandiana (d'Orbigny)(康乐假双技褶螺),Pseudocucullase sp., Freiastante sp. 等化石,上述化石无疑为白垩纪的分子。前人将这套灰岩与北边的郎山组作为一个填图单位,并认为这套沉积具有南早北晚的特点,即海侵由南向北,本次工作由它与下部地层的接触关系也确定了这一点,根据前人在北侧侵入于郎山组灰岩的浆混花岗岩中获得102~104Ma 的锆石 U-Pb 年龄,确定郎山组沉积不晚于104Ma,即早白垩世末,故北侧的捷嘎组灰岩沉积可能也不晚于早白垩世末。区域上,西藏地矿局(1997)、成都地矿所(2002)的划分方案和中国地质调查局、成都地矿所(2004)的《青藏高原及邻区地质图说明书(1:1 500 000)》均将这套地层归入早白垩世,本次工作据测区内采获的化石、岩性及各地质体之间的接触关系等,并与区域对比,将这套地层时代确定为早白垩世。

(三) 竞柱山组(K_2j)

该套沉积地层在测区出露极为有限,仅局限于赤左以北日阿一带,面积小于 5km²。

1. 创名、定义及划分沿革

1973年由西藏第四地质队创名于班戈县竞柱山,原义指一套砂砾岩、砂岩、粉砂岩、泥岩。1955年李璞在班戈地区最早称此套地层为渠生堡群;1979年西藏综合队在丁青地区将此套地层创名为宗给组;1983年陈金华将此套地层创名为八宿组;西藏地矿局(1993)沿用竞柱山组一名,西藏地矿局(1997)沿用此名,并定义为:岩性为红色,灰紫色砾岩、砂岩、粉砂岩、泥岩,局部夹灰岩、泥灰岩,产双壳类、圆笠虫等化石。

本次工作沿用此名,表示测区内一套岩性主要由紫红色砾岩夹生屑泥晶灰岩组成的残留海盆相沉积,下与二叠纪下拉组为角度不整合接触关系。

2. 剖面列述

噶尔县左左乡阿勒竞柱山组剖面(图2-77)位于噶尔县左左乡阿勒,剖面起点坐标:北纬32°16′00″,东经80°49′24″。

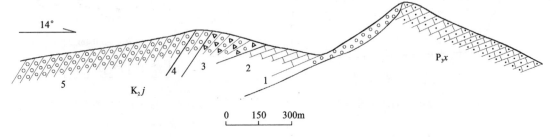

图 2-77 噶尔县左左乡阿勒竞柱山组实测剖面图

竞柱山组（$K_2 j$）	（第四系覆盖未见顶）	厚>793.76m
5. 紫红色砾岩		>526.25m
4. 紫红色中层砾岩夹薄层生屑泥晶灰岩		25.02m
3. 紫红色岩块砾岩与中砾岩互层		62.36m
2. 巨厚层状泥晶灰岩		61.89m
1. 紫红色中砾岩		118.24m

～～～～～～ 角度不整合 ～～～～～～

下伏地层：下拉组砂屑灰岩

3. 岩性组合及岩石学特征

该套沉积地层在测区出露极为有限，岩性主要由一套残留海盆相的紫红色砾岩夹生屑泥晶灰岩组成。

岩块状粗砾岩 砾石含量约70%，砾石呈20cm～2m的椭球形，砾石成分以亮晶灰岩砾石为主，次为泥晶灰岩，并含有少量的长石石英砂岩砾和砂屑灰岩砾，砾石长轴多呈平行层面分布，填隙物为砂质，砾岩底部为不平整的冲刷面。

中砾岩 中砾结构，由砾石（0～80%）、填隙物（0～20%）组成，砾石以亮晶灰岩砾为主，呈次棱角状—棱角状，分选好，填隙物为粉砂质和钙质，具块状层理，底部为冲刷面。

含生物碎屑泥晶灰岩 生屑泥晶结构，成分由生屑方解石（10%－）、泥晶方解石（80%+）、亮晶方解石（5%+）和少量泥质物组成。生物碎屑为腕足类、来齐藻类，大小0.15～0.5mm。

4. 基本层序特征及沉积环境分析

竞柱山组基本层序可分为四类（图2-78）：a类由发育水平层理的中细砾岩（底部为水下冲刷面）→发育低角度楔状交错层理的中粗砾岩→发育块状层理的岩块砾岩组成；b类由具有正粒序层理的中粗砾岩（底部见冲刷面）→亮晶灰岩→具块状层理的粗砾岩→具正粒序层理的中细砾岩组成；c类由三个具有正粒序层理的岩块砾岩（每个底部均为冲刷面）→具块状层理的中砾岩（底部为冲刷面）组成；d类由具逆粒序层理的细砾岩→具低角度楔状交错层理的中粗砾岩（该层由两个低角度楔状层理组成交错层理，其中底部楔状层理切过其下中细砾岩组成的水平层理）→具块状层理的岩块砾岩组成。

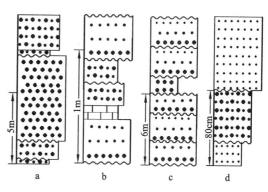

图2-78 竞柱山组基本层序图

该套地层为一套砾岩夹灰岩沉积，砾岩中发育水平层理、低角度楔状交错层理、交错层理、块状层理、粒序层理，并在砾岩层底部多见冲刷面，它显然系滨海相沉积建造，反映为残留海盆的沉积特点。

5. 地层时代讨论

本次工作在该套地层中未采获化石，依据其与下伏地层下拉组的角度不整合接触关系及前人在区域上该套地层中采获有圆笠虫 Orbitolina concava，双壳类 Trigonioides（T.）sinensis，T.（Diversitrigonioides）bangongcoensis，T.（D.）xizangensis 等化石，为赛诺曼期，区域上竞柱山组覆于郎山组之上，含晚白垩世圆笠虫化石，综上分析，其时代为晚白垩世。

三、班戈-八宿地层分区狮泉河小区

本区以发育狮泉河蛇绿混杂岩带而备受关注，狮泉河蛇绿混杂岩带内部结构较为复杂，可进一步划分为三个蛇绿混杂岩亚带，而分布于三个蛇绿混杂岩亚带和三亚带之间及狮泉河混杂岩带与班-怒带间的乌木垄铅波岩组等,则组成了狮泉河蛇绿混杂岩带内相对有序部分。而角度不整合于狮泉河蛇绿混杂岩带之上的郎山组也是该区重要的组成部分。

(一) 狮泉河蛇绿混杂岩群

测区狮泉河蛇绿混杂岩群是狮泉河晚燕山期结合带的组成物质,向西与什约克缝合带汇合,向东至少可延至古昌一带,沿走向达 470km 以上,南与左左断隆或冈底斯-下察隅燕山期火山-岩浆弧以深大断裂相隔,北与班-怒带呈犬牙交错状断裂相隔,呈 NWW—EW 向展布,在婆肉共最宽达 35km 左右,向西延至典角以北宽度变小约为 15km。

狮泉河带内部结构复杂,由于受带内间隔出现的构造相对不发育、成层有序的乌木垄铅波岩组代表的岛弧地体相隔,可划分为三个蛇绿岩亚带,由南向北依次为一亚带、二亚带、三亚带,但局部因岛弧地体不发育,各亚带间又具有复合现象。各蛇绿混杂岩亚带一般由基质和构造肢解的岩片组成,韧性变形、褶皱、构造置换等现象极为发育,地层总体呈无序结构,但乌木垄铅波岩组及各亚带内部分构造混杂的岩块顶底清楚,成层有序。因此,狮泉河蛇绿混杂岩带具有总体无序、局部有序的构造混杂堆积特点。各亚带在物质组成、变质变形等各方面又各具特色,各亚带内部以同温淌嘎断裂为界又存在较大差异。

许多学者建议,为保证填图单位在空间上的可识别及方便今后使用,将该带作为一个填图单位,本书采纳了这一建议,在地质图上将狮泉河蛇绿混杂岩带统称为狮泉河蛇绿混杂岩群,但由于其内部结构极为复杂,为了叙述方便,仍采用一亚带、二亚带和三亚带的顺序叙述,但不代表地层单位,仅表示一种空间位置关系。

1. 一亚带

狮泉河蛇绿混杂岩群一亚带向西与二亚带相接,向东在次旺勒附近尖灭,平面上形成一个西宽东窄的楔型透镜体,在森格藏布一带最宽约 12km,向东宽度变窄,北与乌木垄铅波岩组或二亚带以断层相接,南也以断层为界和围岩相邻。

该亚带以同温淌嘎断裂为界,可分为东西两段。东段在测区出露宽度小,分布局限,基质为砂板岩;西段出露面积大,基质可分为两种,南侧和北侧为玄武岩基质;中部为由砂板岩组成的基质。蛇绿岩岩片、碳酸盐岩片混杂其中,火山岩岩片不多见,各类岩片呈构造透镜体或不规则的菱形体。剖面见图 2-79、图 2-80、图 2-81。

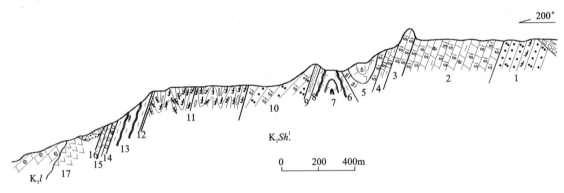

图 2-79 噶尔县森格藏布北狮泉河蛇绿杂岩群实测剖面图

1.含砾凝灰质砂岩夹蚀变英安岩;2.块状硅质灰岩夹中薄层生物碎屑含粉砂泥灰岩;3.灰绿色硅质岩;4.灰白色块状硅质泥灰岩夹中薄层生物碎屑堆积岩;5.硅质岩夹玄武岩;6.灰绿色泥钙质板岩;7.细碧岩化玄武岩夹少量硅质岩;8.灰色泥钙质板岩;9.糜棱岩化薄层泥钙质板岩夹砂岩、灰岩透镜体;10.薄层凝灰质砂岩与薄层硅质岩互层;11.黄色厚层蚀变英安岩夹硅质岩透镜体;12.灰色生物礁灰岩;13.泥灰质板岩、黄褐色变砂岩夹砾岩透镜体;14.绿色火山角砾熔岩;15.枕状玄武岩;16.灰色泥灰岩;17.灰绿色蚀变多斑安山岩;K_1l.郎山组生物碎屑泥晶灰岩

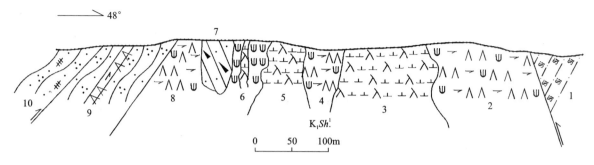

图 2-80 噶尔县次旺勒狮泉河蛇绿岩群实测剖面图

1.灰色中厚层状变质细粒石英杂砂岩;2.灰色变质细粒石英砂岩夹辉橄岩;3.墨绿色蛇纹石化辉石橄榄岩;4.灰黄色岩屑砂岩;5.墨绿色蛇纹岩夹闪长玢岩脉;6.浅黄绿色闪长玢岩;7.强蛇纹石化方辉橄榄岩;8.灰—灰白色闪长玢岩;9.强蛇纹石化方辉橄榄岩;10.蚀变糜棱岩化硅质岩

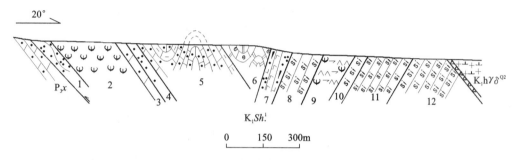

图 2-81 噶尔县左左北狮泉河蛇绿混杂岩群实测剖面图

1.灰白色变石英砂岩;2.墨绿色蛇绿岩;3.灰色厚层夹薄层砂屑灰岩泥灰岩;4.灰白色中薄层变石英砂岩;5.灰色厚层夹薄层砂屑灰岩夹泥灰岩;6.灰色中厚层状大理岩化灰岩夹生物碎屑团粒灰岩;7.钙质岩屑石英砂岩夹蚀变玄武岩;8.灰白色块状硅质岩;9.灰黑色蛇纹石化辉石橄榄岩;10.褐灰色块状硅质岩;11.灰褐色薄层状硅质岩;12.灰白色块状硅质岩;P_3x:下拉组;$K_1h\gamma\delta^{Q2}$:灰白色中细粒花岗闪长岩

1) 基质

(1) 砂板岩基质:狮泉河蛇绿混杂岩群砂板岩基质岩性主要由粉砂岩、灰白色变石英砂岩、钙质岩屑石英砂岩、灰黄色岩屑砂岩、含砾凝灰质板岩、灰绿色泥钙质板岩、糜棱岩化泥钙质板岩、凝灰质砂岩、泥灰质板岩等组成。该亚带砂板岩基质总体具强变形、弱变质的特点,变形以与韧性剪切有关的变形和脆性变形的相互叠加为主,主要表现为褶皱、面理置换、眼球状构造、石香肠构造及旋斑等,S-C组构也较常见,以及多字型构造、棋盘构造等。在构造置换弱的部位,原始沉积层序局部较为清晰,主要有平行层状砂纹层理,偶见爬升层理,底冲刷面常见。在同温淌嘎断裂以西,砂板岩基质由一系列密集紧闭褶皱组成,显示有右行走滑特征。在薄层变砂岩夹硅质岩中发育向上变粗的逆粒序层理(图 2-82),反映为一套深海相沉积。在同温淌嘎断裂以东,砂板岩基质变形相对较弱,褐铁矿化、孔雀石化、硅化较强。

(2) 玄武岩基质:狮泉河蛇绿混杂岩群一亚带玄武岩基质分布于同温淌嘎断裂以西,东段不发育玄武岩基质,玄武岩基质主要分布于西段南北两侧,岩性由黑褐色块状玄武岩、玄武质角砾熔岩、玄武质熔结角砾岩、橄榄玄武岩等组成,以块状玄武岩和玄武质角砾熔岩为主。块状玄武岩一般为隐晶结构,致密块状;玄武质角砾熔岩和玄武质熔结角砾岩中角砾和基质同成分,均为玄武质;橄榄玄武岩极少见,为斑状结构,块状构造,斑晶为橄榄石,大小2~10mm,最大可达10~20cm,含量约20%。以上各类岩石均发生了程度不等的绿泥石化、绿帘石化。

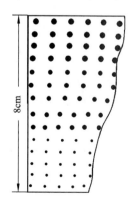

图 2-82 蛇绿混杂岩群砂岩基质的逆粒序层理

2) 岩片

狮泉河蛇绿混杂岩群一亚带内岩片由蛇绿岩岩片、辉绿岩墙群岩片、火山岩岩片、碳酸盐岩岩片等组成,各类岩片呈构造透镜体或不规则的菱形体相互混杂,具有层序不明、顶底不清的特点,岩片多以脆韧断层为界,岩片大小不一,大者可达几百米至几千米,小者仅手标本大小。岩片中硅化、碳酸盐化、大理岩化具普遍性。构造透镜体长轴的展布方向与区域性混杂岩带构造线方向一致,普遍遭受了程度不等的糜棱岩化作用。

(1) 蛇绿岩(残)岩片、变质超基性岩岩片、岩墙群岩片、玄武岩岩片:该亚带内蛇绿岩岩片分布广泛,岩片多沿断裂呈串珠状展布,呈大小不一的构造透镜体产出,岩石内部多见劈理、拉伸线理等。由于受构造肢解的影响,蛇绿岩岩片的各组分在各处出露不全,其中下部超镁铁质岩一般由蛇纹石化辉橄岩、蛇纹岩组成,岩石内部变形较强烈,一般以劈理为主,伴有矿物拉伸线理及蛇纹石的定向生长线理;中部基性侵入岩由辉绿岩组成,辉绿岩呈岩墙或岩脉状,一般宽 0.5～2m,长 50～300m 不等,多侵入于上部枕状熔岩中,局部地带发育厚达数千米的辉绿岩墙群;上部具枕状构造的玄武岩,岩枕边部多有 1cm 厚的冷凝边,气孔构造常见,岩石具强烈绿帘石化、绿泥石化的特点;熔岩顶部多夹有多层硅质岩。根据西部各处露头恢复的蛇绿岩拟层序如下:下部由超镁铁质岩→中部基性侵入岩→上部枕状熔岩→顶部上覆硅质岩组成,缺少堆晶岩系(图 2-83)。东部出露更为不全,恢复的拟层序见图 2-84。

(2) 碳酸盐岩岩片:碳酸盐岩岩片是该亚带分布最广的一类岩片,主要岩石类型由灰色泥晶灰岩、灰色生物礁灰岩、硅质灰岩、生物碎屑灰岩、砂屑灰岩、大理岩化灰岩等组成。该类岩片在剖面和平面上呈大小不一的透镜体产出,透镜体长轴方向和混杂岩构造线方向一致。该类岩片普遍具变形强烈的特点,宏观上呈褶皱产出,顺层揉皱发育。岩片以断层为界拼贴混杂,普遍具强弱不等的糜棱岩化作用。在糜棱岩化作用较弱的生物碎屑灰岩中,化石较常见,生物碎屑含量可达 20%～70%,主要化石类型有圆笠虫、双壳类、海百合茎、腕足类等,个体最大可达 15cm,由该岩片中的化石组合类型判断,碳酸盐岩岩片时代为白垩纪。

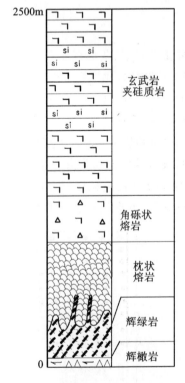

图 2-83 北狮泉河亚带蛇绿岩拟层序

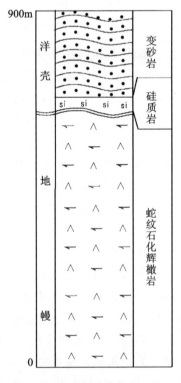

图 2-84 次旺勒狮泉河亚带蛇绿岩拟层序

(3) 火山岩岩片:该亚带内火山岩岩片分布较局限,岩片呈构造透镜体产出,主要岩石类型有晶屑玻屑凝灰岩、安山岩、火山角砾熔岩、英安岩等。岩石类型由基性—中酸性均有分布。岩石多具绿泥绿帘石化,糜棱岩化作用相对较弱,但岩石节理较发育,岩石普遍较破碎。

另外,在一亚带北的科桑那嘎一带,还分布有一套特殊的蛇绿岩岩片,平面上被乌木垄铅波岩组岛弧地体以断层围限,具体剖面描述如下所示。

日土县科桑那嘎弧间裂谷型蛇绿岩岩片路线剖面(图2-85),起点坐标:北纬32°42′32″,东经80°11′57″。

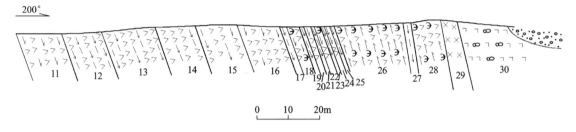

图2-85 蛇绿混杂岩群一、二亚带间弧间裂谷型蛇绿岩岩片实测路线剖面图

第四系砂砾石层覆盖
30. 灰绿色枕状变安山质熔岩夹英安质熔岩　　　　　　　　　　　　　　　　　　>50m
============================断　层============================
29. 灰白色变辉长岩　　　　　　　　　　　　　　　　　　　　　　　　　　　　　>3m
============================断　层============================
28. 强蛇纹石化辉橄岩　　　　　　　　　　　　　　　　　　　　　　　　　　　　>8m
27. 灰绿色异剥辉石岩　　　　　　　　　　　　　　　　　　　　　　　　　　　　2m
26. 灰绿色蛇纹石化橄辉岩　　　　　　　　　　　　　　　　　　　　　　　　　　12m
25. 灰绿色异剥辉石岩　　　　　　　　　　　　　　　　　　　　　　　　　　　　0.7m
24. 异剥辉石橄榄岩　　　　　　　　　　　　　　　　　　　　　　　　　　　　　1m
23. 灰绿色异剥辉石岩　　　　　　　　　　　　　　　　　　　　　　　　　　　　0.9m
22. 灰绿色蛇纹石化辉橄岩　　　　　　　　　　　　　　　　　　　　　　　　　　2m
21. 灰绿色异剥辉石岩　　　　　　　　　　　　　　　　　　　　　　　　　　　　0.1m
20. 灰绿色蛇纹石化辉橄岩　　　　　　　　　　　　　　　　　　　　　　　　　　0.6m
19. 灰绿色透镜状异剥辉石岩　　　　　　　　　　　　　　　　　　　　　　　　　0.5m
18. 灰绿色蛇纹石化辉橄岩　　　　　　　　　　　　　　　　　　　　　　　　　　2m
17. 灰绿色异剥辉石岩　　　　　　　　　　　　　　　　　　　　　　　　　　　　34cm
16. 灰绿色辉橄岩　　　　　　　　　　　　　　　　　　　　　　　　　　　　　　6m
15. 灰黑色辉橄岩夹异剥辉石岩　　　　　　　　　　　　　　　　　　　　　　　　9m
14. 异剥辉橄岩与橄榄岩互层　　　　　　　　　　　　　　　　　　　　　　　　　9m
13. 异剥辉石岩夹橄榄岩　　　　　　　　　　　　　　　　　　　　　　　　　　　12m
12. 灰绿色异剥辉橄岩　　　　　　　　　　　　　　　　　　　　　　　　　　　　80m
11. 灰绿色强蛇纹石化辉橄岩　　　　　　　　　　　　　　　　　　　　　　　　　10m
============================断　层============================
狮泉河蛇绿混杂岩群二亚带红褐色硅化细粒岩屑砂岩

由剖面可知该套蛇绿岩属较完整的蛇绿岩岩片,其拟层序由超镁铁岩→辉长岩→枕状熔岩→上覆硅质岩组成(图2-86)。蛇绿岩岩片中下部超镁铁质岩主要由强蛇纹石化橄辉岩组成,而超镁铁质堆积岩由异剥辉橄岩、橄榄岩、蛇纹石化辉橄岩组成堆积结构,在剖面上见有辉石岩在其中呈岩管状和脉状产出(图2-87),而在个别橄榄辉石岩中明显可观察到辉石由底向顶粒径逐渐变细,含量减少构成的堆晶结构(图2-88)。中部基性侵入岩主要为蚀变辉长岩,岩石呈脉状产出,岩脉多为宽约0.6m的透镜状或石香肠状展布,该类岩石受弱变质作用,矿物成分明显有拉长定向,局部可达弱片麻理,岩石局部有孔

雀石化和褐铁矿化现象。与各亚带蛇绿岩内的熔岩不同，这套蛇绿岩上部枕状熔岩由枕状安山岩组成，并夹有枕状英安岩，有宽1～2m的席状辉长闪长岩脉侵入。枕状熔岩中的岩枕大小不一，可分为两类：一类为内外均为玻璃质，无分异；另一类为边部具冷凝边的。地球化学环境判别显示为弧间裂谷型，也与其他亚带的蛇绿岩环境存在显著不同（详见第四章蛇绿岩）。

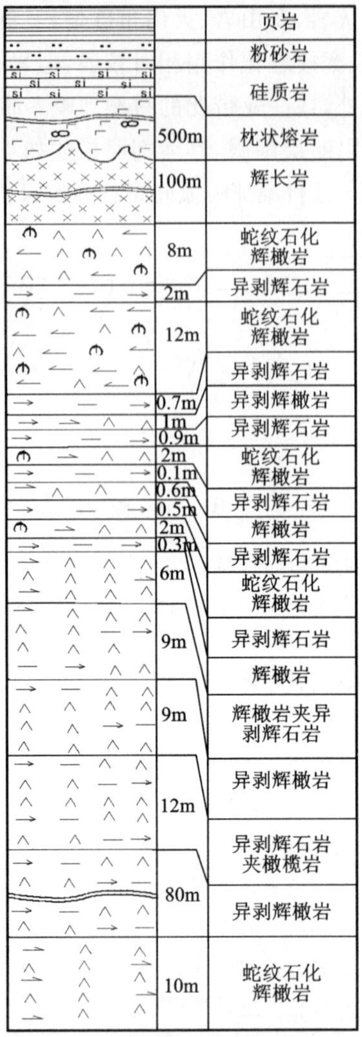

2. 二亚带

狮泉河蛇绿混杂岩群二亚带是狮泉河蛇绿混杂岩中规模最大的一个带，由西向东贯穿于图幅，南北均以断裂为界，乌木垄铅波岩组或与一、三亚带相接，展布严格受近EW向断裂控制，宽度10～15km。狮泉河蛇绿混杂岩带内规模最大，程度最强的俄儒韧性剪切带也发育于该亚带内。该韧性剪切带以NW—近EW向展布，延伸大于90km，最宽可达2km以上，在平面上呈断续的大透镜体产出，带内早期面理已完全被糜棱面理置换，带内岩石多呈构造透镜体产出，带内眼球状构造、石香肠构造、多米诺骨牌构造、杆状构造等极为发育。根据带内构造透镜体的动力学机制，判断该韧性剪切带具有左行性质（图2-89），并具有糜棱岩化作用在带内不均匀的特点。该亚带内蛇绿岩各组分较为齐全，堆晶岩系发育。以同温淌嘎断裂为界，该亚带西侧由基性火山岩构成基质，主要有蛇绿岩岩片和碳酸盐岩岩片混杂其中；东侧主要由砂岩、砂板岩构成基质，蛇绿岩岩片、碳酸盐岩岩片、浊积岩岩片、火山岩岩片等呈构造肢解的岩块散布于其中。此外，狮泉河带内规模最大的俄儒韧性剪切带分布于该亚带内。剖面见图2-90、图2-91、图2-92、图2-93。

图2-86 科桑那嘎狮泉河蛇绿混杂岩群二亚带蛇绿岩拟层序

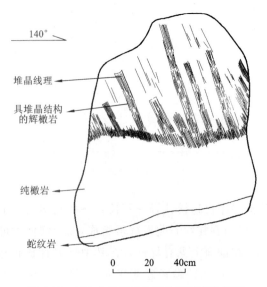

图2-87 171点南超基性岩堆晶结构素描图

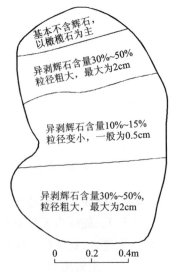

图2-88 171点南异剥辉石岩中异剥辉石含量及粒径变化示意图

1) 基质

狮泉河蛇绿混杂岩群二亚带以同温淌嘎断裂为界,该亚带西侧由基性火山岩构成基质;东侧主要由砂岩、砂板岩构成基质。

(1) 砂板岩基质:岩性主要由粉砂质板岩、砂质板岩、钙质板岩、千枚状板岩、绢云绿泥千枚岩、长石石英变砂岩、粉砂岩、凝灰质砂岩、含砂泥页岩、灰岩、砾岩等构成,各种岩片呈大小不等的块体混杂其中,在变形较强的地带,构造置换强烈,砂板岩中的原始沉积层序已基本被破坏。部分变形较弱地带的砂板岩基质原始沉积构造及其基本层序仍可辨,主要有:a 类由细砂→含砾中粗粒砂岩组成的逆粒序层理;b 类由含炭泥质板岩→块状变砂岩组成的退积相序基本层序;c 类由中薄层状细砂岩→浅灰色中层粉砂-泥质板岩→灰黑色中薄层状泥晶灰岩组成的基本层序;d 类由杂砂岩→长石砂岩→泥晶灰岩→硅质岩组成的基本层序;e 类由长石砂岩(具平行层理,底面发育槽模)→长石质粉砂岩(发育近水平的砂纹层理)→砂质泥岩组成的基本层序;f 类由灰色砾岩→岩屑杂砂岩→灰绿色粉砂质板岩组成的基本层序(图 2-94)。

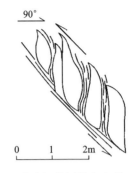

图 2-89 狮泉河蛇绿混杂岩群二亚带中的构造透镜体指示左行走滑

(2) 基性火山岩基质:发育于狮泉河蛇绿混杂岩群二亚带同温淌嘎断裂以西,岩性主要由灰绿色玄武岩、玄武质熔结角砾岩、玄武质角砾熔岩、安山质玄武岩组成,局部有安山岩、灰岩夹层。超基性岩岩片、灰岩岩片呈大小不等的透镜体混杂其中,尤其灰岩岩片极为多见。灰绿色玄武岩为致密隐晶结构,局部发育气孔杏仁构造,玄武质熔结角砾岩和玄武质角砾熔岩中的角砾和熔浆同成分,均为玄武质。

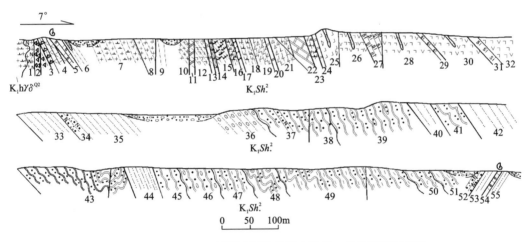

图 2-90 日土县七一桥狮泉河蛇绿混杂岩群二亚带实测剖面图

1.灰色碎裂岩;2.构造破碎带;3.褐黄色高岭土化碎糜岩;4.灰岩劈理化带;5.灰黑色厚层生物灰岩;6.褐色糜棱岩化碎裂英云闪长岩(脉体);7.糜棱岩化花岗闪长岩;8.灰褐色碎裂糜棱岩化花岗岩;9.灰绿色糜棱岩;10.糜棱岩化花岗岩;11.灰白色糜棱岩化中厚层大理岩;12.黄褐色糜棱岩化、碳酸盐化玄武岩;13.灰白色糜棱岩化粗晶大理岩;14.中细粒糜棱岩化石英闪长岩;15.糜棱岩化英安质凝灰岩夹透镜状大理岩化灰岩;16.糜棱岩化中细粒石英闪长岩;17.褐色凝灰岩;18.糜棱岩化花岗闪长岩;19.褐色糜棱岩化、硅化安山岩;20.灰白色巨厚层大理岩;21.浅绿色糜棱岩化安山岩;22.灰白色硅化大理岩;23.糜棱岩化中细粒花岗闪长岩;24.灰白色硅化大理岩;25.灰黑色、褐色碎裂玄武岩;26.灰绿色绿泥绿帘石化安山质玄武岩;27.紫红色硅质岩;28.灰绿色安山质玄武岩;29.暗紫红色硅质岩;30.灰绿色安山质玄武岩;31.紫红色硅质岩;32.灰绿色安山质玄武岩;33.灰黑色粉砂质板岩;34.黄褐色长石石英砂岩;35.灰黑色粉砂质页岩;36.浅褐黄色含砾粉砂质页岩;37.灰黑色粉砂质板岩夹中薄层长石石英砂岩;38.褐黄色砂质板岩;39.灰黑色粉砂质板岩;40.土黄色含粉砂质泥岩;41.灰黑色含粉砂质板岩;42.土黄色含粉砂质页岩;43.灰黑色粉砂质板岩;44.土黄色含粉砂质页岩;45.灰黑色含泥质板岩;46.褐黄色含砾粉砂质板岩;47.灰黑色含泥质粉砂质板岩;48.灰黑色粉砂质板岩;49.灰褐色、褐黄色泥质粉砂质板岩;50.褐黄色、褐黄色钙质粉砂质板岩;51.灰褐色泥质粉砂质板岩;52.浅灰色长石石英细砂岩;53.浅灰褐色含粉砂泥质页岩;54.灰黑色生物碎屑灰岩;55.浅灰褐色含粉砂泥质页岩;$K_1h\gamma\delta^{Q2}$:中细粒花岗闪长岩

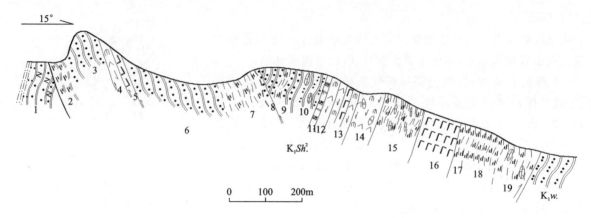

图 2-91 日土县江弄拉狮泉河蛇绿混杂岩群二亚带实测剖面图

1.褐黄色变凝灰质砂岩、变长石砂岩夹青灰色粉砂质板岩;2.青灰色绢云千枚状板岩;3.褐黄色变砂岩夹青灰色变砂岩;4.蛇纹石化辉橄岩;5.灰绿色细碧岩;6.褐黄色砂质板岩夹灰质板岩、变粒岩;7.绿云绿泥千枚岩;8.褐黄色砂质千枚状板岩夹绢云千枚岩;9.褐黄色砂质板岩夹厚层绿色绢云绿泥千枚岩;10.褐黄色粉砂质板岩夹青灰色绢云千枚岩、大理岩化灰岩透镜体;11.硅化、大理岩化、孔雀石化灰岩;12.蛇纹石化辉橄岩;13.蛇纹石化辉橄岩夹绿色劈理化细碧岩透镜体;14.蛇纹石化辉橄岩;15.绢云绿泥千枚岩夹薄层硅化灰岩;16.绿色细碧岩;17.绢云千枚岩夹褐色中薄层砂质板岩;18.青灰色绢云千枚岩;19.绢云绿泥千枚岩夹绢云千枚状厚层硅灰岩;$K_1w.$:乌木垄铅波岩组

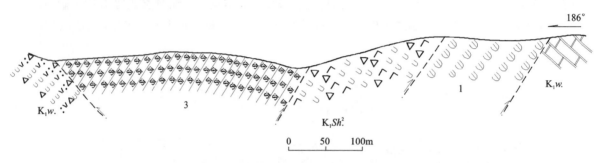

图 2-92 日土县乌木垄铅波狮泉河蛇绿混杂岩群二亚带实测剖面图

1.墨绿色蛇纹岩;2.灰绿色块状玄武质角砾熔岩;3.灰白色硅质岩;$K_1w.$:乌木垄铅波岩组

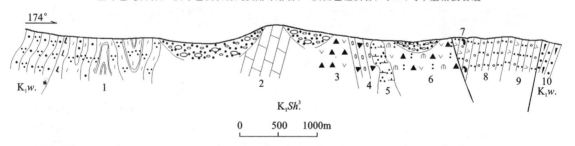

图 2-93 日土县科桑那嘎狮泉河蛇绿混杂岩群二亚带实测路线剖面图

1.变质玄武岩、绿泥石英片岩夹变石英砂岩;2.灰色泥晶灰岩;3.安山质火山角砾岩;4.灰绿色厚层沉积火山角砾岩夹片理化砂板岩;5.灰白色蚀变石英闪长岩;6.熔结安山质凝灰角砾岩;7.含砾复屑凝灰岩;8.灰绿色沉凝灰岩;9.灰绿色含砾安山质凝灰岩夹凝灰岩;10.红褐色孔雀石化、硅化细粒岩屑砂岩;$K_1w.$:乌木垄铅波岩组

在该套基性火山岩基质中局部见有以下两类基本沉积层序(图 2-95):a 类由灰绿色玄武岩→安山质玄武岩→安山质熔结角砾岩组成的基本层序,反映了火山喷发由基性→中基性的演化规律;b 类由灰色泥晶灰岩→灰绿色玄武岩组成的基本层序,反映了火山喷发的间断性。

该套基性火山岩基质横向上与二亚带东侧砂板岩基质相比较,糜棱岩化作用很微弱,主要发生了程度不等的绿泥石化、绿帘石化、碳酸盐化、硅化等蚀变,它实质上是一种主要形成于原地、遭受不均匀的弱构造岩化的物质。

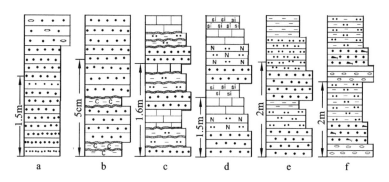

图 2-94 狮泉河蛇绿混杂岩群二亚带砂板岩基质中发育的基本层序

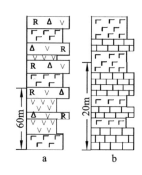

图 2-95 蛇绿混杂岩群二亚带基性火山岩基质中发育的基本层序

2）岩片

二亚带规模较大，岩片类型较多，并以同温淌嘎断裂为界，两侧发育的岩片类型及规模不同。在以砂板岩为基质的东侧，主要有蛇绿岩岩片、碳酸盐岩岩片、浊积岩岩片、火山岩岩片；在以基性火山岩为基质的西侧，主要有蛇绿岩岩片和碳酸盐岩岩片。与一亚带和三亚带不同，二亚带内岩片的连续性较好，规模较大。

（1）超基性岩岩片、蛇绿岩岩片、岩墙群岩片、火山岩岩片：二亚带内超基性岩岩片较为发育，由西向东呈不规则状大小不一的透镜体沿断裂展布，均以断层为界混杂于基质中。透镜体长轴方向与近EW向断层的展布方向一致，透镜体最宽可达数千米，延伸几十千米至百余千米，局部地带与玄武岩一起构成蛇绿岩岩片。在拉梅拉一带存在由辉石岩—辉长岩等构成的堆积岩系。

岩墙群岩片主要发育在狮泉河镇北数千米处，厚达数千米，另外在拉梅拉一带，发育辉长岩脉。

火山岩岩片在二亚带内分布也较广，岩性由基性—中酸性均有出露，主要岩石类型有玄武岩、玄武质角砾熔岩、安山质玄武岩、安山岩、流纹岩、流纹质凝灰岩、安山质凝灰岩、晶屑岩屑凝灰岩、沉凝灰岩等组成。平面上该类岩片因构造肢解呈大小不一、长轴方向与区域性构造线方向一致的透镜体，该类岩片中板劈理、片理及糜棱面理发育，与别的岩片一起互相叠置混杂于基质中。在基性熔岩构成基质的地段，岩片与基质不易区分。

据该带内各处出露的蛇绿岩各组分恢复的拟层序如下：由底部超镁铁质岩→堆晶岩系→基性岩墙群→枕状熔岩→上覆硅质岩（图2-96），与一、三亚带不同的是，在该带中出现由单辉橄榄岩、辉石岩、辉长岩、辉长闪长岩、石英闪长岩组成的堆晶结构。

（2）碳酸盐岩岩片：是二亚带分布最广的岩片之一，岩性主要由泥晶灰岩、生物碎屑灰岩、大理岩化灰岩、大理岩等组成。岩石均呈大小不一、形态各异的透镜体，大者可达上千米，小者仅手标本大小混杂于基质中，岩石多发生了程度不等的糜棱岩化作用。该类岩片受剪切应力作用石香肠构造、多米诺骨牌等构造多见。岩石中化石稀少，但在局部糜棱岩化作用较弱的地带，可见到圆笠虫、牡蛎、箭石等化石，牡蛎大小为(0.5~3cm)×(10~25cm)。排列具示顶构造，但经鉴定，多为化石碎片。

（3）浊积岩岩片：二亚带内该类岩片分布较为有限，发育鲍马层序（图2-97）。其中A段岩性由灰绿色厚层沉积火山角砾岩组成，砾石主要成分为火山岩砾，其次有硅质岩砾石和灰岩砾石，底部砾石含量约60%，向上砾石含量减少，砾石多为次圆状，大小混杂，分选较差，砾石长轴最大可达30cm，最小为0.5cm；基质为中粗粒的火山碎屑，岩石中正粒序层理较明显，具块状层理。B段岩性由灰色片理化砂质板岩组成，因较强的片理化作用，其原始沉积层理已很难见到。该类岩片在剖面上呈短轴宽约200m的大透镜体，与两侧围岩明显为断层接触，与两侧岩石明显具有不同的沉积环境，为典型的浊流沉积形成的浊积岩岩片。

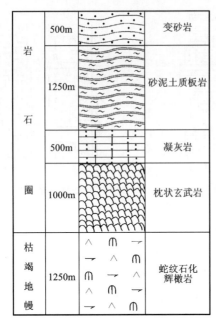

图 2-96 江弄拉狮泉河蛇绿混杂岩群
二亚带蛇绿岩拟层序图

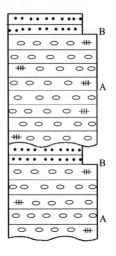

图 2-97 浊积岩岩片中的鲍马层序图

3. 三亚带

狮泉河蛇绿混杂岩群三亚带仅分布在同温淌嘎断裂以东,以西且坎-甲岗拗陷盆地沉积,从南向北由郎山组灰岩、砂岩、砂板岩和多尼组碎屑岩两部分组成,未见蛇绿岩出露,很可能被掩覆。东段的蛇绿混杂岩,其展布严格受近EW向断裂控制,东部最宽为11km,向西逐渐变窄约为5km,呈近EW向分布于测区。三亚带主体以断裂为界和班-怒带相接,局部与乌木垄铅波岩组为断层接触,南界和乌木垄铅波岩组以断层相接。三亚带剖面见图 2-98、图 2-99、图 2-100。

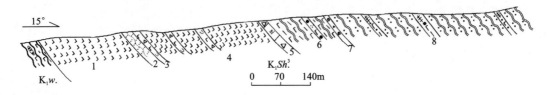

图 2-98 日土县江弄拉狮泉河蛇绿混杂群三亚带实测剖面图

1.绿色细碧岩;2.绿色中层状凝灰质千枚岩夹薄层变砂岩;3.绿色变玄武质熔结火山角砾岩;4.绿色细碧岩夹变玄武角砾熔岩;5.褐黄色碎裂硅化灰岩夹变玄武岩角砾熔岩;6.青灰色泥钙质板岩夹钙质细粒石英砂岩;7.硅化、碳酸盐化碎裂蛇纹岩;8.中厚层褐黑色粉砂质板岩夹薄层泥钙质杂砂质;K_1w.:乌木垄铅波岩组泥钙质板岩夹砂岩透镜体

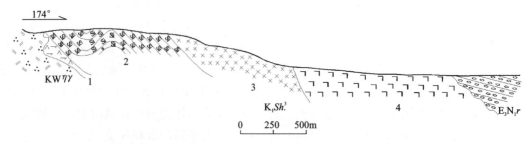

图 2-99 日土县科桑那嘎狮泉河蛇绿混杂岩群三亚带实测剖面图

1.灰黑色辉橄岩;2.浅绿色中厚层块状硅质岩;3.深灰色块状辉长岩;4.深黑色蚀变玄武岩;E_3N_1r:日贡拉组紫红色厚层复成分砾岩夹紫色薄层含砾长石石英砂岩;$KW\eta\gamma$:乌哥桑二长花岗岩

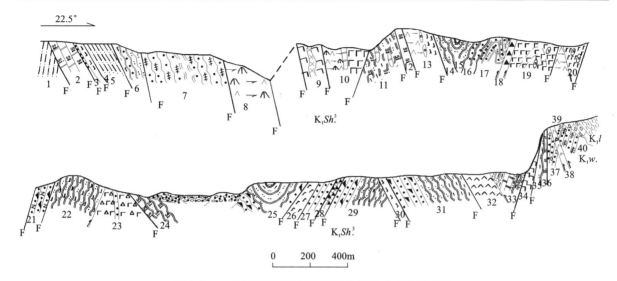

图 2-100 峦布达嘎狮泉河蛇绿混杂岩群三亚带剖面图

1.糜棱岩化泥灰质千枚岩、泥钙质板岩、变粉砂岩；2.褐黄色块状硅质大理岩；3.糜棱岩化薄层砂岩夹灰岩；4.糜棱岩化细碧岩；5.灰黑色糜棱岩化泥灰质千枚岩；6.褐黄色泥钙质板岩、砂质板岩、变粉砂岩；7.褐黄色杂砂岩夹千枚状板岩；8.墨绿色蛇纹石化辉橄岩；9.细碧岩化枕状玄武岩、辉长岩；10.蛇纹石化辉橄岩夹枕状玄武岩；11.灰黑色粉砂泥硅质千枚状板岩夹大理岩透镜体；12.青灰色硅质岩；13.蛇纹石化辉橄岩、细碧岩夹硅质岩；14.青灰色粉砂泥硅质板岩夹黄绿色中粒变长石砂岩；15.黄绿色粉砂质板岩；16.黄绿色砂板岩夹变砂岩；17.黄绿色变长石杂砂岩；18.黄绿色火山角砾岩；19.黄绿色中层豆状玄武岩、薄层玄武岩夹硅质岩、蛇纹石化辉橄岩；20.黄绿色细碧岩夹硅质岩透镜体；21.黄绿色岩屑长石砂岩；22.黄褐色钙质粉砂质板岩；23.细碧岩化角砾熔岩夹细碧岩凝灰岩；24.青灰色硅质板岩；25.灰色变中粒岩屑砂岩、粉砂质板岩及泥质板岩组成的一个旋回；26.浅绿色细碧岩夹砖红色褐铁矿化碧玉岩；27.砂岩、粉砂质板岩夹灰岩；28.硅化、孔雀石化、大理岩化碎裂灰岩；29.由中一厚层状岩屑砂岩、粉砂质板岩、泥质板岩组成的韵律；30.灰绿色细碧岩；31.由中层状中粒岩屑砂岩、中薄层状粉砂质板岩、中薄层状泥质岩组成的韵律；32.紫红色变玄武岩；33.灰绿色粉砂泥质板岩夹大理岩化灰岩透镜体；34.灰绿色变玄武岩；35.粉砂泥质板岩；36.硅质岩夹灰绿色玄武岩；37.砂砾岩；38.碎裂蛇纹石化纯橄岩；39.灰黑色含砾砂质板岩；40.中一薄层复成分砂岩；K_1l：郎山组砾屑灰岩；$K_1w.$：乌木垄铅波岩组

1）基质

（1）砂板岩基质：该亚带砂板岩基质较为发育，岩性主要由糜棱岩化泥灰质千枚岩、泥钙质板岩、变粉砂岩、糜棱岩化砂岩、砂质板岩、杂砂岩、千枚状板岩、长石砂岩、岩屑长石砂岩、凝灰质砂岩、砂砾岩等组成，各岩性段多为断层接触，各种岩片呈大小不等的块体混杂其中。三亚带内的砂板岩基质均发生了程度不等的糜棱岩化作用，该带南侧糜棱岩化作用最强烈，向北逐渐减弱，南侧糜棱面理已完全置换了早期面理，眼球状构造、石香肠构造等发育；北侧则以板理为主。砂板岩中的超镁铁岩、灰岩岩片等多被拉成大小不等的一系列构造透镜体（图 2-101），指示其剪切方向为左行走滑。砂板岩基质多发生了碳酸盐化、硅化、孔雀石化、绿泥石化现象。在局部地段构造变形较弱的砂板岩基质中，其基本层序及原始沉积构造仍可辨，如在峦布达嘎剖面第 7 层砂岩中发育有 a 类由粗中粒杂砂岩→细粒杂砂岩→中粒杂砂岩→细粒杂砂岩组成的加积型粒序层理（图 2-102）；第 25 层、第 29 层、第 31 层发育由砂岩→粉砂岩→泥质板岩组成的向上变细的 b 类正粒序层理。

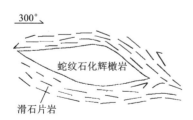

图 2-101 狮泉河蛇绿混杂岩三亚带中的蛇绿岩岩片透镜体

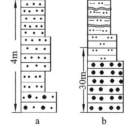

图 2-102 三亚带砂板岩基质中的基本层序

（2）变质超镁铁岩基质：主要分布于该亚带北侧，岩性以变质辉橄岩、橄辉岩等组成，局部地带辉橄

岩中的辉石含量在20%~40%之间变化,显示出堆晶岩的特征。细碧岩、赤铁碧玉岩、大理岩、灰岩、硅质岩等岩块混杂其中,细碧岩普遍发生了碳酸盐化、硅化、绿帘绿泥石化。

2) 岩片

三亚带内的岩片,由不同成分、不同环境的各种岩片互相叠置重复出现,大小不等,主要有蛇绿岩岩片、碳酸盐岩岩片、火山碎屑流形成的浊积砾岩岩片等。

(1) 超基性岩岩片、火山岩岩片、蛇绿岩岩片、岩墙群岩片、超基性岩岩片和火山岩岩片:三亚带中分布最广泛的一类,在平面和剖面上多呈不规则的断续分布的构造透镜体(图2-103)。

在峦布达嘎剖面上火山岩岩片的岩性主要由枕状安山玄武岩、赤铁碧玉岩、玄武质火山角砾岩、少量球颗状安山岩与安山质火山角砾岩等组成。其中以枕状安山玄武岩发育最广泛,多呈紫红色或绿色,岩枕多呈椭球体,大小不一,大者可达1.5m×0.9m,小者仅为10cm左右,边部有0.5~1cm厚的冷凝边,矿物粒度明显变细,近于玻璃质,并发育微细的气孔构造。而偏上部的硅质岩多呈厚层状,并

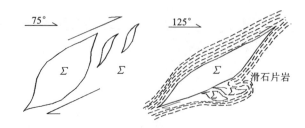

图2-103 狮泉河蛇绿混杂岩群三亚带蛇绿岩岩片呈眼状

多已被拉断成硅质岩透镜体。局部地带超基性岩片、火山岩岩片和硅质岩岩片在空间上紧邻,从而构成蛇绿岩残片。岩墙群在局部地带,如嘎里约西南部有发育,岩墙侵入枕状熔岩中,局部地段可见到冷凝边。

辉长岩体仅见于得勒宫附近(科桑那嘎沟),规模较小,峦布达嘎剖面上辉长岩呈大量脉状产出,并可分为两种:一种具辉长辉绿结构(或间隐结构);另一种具中粗粒辉长结构,从中心到边部粒度明显变细,最边部可达细粒。由于韧性剪切作用使辉长岩被拉断成一系列透镜体。

根据各处出露情况恢复的该亚带拟层序如下:该亚带蛇绿岩除堆晶岩系不发育外,其余组分发育较齐全(图2-104、图2-105),一般由下部辉橄岩→中部基性岩墙群→上部具枕状构造的基性熔岩→顶部浅灰色硅质岩组成。其中下部辉橄岩多已被蛇纹石化,蛇纹石含量在60%以上。

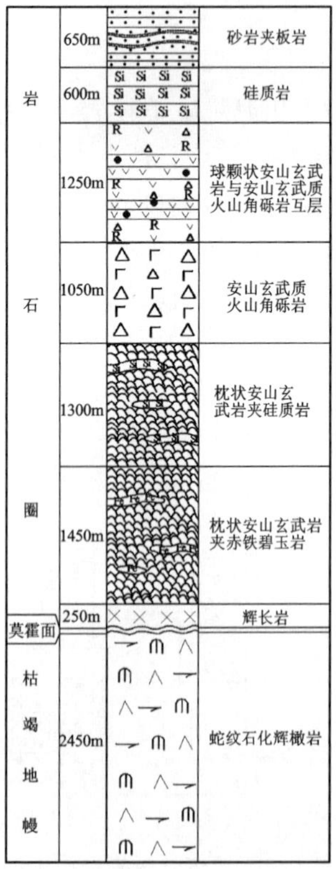

图2-104 峦布达嘎狮泉河蛇绿混杂岩群三亚带蛇绿岩拟层序图

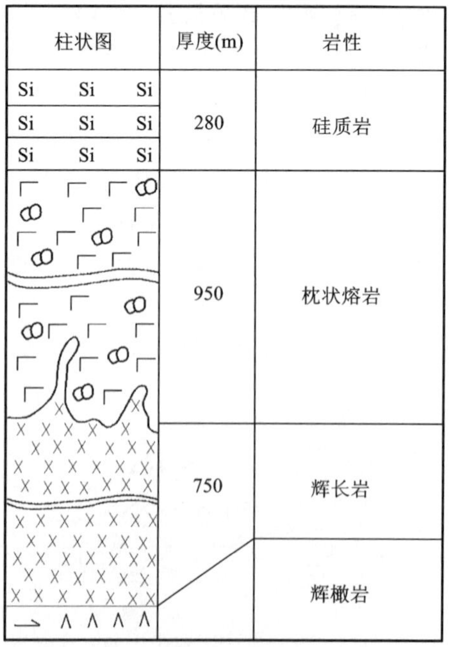

图2-105 科桑那嘎狮泉河蛇绿混杂岩群三亚带蛇绿岩拟层序图

（2）碳酸盐岩岩片：分布较零星，呈构造透镜体产出，岩石破碎，糜棱岩化作用强烈。岩性以大理岩、灰岩为主，大理岩由重结晶的方解石组成，呈层状，方解石生长方向垂直于层面，岩石呈透镜体杂乱分布于砂板岩基质中，局部具有较强的硅化、绿帘石化现象。灰岩呈透镜体或夹层出现，岩石破碎，岩石中劈理发育，岩石多呈几厘米至几十厘米的碎块，反映是变质变形的残余。该岩片因遭受了强烈的糜棱岩化、硅化、大理岩化等作用，岩石内未见到化石。

（3）浊积岩岩片：在峦布达嘎剖面紧邻北侧的乌木垄铅波岩组火山岩处，发育有由砂砾岩组成的火山碎屑流浊积岩，具粒序层理，底部由卵石组成，明显定向，向上粒度逐渐变细，单个旋回厚 0.5m 左右。碎屑物主要为火山凝灰质，砾石主要为火山弹和火山热液形成的玻璃质等，大小不一，个别大块可达 1m，且见有个别大块在向下滑塌过程中发生塑性剪切变形（图 2-106），说明熔岩在流动过程中尚未完全冷凝，熔岩砾石多可见到气孔，碎屑物呈棱角状。在火山碎屑浊积岩南侧紧邻深海硅质岩，硅质岩中含有砾石，砾石成分为变石英砂岩等，磨圆较好，石英砂岩砾石可能系由北侧斜坡滑下来的滨海相沉积物。在硅质岩的南侧则为由变质超基性岩和火山熔岩组成的蛇绿岩。上述火山碎屑流沉积及各沉积物的相对空间位置，反映出该段沉积附近存在微岛弧，火山碎屑流是微岛弧大量火山喷发物向海沟滑塌堆积的结果。

图 2-106　火山碎屑流在流动过程中发生塑性剪切

4. 狮泉河蛇绿混杂岩群时代讨论

狮泉河蛇绿混杂岩群各亚带基质中夹有大量灰岩夹层和大量的碳酸盐岩岩片，虽然该套岩石普遍遭受了糜棱岩化作用改造，但在糜棱岩化作用较弱的地带，各类化石及其碎片仍较多见。狮泉河蛇绿混杂岩群时代的确定，主要依据有以下几点。

（1）在狮泉河蛇绿岩群中夹有大量灰岩夹层和灰岩岩片，灰岩中常见圆笠虫、珊瑚、双壳类、腕足类、腹足类和海百合茎化石，由该化石组合类型判断时代为白垩纪。

（2）在狮泉河蛇绿混杂岩群二亚带蛇绿岩岩片上覆褐红色硅质岩中，放射虫化石保存良好，种属有：*Pantanellium squinaboli*（Tan）（Berriasian—Barremian），*Thanarla conica*（Squinabol），*Thanarla pseudomulticostata*（Tan），*Thanarla gracilis*（Squinabol），*Thanarla brouweri*（Tan），*Pseudodictyomitra carpatica*（Lozyniak），*Pseudodictyomitra* sp.，*Crolanium puga*（Schaaf），*Xitus* sp.，*Sethocapsa uterculus*（Parona），*Mirifusus dianae minor* Baumgartner，*Mirifusus* sp.，*Praeconosphaera* sp.，*Holocryptocanium* sp.，*Alievium regulare*（Wu et Li），*Godia* sp.。该组合多数种的地质时代为晚侏罗世晚期至早白垩世早期，包括 *Pantanellium sethocapsa uterculus*，*Mirifusus dianae minor*。所以，从总体面貌来看，该组合地质时代为晚侏罗世晚期至早白垩世早期。

（3）前人在相当于本次划分的狮泉河带二亚带、三亚带也曾采到过类似的化石组合，上述化石组合发育时代为早白垩世（郭铁鹰等，1983）。

（4）本次工作还发现富含圆笠虫、珊瑚及腹足类的郎山组灰岩角度不整合于狮泉河蛇绿混杂岩之上。另外在二亚带和三亚带的岩墙杂岩中，分别获得两组锆石 Th-Pb 年龄：$141±23$Ma 和 $139±13$Ma，反映它形成于晚侏罗世末—早白垩世早期。

综合以上分析，故确定狮泉河带拉裂的时间可能自晚侏罗世末始，但作为洋盆发育的时间主要在早白垩世早期，郎山组沉积时狮泉河带已由洋盆转化为前陆盆地沉积，即构造混杂已完成。

（二）乌木垄铅波岩组（K_1w.）

1. 建组理由及定义

在狮泉河混杂岩带内存在一套岩性主要由中酸性火山碎屑岩、生物碎屑灰岩、粗安质火山碎屑岩、砂岩、砾岩、泥岩等组成，在砂岩中可见植物根茎化石，灰岩中有圆笠虫 *Orbitolina* sp.，固着蛤，牡蛎及螺 *Glauconia* trotteri(Feistmantel)等化石,腕足类、来齐藻、有孔虫、介形虫等生物碎屑多见,相对于狮泉河蛇绿混杂岩无序地层而存在重大差异,在测区内平行狮泉河带的总体构造线展布,并分隔狮泉河蛇绿混杂岩带,使之构成不同的亚带。该套地层与狮泉河混杂岩各亚带均为断层接触,在测区内不同位置分布的这套地层岩石组合大致相似。郎山组角度不整合于其上。根据在测区内这套地层中采获的化石和它与郎山组角度不整合关系,它无疑应至少为早白垩世的沉积。而区域上,根据与其他图幅的对比,在改则县幅的混杂岩带(可能系狮泉河带东延的部分)也存在这套类似的地层。在野外验收中专家们承认了这样一套地层的特殊性,但有人认为不宜建组,应表示为岩块,也有人认为应为林子宗群。项目在野外验收后对之补做了工作,并对野外资料认真进行了综合研究,认为将之单独作为一个独立的地层单位表示出来是合适的,理由如下。

(1) 专家们在野外实际观察后确定该套火山岩具有特殊性,部分专家认为应与林子宗群相对比,均说明它明显不同于狮泉河带的蛇绿岩,并具有与狮泉河蛇绿岩明显不同而易于鉴别的特征。无论是作为弧火山岩片、林子宗群或乌木垄铅波岩组都指示它具有可填图性。而在测区它的展布明显具有一定的规律。根据本次工作确定它主要是一套弧火山碎屑岩或火山岩,局部地带发育潮坪或滨海相的砂岩,也有一些地带火山岩向潮坪-台地相的灰岩转化,故其延展也是清楚的,在复查中确认该套火山岩顶被郎山组角度不整合,则显示该套地层有顶,而其底部与狮泉河蛇绿岩呈断层接触,说明顶底界线是清楚的,根据《中国地层指南》的要求:"组应以清楚、稳定的特殊岩性变化面或特殊结构标志层为界线,易于鉴定并应有一定的延展范围",可以建组。

(2)《国际岩石地层指南》(1976)指出:"组所要求的岩石变化程度不受严格和统一的规定限制,它可以随一个区域地质历史所需要的细节变化而变化。"测区的乌木垄铅波岩组的岩石组合与狮泉河蛇绿岩的演化具有密切的联系,为完整表达狮泉河带的演化,有必要建立这样一个独立的地层单位。

首先,乌木垄铅波岩组的火山碎屑岩从早期至晚期具有由中基性—酸性—碱性的演化规律,为一套钙碱性系列的火山岩(与之对比,测区林子宗群火山岩地质及地球化学特征均显示为与陆内拉张有关的板内拉斑玄武岩系列),乌木垄铅波处火山碎屑岩(即原定的乌木垄铅波岩组)岩片之间夹的蛇绿岩中玄武岩地球化学特征表明为弧间蛇绿岩(一、二、三亚带处的蛇绿岩均为洋脊玄武岩,在二亚带北侧近火山碎屑岩处,发育弧前蛇绿岩),故乌木垄铅波处的地质情况实际上反映了一个微岛弧地壳逐步增厚到发生岛弧分裂的全过程,狮泉河蛇绿混杂岩与带内的这套火山碎屑岩之间存在成生联系。在室内研究中确定狮泉河带乌木垄铅波岩组中存在与板片俯冲有关的埃达克岩,也证实狮泉河带内曾存在俯冲,乌木垄铅波岩组的形成机理与狮泉河带内的蛇绿岩具有密切关系。

其次,狮泉河带乌木垄铅波岩组形成时间与狮泉河带近于同时。一方面,地球化学成因之间的联系指示它们可能是近于同时形成的。根据与板片俯冲有关的埃达克岩与形成时间小于 25Ma(从地幔熔出—俯冲至深部再熔融喷发的间隔)的年轻的洋壳有关,反映它形成的时间与狮泉河带蛇绿岩中的玄武岩应基本近于同时。另一方面,采获的化石指示二者的形成时间近于相同。本次工作在狮泉河蛇绿岩、硅质岩中获得的放射虫资料证实狮泉河带的发育时间为晚侏罗世末—早白垩世,郭铁鹰等(1991)根据当时所做的化石工作,认为狮泉河带的发育时间主要是早白垩世;在乌木垄铅波岩组中存在生物化石,有些专家认为那部分含化石的灰岩也可能是郎山组。但在江弄拉一带已变形、以砂岩为主的该套地层的钙质砂岩中含有孔虫碎片,指示形成时间是白垩纪,而该套砂岩与中部的含植物根砂岩、更西侧的火山岩据野外追索实际上具有岩相上的渐变关系,反映了随着远离火山喷发位置,水逐渐变深的趋势,它构成的岩性组合绝不可能是郎山组,而是乌木垄铅波岩组这样一套特殊的地层。狮泉河带内已强烈变形,乌木垄铅波岩组火山岩部分变形微弱,而砂岩则变形较强(可能与二者的能干性差异有关,前者由于火山喷发岩浆上升过程中对岛弧地带的火山机构一带具有黏结作用而刚性强度较大,远火山口的岛弧表面沉积岩则与狮泉河带内的浊积砂岩能干性接近而与狮泉河带同时发生了变形)。郎山组变形微弱并角度不整合于狮泉河蛇绿岩及乌木垄铅波岩组之上,底部发育底砾岩说明郎山组形成时狮泉河带内的构造混杂过程已完成。那么,在乌木垄铅波等地,尤其是在拉梅拉一带的乌木垄铅波岩组火山岩及砂岩中发现的产状近直立的生物碎屑灰岩不可能是郎山组构造混杂蛇绿岩中的产物,而是乌木垄铅波岩组与狮泉河蛇绿岩在盆地闭合过程中一起变形形成的。

再次，前人已有将这套地层单独划出的倾向，如郭铁鹰等(1991)认为在狮泉河带内存在洋脊玄武岩和造山的火山岩两种不同类型的火山岩，并在拉梅拉一带的这套弧火山岩的砂岩中采获植物化石 *Chadophlbis* sp., *Sphenopteris* sp., *Pseudocycas* sp., *Pterophyllum*（?）sp., *Zamiophyllum buchianum*（Ett.），*Zamites* sp., *Brachyllum* sp., *Cupressinocladus* cf. *elegans*, *Elatocladus* sp., *Problematicum* sp. 等，上述化石组合发育时代为早白垩世。

最后，与则弄群一样，由单个火山机构处向外，也存在沉积分带现象，但与则弄群分带常呈近圆形不同，乌木垄铅波岩组的分带常呈线形，在微岛弧的南侧往往由熔结火山岩（局部有次火山岩）—凝灰岩—凝灰质砂岩—潮坪相的砂岩夹生物碎屑灰岩、含炭页岩组成，并逐渐过渡为台地相的灰岩、海相溢流玄武岩等；北侧则一般较陡，由岛弧向南多由熔结火山岩—火山角砾岩组成，并很快过渡为火山碎屑流（浊流沉积）沉积，最大的火山碎屑块体可达1m(图版14-6)，且大块体多有塑性变形，非常类似于火山弹，反映在喷出后很快沿斜坡向下滚落，在滚落过程中发生了变形。有些部位未见到粗火山碎屑流沉积，但在紧邻岛弧位置的深水区，多存在较厚的细凝灰质沉积，它指示了这些微岛弧多具有南陡北缓的特点。而地球化学指示乌木垄铅波岩组的火山岩系洋内弧火山岩，其中安山岩的稀土配分除表现出造山的火山岩特点外，部分安山岩具有洋脊和弧火山岩的过渡特点，而明显不同于陆缘弧火山岩——则弄群多爱组具有轻重稀土分异强烈的地球化学特点。酸性岩的曲线差异更大。综合上述岩石学及岩石化学方面的特点，反映尽管乌木垄铅波岩组和则弄群均为弧火山岩，但乌木垄铅波岩组火山岩形成于小岩浆房，其中一侧濒临深水区，而则弄群则形成于一个更稳定、规模宏大的岩浆房，构造运动的节律清晰，两类弧火山岩形成于两个不同的构造环境和机制，乌木垄铅波岩组不可能是则弄群代表的弧分裂的结果。

综上所述，为更好地反映狮泉河带的演化历史，我们认为将野外所定的乌木垄铅波岩组作为一个独立的地层单位是合适的，但考虑到它分布在狮泉河带内，该地层的大部分虽未变形，但其中的一小部分也遭受了构造混杂，与蛇绿混杂岩一起经受了强烈的变形，将之作为一个非正式的地层单位可能更合适，故将之最终命名为乌木垄铅波岩组。建组剖面位于噶尔县乌木垄铅波，起点坐标为东经 $80°39'34''$，北纬 $32°37'02''$，终点坐标为东经 $80°39'24''$，北纬 $32°33'12''$，指分布于狮泉河混杂岩带内三个蛇绿混杂岩亚带和三亚带与班-怒带间的成层有序的岛弧地体，相对于狮泉河蛇绿混杂岩无序地层而存在重大差异，岩性主要由中酸性火山碎屑岩、生物碎屑灰岩、粗安质火山碎屑岩、砂岩、砾岩、泥岩等组成一套地层体，在砂岩中可见植物根茎化石，灰岩中有圆笠虫 *Orbitolina* sp.，固着蛤，牡蛎及螺 *Glauconia trotteri* (Feistmantel) 等化石，腕足类、来齐藻、有孔虫、介形虫等生物碎屑多见；区域上与蛇绿混杂岩带平行呈近东西向展布，与狮泉河混杂岩各亚带均为断层接触。依据其内灰岩夹层中的化石组合、与狮泉河蛇绿混杂岩成生关系及上覆郎山组灰岩角度不整合覆盖其上，时代厘定为早白垩世。

2. 剖面列述

1）噶尔县七一桥乌木垄铅波岩组剖面(图 2-107)

剖面位于噶尔县荣列，剖面起点坐标：北纬 $32°40'32''$，东经 $80°34'52''$。

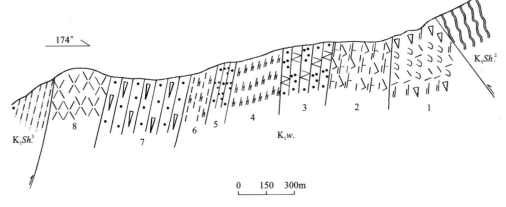

图 2-107　噶尔县七一桥乌木垄铅波岩组实测剖面图

狮泉河蛇绿混杂岩三亚带

═════════════════ 断　层 ═════════════════

乌木垄铅波岩组（$K_1w.$）　　　　　　　　　　　　　　　　　　　　　　　厚 **1661.40m**
 8. 斑状流纹岩　　　　　　　　　　　　　　　　　　　　　　　　　　　232.81m
 7. 浅灰色—灰绿色中细粒岩屑砂岩　　　　　　　　　　　　　　　　286.47m
 6. 黑云母粗面岩　　　　　　　　　　　　　　　　　　　　　　　　　95.52m
 5. 灰黑色粉砂质页岩夹石英砂岩　　　　　　　　　　　　　　　　　26.09m
 4. 粗面岩　　　　　　　　　　　　　　　　　　　　　　　　　　　　172.52m
 3. 浅灰绿色中细粒长石石英砂岩　　　　　　　　　　　　　　　　　172.69m
 2. 黑云母碱长流纹岩　　　　　　　　　　　　　　　　　　　　　　514.98m
 1. 绢云母化流纹质角砾熔岩　　　　　　　　　　　　　　　　　　　160.32m

═════════════════ 断　层 ═════════════════

狮泉河蛇绿混杂岩二亚带砂板岩

2）噶尔县乌木垄铅波乌木垄铅波岩组剖面（图 2-108）

剖面位于噶尔县乌木垄铅波，剖面起点坐标：北纬 32°37′02″，东经 80°39′34″。

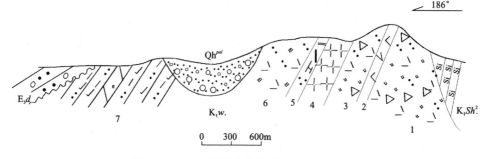

图 2-108　日土县乌木垄铅波岩组实测剖面

上覆地层：丁青湖组灰褐色含砾粗砂岩

～～～～～～～～～　角度不整合　～～～～～～～～～

乌木垄铅波岩组（$K_1w.$）　　　　　　　　　　　　　　　　　　　　　　　厚 **1648.23m**
 7. 钙质粉砂质页岩夹生物碎屑灰岩，灰岩中产圆笠虫、固着蛤、牡蛎及螺等化石。HS-6：
  Glauconia trotteri（Feistmantel）脱氏银锥螺；*Orbitolina* sp.（圆笠虫未定种）　　　825.89m
 6. 灰褐色—灰白色流纹质熔结凝灰岩　　　　　　　　　　　　　　556.62m
 5. 蚀变石英二长粗面岩　　　　　　　　　　　　　　　　　　　　　18.63m
 4. 灰白色蚀变流纹岩　　　　　　　　　　　　　　　　　　　　　　105.55m
 3. 灰白色流纹质火山角砾凝灰熔岩　　　　　　　　　　　　　　　243.00m
 2. 灰绿色安山质玄武岩　　　　　　　　　　　　　　　　　　　　　8.21m
 1. 灰白色流纹质火山角砾凝灰熔岩　　　　　　　　　　　　　　　125.95m

═════════════════ 断　层 ═════════════════

狮泉河蛇绿混杂岩二亚带灰白色硅质岩

3）日土县江弄拉乌木垄铅波岩组剖面（图 2-109）

狮泉河蛇绿混杂岩三亚带

═════════════════ 断　层 ═════════════════

乌木垄铅波岩组（$K_1w.$）　　　　　　　　　　　　　　　　　　　　　　　厚＞**111.73m**
 3. 黄绿色中层钙质变中细砂岩夹中薄层钙质变粉砂岩，钙质变粉砂岩中含圆笠虫碎片　　51.2m
 2. 黄绿色粉砂质泥板岩夹变砂岩透镜体。其基本层序由粉砂质泥板岩与变砂岩互层组成　　34.7m
 1. 黑色含炭泥板岩夹中薄层砂板岩、中薄层钙质变砂岩。变砂岩、板岩总体组成向上变粗的逆粒序　　28.53m

═════════════════ 断　层 ═════════════════

狮泉河蛇绿混杂岩二亚带

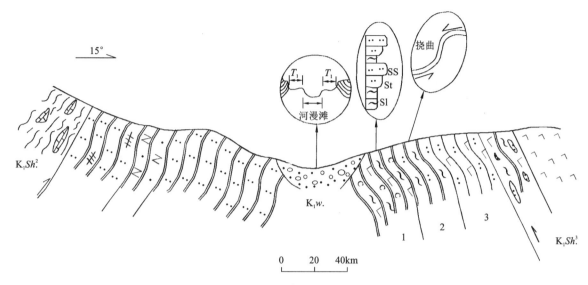

图 2-109　日土县江弄拉乌木垄铅波岩组实测剖面

3. 岩性组合

狮泉河蛇绿混杂岩一亚带和二亚带间乌木垄铅波岩组岩性主要由下部流纹质火山角砾凝灰熔岩、安山质玄武岩、蚀变流纹岩、石英二长粗面岩、流纹质熔结凝灰岩、生屑灰岩等组成。宏观上岩性具有由中基性向中酸性演化的规律；上部由粗—细粒变砂岩，含砾砂岩，砾岩，砂板岩为主，夹有碎屑灰岩、泥灰岩、硅质岩等组成。

狮泉河蛇绿混杂岩二亚带和三亚带间乌木垄铅波岩组岩性主要由一类以偏西侧的日阿弧为代表，弧中心由流纹质火山碎屑岩组成，之上为潮坪相的生物碎屑灰岩，生物碎屑中有固着蛤和圆笠虫；另一类以偏东侧的卧布玛奶弧为代表，由流纹质火山碎屑岩和粗安质火山碎屑岩组成核心，之上为火山沉积碎屑岩，再向边部为由砂岩、砾岩、泥岩组成的潮坪沉积，在砂岩中可见植物根茎化石。

狮泉河蛇绿混杂岩三亚带和班-怒带间乌木垄铅波岩组发育于峦布达嘎一带，岩性主要由流纹质火山碎屑岩和少量的安山质火山碎屑岩组成。

4. 基本层序特征及沉积环境分析

乌木垄铅波岩组上部沉积岩中发育有以下四种基本层序(图 2-110)。a 类基本层序由含炭粉砂质泥板岩→细粉砂质板岩→钙质中粒变砂岩组成，总体组成向上变粗的逆粒序，砂岩底部多具冲刷面，并发育潮汐层理。b 类基本层序由薄层粉砂质泥板岩与钙质变粉砂岩互层组成。向上局部夹有灰岩及砾岩透镜体。砾石多1～3cm，长轴略有定向，磨圆分选均较好，砾石成分复杂，有灰岩、火山岩、砂岩、石英等，以砂岩为主，在砾岩透镜体中有时又夹有砂岩透镜体，显示了一种透镜状层理。基本层序 c 类由中细粒砂岩→细粉砂岩→粉细砂岩组成，岩石具块状层理，总体呈向上变细的加积层序。d 类基本层序由砂岩和硅质岩互层组成。此外在拉梅拉和婆肉共沟大拐弯处的该套沉积内发现大量植物根茎化石。以上特点反映了乌木垄铅波岩组主要为一套潮坪沉积。

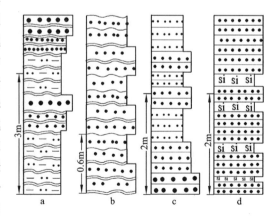

图 2-110　乌木垄铅波岩组基本层序图

5. 时代讨论

本次工作在乌木垄铅波岩组生物碎屑灰岩中采到 Glauconia trotteri（Feistmantel）脱氏银锥螺；Orbitolina sp. 圆笠虫（未定种），腕足类、来齐藻、有孔虫、介形虫等生物碎屑多见；前人在拉梅拉一带的这套弧火山岩的所夹砂岩中采获植物化石 Chadophlbis sp., Sphenopteris sp., Pseudocycas sp., Pterophyllum(?) sp., Zamiophyllum buchianum (Ett.), Zamites sp., Brachyllum sp., Cupressinocladus cf. elegans, Elatocladus sp., Problematicum sp. 等，上述化石组合发育时代为早白垩世（郭铁鹰等，1991）。

本次工作发现富含圆笠虫、珊瑚及腹足类的郎山组灰岩角度不整合于乌木垄铅波岩组之上（图版13-1、13-2），综上确定乌木垄铅波岩组时代为早白垩世。

（三）多尼组

1. 创名、定义及划分沿革

李璞（1955）将洛隆县附近多尼的白垩纪含煤地层称为"多尼煤系"。1964年全国地层委员会将其改称为多尼组，《西藏地层》清理时沿用此名，并定义为"一套灰色—深灰色的含煤碎屑岩地层体"。《1：100万日土幅区域地质调查报告》称其为玉多组，郭铁鹰等（1991）称其为拉梅拉组，根据《青藏高原及邻区地层的初步划分方案》（2002）将测区该套地层划分为多尼组。

测区多尼组分布于日土县甲岗一带，底与郎山组呈断层接触，顶与拉贡塘组呈断层接触，呈 NW-SE 向条带状展布于狮泉河蛇绿混杂岩西侧甲岗一带，出露面积近 300km²。岩性以一套拗陷盆地沉积的碎屑岩为主，夹少量灰岩。

2. 剖面列述

日土县甲岗多尼组剖面（图 2-111）。

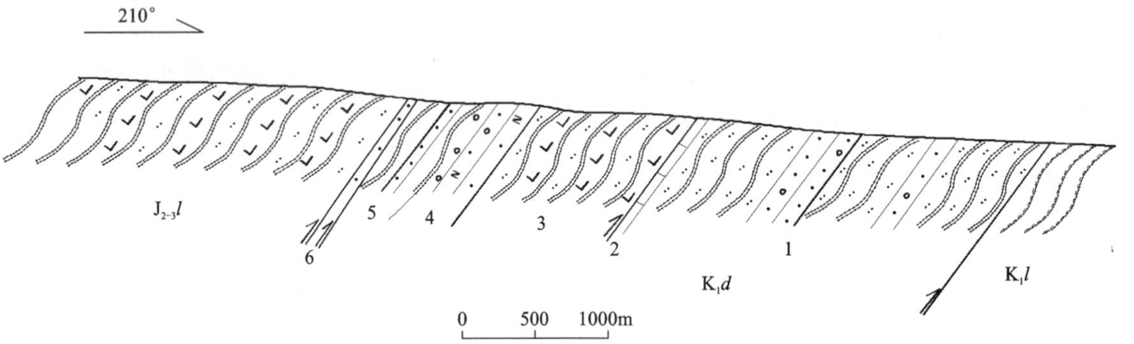

图 2-111 日土县甲岗多尼组实测剖面

拉贡塘组（$J_{2-3}l$） 粉砂质板岩与钙质板岩互层

═══════════ 断　层 ═══════════

多尼组（K_1d）　　　　　　　　　　　　　　　　　　　　　　　**厚 1608.07m**

　6. 石英砂岩、长石砂岩与泥岩组成的韵律层　　　　　　　　　　　10.74m

═══════════ 断　层 ═══════════

　5. 钙质板岩、粉砂质板岩互层夹薄层砂岩　　　　　　　　　　　　48m

　4. 岩屑长石砂岩、含砾岩屑长石砂岩、含砾粗粒岩屑砂岩、砾岩组成的韵律层　144.9m

　3. 粉砂质板岩与钙质板岩互层夹砂岩条带　　　　　　　　　　　　340.63m

═══════════ 断　层 ═══════════

　2. 微晶灰岩　　　　　　　　　　　　　　　　　　　　　　　　　12.8m

　1. 粉砂质板岩夹含砾砂岩和透镜体　　　　　　　　　　　　　　　1051m

断 层

郎山组(K_1l)　千枚状板岩

3. 岩性组合及岩石学特征

多尼组为滨浅海碎屑沉积。其下部为细碎屑岩夹灰岩、泥灰岩；上部为细碎屑岩夹含粗砾岩屑砂岩、中厚层状泥晶灰岩透镜体，石英砂岩中见有虫迹化石及槽模、沟模等沉积构造。

石英砂岩　具砂状结构，成分由石英（90%～95%）组成，石英粒径0.05～0.15mm，磨圆好；胶结物5%～10%，为硅质和碳酸质，局部见少量黄铁矿晶体，含量小于1%。

砾岩　灰色，砾状结构，由砾石（>60%）、填隙物（<40%）组成。砾石成分主要为石英砂岩砾，其次有灰岩砾石，少量白云岩砾石，砂岩砾约占90%以上，砾石磨圆较好，圆—次圆状，分选一般，砾径多为1～10cm，最大可达15cm，填隙物为钙质、少量泥质。

粉砂质板岩　板状构造，成分主要由粉砂质碎屑组成，板理面上局部可见少量绢云母，板理发育，板理与层理基本一致，原岩为粉砂岩。

4. 基本层序特征

多尼组基本层序保存较为完好，共发育有4类基本层序（图2-112）：a类由泥岩→长石砂岩→石英砂岩组成的弱逆粒序层序；b类由粉砂质板岩与钙质板岩互层组成的基本层序；c类由岩屑长石砂岩（底部具冲刷面）→含砾岩屑长石砂岩→含砾粗粒岩屑砂岩→砾岩组成的反粒序层理基本层序；d类由粉砂质板岩夹砂岩透镜体与泥钙质板岩夹砂岩透镜体互层组成的基本层序。其中以b类、d类为主，a类、c类次之。

5. 沉积环境分析

多尼组的a类基本层序中发育平行层理、逆粒序层理；c类基本层序中的岩屑长石砂岩底部具冲刷面，发育水平层理，总体为逆粒序层理。地层顶部石英砂岩中见有虫迹化石及槽模、沟模等沉积构造，发育潮汐层理，局部出现海滩砾岩；地层底部含有1～3mm大小的黄铁矿晶体，反映了水体较深的沉积。根据较粗碎屑岩石粒度分析（图2-113），曲线跳跃总体占86%，悬浮总体占9%，跳跃区间斜率67，S截点突变，分选性较好；悬浮区间斜率较缓，分选性较差，为水动力条件较为单一的滨浅海带砂沉积。综合以上分析及岩石组合特征，多尼组总体为一套潮坪沉积的产物，由底向顶水深变浅，据前人及邻幅资料，在该套地层中夹有厚度不等的煤线或煤层及植物群特点，反映了较干热的热带气候特征。

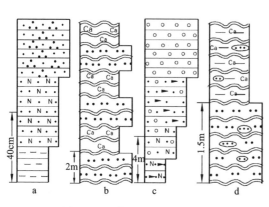

图2-112　多尼组基本层序图

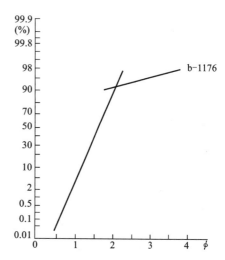

图2-113　多尼组粒度分析累计概率曲线图

6. 时代讨论

该套地层内化石稀少,本次工作未能采获化石,根据该套地层为一套单斜地层,变质微弱,几乎没有变形的特点,与狮泉河蛇绿混杂岩群等具有较强变形的地层存在较大差异,区域上多尼组角度不整合于拉贡塘组之上,测区内这套地层与拉贡塘组呈断层接触。据《1∶25万喀纳幅区域地质调查报告》,在多尼组中采获有圆笠虫:*Orbitolinids*;双壳类:*Oslveacea* gen et. sp. indet.,*Lopha* sp.;海绵:?*Polyoystocoelia*;珊瑚、腹足等化石。区域上先后采获双壳类:*Radiolites* sp.,*Praeradiolites hoclini* Douville,*D. ngariensis*(Yang, Nie et Wu),*Corbula* sp.,*Corbulamella*? sp.;腹足类:*Actaeonella* sp. (cf. *A. laevis orbigny*);圆笠虫:*Mesorbitolina* sp.,*Daxia* sp. 等。圆笠虫是西藏地区白垩纪最为特殊的化石种类,最具时代意义。本组盛产的 *Mesorbitolina* sp.,*Daxia* sp. 为 Aptian—Albian 分子,其中 *Mesorbitolina* sp. 常出现于阿富汗地区阿普特阶至阿尔布阶,且是美国得克萨斯州下白垩统阿尔布阶下部的重要分子。因此综上分析,确定多尼组时代应为早白垩世。

(四) 郎山组($K_1 l$)

1. 创名、定义及划分沿革

1983年西藏第四地质队创名,1978年介绍,命名剖面位于班戈县郎钦山。原始定义为:一套灰岩、生物灰岩和泥灰岩地层。

1955年李璞在班戈县创名门德洛子群(其中,上部地层与本组相当);1991年郭铁鹰等在狮泉河地区又将其创名为革吉组;西藏地矿局(1993)近一步拟定其下部界线和时限。西藏地矿局(1993)岩石地层清理沿用此名,含义同原始定义。并指出其与下伏地层多尼组呈整合接触,上未见顶。

测区该套地层岩性主要由生物碎屑灰岩、泥晶灰岩、砾屑灰岩、粉砂岩、泥质板岩、岩屑杂砂岩等组成,局部地带发育堡礁,在西部甲岗附近与多尼组呈断层接触,在东部峦布达嘎等处见到它与下伏狮泉河蛇绿混杂岩和乌木垄铅波岩组为角度不整合接触,底部附近发育底砾岩。测区的这套地层显然可与郎山组定义相对比,故据岩性、接触关系及生物等特征,将测区的这套地层归入郎山组。

2. 剖面列述

1) 峦布达嘎剖面(图 2-114)

剖面位于噶尔县峦布达嘎,剖面起点坐标:北纬 32°42′16″,东经 80°39′56″。

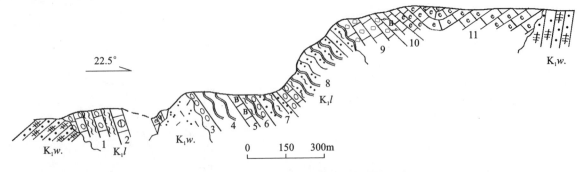

图 2-114 日土县峦布达嘎郎山组实测剖面图

郎山组($K_1 l$)	(未见顶)	厚>1351.46m
11. 灰白—青灰色生物碎屑灰岩,产圆笠虫、固着蛤等化石		94.13m
10. 灰黑色—紫红色圆笠虫泥晶灰岩,产化石 *Orbitolina* sp.(圆笠虫未定种)		11.79m
9. 底部为生物碎屑灰岩,中上部为亮晶灰岩夹泥晶灰岩,生物碎屑灰岩可指示顶底。产圆笠虫、固着蛤等化石		546.39m

8. 底部为灰色砾屑灰岩,中上部为浅黄色中层状粉砂岩与泥质板岩互层,砂岩中发育斜层
   理,板岩中发育水平层理   235.13m
7. 深灰色中厚层状粉砂-泥质板岩与中薄层状细砂岩互层   147.56m
6. 灰色粉砂-泥质板岩与浅灰色细砂岩互层   30.07m
5. 灰色—灰白色、青灰色生物碎屑灰岩,产圆笠虫、固着蛤等化石   11.65m
4. 灰色粉砂-泥质板岩与岩屑杂砂岩互层,板岩中发育水平层理,砂岩中可见正粒序   150.99m
3. 礁后砾岩   7.19m
2. 礁灰岩(珊瑚灰岩、藻和珊瑚共同构成骨架灰岩、藻类骨架灰岩、藻泥团障积岩),产珊瑚、
   藻类等化石   54.68m
1. 厚层硅化砾屑灰岩夹中薄层灰质千枚岩、粉砂岩、发育水平层理(底部为砾屑灰岩)   123.75m

～～～～～～角度不整合～～～～～～

下伏地层:乌木垄铅波岩组($K_1w.$) 中薄层状岩屑杂砂岩

备注:该剖面第1、2、3层实为一层,为同时沉积的礁灰岩不同微相的组分。

2) 日土县甲岗-且坎剖面(据郭铁鹰等,1991)

郎山组(K_1l)

7. 暗灰色薄层状细砂质板岩、钙质板岩,泥灰岩夹生物碎屑灰岩礁体(未测全)。含固着蛤:
   Praeradiolites sp.;圆笠虫:*Orbitolina* sp.;珊瑚:*Rhabdophyllia* cf. *schmidti* Koby,*R. rutogensis*
   Liao,*Thecosmilia* sp.,*Actinastraea retifera* Stoliczko,*Lophosmilia cenomania*(Michelin),
   Epistreptophyllum sp.,*Isastrea* sp.,*Aulasmilia* aff. *archiaci*(de From.)   >300m
6. 暗灰色砂质板岩夹生物灰岩礁体。含固着蛤:*Praeradiolites biconvexus* Yang et al;圆笠
   虫:*Orbitolina discoidea* Gras,*O. lipida* Zhang,*O. parva* Douglas,*O. minuta* Douglas,*O.
   linticularis*(Blumenbach);珊瑚:*Montlivaltia ellipcylindrica* He et Xiao   400m
5. 灰色薄层状砂质板岩夹生物灰岩礁体。含固着蛤:*Praeradiolites* sp.,*P. biconvexus* Yang
   et al   600m
4. 灰色厚层状钙质砂岩夹细砂质板岩及两层砾岩   800m
3. 黑灰色中厚层状圆笠虫灰岩,泥灰岩及珊瑚灰岩小礁体。含固着蛤:*Praeradiolites hedini*
   Douville;圆笠虫:*Orbitolina* sp.;珊瑚:*Eugyra* aff. *digitata* Koby,*Epistreptophyllum*
   patellata (Michelin),*E. hunmulongense* He et Xiao,*Axosmilia* sp.,*Dermosmilia rutogensis*
   (Liao),*Calamophylliopsis sandbergeri* (Felix),*C. corymbosa* (Koby),*C. giebulaensis* (Liao),
   Douacosmilia sp.,*Mitrodendron major* He et Xiao,*Aulastraeopora* aff. *deangelis* Prever,
   Ogilviella cf. *parelegans* Sikh,*Microsolena guttata* Koby,*Thecosmilia* sp.,*Montastrea* sp.   150m
2. 浅灰色生物灰岩礁体。上部含固着蛤:*Praeradiolites* sp.,*P. hedini* Douville;*P. cylindricus*
   Yang et al;海娥螺:*Nerenia* sp.。下部含珊瑚:*Cladophylliopsis stewartae* Wells,*Silingastra*
   qiekanensis He et Xiao,*Protethmos* sp.,*Ellipsocoenia turbinata* (de From.),*Calamophylliopsis*
   corymbosa (Koby),*Amphiastraea rariseptata* Liao,*Fungiastrea* cf. *tendagurensis* (Dictrich),
   Cryptocoenia sp.,*Epistreptophyllum* sp.,*E. aberrans* He et Xiao,*Axosmilia ngariensis*
   He et Xiao,*Budia qiekanensis* He et Xiao,*Budiopsis typicus* He et Xiao,*Opisthophyllum*
   jagangensis He et Xiao,*Blothrocyathus multidissepimentus* He et Xiao,*Latimeandraraea*
   felix (de Angelis Dossat),*Montlivaltia* sp.,*M. ellipcylindrica* He et Xiao,*M.*
   xainzaensis Liao   >500m

══════ 断 层 ══════

1. 狮泉河蛇绿混杂岩二亚带灰绿色砂岩、砂砾岩、火山碎屑岩,含植物化石碎片

3. 岩性组合、延展

测区该套地层岩性主要由生物碎屑灰岩、泥晶灰岩、砾屑灰岩、粉砂岩、泥质板岩、岩屑杂砂岩等组成,在甲岗一带见到它与下伏的多尼组呈断层接触,其他地带多见其角度不整合于狮泉河蛇绿混杂岩带

和乌木垄铅波岩组之上(图 2-115、图 2-116,图版 13-2),尤其在峦布达嘎西观察到的现象尤为清晰。其证据有如下几个方面。

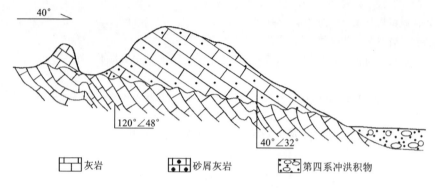

图 2-115　郎山组角度不整合于狮泉河蛇绿混杂岩中的灰岩岩块之上

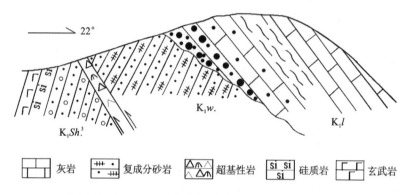

图 2-116　郎山组与乌木垄铅波岩组角度不整合接触关系

(1) 郎山组底部有底砾岩,厚 0～3m 不等的紫红色砾岩(图版 13-2 中的紫红色调部分)覆盖在下面的乌木垄铅波岩组火山碎屑岩之上。其紫红色反映了位于暴露面附近,氧化作用较强。砾岩内的砾石含量占 80%～90%,粒径在 2～50mm 不等,由底向顶略显正粒序层理,砾石磨圆度较好,形态呈椭圆状,横断面上观察到砾石排列呈叠瓦状(图版 13-3),显示系河流相序。砾石成分主要为细碧岩化的玄武岩,次为少量蛇纹岩砾石和硅质岩砾石、火山碎屑岩砾石等,并含有一些新生的方解石团块,方解石团块呈栉壳状,内包含砂砾质。岩石具颗粒支撑,紫红色砂泥钙质构成填隙物及胶结物,含量一般在 10%～20%,但在底部界面附近明显偏高。上述特征指示该砾岩具有底砾岩特点。在紫红色砾岩之上,分布有薄层紫红色的生物(几乎全为圆笠虫)堆积泥岩—泥灰岩。

(2) 下伏的火山碎屑岩在顶部与上覆郎山组砾岩接触部分存在厚几米至十几米不等的古风化壳(在附近的峦布达嘎剖面上也有类似现象,且局部在测剖面时发现山顶处存在由超基性岩构成的砾岩,不整合覆于下伏的蛇绿岩之上,从高度判断与含圆笠虫灰岩之下的这些砾岩可能是同期的沉积),其中顶部土化最为强烈,接近泥级碎屑,向下粒度渐粗。在该风化壳内未见到脉体或构造角砾等可能代表构造界面的任何证据,因此,它不可能是一个构造界面,泥化只能由长期的暴露和风化所致。

(3) 郎山组内灰岩与下伏砾岩的关系是一个超覆不整合的关系。在该点处灰白色层状礁灰岩与底部的砾岩或生物堆积泥岩—泥灰岩接触,两者界面是不平整的,但有些部位,灰白色的灰岩直接覆在下伏的火山碎屑岩之上(图版 13-2),即存在超覆现象。上述情形也与峦布达嘎剖面处相似,仅剖面处无论是砾岩、生物堆积灰岩均较此处厚得多,且剖面在峦布达嘎山处由南向北展示了礁灰岩既存在上超,也存在下超。由上述现象,指示郎山组内紫红色的砾岩和上部的灰白色礁灰岩分别代表两次海侵活动,其中灰白色礁灰岩代表最大海侵期沉积。

(4) 在该点观察到礁灰岩中主要发育垂直劈理,未见到顺层劈理。在峦布达嘎峰处,郎山组下部相对深水地带还发育一套礁灰岩相组合,由礁前碳酸盐岩斜坡(图版13-2)、礁体、礁后泻湖相组成,发育齐全,礁体内障积岩(图版5-4)、骨架岩(图版5-2、5-3)、粘结岩(图版5-5)具有明显的分带,骨架岩内珊瑚与藻类相对含量、珊瑚个体大小有序变化(图版5-2、5-3)。

4. 基本层序特征

郎山组主要由一套灰岩夹碎屑岩组成。基本层序见图2-117、图2-118。灰岩中的基本层序较为单调,多由单一岩性层组成,仅在峦布达嘎一带见有a类由砾屑灰岩→板岩组成的正粒序层理基本层序(图2-118)和b类泥晶灰岩→生屑灰岩组成的基本层序。碎屑岩中基本层序较为发育,主要类型有c类由岩屑杂砂岩→粉砂-泥质板岩组成的正粒序层理的基本层序;d类由长石砂岩(底面见冲刷面,发育砂纹层理)→粉砂岩(发育平行层理)→粉砂质泥岩(发育平行层理)→钙质粉砂岩(发育平行层理)组成;e类由含砾岩屑长石砂岩(底面为冲刷面)→长石砂岩(发育平行层理)→粉砂岩(发育脉状层理)→含粉砂岩透镜体的泥岩→泥岩(发育平行层理)组成;f类由细砾岩→砂岩→板岩组成的正粒序层理;g类由砂岩(发育平行层理)→板岩→灰岩组成。其中a、b、c类基本层序在峦布达嘎一带较为发育,且以a、b类为主,c类次之;d~g类基本层序在峦布达嘎以西且坎一带郎山组碎屑岩中广泛发育,以d、g类为主,e、f类次之。

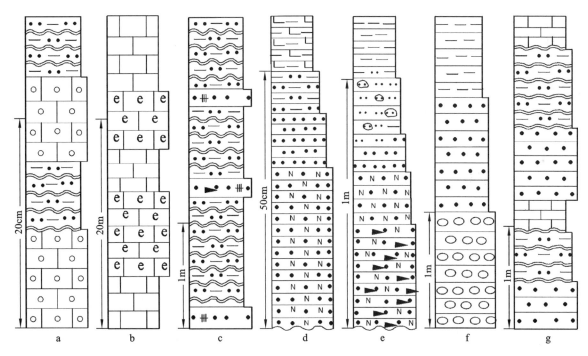

图2-117 郎山组基本层序图

5. 沉积环境分析

郎山组底部的底砾岩可能是海侵初期的河流相沉积,向上碎屑粒度变细,主要由泥质构成,并开始含有大量的钙质,出现大量圆笠虫,但沉积物仍具紫红色,指示了经常暴露的特征,它属于刘宝珺等(1985)所称的局限台地相泻湖沉积。很可能峦布达嘎剖面处的礁体也在这一时期发育,从而构成一套点礁—泻湖组成的局限台地相沉积。

郎山组下部发育一套礁灰岩相组合(图2-119)。由礁前碳酸盐岩斜坡、礁体、礁后泻湖相组成,发育齐全。礁前

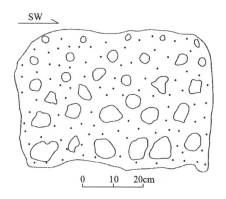

图2-118 郎山组砾屑灰岩中的正粒序层理

碳酸盐岩斜坡以厚层硅化砾屑灰岩为主，其内砾屑呈角砾状，大小不等，并大量发育藻类，反映就地被打碎的礁体在礁坪被藻类捕获后重新胶结成岩的特点，从而构成礁前藻泥灰球；礁体内由南向北可明显分为骨架岩、障积岩、粘结岩三个带。骨架岩内珊瑚与藻类相对含量、珊瑚个体大小有序变化，其中在迎水面一侧珊瑚较大，而背水面则相对较小。礁后与泻湖过渡位置发育礁后的砾岩，在野外可清晰见到在向礁一侧出现砾岩，向泻湖一侧出现泥灰质沉积。再向北出现紫红色的含泥和圆笠虫堆积的泻湖相沉积。这一礁相组合明显可与典型的边缘骨架礁相对比，而沉积相的空间展布也反映了这一时期海水北浅南深，海侵由南向北。

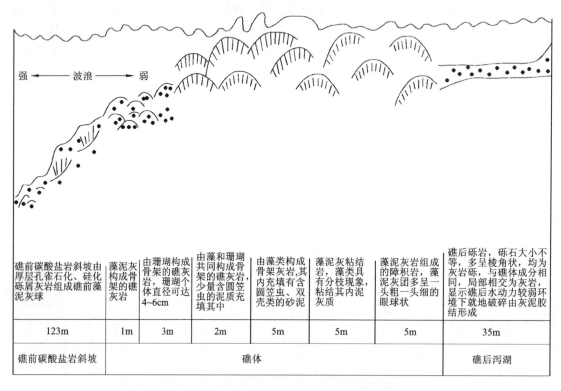

图 2-119　郎山组底部礁体形态示意图

郎山组上部由生物碎屑灰岩、泥晶灰岩、砾屑灰岩、粉砂岩、泥质板岩、岩屑杂砂岩等组成。板岩中发育水平层理；砂岩中可见正粒序；长石砂岩底面见冲刷面，发育砂纹交错层理（图 2-120）；粉砂岩、粉砂质泥岩和钙质粉砂岩发育平行层理、脉状层理，产圆笠虫、固着蛤等化石，分析其应为碳酸盐岩潮坪-台地相沉积。很可能与潮坪相相当，其中底栖动物在这一时期特别发育，灰岩中的化石以固着蛤和腹足类为主，多具有厚壳特征，在这套灰岩中夹有少量圆笠虫生物堆积泥岩—泥灰岩，反映了它属于水环境动荡的潮坪灰泥砂-泻湖沉积的特点。根据由底向顶，由河流相→局限台地相→潮坪，早期代表海侵相序，晚期代表海退相序。

横向上在郎山组沉积后期，测区东部峦布达嘎一带碎屑岩夹层相对较少，向西至且坎一带则发育大量碎屑岩沉积，反映了郎山组沉积后期由东向西水深变浅。

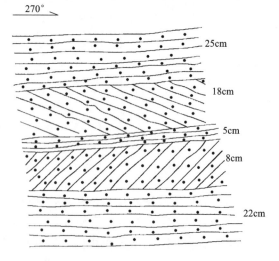

图 2-120　郎山组砂岩中的交错层理素描

6. 生物地层及时代讨论

根据这套地层内前人和本次工作采获的化石：*Praeradiolites hedini* Douville，*Boutonia* sp.（固着蛤）；*Thamnaseris* cf. *frotei* Etallon（珊瑚）；*Orbitolina discoidea* Gras，*O. minuta* Douglass，*O. chitralensis* Sahni et Sastri，*O. robusta* Zhang（圆笠虫）；*Nerinea*（*Adiozoptyxis*）*cylindrical* Yang et Chen，*N.*（*A.*）*Subcylindrica* Yang et Chen（腹足类）等，并与区域相对比，确定测区内郎山组时代应为早白垩世。

第七节 古 近 系

中生代末海水已退出测区，测区处于持续上升状态，在隆升过程中由于存在差异性升降运动，从而形成了几种类型的陆相碎屑沉积，这一时期的沉积主要分布于冈底斯-腾冲地层区，其中措勤-申扎分区狮泉河盆地一带主要为林子宗群和日贡拉组，而班戈-八宿地层分区则为丁青湖组沉积，此外在喜马拉雅地层区也分布有少量沉积，为秋乌组。

一、喜马拉雅地层区秋乌组

（一）创名与定义

秋乌组源于李璞(1955)的"秋乌煤系"。创名地点位于日喀则市西北约10km的东嘎村附近，1963年，西藏工业地质局藏南地质队仍称其为秋乌煤系，时代归属为晚白垩世。西藏区调队(1983)、西藏地矿局(1993)将其称为秋乌组，西藏地矿局(1997)沿用了这一划分，并定义为：主要指冈底斯山南麓分布于门士、昂仁、秋乌、恰布林一带的一套灰色含煤粗碎屑岩地层体，含丰富植物、孢粉等化石，不整合于燕山期岩体之上，未见顶。

测区内该套地层分布在阿依拉山南坡半山坡上，为一套松散无分选堆积物，颜色主要呈紫红色调，岩性主要为花岗岩砾石及蛇纹岩等。在天巴拉沟以西边境地带前人在20世纪60年代曾发现含炭页岩和劣质煤，出露面积小于1km²（图上未标出）。综合上述，确认测区该套地层显然可与秋乌组相对比，故将之厘定为秋乌组。

（二）剖面及岩性组合

测区分布零星，故未测制实测剖面，其岩性据阿依拉山南坡亚能目地带测得一路线剖面（图2-121）。

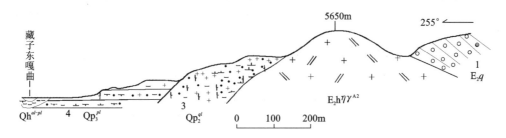

图2-121 阿依拉山南坡亚能目路线剖面示意图

秋乌组(E_2q) （未见顶）

1.砾岩夹中—薄层长石石英砂岩。砾岩为褐红色，砾状结构，块状构造。砾石成分主要有二长花岗岩、粉砂岩、细粒闪长岩及少量灰岩等，砾石多呈次棱角状，砾径一般为4～30mm，含量可达80%。胶结方式以接触式和孔隙式胶结为主，胶结物主要为钙质及铁质，较紧密。该层厚约85m

~~~~~~~~~~~~~~~~ 角度不整合 ~~~~~~~~~~~~~~~~

下伏地层：晚白垩世浆混二长花岗岩

（三）沉积环境分析

该组主要为一套河湖相碎屑岩。其碎屑主要为花岗岩砾石，胶结物为蛇纹岩蛋白石化的产物，显示了湿热气候下化学风化发育的特点，这套山间河湖相沉积的出现，也指示阿依拉山在这一时期已隆起，蛇绿岩和花岗岩遭受剥蚀的现象。

（四）地层时代讨论

区域上据秋乌组中采获的植物化石将之厘定为始新世。测区该套地层未采到化石，根据下伏花岗岩的成岩年龄在67～68Ma，该套地层中的砾石主要为花岗岩砾石，确定该套地层的隆起时间应大大晚于这一时间，根据路线剖面反映这套地层的形成时间应早于更新统的阶地沉积。根据其分布的位置主要沿阿依拉山南坡，分布在高山区，沉积物呈紫红色调，与札达群主要呈灰白色调截然不同，分布的高度较札达群高得多，故形成时间还应早于札达群托林组开始沉积的时间。测区内该套地层分布位置、岩性组合及与下伏晚燕山期岩体之上花岗岩的不整合接触关系均可与区域上的秋乌组相对比，故据区域对比将测区这套地层的沉积时间确定为始新世。

二、冈底斯-腾冲地层区措勤-申扎地层分区

（一）古新统—始新统林子宗群（$E_{1-2}L$）

1. 创名、定义及划分沿革

林子宗群由李璞（1955）所称"林子宗火山岩"演化而来，系指林周县地区白垩纪的一套火山岩夹砂岩、泥灰岩地层，厚度约2300m，时代为白垩纪。全国地层会议（1964）称该套地层为"林子宗组"，其时代被置于晚白垩纪。西藏第三地质队（1973）称之为"林周群"，但包括了下伏地层原塔克那组，时代仍置于晚白垩世。章炳高（1979）、夏金宝（1982）称之为"林子宗群火山岩"（不包括原塔克那组），分别将其时代置于古新世、始新世。西藏综合队（1979）称之为"林子宗火山岩组"，将其时代置于晚白垩世，《1∶20万拉萨幅、曲水幅区域地质调查报告》[①]将林子宗群解体为典中组，年波组和帕达那组，三个组的创名地点均位于林周县城230°方向39km典中附近。其中典中组原指一套以黑云母安山岩、安山斑岩和石英熔结凝灰岩为主，夹有火山集块岩、凝灰岩，上部出现流纹质英安岩的地层。年波组原义指岩性为紫红色、浅黄色砾岩、岩屑砂岩，夹中酸性灰岩、安山岩，局部夹淡水灰岩，含陆相介形类、腹足类化石的一套地层，在标准剖面上厚度为716.8m。

西藏地矿局（1993）和西藏地矿局（1997）基本上沿用了西藏区调队（1990）的划分方案。西藏地矿局（1997）定义典中组为一套不整合夹持于下伏地层设兴组和上覆地层年波组之间，岩性以安山岩和安山质、英安质火山碎屑岩为主，局部出现流纹质英安岩的火山岩地层体；年波组指不整合于典中组和帕达那组之间的一套碎屑岩及中-酸性火山熔岩、火山碎屑岩，局部夹淡水灰岩的地层体。产腹足类、介形虫等化石。

测区内的该套地层分布仅限于狮泉河盆地内，下部主要为基性火山岩，已发生了轻微褶皱，并不整合于下伏捷嘎组、则弄群火山岩之上；上部为火山岩夹碎屑岩，与下伏中基性火山岩呈角度不整合接触，上覆渐新世—中新世日贡拉组不整合于之上。故测区该套地层的岩性及时代可与林子宗群相

---

① 西藏区调队.1∶20万拉萨幅、曲水幅区域地质调查报告，1990。

对比,但测区明显缺乏帕达那组,仅赋存典中组和年波组。同时根据年波组上、下两部分之间火山活动存在差异,将之分为两个段。下段主要为紫红色安山岩、玄武安山岩、安山质角砾熔岩、杏仁状安山岩及少量安山质集块岩、浅灰色英安质熔结凝灰岩;上段主要以中基性火山岩为主,基性、酸性火山岩为辅,并夹有少量的紫红色凝灰质砂质砾岩、紫红色中层状凝灰质含砾粗凝灰岩与紫红色岩屑长石中砂岩、细砂岩。

2. 剖面列述

1) 噶尔县夺波那中林子宗群典中组火山岩实测剖面(图 2-122)

剖面位于狮泉河镇夺波那中,地理坐标:北纬 32°20′26″,东经 80°07′08″。

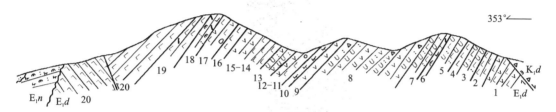

图 2-122 噶尔县夺波那中林子宗群典中组火山岩实测剖面图

上覆地层:林子宗群年波组(E_1n)　浅黄色英安质熔结凝灰岩

～～～～～～～～～～～～～ 角度不整合 ～～～～～～～～～～～～～

林子宗群典中组(E_1d)　　　　　　　　　　　　　　　　　　**厚 509.90m**

20. 灰色—灰黑色玄武岩	102.20m
19. 灰黑色玄武岩与灰紫色杏仁状玄武岩互层	20.92m
18. 灰白色英安质晶屑熔结凝灰岩	9.22m
17. 灰色杏仁状玄武安山岩	19.52m
16. 灰黑色玄武岩	19.33m
15. 紫红色杏仁状玄武安山岩	21.44m
14. 灰黑色玄武岩	15.49m
13. 紫红色安山质凝灰熔岩	21.10m
12. 灰色安山岩	7.17m
11. 灰黑色杏仁状玄武安山岩	19.39m
10. 浅灰褐色英安岩	15.18m
9. 灰色安山岩	17.31m
8. 灰色安山质角砾凝灰熔岩与灰紫色安山岩互层	97.85m
7. 灰黑色玄武岩与玄武质凝灰熔岩互层	23.84m
6. 浅灰色英安质岩屑晶屑熔结凝灰岩	4.00m
5. 灰色玄武质角砾凝灰熔岩	15.32m
4. 灰黑色玄武岩	6.81m
3. 浅灰色玄武质凝灰熔岩	12.12m
2. 灰色玄岩(灰色蚀变安山岩)	17.18m
1. 紫红色玄武安山岩夹灰黑色玄武岩	14.51m

══════════ 断　层 ══════════

白垩系多爱组(K_1d)　浅紫红色英安质熔结角砾岩

2) 噶尔县夺波那中林子宗群年波组(E_1n)火山岩实测剖面(图 2-123)

剖面位于狮泉河镇夺波那中,地理坐标:东经 80°05′23″,北纬 32°22′11″。

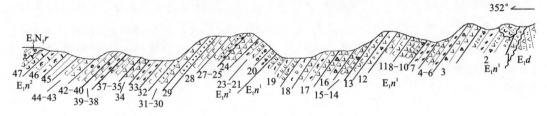

图 2-123 噶尔县夺波那中林子宗群年波组火山岩实测剖面图

上覆地层：日贡拉组（E_3N_1r） 杂色砂质砾岩
～～～～～ 角度不整合 ～～～～～

年波组上段（E_1n^2） 厚 643.17m

47. 灰白色流纹质岩屑晶屑熔结凝灰岩	29.01m
46. 砖红色英安质岩屑晶屑熔结凝灰岩	50.01m
45. 红褐色英安质晶屑熔结凝灰岩	25.51m
44. 灰黑色玄武岩	13.00m
43. 灰—深灰色安山岩	23.88m
42. 灰黑色玄武岩	5.29m
41. 灰白色浅灰色英安岩	0.30m
40. 灰绿色杏仁状玄武岩	19.92m
39. 灰色杏仁状玄武安山岩	20.85m
38. 浅紫红色英安岩	3.07m
37. 灰绿色玄武质角砾熔岩	1.76m
36. 灰黑色玄武岩	19.57m
35. 紫红色安山岩	16.02m
34. 浅灰色安山岩	38.71m
33. 灰白色英安岩	42.82m
32. 灰黑色玄武岩	26.90m
31. 中层状紫红色凝灰质砂岩	8.49m
30. 灰色安山岩	124.17m
29. 中厚层状紫红色凝灰质砂岩	7.02m
28. 灰黑色玄武岩	45.91m
27. 浅灰色伊丁玄武岩	23.52m
26. 紫红色中厚层状凝灰质砂岩	3.54m
25. 灰黑色—黑色玄武岩	5.37m
24. 灰黑色—黑色安山岩	27.43m
23. 灰白色英安质熔结角砾岩	13.52m
22. 紫红色安山质集块熔岩	5.43m
21. 紫红色凝灰质砂质砾岩，紫红色中层凝灰质含砾粗砂岩，紫红色凝灰质中砂岩，存在楔状交错层理	20.42m
20. 紫红色英安质角砾熔岩	21.73m

———— 整 合 ————

年波组下段（E_1n^1） 厚 560.81m

19. 灰色集块熔岩	58.65m
18. 灰色集块熔岩	33.76m
17. 紫红色安山岩夹紫红色—浅灰色英安质熔结凝灰岩	64.41m
16. 紫红色杏仁状安山岩	41.69m
15. 灰黑色玄武安山岩	4.87m
14. 紫红色安山质角砾熔岩	26.92m

13. 紫红色玄武安山岩	67.31m
12. 紫红色安山质角砾熔岩	14.73m
11. 灰黑色玄武安山岩	61.66m
10. 紫红色安山岩	3.98m
9. 蓝绿—绿色玄武安山岩	4.53m
8. 紫红色安山质角砾熔岩	14.23m
7. 浅灰色英安岩	21.16m
6. 灰黑色玄武安山岩	27.64m
5. 紫红色安山岩	33.20m
4. 灰白色英安岩	18.75m
3. 紫红色杏仁状安山岩	37.75m
2. 紫红色安山质角砾凝灰熔岩夹灰黑色英安岩	5.48m
1. 紫红色安山质角砾凝灰熔岩	20.09m

～～～～～～～ 角度不整合 ～～～～～～～

下伏地层：典中组（E_1d）　灰黑色黑云母安山岩

3. 岩性组合及火山喷发韵律

典中组岩性主要以中基性火山岩的玄武安质或安山质熔岩为主，约占典中组70%以上，次为玄武质或安山质凝灰熔岩，约占典中组20%。酸性火山岩主要为英安质火山碎屑岩，占典中组3%～10%。

典中组火山岩具有明显的韵律特征，主要由以下三类韵律层组成：a类由早期基性熔岩→晚期基性或中性碎屑熔岩组成；b类由基性熔岩→中基性熔岩→中性碎屑熔岩组成；c类由基性熔岩→中性碎屑熔岩→酸性火山碎屑岩组成。

年波组在剖面中根据岩性上的差异可划分为上、下两段。下段岩性主要为紫红色安山岩、玄武安山岩、安山质角砾熔岩、杏仁状安山岩及少量安山质集块岩、浅灰色英安质熔结凝灰岩；上段岩性与下段岩性相接近，但火山碎屑岩—凝灰质含砾粗凝灰岩与沉积碎屑岩—紫红色岩屑长石中砂岩、细砂岩增多。

年波组火山岩也具有明显的韵律特征，下段由以下三类韵律层组成：a类中性碎屑熔岩→酸性火山熔岩演化组成；b类由酸性→中性→基性火山岩组成；c类由偏基性的中性碎屑熔岩→酸性火山熔岩组成。上段由以下五类韵律层组成：a类由酸性火山碎屑→沉积碎屑岩组成；b类由中性→酸性；c类由火山碎屑沉积岩→玄武岩组成；d类由火山碎屑沉积岩→安山岩→玄武岩组成；e类由英安岩→安山岩→玄武岩组成。

4. 沉积环境分析

林子宗群底部典中组为中基性火山岩相沉积，向上变为酸性火山碎屑岩，其火山韵律存在多个由酸性—基性过渡的演化特征，反映了多次脉动的地壳拉裂过程。林子宗群沉积内未发现灰岩等海相沉积，年波组上部存在河流作用的特征，发育有高角度楔状交错斜层理。故应属于陆相沉积，它代表了整体挤压抬升背景下局部的陆内伸展，属于陆内裂谷盆地。

5. 地层时代讨论

测区的林子宗群内未采到化石，根据它与下伏捷嘎组生物碎屑灰岩呈角度不整合接触（图2-124），日贡拉组角度不整合于测区林子宗群之上，指示它形成于早白垩世末—新近纪之间。测区内典中组显示宽缓的褶皱，而年波组内则无明显褶皱，年波组与下伏的典中组角度不整合接触，说明二者之间曾存在一次较强烈的构造运动，造成了地层的褶皱。测区内的典中组及年波组的岩性及接触关系均可与标准剖面林子宗群相对比，意味着二者形成时间可能相近，而在标准剖面上典中组一般被认为主体为古新世，但底部可能包含晚白垩世的沉积；本次工作在典中组底部附近的玄武岩[S(2003)TW-28]和年波组上段地层顶部附近的黄白色流纹质熔结凝灰岩[S(2003)TW-69]中分别测获钾-氩全岩同位素年龄60.1Ma、58.4Ma，上述时代无疑为古新世。综上所述，确定测区林子宗群火山岩的时代为古新世。

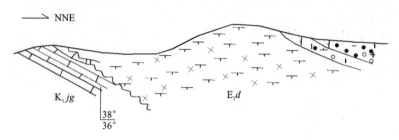

图 2-124　林子宗群与捷嘎组角度不整合接触

（二）渐新世—早中新世日贡拉组（E_3N_1r）

1. 创名与定义

日贡拉组由西藏第三地质队吴一民等（1973）创名，西藏区调队 1983 年介绍。创名地点位于南木林县正东约 60km 日贡拉山脚下芒乡—嘎扎。原义指下部以火山岩为主，上部以杂色粉砂岩、泥岩为主夹泥灰岩和凝灰岩，厚 60～30m，时代为渐新世—中新世的一套地层。西藏区调队（1975）亦称之为日贡拉组，时代仍为渐新世—中新世，相当于吴一民等（1973）的日贡拉组上部碎屑岩段，将其下部火山岩段划归原"达多群"，并把吴一民等的原"芒乡组"下部非含煤碎屑岩段划归日贡拉组。西藏地矿局（1997）仍沿用此种划分方案，指不整合伏于芒乡组含煤碎屑岩之下的山间盆地沉积，岩性为紫红色陆相碎屑岩—粗砂岩、细砂岩、粉砂岩、含砾砂岩、砾岩和酸性凝灰岩夹少量碱性熔岩的地层体。

中国科学院（1976）将测区的这套地层称之为狮泉河砾岩（组），《西藏自治区岩石地层》（1984）、郭铁鹰（1983）将该套地层划入狮泉河群，并认为可与冈仁波齐峰处 Heim 和 Gansser（1939）所厘定的冈仁波齐峰砾岩、门士煤矿处的门士组上部的一套砾岩（该套砾岩含植物化石 *Populus balsamcides*，*P. latior*，*P. glandulifera* 等，时代确定为渐新世—中新世中期）相对比，时代据中国科学院曾在该套地层上部层位中采获中新世的植物化石 *Alnus* sp.，*Cyperacites* sp.，以及潘桂棠采有 *Quercus*？sp.，将之时代定为渐新世—中新世早期。《1：100 万日土幅区域地质调查报告》将该套地层定为龙门卡群，时代定为古近纪。本次工作确认该套地层主要为一套紫红色的含砾砂岩，底部局部发育有凝灰岩，顶部夹有两层粗面岩，近顶部层位含有植物化石碎片，主要属于一套河湖相沉积。该套地层与下伏林子宗群火山岩、则弄群火山岩、昂杰组、下拉组等老地层呈角度不整合接触，其上与乌郁群灰白色砾岩呈角度不整合接触，与西藏地矿局（1997）日贡拉组定义相近，故本次工作将测区该套地层厘定为日贡拉组。

2. 剖面列述

1）西藏自治区噶尔县剥果沟日贡拉组实测剖面（图 2-125）

剖面位于噶尔县剥果沟，地理坐标：东经 80°12′19″，北纬 32°27′07″。剖面由北向南、自上而下层序如下所示。

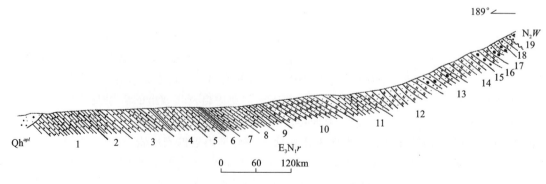

图 2-125　噶尔县剥果沟日贡拉组实测剖面图

上覆地层:上新统乌郁群(N_2W)　灰色厚层状砾岩夹灰黄色中薄层状含砾杂砂岩,并发育水平层理
～～～～～～～～～～～　角度不整合　～～～～～～～～～～～

日贡拉组(E_3N_1r)　　　　　　　　　　　　　　　　　　　　　　　　　　　**厚 309.60m**

18. 灰色中—薄层长石石英细砂岩夹灰红色薄层状钙质泥岩	1.71m
17. 紫红色巨厚层状砾岩夹紫红色中薄层状含砾长石石英细砂岩	0.69m
16. 紫红色中细粒含砾长石石英砂岩	1.37m
15. 紫红色中厚层状砾岩夹紫红色中薄层状含砾长石石英中细砂岩	1.37m
14. 紫红色中厚层状砾长石石英中细砂岩,并发育水平层理	5.49m
13. 紫红色中厚层状砾岩夹紫红色中薄层状含砾长石砂岩	1.89m
12. 紫红色中厚层状夹薄层状中细粒含砾长石砂岩夹紫红色厚层状砾岩	4.32m
11. 紫红色中厚层状砾岩夹紫红色中薄层状含砾长石砂岩	55.19m
10. 紫红色中厚层夹薄层状中细粒含砾长石砂岩夹紫红色厚层状砾岩夹紫红色厚层状砾岩	63.00m
9. 紫红色中厚层状砾岩夹紫红色中薄层状含砾长石砂岩	19.61m
8. 紫红色中厚层状砾长石砂岩夹紫红色薄层状砾岩	2.19m
7. 紫红色厚层状砾岩夹紫红色中薄层状含砾长石石英砂岩	20.44m
6. 紫红色中细粒中薄层状含砾长石砂岩夹薄层状砂质泥岩	10.63m
5. 紫红色厚层状砾岩夹紫红色中细粒中薄层状含砾长石砂岩	17.72m
4. 紫红色中细粒中薄层状含砾长石砂岩夹紫红色薄层砂质泥岩	29.98m
3. 紫红色厚层状砾岩夹紫红色中细粒厚层状含砾长石石英砂岩	134.50m
2. 紫红色砾岩夹紫红色中薄层状含砾长石砂岩夹紫红色薄层含砾泥岩	17.90m
1. 紫红色厚层状砾岩夹紫红色中细粒中薄层状含砾长石砂岩	>109.5m

（未见底）

2) 噶尔县左左区红旗公社第三系实测剖面(据《1∶100 万日土幅》,1987)(图 2-126)

剖面位于狮泉河镇砂东南约 17km 朗久曲北岸,剖面由南西向北东、自上而下层序如下所示。

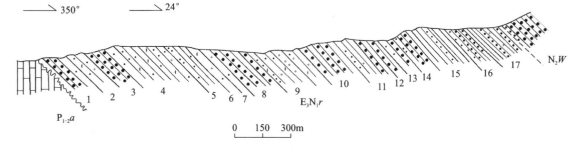

图 2-126　噶尔县左左区红旗公社第三系—第四系实测剖面图

上覆地层:上新统乌郁群(N_2W)　黄灰色状复成分砾岩
－－－－－－－　平行不整合　－－－－－－－

日贡拉组(E_3N_1r)　　　　　　　　　　　　　　　　　　　　　　　　　　　**厚 1225.769m**

17. 砖红色中厚层状细粒长石砂岩夹砾岩	116.76m
16. 黄褐色块状砾岩	50.47m
15. 砖红色中厚层状细粒长石砂岩夹砾岩	92.51m
14. 褐红色块状砾岩夹砂岩	49.34m
13. 砖红色中厚层状细粒长石砂岩夹砾岩	16.07m
12. 黄褐色块状砾岩夹薄层状长石砂岩	27.14m
11. 砖红色中厚层状细粒长石砂岩夹砾岩	126.68m
10. 黄褐色块状砾岩夹砂岩	114.06m
9. 砖红色中厚层状细粒长石砂岩夹砾岩	138.56m
8. 黄褐色块状砾岩夹砂岩	96.25m
7. 砖红色中厚层状细粒长石砂岩	28.41m

6. 砖红色中厚层状含砾长石砂岩	11.68m
5. 砖红色中厚层状细粒长石砂岩	30.27m
4. 黄褐色中厚层状中粗粒长石砂岩	165.69m
3. 砖红色块状砾岩	36.12m
2. 砖红色薄—中层状中粒长石砂岩	46.68m
1. 砖红色块状砾岩夹薄层状含砾砂岩	79.00m

~~~~~~~~~~ 角度不整合 ~~~~~~~~~~

下伏地层：上二叠统昂杰组($P_{1-2}a$)

3）狮泉河西侧第三系日贡拉组(E_3N_1r)实测剖面（图 2-127）

《1∶100万日土幅区域地质调查报告》在狮泉河镇西侧山坡处测得第三系剖面，为便于研究对比现将该剖面引述如下。

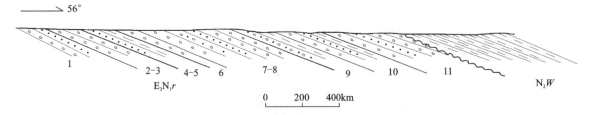

图 2-127　狮泉河镇西侧第三系日贡拉组实测剖面图

上覆地层：上新统乌郁群(N_2W)　黄灰色中薄层状粉砂质泥岩

~~~~~~~~~~ 角度不整合 ~~~~~~~~~~

日贡拉组(E_3N_1r)　　　　　　　　　　　　　　　　　　　　　　　　　　厚 664.30m

11. 紫红色厚层状砾岩夹中薄层状砂岩和粉砂岩	136.70m
10. 紫红色中厚层状砾岩、砂岩及粉砂岩与泥岩组成两个韵律层	64.40m
9. 紫红色含砾砂岩、砂岩与泥质粉砂岩组成三个韵律层	61.80m
8—7. 土黄色厚层状砾岩夹含砾砂岩和砂岩	176.80m
6. 黄灰色厚层状砾岩	23.80m
5—4. 紫红色薄层—厚层状中粗粒砂岩夹泥岩	62.40m
3. 黄灰色中厚层状砾岩夹钙质砂岩	46.70m
2. 黄灰色中厚层状砾岩夹含砾砂岩和砂岩	34.70m
1. 黄灰色中厚层状砾岩夹砂岩	>57.00m

（未见底）

3. 岩性组合及岩石特征

该组岩性组合主要为紫(棕)红色巨—厚层状砾岩夹紫红色中薄层状含砾长石石英中细砂岩，局部夹有薄层状砂质泥岩和钙质泥岩，韵律性明显。局部曾发现少量植物碎片，但总体化石稀少。

砾岩　中厚层状角砾结构，块状构造，砾石占80%，其中火山岩砾约占70%，灰岩砾（大多含圆笠虫）6%~8%，硅质砾 2%~4%，胶结物为钙质、砂质，约占20%。砾石磨圆较好，呈次圆状，分选中等，最大砾径为10cm，多数砾径在2~5cm。砾石具一定的定向排列。

含砾砂岩　中—粗粒砂状结构，砾石含量约为5%，砂屑以岩屑为主，少量矿屑，石英含量为10%，岩屑为70%，长石为6%，其他微量，基质以泥质、钙质为主，约小于10%。

砂岩　粒状砂质结构，岩屑含量为30%，石英15%，长石为5%，磁铁矿小于2%，电气石可见，方解石30%。颗粒形状多为次圆状、次棱角状。碎屑物颗粒大小较均匀，分选性和磨圆度都为中等。填隙物含量约占15%，主要是泥质物和细粉砂碎屑的杂基、硅质胶结物。岩石呈孔隙-基底式胶结类型。

泥岩　细晶结构，砂质约占15%，成分有石英、长石、白云母、铁质质点，粒径小于0.05mm。只在局部富集，晶体形状不规则，粒径小于0.01mm，混杂在绢-水云母之间。泥质占85%。该岩石较致密。

4. 基本层序特征

该套地层由下而上基本层序可分为以下几类(图 2-128):a 类由厚层状砾岩(见叠瓦状构造)→中细粒含砾长石石英砂岩组成的层序;b 类由砾岩→中薄层状长石石英砂岩→薄层状含砾砂质泥质泥岩(具水平层理)组成的层序;c 类由中薄层状含砾长石砂岩→薄层状砂质泥岩(具水平层理)组成;d 类由中—薄层状含砾长石砂岩→薄层状钙质泥岩(具水平层理)组成。总体上该套地层粒度由下向上变细,砂岩、粉砂岩层增多、增厚的趋势,具正粒序特点。

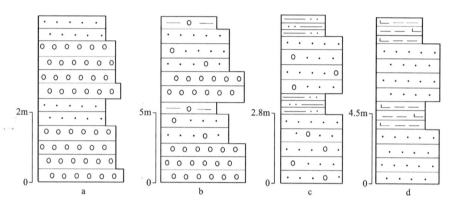

图 2-128 日贡拉组基本层序图

在测区左左一带,按基本层序及岩石组合特点,日贡拉组地层主要由 a 类和 b 类基本层序组成,具有不太明显的半韵律旋回性层序特征,每个半韵律旋回中,泥岩等细碎屑岩所占比例极少。

噶尔县一带,按基本层序及岩石组合特点,地层层序由 b、c 及 d 类基本层序所组成,具有明显的半韵律旋回性层序特征,每一个半韵律旋回内,存在粒度向上变细的趋势。狮泉河西北部,按基本层序及岩石组合特点,地层层序主要由 a、b、c 及 d 类基本层序组成,具有明显的半韵律旋回性层序特征,在每一个半韵律旋回内,存在单层厚度向上变薄的趋势,并且粒度也向上变细,地层厚度变薄,细碎屑岩所占比例变大,但地层总厚度变小。

5. 沉积环境分析

测区内该套地层为一套黄褐色中厚层状砾岩,紫红色、砖红色中厚层状中细粒含砾长石砂岩,中薄层状砖红色长石石英砂岩夹薄层状泥岩-泥灰岩沉积,从岩石成分反映具近源特点。砾岩中可见到叠瓦状构造,但砾岩磨圆度较高,多呈圆形,反映出湖相沉积的特点,地层中水平层理、块状层理、粒序层理发育。其基本层序具有明显的半韵律旋回性层序特征,每一个半韵律旋回内,存在粒度向上变细的趋势。粗碎屑岩粒度分析(b-546、b-544)由跳跃总体和悬移总体两个次总体组成(图 2-129),跳跃总体占 70%～75%,斜率较陡(78),分选性好;悬移总体占 25%～30%,斜率平缓,分选较差;S 截点明显,表明混合程度弱,水动力条件单一,显示属河湖沉积。岩石呈砖红色、褐红色,反映出气候炎热干旱。

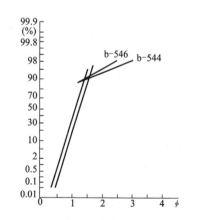

图 2-129 日贡拉组粒度分布累计概率曲线图

6. 地层时代讨论

测区该套地层为一套河湖相沉积,与下伏古新世林子宗群、二叠纪昂杰组、早白垩世则弄群火山岩等呈角度不整合接触,与上覆乌郁群局部地带呈角度不整合接触。反映其可能的形成时代为古新世—

中新世,根据在测区内日贡拉组底部发现流纹质凝灰岩,从而可与原门士组含中酸性火山碎屑岩相对应,可能反映其底部层位与门士组相当或部分相当。门士煤矿处的原门士组上部的一套砾岩中前人曾采获植物化石 *Populus balsamcides*,*P. latior*,*P. glandulifera* 等,上述化石的时代主要为渐新世,中国地质调查局、成都地矿所(2004)在编著青藏高原1:150万地质图时也倾向于将冈底斯一带的日贡拉组时代厘定为渐新世,但根据中国科学院曾在该套地层近顶部层位中采获中新世的植物化石 *Alnus* sp.,*Cyperacites* sp. 及潘桂棠采的 *Quercus*? sp.,确定测区内该套地层的时代为渐新世早期—中新世中期(E_3—N_1)。

三、班戈-八宿地层分区狮泉河小区

该地层小区内第三系地层仅有渐新世丁青湖组(E_3d),分布于狮泉河边缘。

(一)创名、定义及分布

丁青湖组由青海石油普查大队黑河中队王文彬等1957年创名"丁青层",西藏第四地质队1978年介绍,未指定层型。原义代表上第三系上新统。1978年,西藏第四地质队将其改称为丁青湖,代表上第三系。1979年,中国科学院南京地质古生物研究所曾将"丁青组"改称为"伦坡拉群",并分为上段和下段。西藏区调队(1983)在奇林地区又将其创名"青石群"。西藏地矿局(1993)引用丁青湖组这个广为习用的单位,西藏地矿局(1997)沿用丁青湖组,含义与西藏第四地质队(1978)所称的丁青湖组相当,意指为不整合覆于牛堡组杂色泥岩之上的一套湖相及河流相紫红色、灰绿色碎屑岩类(泥页岩、凝灰岩),局部夹油页岩、泥灰岩的地层体。产介形虫、轮藻等化石,其时代为渐新世。

测区内该套地层分布于狮泉河盆地北缘地带,厚度不大,约几十米,广泛分布在狮泉河断裂以北的山间古湖盆内,但由于受后期河流切蚀破坏,面积均很小。该套地层角度不整合覆于狮泉河蛇绿混杂岩或捷嘎组灰岩之上,未见顶,根据其呈一套湖相地层,在狮泉河盆地内的地貌及古气候分析,可能与测区内的日贡拉组形成时间相近,岩石组合可与西藏地矿局(1997)丁青湖组的定义相对比,故将测区该套地层划入丁青湖组。

(二)岩性组合特征

该套地层底部岩性主要为一套就地的粗碎屑沉积,紫红色砾岩的碎屑中以灰岩砾石为主。砾石成分几乎全为附近的泥晶或亮晶灰岩砾,大小混杂,大者可达20cm,小者仅3mm±,砾石磨圆差,多呈棱角状,稍大的砾内碎裂构造发育,砾石定向不明显。胶结物则主要为紫红色泥钙质及砂。在狮泉河镇附近的该套地层中发育紫红色的湖相泥岩、泥灰岩沉积。

(三)沉积环境分析

丁青湖组从岩性组合反映这一时期狮泉河带已开始了隆升,从而在山间湖盆形成磨拉石建造,根据该组底部碎屑粒度较日贡拉组粗,可能指示狮泉河断裂以北的狮泉河带在这一时期的隆升幅度较南侧的左左一带大;紫红色的淡水相泥灰岩的出现和碎屑胶结物为泥钙质,指示这一时期气候炎热、化学风化较强。小湖盆在测区的狮泉河带曾星罗密布,并曾构成一个大的湖盆——狮泉河湖盆,反映一个与现代相似的狮泉河汇水盆地在这一时期已形成。

(四)地层时代讨论

该套地层角度不整合于狮泉河蛇绿混杂岩、捷嘎组灰岩之上,上未见顶,本次工作未采到化石。根据该套地层岩性及沉积环境明显可与测区内前人采有化石的日贡拉组相对比,且二者分布位置仅相距数千米,在这一时期实际上均位于狮泉河汇水盆地内,形成时代应非常接近,区域上也将该套地层的形成时代划为渐新世,故据区域对比,确定测区该套地层的形成时代为渐新世。

第八节 新 近 系

测区内的新近系地层主要有中新世野马沟组、上新世札达群托林组和乌郁群,分别分布在札达盆地边缘的测区曲松一带和狮泉河—左左一带。

一、雅鲁藏布江地层区

——上新世札达群托林组

1. 创名与定义

札达群由张青松、王富森(1981)创名,创名地点位于札达县的 338°方向 43km 附近的札达县香孜农场内。原义指一套含三趾马、古小长颈鹿及腹足类的半胶结—松散状态泥岩、粉砂岩、砂砾岩及砾岩组合,厚度大于 1300m。钱方等(1983)创名托林组(N_2t),创名地点位于札达县城南托林贡巴沟内。原义指一套灰色、灰绿色、青灰色河、湖相沉积砾岩、砂岩及粘土层岩石,以产在一定历史条件下的云杉、松针叶树种的孢子花粉为特征,时代为上新世地层。西藏地矿局(1993)沿用了钱方等的划分方案。

测区内的该套地层主要为砾石层、含砾砂岩、石英砂岩与粉砂岩、粘土层组成的河流相-河湖相沉积,《1:100 万日土幅区域地质调查报告》及郭铁鹰等(1991)均将之划分为札达群,前人在色尔底一带曾采到大量的孢粉化石,并确定测区内的该套地层是托林组,本次工作沿用前人的划分,也将测区的这套地层划为托林组,表示曲松一带的一套河湖相(主要是湖相)沉积。香孜组仅在测区夏浦沟一带有少量分布。

2. 剖面列述

(1)札达县曲松区强球拉托林组(N_2t)实测剖面(图 2-130)。剖面位于札达县曲松强球拉山侧处,地理坐标:东经 79°12′10″,北纬 32°12′40″。

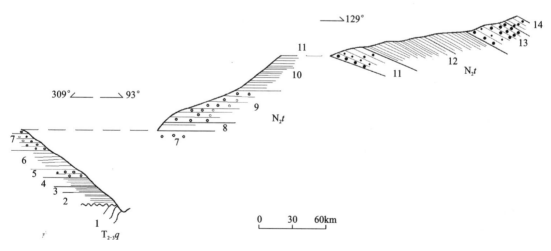

图 2-130 札达县曲松区强球拉托林组(N_2t)实测剖面图

上新统—下更新统托林组(N_2t)	(未见底)	厚 172.58m
14. 灰色粘土质粉砂层		>7.06m
13. 黄褐色含砾砂层		8.98m
12. 灰色—深灰色粉砂质粘土层		37.82m

11. 黄褐色含砾粗砂层	15.29m
10. 灰色粘土质粉砂层	23.23m
9. 灰色卵砾石层	19.93m
8. 灰色粉砂质粘土层	2.97m
7. 灰色卵砾石层	14.76m
6. 灰色粉砂质粘土层	12.68m
5. 灰色含卵砾石层	4.65m
4. 灰色黄褐色含砾粘土质粉砂层	5.07m
3. 褐红色含砾粉砂层夹粘土层	4.44m
2. 土黄色粉砂质粘土层夹砾石层	5.70m

～～～～～～～角度不整合～～～～～～～

上三叠统曲龙共巴组（T_3q）

| 1. 灰黑色千枚状粉砂质板岩 | >10m |

（未见底）

(2)《1∶100万日土幅区域地质调查报告》在札达县北部曲松乡东部约 8km 的公路北侧测得新近系—第四系札达群（相当于托林组）剖面（图 2-131），为便于研究对比，现将该剖面引述如下。

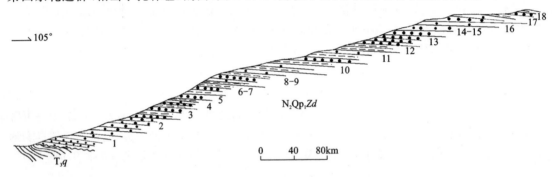

图 2-131 札达县曲松东部色尔底曲新近系—第四系实测剖面图

札达群（N_2Qp_1Zd）　　　　（未见顶）　　　　厚 146.54m

18. 黄褐色砂层与粘土层	3.49m
17. 黄灰色砂层与粘土，底部含0.2m砾石层	10.46m
16. 灰色砂层	2.59m
15. 红褐色含砾砂层	2.58m
14. 灰色砾石与砂层互层	5.18m
13. 褐色砾石	7.18m
12. 浅灰色粘土夹砂层	12.94m
11. 灰色砾石夹砂层	2.59m
10. 褐色粘土夹砂层	7.77m
9. 灰色粘土、砂层与砾石组成三个韵律层	16.43m
8. 灰色粘土层	4.70m
7. 褐色砾石	16.43m
6. 黄褐色粘土夹砂层	4.7m
5. 褐色砾石、砂层与粘土层组成四个韵律层	4.70m
4. 褐色粘土层夹砂层和砾石层	9.39m
3. 褐色砂质粘土层	9.39m
2. 褐色含砾砂石层	14.08m
1. 灰色砾石层和砂	29.58m

～～～～～～～角度不整合～～～～～～～

下伏地层：曲龙共巴组（T_3q）板岩

（3）札达县曲松区上第三系剖面。中国科学院科考队地貌与第四系组（1976）在札达县北部曲松盆地色尔底附近对新近系剖面进行了观察和研究（图2-132），现引述如下。

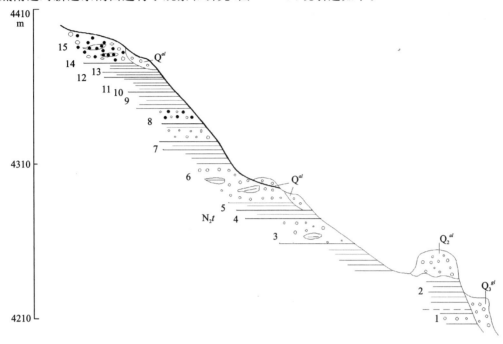

图2-132 曲松区新近系剖面图

上新统托林组（N_2t） （未见底） 厚＞146.00m

15. 细砾石层、砾石以灰岩为主。次为花岗岩和脉石英，砾径1～2cm，磨圆度一般，多扁平状。
    为湖滨相 20.00m
14. 灰色粉砂土夹粘土，具水平层理，质松 3.00m
13. 铁锈色中粗砂层夹细砾，交错层理发育 2.00m
12. 黄色亚粘土层 3.00m
11. 黄色中粗砂层，底部夹薄铁质层 6.00m
10. 灰色粘土层，具水平层理，见植物印痕 4.00m
9. 黄色粉砂与灰色粘土互层，粘土具薄层构造，层面上多植物印痕，本层中夹一层呈透镜状赤
   铁矿层，最大厚度0.5m 12.00m
8. 棕黄色砾石层，夹一层厚约4m的细砂层。砾石成分有脉石英、花岗岩、石英岩和石英砂岩，
   砾径2～3cm者居多，分选性和磨圆度好，由砂质胶结，较松散 20.00m
7. 灰色粘土层 5.00m
6. 橘黄至黄色中粗砂层，下部为棕黄色由铁质胶结砾岩 40.00m
5. 灰绿色粉砂岩 3.00m
4. 灰色及紫色粘土岩，基质紧密，具贝壳状断口 6.00m
3. 棕黄色砂砾石层 20.00m
2. 棕黄色粉砂与灰黄色粘土互层 10.00m
1. 灰黄色砂夹砾石层 10.00m

（未见底）

3. 岩性组合及岩石特征

曲松强球拉及色尔底剖面托林组的岩性组合特征：灰色、深灰色，主要为粗碎屑沉积含砾砂层和粘土层（粘土质粉砂层或粉砂质粘土层）构成的不等厚互层，局部夹黄褐色的卵砾层。

4. 基本层序特征

测区札达群托林组基本层序（图2-133）为：a类，灰色砾石岩→灰色—深灰色薄层粉砂质粘土层；b类，

灰色中—薄层粉砂岩→灰色—深灰色薄层粉砂质粘土层;c类,褐红色中—薄层砾岩(含砾粗砂岩)→灰色薄层粉砂质粘土层→薄层粘土层;d类,砾石层→土黄色粉砂岩→薄层粘土质粉砂岩。其中细碎屑代表湖相沉积,而粗碎屑则反映了一种河流相沉积的特点。

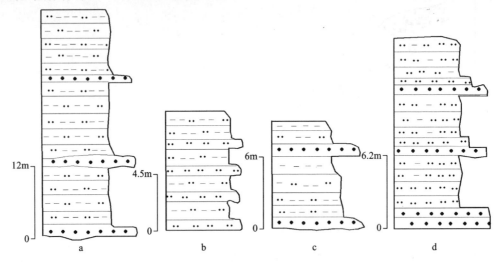

图 2-133 曲松托林组基本层序图

5．沉积环境分析

测区内札达群沉积主要为粗碎屑沉积和粘土层的互层,其中粘土层形成于湖水作用下,而粗碎屑沉积则代表了一种河流作用较强的时期,它反映一种湖区已缩小或构造作用较强烈的环境。从野外地层产状及沉积物组成判断,测区内的札达群沉积物源主要来自阿依拉山和南西侧的翁波岩基。

与札达盆地托林组标准剖面相比,岩性组合及沉积相明显存在差异,如曲松一带碎屑偏粗或粗碎屑较多,厚度较薄,厚不足 200m,而托林一带托林组湖相沉积厚达 800m。它反映了测区位于札达盆地边缘,易受水动力条件变化影响的古地理环境。

6．地层时代讨论

札达县曲松区新近系剖面上的粘土和粉砂土中均产孢粉化石,据草本和木本花粉所占比例的不同,孢粉组合自下而上可分两个旋回。开始以木本花粉为主,以后转为以草本为主,底部木本花粉约占 70% 以上,其中松属占 34%～74%,其次为麻黄,再次为冷杉,并有一定数量的雪松花粉。向上逐渐过渡为以蒿和藜科为主的草本花粉阶段,并有一定数量的蕨类孢子,其中以石韦和凤尾蕨属为主。上部旋回的下段木本花粉占 70%,以松为主,次为云杉和冷杉,向上过渡为以草本为主,占孢粉总数的 76.4%,主要有藜科,次为凤尾蕨。根据剖面的岩性和孢粉组合特征,确定该剖面的时代为中、晚上新世,反映古气候干凉的森林-草原环境,由早期向晚期气候逐渐变得干燥。根据前人札达县一带该套地层中所做的磁性地层研究,托林组地质时代为距今 6.3—3.4Ma,属于上新世,测区内该套地层的岩性、沉积环境、古气候均可与札达一带相对比,故形成时间也应是上新世(N_2)。

二、冈底斯-腾冲地层区乌郁群

——乌郁群

1．创名与定义

乌郁群由宁英毅等(1975)命名。创名地点位于南木林县正东 48km 的乌郁盆地芒乡—嘎扎。乌郁群原义共分上、下两个岩性段,上段为含煤碎屑岩(页岩、砂岩、砂砾岩、砾岩)夹凝灰质砂岩及油页岩等;

下段为中酸性火山岩(安山岩、流纹岩、火山角砾岩、凝灰岩)夹砾岩,局部含油页岩。

1961年,西藏拉萨地质队将不整合于芒乡组之上的一套含煤地层(由下往上)创名为当金塘组、才多组、宗山组、尼姑庙组、雅龙组、荼龙组6个地层单位,西藏区调队(1975)创名了嘎扎组,并将原雅龙组改称为野汝姐、荼龙组改称为荼翁组。实际上这些"组"仅仅是乌郁盆地内局部范围的几个岩性段,无延展性,所以在1983年,西藏区调队又将此套地层统称乌郁群。西藏地矿局(1997)沿用此名。定义为一套山间盆地沉积的含煤线及油页岩的杂色碎屑岩(页岩、砂砾岩、砾岩)和中酸性火山岩(安山岩、流纹岩、火山角砾岩、凝灰岩)夹砾岩的地层体。产植物、孢粉等化石。

测区狮泉河一带分布的该套地层为一套砂砾岩,下部主要为一套河湖相-湖相的细碎屑沉积,上部较粗,含有较多的砾石夹层,角度不整合于下伏的日贡拉组及狮泉河蛇绿混杂岩群等地层之上,部分老地层如昂杰组、下拉组构造推覆于该套地层之上。该套地层的岩性似可与测区曲松一带的札达群相对比,郭铁鹰(1983)、《1:100万日土幅区域地质调查报告》均将之定为札达群,西藏地矿局(1997)据岩石组合倾向于将该套地层划归为札达群。中国地质调查局、成都地矿所(2004)认为冈底斯地层区不存在札达群的沉积,将测区该套地层划归乌郁群,其时代与札达群下部的托林组相当。考虑到测区的该套地层下部主要呈湖相-河湖相沉积,岩性与曲松一带的托林组和南木林一带的乌郁群均可对比,狮泉河一带未采到化石,故参考中国地质调查局、成都地矿所(2004)的研究成果,将测区的这套地层归属于乌郁群。

2. 剖面列述

(1) 西藏自治区噶尔县共果拉乌郁群(N_2W)实测剖面(图2-134)。

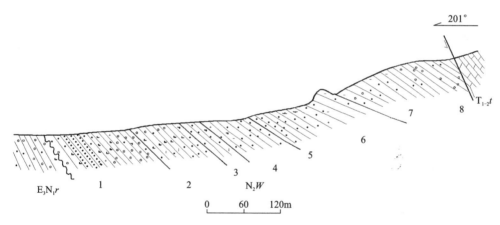

图2-134 噶尔县共果拉(N_2W)实测地层剖面图

剖面位于噶尔县共果拉,地理坐标:东经80°15′19″,北纬32°27′07″。剖面由北向南,自上而下层序描述如下。

上新统乌郁群(N_2W)　　　　　　　　　**(断层未见顶)**　　　　　　　　　厚>1221.6m

8. 中粒钙质长石石英杂砂岩　　　　　　　　　　　　　　　　　　　　　　　　70.86m
7. 灰绿色含砾杂砂岩夹灰褐色薄层砾岩。发育交错层理、水平层理　　　　　　　69.76m
6. 灰绿色中厚层状砾岩夹灰白色中薄层含砾杂砂　　　　　　　　　　　　　　561.07m
5. 灰白色薄层状细粒含砾长石石英砂岩　　　　　　　　　　　　　　　　　　　24.46m
4. 灰绿色厚层状砾岩夹灰绿色中厚层状含砾杂砂岩　　　　　　　　　　　　　102.98m
3. 灰白色中细粒薄层状含砾杂砂岩　　　　　　　　　　　　　　　　　　　　　18.79m
2. 灰绿色厚层状砾岩夹灰白色中细粒中薄层含砾杂砂岩　　　　　　　　　　　105.98m
1. 灰绿色厚层状砾岩夹灰褐色中细粒薄层状含砾钙质杂砂岩　　　　　　　　　268.03m

下伏地层:中古近系—早新近系日贡拉组(E_2N_1r)　灰绿色厚层砾岩夹此红色中薄层状中细粒含砾杂砂岩

(2) 狮泉河西侧第三系乌郁群(N_2W)地层实测剖面(引自《1:100万日土幅区域地质调查报告》)(图2-135)。剖面位于狮泉河镇西侧山坡处,剖面自上而下列述如下。

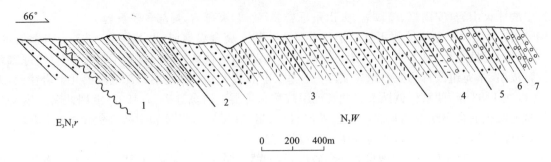

图 2-135 狮泉河西侧新近纪乌郁群实测地层剖面图

| 新近系乌郁群(N_2W) | （未见顶） | 厚 1377.28m |

7. 黄灰色中厚层状复成分砂砾岩　　　　　　　　　　　　　　　　　　　　>80.00m
6. 黄灰色中—厚层状中粗粒砂岩　　　　　　　　　　　　　　　　　　　　61.6m
5. 黄灰色厚层状复成分砾岩夹砂岩透镜体　　　　　　　　　　　　　　　　57.70m
4. 灰色中层砾岩与粗砂岩呈不均匀互层　　　　　　　　　　　　　　　　　226.00m
3. 灰黄色中厚层状砂岩夹砾岩层或透镜体　　　　　　　　　　　　　　　　465.20m
2. 黄灰色中层状砾岩、砂岩与粉砂岩韵律层　　　　　　　　　　　　　　　171.28m
1. 黄灰色中薄层状粉砂质泥岩　　　　　　　　　　　　　　　　　　　　　315.50m

———————— 平行不整合 ————————

第三系日贡拉组(E_2N_1r)　紫红色厚层状砾岩夹中薄层状砂岩和粉砂岩

3. 岩性组合

在噶尔县及左左区一带,乌郁群岩性为灰绿色含砾杂砂岩夹灰褐色薄层砾岩,灰绿色中厚层状砾岩夹灰白色中薄层含砾杂砂岩,灰绿色厚层状砾岩夹灰褐色中细粒薄层状含砾钙质杂砂岩。从底向顶,明显具有细碎屑减少、粗碎屑增加的特点。砾岩中发育楔状层理、叠瓦状构造,在杂砂岩中发育斜层理和水平层理。

在狮泉河镇西一带,岩性为黄灰色中厚层状复成分砂砾岩夹砂岩透镜体,砂岩中发育有交错层理、水平层理、斜层理、楔状交错层理,为河流相沉积。上部未见顶,底与区内出露的许多地层均有接触,受东西向断裂影响较大,部分构造推覆至乌木垄铅波岩组和狮泉河蛇绿混杂岩群之上。

乌郁群具体的岩性特征如下所示。

砾岩　一般出现在基本层序底部,灰色、灰绿色,中—薄层状构造,砾径一般 1～5mm,大可达 10cm,随层位增高砾径逐渐减小。砾石成分以火山岩、硅质岩为主,砂岩、灰岩、花岗岩次之。砾石呈椭圆、次滚圆状,分选差,孔隙式胶结,杂基为砂、泥、钙、铁质物。

砂岩类　灰黄色、灰色,中—厚层状构造,个别呈薄层状。粗—细粒结构,多呈次棱角状、次滚圆状,分选性一般。成分为岩屑、石英、长石等,呈孔隙式胶结,杂基为粉砂、泥、钙、铁质物。根据成分含量、粒度差异,可分为粗粒长石石英砂岩、中—细粒长石岩屑砂岩、含砾中—细粒砂岩等。岩层局部发育交错层理、平行层理。

泥岩　出现在一些基本层序顶部,灰色、灰黄色,薄层状构造,成分为岩屑、石英、长石、绢云母、钙质铁质物等。一些层位含粉砂,为含粉砂泥岩,如粉砂含量较高,为粉砂质泥岩。岩层水平层理发育,局部有波痕及砂纹层理。

4. 基本层序特征

测区乌郁群地层基本层序主要有:a 类,中层状复成分砾岩→中细粒薄层含砾钙质杂砂岩;b 类,中—厚层状砾岩→含砾杂砂岩→长石石英砂岩;c 类,中层状复成分砂砾岩砾岩→中细粒薄层状砂岩;d 类,中层状砾岩→中层状含砾杂砂岩→薄层状泥质粉砂岩(图 2-136)。

测区噶尔县及左左区一带,乌郁群地层层序主要由 a、b、c 类等基本层序组合而成。共果拉一带具有代表性(图 2-137),皆具有明显的半韵律旋回性层序特征,在每一个半韵律旋回内,向上粒度变细、单层厚度变薄,粉砂岩、泥岩所占地层比例很小。而在狮泉河镇西一带,乌郁群地层层序主要有 a、b、c、d 几类基本层序组合,亦具有明显的半韵律旋回性层序特征,在每一个半韵律旋回内,向上粒度变细、单层厚变薄,具正粒序特征(图2-138)。粉砂岩、泥岩所占比例较少,可见砂岩透镜体。

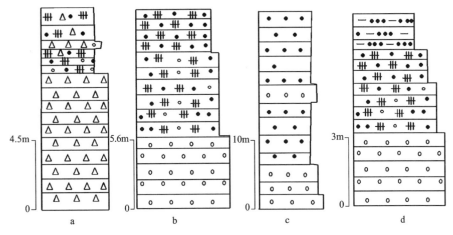

图 2-136 乌郁群地层基本层序图

5. 沉积环境分析

测区内的这套地层都具有明显的旋回性层序特征,单个旋回中下部粗碎屑岩与上部细碎屑岩的比例约为2:1。岩石颜色:东南部多呈灰绿色,西北部则以灰白、灰黄色为主。砂体在横向上呈透镜状、板状构造,发育大型楔状交错层理(图2-139、图2-140)、平行层理,岩层相互交错叠置,粗碎屑岩层较厚,细碎屑岩层较薄,显示粗边滩沉积。泥质砂岩具水平层理及小型交错层理,河漫滩或湖相沉积。

根据岩石粒度分析(图2-141),碎屑颗粒以跳跃总体为主,悬浮总体次之,b-540曲线具两段性,两段交角明显,S截点为突变,混合度弱,水动力条件单一。其中跳跃总体占75%,斜率60,选性一般;悬浮总体占25%,线段平缓,分选性差;为典型曲流河边滩特征曲线。

在狮泉河镇一带乌郁群底部的岩性主要为细碎屑岩,多具有水平层理,可能指示狮泉河一带早期是一个湖盆,而碎屑物中主要是火山岩、次火山岩及硅质岩砾石,花岗岩砾石较少,反映这一时期测区隆升幅度还不显著。而从乌郁群中部开始,花岗岩砾石剧增,说明在这一阶段构造隆升极为显著,从而造成了岩体的大面积出露和剥蚀,沉积相也发生了显著的转化,砾岩增多,大型斜层理等河流相沉积的特点明显。在典角北约5km处乌郁群底部砾岩的砾石主要为灰岩砾石,向上过渡为火山岩和少量次火山岩砾石,无花岗岩砾石,也同样指示了早期测区隆升弱,水动力不强,物源主要来自狮泉河盆地上游的特点,考虑到测区乌郁群的

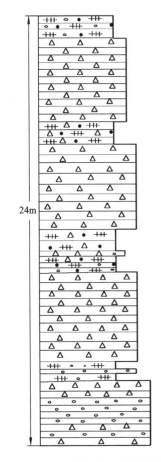

图 2-137 乌郁群共果拉一带层序柱状图

分布位置,可以确定在乌郁群沉积形成时,狮泉河并未通过鲁玛大桥一线汇入森格藏布,而是沿测区普惹塘嘎一线呈北西向汇入森格藏布,河流发生向南的袭夺和多级阶地的形成可能在第四纪才发生。

乌郁群与上二叠统、三叠系地层多以断层接触,如乌郁群与昂杰组呈断层接触(图2-142);白垩系以来的各地层多以不整合接触,如乌郁群与郎山组角度不整合接触(图2-143)。总体上,乌郁群多与第三系日贡拉组不整合接触。

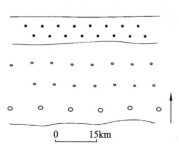
图 2-138 正粒序层理

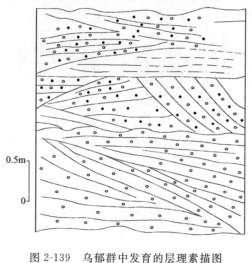
图 2-139 乌郁群中发育的层理素描图

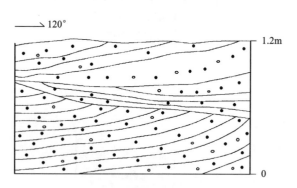
图 2-140 乌郁群砂岩中发育约大型楔状层理

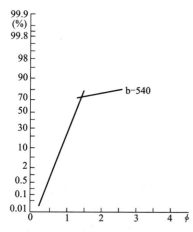
图 2-141 乌郁群粒度分布累计概率曲线图

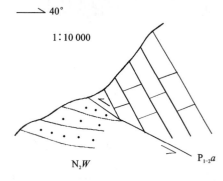
图 2-142 乌郁群与昂杰组断层接触

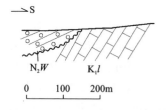
图 2-143 乌郁群与郎山组不整合接触

6. 地层时代讨论

该套地层与下伏日贡拉组呈不整合接触(图版 29-1),岩性与区域上的乌郁群可对比,而根据沉积物的颜色呈灰白和沉积相由湖相向河流相的转变,也折射出由于喜马拉雅山在这一时期的快速隆升,已对测区的气候发生了影响,降雨减少,古湖泊面积在这一时期出现萎缩,反映测区气候由温凉湿润向干燥转化,与乌郁群层型剖面所反映的气候条件相似。区域上乌郁群层型剖面上曾采到大量的植物和孢粉化石,并将之时代定为上新世,测区内该套地层未采到化石,据沉积和古气候对比,认为测区该套地层形成时间与区域一致,也是上新世。

第九节 第 四 系

进入第四纪，测区发生强烈的构造隆升，造成测区内大面积分布的第四系沉积，成因类型多样，发育有冲积、洪积、沼积、湖积、现代冰碛、风积松散砂砾石及现代冰雪覆盖、化学堆积等。根据时代加成因可划分为不同的沉积类型（表2-6），其堆积类型、结构与堆积时的古地貌密切相关。

由于第四纪以来的隆升并非匀速，而是存在几个脉动式的快速隆升阶段，与之相对应，测区的第四系沉积物可分为早更新世、中晚更新世和全新世三部分。

一、下更新统香孜组（Qp_1x）

测区内的下更新统地层为香孜组（Qp_1x），分布在阿依拉山西侧，构成曲松盆地边缘沉积，出露面积较少，约$1km^2$。

张青松、王富森(1981)创名札达群，钱方等(1983)将该群解体为两部分，将其中整合于托林组上的一套较松散的河湖相砾岩、砂岩、粘土岩、粉砂岩厘定为香孜组，创名地点位于札达县城南托林贡巴沟内，时代确定为更新世。西藏地矿局(1993)、西藏地矿局(1997)均沿用了此划分方案。

测区内的这套地层郭铁鹰(1983)、《1:100万日土幅区域地质调查报告》均将之划分为札达群，本次工作据分布在这一地带的该套地层主要以粗碎屑岩为主，将之划分出来，厘定为香孜组，时代据区域对比厘定为下更新统。

在标准剖面上香孜组为一套细砾岩、砂岩、泥岩组成的细碎屑沉积，测区由于位于沉积盆地边缘，碎屑相对较粗，主要由松散的黄灰色复成分砂砾岩、含砾砂岩组成，夹少量透镜状砂岩及泥质粉砂岩，层序总体呈向上变粗的组合。

表2-6 第四系填图单位的划分方案

时代	年龄值	实体划分类型	代号	成因类型	岩性及沉积特征	沉积相	层理特征	地理地貌、环境
全新世	0—0.01	冰雪覆盖	Qh^{ic}	冰雪堆积	冰、雪	冰川相		冰川、冰斗、冰帽等山脉、山脊地带
		半沙漠地带	Qh^{eol}	风积	风成砂、亚砂土	荒漠相	见风成砂纹层理	干旱荒漠带
		残坡积堆积	Qh^{esl}	残坡积	松散无层理砾石、砂、亚粘土	残坡积相	无层理	山前、倒石堆，分布广
		热泉地带	Qh^f	泉华堆积	白色、浅灰色、灰色泉华、钙华	化学堆积相	丘状就地堆积	热泉周围
		河流开阔平缓地带	Qh^{fl}	泥沼积	淤泥、粉砂、腐殖泥混杂堆积	冲洪积相		开阔平缓河道两侧
		河道、现代冲沟	Qh^{apl}	冲洪积	松散砾石、砂、砂土	河流相洪积相	见透镜状层理、斜层理	河流及沟谷
		现代洪积扇台地	Qh^{pl}	洪积	松散洪积层序砂砾石层、砂层透镜体	洪积相	杂乱无序	山前沟谷及出口
		冰缘地带	Qh^{fgl}	冰水堆积	松散扇状、垄岗型砾石、泥、砂	冰水相	杂乱无序	冰雪周边地带
		冰缘带	Qh^{gl}	冰碛	复成分砾石砂砾、砂土混杂	湖相	水平层理、交错层理、水成砂纹理	冰缘地带
		干枯湖、湖缘	Qh^l	湖积	松散卵石、砂石、粘土	河流相	见砂纹层理	洼地、干枯退缩湖区

续表 2-6

时代	年龄值	实体划分类型	代号	成因类型	岩性及沉积的特征	沉积相	层理特征	地理地貌、环境
中—上更新世	0.01—0.84	河道阶地、古沟谷	Qp_3^{apl}	冲洪积	松散洪泛砂砾层、河道砂砾层	冰水相	偶见小型交错层理	河流阶地、山前沟谷及出口
		高山区冰碛台地	Qp_3-Qh^{gl}	冰水堆积	漂砾、冰碛转石砂土层混杂堆积	河流相	杂乱无序	古冰水相地带
		河道沉积阶地	Qp_2^{al}	冲积	砾砂、粉细砂土层	湖相	有交错层理斜层理	残留阶地
		湖相阶地	Qp_{2-3}^l	湖积	砾、粉细砂、粘土、炭质淤泥层	冰水相	具有平行层理	残留平台
		高山区冰碛台地	Qp_{2-3}^{gl}	冰水堆积	杂乱堆积砾石、砂泥	河湖相	杂乱堆积、见冰擦痕	古冰水相地带
早更新世 上新世		札达群	N_2Qp_1Zd	河湖相堆积	半固结中—厚层状砂岩、砾岩及粉砂质泥岩	洪积河流相	水平层理、大型楔状层理、斜层理	古河流、湖泊地带

测区内香孜组岩石组合为粗碎屑夹粘土层,总体沉积体现为河湖相沉积,其中粗碎屑沉积则代表了一种河流作用较强的时期,而粘土层形成于湖水作用下。测区内较多的粗碎屑沉积反映它位于湖缘,易受水动力条件变化的影响。根据这一时期的沉积物呈灰白色和大量砾岩的出现,可能指示气候正向着温和干旱的条件转化。

本次工作在测区内该套地层中未采到化石,前人在札达县城附近的该套地层内采获大量的孢粉化石,以木本阔叶孢粉组合占优势。钱方等(1983)测获该套地层的磁性地层年龄为距今 3.4—1.9Ma,西藏地矿局(1997)认为:该磁性地层年龄值的下限偏高,香孜组的形成时代应为早更新世。根据测区内该套地层岩性可与区域对比,将测区香孜组的时代定为早更新世。

二、中上更新统地层

(一)地质概况

更新统的地层在测区内各地层区都有分布,在地貌上构成Ⅰ—Ⅲ级阶地,沉积物类型各地有明显差异,其中沟谷区上游或切蚀较深的沟谷主要由冰碛物构成,而河流下游及汇水盆地内则转化为河流相或河湖相。下面分别以几个不同位置的短剖面来予以说明。

1. 狮泉河镇西部河流相沉积(Qp_3^{pal})(图 2-144)

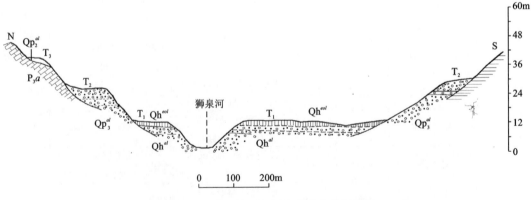

图 2-144 狮泉河镇西部河流阶地路线剖面图

Ⅰ级阶地(T_1)为冲积和风积物堆积阶地(Qh^{aol})。

该阶地高出河面 8～12m，由两个相对高差 1.5～2m 的次级阶地组成，阶地为沿河居民房基地，阶地面平坦，宽窄不一，狮泉河附近宽约 5km。

上部风积砂土层(Qh^{eol})。灰色、黄灰色细—粉砂土层。砂粒具风积特征，大型波痕和小型沙丘、沙垄发育，厚 0.5～3m。

下部冲积层(Qh^{al})。灰色、灰绿色砾石、砂砾和粗砂层夹细粉砂层和透镜体，粗砂和细粉砂层中大型斜交层理或水平层理，层面见波痕，砾石成分复杂，以灰岩、砂岩、石英砂岩、超基性岩为主，砾径 3～6cm 者最多，少数达 15～30cm，磨圆度较好，具分选性和排列方向，呈松散状。

在狮泉河西的嘎日阿一带，据人工挖掘露头对Ⅰ级阶地（阶地高度约 3m）上部 0.7m 地层层序描述如下（图 2-145）。

底部 0—0.17m 为河流相松散砂砾级沉积物，砂质沉积物以粗砂为主，含有 20% 的砾，几乎不含细砂和粘土，结构成熟度较高。成分成熟度较高，约 80% 以上砂级碎屑由石英组成，仅 20% 由长石和岩屑组成，砾级物质中岩屑含量较高，主要为火山玻璃，砂粒碎屑磨圆度较高，呈次圆—圆形，砾粒碎屑形状呈不规则扁平或长条形，呈次棱角状，发育小型丘状交错层理。层理长度约 12cm。沉积物显然系河流河床心滩相沉积。

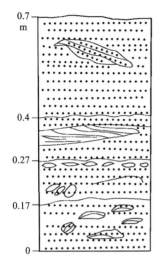

图 2-145 Ⅰ级阶地层序地层

0.17—0.27m 为砂砾松散沉积物，底部为一冲刷面，由底至顶，粒级变化不明显，但在顶部处粒级显著变粗（含有粗砾，4cm± 的砾），该层砂占 20%～30%，成分成熟度较高，磨圆度较好，主要由石英组成；砾级碎屑主要以中砾组碎屑为主，形态呈长条状或扁平状，次棱角—次圆状，成分主要为各种岩屑，以火山岩为主，其内发育小型丘状交错层理，砂砾石群定向确定水流方向为 195°，砾石扁平面与层面最大夹角可达 50°。

0.27—0.40m，底部为冲刷面，具楔状交错层理（靠底部西北侧为槽状斜层理，东南侧为板状斜层理，与层面夹角为 10°～15°）。

0.40—0.70m 为松散砂级碎屑夹砾石层，成分以中细及粉砂级砂为主，含少量细砾，砂级碎屑成分以硅质为主，约占 80%，砾级碎屑 50% 由硅质岩组成，其余为各种岩屑，多为中砾，形态呈扁平状，在其内可见到丘状交错层理、板状斜层理，由其内砾石形态指示的水流方向仍为 195°。

Ⅱ级阶地(T_2)为冲积物堆积物阶地(Qp_3^{al})。

阶地高出河面 25m 左右，沿河岸两侧均有断续分布，阶地宽窄不一，大多为 10～30m，最宽处约达 100m，阶地平坦。

灰色砾石、砂砾石、粗细砂层组成两个韵律层。下部韵律层顶部夹砂土。

冲积层之上大多覆盖有 0.5～2m 的风积砂土层。总厚度为 8～12m。

Ⅲ级阶地(T_3)为冲积物堆积阶地(Qp_2^{al})。

阶地高出河面 50～60m 左右，大多数为基座式阶地，基面上仅残留着部分河床砂砾。阶地沿河岸山坡零星分布，砾石成分复杂，主要为石英砂岩、花岗岩、灰岩及火山岩，磨圆度较好，具分选性。但在局部地带发育粘土夹层，具水平层理，显示了湖相-冰水沉积的特征（图 2-146），上述特征指示狮泉河附近在这一时期曾构成一个汇水盆地。

2. 阿依拉山北坡（鲁马大桥附近）

阿依拉山北麓的古冰川堆积比较普遍。在山前，洪积扇以上，常常构成冰碛丘陵或冰碛垄岗，根据中国科学院（1976）在鲁马大桥一带的观察，大致有三期古冰川堆积。

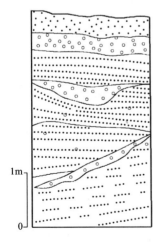

图 2-146 Ⅲ级阶地层序地层

(1) 较老冰碛,构成山麓较高的丘状平台,高出现代河床200m左右,海拔4400m,可能是中更新世的冰期古冰川堆积。

(2) 较新冰碛,构成山麓较低的丘状平台,高出现代河床400m,海拔4600m,覆于较老冰碛之上,属晚更新世冰期堆积。

(3) 最新冰碛,位于冰川槽谷谷口和槽谷两侧,呈垄岗状。海拔4450m,属晚更新世或全新世初期的冰川堆积。

相应地,在阿依拉山北侧,存在三级"U"形槽谷。谷口海拔分别为5600m(其上与现代冰川相连,谷底大多被流水切割成"V"形谷)、5400m左右和5000m左右。

为了与区域对比,现引述前人在狮泉河镇通往札达县城的公路北侧所测的路线剖面。

3. 阿依拉山东侧路线剖面(图2-147)

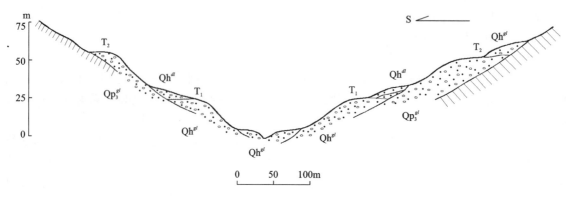

图2-147 噶尔县阿依拉山东侧冰碛堆积路线剖面图

剖面位于噶尔县西部阿依拉山东坡,噶尔县札达公路北侧(据《1:100万日土幅区域地质调查报告》)。冰碛平台沟底海拔约5900m,深切割陡地形。

第一冰碛平台(Qp_3—Qh_1^{gl})。

平台高出沟底10~25m,平台前缘陡峭,平台面微向沟底倾斜,但较平坦,宽30~80m。

灰色、灰绿色冰碛转石,冰川漂砾及冰川堆积砂土。砾石成分主要为花岗岩、片岩、片麻岩、石英岩,其次还有砂岩、脉石英等。砾石多为棱角状或次棱角状,无分选性和杂乱无章,大小悬殊,大者50~150cm,小者3~8cm,与砂土混杂,表面可见冰擦痕。厚度大于25m。

第二级冰碛平台(Qp_{2-3}^{gl})。

平台高出沟底约60m,与第一级平台相对高差35m,平台前缘较陡,平台面较平坦,微向沟底倾斜。宽10~30m,大多呈断续分布。

褐灰色、灰绿色冰碛转石含砂泥,砾石成分复杂,大小悬殊,棱角状者居多,无分选性,与砂土杂乱堆积,偶见冰擦痕。厚度大于20m。

4. 狮泉河婆肉共沟阶地剖面(图2-148)

剖面位于狮泉河支沟婆肉共沟内,北纬32°37′43″,东经80°30′52″。共发育三级主阶地:Ⅰ级阶地(T_1)高出沟底0.5m,Ⅱ级阶地(T_2)高距为1m,Ⅲ级阶地(T_3)高出Ⅱ级阶地4~6m。其主要为一套湖相沉积(图版29-2)。

Ⅰ级阶地主要由河流相半固结砂砾石组成,近顶部发育河漫滩相粉砂土。地层为灰白色粉砂质粘土层,中—厚层状构造。地层产状水平,主要组成物质为粉砂,含量约占5%,其余成分为粘土。粘土层中见少量残留的植物根茎。

Ⅱ级阶地主要由未胶结砂砾石组成,近顶部发育河漫滩相的粉砂土。灰白色,中厚层状半固结砾石层,顶部为灰白色粉砂土,松散堆积。

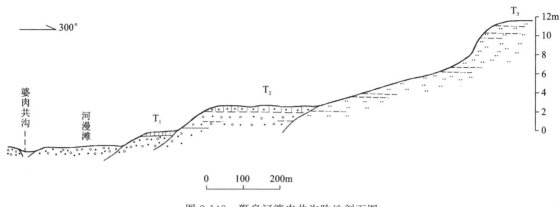

图 2-148　狮泉河婆肉共沟阶地剖面图

Ⅲ级阶地由粉砂土夹粘土层构成,发育水平纹层,属湖相,灰白色调反映气候总体较湿润。灰白色,中—厚层状构造,产状水平,岩层半固结,成分为粉砂,含量约占15%,其余为粘土。局部粉砂含量较高,约占20%,形成2~3cm的薄层,两薄层间距10~30cm不等。

实质上三级阶地所构成的湖相沉积在测区内广泛分布,在左左一带高出现代河面达100m的山坡上曾见到了古湖相的炭质淤泥沉积,而在近河地带一些悬崖上可见到明显的湖蚀洞穴(图版29-3),它反映了在这一时期测区内曾存在广阔的湖相沉积。

(二) 沉积环境分析及地质年代

本次工作在婆肉共沟剖面中采获大量的孢粉化石,对这些孢粉进行综合分析得出的气候环境特征,可代表测区内中上更新统的环境变化特征。

婆肉共沟剖面中在粉砂土层及粘土层中所含孢粉较多,采获的样品共计12个,经氢氟酸、碱法分校处理后,共统计有孢粉97属(科),其中藻类孢子2属、苔藓孢子3属、蕨类孢子11属、裸子植物花粉7属及被子植物花粉74属(图版31)。根据该剖面孢粉种类含量变化,剖面自下而上可分为3个孢粉组合带,分别对应于Ⅰ、Ⅱ、Ⅲ级阶地。

与Ⅲ级阶地相对应的组合带称为 $Picea+Pinus-Betula-Ulmus-Chenopodiaceae-Ephedra$ 组合带,本带以木本植物花粉占优势,但各类孢粉成分均较多。裸子植物有云杉(Picea),松(Pinus),冷杉(Abies),铁杉(Tsuga),雪松(Cedrus),罗汉松(Podocarpus),麻黄(Ephedra)。其中云杉、松最多,占孢粉总数的25%~63%,其他木本植物有榆科及其榆属(Ulmus),桤木属(Alnus),桦属(Betula),白刺属(Nitria),柽柳属(Tamarix)等。另外还发现少量山核桃(Carya)和枫香(Liquidambar)。草本植物除藜科(Chenopodiaceae)和蒿属(Artemisia)较多外,尚有蓼属(Polygonum)、菊科(Compositae)、禾本科(Gramineae)、莎草科(Cyperaceae)等。蕨类植物孢子有里白(Hicriopteris),水龙骨科中的光面和瘤面单缝孢以及凤尾蕨(Pteris)等。本带另一个特点是,除了出现一些目前当地已绝灭分子外,还有水生植物花粉和水生藻类孢子。此组合带体现了森林型植被特征,植物群反映当时的气候是温暖湿润。

与Ⅱ级阶地相对应的组合带称为 $Picea+Pinus-Chenopodiaceae-Epheara$ 组合带,本带与上一组合带的区别是草本植物花粉含量增加、木本植物花粉含量减少,前者略超过后者,含量分别为51%、48%。草本植物花粉中主要成分为藜科(20%)、菊科(10%)、蒿属(8%)和禾本科等。木本植物除松属(15%)、云杉(10%)、麻黄(10%)外,其他成分较少,仅零星出现一些桦、白刺、柽柳和栎(Quercus)。蕨类植物主要是水龙骨科的孢子;水生植物花粉和水生藻类孢子明显减少,二者占孢粉组合的3%。此组合带体现了森林草原型植被特征,植物群反映当时属半干旱气候。

与Ⅰ级阶地相对应的组合带称为 $Chenopodiaceae-Artemisia-Ephedra$ 组合带,本带出现的孢粉种类较少,与上一组合带的区别是草本植物花粉含量明显增加、木本植物花粉含量急剧减少,前者含量远超过后者,占绝对优势,二者含量分别为65.6%、33.4%,组合中藜科、麻黄属花粉含量很高,分别占组合的 40.0%、25.4%，同时还有不少蒿属、菊科、禾本科等花粉。木本植物花粉中桦属（Betula）、白刺属和柽柳属（Tamarix）零星出现。在该组合带中反映了当时的植被主要为草原型植被，其中的木本植物主要生长在周围山地，而盆地中均为干旱草本植物。该植物群反映了当时气候干燥。

由Ⅲ级阶地→Ⅱ级阶地→Ⅰ级阶地，孢粉组合面貌表现为树种花粉减少，耐旱的麻黄、藜科花粉增加，故以上三个阶地不同的孢粉组合总体上可以反映气候由温暖湿润向干燥干旱过渡的总体特征。

本次区调对Ⅲ级阶地的形成时间进行了同位素测年工作，并采集了四组年龄样品［S(2003)TW-91、S(2003)TW-92、S(2003)TW-90、S(2003)TW-89］，采集层位分别为Ⅲ级阶地顶部、Ⅲ级阶地下部、Ⅱ级阶地顶部、Ⅰ级阶地顶部。样品采集严格按热释光样品的有关要求进行，样品由首都师范大学光断代实验室李虎侯教授在加拿大分析测试，李虎侯认为该年龄的测制过程已严格按有关流程执行，可保证结果的正确性。得出的年龄值分别为$(25.1\pm2.1)\times10^3 a$、$(126\pm11)\times10^3 a$、$(4.5\pm0.5)\times10^3 a$ 和 $(1.3\pm0.12)\times10^3 a$。与沉积的先后顺序严格对应。可以确定Ⅲ级阶地形成于晚中更新世—晚更新世，Ⅱ级阶地形成于晚更新世末，Ⅰ级阶地形成于全新世。上述测年数据也与前人根据相对地形高度及区域资料推测阿依拉山北麓的冰川沉积最高一级和中间的一级冰碛平台的形成时代分别为中—晚更新世（庐山冰期）和晚更新世—全新世早期（大理冰期）相吻合。

晚更新世到全新世时期青藏高原在持续隆升，沉积速率可以相对反映剥蚀的速率，从而反映出隆升的速度。但若位于山谷上游，由于受泥石流或冰川的影响强烈，其沉积厚度与单次水动力条件联系密切，不易反映沉积速率。婆肉共沟一带构成一个较大的汇水盆地，其沉积物细小，与上游的沟谷相比，其沉积速率在一定时间间隔内可能较均匀，不易受到单次洪水水动力条件的制约，而可能与这一时期的隆升速率成正比关系，故这一地带各阶地的沉积速率更能反映某个时间段内的青藏高原剥蚀速率（图2-149）。根据阶地的相对高度及年代间隔可求出各级阶地的沉积速率。从而求得 $(126\pm11)\times10^3 a$ 至

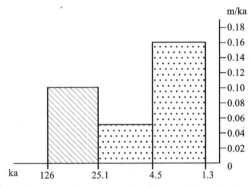

图 2-149　测区湖相阶地抬升速率分析图

$(25.1\pm2.1)\times10^3 a$ 期间，沉积速率为 0.1m/ka；$(25.1\pm2.1)\times10^3 a$ 至 $(4.5\pm0.5)\times10^3 a$ 期间，沉积速率是 0.05m/ka；$(4.5\pm0.5)\times10^3 a$ 至 $(1.3\pm0.12)\times10^3 a$ 期间，沉积速率是 0.16m/ka。上述数据指示测区在晚中更新世—晚更新世曾有较快速的隆升，晚更新世末隆升速率变慢，但进入全新世至距今约1300a之间，隆升速率又再次加快，这一时期的隆升速率远高于更新世时期。不仅如此，根据测区所获的一系列阶地的年龄及第三系沉积的厚度及时间间隔，指示青藏高原构造运动之间的时间间隔在缩短，频次在增加，可能进入了一个不稳定的构造发展阶段。

三、全新世

测区内地形复杂，地面切割程度不一，全新统第四系成因类型较多，各成因类型发育极不均衡，其中冲积、洪积、冲洪积、泥沼、残坡积极发育，现代冰碛和冰雪覆盖物在测区高山区也有发育，化学堆积发育区局限于断裂带内。

（一）残坡积（Qh^{eld}）

区内高寒干旱，昼夜和四季温差甚大。夏季与冬季温差达30℃以上，昼夜温差达20～30℃。地表岩石由于冷热变化大，膨胀收缩而碎裂成碎块，再加上新构造持续强烈活动的影响，地表机械风化物发育，但在火山岩区，化学风化作用也有一定发育。残坡积物往往就地堆积，与附近的岩石成分相一致，多呈棱角状，无分选，大小混杂，厚度不等，分布在山脚部位。

残坡积堆积物为测区的河流、湖泊、冰川沉积活动提供了物源。

（二）河流冲洪积（Qh^{pal}）

河流冲洪积物是全新世的主要沉积物，在测区内的各河流及支沟内广泛发育，主要为河床相沉积的砂砾石沉积，多发育典型的叠瓦状构造，在河流下游宽阔地带也有河漫滩相的细碎屑沉积物发育。

（三）湖相沉积（Qh^l）、泥沼沉积（Qh^{fl}）

全新世湖相沉积在区内曾广泛分布，如区内的朗久能错、聂聂阿错等。实际上，狮泉河镇盆地、朗久电站一带等都曾构成一个汇水湖盆，从狮泉河沿明岸观察显示，全新世的湖蚀界线至少高出现今河床面8m，由于青藏高原隆升和气候的变迁，这些湖都不同程度地萎缩了。其中朗久能错是测区较为典型的一个湖泊。朗久能错湖盆呈椭圆形，面积达几十平方千米，可分为湖盆周缘的冲洪积扇群和湖泊边缘相及内湖三个部分。冲洪积扇分布在湖盆边缘各冲沟入沟口处，常成群出现，单个扇体长多小于500m，宽则与沟谷大小有关，可在300～1000m之间变化，扇体主要由各种粒级的砾石组成，分选、磨圆差，砾径最大可达1m。湖泊边缘相分布在现代湖区周围，为高山草甸，表面泛白色，显示盐碱量略偏高，在草甸上稀疏分布着一些砾石，砾石砾径1～5cm±，一般向湖区中心粒级变细，砾石数量减少。在湖盆草甸上，也分布着一些小溪流，溪流底部的沉积物大部分为粒径2～5cm的砾石，铺垫在草甸之上，它反映了随着湖泊逐渐萎缩，河流入湖口不断向湖心延伸。现代的朗久能错湖泊的内湖区总体呈莲花状，湖水面积不足1km²，分布在湖盆泄水口附近，在湖水中心有一心滩，心滩宽50m，长100m。由于湖水有雪水补充，加上不断向朗曲排泄，水质保持了甘甜。

测区内泥沼沉积甚少，仅分布于各河流开阔平缓的河漫滩地带，如噶尔藏布、狮泉河与森格藏布汇入口处（扎西岗处以上）、婆肉共沟口与狮泉河汇入口处及部分河段、左左盆地内河道两侧，由于地形变缓，泄水不畅，从而产生淤泥、腐殖泥、砂砾等沉积，附近地带的盐碱化也往往较高，从周围的地形及沉积物判断，它们可能往往由一些淤浅古湖或山间小盆地转化而来。

（四）冰雪堆积（Qh^{ic}）、冰碛物（Qh^{gl}）、冰水相沉积物（Qh^{glf}）

冰雪堆积物主要分布在高山区，如阿依拉山脉主峰，日土岩基南部高峰，图幅东南的嘎里约一带及翁波一带的山峰主脊。表现形式有山谷冰川（图版29-4）、冰斗冰川（图版29-5）、冰帽和再生冰川，并发育典型的冰川地貌，由于近年来气候持续干旱，雪线上升，现代冰川持续后退，一些原来大的冰川呈现断续相连的状态。

在嘎里约一带的冰川可见到由于冰川退缩，老的冰斗被废弃，而构成冰蚀湖，冰蚀湖的周围是一系列的现代冰斗，冰湖周缘因冻融造成的机械堆积作用发育刃脊峰，并明显存在刃脊、角峰等典型的山岳冰川地貌（图版29-6）。在现代冰川的冰斗附近的冰湖内，夏季由于冰川退缩，发育有冰碛堤，有侧碛和尾碛（图版29-7），均由棱角状、大小不等、成分复杂、由冰川从源区裹挟的石块组成。沿冰川切蚀形成的"U"形槽谷向下，可见到冰川流动造成沟谷内的石块，尤其是较小石块几乎均沿沟呈梳状排列（图版29-8），在较大的石块上产生冰川压痕及羊背石。

（五）风积物（Qh^{eol}）

测区植被稀少，岩石裸露严重，气候持续干旱，河床多干涸，河床沉积物构成了现代风积物的物源区，故现代河床内及各级阶地是风积物最发育的地段，尤其是测区狮泉河镇西部的聂木亚—狮泉河—噶尔县一带正在受到沙漠化的威胁，许多地带已逐渐接近半沙漠化。受气候的影响，加上为取暖对有限植被的人为破坏，甚至在婆肉共沟中游的高山区也出现了风积物，风积物的分布范围有逐渐扩大之趋势。

在低洼地带或山坡边形成厚度不等的风积沙沉积，多以小型沙丘、沙垄、沙坡、沙包、沙链等形式出现。沉积物中砂粒纯净，以黄色细石英砂为主夹少量黑色矿物，磨圆度极好。砂土层中发育薄层斜层理和不对称波痕。

（六）化学堆积（Qh^{ch}）

化学堆积主要为泉华堆积，沿构造线呈点状分布，图区内主要见于婆肉共沟中部及朗久电站附近等。其与沿构造带的热水活动有关，是新构造的地热资源的指示标志，其中以朗久电站一带最为发育，在朗久电站附近 2km² 内，有 5～6 处热泉泉华堆积。颜色呈白色、浅黄色、灰黄色等。体积很小，直径在 2m 以内，呈团块状，且现在仍在堆积，沉积物多为盐华。根据朗久电站钻探查证，在河流沉积物之下掩埋有硅华沉积层，厚达 6m。

四、第三纪以来的沉积和气候变迁

林子宗群火山岩具有大陆裂谷火山岩的一些特征，它指示狮泉河盆地最早是一个拉分盆地，其成因可能与南侧陆-陆俯冲造成阿依拉山一带的抬升，从而在北侧形成一个局部的区域伸展应力场有关。而由早期火山岩→晚期出现较多河湖相的碎屑，反映一个大型的山间沉积盆地雏形在古新世奠基形成，紫红色的河湖相碎屑沉积反映了气候炎热多雨。之后盆地由于构造运动减弱，盆地被填满曾短暂关闭。

渐新世早期（也可能更早），狮泉河盆地位置再度出现弱的伸展，但幅度较古新世小得多，从而再度形成一个湖盆，并与上游的一系列湖盆相连，但沿狮泉河镇西的普㤠塘嘎及噶尔曲走滑断裂沿线均未发现该时期的沉积，可能指示这一时期狮泉河盆地仍是一个封闭的内陆河湖盆地。紫红色的碎屑颜色、大量的钙质胶结和淡水相灰岩的出现可能指示该盆地这一时期的气候温暖湿润，到渐新世末—早中新世，由于填平和周缘山区隆升的变缓，盆地再度停止了沉积。

从上新世开始，青藏高原开始了大规模的隆升，差异性的隆升运动在这一时期也非常显著，从而在测区的曲松一带和狮泉河一带分别形成了托林组和乌郁群山间河湖相沉积。受南部喜马拉雅山隆起的影响，这一时期测区气候已转变为温凉型，并正在由湿润型向干燥型转化，其中在狮泉河盆地这种趋势更为强烈，体现为湖相不发育，主要为河流相的粗碎屑岩，而曲松则为湖相与河流相相间出现，反映了阿依拉山两侧气候和植被的差异自这一时期已形成，暗示上新世早期阿依拉山曾发生大规模抬升，从而阻挡了南侧潮湿的气流向北运移，造成两地明显的气候差异。乌郁群沉积在狮泉河镇西的普㤠塘嘎一带沿北西向断裂分布，且狮泉河一带存在湖相沉积，而典角北约 5km 处系河流相沉积，物源来自东侧的狮泉河盆地，从而构成狮泉河湖盆的泄水道——狮泉河，并在典角西与森格藏布汇合在一起，从而构成一个测区现代河流系统相近的古水系。

札达盆地在上新世末曾发生沉积间断，之后接着沉积了香孜组河湖相沉积，而狮泉河盆地在这一时期则无沉积，很可能与早更新世曾发生大规模的隆升有关。很可能在中更新世，阿依拉山前的噶尔曲断裂强烈活动，从而造成山体的进一步抬升和北侧山间盆地的进一步拉伸，受此影响，很可能还与沿狮泉河镇—鲁玛大桥一线的北东向构造也在这一时期开始重新活动有关，造成狮泉河发生侧向的侵蚀，河流改道沿鲁玛大桥一线汇入森格藏布，原顺着普㤠塘嘎汇入森格藏布的河道被废弃，并逐渐发生沙漠化。这一阶段青藏高原西段多次强烈的脉动隆升，在河谷上游形成多级冰蚀阶地，而在河谷中下游的汇水盆地内则形成湖积或河湖堆积，根据婆肉共沟三级阶地剖面显示中更新世末—晚更新世早期曾有较快的隆升，而晚更新世晚期隆升速度变慢，而进入新生代之后，这个速度又再一次加快，沉积速度是晚更新世早期的 1.5 倍。气候也愈来愈干旱，气候的变化是一个渐变的过程。而沉积特点和测年数据指示狮泉河一带森林的完全消失发生在全新世。

第三章 岩浆岩

第一节 蛇绿岩

蛇绿岩被作为一个由蛇纹岩、辉长岩、辉绿岩、细碧岩及深海硅质岩组成的岩石组合,首先由Steimann于1927年提出。1963年,Dietzgf R S第一次将弗兰西斯科蛇绿岩作为海底碎片描述,并同海底扩张联系起来,但当时未引起多大反响。直到1972年,彭罗斯国际蛇绿岩野外会议之后,有关蛇绿岩的定义和成因才得到完善表述,即它是大洋岩石圈碎片,从底到顶由超基性杂岩、辉长杂岩、基性岩墙杂岩、基性火山杂岩组成,可共生:①硅质岩、薄层页岩夹少量石灰岩;②豆荚状铬铁矿体;③钠质长英质侵入岩和喷出岩。蛇绿岩剖面可以是完整的,也可以是不完整的、解体的或受变质的。

由于蛇绿岩是古地缝合带的重要标志和研究地幔信息的"探针",其研究在彭罗斯会议之后,一直得到地学界的重视。经过许多地质学家多年来的不懈努力,目前一般认为蛇绿岩既可由大洋中脊形成,也可由弧后(或弧前)盆地、未成熟岛弧形成,其就位机制也有多种不同类型。

测区位于雅江带西段札达县曲松—噶尔藏布一带,由北东向南西,大地构造单元依次有班-怒深断裂、狮泉河深断裂、冈底斯陆块、达机翁-彭错林-朗县断裂、札达微陆块、拉孜-邛多江断裂、印度陆块的特提斯喜马拉雅褶冲带等几部分,横跨多个地缝合线,由南向北出露的蛇绿岩带有雅江蛇绿岩南支和北支、狮泉河蛇绿岩、班-怒蛇绿岩等(图3-1),不同的蛇绿岩带或同一带内的不同亚带的蛇绿岩石组合、地球化学及变质变形改造均存在一定差异,班-怒蛇绿岩带与狮泉河带在图区内发生构造复合分支现象,狮泉河带内各亚带之间分布有多个岛链群,地质现象极为复杂,是研究青藏高原各蛇绿岩带成因及关系的最佳位置之一。

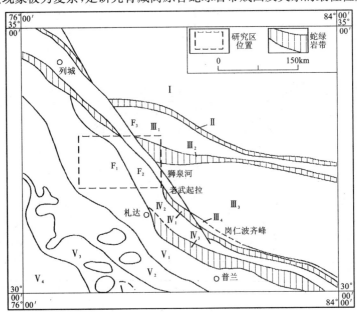

图 3-1 研究区大地构造及蛇绿岩带位置(据潘桂棠等,2002;并予以简化)

Ⅰ羌塘陆块;Ⅱ班公湖-怒江缝合带;Ⅲ₁班戈岩浆带;Ⅲ₂狮泉河缝合带;Ⅲ₃冈底斯火山岩浆弧带;Ⅲ₄冈底斯南缘弧前沉积带;Ⅳ₁印度河-雅鲁藏布江缝合带北支;Ⅳ₂札达陆块;Ⅳ₃印度河-雅鲁藏布江缝合带南支;Ⅴ₁喜马拉雅特提斯带;Ⅴ₂高喜马拉雅结晶岩带;Ⅴ₃低喜马拉雅褶冲带;Ⅴ₄锡瓦里克后渊前陆盆地带;F₁札达-拉孜-邛多江断裂;F₂达机翁-彭错林-朗县断裂;F₃噶尔藏布右行走滑断裂

一、雅江蛇绿岩带

雅鲁藏布江缝合带自仲巴向西分为南北两支,其中仲巴-札达之间蛇绿岩形迹得到了航磁和地面地质调查的证实,但由札达县老武起拉向西延在本图区内的情形则由于交通困难和濒临国境,而缺乏相应资料,主要存在如下几种推测。①原1∶100万日土幅区调在该图幅的西南角、中国与印控克什米尔交界地带的阿依拉断裂(即达机翁-彭错林断裂)上,根据(MSS)卫片解译圈定了一个101号超基性岩体,称为阿依拉蛇绿岩带,并认为雅江带由此通过,但当时由于边境原因,对该101岩体未进行实际工作验证。②雅鲁藏布江缝合带向西在阿里地区伊米斯山口与克什米尔的印度河蛇绿岩带相连(潘桂棠等,1997)。③将雅鲁藏布江缝合带分为雅江带(即雅江带北支)和普兰-象泉河带(即雅江带南支)两支,指出:阿依拉山的老武起拉至冈底斯山南坡巴噶一带的蛇绿岩带系雅鲁藏布江蛇绿岩带(即雅江带北支)的西延部分,并推测该带向西北与印度河蛇绿岩带相连,形成一个巨大的蛇绿岩带;普兰-象泉河蛇绿岩带位于札达县达巴—普兰拉昂错—当却藏布一线,呈NNW-SEE向展布,向西伏没于札达盆地(郭铁鹰等,1991)。

2002—2003年,本项目通过ETM图像解译,在斯诺乌山、狮泉河的系统地质调查工作,确认该段并不存在101超基性岩体这样大的一个超基性岩体。但在该位置的断裂处,零星分布着一条蛇绿岩带——夏浦沟蛇绿岩带(雅江带北支),同时在伊米斯山口附近发现另一条蛇绿岩残片-波博蛇绿岩带(雅江带南支)的存在(图3-2),从而初步揭示了雅江带南北支在札达盆地以西曲松一带的走向与空间对应关系,对完善青藏高原大地构造单元划分等具有重要意义。

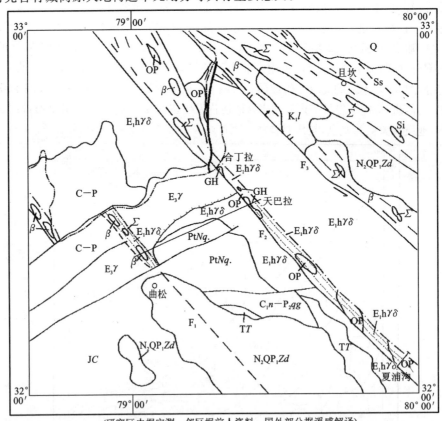

(研究区内据实测,邻区据前人资料,国外部分据遥感解译)

Q:第四系;N_2Qp_1Zd:札达群;K_1l:郎山组;JC:才里群;TT:土隆群;C_1n-P_2qg:纳兴组、曲嘎组;C-P:未分的石炭系—二叠系地层;$PtNq$:念青唐古拉岩群;$E_1h\gamma\delta$:古新世浆混花岗闪长岩;$E_3\gamma$:渐新世花岗岩;OP:蛇绿岩;Σ:变质超基性岩;β:玄武岩;Si:硅质岩;Ss:砂岩;GH:榴闪岩;地质界线;超动接触界线;断层;边界大断裂;糜棱岩化带;蛇绿混杂岩基质;剖面位置;国境线

图3-2 雅江带南北支在测区分布示意图

（一）地质特征

1. 夏浦沟蛇绿岩带（雅江带北支）

沿达机翁-彭错林-朗县断裂（前人称之为阿依拉深断裂）一线，由南东向北西本次工作在研究区南侧的夏浦沟、藏子冻嘎曲、中部的天巴拉、北侧台丁拉一带均发现了蛇绿岩或其残片，以曲松盆地西北缘断裂为界，蛇绿岩的变质变形在研究区南东段和北西段存在显著差异。

1）南东段

夏浦沟蛇绿岩带南东段的情形以夏浦沟较为典型，在该路线剖面上出露的有变质辉橄岩、细碧岩化玄武岩、赤铁碧玉岩、玄武质角砾岩及上覆的硅质岩等（图3-3）。其中细碧岩化玄武岩、赤铁碧玉岩、玄武质角砾岩及硅质岩呈顶垂体产于巨斑状花岗闪长岩中（图版11-1），与岩体接触变质较弱，并多限于边部。这些透镜体变形较弱，在硅质岩及火山岩中虽有劈理置换层理现象，但层理仍很清晰，构造恢复显示曾发育Ⅱ型褶皱，基本属于中构造层次的产物。剖面上玄

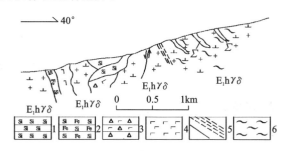

图3-3 夏浦沟剖面图
1.硅质岩；2.赤铁碧玉岩；3.玄武安山质火山角砾岩；4.玄武岩；
5.断层/韧性剪切带；6.片麻理；Σ:变质超基性岩剪切带；$E_1h\gamma\delta$:古新世巨斑状花岗闪长岩

武岩北东侧酸性岩体中含有大量的变质辉橄岩透镜体，出露范围宽达数百米，单个透镜体由透镜核部向边部硅化增强，边缘附近出现围岩组分——钾长石新生晶体。上述现象可能反映这些透镜体很可能由一个大的变质辉橄岩体受岩体侵入和构造肢解所形成。

在硅化变质辉橄岩和西南侧的细碧岩化玄武岩之间存在宽约百米的韧性变形带，走向NNW，倾角较陡（75°），从钾长石巨斑晶被搓碎及定向排列反映其系逆断层。该断层可能代表了两陆块在缝合带位置"焊合"后，在原俯冲带位置——构造软弱部位发生了破裂，南西盘再度发生了向北的俯冲，从而造成阿依拉山的快速隆起，这一过程发生时，巨斑状花岗闪长岩体可能尚未完全冷却。

2）北西段

在曲松盆地西北缘断裂以北的天巴拉—台丁拉之间，夏浦沟蛇绿岩北西段受构造和岩体侵入改造程度较该蛇绿岩带的南东段强，并在与其邻近的酸性岩体中发现存在榴闪岩捕虏体，且断续分布，一直向西北延入印控克什米尔地区，构成一个高压变质带。夏浦沟蛇绿岩北西段以天巴拉沟出露最好，下面以此为例说明夏浦沟蛇绿岩在该段的出露情况。

天巴拉沟内出露的地质体有古新世巨斑状花岗闪长岩、变质超基性岩、糜棱岩化玄武岩及榴闪岩等（图3-4）。其中变质超基性岩呈顶垂体或构造透镜体赋存于巨斑状花岗闪长岩中，断续出露宽数百米，遭受了强烈的构造变形和混合岩化改造，整个大透镜体被岩体分割为一系列小透镜体（图版11-3）。其中边缘附近的这些小透镜体多已发生硅化和混合岩化，原岩特征大部分都已消失，在一些构造强带处还形成叶蛇纹石片岩，但在近核部的透镜体中仍保存了粗大近圆形的辉石假晶形态，且在数百米范围内，岩石中辉石的含量在20%～40%之间变化，显示原岩系地幔岩——辉橄岩，并代表蛇绿岩中的超镁铁堆积部分。在紧邻变质超基性岩大透镜体的北侧，在岩体中发现榴闪岩呈捕虏体存在，在部分榴闪岩透镜体中观察到新生的角闪石代替石榴石现象（图版11-4）。榴闪岩也遭受了混合岩化，其内有浆混花岗闪长岩脉体穿切，并在与围岩接触处色率变浅（图版11-5）。

玄武岩在空间上构成一个大透镜体，与东侧的变质超基性岩间存在一走向近南北、倾向西的高角度正断层。玄武岩已发生脆-韧性变形，且距围岩花岗闪长岩愈近，混合岩化和糜棱岩化愈强，变形强处已近于混合片麻岩，但变形较弱地带由色率仍可判定原岩系玄武岩，并夹有薄层赤铁碧玉岩。

榴闪岩带在夏浦沟蛇绿岩带北西段的存在，可能暗示邻近西构造结附近的该地带具有比该蛇绿岩带南东段相对较大的剥蚀深度。

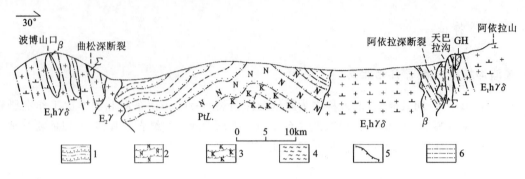

图 3-4 波博山口-天巴拉剖面图

1.片岩；2.斜长片麻岩；3.钾长片麻岩；4.混合岩化；5.超动接触；6.糜棱岩化；β.玄武岩；GH.榴闪岩；Σ.变质超基性岩；PtL.拉轨岗日岩群；$E_2\gamma$.渐新世电气石二云母花岗岩；$E_1h\gamma\delta$.古新世巨斑状花岗闪长岩

2. 波博蛇绿岩带

波博蛇绿岩带沿札达-拉孜-邛多江断裂(曲松深断裂)分布,在研究区内东南缘止于札达盆地边缘的翁波岩基,北西缘延入印控克什米尔地区,出露宽约5km,分布于糜棱岩化带中,受喜马拉雅期酸性岩体侵入的改造,大量地残留于酸性岩体中呈顶垂体或捕虏体存在。捕虏体岩性仅有极少量为蛇纹岩,主要为玄武岩(图3-4)。并随糜棱岩化程度的增强,存在弱板劈理化玄武岩(图版11-6)—板岩—板状千枚岩—片麻岩的变化,与天巴拉沟内夏浦沟蛇绿岩中玄武岩的变形特点相似。

(二)岩石学特征

雅江南带和北带的蛇绿岩均遭受了强烈的变质,其原岩除部分残留原组构外,其原岩尚可恢复外,其余多无法恢复,下面主要介绍变质较弱、分布较广泛的蛇绿岩的部分岩性。

1. 雅江南带波博蛇绿岩

波博蛇绿岩分布最广泛,在野外及薄片特征较清楚的是绿泥石化玄武岩。它具细粒柱状变晶结构,岩石主要由普通角闪石、斜长石等组成,黑云母、角闪石弱具定向性,后期蚀变则导致黑云母、角闪石轻微绿帘石化。

斜长石 半自形板状—不规则粒状,粒径小于0.23mm×0.36mm,多含少量绢云母、绿帘石等细小变质矿物包裹体,有的见聚片双晶,多数不显双晶。

普通角闪石 长柱状,粒径小于0.15mm×0.58mm,较新鲜,角闪石式解理及普通角闪石光性明显。

黑云母 不规则片状,粒径小于0.09mm×0.29mm,褐绿多色性明显,部分黑云母呈集合体产出。

2. 雅江北带夏浦沟蛇绿岩

变质蛇纹岩 已发生变质,一部分递进变质为金云母透闪石片岩或角闪黑云母片岩,变质岩石中有较高的暗色矿物含量(可达70%),其中变质形成的角闪石极度富镁,指示由超镁铁质矿物变质生成;一部分岩石保留了辉橄岩的假象,根据辉石晶形假象确定原岩中含辉石30%～60%,辉石晶形呈1cm的巨晶产出,证实原岩系地幔岩变质形成。

安山质角砾凝灰岩 岩石具晶屑凝灰结构,岩石以岩屑为多,次为晶屑。

岩屑呈棱角状、次圆状,粒径多为0.28～1.08mm,岩屑成分以玻璃质、多玻霏细质、微晶质的粗安岩居多,也有流纹英安质、安山质岩屑,含量60%。晶屑呈碎屑状、棱角状,粒度与岩屑相似,比岩屑略小,种类有斜长石和石英普通辉石等,由于受到变质,有新生的钾长石出现,岩石遭受晚期的蚀变较强,蚀变有绿泥石、绢云母、高岭土化等,含量30%。火山尘含量为10%。

细粒岩屑晶屑凝灰岩 细粒岩屑晶屑凝灰结构。晶屑呈棱角状碎屑,粒径多小于0.25mm,种类为斜长石,并含有普通辉石,但已被绿泥石代替,仅呈辉石矿物假象。受后期岩浆侵入影响,出现少量新生钾长石。岩屑呈多为玻质、微晶质的粗安岩、安山岩。岩石蚀变较强,岩屑、火山尘绿泥石化、绿帘石化,且粉尘状铁质较多,致使岩石呈暗绿色,此外还具有方解石化、长石晶屑高岭土化、绢云母化。

此外,在这一地带发现的榴闪岩一部分残存了辉橄岩的特征,另一部分石榴斜长角闪岩的地球化学特征证实其为洋脊玄武岩,以及沿北带蓝闪石质角闪石的存在,都证实雅江带所代表的大洋的存在和洋壳曾向北俯冲至较大深度(详见变质岩部分)。

(三) 地球化学特征

波博蛇绿岩(雅江带南支)中变质较弱的玄武岩基本保留了原岩的地球化学特征,其 SiO_2 为50.26%(表3-1),$Mg^\#$ 值为54.35,属于基性岩范畴,在国际地质科学联合会推荐的 TAS 图和火山岩 SiO_2-Zr/Ti 判别图解(图 3-5、图 3-6)上,均落在玄武岩区,鉴于其已遭受变质,故不再计算其标准矿物。在 Irvine (1971) 的硅-碱图(图 3-7)上,落入亚碱性区内。SiO_2-Nb/Y 图(图 3-8)被认为可适用于变质的火山岩,在此图上验证,也落入亚碱性岩区。在 AFM 图(图 3-9)上判别位于拉斑玄武岩一侧。夏浦沟蛇绿岩(雅江带北支)的火山岩由于受到变质作用,估计 SiO_2 有带出,SiO_2 在 56.60～58.38,$Mg^\#$ 在 40～46 之间,在 TAS 图和火山岩 SiO_2-Zr/Ti 判别图解(图 3-5、图 3-6)上,均位于安山岩区,根据其岩性组合,推测原岩可能是玄武安山岩—安山岩。两条蛇绿岩的 A/CNK 均小于1,属于次铝的岩石类型,尤其是波博蛇绿岩的玄武岩低铝特征更为明显,反映了拉斑玄武岩的特点。

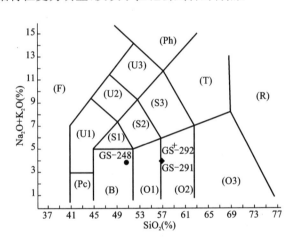

图 3-5　TAS 图(据 Le Bas 等,1982)

(F)似长石岩;(Pc)苦橄玄武岩;(U1)碱玄岩、碧玄岩;(U2)响岩质碱玄类;(U3)碱玄岩质响岩;(Ph)响岩;(S1)粗面玄武岩;(S2)玄武质粗面安山岩;(S3)粗面安山岩;(T)粗面岩和粗面英安岩;(B)玄武岩;(O1)玄武安山岩;(O2)安山岩;(O3)英安岩;(R)流纹岩;O:SiO_2 过饱和;S:SiO_2 饱和;U:SiO_2 不饱和

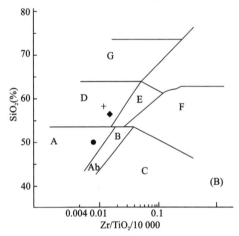

图 3-6　火山岩 SiO_2-Zr/TiO_2 图解

A.亚碱性玄武岩类;B.碱性玄武岩类;C.粗面玄武岩类;D.安山岩类;E.粗面安山岩类;F.响岩类;G.英安流纹岩类、英安岩类;图例同图 3-5

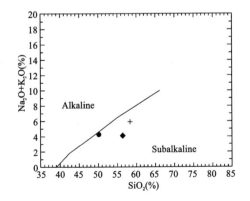

图 3-7　雅江带火山岩硅-碱图(图例同图 3-5)

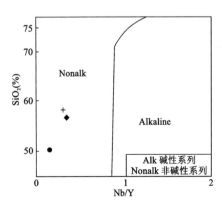

图 3-8　SiO_2-Nb/Y 图解

(据 Wlnchesteretal,1977,图例同图 3-5)

表 3-1 雅江带南北支蛇绿岩主量、稀土及微量元素含量

顺序号	地质体	蛇绿岩	野外名称	主量元素（%）														
				SiO_2	TiO_2	Al_2O_3	Fe_2O_3	FeO	MnO	MgO	CaO	Na_2O	K_2O	P_2O_5	H_2O^+	H_2O^-	TCO_2	SO_3	LOS
GS-248	雅江带南支	波博蛇绿岩	弱糜棱岩化玄武岩	50.26	1.95	13.79	3.38	8.48	0.16	7.62	7.98	2.94	1.14	0.20		0.36	0.38	0.022	1.64
GS-291	雅江带北支	夏浦沟蛇绿岩	细碧岩化玄武岩	56.60	0.76	14.59	1.85	5.01	0.13	3.09	7.42	3.44	0.67	0.19	0.54	0.37	2.27	0.081	5.61
GS-292			安山质角砾凝灰岩	58.38	0.98	15.17	3.08	4.76	0.13	2.87	4.39	3.98	1.80	0.53	3.77	0.76	1.42	0.46	4.03

顺序号	主要参数					微量元素（×10⁻⁶）											
	A/CNK	$Mg^\#$	TFeO/MgO	K_2O/Na_2O	SI	σ	Li	Be	Sc	V	Cr	Co	Ni	Cu	Zn	Ga	Rb	Sr
GS-248	0.67	54.35	1.51	0.39	32.34	2.29	114.107	1.205	44.112	388.454	170.555	42.730	86.280	84.631	113.339	19.629	41.278	1874.484
GS-291	0.73	45.45	2.16	0.19	21.98	1.24	20.591	0.899	20.903	143.875	25.296	15.657	65.599	58.029	88.413	16.857	25.032	187.781
GS-292	0.92	40.68	2.62	0.45	17.40	2.17	20.448	0.877	24.443	185.376	25.842	18.819	12.576	44.785	87.566	15.903	51.176	229.306

顺序号	微量元素（×10⁻⁶）								稀土元素（×10⁻⁶）			
	Y	Zr	Nb	Cs	Ba	Hf	Ta	Tl	Pb	Bi	Th	U	La	Ce	Pr	Nd
GS-248	34.061	156.736	3.636	19.338	58.864	4.552	0.297	0.274	9.637	0.206	3.947	1.084	10.285	24.989	3.872	18.793
GS-291	23.477	111.726	4.276	2.196	178.874	3.377	0.277	0.117	9.107	0.145	3.057	0.839	12.279	26.011	3.656	15.672
GS-292	27.265	119.239	4.518	2.451	403.065	3.747	0.313	0.402	13.409	0.264	3.900	1.033	11.495	24.391	3.526	16.176

顺序号	稀土元素（×10⁻⁶）								主要参数					
	Sm	Eu	Gd	Tb	Dy	Ho	Er	Tm	Yb	Lu	δEu	δCe	δSr	$(La/Sm)_N$	$(Gd/Yb)_N$	$(La/Yb)_N$
GS-248	5.361	1.570	6.455	1.066	6.702	1.374	3.915	0.575	3.569	0.515	0.82	0.97	8.43	1.24	1.50	2.07
GS-291	4.056	1.193	4.556	0.692	4.231	0.905	2.659	0.390	2.514	0.382	0.85	0.95	9.01	1.95	1.50	3.50
GS-292	3.993	1.239	4.836	0.786	4.905	1.059	3.123	0.468	2.983	0.456	0.86	0.94	11.30	1.86	1.34	2.76

波博蛇绿岩的玄武岩已发生轻微变质,故构造环境判别不采用一般的常量元素构筑的图解,但部分基于不活泼的常量元素 TiO_2 等的图解或参数尚可用于构造恢复。Pearce(1984)指出:岛弧区火山岩 TiO_2 为 0.58%~0.85%,平均 0.83%;洋脊拉斑玄武岩 TiO_2 为 1.5%。波博蛇绿岩的玄武岩 TiO_2 为 1.95%,属于洋脊玄武岩范畴,而夏浦沟蛇绿岩的火山岩 TiO_2 为 0.76%~0.98%,平均 0.87%,略高于岛弧火山岩。在常量元素 $MgO-TFeO-Al_2O_3$ 图(图 3-10)和 $TiO_2-MnO-P_2O_5$ 图(图 3-11)上判别,波博蛇绿岩的玄武岩均位于洋岛玄武岩区,而夏浦沟蛇绿岩则位于弧火山岩区。

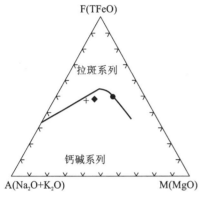

图 3-9 AFM 图解(图例同图 3-5)

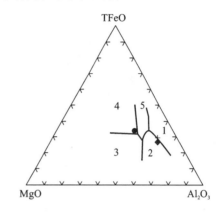

图 3-10 玄武岩的 $MgO-TFeO-Al_2O_3$ 判别图解
(据 Pearce,1977,图例同图 3-5)
1.扩张中心岛屿玄武岩;2.岛弧及活动大陆边缘玄武岩;
3.MORB;4.大洋岛拉斑玄武岩;5.大陆弧玄武岩

利用微量元素构筑的玄武岩环境判别图解较多,Pearce 的 Cann(1977)倾向于使用下列三个图解联合来判别玄武岩,首先从 Ti-Zr-Y 图解上将板内玄武岩选出来,然后用 Ti-Zr-Sr 或 Ti-Zr 判别图解对其余类型作进一步区别。应用上述流程,在 Ti-Zr-Y 判别图解(图 3-12)上样品均无投入 D 区者,一般投入 B 区和 C 区,即洋脊和岛弧火山岩区,但波博蛇绿岩(雅江带南支)玄武岩点的位置非常靠近板内区;在 Ti-Zr-Sr 图解(图 3-13)上,波博蛇绿岩(雅江带南支)玄武岩落入洋脊玄武岩区,而夏浦沟蛇绿岩(雅江带北支)火山岩位于岛弧火山岩一侧,在 Ti-Zr 图解(图 3-14)上结论相似,但在 Zr/Y-Y(图 3-15)图解上,雅江南北带的火山岩均位于板内区,显示具有板内火山岩的一些特点。上述利用微量元素所做的判别与常量元素的结果是一致的。

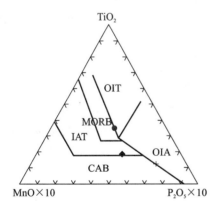

图 3-11 玄武岩的 $TiO_2-MgO-P_2O_5$ 判别图解
(据 Mullen,1983)
MORB:洋中脊玄武岩;OIT:洋岛拉斑玄武岩或海山拉斑玄武岩;CAB:岛弧钙碱性玄武岩;IAT:岛弧拉斑玄武岩;样品图例同图 3-5

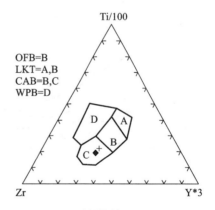

图 3-12 Ti-Zr-Y 判别图解(据 Pearce 和 Cann,1973)
A-THB(岛弧拉斑玄武岩);B-MORB(洋脊玄武岩)、CAB(钙碱性玄武岩)、THB;C-CAB,D-WPB(板内玄武岩);样品图例同图 3-5

雅江南带的稀土模式(图3-16、图3-17)为轻重稀土分异极为微弱的平坦型,其稀土参数$(La/Sm)_N$为1.24、$(Gd/Yb)_N$为1.50、$(La/Yb)_N$为2.07也反映了这一点,曲线形态与正常洋脊玄武岩有相似之处,但较正常洋脊玄武岩更富轻稀土,而重稀土含量略贫,与洋岛(夏威夷)拉斑玄武岩的稀土曲线几乎完全吻合,即雅江带南支玄武岩是正常洋脊低度部分熔融形成的。

上述结果与常量和微量元素判别的结果是一致的,在微量元素MORB标准图解(图3-18)上,曲线与碱性洋中脊玄武岩相似,富Sr、K、Rb、Ba、Th等大离子元素,反映存在地幔柱流的作用,但曲线也指示存在弱的Nb、P凹槽,反映出一些类似岛弧拉斑玄武岩的特点,可能指示这一时期的洋盆是小洋盆,雅江洋尚未伸展至其最大宽度。

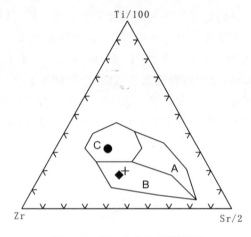

图3-13 Ti-Zr-Sr判别图解
(据Pearce和Cann,1973)
A.岛弧玄武岩;B.钙碱性玄武岩;C.洋脊玄武岩;
样品图例同图3-5

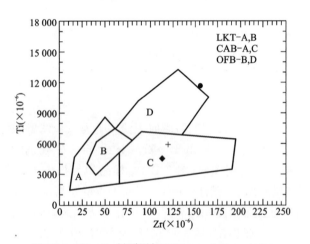

图3-14 Ti-Zr判别图解(据Pearce和Cann,1973)
A-THB(岛弧拉斑玄武岩);B-MORB(洋脊玄武岩)、CAB(钙碱性玄武岩)、THB;C-CAB;D-MORB;样品图例同图3-5

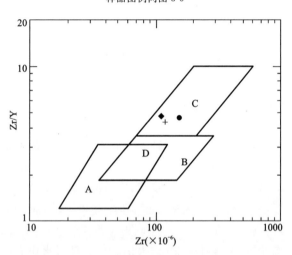

图3-15 Zr/Y-Y判别图解(据Pearce和Cann,1973)
A.火山弧玄武岩;B. MORB;C. 板内玄武岩;D. MORB和火山弧玄武岩;样品图例同图3-5

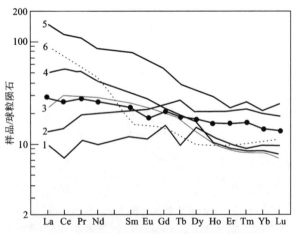

图3-16 雅江带南支玄武岩的稀土模式曲线与
不同环境玄武岩对比(据Frey等,1968)
1.岛弧拉斑玄武岩;2.正常洋中脊玄武岩;3.洋岛(夏威夷)拉斑玄武岩;4.洋岛(夏威夷)碱性玄武岩;5.洋岛碱性玄武岩;6.大陆弧玄武岩;其余图例同图3-5

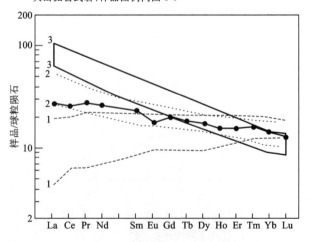

图3-17 雅江带南支的洋脊玄武岩稀土模式曲线与
不同类型洋脊玄武岩对比(据Lencex等,1983)
1.N-MORB(正常洋中脊玄武岩);2.T-MORB(过渡洋中脊玄武岩);3.P-MORB(富集洋中脊玄武岩);其余图例同图3-5

雅江北带的稀土模式(图3-19、图3-20)为轻重稀土弱分异的微向右倾的轻稀土富集型,其稀土参数$(La/Sm)_N$为1.86～1.95、$(Gd/Yb)_N$为1.34～1.50、$(La/Yb)_N$为2.76～3.50同样反映了这一点,曲线形态总体与岛弧拉斑玄武岩的更接近,尤其是在变质过程中特征不易改变的重稀土部分,但轻稀土部分较岛弧拉斑玄武岩更富,更类似于岛弧钙碱性火山岩,并与地幔流活动下的碱性玄武岩的曲线形态相近,但稀土总量则略低,可能指示它位于岛弧环境,属亏损幔源形成,当然也存在地幔柱流作用的可能性。但根据Le Roex(1983)的Nb-Zr图解(略)可得出,Zr/Nb大于18的玄武岩为亏损幔源熔融形成,测区雅江带的火山岩据表3-1的分析结果,Zr/Nb值均大于20,排除了地幔柱流的可能性,限定雅江带北支为亏损幔源熔融形成的火山岩。而微量元素标准曲线(图3-21)也指示与岛弧钙碱性岩的相似。

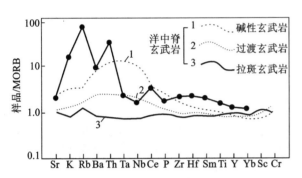

图3-18 雅江带南支洋脊玄武岩的微量MORB
标准化图解与不同环境的洋脊玄武岩对比
(图及标准数据据Pearce,1982;样品图例同图3-5)

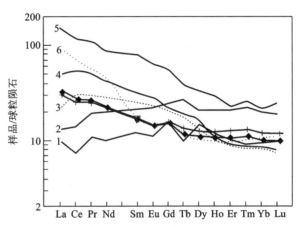

图3-19 雅江带北支火山岩稀土配分模式曲线与
不同环境玄武岩对比(据Frey等,1968)
1.岛弧拉斑玄武岩;2.正常洋中脊玄武岩;3.洋岛(夏威夷)拉斑玄武岩;4.洋岛(夏威夷)碱性玄武岩;5.洋岛碱性玄武岩;6.大陆弧玄武岩;其余图例同图3-5

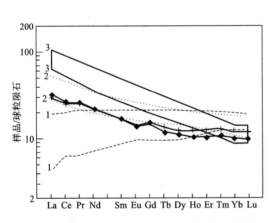

图3-20 雅江带北支火山岩稀土配分模式曲线与
不同类型洋脊玄武岩对比(据Lencex等,1983)
1.N-MORB(正常洋中脊玄武岩);2.T-MORB(过渡洋中脊玄武岩);3.P-MORB(富集洋中脊玄武岩);其余图例同图3-5

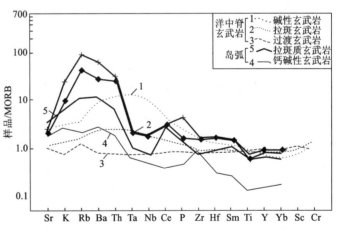

图3-21 雅江带北支火山岩的微量元素MORB标准化图解(图及标准数据据Pearce,1982;样品图例同图3-5)

综合上述,结合雅江北带火山岩的地质特征及空间上紧邻变质超基性岩,可以确定其形成于岛弧环境。

夏斌等(1997)在该蛇绿岩带偏东南侧的达机翁(离图区数十千米)一带,对雅江蛇绿岩带北支做了地质地球化学调查,其反映的岩石组合和微量元素及稀土特征均与测区内的该火山岩可对比,结论也与本书相似,即该蛇绿岩形成于岛弧环境,故测区的夏浦沟蛇绿岩实际上系达机翁蛇绿岩西延的部分。夏斌等(1997)还探讨了该套蛇绿岩同位素特征,指出达机翁蛇绿岩中火山岩的 $^{206}Pb/^{204}Pb$、$^{207}Pb/^{204}Pb$、$^{208}Pb/^{204}Pb$ 分别为 18.286～18.646、15.607～15.651 和 35.671～38.924,高于大洋玄武岩的对应比值(18.33,15.56 和 37.29～38.68);而 Sr 同位素组成具有与 Pb 同位素大致类似的特点;$^{87}Sr/^{86}Sr$ 初始比值为 0.705 591～0.705 725,高于 MORE 的 0.702～0.703,并明显高于雅鲁藏布中段日喀则火山岩的 0.702 07～0.705 14。根据在印度洋脊南东的玄武岩也有 $^{87}Sr/^{86}Sr$ 较高为 0.704 937 的样品,从而认为它是不同于亏损的 MORB 地幔端元和富集型大洋岛(DIB)地幔端元的深海沉积物质经地幔再循环形成的另一端元产物,在铅同位素变异图(图略)上,本区火山岩成分点具有类似于希腊的武里诺斯(Vorinos)边缘盆地成因火山熔岩的特点,是新特提斯洋岛格局中的某种岛弧环境下形成的产物。

本项目及上述前人工作证实雅江带北支在地表不存在与东段日喀则相类似的洋脊洋岛型蛇绿岩壳,但这并不意味着西段不存在大洋盆,洋壳俯冲有限,根据北侧存在规模宏大的多阶段陆缘弧火山岩,指示白垩纪冈底斯弧南侧曾存在宽阔的大洋,很可能是大洋的组分在早白垩世末的闭合过程中深俯冲至地幔并在那儿崩溃消减,故在地表仅存在弧前的蛇绿岩。

(四) 小结及讨论

1. 证实雅江带的北支西延至台丁拉一带

图区内夏浦沟蛇绿岩在夏浦沟—台丁拉一带断续出露,经遥感解译及追索证实,向南南东方向可与老武起拉一带的雅江带北支连为一体,而地球化学特征与达机翁一带的蛇绿岩完全吻合,证实雅江北带西段至少已延至中-印实际控制线的台丁拉附近,且高压榴闪岩的出现及其原岩为蛇绿岩组分,支持雅江北带曾发生过向北俯冲这一事实。

2. 首次发现雅江带南支在札达盆地以西存在

前人指出:普兰-象泉河蛇绿岩带(即雅江带南支)位于札达县达巴—普兰拉昂错—当却藏布一线,呈 NWW-SEE 向展布,向西伏没于札达盆地,这一观点被之后的地质图和构造划分图沿用至今,项目组在曲松以北的波博山口一带发现波博蛇绿岩,该蛇绿岩向北西延出国境线,向南东止于札达盆地边缘,与图幅内已发现的雅江带北支相距约 37km,也与仲巴—札达之间雅江带南北支距离(30～40km)相一致;曲松一带本次工作所发现的两条蛇绿岩带所夹持地层组合也与仲巴—札达之间相当,故图区内新发现的波博蛇绿岩带为雅江带南支的西延部分,即可以确认雅江带南支在札达曲松以北出露,并延出国外。在札达盆地内蛇绿岩未出露,经初步工作证实,似与第三系覆盖无关,其原因有待进一步研究。

3. 雅江带北支和什约克蛇绿岩可能是同一个带

图区内台丁拉—夏浦沟之间蛇绿岩仅呈断续出露,蛇绿岩遥感影像不清晰,这一段的蛇绿岩几乎均系实测圈定,但台丁拉向北西十余千米,在 ETM 图像上什约克蛇绿岩影像特征非常标准清晰,并与研究区内已完全经过实测验证的狮泉河蛇绿混杂岩带等的影像特征完全相同,可能暗示雅江带北支与什约克蛇绿岩是一个带。

综合上述新的发现,对研究区一带的构造单元划分作了相应的补充(图 3-22),但需要指出的是该图上有关狮泉河带和班-怒带的部分,图区内地质情况与据以往地质资料编制的图有较大的出入,但在此处考虑区域上现在的工作状况,未作大的改动,狮泉河带和班-怒带的关系等相关资料将在下面予以介绍。

二、班-怒蛇绿岩带

以往一般认为班-怒带未延入狮泉河带,班-怒带和狮泉河带是两个不同的带,相互之间由木嘎岗日群相分隔,狮泉河带可能代表冈底斯弧的弧后盆地,也有一些学者怀疑狮泉河带是班-怒带的南支,但缺

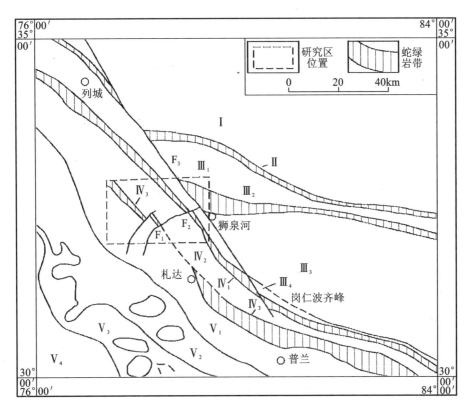

图 3-22 研究区及邻近雅江带示意图

(据潘桂棠等,2002;并据作者调查成果对雅江带部分予以补充)

Ⅰ羌塘陆块;Ⅱ班公湖-怒江缝合带;Ⅲ₁班戈岩浆岩带;Ⅲ₂狮泉河缝合带;Ⅲ₃冈底斯火山岩浆弧带;Ⅲ₄冈底斯南缘弧前沉积带;Ⅳ₁印度河-雅鲁藏布缝合带北支;Ⅳ₂札达陆块;Ⅳ₃印度河-雅鲁藏布江缝合带南支;Ⅴ₁喜马拉雅特提斯带;Ⅴ₂高喜马拉雅结晶岩带;Ⅴ₃低喜马拉雅褶冲带;Ⅴ₄锡瓦里里后造山前陆盆地带;F₁札达-拉孜-邛多江断裂;F₂达机翁-彭错林-朗县断裂;F₃噶尔藏布右行走滑断裂

乏资料支持。本项目的调查工作加上邻幅(1∶25 万日土幅区调)的资料,确定狮泉河带与班-怒带在狮泉河幅北侧贯通,狮泉河带可能是班-怒带南支的一部分,但为了不引起误解和叙述的方便,我们仍然将二者分别称为两个蛇绿岩带,但下面所提的班-怒蛇绿岩带一般仅指峦布达嘎北侧呈北北西向分布的蛇绿岩,它向北与邻幅所划分的班-怒带南支相连。

(一) 地质特征

测区内的班-怒蛇绿岩带位于狮泉河带的最北侧,与狮泉河带和相邻图幅北侧的班-怒带不同的是测区的班-怒带位于狮泉河带和班-怒带复合的部位,构造线呈北北西向(狮泉河带及邻幅更北边的班-怒带均呈近东西—北西西向),与北侧班-怒带南部侏罗系拉贡塘组碎屑沉积的界线为一系列犬牙交错的断层,反映二者并非同时形成,存在构造叠加。

测区内的班-怒带由偏东的保昂扎和偏西的嘎布勒两个条带组成,相互之间被岩体阻隔,关系不清。但在保昂扎条带的南西侧存在一个由安山质火山碎屑岩、流纹质和英安质火山碎屑岩组成,局部有礁体发育的北西向岛弧——丁勒岛弧,并向南与中岛弧链相连。该岛弧的存在很可能反映班-怒带南支代表的小洋盆可能发生过向南西的俯冲。

该亚带大部分地带由变质的辉橄岩、橄辉岩或蛇纹岩构成基质(图 3-23、图 3-24,图版 13-5、13-6),岩片有枕状玄武岩、辉绿岩墙群、硅质岩、浊积形成的砂岩、砂板岩等。据路线剖面图和其他路线调查的结果恢复出班-怒带拟层序(图 3-24),值得注意的是该带的枕状玄武岩中局部含有同质的火山角砾,可能指示是小洋盆环境。

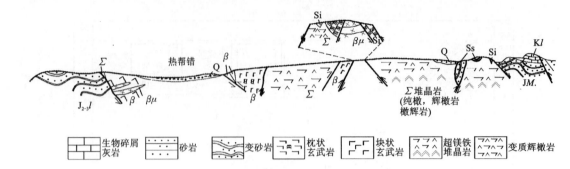

图 3-23　日土县热帮错一带班-怒带南缘路线剖面图

Q:第四系;Kl:郎山组;$JM.$:木嘎岗日岩群;$J_{2-3}l$:拉贡塘组;$\beta\mu$:辉绿玢岩(脉);Si:硅质岩;Ss:砂岩;β:玄武岩

(二) 岩石学特征

1. 变质超基性岩

硅化菱镁矿化蛇纹片岩　显微粒状鳞片变晶结构。岩石主要由滑石(80%)和菱镁矿(20%)组成,含少量磁铁矿(褐铁矿),推测原岩为橄榄岩(蛇纹岩)。

滑石:片状,较大者粒径为 0.09mm,基本上无定向分布,干涉色鲜艳,最高达Ⅲ级。

菱镁矿:近等轴粒状。菱面体解理清晰,正极高突起,闪突起异常明显,高级白干涉色,滴稀盐酸不起泡。分布不均匀,呈团块状、条带状。风化后带褐黄色。

单辉橄榄岩　鳞片纤状变晶结构、变余粒状结构,岩石主要由蛇纹石(70%)、变余的辉石(25%)组成,含少量赤铁矿、绿帘石(5%)等。

蛇纹石呈鳞片状,纤维状,干涉色低。

辉石:短柱状及短柱状假象,粒径多为 1.1mm×1.6mm,少数蚀变较弱,仍保留辉石光性,根据光性判断多为单斜辉石(普通辉石),少量为顽火辉石,蚀变多较强,蚀变为蛇纹石、纤闪石的集合体,或全部被蛇纹石化代替形成绢石,仅呈辉石假象。

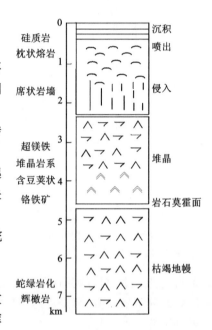

图 3-24　班-怒带南缘蛇绿岩拟层序

2. 堆晶岩系

对堆晶岩系所做的薄片鉴定结果较少,但实际上,在野外观察到,该堆晶岩系是蛇纹岩、辉石橄榄岩及橄榄辉石岩组成,其中橄榄辉石岩—辉石橄榄岩的辉石含量在 40%~80%之间变化,并具有明显的堆晶结构(图版 13-5),并夹有豆荚状铬铁矿。现择其中的两种岩性描述如下。

蛇纹岩　鳞片变晶结构。岩石由蛇纹石(90%)和少量磁铁矿(6%)、铬铁矿(2%)、菱镁矿(2%)组成。

蛇纹石:鳞片状,粒径多为 0.02mm×0.09mm,放射状、交织状,无定向均匀分布。无色,为叶蛇纹石。除铁质微粒条带显示少数颗粒的外形外,原生矿物光性、形态均不复存。

磁铁矿:多为微粒状、细小团块状,分布在蛇纹石间,原生矿物内,或呈线状、细条带状分布在原生矿物边缘,隐约显示原生矿物形态假象。这种磁铁矿多为原岩蛇纹石化时析出的磁铁矿。

铬铁矿:颗粒较大,大者达 0.4mm×0.7mm,因变质作用,形态也多为不规则状,透明处带褐红色,可能为原生矿物残晶。

菱镁矿:微粒状、集合体,分布不均匀,风化后呈褐色。

蛇纹石化二辉橄榄岩　鳞片变晶结构。岩石由蛇纹石(>80%)和少数磁铁矿(<10%)及原生矿物

残晶（橄榄石和辉石，<10%）组成。

原生矿物残晶：不规则状、孤岛状，边缘被蛇纹石蚕蚀，据光性鉴别有橄榄石、单斜辉石、斜方辉石，推测原岩为二辉橄榄石。

蛇纹石：显微鳞片状、纤维状，多为无定向，交织状分布，原始矿物辉石及橄榄石的光性和形态已不复存，仅少数纤维状蛇纹石保留原生残晶（不规则状）假象。

磁铁矿：部分不规则粒状，粒径达 0.4mm，可能为原生矿物残晶。多数呈微粒状，集合体呈不规则条带状者为原岩蛇纹石化时析出的铁质，分布于蛇纹中或片间。

3. 岩墙杂岩

变辉绿岩 变余辉绿结构，原岩由斜长石和辉石组成，但发生了强烈的蚀变变质，矿物成分发生了变化，现由斜长石（45%）、黝帘石和绿帘石（10%）、普通角闪石＋阳起石＋绿泥石（约 40%）、榍石＋磁铁矿（5%）及少量方解石组成。

斜长石：为板条状，粒径多为 0.25mm×1.3mm。常见聚片双晶，具强烈的黝帘石化、绿帘石化，帘石呈微粒状结合体分布于斜长石，使斜长石呈糟化的外貌。斜长石组成格架，其间充填已蚀变变质的辉石，外貌上为标准的"辉绿"结构。

辉石：已强烈蚀变变质，但外形上仍保留辉石短柱状假象，内部成分已变为普通角闪石、阳起石，或纤闪石、绿泥石、方解石的结合体。

榍石：开始分解，具有磁铁矿骸晶格架，架间为榍石，或方解石、绿泥石。

蚀变辉长岩或辉长闪长岩 变余半自形粒状结构、碎裂结构。岩石由斜长石（70%）、普通角闪石残晶（1%）、磁铁矿（3%）、磷灰石（1%）及蚀变矿物绿泥石（13%）、方解石、高岭石、绢云母等组成。

斜长石：不规则状、碎块状，常见聚片双晶，较强烈蚀变。蚀变矿物主要为高岭石、绢云母，次为云解石、绿混石等。斜长石粒径不等，较大者达 0.2mm×0.6mm。

普通角闪石：在绿泥中呈残晶产出，按绿泥石保留的假象恢复原生矿物的粒径达 0.28mm×0.51mm，褐色，多变色性，角闪石式解理。

绿泥石：不规则状，充填于粒间及斜长石的裂纹中，仅少数者保留普通角闪石假象，并含普通角闪石残晶。黄绿色，干涉色较高，为含 Fe 绿泥石。

方解石：团块状、脉状。岩石较为破碎，局部为碎粒结构，碎粒为斜长石，胶结构为碎粉和绿泥石、方解石等。

4. 枕状熔岩

基性火山岩多具有枕状构造，现选择一个枕偏中心部位和边缘的两个薄片描述如下。

细碧岩化的枕状玄武岩（枕核部） 间片结构。岩石由斜长石（55%）、绿泥石（30%）、方解石（10%）、磁铁矿（2%）、绢云母、高岭石、绿泥石（3%）组成，斜长石构成格架，架间充填绿泥石及其他矿物。

斜长石：板条状，较大者粒径为 0.22mm×0.79mm，常见聚片双晶，中等高岭石化，星点绢云母化。

绿泥石：显微鳞片状，隐晶质，集合体呈不规则团块状、条带状，淡绿色，多色性弱，干涉色极低，具铁锈褐异常干涉色。

方解石：不规则团块状，分布斜长石内及粒间。

岩石具细碧岩结构及类似于细碧岩的矿物组成，但不能确定斜长石是否变为钠长石，仍定名为变玄武岩。

细碧岩化的枕状玄武岩（枕边缘） 变余玻璃结构。原岩主要由火山玻璃组成，含少量斜长石雏晶（10%）和斑晶（<2%）。

斜长石斑晶：自形板状，粒径达 0.3mm×0.7mm。强烈高岭石化，斑杂状绿帘石化及绿泥石化。隐约可见聚片双晶。由于含量太少（<2%）而构不成玻基斑状结构。

火山玻璃：因含较多铁质粉尘而呈褐黑色。现仍近均质性，但已绿泥石化和星点绿帘石化。绿泥石，淡绿色、隐晶质，干涉色极低而难以辩证。火山玻璃中含有斜长石雏晶。

斜长石雏晶：中空骸晶状，两端呈燕尾状，粒径多为 0.015mm×0.225mm，光性微粒弱，局部见显微隐晶状的,更细的斜长石微晶,呈纹射状集合体,隐约显示弱粒结构。

岩石中还见有微细石英绿帘石脉。

(三)地球化学特征

1. 堆晶辉橄岩类

班-怒带堆晶辉橄岩 SiO_2 含量为 40.24%(表 3-2),属于超基性岩类,MgO 为 34.76%,$Mg^{\#}$ 为 0.90,明显高于原始地幔值(一般为 87.4%~89.3%),而与阿尔卑斯型超基性岩相接近,在 Mg/(Fe)-[(Fe)+Mg]/Si 关系图(图略)上,投影在镁质区,在 SiO_2-Al_2O_3 图解(图略)上位于低铝质区,在(K_2O+Na_2O)-CaO 相关图(图略)上位于残余地幔—地幔包体的过渡区间,总之它贫钾钠钙铝而富铁镁,结合其野外具有明显的堆晶结构,代表高位岩浆房内的结晶分异作用。该堆晶辉橄岩的钾钠钙铝含量明显高于狮泉河带科桑那嘎沟口弧间蛇绿岩的堆晶辉橄岩,镁及 $Mg^{\#}$ 指数则偏低,而总体特征与狮泉河带的橄榄辉石岩的特征相类似。

2. 辉绿岩墙杂岩及枕状熔岩

1) 岩石类型、系列

班-怒带内岩墙杂岩和枕状熔岩的 SiO_2 含量为 49.04%~53.38%(表 3-2),属于中基性岩范畴,在 TAS 图[图 3-25(a)]上岩墙杂岩和一个略偏酸性的样品位于玄武安山岩区,而另一个熔岩样品位于碱性玄武安山岩区,根据 CIPW 标准矿物计算的结果(表 3-2),班-怒带岩墙杂岩和熔岩同样可分为两部分,岩墙杂岩和一个略偏酸的样品标准矿物组合为 Q+Or+Ab+An+Di+Hy,故应属于 SiO_2 过饱和的正常类型,而碱性玄武安山岩的标准矿物组合为 Or+Ab+An+Di+Ne+Ol,Q 和 Di 未出现,属于 SiO_2 低度不饱和的铝过饱和类型,与薄片鉴定中发现该带的玄武岩部分含橄榄石相吻合。三个岩石的固结指数 SI 在 38.67~21.61,也属于玄武岩—玄武安山岩的范畴。

玄武安山岩和岩墙杂岩的标准矿物 Hy(23.84%~27.10%)均大于3,应属于亚碱性岩类,在 Irvine(1971)的硅-碱图[图 3-25(b)]上和我国学者王彤(1985)的磷-碱图[图 3-25(c)]上验证,结果基本相同;进一步据其 Al_2O_3 均小于 16%,可确定它们均系拉斑玄武岩系列。碱性玄武安山岩据其标准矿物中不含 Hy,Ne 为 2.57%(小于 5),Ol=16.46%(小于 25%),应属于碱性玄武岩系列的碱性橄榄玄武岩类,在硅-碱图和硅-磷图上验证,落入强碱性岩区。

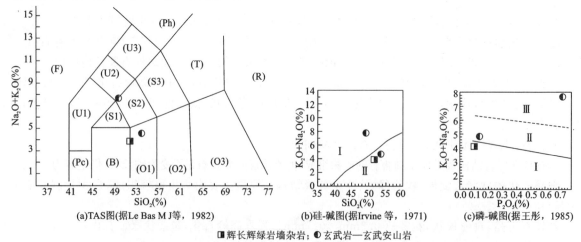

图 3-25 岩石分类

(F)似长石岩;(Pc)苦橄玄武岩;(U1)碱玄岩、碧玄岩;(U2)响岩质碱玄类;(U3)碱玄岩质响岩;(Ph)响岩;(S1)粗面玄武岩;(S2)玄武质粗面安山岩;(S3)粗面安山岩;(T)粗面岩和粗面英安岩;(B)玄武岩;(O1)玄武安山岩;(O2)安山岩;(O3)英安岩;(R)流纹岩;Ⅰ:亚碱性系列;Ⅱ:碱性系列;Ⅲ:强碱性系列;O:SiO_2 饱和;S:SiO_2 饱和;U:SiO_2 不饱和

表 3-2 班-怒带蛇绿岩主量元素

顺序号	野外名称	主量元素(%)												
		SiO₂	TiO₂	Al₂O₃	Fe₂O₃	FeO	MnO	MgO	CaO	Na₂O	K₂O	P₂O₅	H₂O⁺	H₂O⁻	TCO₂
GS-237	堆积辉橄岩	40.24	0.075	3.24	4.7	2.91	0.1	34.76	1.85	0.097	0.09	0	11.47	0.74	0.033
GS-238	玄武岩	49.04	2.3	16	2.78	6.66	0.12	4.73	4.55	4.32	3.4	0.71	4.52	0.86	0.74
GS-239	枕状玄武岩	53.38	0.56	15.94	1.01	5.46	0.12	6.98	5.37	2.96	1.64	0.13	4.53	0.42	2.13
GS-201	辉长岩	51.58	1.16	13.12	3.33	9.22	0.21	5.64	7.29	3.38	0.47	0.1	3.21	0.29	1.54

顺序号	主量元素(%)		主要参数					CIPW 标准矿物(%)						
	LOS	SI	σ	A/CNK	Mg#	TFeO/MgO	K₂O/Na₂O	Q	Or	Ab	An	Lc	Ne	C
GS-237	11.54	81.68	−0.01	0.89	0.90	0.21	0.93	0	0.61	0.93	9.27	0	0	0
GS-238	4.69	21.61	9.87	0.84	0.48	1.94	0.79	0	21.28	33.88	15.01	0	2.57	0
GS-239	6.14	38.67	2.04	0.97	0.66	0.91	0.55	5.02	10.37	26.74	27.07	0	0	0
GS-201	4.47	25.59	1.73	0.68	0.45	2.17	0.14	3.01	2.91	29.95	20.14	0.00	0.00	0.00

顺序号	主量元素(%)					CIPW 标准矿物(%)						
	SO₃	Ac	Ns	DiWo	DiEn	DiFs	HyEn	HyFs	OlFo	OlFa	Mt	Hm	Il	Ap
GS-237	0.003	0	0	0.5	0.4	0.05	24.78	2.9	51.73	6.68	1.99	0	0.16	0
GS-238	0.001	0	0	1.87	1.04	0.75	0	8.61	8.03	6.43	2.87	0	4.62	1.64
GS-239	0.002	0	0	0.26	0.16	0.08	18.49	12.44	0	0.00	1.77	0	1.14	0.3
GS-201	0.47	0.00	0.00	7.17	3.38	3.69	11.40		0.00	0.00	3.36	0.00	2.31	0.23

2) 源岩浆讨论

研究区班-怒带已发生强烈的绿泥石化蚀变,用常量元素构筑的环境判别图解可能不太可靠,但部分相对较稳定的常量元素(次要元素)则可部分指示源区性质。

班-怒带熔岩和岩墙杂岩的 $Mg^\#$ 在 0.33～0.66,一部分显然大于 0.5,证实系幔源岩浆作用的产物。在 $TFeO-MgO-Al_2O_3$ 判别图[图 3-26(a)]上,熔岩和岩墙杂岩的一个样品位于大陆玄武岩区,另一个样品位于岛弧和活动大陆边缘区,还有一个位于 MORB 区,但非常靠近岛弧和活动大陆边缘区;在 $TiO_2-MnO-P_2O_5$ 判别图[图 3-26(b)]上,两个样品位于岛弧拉斑玄武岩区,而另一个则位于洋岛玄武岩区。

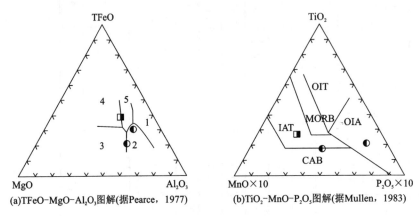

图 3-26 玄武岩的常量元素判别图解

1.扩张中心岛屿玄武岩;2.岛弧及活动大陆边缘玄武岩;3.MORB;4.大洋拉斑玄武岩;5.大陆玄武岩;MORB:洋中脊玄武岩;OIT:洋岛拉斑玄武岩或海山拉斑玄武岩;CAB:岛弧钙碱性玄武岩;IAT:岛弧拉斑玄武图;OIA:洋岛碱性玄武岩;图例同图 3-25

班-怒带的三个样品(玄武质粗面安山岩、玄武安山岩及辉绿岩)在玄武岩 $Ti-Zr-Y$ 图解、$Ti-Zr$ 图解、$Ti-Zr-Sr$ 图解[图 3-27(a)、(b)、(c)]上均位于钙碱性玄武岩区,在 $Zr/Y-Zr$ 图解[图 3-27(d)]上位于板内玄武岩一侧,在另一 $Zr/Y-Zr$ 图解[图 3-27(e)]上判别位于大陆弧玄武岩区。这反映了它与狮泉河带的洋脊玄武岩(见下一节)相比,环境更近于陆壳或岛弧,即地壳的厚度由狮泉河带向北至测区内的班-怒带所在位置增厚,且很可能在班戈岩带所在位置存在微陆块。在 $K_2O/Yb\times10^{-4}-Ta/Yb$ 协变图解[图 3-27(f)]上它位于 MORB 一侧的拉斑质玄武岩或近 MORB 的洋岛拉斑玄武岩一侧,说明它代表了在此处发育的岛弧弧间裂谷盆地的扩张脊(图 3-28)。在稀土球粒陨石化标准图解[图 3-29(a)]上熔岩的曲线与富集洋中脊玄武岩(大陆弧或洋岛碱性玄武岩)相近;在微量元素 MORB 标准化图解上[图 3-29(b)],玄武安山岩、辉绿岩、闪长岩的曲线基本一致,并与岛弧钙碱性玄武岩的相似,具有弱的 Nb、P、Ti 槽。更偏基、偏碱的粗面玄武安山岩的曲线与玄武安山岩、辉绿岩、闪长岩的基本相似,但不具有 Nb 异常,根据偏基、偏碱的熔岩层位相对较玄武安山岩略低,二者地球化学差异较大,可能反映它们是两次部分熔融的产物。早期的产物由于处于拉裂环境,上升较快,故与陆壳混染弱,无 Nb 负异常。而晚期玄武安山岩和辉绿岩中 Nb 负异常的出现则有两种可能:①在上升过程中由于位于挤压环境,上升较慢,从而与陆壳发生混染,并在此过程中发生了结晶分离作用,造成铌负异常;②由于流体对地幔的交代作用。这尚需要进一步的排查确认。

在蛇绿岩各组分的稀土模式图上,可以明显反映出熔岩的稀土总量较高,基本不具有铌负异常;岩墙杂岩稀土总量次之,具有铌负异常;蛇纹石化的辉橄岩稀土总量最低,但略高于球粒陨石平均值,并具有明显的铌负异常。上述特征与其他一些典型的蛇绿岩(考尔曼,1977)的相似。

综上所述,并考虑到测区内该带超镁铁质岩所占比例较大,堆晶岩系发育,在一些堆晶岩系极为发育的地段,产出铬铁矿体,玄武岩有具枕状构造者,但也有一部分玄武岩中含有火山角砾,因此认为测区内的班-怒带可能代表狮泉河—班-怒带在晚侏罗世末—早白垩世拉裂过程中形成的裂谷小洋盆的过渡类型,可能与地幔柱流作用有关,由于地壳减薄尚不足,故岩石明显具有碱性或含有一些陆壳的特征,总

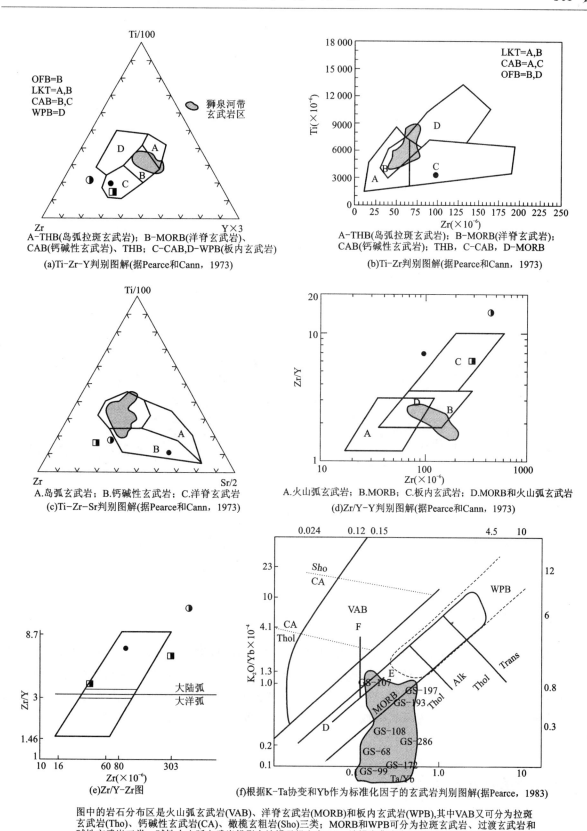

图 3-27 班-怒带玄武安山岩微量元素判别图解

体与洋岛玄武岩相当。晚期盆地萎缩，从而形成含角砾的具有岛弧拉斑质的火山岩。即它总体反映了一个发育在陆壳上的裂谷小洋盆由拉裂→收缩的过程。

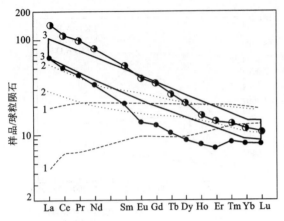
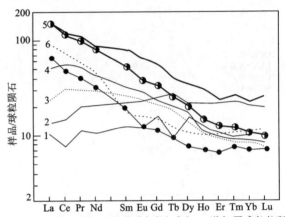

1.N-MORB(正常洋中脊玄武岩);2.T-MORB(过渡洋中脊玄武岩);3.P-MORB(富集洋中脊玄武岩)(据Lencex等,1983)

1.岛弧拉斑玄武岩;2.正常洋中脊玄武岩;3.洋岛(夏威夷)拉斑玄武岩;4.洋岛(夏威夷)碱性玄武岩;5.洋岛碱性玄武岩;6.大陆弧玄武岩(据Frey等,1968)

图 3-28 班-怒带玄武安山岩稀土配分模式曲线与不同类型洋脊玄武岩对比(样品图例同图3-27)

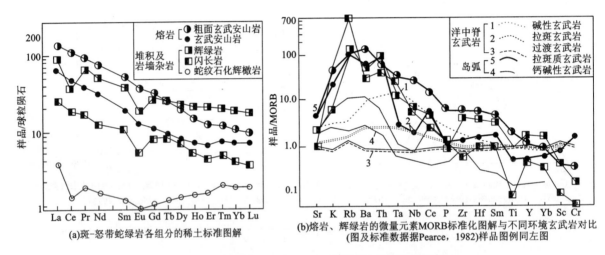

(a)班-怒带蛇绿岩各组分的稀土标准图解

(b)熔岩、辉绿岩的微量元素MORB标准化图解与不同环境玄武岩对比(图及标准数据据Pearce,1982)样品图例同左图

图 3-29 班-怒带蛇绿岩稀土配分模式及微量标准图解

(四) 形成时代

根据该带与北侧的狮泉河带相贯通,在邻幅内该带中采到的放射虫化石时代也为晚侏罗世末—早白垩世,早白垩世郎山组角度不整合盖在该蛇绿岩之上,117Ma左右的花岗岩侵入该蛇绿岩,指示它与南侧的狮泉河带各亚带的形成时间相近,也形成于晚侏罗世末—早白垩世早期,可能将之视为狮泉河带的一部分更合适,但也有一些专家认为该带为班-怒带的一部分,故测区内这部分蛇绿岩的归属尚有待于今后工作的进一步研究。

三、狮泉河蛇绿混杂岩带

有关论述西藏地质构造的著作中,大多广泛讨论了班公湖-怒江蛇绿岩带和雅鲁藏布江蛇绿混杂岩带的发育及构造意义。而发育于二者之间的狮泉河超基性岩虽然早已被发现,但却极少被提及。即使在不多的著述中对狮泉河蛇绿混杂岩带(可简称狮泉河带)的性质及与班-怒带的关系等问题也存在重大分歧和疑点。

有学者认为狮泉河带的超基性岩为侵入岩(赵崇贺等,1983);有学者认为是深部带上来的构造冲片;也有学者认为狮泉河带是一个完整的蛇绿岩带(胡承祖,1990;郭铁鹰等,1991),将之与东边断续分布的古昌蛇绿岩、永珠蛇绿岩相联系,称为"狮泉河-古昌-永珠蛇绿岩带",并认为该带是班公湖-怒江蛇绿岩带的一个重要分支(胡承祖,1990)。随着近期班-怒带被厘定为一个具有复杂结构的多岛弧盆体系(罗建宁等,1996;潘桂棠等,1997;潘桂棠等,2001),断续分布在其南缘的狮泉河、申扎、嘉黎等地段蛇绿岩的性质再度引起人们的广泛关注。要解决上述科学问题,必须准确厘定狮泉河带的结构、组成及与班-怒带等的空间关系。而狮泉河一带岩石出露好,是区域上解决上述科学问题的最佳位置之一。因此,图幅提出了项目的专题工作放在狮泉河带,专题名称:狮泉河蛇绿混杂岩地质特征及动力学。本项目通过横穿狮泉河蛇绿岩带的详细地质调查,并配合相应的地球化学和相邻地带火山岩的研究资料,已基本查明狮泉河带西端的空间结构、形成时代、地质意义及与班-怒带的关系等。本节也是该专题的主要内容。

(一)地质特征

狮泉河带向西逐渐与什约克缝合带汇合,向东至少可延至古昌一带,沿走向达 470km 以上(熊盛青等,2001);南与左左断隆或冈底斯-下察隅燕山期火山岩浆弧间以深大断裂相隔;北界以往认为在狮泉河附近不清楚,但本次调查显示:在热帮错东十几千米处,狮泉河带与班-怒带的南支贯通。

测区内狮泉河带内部结构较为复杂,可进一步划分为三个蛇绿混杂岩亚带、三个岛弧链,由南向北依次为一亚带、南岛弧链、二亚带、中岛弧链、三亚带、北岛弧链,但局部亚带之间又具有复合现象,从而构成与班-怒带类似的多岛弧盆格局(图 3-30、图 3-31)。各亚带和岛弧链构造线方向多呈 NWW—EW,仅四亚带呈 NNW。各蛇绿混杂岩亚带一般由基质和构造肢解的岩片(图版 13-4,图版 15-1、15-2、15-5)组成,韧性变形、褶皱、构造置换等现象极为发育,地层呈现无序结构;岛弧链区的地层(乌木垄铅波岩组)则呈有序结构,构造相对不发育。以同温淌嘎断裂为界,东西两侧岛弧链区岛弧特征,尤其是各亚带内蛇绿岩组成有较大差异。

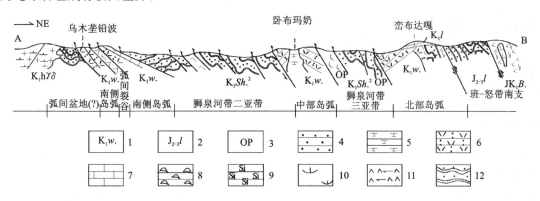

图 3-30 狮泉河蛇绿混杂岩构造剖面图

1.乌木垄铅波岩组;2.拉贡塘组;3.蛇绿岩(岩片);4.砂岩;5.粗面岩;6.流纹质熔结凝灰岩、流纹质熔结角砾集块岩;7.灰岩;8.浊积砾岩(活山碎屑流沉积);9.硅质岩(或岩片);10.蛇绿岩(岩片);11.蛇纹石化辉绿岩(岩片或基质);12.变砂岩(基质)

1. 狮泉河带一亚带

该亚带以同温淌嘎断裂为界,可分为东、西两段。西段南侧以砂岩为基质,夹有玄武岩、变质辉橄岩、辉石岩、辉绿岩墙群(厚 2~3km)、泥硅质岩块、灰岩岩块等,局部地带该亚带偏南侧有少量斑状安山岩出露,可能反映该亚带南侧局部发育微岛弧;中部由凝灰质砂岩、砂板岩组成基质,夹有极少量的灰岩岩块;北侧由砂岩构成基质,蛇纹岩和玄武岩为主要岩块,硅质岩等也呈岩块分布其中。东段由蛇纹石化辉橄岩构成基质,岩片有硅质岩、玄武岩等。

2. 南岛弧链

组成该岛弧链的多数岛弧下部主要由中酸性火山碎屑岩组成,上部为砂岩、砾岩、灰岩。下部火山

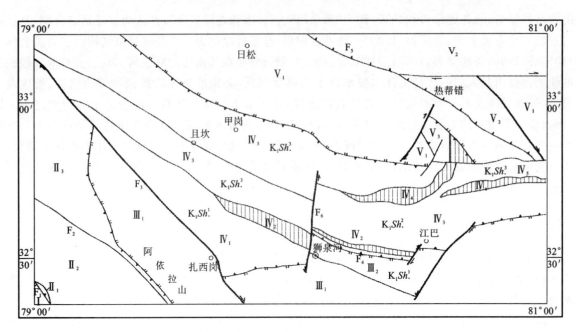

图 3-31 狮泉河一带区域构造单元划分

Ⅰ印度陆块;Ⅱ印度河-雅鲁藏布江结合带(Ⅱ₁印度缝合带,Ⅱ₂札达微陆块,Ⅱ₃什约克缝合带);Ⅲ冈底斯-拉萨-腾冲陆块(Ⅲ₁冈底斯-下察隅晚燕山期岩浆弧带,Ⅲ₂左左断隆带);Ⅳ狮泉河晚燕山期结合带(Ⅳ₁一亚带,Ⅳ₂南岛弧链,Ⅳ₃二亚带,Ⅳ₄中岛弧链,Ⅳ₅三亚带,Ⅳ₆北岛弧链);Ⅴ班公湖-怒江早燕山期结合带(V₁班戈-嘉黎岩浆弧带,V₂班公湖蛇绿岩主带,V₃班公湖蛇绿岩南带);F₁札达-拉孜-邛多江断裂;F₂达机翁-彭错林-朗县断裂;F₃喀喇昆仑右行走滑断裂;F₄狮泉河断裂;F₅班公错-纳屋错断裂;F₆同温淌嘎断裂

碎屑岩的火山韵律多具有由中基性向中酸性演化的规律,而上部沉积岩,由岛弧中心向边部,具有由潮坪相的砂岩、砾岩、碎屑灰岩→台地相的泥灰岩→半深水的浊积砂岩、深水的硅质岩转化。该岛弧链最东部江巴一带结构较为复杂,由南向北由多个近东西向平行排列的弧组成(图 3-30),相互之间由夹杂着极窄的、发育不全的弧间蛇绿混杂岩残片,个别地带发育有窄的安山玄武岩块相分隔。反映在这一地带岛弧发育较为成熟,裂谷化作用较强,已拉出洋壳,形成弧间洋盆。

3. 狮泉河带二亚带

该亚带内蛇绿岩各组分较为齐全、堆晶岩系发育。以同温淌嘎断裂为界,该亚带西侧由基性火山岩构成基质,蛇纹岩、变质辉橄岩、辉石岩、辉绿岩墙群、辉长岩、闪长岩(堆晶岩)、灰岩呈岩块产于其中;东侧主要由砂岩、砂板岩构成基质,蛇纹石化辉橄岩、玄武岩、辉绿岩墙群、硅质岩等呈构造肢解的岩片散布于其中。此外,狮泉河带内规模最大的俄儒韧性剪切带分布于该亚带内。

4. 中岛弧链

仅发育于同温淌嘎断裂以东,以西不存在。该岛弧链各岛弧的组成有两类:一类以偏西侧的日阿弧为代表,弧中心由流纹质火山碎屑岩组成,之上为潮坪相的生物碎屑灰岩,生物碎屑中有固着蛤和圆笠虫;另一类以偏东侧的卧布玛奶弧为代表,由流纹质火山碎屑岩和粗安质火山碎屑岩组成核心,之上为火山沉积碎屑岩,再向边部为由砂岩、砾岩、泥岩组成的潮坪沉积,在砂岩中可见植物根茎化石。

5. 狮泉河带三亚带

以同温淌嘎断裂为界,狮泉河带三亚带东西两侧存在重大差异。西段为且坎-甲岗拗陷盆地沉积,不发育蛇绿岩,也可能蛇绿岩被晚期多尼组和郎山组沉积所覆。东段则为蛇绿混杂岩,由砂岩和变质超基性岩构成基质(南侧主要由砂岩构成基质,北侧主要由变质超基性岩构成基质),岩片有辉绿岩墙群、枕状及豆状玄武岩、硅质岩、火山碎屑流形成的浊积砾岩等。

6. 北岛弧链

发育于峦布达嘎一带,由流纹质火山碎屑岩和少量的安山质火山碎屑岩组成。由于受郎山组灰岩的覆盖,该岛弧大部分隐伏,仅零星出露,但由弧前蛇绿混杂岩中普遍发育的火山碎屑流沉积反映该弧应有一定的规模。

(二) 蛇绿岩的岩石学特征

在前面谈到狮泉河蛇绿岩各亚带地壳结构组成略有差异,但组成不同亚带的同一岩性,据野外调查和室内鉴定证实,其岩石学特征相似,故在该部分不分亚带,而按其在恢复的拟层序(图 3-32)内的位置,由下向上予以论述。

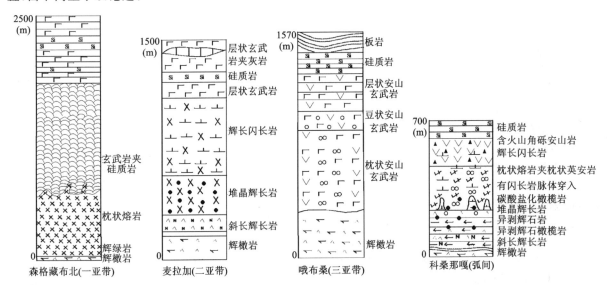

图 3-32 狮泉河蛇绿混杂岩不同地段拟层序

1. 变质超基性岩

变质超基性岩几乎均为方辉橄榄岩,仅二亚带局部发现存在二辉橄榄岩,它们在蛇绿岩中呈岩片或基质产出。

方辉橄榄岩 蚀变多较强,呈蛇纹岩产出,具有鳞片纤状变晶结构,岩石主要由蛇纹石(90%)组成,含少量磁铁矿(10%)。蛇纹石以鳞片状蛇纹石(70%)为主,属于橄榄石蚀变的产物;纤状蛇纹石约含20%,可能是辉石(斜方辉石)的蚀变产物。磁铁矿呈网状、网脉状,部分已风化成褐铁矿。也有一些薄片中,辉石蚀变成纤维状的方解石集合体,与滑石、蛭石共生,组成团块状或短柱状的外形。

少量方辉橄榄岩蚀变略弱,呈方辉橄榄质蛇纹岩产出,除具纤状变晶结构外,具有残留结构。如交代橄榄石的蛇纹石呈黄绿色,具网状结构,粗网格为纤维状蛇纹石,网眼还残留少量原生橄榄石,而蛇纹石化过程中析出的磁铁矿微粒集合体,也呈网格状分布于蛇纹石中;交代辉石的蛇纹石仍保留辉石假象,粒径为 1cm±,形成绢石,有的绢石核部仍保留少量辉石残晶,据其光性判断为顽火-古铜辉石。

二辉橄榄岩 鳞片纤状变晶结构,变余中粒结构,变余网状结构。岩石主要由蛇纹石组成,含少量橄榄石、辉石残晶及磁铁矿等。

橄榄石:近等轴粒状,粒径 3mm,强烈蛇纹石化。蛇纹石呈鳞片状、纤维状,集合体呈网格状,形成网状结构,网眼为原生橄榄石残晶,有的网眼也为蛇纹石,但网状结构仍保存。

辉石呈短柱状—近等轴粒状,粒径 2~3mm,既有斜方辉石,也有单斜辉石。斜方辉石干涉色低,平行消光,有出深条纹,不同程度的蛇纹石化,有的已变成绢石;单斜辉石呈淡绿色,干涉色高,消光角近于 $Ng \wedge C=40°$,不同程度的蛇纹石化,并析出磁铁矿。

磁铁矿：较大者为原生的，微粒者多分布蛇纹石、辉石解理面附近，集合体呈细脉状，多为橄榄石、辉石蚀变的析出产物。

2. 堆晶岩

在测区内见到的典型堆晶结构主要在科桑那嘎沟口处的弧间和二亚带内，二者明显不同。

1）科桑那嘎沟口处的弧间蛇绿岩型的堆晶岩

其岩石组合如下。

19. 灰白色碳酸盐化辉橄岩	8m
18. 灰绿色蛇纹石化橄辉岩	2m
17. 灰绿色蛇纹石化辉橄岩	12m
16. 灰绿色橄榄辉石岩	0.7m
15. 灰绿色辉橄岩	1m
14. 灰绿色橄榄辉石岩	0.9m
13. 灰绿色蛇纹石化辉橄岩	2m
12. 灰绿色橄榄辉石岩	0.1m
11. 灰绿色蛇纹石化辉橄岩	0.6m
10. 灰绿色橄榄辉石岩，呈透镜状	0.5m
9. 灰绿色蛇纹石化辉橄岩	2m
8. 灰绿色橄榄辉石岩	0.34m
7. 灰绿色辉橄岩	6m
6. 灰绿色橄辉岩	10m
5. 灰黑色辉橄岩夹橄榄辉石岩	9m
4. 橄榄辉石岩与橄榄岩呈互层，局部可见到辉石岩分馏形成的岩管穿入橄榄岩层中，而在个别橄榄辉石岩层中明显可观察到辉石由底向顶粒度逐渐变细，含量减少构成的堆晶结构	9m
3. 橄榄辉石岩夹橄榄岩，橄榄岩呈透镜状	12m
2. 灰绿色橄榄辉石岩	80m
1. 灰绿色辉橄岩	10m

上述剖面指示：该堆积岩系主要由辉橄岩和橄榄辉石岩组成，在剖面上还见到辉石岩在方辉橄榄岩中呈岩管状和脉状产出，也反映了二者之间存在结晶分馏作用。下面对这两种岩性的具体特征作一介绍。

辉石橄榄岩 已强烈蛇纹石化，但多具有变余结构、鳞片变晶结构，块状构造。岩石原岩由富镁的斜方辉石（10%～15%）和橄榄石（85%～90%）组成，辉石呈粗晶结构（6～7mm），其内包含有浑圆的橄榄石晶体，构成包含结构，它指示辉石结晶晚。辉石由于蛇纹石代替形成绢石，而内包的橄榄石被纤状的蛇纹石所取代，保留了网状特征，析出了磁铁矿。

橄榄辉石岩 已强烈蛇纹石化，局部具绿泥石化，但多具有变余粗粒半自形结构。岩石主要矿物为普通辉石，半自形柱状，消光角 $Ng \wedge C = 41°$，二级绿干涉色，颗粒巨大（图版13-7），大者粒径可达8～10mm，含量80%；辉石内部有时包有圆粒状蛇纹石，原生矿物应为橄榄石。此外还有一些鳞片变晶状蛇纹石集合体，外形为橄榄石假象，橄榄石含量15%。

2）二亚带的堆晶岩

在二亚带见到了由单辉橄榄岩—辉石岩—辉长岩—辉长闪长岩—石英闪长岩组成的堆晶结构。

单辉橄榄岩 鳞片纤状变晶结构，变余粒状结构，岩石主要由蛇纹石（70%）、变余的辉石（25%）组成，含少量赤铁矿、绿帘石（5%）等。

蛇纹石：呈鳞片状，纤维状，干涉色低。

辉石：短柱状及短柱状假象，粒径多为1.1mm×1.6mm，少数蚀变较弱，仍保留辉石光性，按光性多为单斜辉石（普通辉石），少量为顽火辉石，蚀变多较强，蚀变为蛇纹石、绿安全帽石、纤闪石的集合体，或全部被蛇纹石化代替形成绢石，仅呈辉石假象。

辉石角闪岩 斑状结构,斑晶由角闪石和少量辉石组成。

普通角闪石斑晶:柱状,横截面为近菱形的六边形,粒径多为7mm×12mm,较新鲜,绿色多色性,但多色性不明显,可能属浅闪石或浅闪变通角闪石,含量50%。

普通辉石:呈短柱状,横截面为八边形,少数粒径较大,横截面达1.1mm,含量15%。

基质为细粒—微粒结构,由普通角闪石(20%)和普通辉石(15%)组成,矿物类型与斑晶相同,仅粒径小于0.3mm。

堆晶辉长岩 具有堆晶结构,由斜长石和辉石、角闪石组成。

细粒辉长闪长岩 细粒半自形粒状结构,岩石主要由斜长石(60%)、普通角闪石(35%)和微量普通辉石(<3%)及磁铁矿(<2%)等组成。

斜长石:半自形板状,粒径多为0.4mm×1.2mm,钠长聚片双晶,卡钠复合双晶常见,轻—中度黝帘石化、高岭土化、绢云母化。

普通角闪石:柱状—不规则柱状,多数粒径为0.7mm×1.3mm,较新鲜,绿色多色性,少数开始绿泥石化,少数粒径较大,达2.5mm×4.3mm,包含有普通辉石,褐色多色性,属早期结晶的高温角闪石斑晶。

普通辉石:被普通角闪石包裹,并存在反应边结构,淡色调,无多色性,$Ng \wedge C=35°$,二轴(+),短柱状—不规则粒状,粒径为0.7mm×0.9mm。

石英闪长岩 中细粒半自形粒状结构,岩石主要由斜长石(60%)、普通角闪石(30%)和石英(7%~8%)等组成。

斜长石:半自形板状,较大者粒径为0.4mm×1.2mm,钠长聚片双晶,卡钠复合双晶常见,较强烈的黝帘石、高岭土化、绢云母化。

普通角闪石:长柱状,较大者粒径为1.3mm×2.9mm,部分仍保留角闪石光性,绿褐色多色性,部分有不同程度的绿泥石化、纤闪石化蚀变。

石英:不规则粒状,单个石英粒径小于0.6mm。

3. 岩墙杂岩

辉长岩 灰绿色,块状构造,中粗粒结构,由斜长石、辉石和角闪石组成,斜长石为半自形或他形板状颗粒,其大小为3~4mm,为聚片双晶,成分为拉长石;辉石多为他形颗粒,其大小为2mm,辉石式解理,$Ng \wedge C=46°$,最高干涉色为二级蓝绿,属于单斜辉石,但大多数辉石都已变成普通角闪石,但有些角闪石中见有辉石的残余。副矿物中有磷灰石和黑色金属矿物。

中粗粒辉长闪长岩 中粗粒半自形结构,岩石主要由角闪石(60%)和斜长石(40%)组成。角闪石呈柱状,横截面粒径达0.54mm,角闪石解理清楚,绿色多色性,但多色性不很明显,二轴(—),属于浅闪石-普通角闪石。斜长石呈板状,粒径达1.8mm×6.8mm,见聚片双晶,二轴(—),为中长石。岩石已发生了蚀变,部分角闪石纤闪石化浅闪石化,斜长石则强烈高岭土化、绿帘石化。

细粒辉长闪长岩 中细粒半自形粒状结构,岩石主要由斜长石(60%)、普通角闪石(40%)及微量正长石组成。斜长石:板状,粒径小于0.5mm×1.3mm,见聚片双晶,较强的高岭土化、绿帘石化。正长石:板状,粒径与斜长石相似,不见聚片双晶,只见简单双晶,较强烈的高岭土化。普通角闪石呈长柱状,粒径小于0.5mm×1.2mm,角闪石式解理清楚,绿色多色性。

闪长岩 灰白色,块状构造,中细粒结构,主要矿物有辉石(15%)、角闪石(35%),石英(10%)、长石(40%),辉石颗粒相对较粗大,角闪石自形程度较高,但黑颗粒较小。

辉绿岩 灰绿色,细粒辉绿结构,岩石的主要矿物有角闪石(48%)、斜长石(50%)和磁铁矿(2%),角闪石粒径在0.3~0.6mm,具暗绿—浅黄多色性,有的颗粒见有辉石的反应残余,有的角闪石中部呈褐色,斜长石为板状,大小为0.7~1.5mm,多具有环带,钠长石双晶或卡钠复合双晶,双晶略有弯曲。岩石蚀变强烈,角闪石一般绿泥石化、纤闪石化,而斜长石则高岭土化。

细粒闪长岩 仅见于弧间盆地,具细粒半自形粒状结构,岩石由斜长石(70%)、角闪石(20%)、石英(5%)和楣石(1%)组成。斜长石呈自形—半自形板状,具环带、泥化、绿帘石化,属中性斜长石;角闪石呈半自形柱状，褐—浅褐色多色性，两组菱形解理，其 Ng∧C=17°，绿帘石化、绿泥石化、碳酸盐化强烈；石英呈他形，榍石呈菱形，具白钛石化。

石英闪长岩 仅见于弧间盆地，已发生强烈蚀变，岩石由斜长石(60%)、角闪石+黑云母(20%)、石英(15%)和钾长石(5%)组成。

4. 熔岩

狮泉河带内的枕状熔岩极为发育，在不同的小盆地内各有特色，在一、二亚带内主要是拉斑玄武岩，三亚带则主要是枕状玄武安山岩、豆状玄武安山岩及角砾状玄武安山岩、橄榄玄武岩等，在弧间盆地除枕状熔岩外，更出现大量的含角砾安山岩，尤为特殊的是在科桑那嘎沟口附近的弧间盆地内发育由枕状安山岩和枕状英安岩组成的枕状构造，显示了上述盆地不同的大地构造背景和地壳减薄程度。

橄榄玄武岩 变余斑状结构，原岩斑晶(10%)可能为橄榄石，多呈橄榄石自形晶假象，粒径大者达 1.3mm×1.8mm，现已全部碳酸盐化，除原晶裂纹外仍保留了少量伊丁石、褐铁矿。基质具间隐结构，斜长石(50%)组成格架，架间充填火山玻璃(40%)。斜长石微晶多为中空骸晶状细长条形，粒径大者为 0.075mm×0.60mm，轻度高岭土化，火山玻璃含铁较多，黑—暗褐色，不透明状，为铁质玻璃，现已褐铁矿化。

拉斑质玄武岩 变余斑状结构，斑晶为斜长石和普通辉石。斜长石斑晶呈自形板状—板条状，较大者粒径为 0.55mm×1.45mm，具有强烈的蚀变，消光角 Ng∧(010) 较大，属于拉长石，含量20%。辉石斑晶：柱状，横截面为近四边形的八边形(假象)，彻底绿泥石化、碳酸盐化，按蚀变矿物推测为透辉石或透辉石质普通辉石，含量10%。基质具变余拉斑结构，斜长石架间充填绿泥石、方解石、钛磁铁矿及火山玻璃。斜长石微晶(30%)分两个世代，较粗者达 0.14mm×0.72mm，为长板状，较细者分布于较粗架间，为中空骸晶状，粒径为 0.01mm×0.14mm，绿泥石(15%)为辉石蚀变产物，有的保留辉石假象，分布于粗粒斜长石微晶架间，钛磁铁矿(5%)为针状—长条状骸晶，火山玻璃(20%)碳酸盐化。岩石具杏仁构造，杏仁形态为圆形—不规则圆形，粒径大者达 2mm，成分多样，多为方解石+绿泥石质或方解石质，少为蛋白石质+绿泥石质或石英+绿泥石质。

枕状玄武质安山岩 具有枕状构造(图版13-8)，由枕和基质两部分构成，有的枕可达 1m，多呈椭球体，边缘具有玻璃质冷凝边和气孔构造(图版14-1)。枕的矿物组成为钠长石和黑云母化的绿泥石，显然已遭受了强烈的细碧岩化；也有些蚀变略弱者隐约可见间粒或间片结构(斜长石搭成格架，片状绿泥石或纤维状柱状的阳起石、绿帘石充填其间)。基质强烈变形，矿物几乎全由碎粉状的钠长石和微粒状的绿帘石、黝帘石、粗粒方解石团块岩石组成，指示曾遭受了强烈的变形。也有一些枕状熔岩中可见杏仁状构造，杏仁为圆形的石英集合体，粒径为 0.8~2.8mm。

球颗状玄武安山岩 呈无斑隐晶结构、显微玻基交织结构，斜长石呈微晶呈细长条状，粒径在 0.002~0.03mm，集合体呈放射状、半放射状、梳状，斜长石微晶间充填铁质玻璃和粉尘状铁质微粒。岩石较为破碎，分布许多网脉状、细脉状方解石脉、石英方解石脉。

安山岩 科桑那嘎沟口处存在一种罕见的由安山岩组成的洋壳，这种安山岩具有枕状构造(图版14-2)，枕一般可达 1m，多呈椭球体，枕边缘一般具有玻璃质冷凝边和气孔构造。枕内的矿物几乎均已蚀变为方解石和绿帘石等，奇特的是它还含有少量具有塑性变形痕迹的同质火山弹，展示在线状溢流背景下，还存在微弱的喷发活动。据多次地球化学分析结果证实该岩石为安山岩。

枕状英安岩 在科桑那嘎沟口附近除存在枕状安山岩外，还存在一种罕见的枕状英安岩。枕一般呈 5~30cm 不等的圆形或椭球体状，具有由不同浓度的红色组成的层圈构造(图版14-3)，各层圈几乎均由玻璃质构成，野外怀疑为硅质，经岩石化学分析证实为英安质。

5. 硅质岩

严格地讲，放射虫硅泥质岩不是蛇绿岩成员，而属于蛇绿岩上覆岩系。它位于洋壳顶部，且常常是洋底中的正地形，当洋盆收缩时容易被仰冲上来，或混在蛇绿岩块体之中，或单独产出。如果在一个造山带中识别出上覆岩系的成员，也能代表古洋盆封闭的位置，因此对放射虫硅质岩的研究意义非常重大。

本区的硅质岩均呈较破碎的小岩块产出,一般在图面上无法表达,故仅对个别略大的岩块在图上作了夸大表示。硅质岩岩块在测区狮泉河带的各亚带及弧间盆地均有分布,一般为紫红色和灰白色两种色调。在二亚带的紫红色硅质岩中(图版14-5)采到了大量的放射虫化石(详见地层有关章节),证实为侏罗世末—早白垩世的产物。

(三)地球化学特征

1. 变质辉橄岩类

本区地幔橄榄岩化学成分比较稳定,主要元素含量都局限于一个较窄的范围内。如 SiO_2 多在 $38\%\sim45\%$ 之间(表3-3),个别达 45.72%(可能与后期的蚀变造成铁镁质的流失,导致硅质的相对富集有关),富铁镁, MgO 多在 $36\%\sim39\%$ 之间, $Mg^{\#}$ 在 $0.89\sim0.93$(多为0.91),与阿尔卑斯型超基性岩相近,明显高于原始地幔值(一般为 $87.4\%\sim89.3\%$)。$MgO/(MgO+TFeO)$ 比值介于 $0.79\sim0.85$ 之间(绝大部分为0.82),也同样反映了铁镁二者中镁相对高度富集而贫铁,在 $(Mg/(Fe)-[(Fe)+Mg])/Si$ 关系图(图3-33)上,大部分样品点投影在超镁质-镁质区,极少数落在镁铁质区。在 $SiO_2-Al_2O_3$ 图解(图3-34)上位于贫铝质区,在 $(K_2O+Na_2O)-CaO$ 相关图(图3-35)上多位于残余地幔及其附近,在 $Al_2O_3-CaO-MgO$ 图(图3-36)上,位于 MgO 角顶附近,反映贫钙铝富镁。综上,本区超基性明显具有富镁贫易熔组分 CaO、Na_2O、K_2O、Al_2O_3 的特点,显示狮泉河带变质超基性岩属于典型的阿尔卑斯型超基性岩,是蛇绿岩的组成部分,代表洋壳熔融的残余。与班-怒带的东巧超基性岩(据王希斌,1987;《1:25万兹格塘错幅区域地质调查报告》[①])相比,狮泉河变质超基性岩的 SiO_2、MgO、CaO、Na_2O、K_2O、TiO_2 等多数氧化物含量与之相近,但 Al_2O_3 含量偏高,是东巧超基性岩的3~4倍,可能反映部分熔融程度较东巧低。

表3-3 狮泉河蛇绿岩带变质辉橄岩主量、稀土及微量元素

地质体		变质辉橄岩								
		一亚带			二亚带	三亚带			四亚带或弧间	弧间
		科桑那嘎沟	羊尾山	狮泉河南	江弄拉	婆肉共沟	科桑那嘎沟	婆肉共沟	峦布沟	乌木垄铅波沟
野外名称		蛇纹石化辉橄岩								
样品编号		GS-121	GS-134	GS-77	GS-98	GS-105	GS-192	GS-109	GS-142	GS-178
主量元素(%)	SiO_2	38.27	42.11	40.33	45.72	39.59	39.43	40.65	39.63	38.39
	TiO_2	0.04	0.03	0.02	0.05	0.05	0.02	0.03	0.02	0.02
	Al_2O_3	1.30	0.57	0.61	2.07	2.16	0.60	0.65	1.48	0.54
	Fe_2O_3	7.62	5.58	6.74	2.97	5.59	7.47	6.18	5.47	6.01
	FeO	1.49	0.18	1.19	3.43	1.90	0.13	0.79	2.16	1.40
	MnO	0.092	0.060	0.110	0.047	0.110	0.045	0.067	0.100	0.100
	MgO	37.75	38.95	39.13	33.60	36.39	39.89	38.89	37.91	38.93
	CaO	0.32	0.24	0.41	0.22	1.55	0.06	0.13	1.71	0.79
	Na_2O	0.08	0.11	0.07	0.12	0.09	0.04	0.10	0.00	0.05
	K_2O	0.03	0.02	0.04	0.04	0.03	0.02	0.04	0.02	0.03
	P_2O_5	0.018	0.013	0.021	0.010	0.010	0.011	0.014	0.014	0.018
	H_2O^+	11.49	11.86	11.47	7.97	12.72	11.86	12.22	11.30	9.75
	H_2O^-	0.42	0.93	0.93	0.77	1.09	0.66	0.47	0.90	0.39
	TCO_2	2.12	0.66	0.88	3.08	0.77	0.37	0.37	0.77	3.59
	SO_3	0.014	0.037	0.040	0.067	0.075	0.017	0.030	0.025	0.052
	LOS	13.22	12.31	11.51	12.00	12.65	12.58	12.65	11.53	13.89
	Total	101.054	101.35	101.991	100.164	102.125	100.623	100.631	101.509	100.06

---

① 西藏地质调查院.1:25万(兹格塘错幅)区域地质调查报告,2003.全书类同。

续表 3-3

地质体		变质辉橄岩								
		一亚带			二亚带		三亚带		四亚带或弧间	弧间
		科桑那嘎沟	羊尾山	狮泉河南	江弄拉	婆肉共沟	科桑那嘎沟	婆肉共沟	峦布沟	乌木垄铅波沟
野外名称		蛇纹石化辉橄岩								
样品编号		GS-121	GS-134	GS-77	GS-98	GS-105	GS-192	GS-109	GS-142	GS-178
主要参数	MgO/(MgO+TFeO)	0.79	0.85	0.82	0.82	0.81	0.82	0.83	0.82	0.82
	SI	80.37	86.86	82.96	83.67	82.71	83.89	84.54	83.21	83.86
	A/CNK	1.742 925	0.892 087	0.681 069	3.230 91	0.720 73	3.002 604	1.463 453	0.472 749	0.347 786
	σ	-0.002 56	-0.018 99	-0.004 13	0.009 412	-0.004 15	-0.001 08	-0.008 34	-0.000 12	-0.001 42
	TFeO/MgO	0.221 139	0.133 556	0.185 433	0.181 637	0.190 464	0.171 797	0.163 332	0.186 837	0.174 904
	Mg#	0.89	0.93	0.91	0.91	0.90	0.91	0.92	0.91	0.91
微量元素 ($\times 10^{-6}$)	Li	11.483			5.557	2.472		16.278		
	Be	0.211			0.075	0.299		0.029		
	Sc	8.12			10.332	10.342		4.8		
	V	31.904			45.535	51.165		16.288		
	Cr	2901.734			2433.523	1971.587		1903.841		
	Co	110.022			100.101	88.651		97.155		
	Ni	1521.992			1910.806	1710.950		1889.948		
	Cu	2.414			14.021	18.705		2.671		
	Zn	86.69			183.216	113.869		89.873		
	Ga	1.26			1.663	1.54		0.617		
	Rb	1.779			1.385	1.002		1.854		
	Sr	19.312			5.21	7.257		5.011		
	Y	0.563			0.917	1.232		0.434		
	Zr	6.346			1.347	1.991		2.307		
	Nb	0.444			0.129	0.177		0.309		
	Cs	0.421			2.804	0.16		0.361		
	Ba	36.726			21.396	25.779		112.685		
	Hf	0.145			0.031	0.044		0.053		
	Ta	0.076			0.056	0.08		0.304		
	Tl	0.022			0.015	0.006		0.022		
	Pb	1.005			1.883	0.143		1.87		
	Bi	0.035			0.016	0.008		0.02		
	Th	1.589			0.116	0.154		0.31		
	U	0.436			0.019	0.026		0.09		
稀土元素 ($\times 10^{-6}$)	La	1.109			0.165	0.29		0.5		
	Ce	2.566			0.337	0.613		1.028		
	Pr	0.341			0.04	0.071		0.117		
	Nd	1.408			0.163	0.284		0.385		
	Sm	0.285			0.06	0.082		0.105		
	Eu	0.06			0.062	0.03		0.036		
	Gd	0.156			0.109	0.127		0.094		
	Tb	0.019			0.018	0.026		0.012		
	Dy	0.125			0.16	0.205		0.075		
	Ho	0.022			0.036	0.049		0.019		
	Er	0.056			0.113	0.157		0.053		
	Tm	0.009			0.02	0.027		0.0077		
	Yb	0.059			0.13	0.183		0.052		
	Lu	0.011			0.021	0.028		0.009		
	ΣREE	6.226			1.434	2.172		2.4927		

续表 3-3

地质体		变质辉橄岩							四亚带或弧间	弧间
		一亚带			二亚带		三亚带			
		科桑那嘎沟	羊尾山	狮泉河南	江弄拉	婆肉共沟	科桑那嘎沟	婆肉共沟	岔布沟	乌木垄铅波沟
野外名称		蛇纹石化辉橄岩								
样品编号		GS-121	GS-134	GS-77	GS-98	GS-105	GS-192	GS-109	GS-142	GS-178
主要参数	δEu	0.869 942			2.343 832	0.898 744		1.107 816		
	δCe	1.023 053			1.017 05	1.047 41		1.042 077		
	δSr	9.719 175			20.84	16.1806		7.092 711		
	$(La/Sm)_N$	2.512 059			1.775 316	2.283 112		3.074 141		
	$(Sm)_N$	1.862 745			0.392 157	0.535 948		0.686 275		
	$(Gd/Yb)_N$	2.187 307			0.693 618	0.574 103		1.495 415		
	$(La/Yb)_N$	13.4828			0.910 419	1.136 704		6.897 111		
	$(Yb)_N$	0.347 059			0.764 706	1.076 471		0.305 882		
	$(Ce)_N$	4.192 81			0.550 654	1.001 634		1.679 739		

注：主量元素单位：10^{-2}，微量及稀土元素单位：10^{-6}。

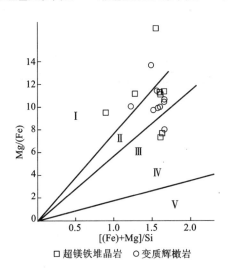

图 3-33　Mg/(Fe)-[(Fe)+Mg]/Si 图解
（据张雯华等，1976）

Ⅰ 超镁质区；Ⅱ 镁质区；Ⅲ 镁铁质区；Ⅳ 铁镁质区；Ⅴ 铁质区

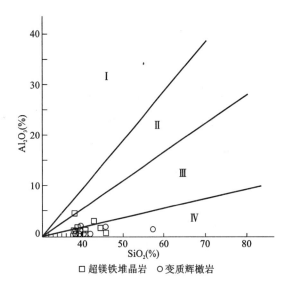

图 3-34　Al_2O_3-SiO_2 图解
（据张雯华等，1976）

Ⅰ 高铝质区；Ⅱ 铝质区；Ⅲ 低铝质区；Ⅳ 贫铝质区

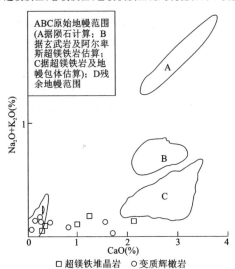

图 3-35　(K_2O+Na_2O)-CaO 相关图
（据 Nixon P H 等，1981）

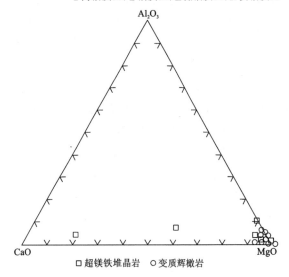

图 3-36　Al_2O_3-CaO-MgO 成分三角图解
（据 Nixon P H 等，1981）

狮泉河蛇绿岩带变质超基性岩稀土总量为$(1.434\sim6.226)\times10^{-6}$(表3-3),这个值显著高于东巧变质超基性岩,狮泉河带变质超基性岩的ΣREE配分模式(图3-37、图3-38)、微量元素地幔标准化曲线(图3-39)反映:相对原始地幔,稀土呈亏损型,微量元素中除活泼元素Cs、Rb、Ba、Th、U、K、Na、Ta弱富集外,其余均不同程度地亏损,总体显示了一种亏损幔源熔融的残余。但也存在一些差异:如一亚带呈轻稀土富集型,三亚带呈平坦型,二亚带与三亚带相近,但表现出高的Eu正异常(δEu为2.34,远高出其他样品的0.87~1.11的δEu值);耐火元素Cr、Co由一亚带→二亚带→三亚带亏损增大,Ni正好相反;高场强元素的地球化学行为不一致,P、Ti处无异常,但Nb处存在弱的负异常,且由一亚带→三亚带→二亚带异常增强,可能指示存在不同程度的陆壳混染,但一亚带极弱的Nb负异常和轻稀土的富集,可能指示有深部富集地幔源物质的加入。综上,不同亚带处,稀土及微量元素存在差异,可能指示它们经过不同的熔融过程,是不同的小岩浆房的产物。

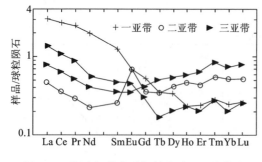

图3-37 狮泉河带变质辉橄岩稀土配分模式
(球粒陨石值据Sun,1980)

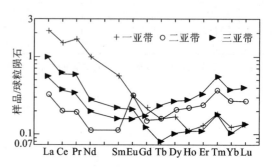

图3-38 狮泉河带变质辉橄岩稀土配分模式
(原始地幔值据Tayler等,1985)

2. 堆晶杂岩类

堆晶杂岩的样品主要取自弧间和二亚带,其中弧间超镁铁-镁铁堆晶岩的SiO_2多在38%~43%之间(表3-4),个别达45.50%,富铁镁钙,但铁镁钙三者的比例变化很大,如MgO在5.81%~39.73%,CaO在0.25%~23.52%,TFeO在3.39%~9.15%,$Mg^{\#}$在0.75~0.92(平均0.89),略低于本区变质超镁铁岩,TFeO/MgO在0.16~0.54之间,在图3-33((Mg/(Fe)-[(Fe)+Mg]/Si关系图)上,样品投影点分散在超镁质、镁质区、镁铁质三个区域。在SiO_2-Al_2O_3图解(图3-34)上分散在铝质区-贫铝质区,在Al_2O_3-CaO-MgO图(图3-36)上,位于MgO角顶附近,反映了贫钙铝富镁在(K_2O+Na_2O)-CaO相关图(图3-35)上样品分散在残余地幔-超镁铁岩区(部分点超出图外),反映随着CaO的增加,碱度变化微弱的分异趋势。二亚带内超镁铁质堆晶岩未取样,其中独立产出的辉长堆晶岩SiO_2为62.01%(表3-4),属于中性岩,与一亚带以富镁铁钙为特征的超镁铁堆晶岩相比,(K_2O+Na_2O)为4.66%,TiO_2为0.70%,Al_2O_3为15.09%,K、Na、Ca、Al较之超镁铁堆晶岩数十倍富集;与变质超镁铁岩和堆晶超镁铁-镁铁岩一样,同样具有K_2O/Na_2O小于1的特点。超镁铁质堆晶岩的稀土元素分析数据较少,仅一个数据(表3-5),其ΣREE为15.939×10^{-6},是该岩带变质超镁铁岩的数倍,δEu为3.61,反映正铕异常显著。$(La/Yb)_N$为23.63,显示轻重稀土分异显著;$(La/Sm)_N$及$(Gd/Yb)_N$分别为5.72和3.45,反映轻稀土内和重稀土内分异均显著,轻稀土内分异较重稀土强。稀土配分曲线(图3-40)同样反映了上述规律。微量元素标准化曲线(图3-41)反映:超镁铁质堆晶岩富集活泼元素(Cs、Rb、Ba、Sr、Th、U、Na)和轻稀土元素,亏损重稀土元素和耐火元素Cr、Ni、V、Sc、Ti,并在Nb、P、Ti处具有明显的凹槽。

表 3-4 狮泉河蛇绿岩带堆晶岩主量元素

地质体	堆晶岩	堆晶岩	堆晶岩	堆晶岩	堆晶岩	堆晶岩	堆晶岩	堆晶岩	堆晶岩	堆晶岩
	弧间	弧间	弧间	弧间	弧间	弧间	弧间	弧间	弧间	二亚带
位置	科桑那嘎沟	科桑那嘎沟	乌木垄铅波沟	科桑那嘎沟	科桑那嘎沟	科桑那嘎沟	科桑那嘎沟	科桑那嘎沟	科桑那嘎沟	科桑那嘎沟
野外名称	橄辉岩	辉橄岩	异剥辉石岩	异剥辉石岩	蛇纹岩	橄榄岩	蛇纹石化橄辉岩	碳酸盐化橄辉岩	变质辉橄岩	块状辉长岩
样品编号	GS-133	GS-135	GS-179	GS-123	GS-124	GS-125	GS-126	GS-127	GS-128	GS-198
主量元素(%) SiO_2	40.22	39.38	45.50	40.99	38.97	42.67	38.06	37.87	44.25	62.01
TiO_2	0.02	0.02	0.04	0.05	0.04	0.11	0.05	0.04	0.03	0.70
Al_2O_3	0.43	0.66	0.71	1.39	1.88	3.15	1.43	4.76	1.65	15.09
Fe_2O_3	6.60	7.03	5.66	8.05	3.58	3.76	9.39	5.40	1.26	1.83
FeO	0.41	0.05	0.72	1.90	0.92	0.99	0.41	1.31	2.26	4.44
MnO	0.110	0.051	0.085	0.180	0.110	0.170	0.067	0.110	0.450	0.140
MgO	39.23	39.73	35.35	39.52	38.18	22.82	35.84	37.20	5.81	3.16
CaO	0.31	0.25	1.00	0.93	2.11	13.79	1.22	0.35	23.52	4.56
Na_2O	0.09	0.03	0.05	0.16	0.10	0.12	0.14	0.08	0.10	2.83
K_2O	0.01	0.02	0.05	0.14	0.03	0.07	0.03	0.02	0.02	1.83
P_2O_5	0.011	0.012	0.021	0.022	0.022	0.020	0.020	0.013	0.014	0.140
H_2O^+	12.65	12.61	8.22	5.86	12.75	11.66	12.30	12.71	2.11	2.00
H_2O^-	0.81	0.58	0.70	0.34	0.47	0.27	0.59	0.57	0.21	0.43
TCO_2	0.51	0.66	1.54	1.28	2.05	0.88	0.77	0.37	20.52	0.37
SO_3	0.300	0.027	0.027	0.012	0.062	0.050	0.022	0.017	0.062	0.025
LOS	12.74	13.02	11.02	6.52	14.24	12.64	12.67	12.90	20.15	3.27
Total	101.711	101.11	99.673	100.824	101.274	100.53	100.339	100.82	102.266	99.555
主要参数 SI	84.65	84.78	84.50	79.41	89.18	82.20	78.24	84.52	61.48	22.43
A/CNK	0.589 789	1.251 96	0.362 048	0.660 148	0.466 131	0.124 285	0.576 408	5.990 983	0.038 418	1.010 93
TFeO/MgO	0.161 866	0.160 609	0.164 47	0.231 402	0.108 486	0.191 674	0.247 238	0.165 86	0.584 165	1.926 266
$Mg^{\#}$	0.92	0.92	0.92	0.89	0.94	0.90	0.88	0.92	0.75	0.48
K_2O/Na_2O	0.106 383	0.645 161	0.925 926	0.875	0.3	0.583 333	0.214 286	0.240 964	0.2	0.646 643

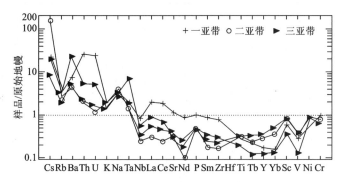

图 3-39 狮泉河带变质辉橄岩原始地幔标准化曲线
（原始地幔值据 Tayler 等，1985）

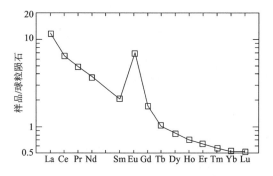

图 3-40 狮泉河带超镁铁质堆晶岩稀土配分模式曲线

表 3-5　狮泉河蛇绿岩带超镁铁堆晶岩微量、稀土元素

			微量元素（×10⁻⁶）										
科桑那嘎沟	超镁铁堆晶岩	GS-128	Li	Be	Sc	V	Cr	Co	Ni	Cu	Zn	Ga	Rb	Sr
			11.002	0.303	7.402	36.891	2396.144	87.114	1825.386	5.164	86.15	3.488	0.858	51.007
			微量元素（×10⁻⁶）										
			Y	Zr	Nb	Cs	Ba	Hf	Ta	Tl	Pb	Bi	Th	U
			2.852	2.45	0.214	0.566	30.197	0.051	0.016	0.072	2.197	0.02	0.244	0.169
			稀土元素（×10⁻⁶）										
			La	Ce	Pr	Nd	Sm	Eu	Gd	Tb	Dy	Ho	Er	Tm
			4.217	6.125	0.659	2.567	0.476	0.596	0.534	0.061	0.315	0.059	0.161	0.021
			主要参数										
			Yb	Lu	ΣREE	δEu	δCe	δSr	$(La/Sm)_N$	$(Sm)_N$	$(Gd/Yb)_N$	$(La/Yb)_N$	$(Yb)_N$	$(Ce)_N$
			0.128	0.02	15.939	3.614 064	0.900 837	11.736 54	5.719 259	3.111 11	3.451 186	23.631 66	0.752 941	10.008 17

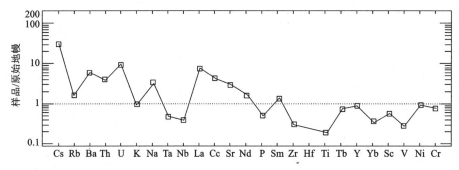

图 3-41　狮泉河带超镁铁堆晶岩原始地幔标准化曲线

（原始地幔值据 Tayler 等, 1985）

3. 辉长辉绿岩墙杂岩

1）系列、类型、名称与组合

狮泉河各亚带的辉长辉绿岩墙杂岩均很发育，但所挑选的 8 个样品主要集中于三亚带或岛弧区，其 SiO_2 一般在 53.12％～64.90％之间（表 3-6），主要属于中性岩的范畴，在 SiO_2-K_2O/Na_2O 图（图 3-42）上，位于与低钾玄武安山岩和安山岩相当的区内。在 TAS 图（图 3-43）上，构成两个点群：大多数位于与玄武安山岩相当的区内，少部分点落入石英安山岩—英安岩界线附近。在 R_1-R_2 判别图解（图 3-44）上，除个别点落入橄榄辉长岩区和花岗闪长岩区外，大部分点落入辉长岩、闪长岩及英云闪长岩区，与根据岩性确定的定名基本一致。

表 3-6　狮泉河蛇绿岩带岩墙杂岩主量、微量元素

地质体		岩墙群							
		弧间	弧间	三亚带	三亚带	三亚带	三亚带	三亚带	班-怒带
位置		科桑那嘎沟	科桑那嘎沟	三宫	婆肉共沟	婆肉共沟	科桑那嘎沟	科桑那嘎沟	
野外名称		辉长闪长岩	变辉长岩	辉绿岩	粗粒辉长岩	细粒辉长岩	辉长岩	角砾状辉长闪长岩	辉长岩
样品编号		GS-131	GS-130	GS-286	GS-106	GS-108	GS-193	GS-195	GS-201
主量元素（％）	SiO_2	62.32	64.90	55.42	53.12	53.52	54.18	60.68	51.58
	TiO_2	0.54	0.42	0.96	0.17	0.36	1.61	0.80	1.16
	Al_2O_3	14.42	14.37	16.8	10.96	13.28	15.46	16.34	13.12
	Fe_2O_3	1.35	1.25	1.32	1.12	1.18	1.10	1.05	3.33
	FeO	4.72	3.50	5.96	5.66	5.68	8.34	5.50	9.22
	MnO	0.110	0.088	0.088	0.150	0.130	0.160	0.094	0.210

续表 3-6

地质体	岩墙群							
	弧间	弧间	三亚带	三亚带	三亚带	三亚带	三亚带	班-怒带
位置	科桑那嘎沟	科桑那嘎沟	三宫	婆肉共沟	婆肉共沟	科桑那嘎沟	科桑那嘎沟	
野外名称	辉长闪长岩	变辉长岩	辉绿岩	粗粒辉长岩	细粒辉长岩	辉长岩	角砾状辉长闪长岩	辉长岩
样品编号	GS-131	GS-130	GS-286	GS-106	GS-108	GS-193	GS-195	GS-201
主量元素(%) MgO	4.38	3.39	4.54	10.78	8.03	4.79	4.27	5.64
CaO	5.22	3.39	6.31	11.06	10.32	8.03	4.08	7.29
Na_2O	2.24	3.53	3	3.08	3.93	3.00	1.44	3.38
K_2O	1.93	1.25	0.61	0.38	0.43	1.69	2.87	0.47
P_2O_5	0.099	0.081	0.19	0.021	0.036	0.190	0.160	0.100
H_2O^+	1.87	2.73	2.91	1.56	1.41	0.84	0.57	3.21
H_2O^-	0.33	0.23	0.36	0.17	0.16	0.21	0.28	0.29
TCO_2	0.37	1.39	2.27	1.10	0.77	0.37	0.37	1.54
SO_3	0.010	0.015	0.081	0.012	0.010	0.095	0.350	0.470
LOS	2.68	3.82	4.81	3.49	3.12	1.45	2.74	4.47
Total	99.909	100.534	100.819	99.343	99.246	100.065	98.854	101.01
主要参数 SI	29.96	26.24	29.42	51.28	41.71	25.32	28.22	25.59
A/CNK	0.944 678	1.078 553	0.984 315	0.428 352	0.516 864	0.723 653	1.267 334	0.678 982
σ	0.900 047	1.043 306	1.049 283	1.182 964	1.806 996	1.967 451	1.050 684	1.727 564
TFeO/MgO	1.355 023	1.364 307	1.574 449	0.618 553	0.839 601	1.947 808	1.509 368	2.166 135
$Mg^\#$	0.57	0.57	0.53	0.74	0.68	0.48	0.54	0.45
K_2O/Na_2O	0.861 607	0.354 108	0.203 333	0.123 377	0.109 415	0.563 333	1.993 056	0.139 053
微量元素($\times 10^{-6}$) Li		18.492	24.834	7.111	4.949	6.402	62.634	
Be		1.195	1.464	0.054	0.121	0.797	1.969	
Sc		16.146	23.744	39.072	34.204	33.134	17.362	
V		97.512	132.622	158.268	215.479	229.946	144.216	
Cr		114.243	106.161	437.388	213.273	20.161	189.236	
Co		12.479	23.125	38.34	32.203	30.301	28.714	
Ni		23.812	24.33	118.8	79.407	4.134	141.398	
Cu		8.991	28.052	27.229	6.428	16.461	79.977	
Zn		36.186	55.604	27.359	35.636	102.251	178.108	
Ga		14.289	17.051	6.911	10.24	18.388	19.346	
Rb		43.597	25.641	9.712	5.867	111.122	150.004	
Sr		147.071	264.665	109.928	54.672	235.207	146.273	
Y		15.511	21.795	4.692	10.098	28.435	23.765	
Zr		113.621	133.238	8.260	19.185	137.633	163.566	
Nb		9.112	10.146	0.486	0.835	7.122	16.371	
Cs		2.367	13.031	0.663	0.525	15.64	11.713	
Ba		198.425	211.333	117.381	105.292	100.406	243.232	
Hf		3.212	4.056	0.251	0.58	3.349	4.114	
Ta		1.306	0.762	0.109	0.176	0.792	2.071	
Tl		0.214	0.123	0.045	0.013	0.605	0.719	
Pb		19.274	10.903	1.642	2.225	11.875	281.55	
Bi		0.075	0.229	0.016	0.027	0.084	1.035	
Th		18.258	6.551	0.956	0.527	3.82	11.817	
U		1.499	1.391	0.184	0.116	0.836	2.307	

续表 3-6

地质体		岩墙群							班-怒带
		弧间	弧间	三亚带	三亚带	三亚带	三亚带	三亚带	
位置		科桑那嘎沟	科桑那嘎沟	三宫	婆肉共沟	婆肉共沟	科桑那嘎沟	科桑那嘎沟	
野外名称		辉长闪长岩	变辉长岩	辉绿岩	粗粒辉长岩	细粒辉长岩	辉长岩	角砾状辉长闪长岩	辉长岩
样品编号		GS-131	GS-130	GS-286	GS-106	GS-108	GS-193	GS-195	GS-201
稀土元素 ($\times 10^{-6}$)	La		26.696	19.915	1.287	1.576	12.935	28.08	
	Ce		53.702	40.571	2.779	3.911	30.225	57.027	
	Pr		5.285	5.229	0.378	0.562	3.911	6.561	
	Nd		17.564	20.092	1.607	2.644	17.175	24.02	
	Sm		3.443	4.809	0.479	0.888	4.813	5.199	
	Eu		0.707	1.255	0.189	0.371	1.449	1.21	
	Gd		2.761	4.613	0.625	1.301	4.946	4.432	
	Tb		0.488	0.704	0.117	0.251	0.874	0.737	
	Dy		2.922	4.307	0.82	1.818	5.384	4.414	
	Ho		0.591	0.878	0.193	0.412	1.105	0.89	
	Er		1.766	2.571	0.58	1.273	3.275	2.693	
	Tm		0.269	0.382	0.09	0.197	0.453	0.392	
	Yb		1.794	2.328	0.607	1.307	2.845	2.514	
	Lu		0.268	0.359	0.093	0.2	0.402	0.384	
	ΣREE		118.256	108.0135	9.844	16.711	89.792	138.553	
主要参数	δCe		1.108 484	0.974 75	0.976 873	1.018 887	1.041 894	1.030 105	
	δSr		4.127 382	8.725 743	50.126 77	16.681 01	9.924 346	3.609 585	
	(La/Sm)$_N$		5.005 555	2.673 382	1.734 547	1.145 741	1.734 977	3.486 746	
	(Gd/Yb)$_N$		1.273 154	1.639 221	0.851 782	0.823 453	1.438 166	1.458 383	
	(La/Yb)$_N$		10.673 93	6.136 285	1.520 864	0.864 93	3.261 255	8.011 843	
	δEu		0.701 038	0.814 593	1.056 033	1.055 243	0.907 94	0.770 636	

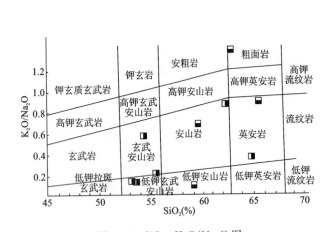

图 3-42 SiO$_2$-K$_2$O/Na$_2$O 图
(据 Barber 等,1974,转引自 Pecerillo 等,1976;图例同图 3-43)

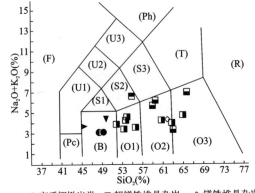

图 3-43 TAS 图(据 Le Bas 等,1982)

O:SiO$_2$ 过饱和;S:SiO$_2$ 饱和;U:SiO$_2$ 不饱和;(F)似长石岩;(Pc)苦橄玄武岩;(U1)碱玄岩、碧玄岩;(U2)响岩质碱玄类;(U3)碱玄岩质响岩;(Ph)响岩;(S1)粗岩玄武岩;(S2)玄武质粗面安山岩;(S3)粗面安山岩;(T)粗面岩和粗面英安岩;(B)玄武岩;(O1)玄武安山岩;(O2)安山岩;(O3)英安岩;(R)流纹岩

根据CIPW标准矿物计算的结果(表3-7),狮泉河带的几个岩墙杂岩可分为两部分,三亚带的两个样品(106、108)Q值为0,Ol和Hy均大于0,C及Ac为0,A/NCK值在0.43~0.52,故属于硅低度不饱和的正常类型;其余样品Q值在3.73%~23.73%,部分样品出现C,也有一些出现Di,A/CNK值在0.68~1.26,平均0.95,故狮泉河带的岩墙杂岩总体应属于硅过饱和的正常类型。计算得到的斜长石牌号也构成两个点群:三亚带的两个样品(106、108)斜长石牌号在33~35之间(更长石),其他样品在39~60之间,属于中-拉长石。

表 3-7 狮泉河蛇绿岩带岩墙杂岩 CIPW 标准矿物计算结果（%）

样品	GS-131	GS-130	GS-286	GS-106	GS-108	GS-193	GS-195	GS-201	GS-119	GS-68	GS-99	GS-107	GS-172	GS-129	GS-194
Q	21.97	25.8	12.62	0	0	5.02	23.73	3.01	0	0	0	0	0	9.68	24.52
C	0	0	0	0	0	0	0	0	0	0	0	0.45	0	0.54	0
Or	0	0	0	0	0	0	0	0	1.57	4.82	1.56	14.47	1.51	2.81	12.27
Ab	0	0	0	0	0	0	0	0	25.14	27.18	38.29	38.54	26.2	48.4	12.52
An	0	0	0	0	0	0	0	0	26.94	25.04	22.44	12.04	22.35	15.58	22.68
Ne	1.49	0	0	33.08	28.04	12.56	0	14.25	0	0.25	0	0	0	0	0
Lc	0.76	0	0	17.23	14.51	6.37	0	7.17	0	0	0	0	0	0	0
Ac	0.43	0	0	11.75	9.32	3.33	0	3.38	0	0	0	0	0	0	0
Ns	0.3	0	0	4.1	4.22	2.86	0	3.69	0	0	0	0	0	0	0
Di	0	0	0	0	0	0	0	0	16.12	13.2	6.75	6.56	32	0	1.38
DiWo	0.22	0.18	0.44	0.05	0.09	0.42	0.36	0.23	8.26	6.78	3.46	3.3	16.28	0	0.71
DiEn	1.05	0.83	1.92	0.33	0.71	3.1	1.56	2.31	4.84	4.03	2.06	1.54	8.8	0	0.44
DiFs	11.73	7.69	3.79	2.33	2.62	10.14	17.45	2.91	3.02	2.39	1.23	1.72	6.92	0	0.23
Hy	0	1.25	0.12	0	0	0	3.88	0	18.63	0	25.26	23.17	9.41	19.97	23.17
HyEn	19.46	31.04	26.63	26.98	34.28	25.71	12.51	29.95	11.47	0	15.81	10.93	5.27	12.26	15.17
HyFs	24.2	17.02	31.73	15.48	17.86	24.02	19.85	20.14	7.16	0	9.45	12.24	4.14	7.71	8
Ol	1.59	1.26	2.03	1.71	1.76	2.64	1.78	3.36	6.13	23.23	1.51	0	2.81	0	0
OlFo	7.45	6.12	8.79	4.01	3	7.57	7.91	12.44	3.63	14.03	0.91	0	1.5	0	0
OlFa	0	0	0	1.26	1.67	0	0	0	2.5	9.2	0.6	0	1.3	0	0
Mt	10.82	8.82	11.92	11.51	6.64	8.82	10.97	11.4	2.92	3.2	2.38	2.82	2.86	1.6	1.78
Hm	18.27	14.94	20.72	15.52	9.64	16.39	18.88	23.84	0	0	0	0	0	0	0
Il	0	0	0	3.27	3.34	2.64	0	3.36	2.36	2.81	1.63	1.7	2.56	1.12	1.4
Ap	0	0	0	4.53	5	7.57	0	0	0.2	0.28	0.19	0.25	0.3	0.3	0.29
CI	22.41	17.02	24.67	55.17	45.15	34.69	22.23	43.76	46.16	42.44	37.53	34.25	49.64	22.69	27.73
DI	53.16	64.52	43.04	29.31	36.9	40.87	53.69	35.87	26.7	32.25	39.84	53.46	27.71	60.9	49.31

2) 源岩浆系列的讨论

在 Irvine(1971)的硅-碱图、$Q'-Ne'-Ol'$ 图解、AFM 图解(图 3-45～图 3-47)、SiO_2-Nb/Y 图(见后文,图 3-55)上,所有岩墙杂岩均落入亚碱性系列火山岩区,在 AFM 图(图 3-47)上落入钙碱性系列火山岩与拉斑玄武岩系列偏钙碱性玄武岩一侧,在 SiO_2-K_2O/Na_2O 图(图 3-42)上分布于低钾拉斑玄武岩区—钙碱性玄武岩区内。

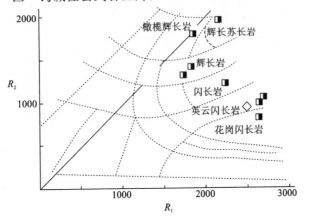

图 3-44 R_1-R_2 岩石分区
(据 De La Rache,1980,图例同图 3-43)

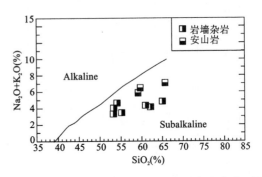

图 3-45 狮泉河蛇绿混杂岩岩墙杂岩及安山岩硅-碱图
(据 Irvine,1971)

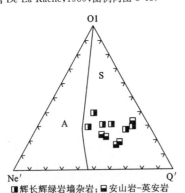

图 3-46 $Ol-Ne'-Q'$ 图(据 Irvine,1972)
A:碱性系列;S:亚碱性系列

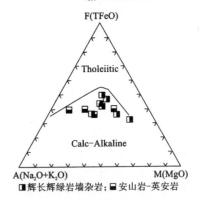

图 3-47 AFM 图解(据 Irvine,1971)

在 SiO_2-K_2O/Na_2O 图(图 3-42)上,大部分点位于低钾拉斑玄武岩系列—中钾钙碱性系列岩区,稀土配分曲线(图 3-48、图 3-49)显示,测区的岩墙杂岩可分为两类:一类稀土曲线呈平坦型,与洋中脊及岛弧拉斑玄武岩相近,根据稀土总量偏低,可确定属于岛弧拉斑玄武岩系列;而另一类呈向右倾的轻重稀土中等分异型,与中钾的岛弧钙碱性玄武岩相似。

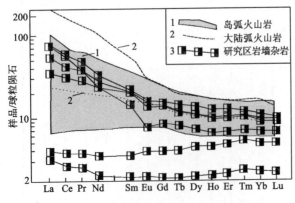

图 3-48 研究区岩墙杂岩的稀土配分模式曲线

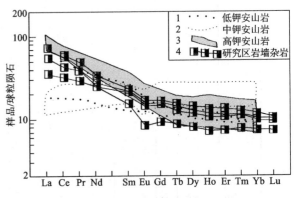

图 3-49 研究区岩墙杂岩的稀土配分
模式曲线与各种安山岩对比

在微量元素洋脊玄武岩标准化图(图3-50)上显示:相对洋脊玄武岩,岩墙杂岩富集大离子元素K、Rb、Ba、Th、Ta、Ce,重稀土及耐火元素Sc、Cr、Ni贫或与洋脊相近;且根据上述趋势的强弱,也可分为岛弧拉斑系列与岛弧钙碱性系列两类;Gill(1981)指出,造山的安山岩La/Th值在2~7之间,测区岩墙杂岩的值显然与之相吻合;但在La-Nb和La-Ba判别图解(图3-51)上,岩墙杂岩的点落入N-MORB区,指示其与测区的枕状熔岩同源。上述判别结果反映它兼具岛弧和洋脊玄武岩两者的特点,这正是在岛弧或弧后盆地处形成的岩墙杂岩的特点。

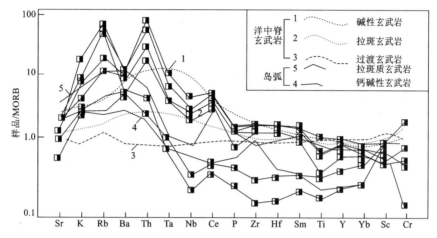

图3-50 岩墙杂岩的微量元素MORB标准化图解与不同环境玄武岩对比

(图及标准数据据Pearce,1982;样品图例同图3-43)

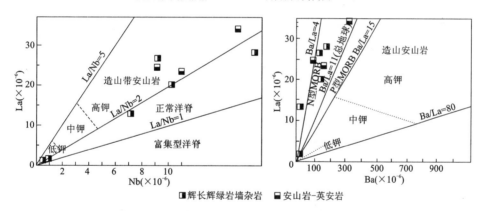

图3-51 安山岩判别源岩浆判别二合一图形

一般认为,镁值与中性岩的源岩浆环境密切,测区的岩墙杂岩岩性总体与中性岩相当,但根据镁的含量(表3-6)可分为两个部分:其中三亚带略偏基性者高镁,MgO为8.03%~10.78%,$Mg^{\#}$为0.68~0.74,平均0.71,远高于该处枕状熔岩和测区狮泉河带的玄武岩平均值;另一部分MgO为3.39%~5.64%,$Mg^{\#}$为0.45~0.57,平均0.52,略低于测区狮泉河带玄武岩的平均值。尤其是岩墙杂岩较发育的科桑那嘎沟口处,岩墙杂岩较此处的安山质枕状熔岩略贫镁。反映了三亚带和科桑那嘎沟口处构造环境存在显著差异或岩浆演化历程不同。

综上所述,测区三亚带高镁、低稀土、弱富集大离子元素,与岛弧拉斑系列安山岩相当的岩墙杂岩主要是由原生的幔源岩浆经历了弱的岩浆结晶分异作用形成,其成分与该盆地玄武岩的相似,说明二者同源,而辉绿岩较玄武岩略富镁,说明玄武岩在上侵过程中发生了结晶分异作用,但此过程中,交代流体的作用有限。而科桑那嘎沟口处低镁、富稀土、轻重稀土中等分异,相对较富集大离子元素,与钙碱性系列安山岩相当的部分,其形成机理与岛弧安山岩相类似,但较为复杂,是消减带流体交代诱发地幔部分熔融的产物,由于弧间位置的地壳较三亚带处厚,上升速度过慢,在上部发生了结晶分异。在科桑那嘎沟口附近见到的由橄榄岩及异剥辉石岩-镁铁质岩组成的堆晶结构就代表了上部岩浆房,由于熔岩侵位略早,故略富镁,而岩墙杂岩则是更晚分异的产物,故镁略低,且形成岩墙杂岩成分愈偏酸性者愈贫镁,指示分异结晶向贫镁富硅的方向演化。

4. 枕状玄武岩-玄武安山岩类

1) 系列、类型、名称与组合

火山岩的系列、类型、名称与组合是火山岩石学研究的基本问题，也是火山岩理论研究的物质基础，火山岩系列、类型、名称、组合的确定主要依据其化学成分（邱家骧，1995）。本次工作所挑选的5个样品中4个样品SiO_2一般在45.77%～50.08%之间（表3-8），属于基性岩，但三亚带的GS-107号样品SiO_2含量为54.78%，属于中性岩的范畴，总体由一亚带→二亚带→三亚带的玄武岩，SiO_2的变化规律不强，但MgO+CaO含量则明显向北有减小趋势。在国际地质科学联合会推荐的TAS图（图3-43）上，除GS-107样品位于玄武质粗面安山岩区外，其余均落在玄武岩区，在邱家骧硅-碱图上结果基本相似，但二亚带的一个点落在碱性玄武岩区。在火山岩SiO_2-Zr/Ti判别图解（图3-52）上，除一个落在安山岩区外，其余均落在玄武岩区，与TAS图的判别结果基本相同。根据CIPW标准矿物计算的结果（表3-9），狮泉河带的几个玄武岩样品除GS-68号样品含极少量Ne（0.25，几乎可以忽略不计）外，其余玄武岩均具有Hy>3%（显示硅饱和）、Al_2O_3<16%、Q值为0而Ol在2.81%～23.23%（<25%），根据邱家骧、曾广策（1985）的分类方案，应属于拉斑玄武岩系列的橄榄拉斑玄武岩区。而GS-107号样品Q值为0.45%，显示SiO_2过饱和，应属于石英拉斑玄武岩系列。在Irvine(1971)的硅-碱图（图3-53）上，除68号样品外，玄武岩及玄武安山岩均被投入亚碱性区内。

表3-8 狮泉河蛇绿岩带枕状熔岩主量、稀土及微量元素

地质体		熔岩							
		一亚带	二亚带	二亚带	三亚带	弧间蛇绿岩	一亚带	三亚带	弧间	三亚带
位置		阿依拉山北	婆肉共沟	江弄拉	第9层	乌木垄铅波沟	科桑那嘎沟	科桑那嘎沟	乌木垄铅波沟	科桑那嘎沟
野外名称		变质玄武岩	变质玄武岩	细碧岩	枕状玄武岩	细碧岩	角砾状熔岩	安山岩	安山岩	硅质岩
样品编号		GS-119	GS-68	GS-99	GS-107	GS-172	GS-129	GS-194	GS-175	GS-197
主量元素(%)	SiO_2	49.96	45.77	50.08	54.78	48.55	59.11	62.95	59.66	65.64
	TiO_2	1.22	1.40	0.78	0.86	1.27	0.56	0.72	0.92	0.84
	Al_2O_3	14.79	14.60	14.56	14	12.79	15.35	12.73	15.98	13.96
	Fe_2O_3	1.22	3.40	1.40	3.36	3.60	2.57	0.63	5.41	2.43
	FeO	9.67	8.19	7.04	7.4	6.79	3.45	6.00	1.54	3.38
	MnO	0.190	0.200	0.130	0.19	0.180	0.140	0.100	0.130	0.059
	MgO	8.44	9.10	6.99	4.79	6.11	4.65	6.11	3.04	1.72
	CaO	9.35	8.00	5.74	3.99	11.80	3.13	4.96	5.04	2.59
	Na_2O	2.92	3.09	4.13	4.38	2.92	5.43	1.45	3.80	3.78
	K_2O	0.26	0.77	0.24	2.35	0.24	0.45	2.03	2.60	3.35
	P_2O_5	0.087	0.120	0.081	0.11	0.130	0.130	0.130	0.320	0.220
	H_2O^+	0.36	4.24	4.62	2.52	0.25	3.00	1.02	1.36	0.52
	H_2O^-	0.16	0.52	0.24	0.86	0.18	0.09	0.24	0.49	0.20
	TCO_2	0.37	0.51	4.62	0.47	3.59	2.56	0.37	0.66	0.37
	SO_3	0.180	0.140	0.030	0.011	0.010	0.050	0.090	0.012	0.042
	LOS	1.91	5.40	8.83	3.09	5.54	5.01	2.20	1.42	2.02
	Total	99.177	100.05	100.681	100.071	98.41	100.67	99.53	100.962	99.101
主要参数	SI	37.49	37.07	35.30	21.50	31.08	28.10	37.67	18.55	11.73
	A/CNK	0.669 705	0.713 533	0.832 485	0.823 375	0.482 33	1.015 858	0.936 002	0.876 641	0.959 241
	σ	1.452 931	5.378 917	2.697 302	3.844 898	1.799 207	2.146 145	0.607 038	2.458 583	2.245 446
	TFeO/MgO	1.275 829	1.236 264	1.187 411	2.1762	1.641 571	1.239 355	1.074 795	2.108 224	3.236 628
	Mg#	0.59	0.59	0.60	0.45	0.52	0.59	0.63	0.46	0.36
	K_2O/Na_2O	0.089 041	0.249 191	0.058 111	0.536 53	0.082 192	0.082 873	1.4	0.684 211	0.886 243

续表3-8

地质体		熔岩							
		一亚带	二亚带	二亚带	三亚带	弧间蛇绿岩	一亚带	三亚带	弧间	三亚带
位置		阿依拉山北	婆肉共沟	江弄拉	第9层	乌木垄铅波沟	科桑那嘎沟	科桑那嘎沟	乌木垄铅波沟	科桑那嘎沟
野外名称		变质玄武岩	变质玄武岩	细碧岩	枕状玄武岩	细碧岩	角砾状熔岩	安山岩	安山岩	硅质岩
样品编号		GS-119	GS-68	GS-99	GS-107	GS-172	GS-129	GS-194	GS-175	GS-197
微量元素 ($\times 10^{-6}$)	Li	81.065	36.302	37.526	7.682	15.405	14.443	21.673		9.626
	Be	0.156	0.072	0.162	0.664	0.498	0.999	1.074		1.496
	Sc	39.502	41.457	27.163	31.492	35.528	21.831	16.422		16.144
	V	245.356	268.031	235.889	291.745	305.458	141.356	128.454		33.368
	Cr	207.959	186.312	35.702	34.594	110.876	89.488	302.294		19.514
	Co	32.733	48.177	28.001	28.612	35.718	17.901	25.241		16.169
	Ni*	91.416	87.543	28.833	15.587	61.768	68.331	200.217		15.940
	Cu	1195.214	95.064	65.754	2.269	17.868	19.626	60.877		69.578
	Zn	106.884	106.246	50.571	45.381	146.142	61.335	101.659		54.343
	Ga	11.6	15.291	13.07	13.582	17.901	14.685	14.688		19.963
	Rb	9.947	10.336	4.358	34.836	7.749	14.928	98.729		88.614
	Sr	83.449	211.753	92.783	129.453	272.846	217.484	93.993		181.352
	Y	33.456	30.644	17.604	23.821	20.899	21.407	19.681		46.826
	Zr	59.058	69.289	47.011	58.228	71.092	129.339	151.921		283.999
	Nb	1.175	2.978	1.291	1.898	5.623	9.104	10.947		15.244
	Cs	4.942	2.335	3.973	1.887	2.044	2.814	10.831		2.046
	Ba	23.769	113.934	44.952	639.434	63.601	176.616	222.31		341.86
	Hf	1.75	2.021	1.315	1.982	1.835	3.317	4.046		7.48
	Ta	0.264	0.342	0.152	0.289	0.532	1.118	1.171		1.567
	Tl	0.078	0.051	0.028	0.063	0.046	0.107	0.432		0.376
	Pb	5.161	1.781	1.124	11.279	13.757	16.065	42.555		44.388
	Bi	0.599	0.028	0.014	0.243	0.057	0.062	0.066		0.116
	Th	0.237	0.353	0.47	0.777	0.94	10.833	8.09		11.828
	U	0.816	0.103	0.111	0.302	0.234	1.2	1.602		2.459
稀土元素 ($\times 10^{-6}$)	La	0.965	2.651	2.431	4.492	5.646	24.615	23.537		34.178
	Ce	3.233	7.081	6.42	10.427	14.202	51.001	48.585		76.463
	Pr	0.588	1.28	1.093	1.604	1.993	5.603	5.565		9.015
	Nd	3.489	6.955	5.485	8.106	9.096	20.738	20.964		35.687
	Sm	1.803	2.74	1.89	2.654	2.623	4.563	4.543		8.765
	Eu	0.883	1.232	0.69	1.127	1.033	0.979	0.933		1.541
	Gd	4.42	4.641	2.629	3.583	3.513	3.965	3.68		8.359
	Tb	0.938	0.858	0.496	0.628	0.604	0.668	0.614		1.426
	Dy	6.814	5.921	3.272	4.332	3.688	3.94	3.585		8.621
	Ho	1.464	1.318	0.729	0.961	0.792	0.788	0.744		1.768
	Er	4.173	3.918	2.131	2.879	2.284	2.225	2.179		5.172
	Tm	0.61	0.529	0.318	0.441	0.326	0.318	0.311		0.73
	Yb	3.907	3.689	2.112	2.920388	2.115	2.092	2.041		4.717
	Lu	0.554	0.537	0.316	0.461	0.295	0.302	0.298		0.665
	ΣREE	33.841	43.35	30.012	44.615 78	48.21	121.797	117.579		197.107
主要参数	δEu	0.956 259	1.056 217	0.946 339	1.117 226	1.040 365	0.703 655	0.697 606		0.550 393
	δCe	1.052 296	0.942 474	0.965 644	0.952 269	1.038 03	1.064 763	1.040 827		1.068 021
	δSr	24.828 62	30.172 84	15.587 23	13.970 23	23.422 27	6.063 201	2.702 929		3.234 097
	$(La/Sm)_N$	0.345 521	0.6246	0.830 36	1.092 463	1.389 587	3.482 511	3.344 656		2.517 316
	$(Sm)_N$	11.784 31	17.9085	12.352 94	17.349 02	17.143 79	29.823 53	29.692 81		57.287 58
	$(Gd/Yb)_N$	0.935 871	1.040 735	1.029 755	1.014 947	1.374 057	1.567 901	1.491 564		1.465 972
	$(La/Yb)_N$	0.177 168	0.515 468	0.825 642	1.103 291	1.914 834	8.439 928	8.271 965		5.197 343
	$(Yb)_N$	22.982 35	21.7	12.423 53	17.178 75	12.441 18	12.305 88	12.005 88		27.747 06
	$(Ce)_N$	5.282 68	11.570 26	10.4902	17.037 08	23.205 88	83.334 97	79.387 25		124.9395

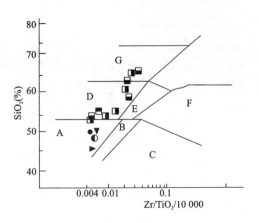 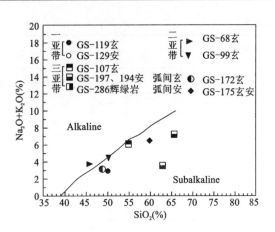

图 3-52 火山岩 SiO_2-Zr/TiO_2 图解（据 Winchester，Floyd，1976）
A.亚碱性玄武岩类；B.碱性玄武岩类；C.粗面玄武岩类；D.安山岩类；E.粗面安山岩类；F.响岩类；G.英安流纹岩类；英安岩类；图例同图 3-43

图 3-53 狮泉河蛇绿混杂岩各亚带玄武岩或安山岩硅-碱图

表 3-9 狮泉河蛇绿岩带熔岩 CIPW 标准矿物计算结果（%）

样品	GS-119	GS-68	GS-99	GS-107	GS-172	GS-129	GS-194	GS-175	GS-197
Q	0.00	0.00	0.00	0.45	0.00	9.68	24.52	10.83	20.95
C	0.00	0.00	0.00	0.00	0.00	0.54	0.00	0.00	0.00
Or	1.57	4.82	1.56	14.47	1.51	2.81	12.27	15.69	20.25
Ab	25.14	27.18	38.29	38.54	26.20	48.40	12.52	32.77	32.66
An	26.94	25.04	22.44	12.04	22.35	15.58	22.68	19.21	11.44
Ne	0.00	0.25	0.00	0.00	0.00	0.00	0.00	0.00	0.00
Lc	0.00	0.00	0.00	0.00	0.00	0.00	0.00	0.00	0.00
Ac	0.00	0.00	0.00	0.00	0.00	0.00	0.00	0.00	0.00
Ns	0.00	0.00	0.00	0.00	0.00	0.00	0.00	0.00	0.00
Di	16.12	13.20	6.75	6.56	32.00	0.00	1.38	3.64	0.32
DiWo	8.26	6.78	3.46	3.30	16.28	0.00	0.71	1.84	0.16
DiEn	4.84	4.03	2.06	1.54	8.80	0.00	0.44	0.91	0.07
DiFs	3.02	2.39	1.23	1.72	6.92	0.00	0.23	0.89	0.10
Hy	18.63	0.00	25.26	23.17	9.41	19.97	23.17	13.59	10.69
HyEn	11.47	0.00	15.81	10.93	5.27	12.26	15.17	6.85	4.33
HyFs	7.16	0.00	9.45	12.24	4.14	7.71	8.00	6.74	6.36
Ol	6.13	23.23	1.51	0.00	2.81	0.00	0.00	0.00	0.00
OlFo	3.63	14.03	0.91	0.00	1.50	0.00	0.00	0.00	0.00
OlFa	2.50	9.20	0.60	0.00	1.30	0.00	0.00	0.00	0.00
Mt	2.92	3.20	2.38	2.82	2.86	1.60	1.78	1.78	1.56
Hm	0.00	0.00	0.00	0.00	0.00	0.00	0.00	0.00	0.00
Il	2.36	2.81	1.63	1.70	2.56	1.12	1.40	1.78	1.63
Ap	0.20	0.28	0.19	0.25	0.30	0.30	0.29	0.71	0.49
CI	46.16	42.44	37.53	34.25	49.64	22.69	27.73	20.79	14.20
DI	26.70	32.25	39.84	53.46	27.71	60.90	49.31	59.29	73.87

利用我国学者王彤（1985）的玄武岩 K_2O+Na_2O-P_2O_5 图解［图 3-54（c）］判别，测区的玄武岩均属于亚碱性玄武岩系列区内，仅玄武安山岩落入碱性玄武岩区。在火山岩标准矿物 Q'-Ne'-Ol' 图解［图 3-54（a）］上，除 GS-68 位于碱性和亚碱性的界线上，其余玄武岩、玄武安山岩均位于亚碱性玄武岩一侧。邱家骧指出，上述图解对判别玄武岩可能存在误差，并认为玄武岩在 Ol-Cpx-Opx 图解［图 3-54（b）］上判别的精确度可达 96%，采用此图［图 3-54（b）］判别，则 GS-68 和弧间 GS-172 落入碱性区，其余属亚碱性系列。

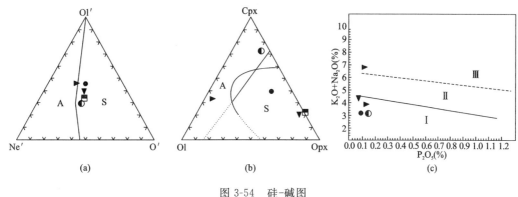

图 3-54 硅-碱图

(a)Ol′-Ne′-Q′图(据 Irvine 等,1972);A 碱性系列;S 亚碱性系列;(b)Cpx - Opx - Ol 图(F - Chayes,1965,1966);(c)磷-碱图(王彤,1985);Ⅰ碱性系列;Ⅱ亚碱性系列;Ⅲ强碱性系列;样品图例同图 3-53

上述图解得出判别结果存在一定差异,说明由于狮泉河带的玄武岩已发生了强烈的蚀变——细碧岩化,一些常量元素在此过程中可能发生了迁移,导致上述图解的不准确。夏林圻(1989)引述西方学者的研究结论指出:对于强烈蚀变的海相火山岩可能不适于用常量元素判别其碱度,而用 SiO_2 - Nb/Y 图可能更为合适。在 SiO_2 - Nb/Y 图(图 3-55)上,狮泉河带的玄武岩和安山岩全部位于亚碱性岩区,仅弧间蛇绿岩的样品投至区外,Nb/Y 值近于 7,属于碱性火山岩。这说明狮泉河带各亚带的玄武岩或玄武安山岩主要应属于拉斑玄武岩系列,根据狮泉河带所有玄武岩样品的 $Al_2O_3 < 16\%$,它们应属于拉斑玄武岩系列。

2) 源岩浆系列的讨论

(1) 常量元素判别。以往的研究表明,利用已知喷发环境的年轻火山岩的主量元素和微量元素的特征来判别古老火山岩的形成环境已经成为非常有用的、切实可行的方法,尤其 P、Ti、Zr、Y、Nb 和 ΣREE 这些惰性元素已成功用于火山岩形成的构造环境的判别(Floyd et al,1975;Duncan,1987)。通常认为,不同地质过程中产生的蚀变作用容易导致岩石中易活动元素 Ca、K、Rb、Sr、Ba 及 P_2O_5 的含量变化(Rollision,1993;张本仁等,2002),许多学者介绍利用热液活动中不活泼的元素参数进行判别。如 Pearce 指出:岛弧区火山岩 TiO_2 在 0.58%～0.85%,平均 0.83%;洋脊拉斑玄武岩 TiO_2 为 1.5%(Pearce,1984)。狮泉河带一亚带玄武岩的 TiO_2 含量为 1.22%,二亚带玄武岩的 TiO_2 含量为 0.78%～1.40%,三亚带玄武岩的 TiO_2 含量为 0.86%,辉绿岩的 TiO_2 含量为 0.96%,弧间玄武岩的 TiO_2 含量为 1.27%。上述玄武岩的 TiO_2 平均值为 1.1,介于岛弧和洋脊二者之间,显示为过渡型玄武岩。

在常量元素 TiO_2 - K_2O - P_2O_5 图解(图 3-56)上,大部分落入大洋火山岩区;TFeO - MgO - Al_2O_3 判别图(图 3-57)上,玄武岩样品多落入洋脊玄武岩区内,仅三亚带 GS - 107 号落入大陆玄武岩区,GS - 172(弧间)样品落入洋岛拉斑或海山拉斑玄武岩区。在 TiO_2 - MnO - P_2O_5 图解(图 3-58)上,一、二、三亚带及弧间的玄武岩或玄武安山岩、三亚带的辉绿岩均重叠在 OIT 区,即洋岛拉斑玄武岩或海山拉斑玄武岩区。

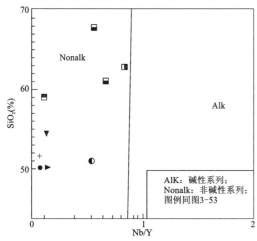

图 3-55 SiO_2 - Nb/Y 图解(据 Winchester et al,1977)

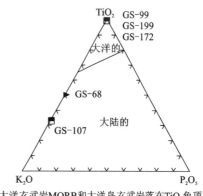

大洋玄武岩MORB和大洋岛玄武岩落在TiO_2角顶附近;而非大洋玄武岩落在界线之下。注:这个图解不适用于分异和碱性玄武岩

图 3-56 玄武岩的 TiO_2 - K_2O - P_2O_5 判别图解

(据 Pearce 等,1975)

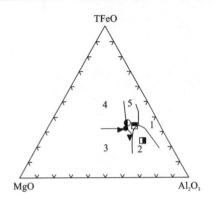
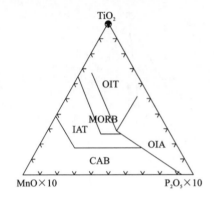

图 3-57 玄武岩的 TFeO-MgO-Al₂O₃ 判别图解
（据 Pearce，1977）
1.扩张中心岛屿玄武岩；2.岛弧及活动大陆边缘玄武岩；3.MORB；4.大洋岛拉斑玄武岩；5.大陆的玄武岩；样品图例同图 3-53

图 3-58 玄武岩的 TiO₂-MnO-P₂O₅ 判别图解
（据 Mullen，1983）
MORB:洋中脊玄武岩；OIT:洋岛拉斑玄武岩或海山拉斑玄武岩；CAB:岛弧钙碱性玄武岩；IAT:岛弧拉斑玄武岩；样品图例同图 3-53

（2）微量元素判别。利用微量元素构筑的玄武岩环境判别图解较多，Pearce 和 Cann(1977)倾向于使用下列三个图解联合来判别玄武岩，首先从 Ti-Zr-Y 图解上将板内玄武岩选出来，然后用 Ti-Zr 判别图解，未蚀变的则用 Ti-Zr-Sr 图解判别。应用上述流程，在 Ti-Zr-Y 判别图解（图 3-59）上样品均无投入 D 区者，一般投入 B 区，即洋脊和岛弧火山岩区重叠区（其中符合条件的玄武岩位于 B 区，四亚带的辉长岩和三亚带婆肉共沟处的两个辉长岩也位于 B 区，辉绿岩 GS-286 号和另一个 GS-193 辉长岩、甲岗组玄武岩位于 C 区——钙碱性火山岩区）。在 Ti-Zr 图解（图 3-60）上结论相似。在 Zr/Y-Y 图解（图 3-61）上判别，与上述图解的结论也相似，均位于 D 区——MORB 和火山弧玄武岩的重叠区，它反映了本区玄武岩具有特殊的成因，且在上述图解上，弧间蛇绿岩的玄武岩的特点总体与其他亚带的样品位于一个区，但相对表现出靠近大陆玄武岩的趋势。在 Ti-Zr-Sr 判别图解（图 3-62）上进一步判别，则玄武岩几乎均位于洋底(脊)玄武岩区(OFB)。

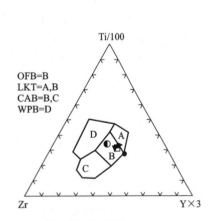
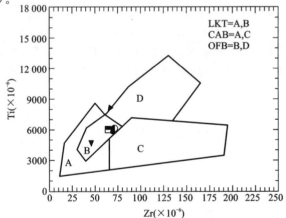

图 3-59 Ti-Zr-Y 判别图解(据 Pearce 和 Cann，1973)
A.THB(岛弧拉斑玄武岩)；B.MORB(洋脊玄武岩)；CAB(钙碱性玄武岩)、THB；C-CAB；D-WPB(板内玄武岩)；样品图例同图 3-53

图 3-60 Ti-Zr 判别图解(据 Pearce 和 Cann，1973)
A.THB(岛弧拉斑玄武岩)；B.MORB(洋脊玄武岩)；CAB(钙碱性玄武岩)、THB；C-CAB；D-MORB；样品图例同图 3-53

采用其他的图解验证：在 Th-Hf-Ta 图解上（图 3-63），一、二、三亚带及弧间的玄武岩主要落至判别区外 Hf 角顶处，但接近 A 区（N 型 MORB 区），并远离 E 型 MORB 和板内拉斑玄武岩区，在 K₂O/Yb-Ta/Yb 图解（Pearce，1982）（图 3-64）上位于 MORB 和板内拉斑玄武岩一侧，仅三亚带的点落在岛弧边缘，显示具有过渡性质，在 V-Ti 判别图解（图 3-65）上位于 MORB 区。综合上述判别图解，基本可确定，这三个亚带和弧间的玄武岩或玄武安山岩都形成于 MORB 环境。进一步在 Meschede(1986)的 Nb-Zr-Y 图解（图 3-66）上对 MORB 的性质予以判别，几个玄武岩或玄武安山岩多投在 N 型 MORB 区，而弧间玄武岩则位于 N 型 MORB 与 E 型 MORB 及弧玄武岩二者的分界点处。在 V-Ti 图解

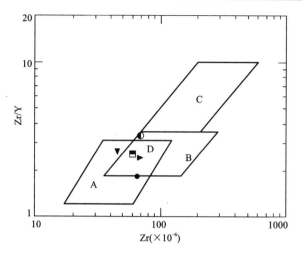

图 3-61 Zr/Y-Y 判别图解(据 Pearce 和 Cann,1973)
A. 火山弧玄武岩;B. MORB;C. 板内玄武岩;D. MORB 火山弧玄武岩;样品图例同图 3-53

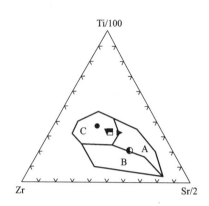

图 3-62 Ti-Zr-Sr 判别图解(据 Pearce 和 Cann,1973)
A. 岛弧玄武岩;B. 钙碱性玄武岩;C. 洋脊玄武岩;样品图例同图 3-53

(图 3-67)上,一、二亚带玄武岩位于 N 型 MORB 区,三亚带玄武岩则落入弧后盆地玄武岩区,GS-172(弧间玄武岩)落入弱富集的 E 型 MORB 区,并非常靠近大陆玄武岩区。在 La-Ta 图解(图 3-68)上判别,均位于富集型洋脊玄武岩区,在 Th-Hf 图解(图 3-69)上判别,一亚带和二亚带的一个点在过渡型 MORB 区,而二亚带偏北的一个样品和三亚带的样品落入富集型 MORB 区,弧间(GS-172)则落入区外偏富集型洋脊玄武岩一侧。

根据 Le Roex(1983)的 Nb-Zr 图解(略)可得出,Zr/Nb 大于 18 的玄武岩为亏损幔源熔融形成。测区的玄武岩除 GS-172 号的 Zr/Nb 略小于 18 外,其余均大于 18,应属于亏损幔源,GS-172 号在该图上显然落在过渡型地幔区。随空间变化,玄武岩明显具有由北向南,Hf 含量在 $(1.3\sim2)\times10^{-6}$ 之间振荡,而 Th 含量则逐渐增高的规律。上述图解的判别结果存在一定差异,但总体指示,测区玄武岩主要属于过渡型 MORB,一、二亚带与 N 型 MORB 接近,而弧间和三亚带则偏向于富集型 MORB。上述以单个或多个元素对为基础的判别图解总是存在一些偏差,也许以稀土配分曲线及微量元素标准曲线为基础的图解则更为准确。

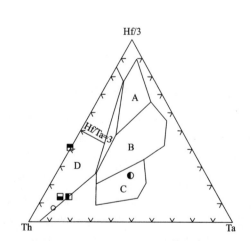

图 3-63 玄武岩 Th-Hf-Ta 判别图解(据 Wood,1980)
A. N 型 MORB;B. E 型 MORB 和板内拉斑玄武;C. 碱性板内玄武岩;D. 火山弧玄武岩(Hf/Th>3,为岛弧拉斑玄武岩;Hf/Th<3,为岛弧钙碱性玄武岩);样品图例同图 3-53

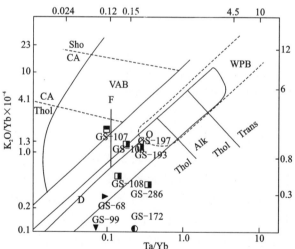

图 3-64 根据 K-Ta 协变和 Yb 作为标准化因子的玄武岩判别图解(据 Pearce,1982)

图中的岩石分布区是火山弧玄武岩(VAB)、洋脊玄武岩(MORB)和板内玄武岩(WPB),其中 VAB 又可分为拉斑玄武岩(Thol)、钙碱性玄武岩(CA)、橄榄玄粗岩(Sho)三类;MORB 和 WPB 可分为拉斑玄武岩、过渡玄武岩和碱性玄武岩,三类碱性火山弧玄武岩投影在地幔亏损方向(D)、地幔富集方向(E)和通过流体富集方向(F);样品图例同图 3-53

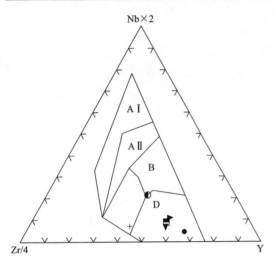

图 3-65 Nb-Zr-Y 判别图解（据 Meschede，1986）
AⅠ:板内碱性玄武岩；AⅡ:板内碱性玄武岩和板内拉斑玄武岩；B:E 型 MORB；C:板内拉斑玄武岩和火山弧玄武岩；D:N 型 MORE 和火山弧玄武岩；样品图例同图 3-53

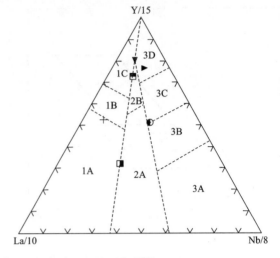

图 3-66 岩石 La-Y-Nb 图解（据 Cabanis 和 Lecolle，1989）
（样品图例同图 3-53）

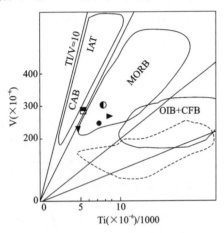

图 3-67 V-Ti 判别图解
IAT:岛弧拉斑玄武岩；CAB:钙碱性玄武岩；
CFB:大陆溢流玄武岩；OIB:洋岛玄武岩；
MORB:洋中脊玄武岩；样品图例同图 3-53

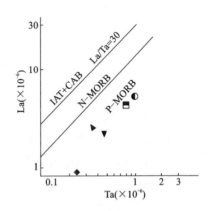

图 3-68 La-Ta 判别图解
IAT:岛弧拉斑玄武岩；CAB:钙碱性玄武岩；CFB:大陆溢流玄武岩；OIB:洋岛玄武岩；MORB:洋中脊玄武岩（其中 N-MORB 为标准洋中脊玄武岩，P-MORB 为富集型洋中脊玄武岩，T-MORB 为过渡型洋中脊玄武岩）；样品图例同图 3-53

在 ΣREE 分布图（图 3-70）上，图区几个亚带玄武岩曲线与大陆弧玄武岩、洋岛碱性玄武岩的迥然不同，而与 MORB、岛弧拉斑玄武岩和洋岛拉斑玄武岩相近，尤其是据重稀土弱富集判断，一、二、三亚带的玄武岩更接近于洋脊玄武岩，但弧间裂谷玄武岩的曲线形态在总体上与洋脊玄武岩类似的同时，也有微小差异，如曲线呈重稀土弱亏损的右倾型，从而具有部分洋岛拉斑玄武岩的特点。各亚带的玄武岩也存在一些差异，如由一亚带→二亚带→三亚带→弧间，存在轻稀土强亏损、曲线向左陡倾→轻稀土弱亏损、曲线向左缓倾→曲线近于水平→曲线向右缓倾的轻稀土弱富集型的变化，反映了地幔部分熔融程度不断降低，压力在增大，从而造成轻稀土含量在熔体中的增高，同时地幔柱能量的减弱，洋盆在逐步萎缩。在图 3-71 上，进一步与标准洋脊玄武岩对比，测区的一、二、三亚带的玄武岩均落入 N-MORB 区，而弧间蛇绿岩则落入 T-MORB 区（过渡型洋脊玄武岩区）；在 Pearce 划分洋中脊玄武岩的微量元素 MORB 标准图（图 3-72）上，多位于拉斑玄武岩和过渡玄武岩之间，并主要与 N 型 MORB 相似，但 GS-172 号与过渡玄武岩曲线几乎重合。但与 N 型 MORB 相比，狮泉河带的玄武岩也存在弱富集高场强元素 K、Rb、Ba、Th、Ta 和低的 Nb-Ce 槽的异常特征，尤其是三亚带的样品，表现最为显著，即狮泉河带的玄武岩具有部分岛弧火山岩的特点。

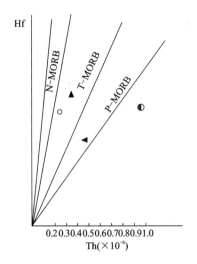

图 3-69 Hf-Th 判别图解（图例同图 3-53）
N-MORB：标准洋中脊玄武岩；P-MORB：富集型洋中脊玄武岩；T-MORB：过渡型洋中脊玄武岩

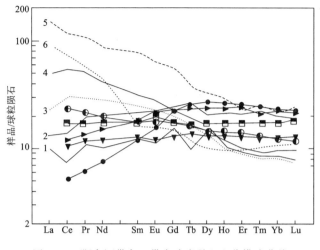

图 3-70 狮泉河带各亚带玄武岩稀土配分模式曲线与不同环境玄武岩对比（据 Frey 等，1968）
1．岛弧拉斑玄武岩；2．正常洋中脊玄武岩；3．洋岛（夏威夷）拉斑玄武岩；4．洋岛（夏威夷）碱性玄武岩；5．洋岛碱性玄武岩；6．大陆弧玄武岩；其余图例同图 3-53

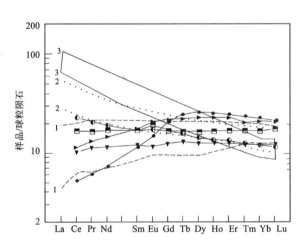

图 3-71 狮泉河带各亚带洋脊玄武岩稀土模式曲线与不同类型洋脊玄武岩对比（据 Lencex 等，1983）
1．N-MORB（正常洋中脊玄武岩）；2．T-MORB（过渡洋中脊玄武岩）；3．P-MORB（富集洋中脊玄武岩）；其余图例同图 3-53

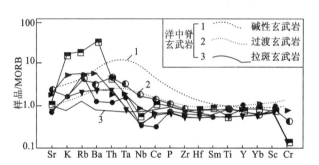

图 3-72 各亚带洋脊玄武岩的微量元素 MORB 标准化图解与不同环境洋脊玄武岩对比
（图及标准数据据 Pearce，1982；样品图例同图 3-53）

狮泉河带的玄武岩在微量元素地球化学上的这种多重性，可能指示这些洋盆是小洋盆，类似于弧后盆地，而其源区可能是多种复杂的多组分混合物，主要组分可能是亏损软流圈的地幔组分（即 N-MORB 源），消减带流体的加入对它的影响也很显著，同时可能还含有极少量来自更深部的富集洋岛玄武岩源的地幔柱组分。这可能也是造成狮泉河带玄武岩在不同的微量元素判别图解上显示的源岩浆性质存在差异的原因。而由一亚带→二亚带→三亚带，K、Rb、Ba、Th、Ta 含量增高，而 Nb-Ce 槽愈来愈清晰，标志着洋盆在逐渐地缩小，消减流体的作用增强。但在二亚带弧前和弧间形成的玄武岩则 Nb 槽弱或无，贫 Cr、Ni 和所有稀土元素，尤其是重稀土元素 Y 和 Yb 仅是二亚带另一样品的一半，并低于弧间形成的玄武岩样品值，可能暗示它是弧前扩张脊在极低的熔融程度下形成的，俯冲倾角较缓，交代流体作用非常微弱。

5. 安山岩

1）系列、类型、名称与组合

洋壳型的安山岩类主要发育在弧间，在科桑那嘎沟口及沟垴（野外曾当作三亚带）附近存在由枕状安山岩组成的洋壳,枕的形态呈椭球状,直径可达1m,边缘具有冷凝边和气孔,基质已蚀变,具有片理化。向上150m,则枕变小,粒径为5～30cm,基质中的气孔增加。再向上则出现少量塑性角砾,在安山质枕状熔岩中也夹有厚数米的红色英安岩,其中也存在一些枕,但个体要小得多,枕内具有分层现象。对于这一现象在其他地带曾被前人发现过,并解释为岩浆喷溢的压力与静水压力相等,从而导致中酸性岩浆发生了溢流,但也可带有一些喷发。我们认为上述解释可用于测区,但测区内上述现象其深层次的构造原因在于弧拉裂造成较宽的线状裂隙,减压作用使中酸性火山岩呈罕见的溢流产出,在底部的枕状熔岩中见到了火山角砾,说明在溢流为主的同时,也有弱的喷发作用存在,在该层的上方,角砾逐渐增加,可能指示盆地拉裂作用减弱,火山通道受阻,使爆发相的物质增加。

所挑选的3个安山岩样品中SiO_2含量一般在59.11%～62.95%之间(表3-8),属于中性岩的范畴,而英安岩(野外定为硅质岩)中SiO_2为65.64%,显然属于酸性岩。在TAS图(图3-43)上,其中三个点位于安山岩区,仅一个点位于英安岩区。在火山岩SiO_2-Zr/Ti(图3-52)判别图解上,三个样品(一个样品无微量分析结果)中有两个落入安山岩区,一个落入英安岩、英安流纹岩区。上述几个图解的判别结果一致,并与野外观察和岩矿鉴定相吻合。

根据CIPW标准矿物计算的结果(表3-9),狮泉河带的几个安山岩-酸性岩样品Q值在9.68%～20.95%,Hy值在10.69%～19.97%,显示SiO_2过饱和;A/NCK值在0.88～1.02,平均值为0.95,略小于1,属于次铝的岩石。计算得到的斜长石牌号在23～63之间(更长石—拉长石)。

在Irvine(1971)的硅-碱图(图3-45)、标准矿物$Q'-Ne'-Ol'$图解(图3-46)、SiO_2-Nb/Y图(图3-47)上,狮泉河带的安山岩均落入亚碱性岩区,在K_2O/Na_2O-SiO_2图(图3-42)和K_2O-SiO_2图(图略)上,具有与岩墙杂岩相类似的阵列,在低钾、中钾、高钾区均有分布,但主要属于中钾钙碱性玄武岩系列。

2)源岩浆系列的讨论

Gill(1981)指出,造山的安山岩La/Th值在2～7之间,测区安山岩的值显然与之相吻合。在Th-Hf-Ta图解(图3-63)上,安山岩均落入D区的火山弧玄武岩区,据其Hf/Ta几乎均大于3.0,应属于岛弧拉斑玄武岩系列。但在La-Nb和La-Ba判别图解(图3-51)上,安山岩的点落入N-MORB区,指示其与测区的枕状熔岩同源。

安山岩的稀土总量在$(117.579～121.797)×10^{-6}$(表3-8),高于下地壳的平均值$69.74×10^{-6}$,稀土参数$(La/Yb)_N$、$(La/Sm)_N$、$(La/Gd)_N$及稀土配分曲线(图3-73)显示:测区的安山岩轻重稀土有一定程度的分异,轻稀土分异显著,而重稀土分异较弱,与岛弧钙碱性安山岩相近。安山岩具有明显的负铕异常(0.70),而洋脊玄武岩无铕异常(1左右),该负铕异常的形成可能与早期洋脊玄武岩分离结晶过程中铕元素随斜长石的晶出有关。

狮泉河带内的安山岩MgO含量为3.04%～6.11%,$Mg^\#$为0.46～0.63(平均0.53),与狮泉河带低镁岩墙杂岩相当,而略低于测区狮泉河带玄武岩的平均值。

在微量元素洋脊玄武岩标准化图(图3-74)上显示:相对洋脊玄武岩,安山岩弱富集大离子元素K、Rb、Ba、Th、Ta、Ce,重稀土及耐火元素Sc、Cr、Ni与洋脊相近;与洋脊碱性玄武岩的相似,并与白银厂裂谷火山岩曲线部分重合。故其形成机理可能与洋壳内碱性玄武岩相似,是在弧盆萎缩,压力增大,导致地幔部分熔融程度降低的情况下形成的。而弱的Nb、Ti、P槽也指示它同时带有一些弧的特征,反映了它属于岛弧或弧后盆地背景下的产物。

综合上述,测区狮泉河带的安山岩-英安岩,可能系弧间盆地地幔低度部分熔融产生的偏碱性玄武岩在上部岩浆房内发生分离结晶作用的产物,其一部分分离形成超镁铁质岩,偏中酸性的部分分次上侵形成具有枕状构造的安山质洋壳;由于它是由于交代流体造成弧的分裂引起的,且地壳拉开的厚度有限,因此它在具有洋脊型火山岩特点的同时,弧火山岩的特点也非常显著。

6. 狮泉河带不同亚带稀土特征对比

由于一、二亚带未采集堆晶岩系和岩墙杂岩稀土样品,故我们在此将主要讨论三亚带和科桑那嘎弧间或弧前蛇绿岩组合的地球化学特征差异。

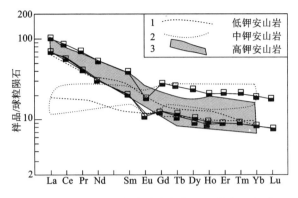
图 3-73 安山岩稀土模式曲线与各种环境安山岩对比

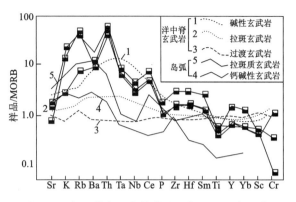
图 3-74 各亚带安山岩的微量元素 MORE 标准化图解与不同环境的玄武岩对比

（图及标准数据据 Pearce，1982；样品图例同图 3-53）

三亚带变质超基性岩、岩墙杂岩、枕状熔岩与科桑那嘎弧间或弧前蛇绿岩的对应岩性差异显著。首先表现在三亚带和科桑那嘎弧间或弧前蛇绿岩的变质超基性岩稀土特征存在差异，前者曲线更近于水平，轻重稀土分异不显著，而后者更接近弧火山岩的特点，轻重稀土分馏显著，轻稀土富集明显（图3-75），这指示了二者的地幔源存在差异，前者接近于洋盆，而后者更接近于地幔柱隆导致的弧区厚的地壳（与板内相接近）的拉裂。二者在岩浆房中的行为也存在差异，反映在科桑那嘎沟口的弧间蛇绿岩岩浆房内曾发生过强烈结晶分异，从而使先结晶出的堆积岩具有显著的正铕异常，而熔岩和岩墙杂岩具有明显的负铕异常，在三亚带内，堆积作用不明显，故熔岩无铕异常，这反映了二者在上侵过程中具有不同的岩浆演化过程。

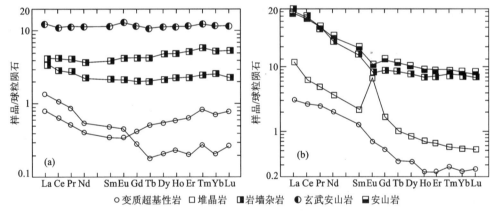
图 3-75 狮泉河带不同洋盆稀土配分曲线对比

根据上述特点，证实三亚带与科桑那嘎弧间蛇绿岩代表了两种不同的构造环境，前面的论述中已指出狮泉河带各亚带的地球化学特征，尤其是玄武岩和安山岩的地球化学特征存在显著的差异，并由南向北呈规律递变，再结合狮泉河带地质特征和岩石学部分，根据各亚带的蛇绿岩组合的不同反映各亚带所代表的盆地地壳结构存在差异，无异证实了狮泉河带是由一系列小盆地组成复杂的多岛弧盆系统，将之划分成一系列的亚带是合理的。

（四）形成时代及成因浅析

1. 成因结构演化浅析

1）关于狮泉河的俯冲极向

（1）一亚带。在西侧的一条剖面上的一亚带北侧观察到了浊积岩（成分主要为凝灰质），而浊积岩北侧的岛弧则与二亚带沉积相呈渐变过渡，如图幅西侧局部由凝灰岩过渡为台地相的玄武岩与碳酸盐岩互层，在图幅东侧的乌木垄铅波沟西的一条路线上也观察到了二亚带紧邻南侧的岛弧流纹岩，而向北依序为潟湖相潮坪碳酸质砾岩、潮坪碳酸质砂岩、砂屑灰岩、台地相灰岩或台地相灰岩夹玄武岩。故综合上述，它反映了一亚带北侧的微岛弧产状具有南陡北缓的特点，指示在岛弧的南侧存在一深水海沟，暗示了该亚带主要向北俯冲。而乌木垄铅波一带与俯冲有关的埃达克岩的发现，也从另一方面证实了这一点。

在最西侧剖面的一亚带南侧见到了少量斑状安山岩，其地球化学特征指示属于俯冲板片熔融形成的埃达克岩，它指示一亚带可能存在过向南的俯冲。

(2) 二亚带。二亚带与其南侧的岛弧链在岩相变化上呈逐渐过渡，而与北侧的中岛弧链间存在一倾向向北的韧性剪切带，即二亚带半深水—深水的浊积岩与中岛弧链潮坪沉积呈韧性断层接触，它指示二亚带主要是向北俯冲的。

(3) 三亚带。在峦布达嘎附近的剖面观察到三亚带北侧存在微岛弧和弧前由南向北存在深水海沟相硅质岩-火山碎屑流沉积(野外确定火山碎屑来自北侧)的变化趋势，而在该带的南侧未见到类似的深水沉积，而反映为潮坪相陆源碎屑与三亚带的玄武岩渐变过渡(江弄拉剖面)，它证实三亚带也是向北俯冲的。

Holness(1989)研究了大西洋和太平洋洋中脊的扩张速度和La/Sm的关系后发现，随着大洋扩张速度的增大，$(La/Sm)_N$减小，反映随地幔熔融程度的增大，La被稀释。运用Holness的$(La/Sm)_N$与板块扩张速度的图解(图3-76，表3-10)，求得测区内狮泉河一亚带的扩张速度可能较雅江带北支所代表的大洋小，但可能接近100mm/a，指示洋盆的规模较大；而二亚带的速度在44～75mm/a，指示洋盆规模较一亚带时大大减小；三亚带的速度仅为15mm/a，而弧间蛇绿岩的扩张速度近于零，一般认为小而封闭的岩浆房内分异作用较为强烈，从而有利于岩浆分异作用，测区科桑那嘎沟口蛇绿岩中强烈的结晶分异作用验证了这一点。

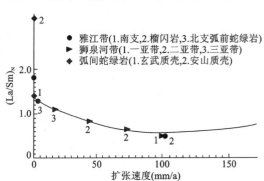

图 3-76　测区各蛇绿岩带的 La/Sm 与板块扩张速度
（据 Holness, 1989）

表 3-10　测区各蛇绿岩带所代表洋盆的洋脊扩张速度

样品	雅江带			狮泉河带				科桑那嘎沟口弧间	乌木垄铅波弧间
	南支	榴闪岩	弧前蛇绿岩	一亚带	二亚带	二亚带弧前	三亚带		
$(La/Sm)_N$	1.24	0.41	1.89	0.35	0.62	0.83	1.09	3.34	1.39
扩张速度(mm/a)	4.0	>100	0	≥100	75	44	15	0	0

2) 狮泉河带的形成时代

本次工作在狮泉河带二亚带内采获放射虫化石(图版3-3，详见第二章地层部分)，形成时代被定为晚侏罗世—早白垩世。本次工作在狮泉河带内灰岩岩块和几条岛弧带上均采到固着蛤、圆笠虫、珊瑚等化石，前人在相当于本次划分的狮泉河带二、三亚带也曾采到过类似的化石组合，并在相当聂木亚岛弧北侧的位置还采到植物化石 *Chadophlbis* sp., *Sphenopteris* sp., *Pseudocycas* sp., *Pterophyllum*(?) sp., *Zamiophyllum buchianum*(Ett.), *Zamites* sp., *Brachyllum* sp., *Cupressinocladus* cf. *elegans*, *Elatocladus* sp., *Problematicum* sp. 等，上述化石组合发育时代为早白垩世(郭铁鹰等，1983)；本次工作确认富含圆笠虫、珊瑚及腹足类的郎山组灰岩角度不整合于狮泉河蛇绿混杂岩之上(图版13-1、13-2、13-3)。本次工作在二亚带和三亚带的岩墙杂岩中，分别获得两组锆石 Th-Pb 年龄：141±23Ma 和 139±13Ma，反映它形成于晚侏罗世末—早白垩世早期。故确定狮泉河带作为洋盆发育的时间为早白垩世，郎山组沉积时狮泉河带已由洋盆转化为前陆盆地沉积。

3) 狮泉河带与班-怒结合带及拉达克-冈底斯-腾冲陆块的关系

(1) 班-怒带的性质及发育时间的探讨。

班公湖-怒江蛇绿混杂岩带内发现的许多由消减和消减杂岩所组成的蛇绿混杂岩带、"三位一体"的蛇绿岩多数是"小洋盆"(王希斌等,1987;潘桂棠等,2001)已被广泛接受,但对于这一结构的解释则存在不同的看法。有人认为是一个与西太平洋类似的多岛弧盆洋,代表一个宽度曾达到9000km(潘桂棠等,1997)的大洋——东特提斯洋的萎缩期,是大洋岩石圈经过发生、发展向萎缩、消减演化的标志,并最终闭合构成拉达克-冈底斯-腾冲陆块和喀喇昆仑-南羌塘-左贡陆块之间的地缝合线(潘桂棠等,2002)。也有人认为是弧后盆地(熊盛青等,2001),或狭窄的互不连通的许多小盆地组成的特殊洋盆,通过板块剪式汇聚加地体拼贴模式消亡(雍永源等,2000)。INDEPTH成果显示班-怒带主要向北俯冲(赵文津等,2002),尤其是1:25万兹格塘错幅区调在班-怒带北侧的东巧北尕苍见一带厘定出一套沟弧盆体系,证实班-怒带存在向北的俯冲(郑有业等,2002),反映西太平洋模式更为可取。班-怒带西段日土附近蛇绿岩形成的年龄由硅质岩中采获的放射虫化石组合确定为中晚侏罗世(郑一义等,1983;西藏区调队,1987;郭铁鹰等,1991),故一般认为西段班-怒带闭合的时间不超过晚侏罗世末。尽管也有人根据班-怒带内存在早白垩世晚期富含圆笠虫化石的郎山组灰岩,而认为日土一带班-怒带发育的时间为中侏罗世—早白垩世,但实质上前人早已指出郎山组灰岩角度不整合于班-怒带蛇绿混杂岩之上(西藏区调队,1987;郭铁鹰等,1991)。我们野外调查发现:上覆的郎山组灰岩变质变形弱,仅发育非常宽缓的褶皱,而下伏的班-怒带内褶皱冲断强烈,也证实了郎山组沉积时,班-怒带早已闭合,二者间存在沉积间断。且郎山组沉积范围缩小,沉积相属滨浅海,反映盆地的性质已由洋盆转化为前陆盆地。由此并根据班-怒带裂解和闭合均存在东早西晚的特点,可以确定班-怒带闭合的时间不会超过晚侏罗世末。

(2) 狮泉河带是一个与班-怒带结构相似但发育时间不同的带。

狮泉河带与班-怒带有很多相似之处,如二者航磁特征相似(熊盛青等,2001)、内部结构和班-怒带类同,也由多条蛇绿混杂岩和相间的岛弧组成,带内均存在近东西向的和北北西向的两种展布方向的蛇绿混杂岩亚带,两个带均代表着多岛弧盆洋或其一部分;本次对狮泉河带的调查显示:狮泉河带似与班-怒带共同组成了冈底斯-腾冲陆块和喀喇昆仑-左贡陆块之间的结合带。由于两个带具有如此众多的共同点,因此有些学者认为两者是一个带,狮泉河带是班-怒带的一部分(胡承祖,1990;熊盛青等,2001;雍永源等,2000)。

尽管狮泉河带和班-怒带在许多方面非常相似,但它们又是在时间上存在先后,空间上由北向南迁移,并存在部分重叠的两个带。班-怒带作为洋盆发育的时间是中晚侏罗世,而狮泉河带作为洋盆发育的时间主要是早白垩世早期,而在这一时间,班-怒带已转化为前陆盆地,沉积主要局限于南部;本次工作发现狮泉河带三亚带的一部分在空间上切割了班-怒带北侧形成于中晚侏罗世海沟地带的拉贡塘组远源浊积岩,物源研究表明拉贡塘组沉积物来自南侧,故在中晚侏罗世班-怒带的南侧应存在陆块,但实际上填图中并未发现这一陆块,因此在两个蛇绿岩带之间必定存在着角度不整合,即存在一次大的构造运动,二者应是两个不同的带。

有许多研究者将班戈-嘉黎岩浆带作为狮泉河带和班-怒带之间的界线,并将该岩浆带归属于冈底斯-腾冲陆块(潘桂棠等,2002;尹安,2001)。但实际上已有学者指出:该岩浆带主要形成于中晚白垩世,属壳源花岗岩,晚侏罗世的壳幔混源花岗岩体规模均极小,在该岩浆带总面积中的比例也非常有限(雍永源等,2000)。本次工作对日松-卓木垄岩基(班戈-嘉黎岩浆带西段)的研究再度证实了上述认识可能是正确的。

此外,据1:25万班戈幅[①]区调新成果,在班-怒带的南侧存在多条岩浆弧,相互间被蛇绿混杂岩亚带所分隔,所谓的班戈-嘉黎岩浆弧的规模与其他几条岩浆弧的岩体规模相近,故它们很可能均由洋内的有限俯冲形成,将之作为班-怒带的次级构造单元更为恰当,从而得出狮泉河带和班-怒带——两个不同时间形成的板块结合带之间无较大的陆块分割。

一些学者根据航磁反映狮泉河带仅延展至古昌附近,再加上部分学者野外调查也得出相似结论,认为狮泉河带规模较小,对将之作为板块结合带存在疑问,而将之视为冈底斯-下察隅燕山期火山岩浆弧的弧后盆地(熊盛青等,2001)。但以下事实并不支持此观点:①由于狮泉河带内的超基性岩蚀变强烈,造成了铁质的流失,磁性降低,加大了航磁和野外辨识的难度,再加上以往地质调查工作比例尺小、线密度稀、连图使用的遥感影像精度低,对班-怒带和狮泉河带的边界厘定不清和局部较厚的早白垩世晚

[①] 西藏地质调查院.1:25万班戈幅区域地质调查报告,2003.全书类同。

期—晚白垩世沉积覆盖,造成了以往资料反映的狮泉河带是不连续的。但实质上笔者在措勤—22道班之间的公路最高点附近也见到了狮泉河带的超基性岩,而胡承祖等(1990)根据1∶100万地质填图成果,确认狮泉河带在洞错一带仍存在,并认为向东还在延伸。②众所周知,弧后盆地是岛弧发展到一定阶段的产物,但本次工作在代表冈底斯弧的则弄群弧火山岩最下部的中基性火山岩中发现固着蛤化石,在中部的中酸性火山碎屑岩、灰岩夹层中发现大量的圆笠虫化石,化石面貌和狮泉河带的相似;在角度不整合覆于则弄群弧火山岩的捷嘎组灰岩和角度不整合覆于狮泉河蛇绿混杂岩的郎山组灰岩中均采获大量圆笠虫、珊瑚、固着蛤化石。上述事实反映狮泉河带和冈底斯火山弧形成时间非常接近。此外,随着狮泉河带向西逐渐与什约克缝合带汇合,冈底斯火山弧越来越窄,在狮泉河鲁玛大桥附近尖灭,但狮泉河带的规模在鲁玛大桥东西两侧无明显变化,由此说明狮泉河带所代表的洋盆与新特提斯洋相连通,可能在冈底斯火山弧发育之前,它不应是冈底斯火山弧的弧后盆地,而是一个萎缩的大洋的一部分,构成冈底斯-腾冲陆块北缘边界。

综合上述,狮泉河带和班-怒带是分别发育于早燕山期和晚燕山期,横亘于冈底斯-腾冲陆块和喀喇昆仑-南羌塘-左贡陆块之间的两个结合带,二者在时间上具有继承关系,空间上由北向南迁移并部分重叠,反映了由班-怒带向狮泉河带的转化是一种接力式的,与前人对原、古、中特提斯新老交替构造演化的论述(潘桂棠等,2002)相类似。

4) 模式

总之,狮泉河带内既存在向北的俯冲,也存在向南的俯冲和微弱的向南西西的俯冲,但向北的俯冲是主要的。至于各盆地发育的先后,根据各盆地的地质地化特点,与西太平洋相类比,并将之放在整个特提斯洋的演化中予以考虑,可将盆地演化分为三个阶段:拉裂形成洋盆—俯冲消减形成弧及弧间或弧后盆地—弧-弧碰撞闭合。

(1) 拉裂成洋阶段。

推测盆地早期裂解,形成小洋盆,范围包括了班-怒带南带—狮泉河带一亚带,但更为宽阔,现在的格局是洋盆萎缩闭合后的形态,而班-怒带南支延入测区的那部分则可能是早期拉裂的遗迹。这个洋盆的裂开时间与雅江带所代表的大洋可能是同时的,并相互连通。

(2) 俯冲消减阶段。

拉裂成洋后,由于地幔柱能量的减弱,小洋盆萎缩,并发生洋内俯冲,诱发形成一系列的弧和弧后盆地。由于研究区的地幔早期拉裂过程中发生过熔融,故俯冲阶段形成的玄武岩均呈现亏损幔源特点,但从一亚带—二亚带—三亚带所代表的洋盆玄武岩具有重稀土含量降低、轻稀土含量升高的趋势,反映了地幔部分熔融程度降低的趋势,它指示北边的洋盆扩张速度可能要小于南边的洋盆,洋盆规模上可能存在北小南大的类似规律。由此建立狮泉河带俯冲消减阶段的构造演化模式:俯冲最早可能发生在一亚带的南侧,呈向南俯冲,但由于北侧雅江洋向北俯冲的影响,狮泉河带向南的俯冲受阻,从而转化为向北的俯冲,在一亚带北侧形成洋内岛弧——南岛弧链,南岛弧链逐渐成熟并拉裂形成科桑那嘎沟口及乌木垄铅波沟口附近的弧间盆地,产生安山岩-玄武岩洋壳,向北的俯冲还造成了北侧被分隔的小盆地内出现一个新的扩张脊——二亚带所代表的弧后盆地;二亚带所代表的弧后盆地拉伸强烈,其规模与南侧的一亚带代表的洋盆接近或略小于一亚带,之后发生向北的俯冲,从而造成中岛弧链的形成—成熟—分裂,下地壳熔融产生的埃达克岩的产出;中岛弧链进一步拉裂造成科桑那嘎沟垴处和卧布玛奶北侧三亚带所代表的弧间或弧后盆地;上述这些弧间盆地多数是分散孤立的,但局部也可能相贯通,其洋壳由玄武安山岩或富镁的安山岩组成。其中三亚带所代表的弧后盆地拉伸略强,并曾发生过向北的俯冲,在北侧形成规模较小的北岛弧链。

(3) 弧-弧碰撞阶段。

狮泉河盆地闭合过程是一个岛弧增生、弧-弧、弧-陆碰撞的岛弧造山作用过程。狮泉河带由一亚带—二亚带—三亚带组成,玄武岩所反映的地幔部分熔融程度的不断降低指示洋盆在逐渐闭合,即使在同一洋盆内,这种趋势也很明显,如三亚带内早期的玄武安山岩具有枕状构造(图版13-8),而向晚期则逐渐变为具豆状构造的玄武安山岩,指示了洋盆扩张减弱,能量萎缩、水深变浅。狮泉河带内的弧火山岩可提供更多闭合过程是岛弧造山作用结果的证据。在狮泉河带的中岛弧链日阿弧沉积存在早期火山碎屑岩→潮坪相的生物碎屑灰岩的转化,中岛弧链存在早期的岛弧拉斑质→钙碱质安山岩→粗安岩代表的埃达克岩→晚期的含植物根茎化石的陆源碎屑潮坪沉积,均反映了岛弧生长和不断隆升的过程;而丁勒岛弧与中岛弧链日阿弧的对接,支持存在弧-弧碰撞,从而造成了两个岛弧的碰撞对接。而在这一位置次火山侵入体和南、中、北岛弧链均发现具有弧和同碰撞花岗岩特征的流纹质喷发——次火山侵入体的产出,也证实了这一点。

(4) 弧-弧碰撞的时序由北向南。

尽管盆地形成的顺序是由南向北,但盆地消减的顺序却是由北向南,海水逐渐向南退出。

从侵入这些弧的岩浆岩年龄推断,弧-弧最早开始对接的年龄应早于117Ma。可能在120—117Ma左右,中岛弧链和丁勒岛弧及北岛弧链已相连,就在这一时期,雅江洋开始加速向北俯冲,狮泉河带内的各盆地扩张脊在此背景下几乎都停止了活动,由于小盆地的扩张能力较弱,所以在萎缩的背景下,狮泉河带内北边的弧间盆地、三亚带所代表的弧后盆地、测区内呈北北西向产出的班-怒带残海盆地首先闭合,之后是二亚带和一亚带所代表的小洋盆,未俯冲下去的洋壳在此过程中发生了强烈的褶皱变形并多向南侧相邻的微岛弧仰冲,在此过程中,韧性断层大量发育。洋盆的闭合导致中岛弧链与北侧的羌塘陆块增生体碰撞对接,诱发少量具有壳幔混源性质的石英闪长岩和花岗闪长岩产出和隆升;隆升造成狮泉河蛇绿混杂岩和郎山组之间的角度不整合和地层缺失。在隆升后,狮泉河带曾再次下沉接受沉积,但这时已转化为残海盆地。

大致在104—102Ma,羌塘地体与冈底斯火山岩浆弧碰撞,造成沿狮泉河一带具有壳幔混源性质的七一桥浆混序列的侵入和海水迅速退出测区狮泉河以北的地带。

第二节 中酸性侵入岩

造山带是大地构造的基本单元,而花岗岩带是造山带的重要组成部分,也是追溯造山过程,特别是壳—幔间、陆壳各岩石圈层间物质与能量再分配过程的地质记录和岩石探针。此外,前人早已发现,岩浆演化与大地构造演化关系密切,造山带不同位置在构造演化不同阶段的构造岩浆效应迥然不同。但1∶25万造山带填图实践中,如何对造山带地区成因复杂、来源多样的侵入岩进行合理的填图单元划分,尚无统一的方案,目前基于同源岩浆演化的单元、超单元等级体制划分方案在花岗岩成因研究中占据着非常重要的地位,但大量的地质、岩石学及地球化学特征等证据表明,开放系统下的岩浆混合作用在岩浆作用过程中有时起着不可忽视的作用,尤其是在造山带侵入岩的形成过程中可能扮演着非常重要的角色。在俯冲、碰撞过程中常有新的岩浆脉动地注入到已存在的岩浆房内形成混源岩浆。由于两种或多种不同成分、不同物化条件的岩浆混合,必定存在混合程度的差异,以化学混合作用为主的可形成浆混均一体,以机械混合作用为主的可形成浆混不均匀体。这些混源岩浆再经过各种演化作用,形成多种多样的花岗岩。因此,造山带侵入岩明显存在成因复杂、来源多样的特点,全部采用基于同源岩浆演化的单元、超单元等级体制进行划分具有一定的困难,也显然是不合理的。

测区位于喜马拉雅板片、雅鲁藏布江结合带及冈底斯-念青唐古拉板片、狮泉河带及班-怒带等构造单元的汇聚部位,构成帕米尔构造结的东翼,与造山有关的燕山期和喜马拉雅期构造-岩浆活动强烈而频繁,这一时期的侵入岩在测区出露面积约4671km^2,占测区总面积的25%左右,岩浆活动明显具有多期多成因的特点(图3-77),是追溯造山过程,特别是壳—幔间、陆壳各岩石圈层间物质与能量再分配过程的最佳位置。本项目在对测区内花岗岩野外地质特征和室内分析资料的研究基础上,确认测区内花岗岩既存在同源岩浆演化序列,也存在来源多样、成因复杂的混源岩浆,对两种类型的岩浆采用不同的划分方法:对于同源岩浆系列侵入体按岩石谱系单位建立单元、超单元的等级体制;浆混岩石系列的侵入体则划分岩石类型,确定端元组分和过渡组分,并将结构特征、包体类型、岩石化学成分、时空关系及其形成年龄基本相近的侵入体归并为一个浆混岩石系列。在上述研究的基础上,根据测区燕山期—喜马拉雅期岩浆岩时空分布特点,结合构造及火山岩等研究成果,大致以测区内阿依拉深断裂(区域上称之为达机翁-彭错林-朗县断裂)为界,将测区分为拉轨岗日和冈底斯两个岩浆带,并据构造和主要的岩浆活动期的不同,以及在各岩浆带内岩浆组合的不同等进一步划分为若干亚带。测区侵入岩划分见表3-11。

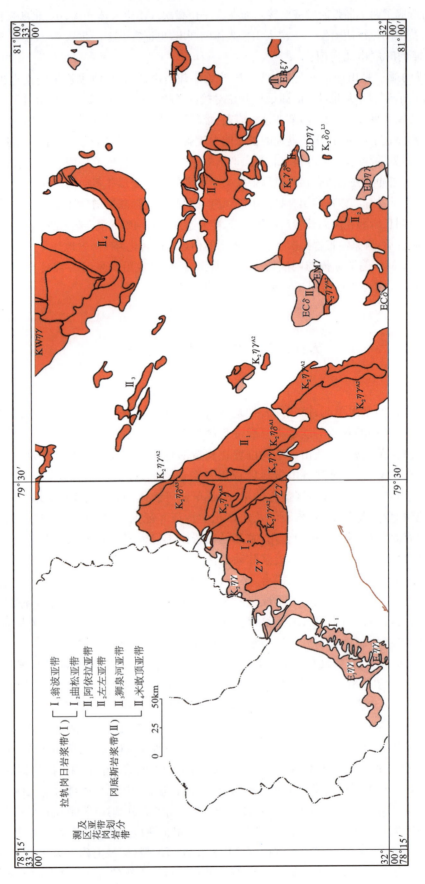

图3-77 测区侵入岩分布略图

表 3-11 测区侵入岩划分表

花岗岩带/亚带	构造期	岩石系列或单元	单元或浆混侵入体	代号	同位素测年法及年龄值	类型
拉轨岗日岩浆带	翁波亚带	喜马拉雅中期	翁波岩基	含石榴石二云母二长花岗岩	$E_3\eta\gamma$	31.9Ma	含白云母过铝质花岗岩类
	曲松亚带	燕山晚期	伊米斯山口岩体	花岗闪长岩-二长花岗岩	$K\gamma\delta-\xi\gamma$		含白云母过铝质花岗岩类
		加里东期	让拉变质侵入体	糜棱岩化二云母片麻状花岗岩	$Z\gamma$	锆石 U-Pb 法 584Ma	钙碱性花岗岩类
冈底斯岩浆带	阿依拉亚带	燕山晚期	阿依拉浆混岩石系列	浆混中细粒石英闪长岩	$K_2\delta o^{A4}$	锆石 U-Pb 法 69.8Ma	含角闪石钙碱性花岗岩类
				浆混中细粒花岗闪长岩	$K_2\gamma\delta^{A3}$		
				浆混中粒二长花岗岩	$K_2\eta\gamma^{A2}$		
				浆混细粒钾长花岗岩	$K_2\xi\gamma^{A1}$		
		喜马拉雅早期	噶尔超单元	次弄黑云角闪二长闪长岩单元	$EC\delta$	Ar-Ar 法 48Ma	富钾钙碱性花岗岩类
				玛儿黑云角闪二长岩单元	$EM\eta$		
		喜马拉雅早期	格格肉超单元	波色钾长花岗岩单元	$EB\xi\gamma$	Sm-Nb 法 50Ma	富钾钙碱性花岗岩类
				达果弄巴勒二长花岗岩单元	$ED\eta\gamma$		
	左左亚带	燕山晚期	郎弄浆混岩石系列	浆混石英闪长岩	$K_2\delta o^{L5}$	锆石 U-Pb 法 67Ma	富钾钙碱性花岗岩类
				浆混石英二长闪长岩	$K_2\eta o\delta^{L4}$		
				浆混花岗闪长岩	$K_2\gamma\delta^{L3}$		
				浆混石英二长岩	$K_2\eta o^{L2}$		
				浆混二长花岗岩	$K_2\eta\gamma^{L1}$		
			嘎波突正独立侵入体	钾长花岗斑岩	$K_2\xi\gamma\pi^G$		
	狮泉河亚带	燕山晚期	七一桥浆混岩石系列	浆混细粒暗色闪长岩	$K_1\delta^{Q5}$	102~104Ma	含角闪石钙碱性花岗岩类
				浆混细粒石英闪长岩	$K_1\delta o^{Q4}$		
				浆混中细粒英云闪长岩	$K_1\gamma o^{Q3}$		
				浆混中细粒花岗闪长岩	$K_1\delta^{Q2}$		
				浆混钾长花岗岩	$K_1\xi\gamma^{Q1}$		
	米敢顶亚带	喜马拉雅早期	保昂扎独立侵入体	保昂扎二云母钾长花岗岩	$E_3B\xi\gamma$	K-Ar 法 31.8 Ma	富钾钙碱性花岗岩类
		燕山晚期	乌木垄超单元	干嘎尔钾长花岗岩单元	$KG\xi\gamma$	黑云母 Ar-Ar 法 80Ma	
				乌哥桑二长花岗岩单元	$KW\eta\gamma$		
		燕山晚期	三宫浆混岩石系列	浆混石英闪长岩	$K_1\delta o^{S3}$	锆石 U-Pb 法 115Ma	含角闪石钙碱性花岗岩类
				浆混英云闪长岩	$K_1\gamma o^{S2}$		
				浆混细粒花岗闪长岩	$K_1\gamma\delta^{S1}$		

一、冈底斯岩浆带

冈底斯岩浆带中酸性岩侵入岩在测区内主要分布在雅鲁藏布江缝合带以北,以阿依拉深断裂为南界,班-怒带南缘断裂(区域上称之为班公错-纳屋错断裂)为北界的中间地带。总体呈北西-南东向沿区域构造线展布,主体以岩基产出,出露广泛,面积约 3933km², 占测区整个侵入岩的 84%。据中酸性侵入岩体与地层的接触关系及同位素地质年龄资料综合分析(同位素年龄值列于表 3-12 中),可分为两个大的岩浆活动巨旋回:即燕山岩浆巨旋回(或燕山晚期花岗岩)和喜马拉雅岩浆巨旋回,分别构成两个与俯冲碰撞造山岩浆活动和板内阶段岩浆活动有关的两个岩浆活动序列,且各巨旋回可分为若干期。根据燕山岩浆巨旋回各时期岩浆的分布特征,结合测区构造特征,可将测区的冈底斯岩浆带进一步划分为阿依拉亚带、左左亚带、狮泉河亚带和米敢顶亚带。

表 3-12 测区花岗岩类同位素年龄值汇总表

样号	采样地点	岩性	测试方法	年龄值(Ma)	资料来源
KC-086	班公湖西岸南段	花岗闪长岩	全岩 K-Ar 法	124	郭铁鹰等,1991
KC-294	卓木垄日	石英二长岩	全岩 K-Ar 法	119.1	郭铁鹰等,1991
TW56	米敢顶	花岗闪长岩	锆石 U-Pb 法	115.5±0.4	本次工作实测
76-78	日土县上曲垄	斑状黑云母闪长岩	黑云母 K-Ar 法	90.5±2.3	中国科学院青藏高原综合考察队
Jd31001	日土	斑状花岗岩	黑云母 K-Ar 法	84.6	西藏区调队,1980
Jd31002	日松南	角闪黑云母花岗岩	黑云母 K-Ar 法	84.1	西藏区调队,1980
Ke-66	祖古拉岩体	黑云母花岗岩	全岩 K-Ar 法	84	地球科学,1982
Pf2jd7-1	日土	钾长花岗岩	全岩 K-Ar 法	83.94	西藏区调队,1984
76-87	日土县上曲垄	闪长岩	黑云母 K-Ar 法	81.2±2.3	中国科学院青藏高原综合考察队
87-371	日土	英云闪长岩	黑云母 Ar-Ar 法	80.4±0.2	张玉泉,1998
87-369	日土	英云闪长岩	黑云母 Ar-Ar 法	80.0±0.2	张玉泉,1998
Jd3f25	赛勒嘎卡	角闪黑云母花岗岩	黑云母 K-Ar	78.34	西藏区调队,1984
KC-086	班公湖西岸南段	花岗闪长岩	全岩 K-Ar 法	124	郭铁鹰等,1991
Jd3f08	塞勒终	黑云母花岗岩	黑云母 K-Ar 法	78.11	西藏区调队,1984
KC-076	江巴公路边	石英闪长岩	全岩 K-Ar 法	113	郭铁鹰等,1991
TW-9	七一桥	英云闪长岩	Sm-Nd 法	104	本次工作实测
76-112	江巴河南山腰	斑状黑云母闪长岩	锆石 U-Pb 法	104	中国科学院青藏高原综合考察队
KC-169	江巴北沟	石英闪长岩	全岩 K-Ar 法	102	郭铁鹰等,1991
GS-82	七一桥	钾长花岗岩	Sm-Nd 法	65	本次工作实测
TW-79	阿依拉	花岗闪长岩	锆石 U-Pb 法	69.8±0.3	本次工作实测
GSL-137	阿依拉	二长花岗岩	Sm-Nd 法	67	本次工作实测
GS-156	阿依拉	石英闪长岩	Sm-Nd 法	67	本次工作实测
TW-22	阿依拉	花岗闪长岩	Sm-Nd 法	67	本次工作实测
GS-151	阿依拉	钾长花岗岩	Sm-Nd 法	67	本次工作实测
GS-115	阿依拉	二长花岗岩	Sm-Nd 法	67	本次工作实测
KA-063-1	鲁玛大桥东	石英闪长岩	全岩 K-Ar 法	79	地球科学,1982(3)
Jd31003	前进岩体	石英二长岩	黑云母 K-Ar	74.4	西藏地调队,1980
76-52	鲁玛大桥北	花岗闪长岩	锆石 U-Pb 法	67	中国科学院青藏高原综合考察队
KA-063-1	鲁玛大桥东	石英闪长岩	全岩 K-Ar 法	65	地球科学,1982(3)
Jd1301	噶尔县门士区	花岗闪长岩	全岩 Rb-Sr	62	西藏地调队,1986
GS-30	波色	钾长花岗岩	Sm-Nd 法	50	本次工作实测
TW-36	玛儿	角闪二长岩	透长石 Ar-Ar	48.07	本次工作实测
Jd1303	噶尔县门士区	石英闪长岩	K-Ar 法	48.1	西藏地调队,1986
Jd1302	噶尔县门士区	石英闪长岩	K-Ar 法	42.4	西藏地调队,1986
KC-340	噶尔县东	黑云母花岗岩	全岩 K-Ar 法	40.2	郭铁鹰等,1991
TW-14	七一桥	正长花岗岩脉	K-Ar 法	38.1	本次工作实测
76-58	曲松农场西南	电气石白云母花岗岩	白云母 K-Ar 法	31.9	郭铁鹰等,1991

（一）燕山晚期侵入岩

测区燕山晚期中酸性侵入岩构成了一个与板块俯冲碰撞造山有关的岩浆活动巨旋回，根据岩浆活动具有脉动特点，可将整个岩浆活动划分为早白垩世、晚白垩世早期、晚白垩世末等几个时期，分别对应三宫浆混岩石系列、七一桥浆混岩石系列、乌木垄超单元、阿依拉浆混岩石系列及郎弄浆混岩石系列。

1. 三宫浆混岩石系列

三宫浆混岩体为日土复式岩基的南延部分，中国科学院青藏高原综合科考队（1981）、郭铁鹰等（1991）和西藏地质队（1993）的研究表明：日土岩基是一个多阶段侵入的复式岩体，其中同位素数据主要集中于 119.1～124Ma 和 90.5～78.11Ma 两个区间。本次工作也发现在该岩体中存在两期不同的岩浆活动：第一期为具镁铁质包体的岩浆混合作用的产物，而第二期为同源岩浆演化序列，相互之间呈超动侵入接触，故将之分别划分为三宫浆混岩石序列和乌木垄超单元两部分。其中三宫浆混岩石序列所代表的岩浆活动可分为三个演化阶段，分别由中细粒花岗闪长岩、中细粒英云闪长岩和细粒石英闪长岩构成，是岩浆混合的产物。

1）地质特征

三宫浆混岩石序列的灰白色中细粒浆混花岗闪长岩，主要出露于米敢顶一带，在卓木垄零星出露，面积约 208km^2。分别侵入于拉贡塘组和多尼组地层中（图版 17-1、17-2），围岩由于受到岩体侵入的挤压、破碎作用，围岩中有岩脉或岩枝穿切层理。受岩浆热影响围岩发生接触变质作用，砂岩发生角岩或角岩化。接触变质带宽可达 8～10km。浆混花岗闪长岩具不明显的相带分布特征，中心相为中粒弱似斑状花岗闪长岩，边缘相为中细粒花岗闪长岩。岩体中含有大量的包体，包体类型有深源包体、析离体及捕虏体。深远包体成分为暗色微粒闪长岩，以眼球状（图版 17-3）、椭圆状（图版 17-4）及放射状（图版 17-5）为主，成分与寄主岩明显不协调，彼此界线明显，无定向排列，可见石英、钾长石的捕虏晶，显示岩浆混合特征（图版 17-6）。析离体成分为角闪石单矿物暗色集合体和少量的石英单矿物集合体，以透镜状、椭圆状为主，大小一般为 3～5mm，具放射状边缘。捕虏体主要为砂岩或板岩，呈透镜状、浑圆状边缘（图版 17-7、17-8），岩体变形较强，表现为弱片麻状构造，反映岩体侵位于挤压背景下的区域构造应力场。

白色中细粒浆混英云闪长岩主要出露于测区北部三宫一带，呈岩株状产出，出露面积约 1.5km^2，侵入于拉贡塘组的浊积岩系中，岩体与围岩的接触界线附近可见围岩捕虏体和岩体的岩枝穿入围岩现象。岩体边部发育细粒的冷凝边，而且岩体的原生流动面平行于接触面。围岩受岩浆热影响发生接触变质作用，产生角岩、角岩化砂岩、斑点状板岩、灰岩大理岩化，局部出现钙铝榴石矽卡岩。岩浆具有明显的浆混特征，如寄主岩石中可见早期酸性岩浆结晶的石英捕虏晶，其周围可见黑云母等暗色矿物的暗化反应边（图版 18-1）。岩体内发育节理构造，并有后期石英脉穿入（图版 18-2），由于其他地质体分隔，它与浆混英云闪长岩的接触关系不明。

灰白色细粒浆混石英闪长岩主要出露于测区北部塔布渣和三宫一带，呈岩株状产出，面积约 7.5km^2。侵入于拉贡塘组的浊积岩系中，岩体中含有大量的围岩捕虏体，接触变质带宽数千米，变质岩石类型主要为角岩、角岩化砂岩及斑点状板岩。浆混石英闪长岩脉动侵入于早期的浆混花岗闪长岩（图版 18-3），被晚期乌木垄超单元干嘎尔单元超动侵入。岩石含有少量包体，但斜长石具有环带结构反映了它结晶过程中可能有岩浆的加入，从而导致物化条件改变，使斜长石形成环带构造。

2）岩石学特征

据镜下鉴定的主要造岩矿物实际含量投影（图 3-78），三宫浆混体岩石类型有花岗闪长岩、英云闪长岩和石英闪长岩；在岩石分区的 R_1-R_2 图解（图 3-79）上，位于英云闪长岩和花岗闪长岩区，二者基本是一致的。各岩石具体的岩相学特征如下所示。

（1）灰白色中细粒浆混花岗闪长岩：岩石中细粒结构，块状构造。主要造岩矿物成分有斜长石、钾长石、石英、角闪石及黑云母，副矿物有电气石、磁铁矿等暗色矿物。

斜长石：半自形板状，聚片双晶细密，具较强的绢云母化、高岭石化、绿帘石化，含量 53%。

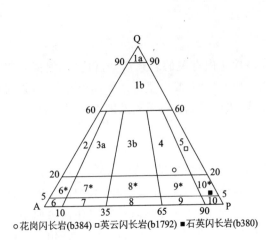

图 3-78　三宫浆混体 Q-A-P 图解
（据 Streckelsen,1973；LeMatire 等,1989）Q+A+P=100
1a 硅英岩（英石岩）；富石英花岗岩类；2 碱长花岗岩；3a 钾长花岗岩；3b 二长花岗岩；4 花岗闪长岩；5 英云闪长岩；6＊石英碱长正长岩；7＊石英正长岩；8＊石岩二长岩；9＊石英二长闪长岩；10＊石英闪长岩；6 碱长正长岩；7 正长岩；8 二长岩；9 二长闪长岩；10 闪长岩；Q.石英；A.碱性长石；P.斜长石

○花岗闪长岩(b384) □英云闪长岩(b1792) ■石英闪长岩(b380)

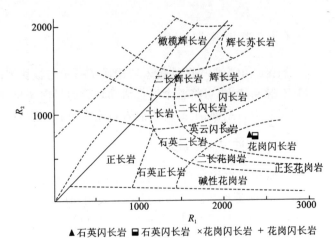

图 3-79　R_1-R_2 岩石分区（据 De La Rache,1980）

▲石英闪长岩 ■石英闪长岩 ×花岗闪长岩 ＋花岗闪长岩

钾长石：半自形—不规则状，具条纹结构，弱—中等高岭石化，含量 15％。

石英：不规则粒状，大者粒度可达 3.6mm，含量 20％。

角闪石：柱状—不规则粒状，绿色多色性，少数不同程度的绿泥石化，为普通角闪石，含量 7％。

黑云母：片状，部分绿泥石化，含量 8％。

电气石：含量小于 1％，暗蓝—浅紫多色性，为黑电气石，说明岩石经受了汽液作用。

磁铁矿等暗色矿物小于 1％。

（2）灰白色中细粒浆混英云闪长岩：岩石为中细粒结构、连斑结构，块状构造。主要造岩矿物为斜长石、石英、黑云母及角闪石，岩石中几乎不含钾长石；副矿物为楣石和磷灰石。

斜长石：半自形—不规则状，具环带现象，中等高岭石化，含量 40％。

石英：多数呈等轴状颗粒，大者粒径可达 4mm，具波状消光，含量 20％。

钾长石：半自形—不规则状，具卡斯巴双晶，弱—中等高岭石化，含量 5％。

黑云母：片状，中等绿泥石化，具挠曲现象，反映岩体曾受到一定程度构造变形的影响，黑云母含量 20％。

角闪石：柱状—不规则粒状，绿色多色性，少数不同程度的绿泥石化，为普通角闪石，含量 15％。楣石和磷灰石含量极微。

（3）灰白色细粒浆混石英闪长岩：岩石呈灰白色、细粒结构，主要造岩矿物成分有斜长石、钾长石、石英、黑云母及少量的其他暗色矿物。

斜长石：自形—半自形板状，具聚片双晶和环带结构，中等高岭石化、星点绢云母化和斑块绿帘石化，含量 84％。

钾长石：呈板状只见简单双晶而不见聚片双晶，弱—中等高岭石化，含量 4％。

石英：不规则粒状，粒径在 0.6～0.2mm 之间，含量 7％。

黑云母：片状假象，完全绿泥石化，含量 3％，其他暗色矿物约 2％。

3）岩石化学特征

（1）常量元素。

三宫浆混体的常量元素分析结果见表 3-13。从表中可以看出，SiO_2 含量变化极小，为 62.64％～65.75％，属中性岩范畴。从花岗闪长岩—英云闪长岩—石英闪长岩，随着岩浆演化，SiO_2、Al_2O_3、FeO、MnO 含量逐增，而 MgO 逐渐降低，其他氧化物变化不明显。铝指数 A/CNK 为 0.86～1.06，平均 0.96，小于 1.0，属偏铝质花岗岩类（Shand,1943；Zen,1988）。早期花岗闪长岩里特曼组合指数 $\sigma=2.27\sim2.28$，平均 2.32，属钙碱性系列，晚期的石英闪长岩里特曼组合指数 $\sigma=1.50\sim1.80$，平均 1.65，属钙性系列。在 SiO_2-K_2O 图解中(图 3-80)，花岗闪长岩落在低钾钙碱性岩区，石英闪长岩落在钙碱性岩区。镁指数 $Mg^{\#}$ 为 $0.29\sim0.64$，多大于 0.5，可能暗示有地幔物质的加入。CIPW 标准矿物及其含量分别列于表 3-14 中，其标准矿物组合：$Q+Or+Ab+An+Hy$，属 SiO_2 过饱。晚期出现刚玉，表明岩体由 Al_2O_3 不饱和向 Al_2O_3 饱和演化特点；分异指数 DI 为 $65.02\sim94.81$，结晶指数 CI 为 $10.21\sim17.33$，说明岩浆分异程度很高。

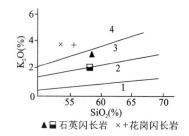

图 3-80　SiO_2-K_2O 图解

1.低钾钙碱性系列；2.钙碱性系列；
3.高钾钙碱性系列；4.钾玄岩性系列

综上所述，三宫浆混体的常量元素特点是相对低的 SiO_2($61\%\sim70\%$)、低钾(($K_2O/Na_2O<1$)、中高不相容元素(MgO $0.3\%\sim3.5\%$，CaO $1.5\%\sim3.8\%$)、偏铝质花岗岩类，$TFeO/(TFeO+MgO)<0.8$，根据巴尔巴林(Barbarin)的花岗岩类划分属于 ACG，即含角闪石钙碱性花岗岩类。其物质来源为混合源(地壳+地幔)。

(2) 稀土元素特征。

三宫浆混体的各岩石类型稀土元素含量及特征参数列于表 3-15 及表 3-16。从表中可以看出，三宫浆混体的稀土总量为 $(77.42\sim152.54)\times10^{-6}$，平均 119.37×10^{-6}，轻重稀土元素(LREE/HREE)为 $48.83\sim93.97$，平均 70.81，$(La/Yb)_N$ 比值为 $13.69\sim71.44$，平均 31.99，$(La/Sm)_N=4.23\sim5.44$，平均 4.6，表明轻重稀土之间分馏明显，轻稀土分馏程度明显高于重稀土，即轻稀土富集；$\delta Eu=1.47\sim1.72$，平均 1.57，表明铕具正异常；在稀土配分模式图(图 3-81)上也清楚地反映出上述特征，曲线与大陆弧火山岩的相近似。

稀土总量介于平均下地壳稀土总量(66.94×10^{-6})和平均上地壳稀土总量(146.37×10^{-6})之间，三宫岩体的 $\delta Eu=1.57$，根据王中刚(1986)的划分，属于由下地壳或太古宙沉积岩部分熔融形成的花岗岩($\delta Eu>0.70$)。但它具有与钙碱性弧火山岩类似的稀土特征，可能指示三宫岩体的源区比较复杂，其中可能含有一定的地幔组分，这与岩体中发现大量的微细粒镁铁质深源包体相吻合。

(3) 微量元素。

三宫岩体的微量元素含量见表 3-17，微量元素洋脊花岗岩标准化比值蛛网图见图 3-82。从表和图中可以看出，三宫浆混体微量元素 Rb、Th 明显富集，Sm、Y、Yb 亏损—弱亏损，其他元素变化不明显。曲线呈左侧凸起、中间平坦、右侧下凹的配分型式，曲线与火山弧花岗岩的相似。

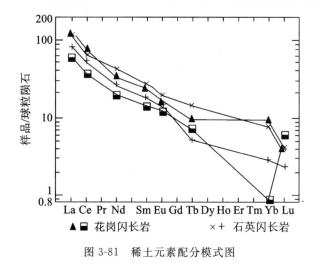

图 3-81　稀土元素配分模式图

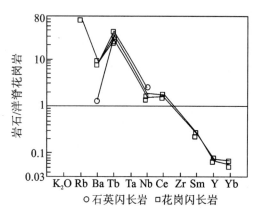

图 3-82　微量元素比值蛛网图

(4) 构造环境判别。

三宫浆混体在 Nb-Y 判别图[图 3-83(a)]上落入火山弧+同碰撞花岗岩区，在 Rb-(Y+Nb)判别图[图 3-83(b)]上样品落入火山弧花岗岩区;在花岗岩 R_1-R_2 与构造环境图解(图 3-84)中,花岗闪长岩落在 2 区,为板块碰撞前的花岗岩(或消减的活动板块边缘花岗岩),石英闪长岩则介于 6 区(同碰撞的花岗岩或同造山期花岗岩)与 2 区之间偏 2 区的过渡地带。

4) 同位素年代学研究

三宫浆混岩石序列侵入拉贡塘组、狮泉河蛇绿混杂岩和班公湖蛇绿岩及早白垩世多尼组、郎山组,反映岩体的侵位时代不早于白垩纪初,本次工作对日土复式岩基三宫浆混花岗闪长岩进行了单矿物锆石 U-Pb 同位素地质年龄测试,获得 $^{206}Pb/^{238}U$ 一致线年龄 115.5±0.4Ma(图 3-85),与前人郭铁鹰等(1991)全岩钾-氩法测得的 124~119.1Ma 相近,反映三宫浆混体的形成时代为早白垩世。

表 3-13　冈底斯带各岩体常量元素分析结果表(%)

样号	岩体	岩性	SiO_2	TiO_2	Al_2O_3	Fe_2O_3	FeO	MnO	MgO	CaO	Na_2O	K_2O	P_2O_5	CO_2	H_2O	LOS
*KC-029	三宫浆混体	石英闪长岩	65.57	0.69	15.90	0.75	3.13	0.09	2.17	4.02	3.96	2.42	0.27			
*KC-094			65.75	0.30	17.01	0.94	3.64	0.11	1.02	4.06	4.11	1.73	0.12			
*KC-086		花岗闪长岩	64.08	0.45	16.11	1.68	1.82	0.05	3.28	3.92	4.02	2.89	0.16			
*KC-087			62.64	0.80	15.56	1.90	2.95	0.07	3.17	4.78	3.73	2.96	0.23			
*KC-169	七一桥浆混体	石英闪长岩	60.44	0.65	15.70	2.36	4.22	0.12	3.85	5.41	2.29	1.54	0.13		2.59	
GS-132			73.15	0.10	13.99	0.61	0.70	0.16	1.00	1.33	3.00	3.43	0.09	1.22	1.39	2.35
GS-73			61.10	0.58	16.03	1.11	4.68	0.11	3.01	5.60	2.68	2.18	0.12	2.45	0.16	2.13
GS-75		英云闪长岩	88.08	0.24	6.24	0.04	0.58	0.02	0.54	0.74	0.84	4.01	0.03	0.42	0.05	0.20
TW-9			69.44	0.11	17.12	0.26	0.75	0.02	0.46	6.03	2.81	1.57	0.03	1.11	0.14	0.99
#1		花岗闪长岩	61.80	0.53	15.69	2.02	3.62	0.12	3.21	5.32	2.35	1.97	0.10			
#2			61.20	0.60	16.00	1.91	4.18	0.12	3.32	6.34	2.28	1.98	0.11			
GS-217			63.10	0.39	14.93	1.09	4.06	0.10	3.48	4.70	2.27	2.59	0.098	1.93	0.28	
GS-82		钾长花岗岩	73.86	0.12	11.71	0.03	0.65	0.05	0.51	3.11	1.15	6.30	0.02	1.11	1.17	2.10
GS-88			74.59	0.24	13.04	0.37	2.01	0.05	0.33	0.28	3.14	4.75	0.07	0.51	0.72	0.90
GS-94	乌哥桑单元	二长花岗岩	69.47	0.39	15.28	0.34	1.88	0.04	1.21	3.06	3.84	2.86	0.13	1.25	0.07	1.07
GS-191			72.99	0.28	13.19		1.78	0.04	0.37	1.10	3.56	4.97	0.04		0.26	1.07
GS-231	干嘎尔单元	钾长花岗岩	70.08	0.51	13.88	0.47	3.16	0.048	0.95	2.45	3.13	4.65	0.090	0.49	0.38	
GS-139	阿依拉浆混体	石英闪长岩	67.33	0.61	16.18	0.61	2.55	0.05	1.63	3.76	4.29	1.70	0.19	0.76	0.09	0.30
GS-156			47.53	2.09	17.54	3.94	7.15	0.09	5.25	9.59	2.30	1.29	0.84	2.10	0.02	1.21
B669			49.45	1.83	14.27	1.24	11.50	0.24	6.64	11.02	0.98	0.69	0.16	1.74	0.05	0.47
B656		花岗闪长岩	69.02	0.51	14.81	0.42	3.12	0.05	1.91	2.12	3.02	3.60	0.08	1.12	0.05	0.70
TW-22			73.03	0.22	14.66	0.16	1.05	0.04	0.45	1.84	4.15	3.53	0.07	0.52	0.07	0.35
TW-23			76.16	0.06	13.03	0.20	0.25	0.05	0.14	1.04	3.68	4.42	0.05	0.64	0.16	0.55
GS-115		二长花岗岩	72.43	0.63	11.64	0.33	4.18	0.07	2.38	1.88	2.08	2.79	0.07	1.32	0.02	0.51
GS-137			74.18	0.11	13.75	0.19	0.38	0.05	0.11	0.38	6.10	0.05	0.57	0.09	0.32	
GS-151		钾长花岗岩	73.43	0.25	13.71	0.52	0.85	0.04	0.36	1.30	3.32	5.05	0.07	0.85	0.07	0.40
GS-207	嘎波突正独立侵入体	钾长花岗斑岩	76.32	0.080	12.09	0.62	1.51	0.038	0.22	0.35	3.75	4.64	0.024	0.19	0.28	
GS-297		正长花岗斑岩	70.92	0.23	14.60	1.66	1.22	0.12	0.37	0.55	2.82	5.44	0.11	0.38	1.86	

续表3-13

样号	岩体	岩性	SiO_2	TiO_2	Al_2O_3	Fe_2O_3	FeO	MnO	MgO	CaO	Na_2O	K_2O	P_2O_5	CO_2	H_2O	LOS
GS-83	郎弄浆混体	石英闪长岩	60.65	0.63	15.33	1.95	5.07	0.15	3.59	6.21	2.14	2.26	0.14	0.78	0.51	1.87
GS-46		石英二长闪长岩	65.24	0.61	14.57	1.77	3.20	0.08	2.39	4.07	3.36	3.08	0.14	1.20	0.66	1.48
GS-206		花岗闪长岩	75.82	0.14	12.16	0.76	1.31	0.048	0.22	0.63	3.60	4.47	0.029	0.33	0.28	
GS-47		石英二长岩	66.86	0.59	15.56	1.97	2.19	0.13	1.02	1.55	5.06	3.89	0.17	0.80	0.37	0.76
GS-143		二长花岗岩	64.96	0.67	14.05	1.77	3.50	0.10	2.43	3.49	3.02	3.67	0.17	1.37	0.66	2.16
GS-202		二长花岗岩	69.66	0.27	14.60	1.71	1.72	0.11	0.71	1.47	4.09	4.61	0.16	0.91	0.19	
GS-16	达果弄巴勒单元	二长花岗岩	72.08	0.33	13.84	0.99	1.74	0.05	0.58	1.59	3.93	4.02	0.10	0.30	0.51	0.58
GS-17		二长花岗岩	71.58	0.28	13.91	1.01	1.90	0.067	0.73	1.69	3.78	4.06	0.091	0.31	0.47	
GS-30	波色单元	钾长花岗岩	75.68	0.13	12.75	0.66	1.15	0.07	0.13	0.28	3.67	4.98	0.02	0.51	0.14	0.34
GS-15		钾长花岗岩	73.02	0.23	13.57	1.35	1.20	0.06	0.25	0.44	4.24	4.71	0.06	0.38	0.26	0.75
GS-144	玛儿单元	黑云角闪二长岩	64.02	0.72	15.02	1.76	3.01	0.11	1.88	3.44	3.64	4.04	0.22	1.06	1.20	2.14
GS-90	次弄单元	黑云角闪二长闪长岩	74.43	0.22	12.95	0.31	1.32	0.04	0.34	1.05	3.87	4.75	0.08	0.06	0.44	0.26
S(2004) GS-17	保昂扎独立侵入体	二云母钾长花岗岩	71.3	0.16	15	0.13	2.33	0.48	0.44	1.5	4.28	4.38	0.071	0.55		0.71

注：带*符号样品来自郭铁鹰等(1991)，带♯符号样品来自西藏地矿局(1993)，其余样品均为本次工作采集，下同。

表3-14 冈底斯带各岩体CIPW标准矿物含量及特征参数表(%)

样号	岩体	岩性	CIPW标准矿物含量(%)									特征参数				
			Q	C	Or	Ab	An	Di	Hy	Mt	Il	Ap	CI	DI	A/CNK	σ	AR	An
*KC-029	三宫浆混体	石英闪长岩	20.45	0.02	14.46	33.82	18.56	0.00	9.67	1.10	1.32	0.60	12.10	68.73	0.97	1.80	17.96	22
*KC-094			23.06	1.25	10.36	35.16	19.69	0.00	8.26	1.38	0.58	0.27	10.21	68.58	1.06	1.50	19.63	22
*KC-086		花岗闪长岩	16.68	0.00	17.36	34.51	17.61	0.95	9.20	2.47	0.87	0.35	13.49	68.55	0.96	2.27	17.47	20
*KC-087			15.39	0.00	17.72	31.91	17.14	4.41	8.59	2.79	1.54	0.51	17.33	65.02	0.86	2.28	18.86	21
GS-74		细粒暗色闪长岩	0.00	0.00	14.04	13.69	37.32	12.70	1.39	2.33	1.74	0.38	34.58	27.72	0.76	4.32	35.69	58
*KC-169	七一桥浆混体	石英闪长岩	22.71	0.71	9.42	20.01	26.98	0.00	15.06	3.54	1.28	0.29	19.88	52.14	1.03	0.84	22.93	40
GS-132			39.01	3.18	20.80	25.99	6.23	0.00	3.50	0.91	0.19	0.20	4.60	85.79	1.26	1.37	10.68	11
GS-73		英云闪长岩	18.77	0.00	13.27	23.30	25.95	1.59	14.07	1.66	1.13	0.27	18.44	55.33	0.95	1.30	22.67	36
GS-75			64.80	0.00	23.40	7.00	1.36	1.69	1.18	0.06	0.45	0.06	3.37	95.20	0.88	0.52	3.65	9
TW-9			33.66	0.00	9.42	24.09	29.84	0.28	2.06	0.38	0.21	0.07	2.94	67.16	0.99	0.73	25.06	38
♯1		花岗闪长岩	23.45	0.22	12.05	20.53	26.70	0.00	12.76	3.03	1.04	0.23	16.83	56.03	1.00	0.99	22.29	39
♯2			20.79	0.00	11.95	19.65	28.08	2.74	12.56	2.82	1.16	0.24	19.28	52.39	0.92	1.00	24.69	42
GS-217			22.93	0.04	15.82	19.82	23.49	0.00	15.27	1.63	0.77	0.23	17.67	58.57	0.99	1.18	19.80	37
GS-82		钾长花岗岩	38.06	0.00	38.23	9.97	8.34	4.76	0.00	0.04	0.23	0.00	5.04	86.26	0.82	1.80	11.12	29
GS-88			36.26	2.39	28.42	26.84	0.99	0.00	3.95	0.54	0.46	0.15	4.95	91.52	1.21	1.97	6.32	2
GS-94	乌哥桑单元	二长花岗岩	27.41	0.57	17.17	32.95	14.65	0.00	5.71	0.50	0.75	0.29	6.96	77.53	1.70	15.14	18	
GS-191			29.67	0.02	29.90	30.60	5.32	0.00	3.87	0.00	0.54	0.09	4.41	90.17	1.00	2.43	7.51	8
GS-231	干嘎尔单元	钾长花岗岩	26.03	0.00	27.66	26.61	10.10	1.35	6.39	0.69	0.97	0.20	9.40	80.30	0.95	2.24	11.56	16

续表 3-14

样号	岩体	岩性	CIPW 标准矿物含量(%)										特征参数					
			Q	C	Or	Ab	An	Di	Hy	Mt	Il	Ap	CI	DI	A/CNK	σ	AR	An
GS-139	阿依拉浆混体	石英闪长岩	24.68	0.85	10.17	36.66	17.74	0.00	7.41	0.89	1.17	0.42	9.48	71.51	1.03	1.47	18.08	19
GS-156			1.94	0.00	7.82	19.91	34.50	7.45	16.58	5.85	4.07	1.88	33.95	29.67	0.78	2.85	33.33	46
B669			4.69	0.00	4.16	8.45	33.11	18.00	25.85	1.83	3.55	0.36	49.23	17.31	0.64	0.43	34.76	66
B656		花岗闪长岩	28.80	2.28	21.59	25.88	10.19	0.00	9.49	0.62	0.98	0.18	11.09	76.26	1.16	1.68	12.88	16
TW-22			30.53	0.81	21.05	35.36	8.79	0.00	2.65	0.23	0.42	0.15	3.31	86.94	1.05	1.96	11.18	11
TW-23			35.70	0.40	26.38	31.38	4.91	0.00	0.72	0.29	0.12	0.11	1.13	93.46	1.02	1.98	7.63	7
GS-115		二长花岗岩	39.91	1.95	16.76	17.85	9.06	0.00	12.62	0.49	1.22	0.16	14.32	74.51	1.18	0.81	10.95	20
GS-137			30.00	0.08	36.40	27.46	4.81	0.00	0.65	0.28	0.21	0.11	1.14	93.85	1.00	2.79	7.15	8
GS-151		钾长花岗岩	31.68	0.56	30.21	28.38	6.11	0.00	1.67	0.76	0.48	0.15	2.92	90.26	1.03	2.30	8.55	10
GS-207	嘎波突正独立侵入体	钾长花岗斑岩	34.87	0.29	27.54	31.81	1.63	0.00	2.76	0.90	0.15	0.04	3.81	94.22	1.02	2.11	5.09	2
GS-297		正长花岗斑岩	32.57	3.36	32.82	24.31	2.13	0.00	1.67	2.46	0.45	0.24	4.57	89.70	1.27	2.44	8.01	4
GS-83	郎弄浆混体	石英闪长岩	19.42	0.00	13.62	18.43	25.99	3.76	14.36	2.88	1.22	0.31	22.22	51.48	0.89	1.10	23.64	41
GS-46		石英二长闪长岩	21.52	0.00	18.49	28.83	15.77	3.17	8.12	2.61	1.18	0.31	15.08	68.84	0.90	1.86	16.17	21
GS-206		花岗闪长岩	35.74	0.31	26.66	30.67	2.98	0.00	2.20	1.11	0.27	0.07	3.58	93.07	1.02	1.98	6.01	5
GS-47		石英二长岩	17.59	0.56	23.24	43.20	6.76	0.00	4.25	2.89	1.13	0.37	8.27	84.03	1.01	3.36	10.29	7
GS-143		二长花岗岩	21.84	0.00	22.19	26.09	14.21	2.02	9.35	2.62	1.30	0.38	15.30	70.12	0.92	2.04	14.82	21
GS-202			23.98	0.54	27.51	34.88	6.41	0.00	3.31	2.50	0.52	0.35	6.33	86.37	1.01	2.84	9.44	8
GS-16	达果弄巴勒单元	二长花岗岩	29.19	0.33	23.96	33.47	7.36	0.00	3.40	1.45	0.63	0.22	5.48	86.61	1.01	2.17	9.64	10
GS-17			28.80	0.41	24.23	32.24	7.93	0.00	4.18	1.48	0.54	0.20	6.20	85.27	1.02	2.15	10.01	11
GS-30	波色单元	钾长花岗岩	34.04	0.85	29.60	31.17	1.28	0.00	1.81	0.96	0.25	0.04	3.02	94.81	1.07	2.29	5.34	2
GS-15			29.08	0.82	28.10	36.15	1.85	0.00	1.46	1.97	0.44	0.13	3.87	93.33	1.05	2.67	6.19	2
GS-144	玛儿单元	黑云角闪二长岩	17.42	0.00	24.42	31.44	12.94	2.60	6.69	2.61	1.40	0.49	13.29	73.28	0.90	2.81	14.73	17
GS-90	次弄单元	黑云角闪二长闪长岩	30.74	0.00	28.28	32.92	3.92	0.72	2.37	0.45	0.42	0.18	3.97	91.93	0.97	2.36	7.10	6
S(2004) GS-17	保昂扎独立侵入体	二云母钾长花岗岩	23.78	0.63	25.89	36.15	7.02	0.00	5.89	0.19	0.30	0.15	6.38	85.82	0.98	2.65	9.92	9

表 3-15 冈底斯带各岩体稀土元素分析结果表（$\times 10^{-6}$）

样号	岩体	岩性	La	Ce	Pr	Nd	Sm	Eu	Gd	Tb	Dy	Ho	Er	Tm	Yb	Lu	Y
*KC-029	三宫浆混体	石英闪长岩	45.80	73.50		23.50	5.30	1.47		0.55					2.26	0.16	
*KC-094			22.20	36.10		13.90	3.30	1.07		0.41					0.21	0.23	
*KC-086		花岗闪长岩	29.20	49.30		18.60	4.10	1.23		0.30					0.70	0.09	
*KC-087			41.20	62.10		30.00	6.10	1.71		0.84					1.90	0.15	
*KC-169	七一桥浆混体	石英闪长岩	16.80	33.40		21.60	5.10	0.91		1.03					2.90	0.25	
GS-132			26.70	53.70	5.29	17.56	3.44	0.71	2.76	0.49	2.92	0.59	1.77	0.27	1.79	0.27	15.51
GS-73		英云闪长岩	21.34	47.85	5.75	21.90	4.24	1.06	4.38	0.64	3.87	0.77	2.19	0.32	1.99	0.29	19.63
GS-75			13.08	26.71	3.23	12.58	2.78	0.43	2.77	0.40	2.47	0.45	1.25	0.17	0.93	0.12	11.42
TW-9			7.09	11.25	1.12	3.41	0.55	0.51	0.51	0.08	0.45	0.10	0.27	0.05	0.34	0.07	2.36
GS-217		花岗闪长岩	26.28	49.09	5.48	19.37	3.84	0.92	3.46	0.51	3.07	0.63	1.86	0.28	1.85	0.27	15.36
GS-82		钾长花岗岩	59.66	111.72	11.57	37.22	5.44	0.66	4.20	0.51	2.70	0.49	1.48	0.21	1.47	0.21	13.78
GS-88			24.99	50.19	4.56	14.56	2.82	0.43	2.23	0.40	2.62	0.58	1.76	0.29	1.98	0.32	14.91
GS-94	乌哥桑单元	二长花岗岩	22.23	40.01	4.36	15.48	2.76	0.66	1.86	0.22	1.21	0.22	0.62	0.09	0.55	0.07	6.13
GS-191			48.83	106.88	11.60	43.84	8.78	0.74	9.10	1.48	9.12	1.87	5.54	0.84	5.19	0.75	49.26
GS-231	干嘎尔单元	钾长花岗岩	46.46	88.44	10.52	38.93	7.24	1.04	7.56	1.18	6.69	1.37	4.02	0.58	3.70	0.56	34.62
GS-139	阿依拉浆混体	石英闪长岩	14.60	32.90	4.15	17.15	3.58	0.87	2.61	0.35	1.91	0.38	1.05	0.14	0.90	0.12	10.15
GS-156			19.25	50.91	7.75	37.94	9.09	2.30	7.89	1.03	5.23	0.97	2.48	0.31	1.76	0.22	22.78
B669			2.64	7.41	1.24	6.38	2.22	0.93	3.73	0.81	6.49	1.48	4.57	0.68	4.35	0.62	38.33
B656		花岗闪长岩	44.57	91.55	11.05	41.39	8.74	1.23	8.20	1.05	4.69	0.71	1.69	0.20	1.08	0.13	18.38
TW-22			10.87	22.84	2.67	10.55	2.45	0.51	2.14	0.36	2.46	0.52	1.52	0.22	1.45	0.21	15.15
TW-23		二长花岗岩	4.75	11.03	1.29	5.08	1.42	0.23	1.50	0.29	1.88	0.41	1.28	0.22	1.69	0.28	11.68
GS-115			28.12	56.54	6.61	25.30	5.12	0.95	5.29	0.80	4.97	0.99	3.00	0.47	3.02	0.44	27.40
GS-137			8.21	16.17	1.80	6.23	1.48	0.39	1.66	0.32	2.61	0.62	2.15	0.38	2.71	0.42	19.27
GS-151		钾长花岗岩	45.25	85.10	8.62	28.10	4.34	0.68	3.51	0.50	2.60	0.46	1.21	0.15	0.79	0.10	12.79
GS-207	嘎波突正独立侵入体	钾长花岗斑岩	31.06	63.28	7.24	25.40	5.15	0.28	4.60	0.76	5.00	1.07	3.47	0.56	3.77	0.59	28.32
GS-297		正长花岗斑岩	39.47	79.38	7.52	24.25	4.28	0.81	3.92	0.59	3.35	0.71	2.12	0.34	2.37	0.37	19.53
GS-83	郎弄浆混体	石英闪长岩	21.84	45.77	5.30	19.30	4.17	0.92	3.64	0.63	3.85	0.79	2.31	0.35	2.26	0.35	18.65
GS-46		石英二长闪长岩	30.42	63.52	7.66	27.40	5.66	1.09	4.40	0.71	4.17	0.89	2.57	0.38	2.54	0.38	23.54
GS-206		花岗闪长岩	31.17	61.16	6.87	23.50	4.45	0.41	3.77	0.59	3.59	0.77	2.50	0.39	2.77	0.42	21.44
GS-47		石英二长岩	35.90	72.95	8.54	31.42	6.56	1.62	5.70	0.92	5.60	1.22	3.55	0.54	3.65	0.54	32.29
GS-143		二长花岗岩	31.68	65.60	7.34	27.05	5.79	1.07	4.97	0.81	4.85	0.97	3.02	0.43	2.82	0.44	27.12
GS-202			43.14	76.48	8.24	28.14	5.14	0.87	4.66	0.71	4.07	0.86	2.63	0.42	2.90	0.44	25.05

续表 3-15

样号	岩体	岩性	La	Ce	Pr	Nd	Sm	Eu	Gd	Tb	Dy	Ho	Er	Tm	Yb	Lu	Y
GS-16	达果弄巴勒单元	二长花岗岩	40.29	74.11	7.88	26.86	5.12	0.93	4.43	0.74	4.47	0.94	2.89	0.46	3.14	0.50	23.02
GS-17			33.08	59.57	6.81	23.50	4.23	0.84	3.88	0.58	3.57	0.74	2.30	0.37	2.61	0.42	21.10
GS-30	波色单元	钾长花岗岩	21.04	44.89	4.49	15.48	3.53	0.36	3.66	0.66	4.41	0.96	3.09	0.50	3.60	0.55	27.99
GS-15			46.04	95.13	9.86	32.53	6.27	0.56	5.50	0.95	5.72	1.27	3.66	0.56	3.75	0.56	27.53
GS-144	玛儿单元	黑云角闪二长岩	35.74	78.13	9.37	35.34	7.15	1.50	5.44	0.82	4.39	0.89	2.47	0.34	2.26	0.35	22.74
GS-90	次弄单元	黑云角闪二长闪长岩	33.11	65.44	6.29	20.74	3.30	0.29	3.04	0.42	2.64	0.57	1.75	0.28	2.01	0.30	15.45

注：带 * 符号样品来自郭铁鹰等(1991)，带 # 符号样品来自西藏地矿局(1993)，其余样品均为本次工作采集，下同。

表 3-16 冈底斯带各岩体稀土元素特征参数表

样号	岩体	岩性	LREE (×10⁻⁶)	HREE (×10⁻⁶)	ΣREE (×10⁻⁶)	LREE/HREE	δEu	(La/Yb)$_N$	(La/Sm)$_N$	(Gd/Yb)$_N$	Eu/Sm	(Ce/Yb)$_N$
*KC-029	三宫浆混体	石英闪长岩	149.57	2.97	152.54	50.36	1.47	13.69	5.44		0.28	10.40
*KC-094			76.57	0.85	77.42	90.08	1.72	71.44	4.23		0.32	54.97
*KC-086		花岗闪长岩	102.43	1.09	103.52	93.97	1.59	28.19	4.48		0.30	22.52
*KC-087			141.11	2.89	144.00	48.83	1.49	14.65	4.25		0.28	10.45
*KC-169	七一桥浆混体	石英闪长岩	77.81	4.18	81.99	18.61	0.94	3.91	2.07	0.00	0.18	3.68
GS-132			107.40	26.37	133.77	4.07	0.68	10.06	4.88	1.25	0.21	9.57
GS-73			102.13	34.09	136.22	3.00	0.75	7.24	3.17	1.78	0.25	7.68
GS-75		英云闪长岩	58.81	19.98	78.79	2.94	0.47	9.47	2.96	2.40	0.16	9.14
TW-9			23.93	4.21	24.14	5.68	2.92	14.22	8.16	1.23	0.94	10.67
GS-217		花岗闪长岩	104.99	27.29	132.28	3.85	0.76	9.62	4.30	1.52	0.24	8.51
GS-82		钾长花岗岩	226.28	25.05	251.32	9.03	0.41	27.35	6.91	2.31	0.12	24.24
GS-88			97.55	25.08	122.63	3.89	0.51	8.55	5.57	0.92	0.15	8.13
GS-94	乌哥桑单元	二长花岗岩	85.50	10.95	96.44	7.81	0.84	27.51	5.07	2.75	0.24	23.43
GS-191			220.65	83.15	303.80	2.65	0.25	6.36	3.50	1.42	0.08	6.59
GS-231	干嘎尔单元	钾长花岗岩	192.63	60.28	252.91	3.20	0.43	8.49	0.04	1.66	0.14	7.65
GS-139	阿依拉浆混体	石英闪长岩	73.25	17.60	90.84	4.16	0.84	10.97	2.56	2.36	0.24	11.70
GS-156			127.24	42.68	169.91	2.98	0.81	7.38	1.33	3.63	0.25	9.24
B669			20.83	61.05	81.87	0.34	0.98	0.41	0.75	0.69	0.42	0.54
B656		花岗闪长岩	198.53	36.12	234.64	5.50	0.44	27.98	3.21	6.18	0.14	27.19
TW-22			49.88	24.01	73.89	2.08	0.66	5.08	2.79	1.20	0.21	5.05
TW-23			23.81	19.22	43.03	1.24	0.47	1.90	2.10	0.72	0.16	2.08
GS-115		二长花岗岩	122.63	46.38	169.01	2.64	0.55	6.29	3.46	1.42	0.19	5.99
GS-137			34.28	30.13	64.41	1.14	0.76	2.05	3.50	0.50	0.26	1.91
GS-151		钾长花岗岩	172.09	22.12	194.20	7.78	0.51	38.60	6.56	3.60	0.16	34.36

续表 3-16

样号	岩体	岩性	LREE ($\times 10^{-6}$)	HREE ($\times 10^{-6}$)	ΣREE ($\times 10^{-6}$)	LREE/HREE	δEu	(La/Yb)$_N$	(La/Sm)$_N$	(Gd/Yb)$_N$	Eu/Sm	(Ce/Yb)$_N$
GS-207	嘎波突正独立侵入体	钾长花岗斑岩	132.40	48.15	180.55	2.75	0.17	5.57	3.80	0.99	0.05	5.37
GS-297		正长花岗斑岩	155.71	33.30	189.01	4.68	0.59	11.26	5.80	1.34	0.19	10.72
GS-83	郎弄浆混体	石英闪长岩	97.31	32.83	130.14	2.96	0.71	6.54	3.29	1.31	0.22	6.48
GS-46		石英二长闪长岩	135.74	39.57	175.31	3.43	0.64	8.10	3.39	1.40	0.19	8.00
GS-206		花岗闪长岩	127.55	36.23	163.77	3.52	0.29	7.62	4.41	1.10	0.09	7.07
GS-47		石英二长岩	156.99	54.01	211.00	2.91	0.79	6.64	3.44	1.26	0.25	6.38
GS-143		二长花岗岩	138.53	45.44	183.97	3.05	0.59	7.59	3.44	1.43	0.18	7.44
GS-202		二长花岗岩	162.02	41.73	203.75	3.88	0.53	10.06	5.28	1.30	0.17	8.44
GS-16	达果弄巴勒单元	二长花岗岩	155.20	40.59	195.78	3.82	0.58	8.68	4.95	1.14	0.18	7.56
GS-17		二长花岗岩	128.03	35.56	163.60	3.60	0.62	8.57	4.92	1.21	0.20	7.31
GS-30	波色单元	钾长花岗岩	89.79	45.41	135.20	1.98	0.30	3.95	3.75	0.82	0.10	3.99
GS-15		钾长花岗岩	190.39	49.49	239.88	3.85	0.29	8.31	4.62	1.19	0.09	8.12
GS-144	玛儿单元	黑云角闪二长岩	167.23	39.70	206.93	4.21	0.71	10.67	3.15	1.95	0.21	11.03
GS-90	次弄单元	黑云角闪二长闪长岩	129.17	26.46	155.62	4.88	0.27	11.13	6.32	1.23	0.09	10.41

注：带 * 符号样品来自郭铁鹰等(1991)，带 # 符号样品来自西藏地矿局(1993)，其余样品均为本次工作采集，下同。

表 3-17 冈底斯带微量元素分析结果表（$\times 10^{-6}$）

样号	岩体	岩性	Ba	Rb	Sr	Zr	Nb	TH	Pb	Ga	V	Hf	Cs	Sc	Ta	Co	U
#3	三宫浆混体	石英闪长岩	90.60		260.60	157.00	28.40	17.00	29.00	18.40	74.90			11.00		12.60	
#4		花岗闪长岩	347.70	150.00	302.00	129.00	19.50	19.50	32.20	14.30	51.70			7.00		7.50	
#5		花岗闪长岩	359.10		455.10	119.00	23.60	15.70	35.20	16.70	71.40			9.30		11.50	
#6		花岗闪长岩	371.40		431.30	138.00	23.20	13.50	31.40	16.90	68.00			9.10		10.70	
GS-132	七一桥浆混体	石英闪长岩	198.43	43.60	147.07	113.62	9.11	18.26	19.27	14.29	97.51	3.21	2.37	16.15	1.31	12.48	1.50
GS-73		英云闪长岩	324.95	93.54	231.52	127.54	8.76	5.61	7.90	16.22	114.81	2.34	2.25	15.22	0.87	11.73	0.74
GS-75		英云闪长岩	454.61	84.67	67.80	194.80	5.25	6.00	20.02	5.55	7.67	6.70	1.45	2.15	0.61	0.91	1.26
TW-9		英云闪长岩	157.73	43.34	294.59	35.37	2.17	4.54	10.72	13.42	19.25	1.05	2.22	1.33	0.86	1.74	0.90
GS-217		花岗闪长岩	356.60	90.30	156.64	117.06	8.93	12.44	14.11	14.68	105.82	3.88	3.46	17.93	0.66	14.02	1.07
GS-82		钾长花岗岩	471.65	186.29	81.20	102.56	6.91	56.83	12.88	9.18	13.29	4.58	2.00	2.67	1.15	1.72	3.41
GS-88		钾长花岗岩	267.81	230.90	58.75	160.51	13.51	23.67	18.98	13.65	8.48	4.10	12.20	3.28	1.94	1.80	2.19
GS-94	乌哥桑单元	二长花岗岩	296.79	76.90	269.79	93.54	9.74	10.75	16.57	16.16	31.40	3.09	3.23	3.50	0.91	4.76	2.91
GS-191		二长花岗岩	359.72	231.73	56.41	289.76	15.45	22.54	20.66	19.77	8.38	8.04	6.13	8.38	1.80	2.34	3.63

续表 3-17

样号	岩体	岩性	Ba	Rb	Sr	Zr	Nb	TH	Pb	Ga	V	Hf	Cs	Sc	Ta	Co	U
GS-231	干嘎尔单元	钾长花岗岩	371.36	181.89	99.74	243.77	13.85	12.18	25.92	18.77	49.42	7.37	10.65	10.98	1.01	6.25	1.56
GS-139		石英闪长岩	492.00	89.01	749.78	70.13	6.11	3.73	17.27	20.73	74.42	2.59	4.77	5.14	0.81	8.38	1.54
GS-156			349.85	55.22	1139.21	62.87	7.46	2.94	12.92	29.94	389.72	2.64	2.10	22.98	0.90	41.41	1.27
B669			107.67	25.36	66.74	68.97	3.50	0.49	5.29	17.98	335.43	2.77	7.03	41.87	0.63	43.93	2.81
B656		花岗闪长岩	595.68	197.73	118.76	132.51	17.86	28.47	35.77	20.74	46.60	5.11	8.57	7.50	1.28	8.61	5.03
TW-22	阿依拉浆混体		715.23	136.73	288.72	51.99	5.81	6.38	27.52	16.39	15.50	2.05	4.49	2.48	0.85	1.92	1.58
TW-23			47.22	198.32	60.40	15.63	12.87	4.55	31.10	18.56	1.32	0.70	4.55	2.44	2.58	0.25	2.12
GS-115		二长花岗岩	428.70	141.11	94.89	108.08	13.53	13.22	18.56	16.09	72.29	3.85	10.34	9.07	1.30	10.61	4.99
GS-137			297.00	274.35	224.19	26.26	10.89	9.57	50.60	17.78	4.86	1.43	7.32	1.44	4.35	0.68	1.81
GS-151		钾长花岗岩	666.98	208.73	293.28	143.55	9.60	33.26	50.31	19.88	15.70	3.87	3.10	2.70	0.98	1.64	2.55
GS-207	嘎波突正独立侵入体	钾长花岗斑岩	242.58	175.17	28.10	102.13	15.19	18.46	16.32	15.50	2.39	4.35	2.04	3.41	1.12	1.36	2.01
GS-297		正长花岗斑岩	263.19	238.74	167.42	220.38	16.84	28.54	17.69	15.00	22.68	6.05	5.06	2.93	1.11	2.47	4.66
GS-83		石英闪长岩	356.32	89.93	226.34	119.03	10.56	13.58	9.81	16.25	140.74	2.87	3.55	13?	2.19	14.54	1.35
GS-46		石英二长闪长岩	363.84	90.55	318.10	208.47	9.70	18.34	14.04	15.13	80.87	5.09	1.76	10.91	2.17	10.87	1.96
GS-206	郎弄浆混体	花岗闪长岩	328.27	134.20	53.29	120.93	12.46	34.84	15.61	14.68	5.09	4.68	2.83	2.69	0.92	1.27	4.58
GS-47		石英二长岩	533.60	111.44	190.23	340.60	19.33	13.38	33.01	17.49	31.84	7.28	2.13	7.84	1.92	5.14	2.62
GS-143		二长花岗岩	269.54	145.82	179.08	182.19	13.73	21.99	17.80	15.90	83.58	4.92	5.09	12.78	1.89	12.20	2.40
GS-202			458.33	168.96	266.92	176.86	17.90	20.64	29.52	4.27	26.95	5.27	3.56	4.27	1.14	4.05	2.11
GS-16	达果弄巴勒单元	二长花岗岩	452.33	141.61	168.91	190.72	12.60	26.19	13.49	14.79	21.47	5.02	3.28	4.25	1.79	3.32	2.11
GS-17			509.96	153.93	173.89	187.52	11.72	21.56	17.93	14.30	23.31	5.55	4.21	5.25	0.98	3.58	2.23
GS-30	波色单元	钾长花岗岩	195.31	228.21	36.38	60.22	21.58	23.05	34.18	13.70	2.84	2.31	2.57	4.18	3.10	1.03	2.08
GS-15			258.81	101.66	57.15	195.94	12.58	11.36	18.55	16.83	10.55	5.23	5.03	5.17	1.51	1.98	1.61
GS-144	玛儿单元	黑云角闪二长岩	337.69	107.74	327.52	269.01	11.27	16.54	13.25	16.00	76.82	6.28	2.59	10.56	1.15	8.98	2.17
GS-90	次弄单元	黑云角闪二长闪长岩	120.01	171.72	52.75	100.24	16.96	20.85	19.71	14.49	9.09	3.83	8.20	3.20	1.64	1.38	2.39

注：带 * 符号样品来自郭铁鹰等(1991)，带 # 符号样品来自西藏地矿局(1993)，其余样品均为本次工作采集，下同。

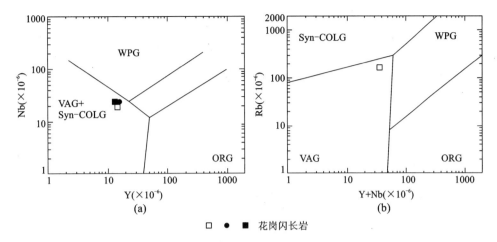

□ ● ■ 花岗闪长岩

图 3-83 三宫浆混体 Nb-Y 和 Rb-(Y+Nb)图解(据 Pearce 等,1984)
Syn-COLG:同碰撞花岗岩;WPG:板内花岗岩;ORG:洋脊花岗岩;VAG:火山弧花岗岩;
VAG+Syn-COLG:火山弧+同碰撞花岗岩

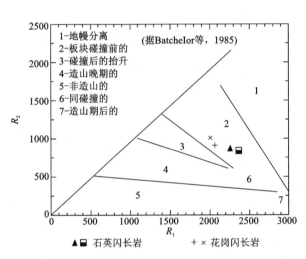

▲ ■ 石英闪长岩   + × 花岗闪长岩

图 3-84 三宫浆混体 R_1-R_2 与构造环境图解

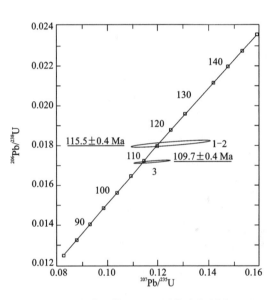

图 3-85 三宫浆混体 U-Pb 同位素年龄谐和图

5) 成因及构造就位机制、剥蚀程度

(1) 成因及构造就位机制。

20 世纪 90 年代,Castro 等通过对西班牙 Iberia 地区海西褶皱带花岗岩的研究,认为很多造山带花岗岩都有岩浆混合作用存在。三宫岩体野外露头发现了许多微细粒镁铁质包体,岩石化学及稀土、微量元素特征与大陆弧火山岩相近。而三宫浆混体的常量元素特点具相对低的 SiO_2(61%～70%)、中高不相容元素(MgO 0.3%～3.5%,CaO 1.5%～3.8%)、高 Sr(260×10^{-6}～455×10^{-6})和 Ba(多大于340×10^{-6})的特征与 Sergio P Neves 等(2000)在巴西东北部 Borborema 省确定的高钾钙碱性质的花岗岩类相当,而 Sergio P Neves 等(2000)根据上述岩石化学特点将该套高钾钙碱性花岗岩确定为壳幔混源型。在测区内该套岩系可能具有类似的成因,而该套岩系中存在镁铁质包体说明测区的该套岩系可能是由地幔和地壳混染形成的,REE 含量指示其中的地壳组分可能主要来自下地壳。其成因为分异的地幔熔体底侵于先存的下地壳部分熔融体,通过同熔、分熔、混合,形成具有岩浆混合特征的花岗质岩石系列。

该花岗岩带内具有弱的片麻状构造,围岩强烈的褶皱变形,反映了岩体形成于一种挤压的环境,岩体的侵位是一种主动侵位,但该期岩体形态的不规则,说明应力作用还不很强,岩浆上升较为迅速。很可能是在早白垩世欧特里夫期(约 115Ma),由于狮泉河带的萎缩,狮泉河带内北缘的岛链首先与北侧已在侏罗纪末与羌塘地块完成拼接的班-怒带南缘发生碰撞有关,但由于岛弧链的规模较小,碰撞造成的岩浆活动较弱,而花岗岩的地球化学特点主要反映了一种源岩的特点,即带有岛弧火山岩的特点。

(2) 剥蚀程度。

三宫浆混岩体中含有较多的围岩捕虏体,其中花岗闪长岩尤为突出。围岩捕虏体主要为砂岩或板岩,呈透镜状、浑圆状边缘,变质变形较强,表现为弱片麻状构造,显示中等剥蚀。英云闪长岩则出露面积小,而且与其他侵入体之间的接触关系不明,被其他地质体覆盖或隔开,说明岩体剥蚀很浅。所以三宫浆混体的总体剥蚀程度为浅—中等剥蚀。

2. 七一桥浆混岩石系列

七一桥浆混岩体主要出露在七一桥两侧、聂木亚及百假村一带,沿狮泉河近东西向展布,在拉梅拉山口向北东延出测区。平面上呈不规则状,岩体面积约 648km²。其围岩主要为狮泉河蛇绿混杂岩和郎山组灰岩,次之有三叠系淌那勒组白云质灰岩、白垩系则弄群火山岩等,并与上述地质体呈侵入接触。岩体附近的围岩发生热变质作用,主要变质产物有大理岩、大理岩化灰岩、角岩、板岩和角岩化砂岩等,而岩体内部可见围岩捕虏体。由于狮泉河断裂的影响,岩石发生强烈变形,表现为片麻状构造,而且岩体内部可见后期岩脉贯入。前人已测得的同位素年龄 102—104Ma(中国科学院青藏高原综合考察队,1981;郭铁鹰等,1991)表明,该岩石序列可分为中细粒花岗闪长岩、中细粒英云闪长岩、细粒石英闪长岩等。

七一桥浆混体的浆混端元组分为微细粒闪长岩(基性端元)和浅色英云闪长岩(酸性端元),其余岩石类型为两种端元组分按不同比例的岩浆混合产物,属于浆混序列的过渡组分。其中浆混英云闪长岩按色率分为浅色浆混英云闪长岩、灰色浆混英云闪长岩和暗色浆混英云闪长岩。其浆混证据有:包体与寄主岩石界线截然,包体具细粒—微细粒岩浆结构,是岩浆结晶产物,而不是部分熔融的残留体(图版18-4);包体发育冷凝边是较高温度的基性岩浆团注入、裂解早期酸性岩浆形成的,证明存在岩浆混合且混合不均匀、不彻底;不同成分的包体侧面说明可能存在几次岩浆混合作用;见到的浅色英云闪长岩可能是地幔物质熔融产物,可能是七一桥浆混岩体的第三种端元组分,也可能是岩浆混合不彻底的结果。

1) 地质特征

中粗粒(似斑状)浆混钾长花岗岩:出露于七一桥南东百假村一带,东西长约 12.5km,南北宽约6km,面积约 62km²,沿狮泉河近东西向展布,呈不规则椭圆形。分别被晚期的浆混石英闪长岩、浆混英云闪长岩及浆混花岗闪长岩超动侵入,岩体北边被第四系冲洪积物覆盖。岩体中含有微细粒闪长质包体,并且有二长花岗岩脉穿插于其中。

浆混花岗闪长岩:主要沿狮泉河两侧近东西向展布,北侧零星分布,另在聂木亚、拉梅拉一带部分出露。出露面积约 429km²,岩体侵位于狮泉河蛇绿混杂岩、则弄群朗久组碱性火山岩(图版18-5、18-6)、淌那勒组白云质灰岩等各地质体中(图版18-7、18-8)。岩体中发育暗色细粒闪长质包体和地层残留体,包体呈细粒结构,块状构造,矿物成分为斜长石及角闪石,包体大小在 4~5cm 之间,形态各异,具弱定向性,与寄主浆

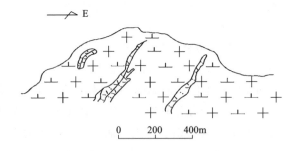

图 3-86 惹达让沟七一桥浆混花岗闪长岩中的地层捕虏体

混花岗闪长岩突变界线截然,包体可见细粒边(冷凝边),说明为基性岩浆注入、裂解产物(图版19-1)。地层残留体有火山凝灰岩、安山玄武岩,为侵入岩中的影子地层,呈无根状(图 3-86)。

浆混英云闪长岩:出露于七一桥浆混岩体的北东康佳勒一带和岩体南东边部,面积约 41km²,侵入于白垩纪郎山组灰岩(图版19-2)及则弄群碱性火山岩中。岩体与围岩接触界线呈港湾状,受热液变质作用围岩发生硅矽卡岩化变质,但由于受后期断裂叠加,接触变质带仅保留了一小部分。部分围岩中可见岩体的岩脉或岩枝穿插现象。与浆混花岗闪长岩呈渐变过渡式接触关系,无明显侵入界线(图 3-87)。岩体富含微细粒闪长岩包体,包体具弱定向排列,且见火山岩和地层的残留体。

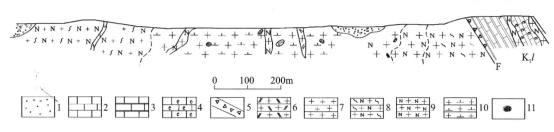

图 3-87 七一桥浆混岩体剖面图

1.第四系冲洪积物;2.灰岩;3.大理岩化灰岩;4.生屑灰岩;5.断层角砾;6.二长花岗岩;7.花岗细晶岩;8.片麻状英云闪长岩捕房体;9.英云闪长岩;10.花岗闪长岩;11.闪长质包体

浆混石英闪长岩:出露于七一桥西、聂木亚和百吉桑沟一带,面积约 $86km^2$,侵入于郎山组地层和则弄群碱性火山岩,在聂木亚一带顺层侵入于狮泉河蛇绿混杂岩二亚带中(图3-88),受岩体侵入影响,围岩发生热液蚀变,变质类型有大理岩化、碎裂化、硅化等。岩体中含有暗色包体,呈透镜状,与寄主岩界线清楚,显示后期构造变形特征(图版19-3)。浆混石英闪长岩与浆混英云闪长岩、浆混花岗闪长岩等呈似脉动或渐变过渡接触。在浆混英云闪长岩的接触面上可见流动构造,流面与流线基本平行。岩石中含有微细粒闪长质包体及围岩捕房体。

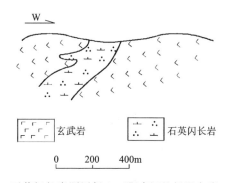

图 3-88 石英闪长岩顺层侵入于狮泉河蛇绿混杂岩二亚带中

暗色闪长岩:以包体形式出现于七一桥各浆混单元中,其中在浆混英云闪长岩中比较发育,包体形态多样,主要有以下几种:球状、浑圆状、扁豆状和长条状,显示明显的塑性流变特点;包体大小悬殊,分布不均匀。与寄主岩石界线明显,包体一侧偶见细粒冷凝边,其结构比寄主岩石要细。由于暗色细粒包体比寄主岩石较基性,更容易风化,岩体风化面上常出现因包体脱落而形成凹坑的现象。

2)岩石学特征

根据岩矿鉴定的矿物含量在 Q-A-P 图解(图 3-89)和岩石 R_1-R_2 分类图解(图 3-90)上,将七一桥浆混体岩石类型分为钾长花岗岩、花岗闪长岩、英云闪长岩、石英闪长岩及闪长岩。

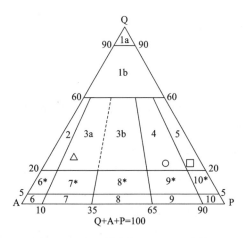

图 3-89 七一桥岩体 Q-A-P 图解
(据 Screckelesen,1973;Maicre 等,1989)

1a 硅英岩(英石岩);1b 富石英花岗岩类;2 碱长花岗岩;3a 钾长花岗岩;3b 二长花岗闪长岩;4 花岗闪长岩;5 英云闪长岩;6* 石英碱长正长岩;7* 石英正长岩;8* 石英二长岩;9* 石英二长闪长岩;10* 石英闪长岩;6 碱长正长岩;7 正长岩;8 二长岩;9 二长闪长岩;10 闪长岩;Q 石英;A 碱性长岩;P 斜长石

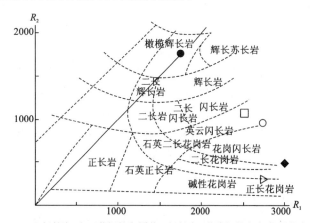

●闪长岩 ◆石英闪长岩 □英云闪长岩 ○花岗闪长岩 ▷钾长花岗岩

图 3-90 R_1-R_2 岩石分区(据 De La Rache,1980)

(1) 中粗粒（似斑状）浆混钾长花岗岩：浅色—白色，中粗粒结构，块状构造，岩石成分由石英、条纹长石、更长石、黑云母、极少量的磷灰石和磁铁矿组成，岩石蚀变强烈。

条纹长石：半自形—不规则粒状，轻度—中等高岭石化，含量为40%~60%。

更长石：半自形板状，聚片双晶细密，轻度—中等程度高岭石化、绢云母化，含量为10%。

石英：为不规则粒状，粒径大者达5cm，含量25%~30%。

黑云母：呈片状，白云母化、绿泥石化，含量2%~3%。

浆混花岗闪长岩：灰色中细粒结构，块状构造，岩石成分有斜长石、钾长石、石英、角闪石、黑云母。

斜长石：半自形板状，聚片双晶发育，中等绢云母化、高岭石化，含量40%~45%。

钾长石：不规则粒状，为微斜长石，弱高岭土化，含量7%~15%。

石英：不规则粒状，含量18%。

黑云母：为不规则片状，含量10%~16%。

角闪石：呈柱状，暗绿色，为普通角闪石、绿泥石化，含量10%~20%。

(2) 浆混英云闪长岩：浅灰色—灰色中细粒结构，块状构造，矿物成分有斜长石、石英、钾长石、普通角闪石、黑云母及绿帘石，岩石蚀变明显。

斜长石：半自形板状，可见聚片双晶，绢云母化、高岭石化，含量40%~65%。

钾长石：不规则粒状，以条纹长石和微斜长石为主，含量5%~8%。

石英：不规则粒状，含量20%~30%。

普通角闪石：不规则柱状—粒状，绿泥石化，含量10%~20%。

黑云母：呈片状，10%~15%。

绿帘石：含量5%~6%。

对其中（浆混）英云闪长岩副矿物含量及锆石特征研究（表3-18）表明，（浆混）英云闪长岩的副矿物组合为锆石＋磷灰石＋磁铁矿，绝大部分晶形完整，轮廓清晰，正方双锥柱状，晶形以A、B、C为主，D、E次之，F、G少见。晶体表面普遍很光滑，只有个别晶面见不规则的熔蚀沟和熔蚀坑，还有裂纹。样品S(2002)RZ-2英云闪长岩的副矿物组合为锆石＋磷灰石＋磁铁矿，绝大部分晶形完整，轮廓清晰，正方双锥柱状，晶形以图A、B、C为主，D次之，E、F少见，G偶见。晶体表面普遍光滑，部分晶面具不规则状熔蚀沟、熔蚀坑，还有裂纹。

(3) 浆混石英闪长岩：灰黑色，细粒结构，块状构造，岩石由石英、斜长石、普通角闪石、黑云母、磁铁矿、电气石和极少量的蚀变矿物绢云母、高岭石、绿帘石等组成，岩石蚀变强烈。

斜长石：半自形板状，常见聚片双晶，绢云母化、高岭石化，含量60%。

石英：不规则粒状，含量10%。

普通角闪石：柱状—不规则粒状，绿泥石化，含量24%。

黑云母：呈片状，有的交代角闪石显示变晶成因，含量3%。

电气石：呈柱状，集合体呈放射状，含量1%，电气石的存在表明岩石经受了岩浆期后汽液作用。磁铁矿含量为2%，绢云母、高岭石、绿帘石等蚀变矿物含量极微。

(4) 暗色闪长岩：暗色细粒结构，岩石由斜长石、普通角闪石、黑云母、磁铁矿等组成。

斜长石：半自形板状—不规则粒状，粒径小于0.4mm×0.8mm，强烈绢云母化、高岭石化和绿帘石化，含量为45%。

普通角闪石：半自形柱状—不规则粒状，粒径0.43mm×0.44mm，含量为45%。

黑云母：呈片状，粒径多为0.09mm×0.29mm，含量2%，为高温型褐黑云母，部分白云母化。磁铁矿等副矿物约为2%。

3) 岩石化学特征

(1) 常量元素特征。

七一桥浆混体的常量元素分析结果见表3-13。从表中可以看出，SiO_2含量变化较宽，从46.47%~74.59%，除暗色细粒闪长岩外，其他岩石类型的SiO_2含量总体比三宫稍高，反映随着燕山晚期构造-岩浆演化，呈现 SiO_2 含量增高，FeO、MnO、MgO 逐渐降低趋势，而其他氧化物变化比较复杂。铝饱和指数（A/CNK）为 0.76~1.26，平均 0.98，小于 1.1，属次铝花岗岩类（Shand，1943；Zen，1988）。早期钾长花岗岩里特曼组合指数 $\sigma=1.80\sim1.97$，平均 1.89，属钙碱性系列，晚期的花岗闪长岩、英云闪长岩和石英闪长岩里特曼组合指数 σ 均小于 1.8，属钙性系列，而闪长岩里特曼组合指数为 4.32，属碱钙性。在 SiO_2-K_2O 图解中（图 3-91），钾长花岗岩落在 4 区，花岗闪长岩落在 2 区，英云闪长岩则 1、2、3 区均出现，石英闪长岩落在 1、2 区，闪长岩落在 2 区，总体反映由高—低的钙碱性演化特征。钾长花岗岩、英云闪长岩和石英闪长岩的镁指数 $Mg^\#$ 多大于 0.5，但钾长花岗岩仅为 0.2，反映了该花岗岩不再可能均由上地壳或下地壳熔融形成。

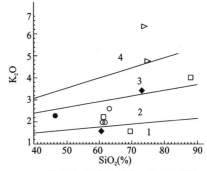

图 3-91 SiO_2-K_2O 图解
1. 低钾钙碱性系列；2. 钙碱性系列；
3. 高钾钙碱性系列；4. 钾玄岩系列

●闪长岩 ◆石英闪长岩 □英云闪长岩
○花岗闪长岩 ▷钾长花岗岩

CIPW 标准矿物及其含量分别列于表 3-14 中，其早期岩石出现透灰石标准矿物分子，标准矿物组合为 Q+Or+Ab+An+Di+Hy，属于正常系列。晚期出现刚玉标准矿物分子，标准矿物组合为 Q+Or+Ab+An+C+Hy，属于 SiO_2 过饱和系列。表明岩体由 Al_2O_3 不饱和向 Al_2O_3 饱和演化特点；分异指数 DI 为 52.14~95.20，结晶指数 CI 为 2.94~34.58，指数变化比较大，说明不可能由一种岩浆结晶分异形成。

表 3-18 七一桥浆混英云闪长岩副矿物含量及锆石特征一览表

岩石类型	样品编号	矿物种类	体积含量（%）	锆石特征			
		磁铁矿	10	颜色	无色为主，部分浅褐黄色	蚀变现象	形态
		角闪石	40	长宽之比	以 2:1、2.5:1、3:1 为主，4:1 次之，6:1、7:1 少量		
英云闪长岩	S(2002) RZ-1	黄铁矿	8	粒径	长:0.075~0.375mm 宽:0.025~0.125mm	表面普遍很光滑，只有个别晶面见不规则的熔蚀沟和熔蚀坑，还有裂纹	A B C D E F G
		赤铁矿	微量	光泽	金刚光泽		
		电气石	几粒	透明度	透明		
		锆石	56	包体	絮状包体、暗色包体		
		磷灰石	34	解理	不明显		
		辉钼矿	少量	断口	呈贝壳状		
		辉锑矿	少量	条痕	无色		
		白钨矿	几十粒	晶形	正方双锥柱状，绝大部分晶形完整，轮廓清晰，晶形以 A、B、C 为主，D、E 次之，F、G 少见		

续表 3-18

岩石类型	样品编号	矿物种类	体积含量(%)	锆石特征		
				颜色	蚀变现象	形态
英云闪长岩	S(2002)RZ-2	磁铁矿	8	无色为主，部分褐黄色	晶体表面普遍光滑，部分晶面具不规则状熔蚀沟、熔蚀坑，还有裂纹	图 A、B、C、D、E、F、G
		角闪石	50	长宽之比		
				以 2∶1、2.5∶1、3∶1 为主，1.5∶1、4∶1 次之，5∶1 少见		
		黄铁矿	1	粒径		
				长:0.075~0.5mm 宽:0.025~0.125mm		
		赤铁矿	少量	光泽		
				金刚光泽		
		石榴石	几粒	透明度		
				透明度好		
		锆石	53	包体		
				絮状暗色包体、团块状浅色包体		
		磷灰石	40	解理		
		方铅矿	微量	断口		
		辉锑矿	少量	条痕	白色		
		白钨矿	少量	晶形	正方双锥柱状，绝大部分晶形完整，轮廓清晰，晶形以图 A、B、C 为主，D 次之，E、F 少见，G 偶见		
		孔雀石	1粒				

七一桥浆混体的常量元素平均含量与中国火成岩化学成分平均值相比（黎彤等，1962），SiO_2、TiO_2、Al_2O_3、K_2O 含量略低，MgO、CaO 含量偏高。花岗岩类相对低的 SiO_2（61%~70%）、中高不相容元素（MgO 0.3%~3.5%，CaO 1.5%~3.8%），根据巴尔巴林（Barbarin）的花岗岩类类型划分，七一桥浆混岩体属于 ACG，即含角闪石钙碱性花岗岩类，但钾长花岗岩明显属于高钾钙碱性花岗岩类。

（2）稀土元素特征。

七一桥浆混体的各岩石类型稀土元素含量及特征参数列于表 3-15 及表 3-16。从表中可以看出，七一桥浆混体的稀土总量 $\Sigma REE = 24.14 \times 10^{-6} \sim 251.32 \times 10^{-6}$，稀土总量变化很宽，轻重稀土元素 LREE/HREE=1.95~18.61，平均 5.89，$(La/Yb)_N$ 比值为 3.71~27.35，平均 10.46，$(La/Sm)_N$=1.82~8.16，平均 4.43，表明轻重稀土之间、轻稀土之间及重稀土之间分馏明显，轻稀土分馏程度明显高于重稀土，即轻稀土富集；δEu=0.41~2.92，除浅色英云闪长岩（样号 TW-9）δEu 大于 1 外，其余均小于 1，表明铕具负异常，为铕的亏损型；在稀土配分模式图（图 3-92）上也清楚地反映了这一点，即配分曲线均为向右倾斜的轻稀土元素富集型，重稀土元素平坦。配分曲线在 Eu 处呈"峰谷"共存现象，表明铕既有正异常，也有负异常。根据 δEu 值和王中刚（1986）的划分方案，既有由下地壳或太古宙沉积岩部分熔融形成的花岗岩类，也有由上地壳部分熔融形成的花岗岩，反映其岩浆来源多样、成因比较复杂的特点；而英云闪长岩具铕正异常和曲线形态与其他的岩石明显不同，可能指示它不是由地幔熔融的岩浆分异的产物，而可能直接源于地壳熔融，地幔不大可能直接熔融形成酸性岩浆。

（3）微量元素特征。

七一桥浆混岩体的微量元素分析结果列于表 3-17，微量元素洋脊花岗岩标准化比值蛛网图见图 3-93。从表和图中可以看出，七一桥浆混岩体微量元素 Rb、Th、Ce、Ba 富集，Sm、Y、Yb 亏损，其他元素变化不明显。其配分型式与火山弧花岗岩的相似，但也具有一部分同碰撞花岗岩的特点。

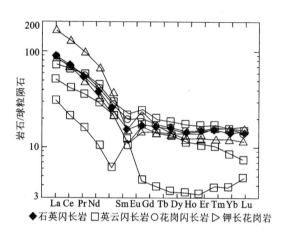

图 3-92 七一桥岩体稀土元素配分曲线图

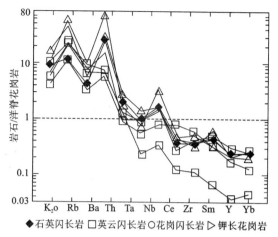

图 3-93 微量元素比值蛛网图

(4) 构造环境判别。

在 Nb-Y 判别图上所有样品落在火山弧+同碰撞构造环境区(图 3-94),在 Rb-(Y+Nb)判别图上样品主要落入火山弧构造环境区,钾长花岗岩落在火山弧与同碰撞花岗岩交界处。在花岗岩类 R_1-R_2 与构造环境图解(图 3-95)中,石英闪长岩和花岗闪长岩落在地幔分离的花岗岩区,浅色英云闪长岩落在板块碰撞前的花岗岩区,而钾长花岗岩落在同碰撞的花岗岩区与造山期后的花岗岩区交界偏靠近同碰撞花岗岩区一侧。

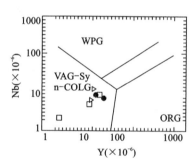 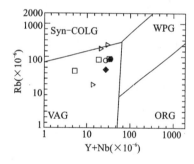

图 3-94 Nb-Y 和 Rb-(Y+Nb)图解(图据 Pearce 等,1984;图例同图 3-91)
Syn-COLG:同碰撞花岗岩;WPG:板内花岗岩;GRG:洋脊花岗岩;VAG:火山弧花岗岩;VAG+Syn-COLG:火山弧+同碰撞花岗岩

4) 岩体的侵位时代

七一桥浆混岩体的主要围岩有三叠系淌那勒组白云质灰岩、白垩系郎山组灰岩、则弄群火山岩系、狮泉河蛇绿混杂岩。岩体附近的围岩发生热接触变质作用,主要变质产物有大理岩、大理岩化灰岩、角岩、板岩和角岩化砂岩等,岩体内部可见围岩捕虏体,岩体北部被第四系覆盖。说明七一桥浆混岩体侵位时间晚于白垩纪郎山组。本次工作在七一桥英云闪长岩中获得 104Ma Sm-Nd 法年龄,郭铁鹰等(1991)在江巴北沟石英闪长岩中获得 102Ma 全岩 K-Ar 法年龄和中国科学院青藏高原综合考察队在江巴河南山腰斑状黑云母花岗岩中获得 104Ma 锆石 U-Pb 法年龄。同位素年龄研究表明,七一桥浆混岩体属于燕山晚期构造-岩浆旋回第二期岩浆侵入活动产物,形成时间为 102~104Ma,大致侵入时代为早白垩世。

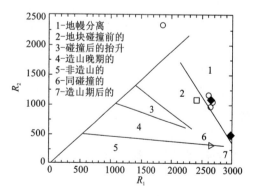

图 3-95 花岗岩类 R_1-R_2 与构造环境图解
(图据 Batchelor 等,1985;图例同图 3-91)

5) 成因及构造就位机制、剥蚀程度

(1) 成因及构造就位机制。

在该浆混序列的石英闪长岩、(暗色)英云闪长岩内野外发现大量的微细粒包体(镁铁质)和明显的混合结构及特征表明，七一桥岩体与三宫浆混体一样，属于岩浆混合产物。尤其是暗色闪长岩无根透镜体明显属于基性岩类，富镁(MgO 高达 6.17%，而地壳产生的熔体中 MgO 一般小于 3%)、富钙($CaO=10.50\%$)、富铁($TFeO=10.15\%$)的特点说明了其岩浆源自地幔的部分熔融。但这部分岩浆在该岩带内的规模很小，故不可能由它分异形成大面积的花岗岩，七一桥浆混岩体应属于岩浆混合成因。根据其中钾长花岗岩的镁指数与该岩基内其他花岗岩相差甚远，但形成时代相近，七一桥浆混花岗岩有可能由暗色闪长岩与钾长花岗岩混合形成；但该岩基内的浅色英云闪长岩具有较前述二端元组分都高的 SiO_2 含量、较该浆混体中其他岩性都低的铁含量($TFeO=0.62\%$)，说明浅色英云闪长岩不可能由上述二者混合形成；而该浆混体中大多数的岩性实际上接近英云闪长岩、花岗闪长岩和石英闪长岩的分界处，多数镁指数相近($Mg^{\#}$ 在 $0.5\sim 0.6$ 之间)，相对变化较小，可能暗示它不大可能由大量的钾长花岗岩和基性岩浆浆混形成，否则应有较多的二长花岗岩及花岗闪长岩产出；实际上钾长石含量偏高的那部分花岗闪长岩仅分布在钾长花岗岩附近，可能指示七一桥浆混花岗岩序列主要是由浅色英云闪长岩和暗色的闪长岩混合形成，而钾长花岗岩与上述岩浆只发生了有限的混合，即存在三种岩浆混合的可能性。

七一桥浆混序列具有与三宫浆混序列相似的岩浆性质，但分布位置不同，指示了狮泉河带的酸性岩浆活动自 $115\sim 104$ Ma 由北向南迁徙，但都位于狮泉河带两侧不同大地构造单元的交汇部位，指示它们均与狮泉河带的闭合存在关系。我们认为，正是由于狮泉河带自北向南逐渐退缩闭合，才造成了测区内狮泉河带北侧和南侧的两次深成侵入活动，它与弧-弧碰撞或弧-陆碰撞造山有关，在此过程中有多次地幔岩浆的脉动加入，从而造成了地壳的增厚，且更为重要的是热的传导，造成地壳熔融导致地壳层圈的分异。

七一桥浆混岩体中具有弱片麻理构造，指示它是主动侵位的，而它明显具有沿构造带侵位的特点和接触变质带不宽，指示应力不强，在北侧地带具有大量的地层捕房体，而这些捕房体变形较弱，可能因为岩浆侵入到围岩的节理裂隙中的压力导致裂隙进一步扩大，导致一部分掉到岩浆池中，故局部地带还具有一些顶蚀的特点，而很可能正是由于二者的联合作用才造成了岩体的侵位。

(2) 剥蚀程度。

七一桥浆混体各岩石类型中都含有地层残留体，但以狮泉河为界，北侧地层残留体极少见，与地层接触部位存在片麻理，而南侧则含有大量的火山凝灰岩、安山玄武岩等，反映了狮泉河北侧的岩体相对剥蚀较深，而南侧剥蚀较浅的特点。

3. 乌木垄超单元

乌木垄超单元出露于测区北部的米敢顶、扎独顶、乌木垄和三宫等地，向北西延出图区外与著名的日土复式岩基相接，向南东方向止于乌木垄铅波一带，呈椭圆状产出，构成测区内日土岩基南延部分的主体。出露面积 $822 km^2$。岩体出露范围内均为海拔 5000m 以上的高山区，山势陡峭，形成悬崖峭壁。

前面已指出，日土岩基是一个复式岩基，乌木垄超单元就代表该岩基第二期岩浆活动。岩体侵入侏罗系拉贡塘组、狮泉河蛇绿混杂岩、乌木垄铅波岩组，白垩系郎山组和多尼组等地层。与三宫浆混序列不同，在乌木垄超单元中不存在镁铁质包体，说明不存在岩浆混合，属于同源岩浆演化系列。根据岩体岩性的相互穿插关系，该期岩浆可划分出两次侵入活动，即早期的乌哥桑二长花岗岩单元和晚期的干嘎尔钾长花岗岩单元，二者呈脉动接触，与早期的三宫序列呈超动接触。

1) 地质特征

乌哥桑单元：主体岩性为灰白色中粗粒似斑状二长花岗岩，主要出露于测区北部扎独顶—扎木仁一带，在卓木垄日一带零星出露，面积约 $749 km^2$，侵入于侏罗系拉贡塘组(图版 19-4、19-5)、白垩系乌木垄铅波岩组、郎山组和多尼组等地层及狮泉河蛇绿混杂岩中，围岩发生热接触变质，接触变质带宽 $0.5\sim 1.5$ km。靠近岩体为黑云母角岩，远离岩体为黑云母角岩化粉砂岩和斑点状板岩。该单元超动侵入于三宫浆混中细粒花岗闪长岩(图版19-6,图3-96、图3-97),二长花岗岩一侧颗粒具明显增大现象,并显示冷凝边,而浆混花岗闪长岩一侧具褐色烘烤边,另外二者接触面(mm级)内有钾长石、石英斑晶、局部有角闪石斑晶的定向生长,具长轴平行排列趋势。岩体中富含包体,包体类型有围岩捕虏体和析离体。包体为黑云母闪长岩包体,椭圆状,最大长轴20cm,个别呈眼球状,具北西向分布趋势,在暗色包体中可见石英单矿物集合体的捕虏晶。围岩捕虏体有长英质粉砂岩、泥质粉砂岩,呈现角岩化,平行边界产出,形状为撕裂状边缘,细条状,最大长度达30cm(图版19-7)。岩体中还见三宫石英闪长岩的捕虏体(图版19-8),反映乌哥桑单元的侵位晚于三宫浆混岩体。析离体成分为角闪石单矿物集合体,呈团雾状(图版20-1)。可见熔融残留体(图版20-2)及熔融残留体中的角闪石捕虏晶(图版20-3)。

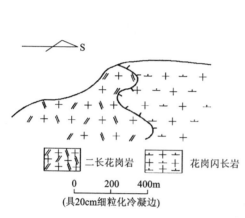

图3-96 乌哥桑二长花岗岩超动侵入于三宫浆混花岗闪长岩中

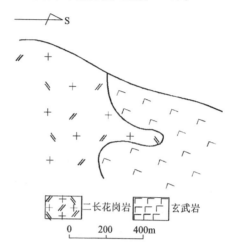

图3-97 乌哥桑单元与狮泉河蛇绿混杂岩一亚带玄武岩侵入接触关系

干嘎尔单元:主体岩性为浅肉红色中粗粒似斑状钾长花岗岩,出露于干嘎尔、嘎布勒、赛勒终、三宫一带,呈带状分布,面积约为73km²,侵入于中侏罗系拉贡塘组地层中(图3-98)。受岩浆热液作用围岩发生变质作用,变质类型有角岩、角岩化砂岩及斑点状板岩。中粗粒似斑状钾长花岗岩与中粒似斑状二长花岗岩呈脉动侵入接触,在二者接触附近可见二长花岗岩的矿物粒度增大现象,说明二长花岗岩的侵位较钾长花岗岩早。干嘎尔单元超动侵入于早期的三宫浆混花岗闪长岩中。岩体中可见暗色闪长质包体和围岩捕虏体,包

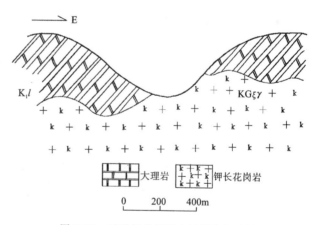

图3-98 干嘎尔单元侵入于郎山组地层

体呈透镜状,一般长30~80cm、宽40cm,分布不均匀,边界清晰,无定向排列。

2) 岩石学特征

根据岩矿鉴定的实际矿物含量在Q-A-P图解(图3-99)上判别,结合岩石化学组分在R_1-R_2岩石分区投影(图3-100),可以得出:乌木垄超单元的岩石类型分别为钾长花岗岩和二长花岗岩。

(1) 乌哥桑单元:主体岩性为灰白色中粗粒似斑状二长花岗岩,中粗粒结构、似斑状结构,块状构造,岩石由石英、微斜条纹长石、更长石和少量的黑云母、磁铁矿和榍石组成。斑晶含量为20%,大小在3mm×6mm,最大可达7mm×11mm,斑晶成分有板状更长石和长柱状微斜长石及少量的石英,基质含量为80%,粒径4~6mm。

石英:不规则粒状,粒径大者达4~5mm,斑块状,波状消光,含量20%。

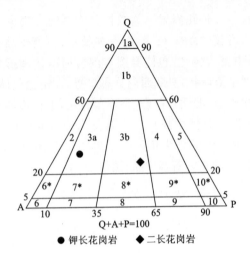 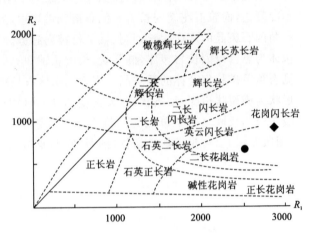

图 3-99 Q-A-P 图解（据 Streckeisen,1973 等；Lewaitre 等,1989）
1a 硅英岩（英石岩）；1b 富石英花岗岩类；2 碱长花岗岩；3a 钾长花岗岩；3b 二长花岗岩；4 花岗闪长岩；5 英云闪长岩；6* 石英碱长正长岩；7* 石英正长岩；8* 石英二长岩；9* 石英二长闪长岩、石英二长辉长岩；10* 石英闪长岩、石英辉长岩、石英斜长岩；6 碱长正长岩；7 正长岩；8 二长岩；9 二长闪长岩、二长辉长岩；10 闪长岩、辉长岩、斜长岩；Q 石英；A 碱性长岩；P 斜长石

图 3-100 R_1-R_2 岩石分区
（据 De La Rache,1980；图例同图 3-99）

微斜条纹长石：多为不规则粒状，少为半自形板状，见简单双晶和条纹结构，弱高岭石化，含量 40%。

斜（更）长石：半自形板状，粒径较大者为 2.3mm×3.4mm。常见聚片双晶，弱高岭石化、星点绢云母化，含量 30%。

黑云母：片状，粒径大者达 2.2mm，暗红褐—淡褐色多色性，部分不同程度的绿泥石化、绿帘石化，并析出榍石，含量 8%。

磁铁矿、榍石等暗色矿物及其他蚀变矿物含量极微。

（2）干嘎尔单元：岩性为浅肉红色中粗粒似斑状钾长花岗岩，中粗粒结构、似斑状结构。斑晶含量为 25%，斑晶粒径为 3mm×5mm，斑晶成分为钾长石，含量占斑晶总量的 85% 以上，斜长石及石英含量相对较少。基质含量 75%，其主要造岩矿物粒径为 3~5mm，成分为斜长石、钾长石、石英及少量的暗色矿物。

石英：不规则粒状，粒径大者达 6mm，斑块状，波状消光，含量 25%。

钾长石：为不规则粒状，见简单双晶，弱高岭石化，含量 55%。

斜长石：半自形板状，粒径较大者为 2mm。常见聚片双晶，弱高岭石化、星点绢云母化，含量 10%。

黑云母：片状，粒径大者达 2mm，淡褐色多色性，部分不同程度的绿泥石化、绿帘石化，并析出榍石，含量 9%。

磁铁矿、榍石等暗色矿物及其他蚀变矿物含量极微，约为 1%。

3）岩石化学特征

（1）常量元素特征。

乌木垄超单元的常量元素分析结果列于表 3-13。从表中可以看出，乌哥桑单元的 SiO_2 含量 69.47%~72.99%，平均 71.23%，铝饱和指数 A/CNK=1.00~1.02，平均值为 1.01；组合指数 σ=1.70~2.43，平均 2.07。干嘎尔单元 SiO_2 含量 70.08%，铝饱和指数 A/CNK=0.95，组合指数 σ=2.24。乌哥桑单元与干嘎尔单元的常量元素及其特征参数比较相近，总体显示富 SiO_2、K、Na，贫 Al、Ca、Mg 和 P，其余变化不显著。铝饱和指数小于 1.1，属次铝花岗岩类；组合指数（σ）:3.3>σ≥1.8，属钙碱性系列。根据巴尔巴林（Barbarin）的花岗岩类类型划分，乌木垄超单元属于 KCG，即富钾钙碱性花岗岩类（高钾-低钙）。在 SiO_2-K_2O 图解中（图 3-101），样品落在3区,为高钾钙碱性系列,结果一致。

乌木垄超单元的CIPW标准矿物及其含量分别列于表3-14中,早期出现刚玉标准矿物分子,标准矿物组合为Q+Or+Ab+An+C+Hy,属于SiO_2过饱和系列。其晚期岩石出现透灰石标准矿物分子,标准矿物组合为Q+Or+Ab+An+Di+Hy,属于正常系列。表明岩体由Al_2O_3饱和向Al_2O_3不饱和演化特点:乌哥桑单元分异指数DI为77.53~90.17,平均83.5,结晶指数CI为4.41~6.96,平均5.69;干嘎尔单元分异指数DI为80,结晶指数CI为9.4,反映了从乌哥桑单元—干嘎尔单元岩浆成分的结晶分异不显著,应属于偏铝的花岗岩,具有部分S型—I型过渡花岗岩的特点。

(2) 稀土元素特征。

乌木垄超单元的稀土元素含量及特征参数列于表3-15及表3-16。从表中可以看出,乌哥桑单元稀土总量为96.44×10^{-6}~303.8×10^{-6},平均200.12×10^{-6};轻重稀土元素之比LREE/HREE为3.25(平均值);$(La/Yb)_N=6.36$~27.51,平均16.94;$(La/Sm)_N=3.5$~5.07,平均4.29;$\delta Eu=0.25$~0.85,平均0.55;$(Ce/Yb)_N=6.59$~23.43,平均15.01。干嘎尔单元稀土总量252.91×10^{-6};轻重稀土元素之比LREE/HREE为3.20(平均值);$(La/Yb)_N=8.49$;$(La/Sm)_N=4.04$;$\delta Eu=0.43$;$Eu/Sm=0.14$;$(Ce/Yb)_N=7.65$。在稀土配分模式图(图3-102)上,乌哥桑单元和干嘎尔单元的稀土元素配分曲线均为向右倾斜,为轻稀土元素富集型。在Eu处呈现"谷"状,表明铕具显著负异常。乌木垄超单元的δEu平均值均为0.3~0.7(王中刚,1986),显示它们由上地壳经不同程度的部分熔融而形成。且从早期—晚期,熔浆中稀土总量略有增加。

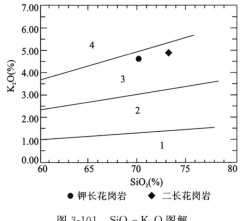

图3-101 SiO_2-K_2O图解

● 钾长花岗岩   ◆ 二长花岗岩

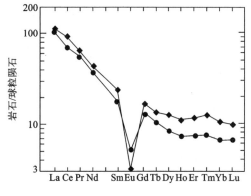

图3-102 稀土元素配分曲线图

(图例同图3-101)

(3) 微量元素特征。

乌木垄超单元的微量元素分析结果列于表3-17,从表及微量元素洋脊花岗岩标准化比值蛛网图(图3-103)可以看出,乌木垄超单元微量元素Rb、Th、Ce富集,Ba、Nb亏损,其配分型式与斯凯尔加德花岗岩相近,为板内花岗岩。

(4) 构造环境判别。

乌木垄超单元在Nb-Y及Rb-(Y+Nb)构造判别图上(图3-104),落在板内花岗岩与火山弧花岗岩交界偏靠近板内花岗岩一侧,而在花岗岩R_1-R_2与构造环境图上(图3-105),落在6区,为同碰撞期的花岗岩区。

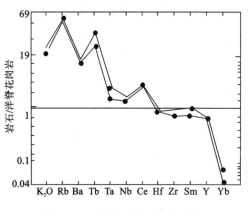

图3-103 微量元素比值蛛网图

(图例同图3-101)

4) 侵位时代

乌木垄超单元侵入于侏罗系拉贡塘组、白垩系狮泉河蛇绿混杂岩、乌木垄铅波岩组、郎山组、多尼组等不同地质体中,又超动侵入于三宫浆混体。本次工作在三宫浆混花岗闪长岩中获得115Ma锆石U-

Pb年龄;在相当于本次划分的乌木垄超单元的岩性中,西藏区调队(1984)获得78.11Ma、78.34Ma、83.94Ma、84Ma、84.1Ma、84.6Ma的全岩K-Ar年龄;郭铁鹰等(1991)获得78.34Ma的黑云母K-Ar年龄。说明乌木垄超单元侵位时代在78～85Ma之间,为晚白垩世。

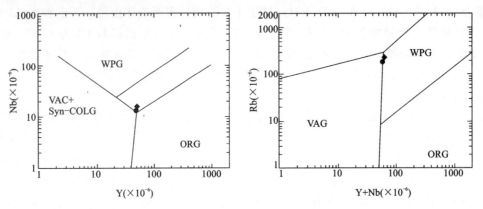

图 3-104　Nb-Y 及 Rb-(Y+Nb)构造判别图(据 Pearce 等,1984)

Syn-COLG:同碰撞花岗岩;WPG:板内花岗岩;ORG:洋脊花岗岩;VAG:火山弧花岗岩;
VAG+Syn-COLG:火山弧+同碰撞花岗岩;图例同图3-99

5) 成因及构造就位机制、剥蚀程度

(1) 成因及构造就位机制。

白垩世早期班-怒结合带南带及狮泉河带各亚带代表的小洋盆相继闭合(北早南晚),造成弧-弧及弧-陆碰撞,导致了狮泉河混杂岩带内地质体褶皱变形和三宫浆混序列及七一桥浆混序列在狮泉河带南北两侧的先后侵位,之后狮泉河带的变形空间已很小且刚性明显增强;晚白垩世早期,欧亚板块与印度板块的斜向汇聚可能已经开始,受来自南侧雅江带向北俯冲的影响,冈底斯弧壳持续增厚并发生了水平方向的缩短,而狮泉河带增厚较冈底斯火山弧快,热的放射性物质不断积累导致增厚地壳生热,上地壳内发生了部分熔融作用,形成大量的熔体。根据岩体的形态总体呈圆形、岩体与围岩的接触界线明显,围岩平行岩体边界产出并发生强烈的褶皱变形、接触变质带宽达数十千米,岩体边部有弱的片麻理,可能指示这些岩浆是通过强力就位的,很可能与岩浆熔融体在浮力作用下向上顶托刺穿围岩有关,即可能是一种底辟式上升。

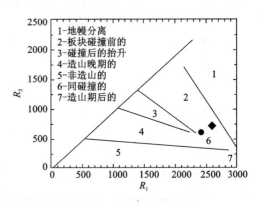

图 3-105　R_1-R_2 与构造环境图解
(据 Batchelor 等,1985;图例同图 3-99)

(2) 剥蚀程度。

乌木垄超单元各期侵入体内含有较多的围岩捕虏体,尤其是在核心部位有一数百平方千米的围岩残留顶盖,反映它的剥蚀较浅。属于浅剥蚀。

4. 阿依拉浆混岩石系列

阿依拉浆混岩体分布在达机翁-拉孜-邛多江断裂与噶尔曲断裂(区域上称为喀喇昆仑右行走滑断裂)之间,沿阿依拉日居 NW-SE 向展布,岩体产状及边界形态明显受断裂控制,出露面积 1453km²。阿依拉岩基侵入中新元古界念青唐古拉岩群、夏浦沟蛇绿混杂岩、白垩系郎山组等地层中,岩基北西侧与变质花岗岩呈侵入或断层接触。

阿依拉岩基内整体变形较强,根据一系列岩性中钾长石巨斑或暗色矿物明显具有定向构成片麻状构造,岩体中心较边部变形弱,可能指示岩体侵位于一个构造应力非常强大的时期,从而在岩体形成及上升侵位过程中形成了大量的韧性变形痕迹。而边部的多期糜棱岩化反映了岩体侵位后岩体边界位置的构造活动仍很活跃。受岩基侵位的影响,其围岩(实质上多为捕虏体)也发生了强烈的混合岩化和糜棱岩化变形,如蛇纹岩透镜体核部向边部硅化增强,局部构造活动较强烈的部位向金云母透闪石片岩的转变;基性火山岩发生变质,局部出现新生的钾长石变斑晶,一些变形较强的地带转化为糜棱岩化岩石,发生褪色。反映了较强的同化混染现象,可能暗示岩体形成的温度较高,上升缓慢。

阿依拉岩基的南、北两侧分别被阿依拉断裂和噶尔曲断裂所切割,在断裂位置发育明显的糜棱岩带,宽达数百米不等。受断裂的影响其边部明显存在多期糜棱岩化,其上被第四系冰碛物和残坡积物覆盖。受断裂影响,阿依拉岩基整体可见弱的片麻理,反映了挤压应力较强的特点。

阿依拉岩基的岩性可划分为细粒钾长花岗岩、中细粒—粗粒巨斑状二长花岗岩、中细粒—中粗粒花岗闪长岩、中细粒石英闪长岩。阿依拉岩基属于典型的浆混岩体,主要的共同特征有以下几个方面:①除钾长花岗岩中包体略少外,其他浆混岩石单元中出现大量的暗色微细粒铁镁质包体——闪长岩,多数包体为长条状、细条状、椭圆状和不规则状,显示明显的塑性流变特征。闪长岩具有明显的火成结构,其角闪石据岩矿鉴定为富镁的角闪石,说明岩性较基性。②局部地带可见端元组分与浆混均一体之间互相包裹现象(图版20-4、20-5),几十米的露头尺度内岩性变化频繁,而且由里往外晶体逐渐增大。③斜长石、角闪石出现环带现象。④出现岩浆快速冷却的针状磷灰石,部分具暗化边,说明存在岩浆混合。⑤斜长石、钾长石斑晶中见针状黑云母斑晶,为嵌斑结构,显示浆混特征。⑥闪长质包体中常见钾长石、石英捕虏晶,其周围见角闪石或其他暗色矿物的暗化边或反应边(图3-106及图版20-6、20-7、20-8),具环斑结构而且晶体本身没有任何塑性形变,是酸性岩浆中早期晶出的斑晶被高温基性岩浆捕获并相互间发生反应的结果。根据上述特征,推断阿依拉岩基的一系列岩性可能是由钾长花岗岩和暗色闪长岩以不同比例在液态下混合形成的,以钾长花岗岩为主。其中基性的闪长岩加入较晚,从而造成了已生成的酸性岩浆中少部分已分离结晶的钾长石粒径的增大,而新的岩浆的加入改变了原来岩浆的物化平衡,造成晶体结晶过程失稳,形成晶体的环带构造,未混熔的基性岩浆团和一些混合后偏基性的岩浆部分较酸性部分发生较快速的结晶,从而出现一些岩浆快速冷却的标志——针状磷灰石,结晶过程中部分热的传导,造成部分酸性岩浆形成一些巨斑。

1)地质特征

浆混细粒黑云母钾长花岗岩:该浆混岩石沿阿依拉日居南坡的台丁拉—邦如拉主脊分布,以岩基状产出,呈北西-南东向展布。与区域主构造线一致,出露面积约105km^2。与念青唐古拉岩群和夏浦沟蛇绿混杂岩断层接触。岩体含有较多的地层捕虏体、顶垂残留体及暗色铁镁质包体。地层捕虏体和残留体成分为变质火山角砾岩、变质辉橄岩、角闪岩、二云母片岩等,呈透镜状,在残留体的边部多存在明显的塑性流变特征。岩石变质比较强烈,表现为糜棱岩化、弱片麻状及眼球状构造形迹。

浆混中粒黑云母二长花岗岩:沿阿依拉山主脊带状分布,呈北西-南东向展布,出露面积约707km^2。岩体部分侵入于念青唐古拉岩群(图版21-2),并超动侵入加里东期变质花岗岩,在浆混中粒花岗岩中有片麻状花岗岩的捕虏体,捕虏体在此过程中进一步发生了塑性变形(图版21-1),夏浦沟一带蛇绿混杂岩在岩体中呈残留体,在火山岩中有明显的钾长石变斑晶生成。

浆混中细粒黑云母花岗闪长岩:主要出露于阿依拉日居靠近森格藏布河一带,在阿依拉岩基西北部国境线附近零星出露。和区域构造线一样呈北西-南东向展布,出露面积约637km^2,侵入于念青唐古拉岩群和加里东期变质花岗岩(图版21-3)。岩石中见围岩捕虏体(图版21-5)、顶垂残留体(图3-107)和深渊包体,包体似无定向排列现象,无根状产出。受后期的噶尔藏布剪切走滑断裂影响岩石具弱片麻状构造。该浆混的主体岩性为灰白色细粒花岗闪长岩,少量的灰白色中粒似斑状花岗闪长岩及浅灰—灰白色弱片麻状中细粒石英云闪长岩,这几种岩石间无明显的接触界线,为渐变过渡接触关系。中细粒黑云母花岗闪长岩与浆混黑云母钾长花岗岩及浆混二长花岗岩为脉动侵入接触(图版21-4),且在中细粒黑云母花岗闪长岩与浆混黑云母钾长花岗岩的接触部位的浆混黑云母钾长花岗岩钾长石斑晶具增大现象,说明浆混黑云母钾长花岗岩侵位稍晚于中细粒黑云母花岗闪长岩。

浆混细粒石英闪长岩:出露于弄啊一带,呈岩株状,面积约4km^2。该带第四系冰川覆盖严重,古浦冰川发育于此,其下岩性可能为浆混石英闪长岩。该浆混侵入体与浆混花岗闪长岩和浆混二长花岗岩界线截然,为脉动侵入接触关系(图版21-6)。

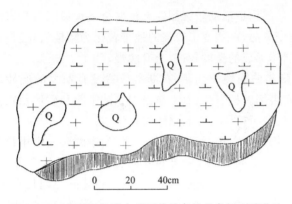

图 3-106 花岗闪长岩中的石英捕虏晶具角闪石暗化边

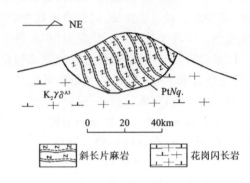

图 3-107 花岗闪长岩中的地层顶垂残留体

2) 岩石学特征

根据岩矿鉴定结果(图 3-108)与 R_1-R_2 岩石化学分类投影(图 3-109),结合野外地质特征,将阿依拉浆混岩体的岩石类型由新到老综合归纳为石英闪长岩、花岗闪长岩、二长花岗岩和钾长花岗岩四种。

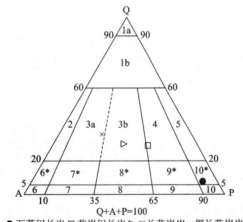

图 3-108 Q-A-P 图解

(据 Stresckeisen,1973;Le Meitre 等,1989)

1a 硅英岩(英石岩);1b 富石英花岗岩类;2 碱长花岗岩;3a 钾长花岗岩;3b 二长花岗岩;4 花岗闪长岩;5 英云闪长岩;6* 石英碱长正长岩;7* 石英正长岩;8* 石英二长岩;9* 石英二长闪长岩、石英二长辉长岩;10* 石英闪长岩、石英辉长岩、石英斜长岩;6 碱长正长岩;7 正长岩;8 二长岩;9 二长闪长岩、二长辉长岩;10 闪长岩、辉长岩、斜长岩;Q 石英;A 碱性长石;P 斜长石

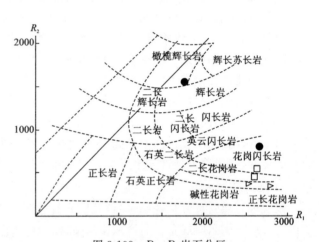

图 3-109 R_1-R_2 岩石分区

(据 De La Rache,1980;图例同图 3-108)

(1) 浆混细粒黑云母钾长花岗岩:岩石灰白色,细粒—中细粒—中粗粒结构、似斑状结构,弱片麻状构造、眼球状构造。由石英、钾长石、斜长石组成,含少量的黑云母、磁铁矿、磷灰石及蚀变矿物。岩石大晶体呈似眼球状,部分石英被拉长呈透镜体状,且似定向排列,云母断续定向排列,显示流状(糜棱面理)构造,具糜棱岩化迹象。

石英:不规则等轴粒状,粒径大者达 6mm,含量 25%。

钾长石:半自形—不规则粒状,多数小于 1mm,大者达 2.5~5.4mm,见简单双晶,偶见条纹结构,有的见格子双晶,为正长石、正长条纹长石和微斜条纹长石,含量 45%,较小的钾长石与石英规则交生形成文象结构。

斜长石:半自形板状—不规则粒状,多数小于 1mm,少数达 1.8~3.1mm,含量 20%。见聚片双晶,轻度高岭石化、绢云母化。

黑云母:片状,较大者 0.17~1.01mm,含量 6%~7%。部分较新鲜,褐色多色性,部分已绿泥石化,含少量的白云母,可能是黑云母变质而成。

磁铁矿、磷灰石、锆石含量小于2%,蚀变矿物为绿泥石、绿帘石及高岭石,含量小于2%。

(2) 灰白色中粒似斑状黑云母二长花岗岩:岩石呈中粒结构、似斑状结构、连斑结构。

斑晶:含量约10%,为斜长石、正长石、少量石英和黑云母。斜长石斑晶半自形板状,粒径1.8~3.3mm,见聚片双晶,且双晶细密,为更长石,含量6%,轻度高岭石化。正长石斑晶半自形板状,粒径2~3mm,大者可达4mm×10mm,含量4%。石英、黑云母斑晶粒度较小,含量小于1%。

基质:含量约90%,为中粒花岗结构。主要矿物成分为石英(20%)、更长石(30%)、正长石(28%)、黑云母(10%)、磁铁矿及磷灰石(<2%)。长英质粒径都小于1mm,且长石较为新鲜,弱高岭石化,黑云母片状。

(3) 浆混中细粒黑云母花岗闪长岩:岩石呈浅灰—灰白色中细粒结构、似斑状结构,弱片麻状构造,主要造岩矿物由石英、斜长石、钾长石组成,暗色矿物为黑云母。

石英:不规则粒状,粒径为1.5mm,含量25%。

斜长石:形态多为半自形板状,粒径多为1.0~1.6mm,常见聚片双晶,轻度高岭石化及星点绢云母化,含量47%。

钾长石:多为不规则粒状,粒径与斜长石相同,为条纹长石,轻度高岭石化,含量25%。

黑云母:片状,粒径较大者为0.7~1.8mm,较新鲜,褐红—淡褐多色性,含量3%。

(4) 似斑状花岗闪长岩:少斑似斑状结构,斑晶为条纹长石(5%)、斜长石(5%);基质为细粒花岗结构,由石英(18%)、斜长石(35%)、钾长石(10%)、黑云母(15%)、普通角闪石(10%)、磁铁矿(<2%)及榍石、磷灰石(1%)组成。

(5) 浆混细粒石英闪长岩:岩石中细粒半自形结构,由斜长石、钾长石、石英、黑云母、磁铁矿、榍石和磷灰石组成。

斜长石:半自形板状—不规则粒状,粒径多为0.43~0.61mm,常见聚片双晶,为更长石,含量60%。

钾长石:半自形板状—不规则粒状,粒径与斜长石相似,干涉色较斜长石低,不见双晶或见简单双晶,为正长石,含量5%。

石英:不规则粒状,粒径小于0.15mm,含量5%。

黑云母:片状,粒径多为0.07~0.32mm,暗褐绿—淡褐色多色性,吸收性明显,为低温黑云母,含量20%。

榍石:半自形—不规则粒状,粒径大者为0.21mm,含量2%。

磷灰:半自形柱状,粒径0.07~0.19mm,含量1%。

磁铁矿:不规则粒状,粒径为0.22mm,反射光下为钢灰色,含量2%。

3) 岩石化学特征

(1) 常量元素特征。

阿依拉岩基的常量元素分析结果列于表3-13,从表中可以看出,钾长花岗岩SiO_2含量73.43%,铝饱和指数A/CNK=1.03,组合指数σ为2.30;二长花岗岩SiO_2含量72.43%~76.16%,平均74.26%,铝饱和指数A/CNK=1.00~1.18,平均1.07,组合指数σ=0.81~2.79,平均1.97;花岗闪长岩SiO_2含量69.02%~73.03%,平均71.03%,铝饱和指数A/CNK=1.05~1.16,平均1.11,组合指数σ=1.68~1.96,平均1.82;石英闪长岩SiO_2含量67.33%~47.53%,平均57.43%,铝饱和指数A/CNK分别为0.78、1.03,平均0.91,组合指数σ=1.47~2.85,平均2.16。

阿依拉岩基CIPW标准矿物及其含量分别列于表3-14中,出现刚玉标准矿物分子,标准矿物组合为Q+Or+Ab+An+C+Hy,属于SiO_2过饱和系列。分异指数DI=17.31~93.85,结晶指数CI=1.13~49.23。

综上所述,阿依拉岩基常量元素总体显示富SiO_2、K、Ca,贫Al、Mg和P,铝饱和指数小于1.1或接近1.1,属偏铝—次铝花岗岩类(Shand,1943;Zen,1988)。组合指数σ:3.3>σ≥1.8,属钙碱性系列。

在SiO_2-K_2O图解中(图3-110),大多数样品落在3区,个别样品落在2区和4区,总体属于高钾钙碱性系列。根据巴尔巴林(Barbarin)的花岗岩类类型划分,阿依拉岩基属于KCG,即富钾—钾长石斑状钙碱性花岗岩类。

需要指出的是阿依拉岩基各类岩石的地球化学指数差异较大,岩性从基性岩—酸性岩均有,可能暗示了它属于浆混花岗岩。

(2) 稀土元素特征。

阿依拉岩体的稀土元素含量及特征参数见表3-15及表3-16。

钾长花岗岩：稀土元素总量为194.20×10^{-6}，轻重稀土元素LREE/HREE=7.78，δEu=0.51，Eu/Sm=0.16，$(La/Yb)_N$=38.60，$(La/Sm)_N$=6.56，$(Ce/Yb)_N$=34.36。

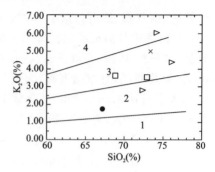

图 3-110　SiO_2-K_2O 图

1.低钾钙碱性系列；2.钙碱性系列；3.高钾钙碱性系列；4.钾玄岩系列；图例同图3-108

二长花岗岩：三个样品稀土元素总量为43.03×10^{-6}、169.01×10^{-6}和64.41×10^{-6}，平均为92.15×10^{-6}；轻重稀土元素LREE/HREE比值为1.24、2.64和1.14，平均1.89；δEu为0.47、0.55和0.76，平均0.59；Eu/Sm为0.16、0.19、0.26，平均0.20；$(La/Yb)_N$为2.05、6.29、1.90，平均3.41；$(La/Sm)_N$为2.10、3.46、3.50，平均3.02；$(Ce/Yb)_N$为2.08、5.99、1.91，平均3.33。

花岗闪长岩：两个样品稀土元素总量为$234.64\times10^{-6}\sim73.98\times10^{-6}$，平均$154.27\times10^{-6}$；轻重稀土元素LREE/HREE比值为5.50、2.08，平均4.13；δEu为0.44、0.66，平均0.55；Eu/Sm为6.18、1.20，平均0.18；$(La/Yb)_N$为27.98、5.08，平均16.53；$(La/Sm)_N$为3.21、2.79，平均3.00；$(Ce/Yb)_N$为27.19、5.05，平均16.12。

石英闪长岩：两个样品稀土元素总量为$90.84\times10^{-6}\sim169.91\times10^{-6}$，平均$130.38\times10^{-6}$；轻重稀土元素LREE/HREE比值为4.16、2.98，平均1.82；δEu为0.84、0.81，平均0.88；Eu/Sm为11.70、9.24，平均0.3；$(La/Yb)_N$为10.97、7.38、6.25；$(La/Sm)_N$为2.56、1.33，平均1.55；$(Ce/Yb)_N$为11.70、9.24，平均7.16。

阿依拉岩体稀土元素配分曲线见图3-111。从图中可以看出，配分曲线明显向右倾斜，说明轻稀土元素明显富集；曲线在Eu处呈现强烈"沟谷"—"微弱沟谷"状，表明Eu为强烈亏损—微弱亏损型；随着稀土元素总量的减少，配分曲线由轻稀土元素富集型到轻稀土元素近平坦的微弱亏损型，反映轻稀土元素分馏减弱，重稀土元素分馏增强且越来越富集的演变趋势。

综上所述，阿依拉岩基由钾长花岗岩—二长花岗岩—花岗闪长岩—石英闪长岩，其稀土元素总量减小，轻稀土元素之间分馏减弱，重稀土分馏增强，岩浆分异程度越来越弱，尤其是b-669号样品（图3-111中未标）稀土总量仅为20.83，略大于原始地幔稀土丰度7.485，但远小于下地壳稀土丰度66.94，说明它由下地幔部分熔融形成。这说明阿依拉岩基构成一个浆混序列，岩浆来源既有壳源，也有幔源物质的加入。

(3) 微量元素特征。

阿依拉岩体的微量元素含量见表3-17。微量元素洋脊花岗岩标准化比值蛛网图见图3-112。从表和图中可以看出，阿依拉岩基Rb、Th、Ba富集，Yb亏损，Ce、Zr、Y等元素接近标准值或略有亏损。配分型式与同碰撞花岗岩相近。

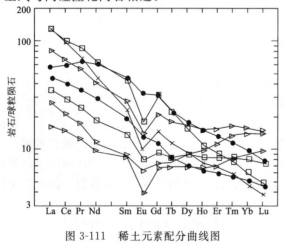

图 3-111　稀土元素配分曲线图

（图例同图3-108）

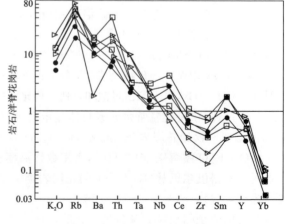

图 3-112　微量元素比值蛛网图

（图例同图3-108）

(4) 构造环境判别。

阿依拉岩基在 Nb - Y 图解上落在同碰撞＋火山弧花岗岩类区上，Rb-(Y+Nb)图解上样品浓集区在同碰撞与火山弧花岗岩交界偏靠近火山弧花岗岩类一侧（图 3-113）；在 $R_1 - R_2$ 与构造环境图（图 3-114）上落在同碰撞区及其附近，说明阿依拉岩基属于同碰撞环境花岗岩类。

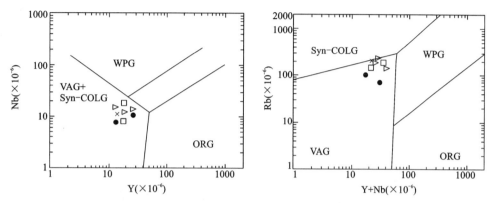

图 3-113 Nb - Y 和 Rb -(Y＋Nb)图解（据 Pearce 等，1984）

Syn - COLG：同碰撞花岗岩；WPG：板内花岗岩；ORG：洋脊花岗岩；VAG：火山弧花岗岩；
VAG＋Syn - COLG：火山弧＋同碰撞花岗岩，图例同图 3-108

4）侵位时代

阿依拉岩基侵入夏浦沟蛇绿岩，而该蛇绿岩区域上认为为晚侏罗世—早白垩世的产物，再根据测区内中新世野马沟组和上新世札达群角度不整合于该套花岗岩之上，此外，在天巴拉沟还见到无片麻理定向的淡色花岗岩侵入该岩基中，并穿切片理的现象，而这套淡色花岗岩据曲松一带的测年资料为 31Ma，故阿依拉岩基的形成时代应较之早得多。其时限应该是晚白垩世—始新世。本次工作对阿依拉岩基眼球状花岗闪长岩进行了单矿物锆石 U - Pb 同位素地质年龄测试，获得 69.8±0.3Ma 一致线年龄值（图 3-115）。确定阿依拉浆混体的形成时代为晚白垩世末。

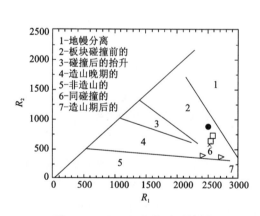

图 3-114 $R_1 - R_2$ 与构造环境图

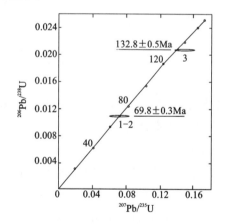

图 3-115 S(2003)TW - 79 号样品 U - Pb 同位素年龄谐和图

5）成因及构造就位机制、剥蚀程度

(1) 成因类型及构造就位机制。

阿依拉岩基的岩性组合中有闪长岩，也有钾长花岗岩，主要的侵入体具有岩浆混合形成的典型特殊组构，常量、稀土元素均显示出成分变化较宽的特征，反映了它属于浆混花岗岩，其中部分闪长岩（岩矿鉴定有时将石英捕虏晶计入，故定为石英闪长岩）属于基性岩，远低于下地壳稀土丰度和无铈异常指示它属于地幔部分熔融的产物。但钾长花岗岩的出现和二长花岗岩几乎占岩体总量的一半，说明它不属于洋脊花岗岩，故它只能是一种由上地壳和下地幔分别形成的岩浆混合的产物。构造环境判别指示它属于同碰撞花岗岩，其中的弧火山岩的特征可能主要反映了源区的性质。阿依拉岩基属同碰撞花岗岩，在岩基中存在大量的片麻理,岩体附近围岩多数具有较强的糜棱岩化,岩体边界附近发育糜棱岩带,反映了在其就位过程及之后的相当长一段时间内存在强大的区域挤压构造应力,迫使岩浆底辟式上升,从而在其通过的道路上留下了大量的韧性变形痕迹。

Williams 等(1996)在青藏高原南部的定日调查了泽普山连续出露的晚白垩世—古近纪印度板块被动大陆边缘海相地层。他们发现出现在中马斯特里赫特阶(70~64Ma)的沉积相和沉积模式急剧变化。在不整合面之上,中马斯特里赫特阶地层具有从泥灰质砂岩到硅质碎屑浊积岩突然转变的特征。这种沿印度板块被动大陆边缘沉积模式的变化,被 Williams 等(1996)解释为印度板块和亚洲板块之间最初接触的指示。但冈底斯带东段岩浆岩的年龄一般都小于此值,有人据此认为碰撞晚于此时间,但测区阿依拉同碰撞花岗岩的锆石年龄(69.8±0.3Ma)显然与70Ma泽普山一带的沉积相转变的模式完全吻合,确证了测区一带两大陆的对接发生在70Ma±,而冈底斯带上同碰撞花岗岩的这种年龄可能指示了两大板块的对接具有西早东晚的特点。

(2) 剥蚀程度。

阿依拉岩体整体都具有片麻理,基底地层在岩基北侧出露,说明它已剥蚀至深带,南侧局部还有一些围岩捕虏体,可能反映南部剥蚀较北部弱,这可能与岩基上升过程中北部呈正断层,而南侧则向上逆掩有关。

5. 嘎波突正独立侵入体

1) 地质特征

出露于嘎波突正和差罗弄巴一带,面积约 24km²。钾长花岗斑岩呈超浅成相产出,侵入于则弄群朗久组及托称组火山岩中,与则弄群火山岩系关系密切。被晚期的郎弄浆混花岗闪长岩侵入,二者呈似脉动侵入接触关系(图 3-116)。钾长花岗斑岩与浆混花岗闪长岩的接触带附近,可见浆混花岗闪长岩脉穿插于钾长花岗斑岩中,钾长花岗斑岩中出现 5cm 以上的钾长石巨晶,局部可见水晶(1cm),边部出现晶体增大现象。而浆混花岗闪长岩暗色矿物明显集中,含量变高,包体数量增多,局部粒度变细。表明钾长花岗斑岩就位早于浆混花岗闪长岩。

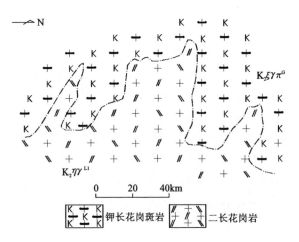

图 3-116 左左南东钾长花岗斑岩与浆混二长花岗岩脉动接触关系

2) 岩石学特征

该独立侵入体的岩性为浅肉红色钾长花岗斑岩(图 3-117),岩石呈浅肉红色花岗结构,斑状构造斑晶含量 40%,为中细粒结构,由钾长石、石英及少量的斜长石组成,基质为细粒—显微晶质,含量 50%,主要矿物有石英、钾长石及少量的斜长石和暗色矿物,角砾含量一般 5%~10%,砾径 2~5cm 之间。个别斜长石斑晶外面可见钾长石增生边。

3) 岩石化学特征

(1) 常量元素特征。

嘎波突正独立侵入体的常量元素分析结果列于表 3-13,从表中可以看出,钾长花岗斑岩 SiO_2 含量 70.92%~76.32%,平均 73.62%,铝饱和指数 A/CNK=1.02~1.27,平均 1.15,大于 1.1,属过铝花岗岩类(Shand,1943;Zen,1988)。组合指数 σ=2.11~2.44,平均 2.28,属于钙碱性系列。嘎波突正独立侵入体常量元素总体显示高 SiO_2、K,低 Ca,贫 Mg 和 P,其余变化不显著。根据巴尔巴林(Barbarin)的花岗岩类类型划分,属于 KCG,即富钾钙碱性花岗岩类。在 SiO_2-K_2O 图解中(图 3-118),钾长花岗斑岩落在 3 区高钾钙碱性系列中。

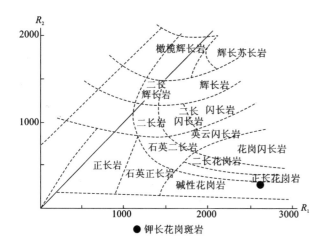

图 3-117 R_1-R_2 岩石分区（据 De La Rache,1980）

● 钾长花岗斑岩

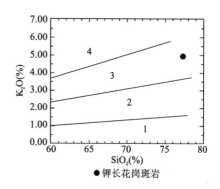

图 3-118 SiO_2-K_2O 图解

1.低钾钙碱性系列；2.钙碱性系列；
3.高钾钙碱性系列；4.钾玄岩系列

嘎波突正独立侵入体 CIPW 标准矿物及其含量分别列于表 3-14 中,出现刚玉标准矿物分子,标准矿物组合为 $Q+Or+Ab+An+C+Hy$,属于 SiO_2 过饱和系列。分异指数 $DI=89.70\sim94.22$,结晶指数 $CI=3.81\sim4.57$,说明岩浆分异程度很高,但分离结晶程度很低。

（2）稀土元素特征。

嘎波突正钾长花岗斑岩稀土元素含量及特征参数列于表 3-15 和表 3-16。从表中可以看出,稀土元素总量较高,平均为 184.78×10^{-6}；轻重稀土元素 LREE/HREE 比值平均 3.54,属轻稀土富集型；δEu 平均 0.38,表明由上地壳经不同程度的部分熔融形成（王中刚,1986）；Eu/Sm 平均 0.12,反映岩浆分异作用明显；$(Ce/Yb)_N$ 平均 8.05,说明岩浆部分熔融程度相对较高。$(La/Yb)_N$ 平均 8.42,$(La/Sm)_N$ 平均 4.80,$(Gd/Yb)_N$ 平均 1.17,说明轻重稀土元素之间、轻稀土元素之间及重稀土元素之间分馏相对明显,且轻稀土元素之间分馏程度高于重稀土元素之间的分馏程度。

在稀土元素球粒陨石配分曲线图（图 3-119）中可以看出,配分曲线向右倾斜,说明轻稀土元素明显富集,配分曲线在 Eu 处呈现"沟谷"状,表明 Eu 为负异常,属铕亏损型。

（3）微量元素特征。

嘎波突正钾长花岗斑岩的微量元素含量见表 3-17。从表中可以看出,嘎波突正独立侵入体 Rb、Th 明显富集,Ba、Nb 略富集,Yb 强烈亏损,其他元素接近标准值或变化不明显。在微量元素洋脊花岗岩标准化比值蛛网图（图 3-120）上,其配分型式为左上侧凸起,中间略平坦,右下角直线凹下,与同碰撞花岗岩配分型式相近,可能与板块碰撞有关。

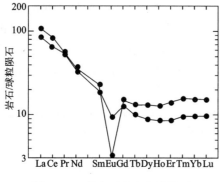

图 3-119 稀土元素配分曲线图

（图例同图 3-118）

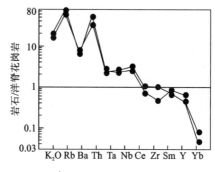

图 3-120 微量元素比值蛛网图

（图例同图 3-118）

(4) 构造环境判别。

嘎波突正独立侵入体在 Rb-(Y+Nb) 判别图上样品落入同碰撞花岗岩区, 在 Nb-Y 判别图上落入火山弧+同碰撞花岗岩区(图 3-121)。在花岗岩 R_1-R_2 与构造环境图解(图 3-122)中, 样品落在 6 区同碰撞花岗岩类中。

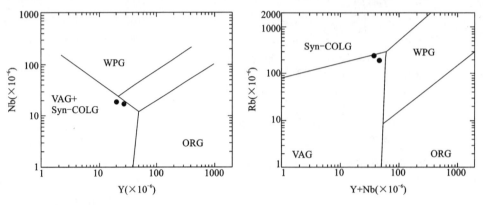

图 3-121　Nb-Y 和 Rb-(Y+Nb) 图解

(据 Pearce 等, 1984)

Syn-COLG:同碰撞花岗岩;WPG:板内花岗岩;ORG:洋脊花岗岩;VAG:火山弧花岗岩;
VAG+Syn-COLG:火山弧+同碰撞花岗岩, 图例同图 3-118

4) 侵入时代、成因及构造就位机制、剥蚀程度讨论

嘎波突正独立侵入体是与阿依拉岩基几乎同时侵位的, 其呈被动就位, 如花岗斑岩, 明显含有一些火山隐爆形成的同质角砾, 显示了高位侵入体的特征与阿依拉的钾长花岗岩明显不同, 与它位于弧背附近, 北侧的碰撞导致冈底斯弧向南的仰冲, 造成弧背浅部的拉伸减压有关。

据嘎波突正独立侵入体与围岩的接触情况及岩体自身的特征推断, 该岩体剥蚀比较浅, 属于浅剥蚀。

6. 郎弄浆混岩石系列

郎弄浆混体主要分布于朗久能错周边, 空间上呈圆状, 其岩性主要为二长花岗岩、石英二长岩、花岗闪长岩、石英二长闪长岩和少量的石英闪长岩。侵入于则弄群多爱组和托称组火山岩及捷嘎组中, 出露面积约为 491km²。被晚期的玛儿单元和格格肉超单元侵入。岩体中可见围岩——火山岩的捕虏体和残留顶垂体, 接触变质作用发育一般, 局部可见大理岩化、硅化现象。围岩捕虏体多为次棱角状、次圆状, 岩性主要为火山岩, 还可见少量的斜长角闪岩捕虏体, 斜长角闪岩捕虏体应是深源捕虏体。

另外, 岩体中暗色微粒包体发育, 包体多为闪长质、石英闪长质包体, 还可见少量角闪辉石岩包体, 不同成分的包体侧面说明可能存在几次岩浆混合作用。包体形态多样, 多为椭圆状、梭状、鱼状、带状、线状、纺锤状及少量次棱角状, 与寄主岩的接触界线多为港湾状, 但镜下暗色包体中的矿物没有变形, 说明暗色包体形成时为流体状态而非固体加入(图版 21-7、21-8, 图版 22-1、22-2)。暗色微粒包体有时和寄主岩存在互包的现象。且包体内常见寄主岩中的长石、石英捕虏晶(图版 22-3、22-4), 在接触部位还可见长石、石英晶体横跨寄主岩和包体。在暗色微粒包体和寄主岩的接触部位的包体一侧有时可见冷凝边, 有时为逐渐过渡关系。多见寄主岩与包体的互包现象(图版 22-5)。暗色微粒包体在镜下呈典型的细粒—微粒岩浆结构, 表明岩浆结晶产物, 而不是部分熔融的残留体;磷灰石呈针状, 长宽比 10:1~30:1, 表明岩浆快速冷却结晶;部分斜长石具熔蚀核心, 环带较发育, 少量可见长石增生边;此外, 见浑圆状石英, 这都表明岩浆混合作用的存在。

1) 地质特征

浆混黑云母二长花岗岩:主要出露于朗久能错以南、鲁玛大桥以东, 沿冈底斯山脉分布。另外在列格肉及割列一带零星分布, 面积约 162km²。侵入于则弄群多爱组、托称组火山岩中(图 3-123), 部分地段侵入到捷嘎组地层中。围岩受热液蚀变发生轻微变质作用, 表现为硅化、大理岩化等。围岩见烘烤边和岩体的岩枝穿插现象,而岩体一侧可见细粒冷凝边,说明岩体就位在围岩形成之后。岩石富含暗色闪长质微细粒包体及火山岩残留顶垂体,包体成分有闪长岩及斜长角闪岩。浆混黑云母二长花岗岩与浆混花岗闪长岩呈似脉动接触关系,与浆混石英二长岩呈似涌动接触,被晚期的格格肉超单元超动侵入接触。

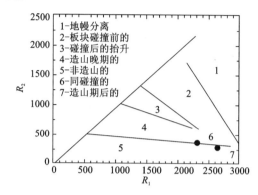

图 3-122　R_1-R_2 与构造环境图解
(据 Batchelor 等,1985;符号同图 3-118)

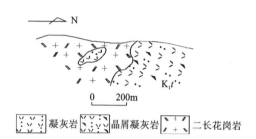

图 3-123　朗久能错东二长花岗岩侵入于托称组晶屑凝灰岩

浆混石英二长岩:出露于郎弄沟及前进公社南东颗冬日阿一带,呈岩株状产出,面积约 $16km^2$,侵入于则弄群托称组火山岩中。与浆混花岗闪长岩呈似涌动接触,二者界线截然,成分突变,可见浆混花岗闪长岩的岩枝穿入浆混石英二长岩中,说明后者就位稍早。与细粒浆混石英二长闪长岩为似脉动侵入接触关系,其接触界线明显,在几毫米之内泾渭分明,显示浆混石英二长岩就位较早。在该浆混侵入体之中仍见暗色微细粒闪长质包体及火山岩捕虏体及少量的火山岩残留顶垂体。

浆混花岗闪长岩:出露于朗久能错南东、扎腊日阿、日布及如卡子嘎一带,面积约 $217km^2$,侵入于则弄群多爱组火山岩中,与浆混黑云母二长花岗岩呈似脉动侵入接触关系,其接触界线明显,接触面附近矿物呈线状分布,具线状构造,而浆混黑云母二长花岗岩一侧矿物粒度具增大现象,表明浆混花岗闪长岩就位较晚。与浆混石英二长岩呈似涌动侵入接触关系。该浆混侵入体中含有大量的暗色包体、火山岩残留体。包体成分为暗色微细粒黑云母石英闪长岩和细粒斜长角闪岩,二者可能为深源熔融物(图版 22-6)。另外可见几条辉长岩脉,可能为深源捕虏体。该浆混侵入体被晚期的噶尔超单元及格格肉超单元超动侵入。

浆混石英二长闪长岩:主要出露于郎弄沟、嘎木让、扎布拉及康穷西侧一带,呈岩株状,面积约 $14km^2$。分别侵入于则弄群多爱组、托称组和朗久组不同火山岩及捷嘎组灰岩中。围岩受岩体热液蚀变发生变质,变质类型有硅化、大理岩化等。该浆混侵入体与浆混石英二长岩接触界线截然,接触带附近可见浆混石英二长闪长岩的岩枝在浆混石英二长岩中穿插现象,显示后者就位较早。岩体仍见暗色微细粒闪长质包体,包体大小一般为 $3cm×2cm±$,矿物颗粒小于 $1mm$。岩体顶部残存少量的火山岩顶垂残留体和地层捕虏体,岩性为火山碎屑岩,显示岩体剥蚀较浅。另外岩体发育节理、劈理等构造,可能与区域性伸展构造有关。与其他浆混侵入体之间被则弄群火山岩或第四系分割,未见接触关系。该浆混侵入体被晚期的噶尔超单元及格格肉超单元超动侵入。

浅灰—灰白色中细粒浆混石英闪长岩:出露于弄洛窝沟以北,呈岩瘤状,面积约 $83km^2$,多数以包体形式出现在郎弄浆混岩石系列中。侵入于则弄群托称组火山岩和捷嘎组大理岩化灰岩中,围岩发生热液蚀变,变质类型有大理岩化灰岩及硅化、绿帘石化玄武岩。岩体中可见地层捕虏体和火山岩顶垂残留体。

2) 岩石学特征

根据岩矿鉴定结果(图 3-124)与 R_1-R_2 岩石化学分类投影(图 3-125)及结合野外地质特征,将郎弄浆混岩体的岩石类型综合归纳为二长花岗岩、石英二长岩、花岗闪长岩、石英二长闪长岩石英闪长岩五种。

浆混黑云母二长花岗岩：岩石呈灰白色—肉红色，中粒花岗结构，岩石由石英、斜长石、钾长石及少量的黑云母、绿帘石、榍石等组成。

石英：不规则粒状，粒径大者可达3～4mm，含量为30%～35%。

斜长石：半自形板状，粒径多为2.0mm×3.2mm，发育细密聚片双晶，为更长石，含量30%～40%，轻度高岭石化及星点绿帘石化、绿泥石化等。

钾长石：多为不规则粒状，少为板状，粒度与斜长石相似，为正条纹长石，含量25%～30%，见条纹结构和简单双晶，中等程度高岭石化。

黑云母：呈片状，粒径1mm±，含量1%～3%。绿帘石、黝帘石约5%，和黑云母组成集合体，呈不规则团块状，集合体含粉尘微粒状白钛矿，色调较暗，该种蚀变集合体有可能是黑云母的蚀变产物。此外分散状细小帘石既交代斜长石、钾长石，也交代石英。

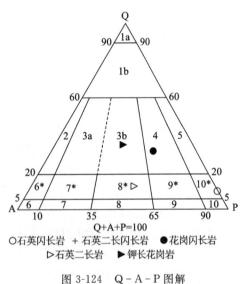

图3-124　Q-A-P图解

(据Stresckeisen,1973；Le Maitre等,1989)

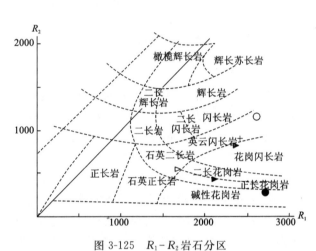

图3-125　R_1-R_2岩石分区

(据De La Rache,1980；图例同图3-124)

1a硅英岩(英石岩)；1b富石英花岗岩类；2碱长花岗岩；3a钾长花岗岩；3b二长花岗岩；4花岗闪长岩；5英云闪长岩；6*石英碱长正长岩；7*石英正长岩；8*石英二长岩；9*石英二长闪长岩、石英二长辉长岩；10*石英闪长岩、石英辉长岩、石英斜长岩；6碱长正长岩；7正长岩；8二长岩；9二长闪长岩、二长辉长岩；10闪长岩、辉长岩、斜长岩；Q石英；A碱性长石；P斜长石

浆混石英二长岩：主体岩性为灰白色中粒石英二长岩，细中粒结构，块状构造，岩石由斜长石、钾长石、石英、角闪石、黑云母及少量的榍石、磁铁矿、钛铁矿和磷灰石组成。

斜长石：自形—半自形柱状，环带极为发育，属中性斜长石，约占40%，巨弱泥化、绢云母化。

钾长石：半自形—他形，具弱泥化，有格子双晶，条纹构造，属条纹微斜长石，含量为30%±。

石英：他形充填状，波状消光，含量10%±。

角闪石：自形—半自形柱状，浅绿—无色多色性，斜消光，闪石式解理弱绿泥石化，含量10%±。

黑云母：半自形柱状，绿泥石化强烈，具断裂、弯曲，含量10%±。

浆混花岗闪长岩：主体岩性为灰色中细粒浆混花岗闪长岩，中细粒花岗结构，岩石由斜长石、钾长石、石英、普通角闪石组成，含少量的磁铁矿等副矿物。

斜长石：半自形板状，粒径小于1.6mm×2.5mm，见聚片双晶和环带结构，为更长石，含量40%，部分较强烈的绢云母化、绿帘石化。

钾长石：多为不规则状，粒径与斜长石相似，为微斜长石，含量15%±，较强的高岭石化。

石英：不规则粒状，充填长石空间，单个石英小于1mm，含量20%。

黑云母：呈片状，粒径多为 0.5mm×1.3mm，含量 10%，多数彻底绿泥石化，并析出铁质。

普通角闪石：柱状，含量 10%，因强烈蚀变，完好的晶形少见，多数强烈绿泥石化、绿帘石化。

浆混石英二长闪长岩：主体岩性为浅灰—灰白色中细粒浆混石英二长闪长岩，中细粒结构，粒径 1~5mm，块状构造。主要矿物成分有斜长石、钾长石、石英、黑云母、角闪石及少量的辉石、电气石、磁铁矿及磷灰石；蚀变矿物有泥质、绿泥石、石英、绢云母及钠长石。

斜长石：半自形柱状，绢云母化、泥化、钠长石化及硅化强烈。双晶纹细密，略见简单环带，属于中性斜长石。钠长石化和硅化都是以钠长石和微晶石英集合体形状产出，有的石英集合体外形为斜长石的半自形柱状，含量 55%。

钾长石：半自形—他形，泥化强烈，有的隐纹属条纹长石，含量 15%。

石英：他形粒状，具波状消光，含量 10%。

黑云母：破碎成碎片，绿泥石化明显，含量 15%。

角闪石：自形柱状，绿—浅褐多色性，斜消光。辉石自形，无色，含量 5%。

浆混石英闪长岩：岩石风化面呈灰绿色，新鲜面呈灰白色细粒等粒结构，块状构造。主要矿物成分由斜长石、石英、普通角闪石、黑云母、磷灰石、磁铁矿、榍石等组成。

斜长石：半自形板状，粒径 0.3mm×0.8mm，微弱蚀变，聚片双晶常见，蚀变矿物主要为绿帘石、黝帘石、绢云母，含量 70%。

石英：不规则粒状，他形晶，粒径 0.36mm，含量 8%。

普通角闪石：长柱状，多数粒径为 0.32mm×1.05mm，少数可达 0.7mm×2.5mm。多数新鲜，绿色普通角山石光性明显，少数不同程度的绿泥石化，常见被黑云母交代，含量 12%。

黑云母：片状，粒径多为 0.18mm×0.47mm，较新鲜，褐绿多色性明显，常交代角闪石，含量 8%。

磷灰石：长柱状—针状，较大者横截面粒径 0.07mm，常被包裹于其他矿物中，有的切穿矿物边界，含量 1%。

3）岩石化学特征

（1）常量元素特征。

郎弄浆混体常量元素分析结果列于表 3-13，从表中可以看出，SiO_2 含量 60.65%~75.82%，平均 67.18%，贫硅；铝饱和指数 A/CNK=0.89~1.02，平均 0.96，小于 1.1，属次铝花岗岩类（Shand,1943；Zen,1988）；组合指数 σ=1.10~3.36，平均 2.20，属钙碱性系列。在 SiO_2-K_2O 图解（图 3-126）上，几乎所有样品投在 3 区高钾钙碱性系列中。根据巴尔巴林（Barbarin）的花岗岩类类型划分，郎弄浆混体贫 SiO_2、富 MgO、高钾-低钙、次铝质花岗岩类，属于 KCG，即高钾钙碱性花岗岩类。

CIPW 标准矿物及其含量分别列于表 3-14 中，其早期标准矿物组合为：Q+Or+Ab+An+C+Hy，出现刚玉标准矿物分子；晚期标准矿物组合为：A+Or+Ab+An+Di+Hy，出现透辉石标准矿物分子。属 SiO_2 过饱和，表明岩体由 Al_2O_3 饱和向 Al_2O_3 不饱和演化特点。分异指数 DI=51.48~93.07，结晶指数 CI=3.58~22.22，说明岩浆分异程度很高，但分离结晶程度相对较低。

（2）稀土元素特征。

郎弄浆混体的稀土元素含量及特征参数见表 3-15 及表 3-16。从表中可以看出，其稀土元素总量为 $130.14×10^{-6}$~$211.00×10^{-6}$，轻重稀土元素 LREE/HREE 比值为 0.75~0.78，δEu=0.29~0.79，Eu/Sm=0.09~0.25，$(La/Yb)_N$=6.54~10.06，$(La/Sm)_N$=3.29~5.28，$(Gd/Yb)_N$=1.10~1.43，$(Ce/Yb)_N$=6.38~8.44。上述各参数显示随着岩浆演化，其稀土总量、轻稀土元素之间的分馏程度、岩浆分异程度及铕亏损程度减弱，而轻重稀土元素之间、重稀土元素之间的分馏增强，岩浆部分熔融程度增高。在稀土元素球粒陨石配分曲线图 3-127 中明显地反映了上述特征，总体曲线向右倾斜，属于轻稀土富集型，曲线在"Eu"处呈现"沟谷"—"微弱沟谷"，属于亏损—微弱亏损型。

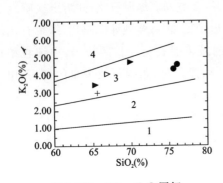

图 3-126 SiO$_2$-K$_2$O 图解

1.低钾钙碱性系列；2.钙碱性系列；3.高钾钙碱性系列；4.钾玄岩系列；图例同图 3-124

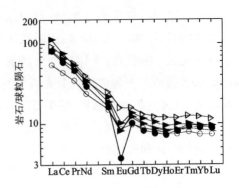

图 3-127 稀土元素配分曲线图

（图例同图 3-124）

(3) 微量元素特征。

郎弄浆混体微量元素含量见表 3-17。从表中可以看出，Rb、Th、Ba 明显富集，Yb 强烈亏损，其他元素接近标准值或变化不明显。在微量元素洋脊花岗岩标准化比值蛛网图（图 3-128）上，其配分型式为左上侧凸起（4 峰），中间略平坦，右下角直线凹下，与同碰撞花岗岩配分型式相近，可能与板块碰撞有关。

(4) 构造环境判别。

郎弄浆混体在 Nb-Y 判别图上落入火山弧+同碰撞花岗岩区（VAG+Syn-COLG），在 Rb-(Y+Nb) 判别图上，样品浓集区落入火山弧花岗岩区（VAG）（图 3-129）；在花岗岩 R_1-R_2 与构造环境图解（图 3-130）中，石英闪长岩落在 1 区，石英二长闪长岩和二长花岗岩落在 2 区与 6 区交界偏 2 区一侧，石英二长岩与二长花岗岩落在 4 区，花岗闪长岩落在 6 区，说明郎弄浆混体的形成环境比较复杂，且物质来源多样。

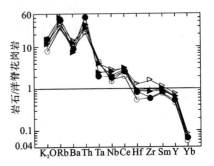

图 3-128 微量元素比值蛛网图

（图例同图 3-124）

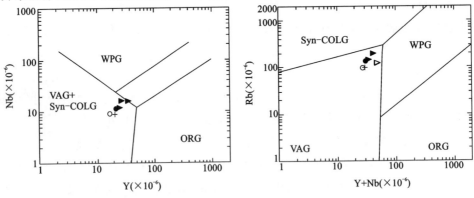

图 3-129 Nb-Y 和 Rb-(Y+Nb) 图解（据 Pearce 等，1984）

Syn-COLG：同碰撞花岗岩；WPG：板内花岗岩；ORG：洋脊花岗岩；VAG：火山弧花岗岩；
VAG+Syn-COLG：火山弧+同碰撞花岗岩；图例同图 3-124

4) 侵入时代

前人对该浆混岩体做了大量的同位素地质年龄研究工作（表 3-12），各家采用的测试方法及手段各不相同，但其同位素年龄值主要集中在 74.4～62Ma。本次工作在阿依拉岩体获得 69.8±0.3Ma 锆石 U-Pb 法年龄，认为郎弄浆混岩体与阿依拉浆混岩体是同一岩浆在不同部位或不同阶段的岩浆活动产物，二者的侵位时间相当或其略晚，故本书倾向于中国科学院青藏高原综合考察队在鲁玛大桥北浆混花岗闪长岩中获得 67Ma 锆石 U-Pb 法年龄值可能代表郎弄浆混体的侵位年龄，其形成时间大约在晚白垩世末。

5) 成因及构造就位机制、剥蚀程度

(1) 成因及构造就位机制。

雅江结合带闭合造成印度板块与冈底斯-拉萨-腾冲陆块的硬碰撞,造成左左亚带大规模的岩浆活动,并存在地幔物质的加入导致地壳增厚。郎弄浆混体是继嘎波突正独立侵入体岩浆活动之后或近于同时形成,这一阶段测区共有三次岩浆侵入过程,第一次岩浆侵入产物为浆混黑云母二长花岗岩和浆混石英二长岩;第二次是浆混花岗闪长岩和浆混石英二长闪长岩;第三次为浆混石英闪长岩。随着从早到晚侵入期的发展,很好地显示了混源岩浆由中酸性到中性的演化趋势。

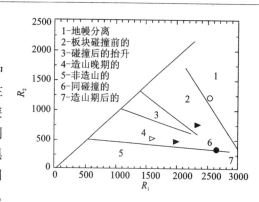

图 3-130 R_1-R_2 与构造环境图解

(据 Batchelor 等,1985,图例同图 3-124)

1—地幔分离
2—板块碰撞前的
3—碰撞后的抬升
4—造山晚期的
5—非造山的
6—同碰撞的
7—造山期后的

阿依拉山-郎弄序列可能是测区发现的最后一期具浆混特征的花岗岩,115—67Ma 多期次的浆混花岗岩的厘定,反映了冈底斯弧在板块碰撞前的地壳增厚过程不仅存在地壳的横向缩短的效应,更重要的是有大量地幔物质加入的显著贡献。

(2) 剥蚀程度。

郎弄浆混岩体各岩石中含有较多的地层捕房体,特别是石英二长闪长岩顶部残存少量的火山岩顶垂残留体和地层捕房体,说明岩体剥蚀程度为较浅—中等剥蚀。

(二) 喜马拉雅早期侵入岩

测区冈底斯岩浆带喜马拉雅早期中酸性侵入岩分布相对较少,岩浆活动相对较弱。主要分布于测区冈底斯山西缘和测区东北角保昂扎一带。分为三期岩浆侵入活动,由老到新分别为格格肉超单元、噶尔超单元及保昂扎独立侵入体,是喜马拉雅早期构造-岩浆产物。

1. 格格肉超单元

格格肉超单元出露于朗久能错南东荣列一带及赤左藏布以北的扎假日据西缘,岩体侵入于则弄群多爱组、托称组与捷嘎组地层中,超动侵入于郎弄浆混花岗闪长岩,在左左西边渐新世日贡拉组超覆于达果弄巴勒单元之上。在赤左藏布以北的扎假日据一带,钾长花岗岩中可见到则弄群多爱组安山岩残留体,岩体还有岩枝顺层侵入捷嘎组灰岩中,出露面积约 152km²。

格格肉超单元是测区喜马拉雅早期构造-岩浆旋回第一期岩浆侵入的产物,这一阶段有两次岩浆侵入过程,第一次岩浆侵入产物为达果弄巴勒二长花岗岩单元,第二次岩浆侵入产物为波色钾长花岗岩单元。

1) 地质特征

(1) 达果弄巴勒单元:出露于张松热、培亚弄及达果弄巴勒一带,呈不规则的岩株状,共有 9 个小岩体组成,面积约 71km²。侵入于捷嘎组灰岩和则弄群多爱组及托称组火山岩系中,捷嘎组灰岩受岩体热液交代,泥晶质重结晶为亮晶质,并发生硅化、矽卡岩化,局部为大理岩,围岩顺层展布串珠状小岩株,成分为中细粒二长花岗岩,单个小岩株面积小于 0.1km²,二长花岗岩与灰岩界线产状为 180°∠50°。岩体一侧可见灰岩残留顶盖(图版 22-7)。在侵入期后还有细晶岩脉的侵入活动,成分为钾长花岗细晶岩,局部细晶岩具伟晶结构。另外见少量的暗色闪长质包体可能为部分熔融的残留体。包体呈圆球状,大小 2cm×2cm~2cm×5cm,分布不均匀,由于较基性的包体抗风化能力较强,包体突出于岩体表面(图版 22-8)。与则弄群的接触部位,围岩受轻微的热液接触变质作用,围岩发生硅化蚀变,岩体一侧可见围岩捕房体。在左左西边发现日贡拉组超覆于岩体之上,但二者接触关系不明。在朗久能错北边该单元超动侵入于郎弄花岗闪长岩中,二者界线清楚。

(2) 波色单元:主要出露于扎假日据西缘的波色一带,另外在荣列西侧零星分布,岩体北北西展布,呈岩株状,共有 7 个小岩株组成,面积约 81km²。主要侵入于则弄群多爱组、托称组火山岩(图版 23-1、23-2)和捷嘎组灰岩中,围岩受热液蚀变表现硅化、矽卡岩化,局部见大理岩,岩体中见火山岩的残留顶垂体。该单元超动侵入于郎弄花岗闪长岩中,与达果弄巴勒单元二长花岗岩呈涌动侵入接触(图 3-131),二者接触界面处钾长花岗岩的粒度变粗,似斑状构造显著,显示钾长花岗岩就位早于二长花岗岩。

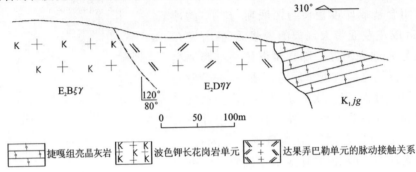

图 3-131 波色单元与达果弄巴勒单元的脉动接触关系

2) 岩石学特征

根据岩矿鉴定结果(图 3-132)与 R_1-R_2 岩石化学分类投影(图 3-133)及结合野外地质特征,将格格肉超单元岩石类型综合归纳为二长花岗岩和钾长花岗岩。

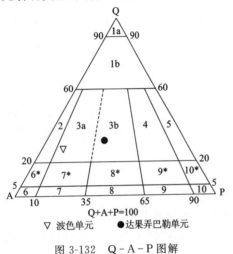

图 3-132 Q-A-P 图解
(据 Stresckeisen,1973,Le Maitre 等,1989)

1a 硅英岩(英石岩);1b 富石英花岗岩类;2 碱长花岗岩;3a 钾长花岗岩;3b 二长花岗岩;4 花岗闪长岩;5 英云闪长岩;6* 石英碱长正长岩;7* 石英正长岩;8* 石英二长岩;9* 石英二长闪长岩、石英二长辉长岩;10* 石英闪长岩、石英辉长岩、石英斜长岩;6 碱长正长岩;7 正长岩;8 二长岩;9 二长闪长岩、二长辉长岩;10 闪长岩、辉长岩、斜长岩;Q 石英;A 碱性长石;P 斜长石

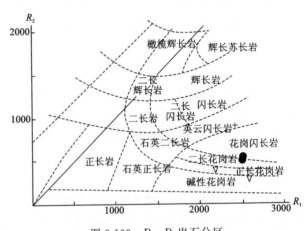

图 3-133 R_1-R_2 岩石分区
(据 De La Rache,1980;图例同图 3-132)

(1) 达果弄巴勒单元:该单元岩性为浅红色细中粒二长花岗岩,中粒结构,块状构造,岩石由条纹长石、更长石、石英及黑云母组成。

条纹长石:不规则板状—粒状,具条纹结构,条纹小于 15%,见简单双晶,为正长条纹长石,含量 40%,轻度高岭石化。

斜长石:板状,聚片双晶细密,消光角较小,为更长石,含量 30%。

石英:不规则粒状,含量 25%。

黑云母:片状,含量 4%,少数开始绿泥石化。

磁铁矿、磷灰石及榍石约为 1%。

(2) 波色单元:该单元岩性为浅肉红色中粒似斑状钾长花岗岩,中粒结构,似斑状构造,岩石由钾长石、石英、斜长石及少量的黑云母组成。

钾长石：半自形—不规则粒状，粒径大者达 6.8mm，具条纹结构，为正长条纹长石，含量 60%，中等程度高岭石化。

斜长石：半自形板状，粒径大者达 1.5mm×2.2mm，聚片双晶细密，为更长石，含量 10%，轻—中等高岭石化，星点绢云母化。

石英：不规则等轴粒状，含量 28%。

黑云母：片状假象，强烈白云母、褐铁矿化，含量小于 2%。另外少含磁铁矿。

3）岩石化学特征

（1）常量元素特征。

格格肉超单元的常量元素分析结果列于表 3-13。

达果弄巴勒单元：SiO_2 含量 71.58%～72.08%，平均 71.83，铝饱和指数 A/CNK=1.01～1.02，平均值为 1.015；组合指数 σ=2.15～2.17，平均 2.16。

波色单元：SiO_2 含量 73.02%～75.68%，平均 74.35，铝饱和指数 A/CNK=1.05～1.07，平均 1.06，组合指数 σ=2.29～2.67，平均 2.48。

格格肉超单元从达果弄巴勒-波色单元随着岩浆演化，SiO_2、CaO、K_2O 含量增高，Al_2O_3、MgO 含量减少，说明造山晚期岩浆趋于更酸、偏碱的演化特点。铝饱和指数皆小于 1.1，属次铝花岗岩类（Shand，1943；Zen，1988）；组合指数 σ：3.3＞σ≥1.8 之间，属钙碱性系列。在 SiO_2-K_2O 图解中（图 3-134），样品均落在 3 区，为高钾钙碱性系列。根据巴尔巴林（Barbarin）的花岗岩类类型划分，格格肉超单元属于 KCG，即富钾钙碱性花岗岩类（高钾-低钙）。

格格肉超单元的 CIPW 标准矿物及其含量分别列于表 3-14 中，其标准矿物组合为：Q+Or+Ab+An+C+Hy，出现刚玉标准矿物分子，属 SiO_2 过饱和。达果弄巴勒单元岩浆分异指数 DI=85.27～86.61，平均 85.94，结晶指数 CI=5.48～6.20，平均 5.84；波色单元岩浆分异指数 DI=93.33～94.81，平均 94.07，结晶指数 CI=3.02～3.87，平均 3.45，说明从达果弄巴勒-波色单元常量元素变化微弱、二者均属于非常酸性的岩石特点。

（2）稀土元素特征。

格格肉超单元的稀土元素含量及特征参数见表 3-15 及表 3-16。

达果弄巴勒单元：稀土元素特征参数值（平均值）分别为：$\sum REE=179.69\times10^{-6}$，LREE/HREE=3.72，$\delta Eu=0.6$，Eu/Sm=0.19，$(La/Yb)_N=8.63$，$(La/Sm)_N=4.94$，$(Gd/Yb)_N=1.18$，$(Ce/Yb)_N=7.44$。

波色单元：稀土元素特征参数值（平均值）分别为：$\sum REE=187.54\times10^{-6}$，LREE/HREE=2.95，$\delta Eu=0.30$，Eu/Sm=0.10，$(La/Yb)_N=6.13$，$(La/Sm)_N=4.19$，$(Gd/Yb)_N=1.01$，$(Ce/Yb)_N=6.06$。

上述各参数显示，从达果弄巴勒-波色单元随着岩浆演化，其稀土总量增大，轻重稀土元素之间、重稀土元素之间的分馏增强，岩浆分异程度及部分熔融程度增高，而轻稀土元素之间的分馏程度减弱，铕亏损程度增强。在稀土元素球粒陨石配分曲线图（图 3-135）上明显地反映了上述特征，总体曲线向右倾斜，属于轻稀土富集型，曲线在"Eu"处呈现"沟谷"—"强烈沟谷"，属于铕亏损—强烈亏损型。

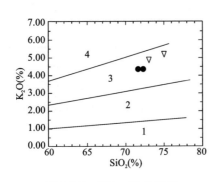

图 3-134 SiO_2-K_2O 图解

1.低钾钙碱性系列；2.钙碱性系列；3.高钾钙碱性系列；4.钾玄岩系列，图例同图 3-132

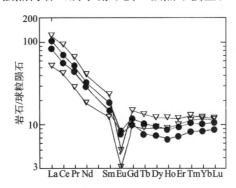

图 3-135 稀土元素配分曲线图

（图例同图 3-132）

(3) 微量元素特征。

格格肉超单元微量元素含量见表3-17。在微量元素洋脊花岗岩标准化比值蛛网图(图3-136)上,达果弄巴勒单元的配分型式为左上侧凸起(3峰),中间平坦,右下角直线凹下,与阿曼同碰撞花岗岩配分型式相近,Rb、Th、Ba明显富集,Yb强烈亏损,其他元素接近标准值或变化不明显;而波色单元的配分型式为左上侧凸起(2峰),中间凹起,右下侧略凸起,Rb、Th、Ba明显富集,Yb强烈亏损,Hf、Zr略亏损,其他元素接近标准值或变化不明显。与火山弧花岗岩相似,但也具有一些同碰撞花岗岩的特点。

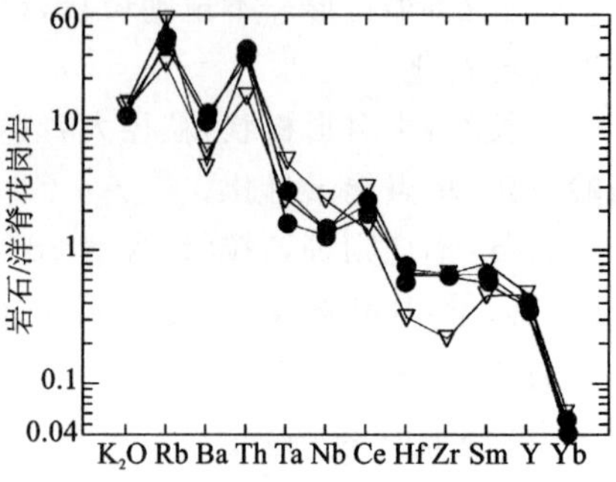

(4) 构造环境。

格格肉超单元在Nb-Y判别图上落入火山弧+同碰撞花岗岩区(VAG+Syn-COLG),在Rb-(Y+Nb)判别图上,样品浓集区落入火山弧花岗岩区(VAG)(图3-137);在花岗岩R_1-R_2与构造环境图解(图3-138)上,达果弄巴勒单元落在6区同碰撞花岗岩区,波色单元落在6区与7区交界偏7区造山期后的花岗岩区。

图3-136 微量元素比值蛛网图
(图例同图3-132)

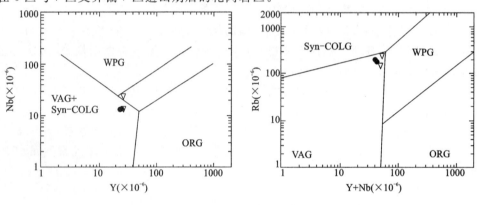

图3-137 Nb-Y和Rb-(Y+Nb)图解
(据Pearce等,1984)

Syn-COLG:同碰撞花岗岩;WPG:板内花岗岩;ORG:洋脊花岗岩;VAG:火山弧花岗岩;
VAG+Syn-COLG:火山弧+同碰撞花岗岩,图例同图3-132

4) 侵入时代

格格肉超单元侵入于早白垩系则弄群多爱组、托称组与捷嘎组地层中,超动侵入于郎弄浆混花岗闪长岩,在左左西边渐新世日贡拉组不整合于达果弄巴勒单元之上。说明其侵入时间晚于晚白垩世末,早于渐新世。本次工作在波色单元钾长花岗岩中获得50Ma钐-铷模式年龄值,可能代表了其形成的年龄。

5) 成因及构造就位机制、剥蚀程度

(1) 成因及构造就位机制。

根据该岩体成分演化微弱,岩体内包体很少,岩性较均匀,非常偏酸性,指示它可能由上地壳重熔形成。它与两大大陆板块的硬碰撞后的陆-陆俯冲阶段,冈底斯火山岩浆弧带地壳增厚,随着厚度的增加及放射性元素的不断积累诱发上地壳物质的重熔有关,是增厚的地壳发生层圈分异的结果,对地壳的增厚则可能没什么贡献。

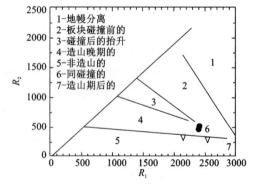

图3-138 R_1-R_2与构造环境图解
(据Batchelor等,1985,图例同图3-132)

1—地幔分离
2—板块碰撞前的
3—碰撞后的抬升
4—造山晚期的
5—非造山
6—同碰撞的
7—造山期后的

(2) 剥蚀程度。

格格肉超单元的不同单元中可见到则弄群多爱组安山岩残留体或其捕房体,显示其剥蚀程度很浅,属于浅剥蚀。

2. 噶尔超单元

噶尔超单元属于郎弄岩体的一部分，主要出露于噶尔新村（老噶尔县城旧址）正北约 10km 一带，呈岩株状产出，面积约 110km²。是继格格肉超单元侵入活动之后，喜马拉雅早期构造-岩浆旋回第二期岩浆侵入的产物，这一阶段有两次岩浆侵入过程，第一次岩浆侵入产物为玛儿黑云角闪二长岩单元，第二次岩浆侵入产物为次弄角闪二长闪长岩单元。根据其接触界线附近的岩石矿物生长关系，可判定黑云角闪二长岩的侵位早于黑云角闪二长闪长岩，且二者为脉动侵入接触关系。该超单元的岩体侵入白垩系则弄群和捷嘎组地层中。

1）地质特征

（1）玛儿单元：出露于朗久能错北西约 10km 玛儿一带，分布面积不大，约为 10km²。岩体北侧分别侵入于则弄群多爱组和郎山组地层中，围岩发生轻微的热液接触变质作用，多爱组玄武岩已硅化蚀变，形成硅质岩化玄武岩或含斑含岩屑硅质岩（图版 23-3）；郎山组灰岩形成小规模的顺层矽卡岩、硅化灰岩和蛇纹石化大理岩。围岩中常见岩体的岩枝侵入或岩脉灌入，岩体一侧则见郎山组灰岩或硅质岩及则弄群火山岩顶垂残留体或捕虏体。岩体西南侧与郎弄浆混花岗闪长岩和石英闪长岩呈超动侵入接触，岩体东侧被第四系湖积物覆盖。黑云角闪二长岩中透长石巨晶，长轴可达 1cm（图版 23-4）。

（2）次弄单元：出露于老噶尔县正北次弄一带，岩体呈 NW－SE 向展布，岩枕状产出，面积约 100km²。该岩体北部围岩为则弄群多爱组火山岩，由于接触变质作用的影响，围岩发生硅化蚀变，与围岩的接触部位，有岩脉或岩枝穿插于围岩中，岩体一侧多处可见围岩捕虏体和残留体。岩体东边与玛儿单元脉动侵入接触，南部超动侵入于郎弄花岗闪长岩与石英闪长岩，西部边界被第四系冲洪积物覆盖。次弄单元可见明显的相带分布特征，相带之间界线截然清楚，岩石粒度从中心到边缘逐渐变细。靠近岩体中心为中粗粒—中粒黑云角闪二长闪长岩，远离岩体中心的边缘带为中细粒黑云角闪二长闪长岩。岩体局部可见闪长质细粒包体，个体在 8～15cm，次棱角状、近圆者居多。

2）岩石学特征

根据岩矿鉴定结果（图 3-139）与 R_1-R_2 岩石化学分类投影（图 3-140）及结合野外地质特征，将噶尔超单元岩石类型综合归纳为二长岩和二长闪长岩。

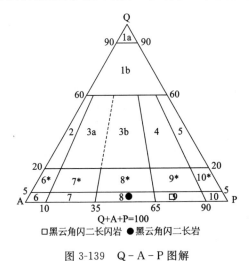

图 3-139　Q－A－P 图解

（据 Stresckeisen,1973,Le Maitre 等,1989）

1a 硅英岩（英石岩）；1b 富石英花岗岩类；2 碱长花岗岩；3a 钾长花岗岩；3b 二长花岗岩；4 花岗闪长岩；5 英云闪长岩；6* 石英碱长正长岩；7* 石英正长岩；8* 石英二长岩；9* 石英二长闪长岩、石英二长辉长岩；10* 石英闪长岩、石英辉长岩、石英斜长岩；6 碱长正长岩；7 正长岩；8 二长岩；9 二长闪长岩、二长辉长岩；10 闪长岩、辉长岩、斜长岩；Q 石英；A 碱性长石；P 斜长石

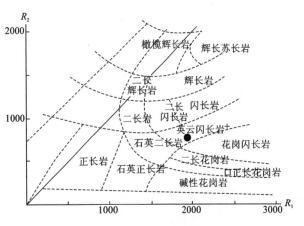

图 3-140　R_1-R_2 岩石分区

（据 De La Rache,1980;图例同图 3-139）

(1) 玛儿单元:岩性为灰白色细粒—中粒黑云母角闪二长岩,中细粒半自形结构,块状构造,岩石由正长石、斜长石、普通角闪石、黑云母及少量的磁铁矿、榍石、磷灰石组成。

正长石:多为不规则板状—粒状,粒径大者可达 4.3mm×12.0mm,见卡斯巴双晶和少量条纹,为正长石、正长条纹长石,含量 42%,中等较强高岭石化。

斜长石:为半自形板状—不规则状,粒径大者达 4.1mm×8.3 mm,较新鲜,聚片双晶清晰,含量为 45%。

石英:他形粒状,含量小于 2%。

普通角闪石:柱状较新鲜,为褐绿色多色性普通角闪石,含量为 5%,少数已绿泥石化。

黑云母:片状粒径较大者为 3.1mm×4.7 mm,红褐—淡黄褐色多色性,含量为 3%。榍石、磁铁矿含量 2%,磷灰石含量小于 1%。

(2) 次弄单元:岩性为中粗粒—中粒—中细粒黑云角闪二长闪长岩,岩石半自形—自形结构,由斜长石、钾长石、普通角闪石、黑云母及少量的石英、磁铁矿、磷灰石等组成,岩石发生蚀变。

斜长石:半自形板状,粒径较大者为 1.3mm×3.4 mm,斑杂状绢云母化,并含有普通角闪石、黑云母的包裹体,含量为 55%。

钾长石:多为不规则粒状,粒径多小于 1.1mm×1.6 mm,含量为 20%,见卡斯巴双晶,较强烈的高岭石化。

石英:不规则粒状,含量为 1%。

普通角闪石:柱状,粒径多为 0.61mm×1.66 mm,含量为 15%,晶形不完整,多数的绿色普通角闪石光性明显,常见被黑云母交代,少数具有普通辉石核部,为交代普通辉石而成,表明原岩含少量的普通辉石。

黑云母:片状,含量 5%,褐色多色性;普通辉石含量 2%;磁铁矿和磷灰石含量 2%,磷灰石细小柱状、针状,较大者达 0.1mm(横截面)。

3) 岩石化学特征

(1) 常量元素特征。

噶尔超单元的常量元素分析结果列于表3-13,从表中可以看出,玛儿单元:SiO_2 含量 64.02%,铝饱和指数 A/CNK 为 0.90;组合指数 $\sigma=2.81$。次弄单元:SiO_2 含量 74.43%,铝饱和指数 A/CNK 为 0.97,组合指数 $\sigma=2.36$。

噶尔超单元从玛儿-次弄单元随着岩浆演化,SiO_2、Na_2O、K_2O 含量增高,Al_2O_3、MnO、MgO、CaO 含量减少,说明造山晚期岩浆趋于更酸、偏碱的演化特点。铝饱和指数皆小于 1.1,属次铝花岗岩类 (Shand,1943;Zen,1988);组合指数 $\sigma:3.3>\sigma\geqslant1.8$,属钙碱性系列。在 SiO_2-K_2O 图解中(图3-141),样品均落在 3 区,为高钾钙碱性系列。根据巴尔巴林(Barbarin)的花岗岩类类型划分,噶尔超单元属于 KCG,即富钾钙碱性花岗岩类(高钾-低钙)。

噶尔超单元的 CIPW 标准矿物及其含量分别列于表3-14 中,其标准矿物组合为:Q+Or+Ab+An+Di+Hy,出现透辉石标准矿物分子,为正常类型,属 SiO_2 过饱和。玛儿单元岩浆分异指数 DI=73.28,结晶指数 CI=13.29;次弄单元岩浆分异指数 DI=91.93,结晶指数 CI=3.97。说明从玛儿-次弄单元随着岩浆演化,酸度增加。

(2) 稀土元素特征。

噶尔超单元的稀土元素含量及特征参数见表3-15 及表3-16。

玛儿单元:稀土元素特征参数值分别为 $\Sigma REE=206.93\times10^{-6}$,LREE/HREE=4.21,$\delta Eu=0.71$,Eu/Sm=0.21,$(La/Yb)_N=10.67$,$(La/Sm)_N=3.15$,$(Gd/Yb)_N=1.95$,$(Ce/Yb)_N=11.03$。

次弄单元:稀土元素特征参数值分别为 $\Sigma REE=155.62\times10^{-6}$,LREE/HREE=4.88,$\delta Eu=0.27$,Eu/Sm=0.09,$(La/Yb)_N=11.13$,$(La/Sm)_N=6.32$,$(Gd/Yb)_N=1.23$,$(Ce/Yb)_N=10.41$。

上述各参数显示,从玛儿-次弄单元随着岩浆演化,SiO_2 含量增加,其稀土总量减少,轻重稀土元素之间分馏程度减弱,轻稀土元素、重稀土元素之间的分馏增强,但是重稀土元素比轻稀土元素分馏明显。

铕亏损程度加强,岩浆分异程度及部分熔融程度增高。玛儿单元δEu大于0.7,是下地壳或太古宙沉积岩的部分熔融形成的,成因与板块有关;次弄单元δEu小于0.3,为晚期演化阶段形成的偏碱性花岗岩,由完全的分异结晶作用形成(王中刚,1986)。

在稀土元素球粒陨石配分曲线图(图3-142)上,两个单元稀土配分曲线总体向右倾斜,属于轻稀土富集型,曲线在"Eu"处呈现"沟谷"—"强烈沟谷",属于铕亏损—强烈亏损型。次弄单元的稀土元素配分型式与幔源分异型相近,铕具最大的负异常,显然是强烈地分离结晶所致。而玛儿单元稀土元素配分型式与混合源同熔型相近,无或略具铕的负异常,可能为俯冲带所携带的大陆板块边缘的陆壳物质进入上地幔后,与地幔物质同熔产生的岩浆所形成。

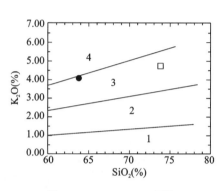

图3-141 SiO$_2$-K$_2$O图解

1.低钾钙碱性系列;2.钙碱性系列;3.高钾钙碱性系列;
4.钾玄岩系列;图例同图3-139

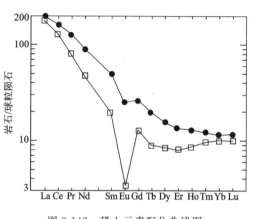

图3-142 稀土元素配分曲线图
(图例同图3-139)

(3)微量元素特征。

噶尔超单元的微量元素分析结果列于表3-17,可反映早期的玛儿单元到晚期的次弄单元K$_2$O、Rb、Th、Ta、Nb含量相对增加,其他微量元素的含量相对降低。在微量元素洋脊花岗岩标准化比值蛛网图(图3-143)上,玛儿单元的配分型式为左上侧凸起(3峰),中间平坦,右下角直线凹下,与弧花岗岩配分型式相近,Rb、Th、Ba、Ce明显富集,Yb强烈亏损,其他元素接近标准值或变化不明显;而次弄单元的配分型式为左上侧凸起(3峰),中间平坦起,右下侧略凹下,也与弧花岗岩配分型式相同,Rb、Th、Ba、Ce明显富集,Yb强烈亏损,Zr、Sm略亏损,其他元素接近标准值或变化不明显。

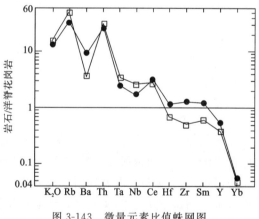

图3-143 微量元素比值蛛网图
(图例同图3-139)

(4)构造环境判别。

噶尔超单元在Nb-Y判别图上落入火山弧+同碰撞花岗岩区(VAG+Syn-COLG),在Rb-(Y+Nb)判别图上,样品浓集区落入火山弧花岗岩区(VAG)(图3-144);在花岗岩R_1-R_2与构造环境图解(图3-145)上,玛儿单元落在3区碰撞后的抬升花岗岩区。次弄单元落在6区同碰撞的花岗岩区。

4)侵入时代

本次工作对玛儿单元黑云角闪二长岩进行了Ar-Ar法同位素地质年龄测试,获得48.07Ma ^{40}Ar/^{39}Ar阶段升温年龄值(总平均年龄),反映其形成时代为始新世,属于喜马拉雅早期岩浆热活动产物。

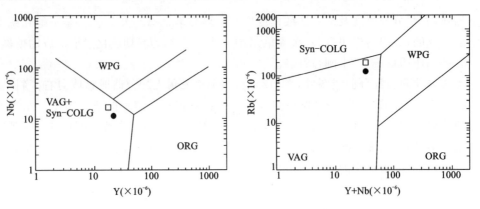

图 3-144 Nb-Y 和 Rb-(Y+Nb)图解

(据 Pearce 等,1984)

Syn-COLG:同碰撞花岗岩;WPG:板内花岗岩;ORG:洋脊花岗岩;VAG:火山弧花岗岩;
VAG+Syn-COLG:火山弧+同碰撞花岗岩,图例同图 3-139

5) 成因及构造就位机制、剥蚀程度

(1) 成因及构造就位机制。

噶尔超单元(二长岩—二长闪长岩)基性程度和碱性程度较前一期格格肉超单元明显增加,可能是由于两大大陆板块进一步的会聚、俯冲,俯冲带所携带的大陆板块边缘的陆壳物质与地幔分离结晶的物质在地壳深部由于挤压生热,发生同熔或部分熔融作用。玛儿单元的 δEu 大于 0.7,指示它可能来自下地壳或太古宙沉积岩的部分熔融,反映了地壳进一步增厚。

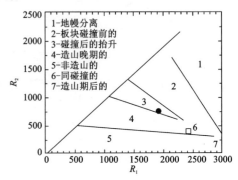

图 3-145 R_1-R_2 与构造环境图解

(图例同图 3-139)

(2) 剥蚀程度。

噶尔超单元可见围岩顶垂残留体和捕房体,说明其剥蚀很浅。

3. 保昂扎独立侵入体

1) 地质特征

保昂扎独立侵入体是冈底斯岩带喜马拉雅早期构造-岩浆旋回最后一期岩浆侵入的产物,该独立侵入体位于测区东北角保昂扎一带,有三个小岩株组成,向东延出图外,出露面积约 17km²。该侵入体岩性比较简单,为二云母钾长花岗岩。侵入班-怒带和郎山组钙质砂岩中,岩体南侧及西边部分地段更新世松散堆积物覆于其上,未见与其他地质体接触。

与区内大多数深成侵入体一般平行于主构造线方向(北西-南东向或近东西向)展布不同,岩体近垂直区域构造线方向,呈南北向展布。三个岩株沿该构造线方向平行展布,互不相连,估计三者在深部应该相通为同一岩体。该岩体与围岩的接触变质带极窄,受岩体热液接触蚀变围岩发生变质,在砂岩中有角岩化,混杂岩带中的玄武岩发生接触变质,有硬绿泥石和红柱石生成。岩体边界形态指示它明显受控于测区晚期的保昂扎近南北向构造,该构造系为一个多期的活动的断裂,沿断裂带存在厚数米不等的碎裂岩带,断层向西倾,倾角 70°~80°。它很可能是与由于区域伸展作用引起南北向的剪切,造成下地壳减压增温,从而发生部分熔融有关。根据该岩性与翁波岩基具有相似性,如含二云母,展布方向与区域构造线相切,认为这一侵入活动发生时间可能与测区拉轨岗日带翁波岩基的侵入时间相当,但区域上这一时期花岗岩活动具北早南晚的特点,可能较 31Ma 略早。

2) 岩石学特征

白色中细粒二云母钾长花岗岩:岩石变余中细粒花岗结构,由石英、钾长石、斜长石、黑云母、白云母及少量的磁铁矿和磷灰石组成。

石英：他形粒状，单个石英粒径小于 0.5mm，含量 30%。

钾长石：半自形板状—他形粒状，见卡斯巴双晶，条纹结构，为正长石、正长条纹长石，含量 45%。

斜长石：半自形板状，见聚片双晶，为更长石，轻度高岭石化，部分含白云母变晶，含量 20%。

黑云母：片状，褐色多色性，多分布于长英质矿物粒间，为原生矿物，部分黑云母绿泥石化，含量 3%。

白云母：片状，粒度与黑云母相似，一部分由黑云母变质而成，另一部分含于长石内，明显由长石质物质变质结晶而成，含量 2%。

3）岩石化学特征

保昂扎独立侵入体常量元素分析结果列于表 3-13，从表中可以看出，SiO_2 含量 71.3%，属于酸性岩范畴；铝饱和指数 A/CNK=1.03，属次铝花岗岩类（Shand，1943；Zen，1988）；组合指数 $\sigma=2.65$（3.3>σ≥1.8），属钙碱性系列。在 SiO_2-K_2O 图解中（图 3-146），样品均落在 3 区，为高钾钙碱性系列。保昂扎岩体常量元素总体特征是高硅、钾，低钙、次铝质、钙碱性花岗岩岩类，根据巴尔巴林（Barbarin）的花岗岩类类型划分，保昂扎岩体属于 CPG，即含云母富铝花岗岩类。

保昂扎岩体 CIPW 标准矿物及其特征参数列于表 3-14 中，其标准矿物组合为：Q+Or+Ab+An+C+Hy，属 SiO_2 过饱和型，出现刚玉标准矿物分子，为铝过饱和类型。分异指数 DI=85.82，结晶指数 CI=6.38，说明岩浆酸度很高。

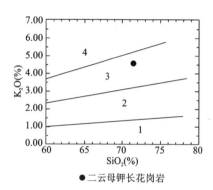

图 3-146　SiO_2-K_2O 图解

1.低钾钙碱性系列；2.钙碱性系列；3.高钾钙碱性系列；4.钾玄岩系列

4）侵入时代

保昂扎独立侵入体与区内大多数深成侵入体一般平行于主构造线方向（北西-南东向或近东西向）展布不同，岩体近垂直区域构造线方向，呈南北向展布。这一侵入活动发生时间可能与测区喜马拉雅带翁波岩基的侵入时间相当，但区域上这一时期花岗岩活动具北早南晚的特点，可能较 31Ma 略早。

5）成因及就位机制、剥蚀程度

(1) 成因及就位机制。

随着印度板块与欧亚板块的碰撞并经过一段时间的陆-陆俯冲后，板块已加厚至最大限度，从而发生了快速的抬升和折返，在垂直区域构造线的方向发生了拉伸和走滑，形成一系列沿南北方向或北东向的裂陷，下地壳由于减压发生部分熔融形成过铝质花岗岩。它的就位具有明显的被动就位特点，如明显受南北向的伸展断层控制，分布在正断层的下盘等。

(2) 剥蚀程度。

保昂扎岩体与围岩存在接触变质带，岩体仅呈三个小岩株出露，但由出露地点相近判断，可能地下相连，故该岩体剥蚀仅达浅带。

二、拉轨岗日岩浆带

拉轨岗日岩带总体呈北西-南东向展布，测区内出露较少，面积 738km²，主要分布在测区天巴拉沟以西，其中以曲松深断裂（区域上称之为札达-拉孜-邛多江断裂）为界，北东侧岩浆主要为晚燕山期浆混二长花岗岩—花岗闪长岩和加里东期变质侵入体，南西侧仅出露喜马拉雅期花岗岩，故以曲松深断裂为界，可进一步将该岩带分为曲松亚带和翁波亚带两部分。曲松亚带由两期岩浆侵入体构成，即加里东期让拉变质侵入体、燕山晚期伊米斯山口岩体；翁波亚带仅出露喜马拉雅中期翁波岩基，岩石类型相对简单。

（一）震旦纪侵入岩

震旦纪侵入岩在测区仅出露一个变质侵入体，分布于雅鲁藏布江缝合带内，其展布方向与测区主构造线基本一致，面积约316km^2，是测区最老的变质侵入岩。

1. 地质特征

岩体的围岩主要是拉轨岗日岩群一岩组（一岩组为一套条带状片岩，属表壳岩），二者呈断层接触，但露头尺度上二者间的产状存在差异，一个呈层状，另一个仅发育后期糜棱岩化叠加后形成的板劈理；在二者接触处一岩组发生了强烈混合岩化，甚至为糜棱岩化混合岩，远离变质深成侵入体，混合岩化明显减弱，从混合岩中注入的新生脉体发生糜棱岩化来分析，混合岩化发生在糜棱岩化之前，故尽管二者界面表现为断层，但仍反映二者早期存在侵入接触关系（图3-147）。

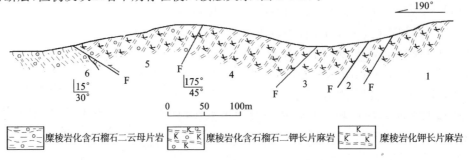

图3-147 让拉变质侵入岩剖面图

该期侵入岩受后期构造和变质作用的改造，侵入岩已形成强烈的糜棱面理，仅局部残存片麻理（图版23-5、23-6）。岩性主要为糜棱岩化二云母钾长片麻岩、糜棱岩化白云母钾长片麻岩、糜棱岩化钾长片麻岩、糜棱岩化石榴石钾长片麻岩。原岩恢复表明其原岩可能是钾长花岗岩—二长花岗岩。

2. 岩石学特征

岩石为青灰色、灰白色、褐黄色，糜棱结构、变余似斑状结构，眼球状、透镜状构造，由30%～40%碎斑和60%～70%碎基构成，矿物成分为石英（30%）、钾长石（40%）、斜长石（10%）、白云母（15%）、黑云母（3%）及其他（电气石、石榴石等）矿物（2%）组成。

碎斑：粒径为0.25mm×0.54mm～0.71mm×1.44mm，成分以钾长石为多，其次为石英、斜长石、白云母、黑云母。其中呈"云母鱼"状，大部分白云母与黑云母伴生，明显为交代黑云母而成，也有一部分白云母为糜棱岩化时变质结晶而成。碎斑定向性很强，长轴与糜棱线理完全一致。

碎基：由更细的石英、长石及云母组成，长英粗细条带相间排列，云母条带与长英条带相间排列；云母片强烈定向，形成强烈的糜棱面理、线理。波状消光，变形纹、"云母鱼"、核幔等显微构造变形异常发育。

原岩为黑云母钾长花岗岩及黑云母二长花岗岩。

3. 岩石化学特征

1）常量元素特征

震旦纪变质侵入岩的常量元素含量见表3-19，从表中可以看出，其SiO$_2$含量64.86%～73.74%，铝饱和指数A/CNK=1.73～1.13，平均数大于1.1，属过铝花岗岩类（Shand，1943；Zen，1988）；样品GS-210组合指数σ=1.26，σ<1.8，属钙性系列；样品GS-211组合指数σ=2.54，σ>1.8，属钙碱性系列。在SiO$_2$-K$_2$O图解（图3-148）中，样品均落在3区，为高钾钙碱

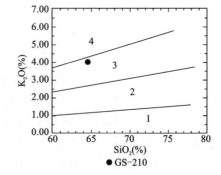

图3-148 SiO$_2$-K$_2$O图解
1.低钾钙碱性系列；2.钙碱性系列；
3.高钾钙碱性系列；4.钾玄岩系列

性系列。让拉变质花岗岩体常量元素总体特征是贫硅、低钙,富钾、钠,过铝质、钙性-钙碱性花岗岩岩类,但上述判别实际上是基于变质过程中无物质的代入和带出为条件,实际上,据该岩体中糜棱岩化长英质条带的出现,说明可能不是一个等化学系列,常量元素地球化学判别仅有一定的参考意义,而据原岩作出的判别可能更可靠。据原岩成分确定它属于钙碱性花岗岩类。

表 3-19 拉轨岗日带常量元素及 CIPW 标准矿物含量表

样号	岩体	岩性	常量元素(%)												
			SiO_2	TiO_2	Al_2O_3	Fe_2O_3	FeO	MnO	MgO	CaO	Na_2O	K_2O	P_2O_5	CO_2	H_2O	LOS
GS-210	让拉变质侵入岩	钾长片麻岩	64.86	0.86	14.54	0.48	7.27	0.13	3.38	1.06	1.40	3.84	0.084	0.38		1.89
GS-234	伊米斯山口岩体	黑云花岗闪长岩	72.68	0.16	14.35	0.14	1.51	0.025	0.46	0.87	3.00	6.00	0.043	0.38	0.20	
※as-90		二云母花岗岩	71.90	0.18	15.23	0.29	1.33	0.01	1.59	0.44	3.45	5.38	0.09			
*KA67-6		花岗岩	72.97	0.18	15.00	0.42	0.39	0.02	0.17	0.99	3.93	4.21	0.14		0.38	
GS-252	翁波岩体	含石榴石二云母二长花岗岩	73.12	0.13	14.66	0.22	1.22	0.040	0.42	1.09	3.90	4.28	0.22	0.28	0.27	
*KA-84-1		二云母花岗岩	73.15	0.25	14.65	0.28	1.33	0.05	0.47	0.79	3.72	3.80	0.18		0.56	
*AP-31		电气石花岗岩	73.26	0.12	14.68	1.02	0.38	0.01	0.23	0.83	3.50	4.38	0.13			
*AP-33		花岗岩	73.50	0.10	14.53	0.52	0.36	0.01	0.06	1.02	2.75	4.73	0.13			

样号	岩体	岩性	CIPW 标准矿物含量(%)									特种参数				
			Q	C	Or	Ab	An	Hy	Mt	Il	Ap	CI	DI	A/CNK	σ	AR	An
GS-210	让拉变质侵入岩	钾长片麻岩	33.14	7.42	24.39	8.71	5.12	19.26	0.00	1.96	0.00	21.22	66.25	1.73	1.26	11.78	23
GS-234	伊米斯山口岩体	黑云花岗闪长岩	28.94	1.42	35.76	25.55	4.12	3.62	0.20	0.31	0.09	4.13	90.25	1.10	2.73	7.72	7
※as-90		二云母花岗岩	27.32	3.11	31.86	29.19	1.66	5.90	0.42	0.34	0.20	6.67	88.37	1.24	2.70	7.86	3
KA67-6		花岗岩	32.47	2.50	25.30	33.75	4.16	0.54	0.62	0.35	0.31	1.51	91.52	1.17	2.21	9.38	6
GS-252	翁波岩体	含石榴石二云母二长花岗岩	31.02	2.10	25.49	33.19	4.15	2.99	0.32	0.25	0.48	3.56	89.71	1.13	2.22	9.22	6
KA-84-1		二云母花岗岩	34.66	3.40	22.78	31.86	2.90	3.10	0.41	0.48	0.40	4.00	89.30	1.26	1.88	9.22	4
*AP-31		电气石花岗岩	34.88	2.98	26.29	30.02	3.41	0.58	0.92	0.23	0.29	1.74	91.19	1.22	2.05	9	5
*AP-33		花岗岩	38.31	3.37	28.63	23.79	4.40	0.24	0.77	0.19	0.29	1.21	90.73	1.26	1.83	9.6	8

注:带 * 符号样品来自郭铁鹰等(1991),带 ※ 符号样品来自中国科学院(1981),其余样品均为本次工作采集。

震旦纪变质花岗岩体 CIPW 标准矿物及其特征参数列于表 3-19 中,其标准矿物组合为:Q+Or+Ab+An+C+Hy,属 SiO_2 过饱和型,出现刚玉标准矿物分子,为铝过饱和类型。分异指数 DI 为 94.28,结晶指数 CI 为 3.70。说明岩浆偏酸性。

2) 稀土元素特征

让拉变质花岗岩的稀土元素含量及特征参数见表 3-20 及表 3-21。从表中可以看出,样品 GS-210 其稀土元素特征参数分别为 $\Sigma REE=226.50\times10^{-6}$,LREE/HREE=3.41,$\delta Eu=0.52$,Eu/Sm=0.17,$(La/Yb)_N=7.51$,$(La/Sm)_N=3.64$,$(Gd/Yb)_N=1.43$,$(Ce/Yb)_N=6.92$,指示具铕负异常、轻重稀土弱分异的特征,在稀土配分模式图(图 3-149)上也清楚地反映了这一点。根据王中刚(1986)的花岗岩 δEu 值分类,该变质花岗岩属上地壳经不同程度的部分熔融形成的花岗岩。稀土曲线形态与岛弧火山岩的相似,可能指示了源区特征。

3) 微量元素特征

变质花岗岩的微量元素分析结果列于表 3-22,在微量元素比值蛛网图上(图 3-150),Rb、Ba、Th 明显富集,Ta、Nb、Ce 略富集,Hf、Zr、Sm、Y 接近标准值或变化不明显,Yb 明显亏损。其配分型式与同碰撞花岗岩配分型式相近,成因可能与板块碰撞有关。

表 3-20 拉轨岗日带稀土元素分析结果表($\times10^{-6}$)

样号	岩体	岩性	La	Ce	Pr	Nd	Sm	Eu	Gd	Tb	Dy	Ho	Er	Tm	Yb	Lu	Y
GS-210	让拉变质侵入岩	钾长片麻岩	40.94	79.67	9.70	36.52	7.08	1.18	6.50	0.94	5.47	1.11	3.45	0.52	3.68	0.59	29.14
GS-234	伊米斯山口岩体	黑云花岗闪长岩	26.13	51.74	6.25	23.77	5.46	1.78	4.65	0.57	2.06	0.30	0.66	0.09	0.43	0.06	6.91
GS-252	翁波岩体	含石榴石二云母二长花岗岩	10.04	19.95	2.46	9.24	2.41	0.61	2.59	0.45	2.54	0.46	1.26	0.19	1.11	0.16	13.03

表 3-21 拉轨岗日带稀土元素特征参数表

样号	岩体	岩性	LREE($\times10^{-6}$)	HREE($\times10^{-6}$)	ΣREE($\times10^{-6}$)	LREE/HREE	δEu	$(La/Yb)_N$	$(La/Sm)_N$	$(Gd/Yb)_N$	Eu/Sm	$(Ce/Yb)_N$
GS-210	让拉变质侵入岩	钾长片麻岩	175.10	51.41	226.50	3.41	0.52	7.51	3.64	1.43	0.17	6.92
GS-234	伊米斯山口岩体	黑云花岗闪长岩	115.13	15.71	130.84	7.33	1.05	41.06	3.01	8.76	0.33	38.47
GS-252	翁波岩体	含石榴石二云母二长花岗岩	44.70	21.78	66.48	2.05	0.74	6.13	2.62	1.90	0.25	5.77

表 3-22 拉轨岗日带微量元素分析结果表($\times10^{-6}$)

样号	岩体	岩性	Ba	Rb	Sr	Zr	Nb	TH	Pb	Ga	V	Hf	Cs	Sc	Ta	Co	U
GS-210	让拉变质侵入岩	钾长片麻岩	601.61	178.02	76.64	203.46	17.23	17.21	19.13	21.56	131.26	6.40	10.59	19.15	1.15	20.84	3.00
GS-234	伊米斯山口岩体	黑云花岗闪长岩	1233.22	187.94	218.57	46.39	5.36	13.54	92.68	15.26	34.94	1.51	6.72	2.32	0.54	2.13	2.41
GS-252	翁波岩体	含石榴石二云母二长花岗岩	341.24	281.31	163.02	68.71	10.17	4.61	60.44	20.58	11.73	2.56	25.01	3.12	1.72	2.22	2.88

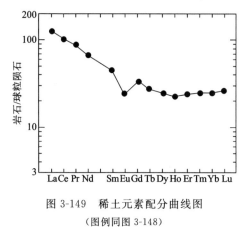

图 3-149 稀土元素配分曲线图

（图例同图 3-148）

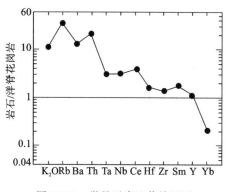

图 3-150 微量元素比值蛛网图

（图例同图 3-148）

4）构造环境判别

让拉变质花岗岩样品在 Nb－Y 判别图（图 3-151）上落入火山弧＋同碰撞花岗岩区（VAG＋Syn-COLG），在 Rb-(Y＋Nb)判别图（图 3-151）上，落在火山弧花岗岩区（VAG）区，可能指示了其源区具岛弧特征，其形成与板块碰撞有关。

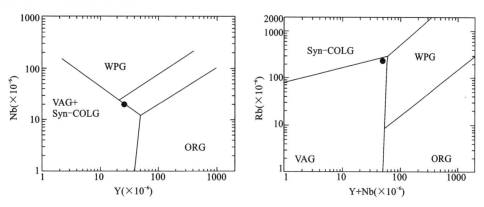

图 3-151 Nb－Y 和 Rb-(Y＋Nb)图解

Syn-COLG:同碰撞花岗岩;WPG:板内花岗岩;ORG:洋脊花岗岩;VAG:火山弧花岗岩;
VAG＋Syn-COLG:火山弧＋同碰撞花岗岩;据 Pearce 等,1987,图例同图 3-148

4. 侵入时代

变质花岗岩的主要围岩为拉轨岗日岩群一岩组，为一套条带状片岩，属表壳岩。在二者接触处围岩混合岩化强烈，甚至为糜棱岩化混合岩。根据混合岩中注入的新生脉体发生糜棱岩化，混合岩化发生在糜棱岩化之前，说明岩体的侵位及变质与糜棱岩化变质不同期。在拉轨岗日岩群上覆（呈断层接触）的古生界有确切化石依据的中二叠世地层中存在变质侵入体的砾石，说明这一侵入事件早于二叠纪，区域上已发现存在大量 580～540Ma 的侵入体，而测区根据同位素测年确定拉轨岗日岩群的沉积年龄为 1283Ma，在该岩体中大量锆石表面年龄集中在 584Ma±，故 584Ma 可能代表了这一变质侵入体的侵位年龄。

5. 成因及构造就位机制、剥蚀程度

1）成因

中新元古界火山岩的环境指示它形成于岛弧拉裂的环境，根据火山岩之上地层的沉积环境分析，岛弧拉裂后形成了一个类似边缘海盆地或弧间拉裂的沉积盆地，但水深可能较浅。元古宙末，由于大洋盆地内洋壳向岛弧的加速俯冲，在岛弧区形成火山弧花岗岩。

2）剥蚀程度

从岩体的出露情况、接触带宽度等分析，让拉变质侵入岩的剥蚀程度为深剥蚀。

(二) 燕山晚期侵入岩

燕山晚期侵入岩仅出露伊米斯山口岩体一个，岩体位于测区西北部我国与克什米尔接壤处，雅鲁藏布江缝合带南支北缘，侵位于构造的复合部位，沿伊米斯山呈北东-南西向展布，岩体走向显然受到巨大的挤压冲断层所控制。属于燕山晚期构造-岩浆热活动产物，受后期构造破坏其原始定位形态已被肢解，岩体出路面积约 175km²。

1. 地质特征

伊米斯山口岩体的主体岩性为花岗闪长岩—二长花岗岩，侵入于中新元古界念青唐古拉岩群等地层中(图 3-152)，由于岩体侵入影响，围岩中出现小褶皱，并常具角岩化、大理岩化、混合岩化。岩体中包体发育，大小不一，一般 2~8cm，最大可达 30cm，一般为浑圆状，少数为长条状。包体类型多数为围岩捕虏体，少量为难熔残留体。围岩捕虏体的岩性多样，多数为斜长角闪岩、片麻岩、片岩，由岩体边部向岩体中心数量逐渐减少，个体减小，包体岩性与聂拉木岩群的岩性基本一致。

2. 岩石学特征

黑云母花岗闪长岩(或二长花岗岩)：灰白色中细粒花岗结构，岩石由石英、斜长石、钾长石和少量的黑云母组成。其中石英不规则粒状，粒径为 1.5mm 左右，含量为 25%；斜长石形态多为半自形板状，粒径多为 1.0mm×1.6mm，二轴(+)，含量 47%。常见聚片双晶，轻度高岭石化，星点绢云母化；钾长石多为不规则粒状，粒径与斜长石相似，二轴(-)，含量 25%，轻度高岭石化。黑云母为片状，粒径较大者为 0.7mm×1.8mm，较为新鲜，褐红—淡褐多色性，含量 3%。

3. 岩石化学特征

1) 常量元素特征

伊米斯山口岩体的岩石化学分析结果及特征参数列于表 3-19，从表中可以看出，SiO_2 含量变化较小，从 71.90%~72.97%，平均 72.52%，属于酸性岩范畴；里特曼组合指数 σ=2.21~2.73，平均 2.55，属钙碱性系列；铝饱和指数 A/CNK=1.45~1.64，平均 1.58，大于 1.1，属于过铝质花岗岩类(Shand, 1943；Zen, 1988)；镁指数 $Mg^{\#}$ 0.28、0.58 和 0.24，平均 0.37，反映岩体有下地壳或幔源物质加入，对地壳有增生作用。在图 3-153 中，样品均落在 4 区和 3 区，为高钾钙碱性系列—钾玄岩系列。根据巴尔巴林(Barbarin)的花岗岩类类型划分，伊米斯山口岩体属于 MPG，即含白云母过铝质花岗岩类。

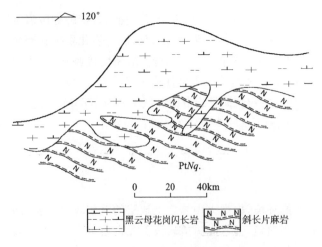

图 3-152 曲松北黑云母闪长岩与斜长片麻岩侵入接触

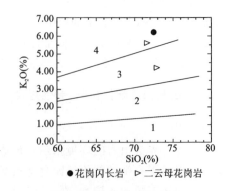

图 3-153 SiO_2-K_2O 图解
1.低钾钙碱性系列；2.钙碱性系列；
3.高钾钙碱性系列；4.钾玄岩系列

伊米斯山口岩体的 CIPW 标准矿物及其含量分别列于表 3-19 中，其标准矿物组合为：Q+Or+Ab+An+C+Hy，出现刚玉标准矿物分子，为铝过饱和类型，属 SiO_2 过饱和。其岩浆分异指数 DI 为 88.37~91.52，平均 90.05，结晶指数 CI 为 1.51~6.67，平均 4.1；说明其岩浆分异程度很高，但分离结晶程度却很低，分离结晶程度越低，岩浆分离的成分越单一。

2）稀土元素特征

伊米斯山口岩体的稀土元素含量及特征参数见表 3-20 及表 3-21。从表中可以看出，稀土元素总量为 $130.84×10^{-6}$，属中等—较高；轻重稀土元素 LREE/HREE 比值为 7.33，属轻稀土富集型；$\delta Eu=1.05$，大于 0.7，说明伊米斯山口岩体由下地壳或太古宙沉积岩的部分熔融形成，成因与板块有关（王中刚，1986）；$(La/Yb)_N=41.06$，$(La/Sm)_N=3.01$，$(Gd/Yb)_N=8.76$，表明轻重稀土元素之间、轻稀土元素之间、重稀土元素之间分馏明显，但轻稀土元素之间的分馏强于重稀土元素之间的分馏。在稀土元素球粒陨石配分曲线图（图 3-154）也反映了相似的特点。

3）微量元素特征

伊米斯山口岩体的微量元素含量见表 3-22，从表中可知 Ba、Rb、Sr 大离子亲石元素含量相对较高，非活动性元素 Hf 含量相对较低。在微量元素比值蛛网图上（图 3-155），Rb、Ba、Th 明显富集，Ta、Nb、Ce、Sm 略显富集或接近标准值，而 Hf、Zr、Y 微弱亏损，Yb 强烈亏损。

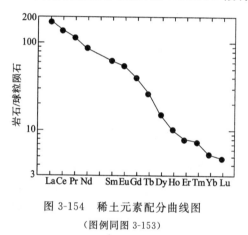

图 3-154 稀土元素配分曲线图
（图例同图 3-153）

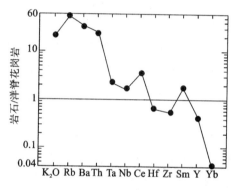

图 3-155 微量元素比值蛛网图
（图例同图 3-153）

4）构造环境判别

在 Nb-Y 判别图上样品分别落入火山弧+同碰撞花岗岩区，在 Rb-(Y+Nb) 判别图上落入同碰撞花岗岩区（图 3-156）。在花岗岩 $R_1 - R_2$ 与构造环境图（图 3-157）上，样品也落在 6 区同碰撞花岗岩区，表明伊米斯山口岩体形成环境为同碰撞环境，可能与雅江结合带的闭合及印度板块的挤压、碰撞有关。

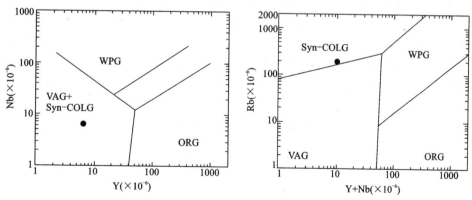

图 3-156 Nb-Y 和 Rb-(Y+Nb) 图解

Syn-COLG：同碰撞花岗岩；WPG：板内花岗岩；ORG：洋脊花岗岩；VAG：火山弧花岗岩；
VAG+Syn-COLG：火山弧+同碰撞花岗岩；据 Pearce 等，1984，图例同图 3-153

4. 侵入时代

该岩体主要出露于曲松深大断裂北缘，与该断裂南侧的含石榴石二云母花岗岩断层接触，二者的构造变形强度不一样，北边强于南边，且在西侧的几条路线上所见花岗岩主要为花岗闪长岩，而非郭氏描述的白云母二长花岗岩，可能暗示二者是两期，黑云母花岗岩—二长花岗岩的侵位早于含石榴石二云母花岗岩，大致侵位时间为燕山晚期。

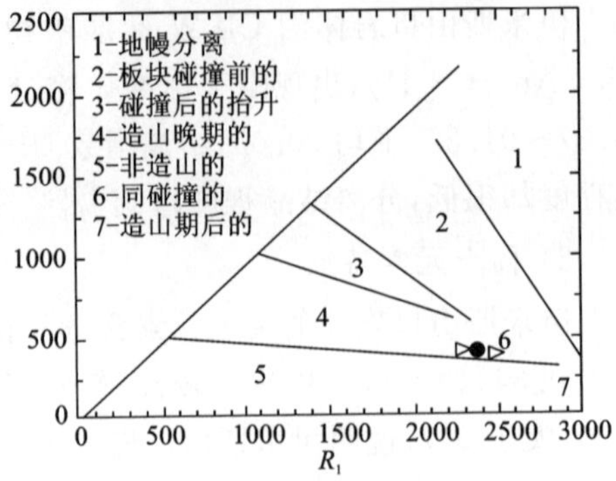

图 3-157　R_1-R_2 与构造环境图解
（据 Batchelor 等，1985；图例同图 3-153）

1—地幔分离；2—板块碰撞前的；3—碰撞后的抬升；4—造山晚期的；5—非造山的；6—同碰撞的；7—造山期后的

5. 成因及构造就位机制、剥蚀程度

1）成因及就位机制

该岩体出露于曲松雅江南带略偏东处，岩石变形微弱，除在雅江南带处有糜棱变形外，其他部位未见到变形，而且在雅江南带东侧也未见到太多的类似岩体，主要见于雅江南带西侧及附近，可能标志着它并非老变质岩中的片麻岩，岩石化学证实了该岩体由下地壳或太古宙沉积岩部分熔融形成，成因与板块有关。可能与雅江南带所代表的洋盆收缩、闭合有关，导致印度板块向欧亚大陆挤压、碰撞造山，形成伊米斯山口花岗闪长岩—二长花岗岩的侵位。

2）剥蚀程度

伊米斯山口岩体含有大量的围岩捕虏体，少量为难熔残留体，一般为浑圆状，少数为长条状，由岩体边部向岩体中心数量逐渐减少，个体减小。表明伊米斯山口岩体剥蚀程度中—浅。

（三）喜马拉雅中期侵入岩

拉轨岗日岩浆带喜马拉雅期中酸性岩侵入岩分布在札达-拉孜-邛多江断裂（雅鲁藏布江缝合带南支）以南，测区仅有翁波岩基出露。翁波岩基位于测区西南部我国与印控克什米尔接壤处，出露面积 247km²。与区内大多数深成侵入体一般平行于主构造线方向（北西-南东向或近东西向）展布不同，它垂直区域构造线方向，呈北东-南西向展布。沿该构造线方向，该岩基向西南延至图区外的底雅、古浪一带，向东北方向自曲松断裂以东，在曲松亚带及阿依拉亚带内也有零星出露。

1. 地质特征

翁波岩基主要围岩为二叠系色龙群和侏罗系才里群，次之为中新元古界地层。该岩体与色龙群和穷果群二地层接触部位（图 3-158），岩体内存在大量的砂板岩、灰岩捕虏体，而近岩体附近的围岩则发生了接触变质，如在岩体南侧与二叠系砂板岩接触处，砂板岩发生了角岩化，出现大量的黑云母变晶；而侏罗系含大量珊瑚、双壳类化石的灰岩则发生了大理岩化，但接触变质带的范围往往较窄，并在附近多伴有断裂。岩体南西端和北东端侵入中新元古界地层，在该地层与岩体接触处存在混合岩化。即有大量的新生脉体贯入聂拉木岩群，新生脉体以未变形而明显有别于老变质体。而在岩体内则存在大量的围岩捕虏体（图版 23-7），主要是斜长角闪岩、片麻岩、片岩，这些捕虏体由岩体边部向岩体中心数量逐渐减少、个体减小，并明显具有变形的痕迹，与围岩及石榴石二云母花岗岩的未变形形成明显对比。此外值得指出的是在岩体的南西侧，尽管未见到拉轨岗日岩群地层，但却发现了大量的斜长角闪岩、片麻岩、片岩捕虏体，大小不一，一般 3~10cm，最大可达 1m，一般为浑圆状，少数为长条状。其分布数量变化似与距岩体边界的位置关系不大，其内部变形强烈，和寄主岩之间存在过渡带，可能代表深源捕虏体，指示岩浆母岩源自拉轨岗日岩群的部分熔融。

第四系松散的冰碛和坡积物覆盖在翁波岩基之上，札达群的砂砾岩与该地层未直接接触。

在曲松断裂附近，该岩基侵入燕山期末的变形花岗闪长岩和二长花岗岩。在阿依拉深断裂以北天巴拉沟附近，曾发现该岩体的岩脉穿入阿依拉浆混序列的斑状花岗闪长岩，斑状花岗闪长岩已发生了变

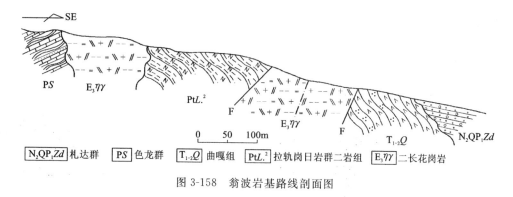

图 3-158 翁波岩基路线剖面图

形,但石榴二云母花岗岩的岩脉则切穿了构造面理。

翁波岩基的岩性较单一,几乎均为中细粒石榴二云母花岗岩,脉体多呈细脉,主要为中粗粒石榴二云母花岗岩脉(图版 23-8),此外,沿岩基内大量发育的北东-南西向断裂,有大量的细小石英脉贯入。

2. 岩石学特征

该岩基的岩性单一,几乎均为石榴石二云母花岗岩。

二云母花岗岩:灰白色,中细粒花岗结构,无变形,主要造岩矿物成分有斜长石、碱性长石、石英、白云母和黑云母,副矿物有石榴子石、磷灰石、锆石、电气石等。

斜长石:一般为半自形板状,粒径 1.8~2.0mm,聚片双晶发育,消光角 $Ng' \wedge (010)$ 较小,主要为中更长石,偶见微弱的斜长石环带结构,含量 20%~30%。

碱性长石:半自形板状—他形粒状,粒径总体比斜长石粗,一般为 2.0~2.3mm,卡斯巴双晶发育,可见条纹结构,为正长石条纹,其间可见斜长石、石英、磷灰石和云母晶体的包裹体,含量 40%~45%。在斜长石和碱性长石的接触部位,常可见蠕虫状石英。

石英:呈他形粒状,波状消光明显,粒径多在 1.8~2.1mm,含量 25%~30%。

黑云母:呈片状,褐色多色性,$Ng \approx Nm$=红褐色,Np=浅黄色,含量 1%~2%。

白云母:片状,粒度与黑云母相似,含量 2%~3%。

石榴子石作为副矿物在岩石中普遍存在,淡褐色,等轴粒状,均质性,为铁铝榴石,含量约 1%。电气石在岩石中分布不均一,有时不见,呈柱状,横截面为近六边形和球面三角形,正中突起,多色性明显,No=暗黄褐色,Ne=淡黄色,最高干涉色一般为 II 级蓝绿色,一轴晶(—),常含有磷灰石晶体,为镁电气石。磷灰石针柱状,含量极微。

3. 岩石化学特征

1) 常量元素

翁波岩体的岩石化学分析结果及特征参数列于表 3-19,从表中可以看出,SiO_2 含量变化较小,为 73.12%~73.50%,平均 73.26%,属于酸性岩范畴;里特曼组合指数 σ=1.83~2.22,平均 1.995,属钙碱性系列;铝饱和指数 A/CNK=1.13~1.26,平均 1.22,大于 1.1,属于过铝质花岗岩类(Shand,1943; Zen,1988)。镁指数 $Mg^\#$ 为 0.29、0.29、0.20 和 0.09,平均 0.22,显示岩体岩浆演化程度中等。

在 SiO_2-K_2O 图解(图 3-159)中,样品均落在 3 区,为高钾钙碱性系列。根据巴尔巴林(Barbarin)的花岗岩类类型划分,翁波岩体属于 MPG,即含白云母过铝质花岗岩类。

2) 稀土元素特征

翁波岩体的稀土元素含量及特征参数见表 3-20 及表 3-21。从表中可以看出,稀土元素总量为 66.48×10^{-6},轻重稀土元素 LREE/HREE 比值为 2.05,$(La/Yb)_N$ 比值为 6.13,$(La/Sm)_N$=2.62,$(Gd/Yb)_N$=1.90,表明轻重稀土之间、轻稀土之间和重稀土之间分馏程度较好,轻稀土分馏较重稀土略强,在稀土配分模式图(图 3-160)上也清楚地反映了这一点;并显示出 Eu 呈弱亏损。翁波岩体的 δEu=0.74,属于王中刚(1986)划分的由下地壳或太古宙沉积岩部分熔融形成的花岗岩（δEu＞0.70），翁波岩基的稀土总量与平均下地壳稀土总量（$66.94×10^{-6}$）接近，也反映它不可能是上地壳熔融产生而可能由下地壳部分熔融产生，并与此岩基中发现大量的中新元古界地层深源包体相吻合，支持前人关于此类淡色花岗岩是基底部分熔融产生的观点。

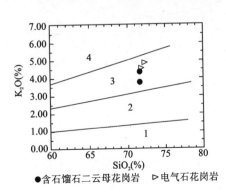

图 3-159　SiO_2-K_2O 图解

1. 低钾钙碱性系列；2. 钙碱性系列；
3. 高钾钙碱性系列；4. 钾玄岩系列

● 含石榴石二云母花岗岩　▽ 电气石花岗岩

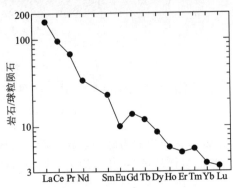

图 3-160　稀土元素配分曲线图

（图例同图 3-159）

3）微量元素特征

翁波岩体的微量元素含量见表 3-22。在微量元素比值蛛网图（图 3-161）上，Rb、Ba、Th、Ta、Nb 具由强到弱的富集趋势，Ce 基本与标准值一致，Hf、Sm、Zr 具微弱亏损，Yb 显示强烈亏损。其配分型式与同碰撞花岗岩分布型式有所区别，可能指示翁波岩体不是同碰撞时形成，而是形成于碰撞后。

4. 岩体的侵位时代

岩体侵入中新元古界、二叠系和中侏罗世地层，更新世松散堆积物覆于其上，尽管未见到札达群与该岩体的接触关系，但从札达群托林组（中国科学院在该套地层中采集的孢粉化石时代为上新世）的砾石见到了石榴二云母花

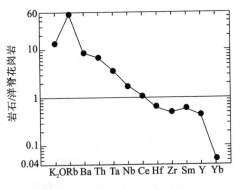

图 3-161　微量元素比值蛛网图

（图例同图 3-159）

岗岩的砾石，说明岩浆活动的时间晚于中侏罗世末，早于上新世。在天巴拉沟一带见到石榴二云母花岗岩的脉体贯入燕山末期的斑状花岗闪长岩中，脉体未变形，而斑状花岗闪长岩内存在大量的同构造变形面理，说明二者绝非同期，而是有一定时间间隔的不同构造岩浆阶段的产物。在该燕山末期的斑状花岗闪长岩内本项目测获 68Ma 左右的锆石 U-Pb 年龄。因此可以初步确定翁波岩基侵位时间是喜马拉雅期。

综合上述，翁波岩基属于喜马拉雅期岩浆活动的产物，但侵位的时间早于上新世，郭铁鹰等（1991）在该岩体中获得 31.9Ma 的白云母 K-Ar 年龄，显然与上述地质事实是吻合的，可能代表了该岩体侵位的时间。但与区域上相对比，前人在高喜马拉雅一带电气石花岗岩中获得的年龄主要在 24～18Ma，测区该套岩基的年龄明显较之老，但注意到测区该花岗岩基与区域构造线方向近垂直，指示该岩基与高喜马拉雅一带相同岩性的淡色花岗岩可能在成因上存在差异。

5. 成因及构造就位机制、剥蚀程度

1）成因及构造就位机制

该岩基接触变质带极窄，边界形态指示它明显受控于北东-南西向的断裂，在曲松断裂以北的大片地带尽管该岩基出露较少，但从它在阿依拉山脉中许多地段都发现了该岩基的脉体，遥感解译反映在曲松—天巴拉一带应存在隐伏岩体，在老变质岩内发现的变质矿物红柱石可能就是该岩基东延部分侵入

时所造成。此外札达盆地北西缘断裂附近侏罗系地层倾角较陡,大于75°,与札达盆地内该套地层总体倾角较缓明显不同,显然存在构造的掀斜作用,而在古浪、底雅一带,郭铁鹰等(1991)仅发现它造成围岩的小褶皱,但未见到强烈挤压褶皱,在该期岩体中也未见到同碰撞侵位时在岩体中大面积存在的面理构造,而是发育大量展布方向同岩体总体方向一致的脉体和断裂,从脉体的生长方向判断,北东-南西向代表拉剪裂的方向。因此,在该岩体就位过程及之后的一段时间内,北东-南西向的断裂代表着剪切和伸展的构造方向,该岩基的就位不可能是一种构造强力就位的特点,而与岩墙扩张非常相似。

在构造环境判别图(图 3-162)及花岗岩 R_1-R_2 与构造环境图解(图 3-163)中,指示翁波岩体为同碰撞期的花岗岩。但上述图解都是根据 Pitcher(1983)和 Pearce 等(1984)的观点"与碰撞有关的强过铝花

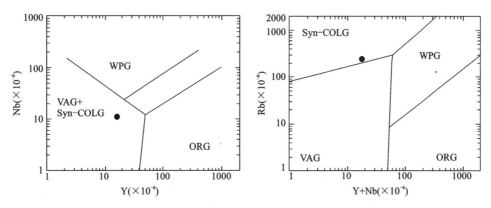

图 3-162 Nb-Y 和 Rb-(Y+Nb)图解

Syn-COLG:同碰撞花岗岩;WPG:板内花岗岩;ORG:洋脊花岗岩;VAG:火山弧花岗岩;
VAG+Syn-COLG:火山弧+同碰撞花岗岩;据 Pearce 等,1984,图例同图 3-159

岗岩形成于地壳缩短和叠置的同碰撞早期"编制的,而在欧洲海西造山带广泛分布的 340~300Ma 强过铝花岗岩均晚于碰撞早期的中压(巴罗型)变质事件,而与碰撞晚期高温低压区域变质作用和拉伸、走滑断裂运动相关(Stronyt Hamner,1981;Fingert 等,1997;Paul J Sylvester,1998)。在欧洲阿尔卑斯与碰撞有关的 SP 花岗岩似乎也是碰撞后的,紧接 45—35Ma 时与碰撞相关的高压区域变质作用之后,33—25Ma 时形成了数量不多的强过铝花岗岩(Bellieni 等,1996),它们都是在褶皱后的南北向挤压和东西向的拉伸过程中沿通常被描述为碰撞后的走滑断裂系侵位的。欧亚大陆和印度大陆的碰撞一般认为不会晚于 45~50Ma(尹安,2001),测区此期花岗岩显然也是在碰撞后形成的,并与北西-南东向垂直区域构造线方向的拉伸和走滑有关。这反映在构造上,该期岩浆活动切穿了曲松深断裂和阿依拉深断裂两个区域性的北西向构造。

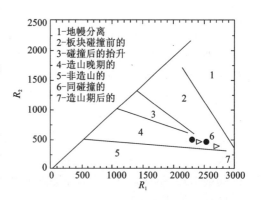

图 3-163 R_1-R_2 与构造环境图解
(据 Batchelor 等,1985;图例同图 3-159)

2)剥蚀程度

翁波岩体在岩体中见较多的围岩捕虏体,以中细粒为主体和岩性和少量中粗粒—伟晶质的脉体均有分布,说明在此外岩体主要是中等剥蚀,而在曲松断裂以东,多呈脉体和红柱石角岩化出现,遥感解译反映存在隐伏岩体,为该岩基东延后的未剥蚀区。

三、岩浆活动与构造演化关系讨论

115—102Ma±,白垩世早期班-怒结合带南带及狮泉河带各亚带代表的小洋盆相继闭合(北早南晚),造成弧与北侧微地体弧-弧碰撞,先后在三宫、七一桥等地诱发了规模不等的岩浆活动。由于这时

期大陆地壳总体厚度较薄,处于相对不成熟期,而亏损地幔楔因多次熔融较为耐火,故再次熔融形成的地幔玄武质岩浆底侵并与早期微岛弧阶段形成的浅层长英质熔融体形成混熔岩浆,通过同熔、分熔及混合等方式形成具岩浆混合特征的浆混花岗质岩石系列。当然,根据基性侵入体相对数量较少,更为重要的是玄武质岩浆底侵提供的热源诱使地壳先期存在的岩浆在浅层位熔融规模扩大。由于底侵岩浆数量少,冷却快,来不及分异结晶就造成以机械混合作用为主的岩石组合,因而岩石含有大量的镁铁质包体,而这种幔源物质的加入导致地壳厚度的增加和地壳稳定性的增强。从三宫浆混体→七一桥浆混体,岩浆活动规模在增大,反映了地壳刚性不断加强。

大约在80Ma,狮泉河带北侧的地壳厚度相对比较显著,热的放射性物质不断积累导致增厚地壳生热,上地壳内发生了部分熔融作用,形成大量的熔体,这些岩浆沿着构造薄弱域以岩墙扩张方式迅速上升,从而形成乌木垄超单元(二长花岗岩—钾长花岗岩)重熔型花岗岩。

69—67Ma±,雅江结合带闭合造成印度板块与冈底斯-拉萨-腾冲陆块的硬碰撞,造成阿依拉亚带和左左亚带大规模的岩浆活动,并存在地幔物质的加入导致地壳增厚。其中阿依拉一带微细粒镁铁质包体较少,成分以闪长质为主,未见到基性的辉长质包体。可能与这一带位于碰撞带前缘,碰撞造成的挤压应力较大,故地幔物质上升速度缓慢,上升过程中容易发生结晶分异作用,故分异形成近中性的闪长质岩浆。分异的近中性闪长质岩浆继续上侵到下地壳造成上部岩浆房的大规模熔融及岩浆混合,以化学混合为主,机械混合为次,混合较为均匀。强烈的挤压应力造成塑性状态的围岩残留体或捕虏体一起缓慢地发生底辟式上侵,故岩浆上升过程中很容易发生分离结晶作用,造成阿依拉岩基岩石成分复杂,结晶程度高,甚至可见大于10cm的巨斑晶。而左左亚带则由于位于碰撞带前缘北侧,挤压应力相对较弱,并可能相对碰撞带前缘位于弱的拉伸环境。而之前的岛弧火山活动时期存在一些热液通道有利于岩浆上侵,故在地表浆混岩体中可见到辉长岩脉体和辉长质包体,并且在酸性端元中存在一些火山角砾岩,指示了尚存在一些拉张环境的特点,这与它处于冈底斯火山岩浆弧偏北侧的构造位置具有密切关系。

在狮泉河带及雅江带碰撞闭合过程中,由早及晚、由北向南,由乌木垄岩体→狮泉河七一桥岩体→左左郎弄→阿依拉岩体,混源花岗岩的规模不断增大,指示碰撞能量的增强和地幔物质加入的规模在不断增加,反映了地幔物质的加入对地壳增厚的贡献在这一阶段是愈来愈显著。

大约在50Ma,冈底斯火山岩浆弧带地壳增厚,随着厚度的增大及放射性元素的不断积累诱发上地壳物质的重熔,造成了格格肉超单元(二长花岗岩—钾长花岗岩)重熔型花岗岩的侵位。由于这次热事件导致地壳内部物质的分异,因此对地壳本身的增生没有贡献,只是起到地壳内部物质的再分配作用。

大致在48Ma,侵入的噶尔超单元(二长岩—二长闪长岩)基性程度和碱性程度较前一期格格肉超单元明显增加,指示它可能来自下地壳的熔融,玛儿单元$\delta Eu > 0.7$,证实了下地壳部分熔融形成,反映了大陆地壳的进一步增厚。

大约31Ma,随着印度板块与欧亚板块的碰撞结束,整个青藏高原的大陆地壳大规模地隆升减薄,近南北向或北东-南西向裂隙构造开始活动,从而导致测区翁波及保昂扎一带下地壳重熔型(电气石)二云母花岗岩、二云母钾长花岗岩的侵位。这一侵入活动在区域上明显具有北弱南强的特点,而侵位时间上很可能也是北早南晚。

第三节 火 山 岩

测区的火山岩极为发育,由早至晚有中新元古界念青唐古拉岩群变质基性火山岩,晚二叠世下拉组酸性火山碎屑岩,早白垩世则弄群火山岩,新生代林子宗群火山岩和日贡拉组火山岩等。其中中新生代火山岩出露面积大、火山机构齐全、演化规律清晰,是测区火山岩的主体,而其中又以则弄群火山岩和乌木垄铅波岩组火山岩出露面积最大,与测区内的构造区划、冈底斯火山岩浆弧的形成及狮泉河带的演化关系最密切,从而构成本节的重中之重。中新元古界火山岩和古生代火山岩出露面积小,样品少,古环境恢复存在较多的不确定性,故将二者合并为一节论述。

一、前中生代火山岩

区内中新生代火山岩均与中新特提斯洋的演化密切相关,中新元古界中基性火山岩和二叠系的火山岩夹层则与中新特提斯洋无关,而与更早的拉裂和碰撞造山有关。

(一) 中新元古界中基性火山岩

1. 地质特征

主要见于曲松热嘎拉一带,呈夹层产于二云母片岩内,厚约数米,野外观察岩性为变安山岩及其糜棱岩化的产物,经室内鉴定确认为初糜棱岩化石榴斜黝帘石黑云角闪片岩或糜棱岩化石榴黑云角闪片岩,并认为系基性火山岩变质生成。除热嘎拉外,在曲松西侧的翁波岩基中也零星见到斜长角闪岩及斜长角闪岩混合岩化的产物。

2. 地球化学特征

糜棱岩化斜长角闪岩、混合岩化斜长角闪片岩、翁波岩基中的斜长角闪岩捕房体的 SiO_2 在 49.38%~77.30%(表 3-23),其中糜棱岩化斜长角闪岩的 SiO_2 为 66.42%,在 TAS 图上(图 3-164)分别位于英安岩区、流纹岩区、玄武岩区。在火山岩 SiO_2-Zr/Ti 图解(图 3-165)上判别:前二者的位置基本不变,但斜长角闪岩捕房体位于粗面玄武岩区。上述岩石类型的判别是假设变质过程为一个等化学的封闭系统,但实质上在变质过程中,尤其是变质较深的、后期变质作用叠加较多的情况下,原岩性质的恢复往往较难,火山岩通过变质变为斜长角闪岩—角闪片岩,乃至于退变为石英片岩的情况在高级变质岩区屡见不鲜。这是由于变质过程往往是一个开放系统,但在某些情况下,我们可限定或部分限定为一个封闭系统,则地球化学判别仍是有用的。如在上述岩石中混合岩化程度较弱的情况下,上述判别仍有意义,它指示了原岩至少有一部分可能为高钾的钙碱性玄武岩。

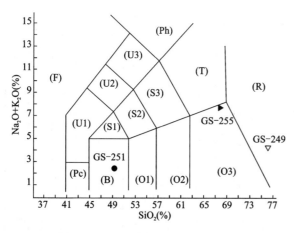

图 3-164 TAS 图(据 Le Bas 等,1982)

(F)粒径似长石岩;(Pc)苦橄玄武岩;(U1)粒径碱玄岩、碧玄岩;(U2)粒径响岩质碱玄类;(U3)粒径碱玄岩响岩;(Ph)响岩;(S1)粒径粗岩玄武岩;(S2)粒径玄武质粗面安山岩;(S3)粒径粗面安山岩;(T)粒径粗面岩和粗面英安岩;(B)粒径玄武岩;(O1)粒径玄武安山岩;(O2)粒径安山岩;(O3)英安岩;(R)粒径流纹岩;O:粒径 SiO_2 过饱和;S:粒径 SiO_2 饱和;U:粒径 SiO_2 不饱和

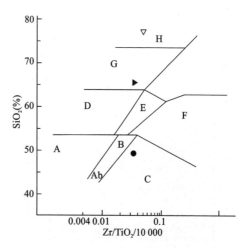

图 3-165 火山岩 SiO_2-Zr/TiO_2 图解
(图例同图 3-164)

A.亚碱性玄武岩类;B.碱性玄武岩类;C.粗面玄武岩类;D.安山岩类;E.粗面安山岩类;F.响岩类;G.英安流纹岩类、英安岩类;H.英安岩类

表 3-23 中新元古界变质岩斜长角闪岩主量、稀土及微量元素

样号	野外名称	主量元素（%）															主要参数	
		SiO_2	TiO_2	Al_2O_3	Fe_2O_3	FeO	MnO	MgO	CaO	Na_2O	K_2O	P_2O_5	H_2O^+	H_2O^-	TCO_2	SO_3	LOS	SI	σ
GS-249	混合岩化斜长角闪岩	77.30	0.34	8.51	0.72	3.04	0.11	2.29	2.32	0.25	3.45	0.11	0.67	0.51	0.47	0.11	1.18	23.49	0.40
GS-251	斜长角闪岩捕虏体	49.38	0.64	12.07	0.28	8.01	0.47	13.47	10.60	0.68	1.40	0.10	1.02	0.48	0.57	0.059	2.23	56.50	0.68
GS-255	糜棱岩化斜长角闪岩	66.42	0.55	16.02	1.43	2.33	0.061	1.40	2.42	3.92	3.80	0.23	1.42	0.73	0.38	0.016	1.69	10.87	2.54

样号	主要参数				微量元素（$\times 10^{-6}$）													
	A/CNK	$Mg^{\#}$	$TFeO/MgO$	K_2O/Na_2O	Li	Be	Sc	V	Cr	Co	Ni	Cu	Zn	Ga	Rb	Sr		
GS-249	1.02	52.78	1.61	13.80	199.914	2.920	5.934	69.574	27.608	4.033	13.186	6.972	20.787	10.320	177.125	127.483		
GS-251	0.55	74.58	0.61	2.06	152.914	30.98	12.099	189.604	51.003	56.196	150.718	43.675	140.032	20.611	189.63	62.768		
GS-255	1.07	41.06	2.58	0.97	55.641	2.934	6.507	92.905	16.680	7.586	9.499	10.545	56.481	21.349	157.972	557.549		

样品	微量元素（$\times 10^{-6}$）								稀土元素（$\times 10^{-6}$）					
	Y	Zr	Nb	Cs	Ba	Hf	Ta	Tl	Pb	Bi	Th	U	La	Ce	Pr	Nd
GS-249	15.942	166.00	8.120	83.037	1725.760	1.531	0.611	1.003	15.716	0.435	10.652	1.522	23.716	44.414	5.388	19.569
GS-251	72.403	249.960	19.3784	77.267	104.352	7.795	2.057	1.548	6.317	1.451	19.782	13.772	84.380	158.332	18.129	67.222
GS-255	11.341	161.103	9.342	5.390	856.363	3.206	0.658	0.807	30.810	0.068	17.098	3.476	36.095	72.891	8.600	30.112

样号	稀土元素（$\times 10^{-6}$）							主要参数					
	Sm	Eu	Gd	Tb	Dy	Ho	Er	Tm	Yb	Lu	$(La/Sm)_N$	$(Gd/Yb)_N$	$(La/Yb)_N$	δEu	δCe	δSr
GS-249	4.015	1.183	3.720	0.559	3.120	0.620	1.788	0.262	1.639	0.233	3.81	1.88	10.38	0.94	0.96	3.98
GS-251	14.529	2.895	15.412	2.529	13.902	2.742	7.592	1.05	6.566	0.866	3.75	1.94	9.22	0.59	0.99	0.56
GS-255	5.687	1.33	4.315	0.544	2.532	0.46	1.223	0.162	1.048	0.153	4.10	3.41	24.71	0.82	1.01	10.83

根据野外观察，认为斜长角闪岩在其早期及晚期的变质过程中存在明显的物质代出，如混合岩化造成的褪色现象，部分斜长角闪岩变质为角闪片岩，后期糜棱岩化造成出溶形成的长英质条带等，故 Irvine (1971)的硅-碱图不适用于判别该岩石的碱度，而对浅变质岩石有效的 SiO_2-Nb/Y 图（图 3-166）则可能还具有部分参考意义，在该图上，糜棱岩化斜长角闪岩位于碱性岩区，另两个样品位于亚碱性岩区。

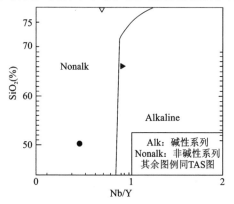 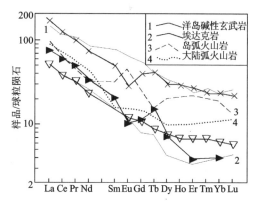

图 3-166　SiO_2-Nb/Y 图解（据 Wlnchester et al,1977）　　图 3-167　变质岩稀土模式曲线与不同环境玄武岩对比
（标准数据据邓晋福等,2001;Frey 等,1976;其余图例同图 3-164）

一些不活泼的次要元素，尤其是稀土和其他一部分高场强的微量元素往往可以指示变质岩石原岩的一些地球化学特征。同时，根据镜下鉴定和野外观测，我们认为上述三个岩石的原岩可能系玄武岩—安山岩，故使用于玄武岩的一些判别图解可用于上述岩石构造环境的判别。在 Ti-Zr-Y 图解（图略）上一个点位于 C 区——岛弧钙碱性岩区，另两个点在判别区外，但靠近钙碱性岩区；在 Ti-Zr 判别图解（图略）上两个点落入岛弧钙碱性岩区，另一个点在区外；在 Meschede(1986)的 Nb-Zr-Y 图解（图略）上，两个点落入判别区外，一个点落入钙碱性玄武岩与 N 型 MORB 和 E 型 MORB 的交点附近；在 Cr-Y 判别图解（图略）上两个点落入岛弧火山岩区，一个点（捕虏体）落入判别区外，综合上述图解，这几个样品总体可能属于岛弧钙碱性-碱性岩。相对于一些元素对所反映的特征，稀土配分模式和微量元素标准化图解可反映更多关于原岩环境的特征信息。几个样品的稀土配分图解（图 3-167）指示它们均属于轻稀土分异、轻重稀土分异相当显著、曲线向右陡倾的类型。但也略有差异，如斜长角闪岩捕虏体曲线与大陆弧——洋岛碱性火山岩相类似，其明显的负铕异常指示它与二者之间可能还存在一些差异；另外两个样品具有岛弧的稀土特点，并与埃达克岩非常相近，而其中混合岩化较强的样品无负铕异常，另一个样品存在明显的负铕异常。

在微量元素 MORB 标准化图式（图 3-168）上，明显富集大离子元素 K、Rb、Ba、Th、Ta，具有明显的 Nb、P、Ti 槽，曲线与岛弧钙碱性岩的非常相似，但所有元素的富集程度均较岛弧钙碱性岩强烈，应属于高钾钙碱性岩系列。

综上所述，测区中新元古界地层沉积相显示为一套浅海相的沉积，其中火山岩夹层的地球化学行为指示属古岛弧或陆缘弧拉裂的产物，很可能类似于现代太平洋西岸，由钙碱性岛弧在俯冲增厚后，在地幔柱流作用下拉裂，从而形成一套与岛弧橄榄安粗岩系相似的一套火山岩。

（二）晚古生代火山岩

1. 地质特征

图 3-168　中新元古界火山岩微量标准及与不同环境的对比

晚古生代火山岩仅在狮泉河镇附近的狮泉河南岸出露，赋存于晚二叠世下拉组中，最早由郭铁鹰等

(1991)发现,描述:"在狮泉河南岸—左左区为一套黄褐—灰绿色变质砂岩、板岩、生物碎屑灰岩夹基性火山岩,局部有含砾板岩,未见底,厚度大于500m。"本次工作在郭氏所指位置的路线地质调查成果,证实在此位置的二叠系地层中的确存在火山岩,由多层火山碎屑熔岩或火山碎屑岩、沉积火山碎屑岩构成,在下拉组薄层硅质条带灰岩中呈夹层产出(图3-169)。其中火山碎屑熔岩据色率判断应属于安山质—英安质,可能更接近于英安质(室内鉴定及化学分析指示均为英安岩),不存在玄武岩,厚约250m;而砂岩组分多为分选及磨圆较差的凝灰质,砾岩为副砾岩。在火山碎屑熔岩和凝灰质砂岩中均伴有红色硅质岩(赤铁碧玉岩),可能属于火山喷发间歇期的火山热液活动产物。这套硅质灰岩夹火山岩与上覆的淌那勒组碎屑白云岩在路线位置呈断层接触,在该位置淌那勒组底部附近的砂屑白云岩中也夹有一层灰白色流纹质凝灰岩,故该路线剖面反映出这一时期的火山喷发具有多期和间歇喷发的特点。

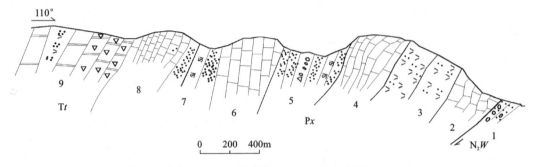

图3-169 狮泉河镇东1km处路线剖面

1.松散的砂砾岩、砾岩;2.硅质条带灰岩;3.英安岩晶屑熔岩;4.硅质条带灰岩;5.凝灰质砂岩夹砾岩、硅质岩;6.硅质条带灰岩;7.凝灰质砂岩夹硅质岩;8.硅质条带灰岩;9.砂屑-砾屑白云岩夹流纹质凝灰岩;Px:下拉组;Tt:淌那勒组;N_2W:乌郁群

此外,在左左淌那勒一带本次所测的剖面上,下拉组上部有厚达数百米的灰岩层,硅化明显较下部的灰岩强,单层厚度增大并有较强的白云岩化现象,而各类化石则经多次采样均无所获,但在该段内也存在数层薄的紫红色赤铁碧玉岩,而上覆岩性也是灰白色砂屑-砾屑白云岩,与之下深灰色含硅质条带灰岩呈假整合接触。剖面上的赤铁碧玉岩显然也是一种热液化学沉积,因此尽管剖面上未含火山碎屑岩及熔岩(可能指示远离火山口),但二者无论从岩性及层位上都可对比,而且显示路线剖面处地层断失的影响不大。根据本次工作在左左一带剖面上赤铁碧玉岩之上的白云岩中采获早三叠世牙形石,之下的下拉组灰岩是晚二叠世沉积,确定狮泉河一带的古生代火山活动发生在晚二叠世末—早三叠世之间,其中晚二叠世末活动相对较强烈,早三叠世早期仅有微弱的活动。

2. 岩石学特征

英安质凝灰熔岩:呈巨厚的熔岩被产出,下部呈紫红色色调,上部呈灰绿色色调,但二者成分相同。岩石主要由1~2mm的晶屑组成,晶屑成分主要为斜长石,少量钾长石和石英,含量60%~70%;岩屑粒径较晶屑略大,但也小于2mm,成分为英安岩,含量小于5%,英安质熔浆占30%~40%,起粘结作用。

凝灰质砂岩:灰绿色,中厚层状构造,碎屑物可分为两个粒级,中粒砂一般为0.3~0.8mm,成分主要为次棱角状—次圆状的长石,含量20%,其余均由细—粉砂级的凝灰质组成。

3. 地球化学特征

1)碎屑熔岩

(1)岩石定名及类型。

下拉组碎屑熔岩的常量元素含量见表3-24,其中SiO_2含量为66.62%~76.43%,属于酸性岩范畴,在TAS图[图3-170(a)]上位于SiO_2过饱和的英安岩。在SiO_2-K_2O/Na_2O图[图3-170(b)]上判别,位于高钾英安岩和粗面岩区。

表 3-24　下拉组主量元素及标准矿物含量

样号	野外名称	主量元素(%)									
		SiO_2	TiO_2	Al_2O_3	Fe_2O_3	FeO	MnO	MgO	CaO	Na_2O	K_2O
S(2004)GS-9	安山质熔碎屑岩	66.62	0.52	14.92	2.11	2.87	0.092	1.62	2.16	3.26	3.75
S(2004)GS-10	安山质熔碎屑岩	67.4	0.5	14.54	1.79	2.93	0.096	1.67	2.09	3.06	3.84
S(2004)GS-11	安山质熔碎屑岩	66.64	0.51	15.01	1.65	3.09	0.086	1.72	1.78	3.33	4.15

样号	主量元素(%)							主要参数			
	P_2O_5	H_2O^+	H_2O^-	TCO_2	SO_3	LOS	Total	TFeO	TFe_2O_3	A/CNK	σ
S(2004)GS-9	0.16	1.61	0.22	0.7	0.00014	2.1	98.51	4.77	5.3	1.12	2.08
S(2004)GS-10	0.15	1.75	0.21	0.4	0.00016	2.07	98.36	4.54	5.05	1.12	1.95
S(2004)GS-11	0.14	1.77	0.15	0.4	0.00014	2.58	97.85	4.57	5.08	1.14	2.36

样号	主要参数	
	TFeO/MgO	K_2O/Na_2O
S(2004)GS-9	2.94	1.15
S(2004)GS-10	2.71	1.25
S(2004)GS-11	2.65	1.25

样号	CIPW 标准矿物(%)										
	Q	Or	Ab	An	Lc	Ne	C	Ac	Ns	Di	HyEn
S(2004)GS-9	25.88	22.61	28.09	9.97	0	0	1.94	0	0	0	4.13
S(2004)GS-10	27.38	23.16	26.37	9.68	0	0	1.89	0	0	0	4.26
S(2004)GS-11	24.18	25.02	28.69	8.17	0	0	2.13	0	0	0	4.38

样号	CIPW 标准矿物(%)							主要参数	
	HyFs	Ol	Mt	He	Il	Ap	Total	CI	DI
S(2004)GS-9	2.89	0	3.12	0	1.01	0.36	100	11.9	76.55
S(2004)GS-10	3.31	0	2.65	0	0.97	0.33	100	12.57	76.91
S(2004)GS-11	3.69	0	2.44	0	0.99	0.31	100	12.34	77.89

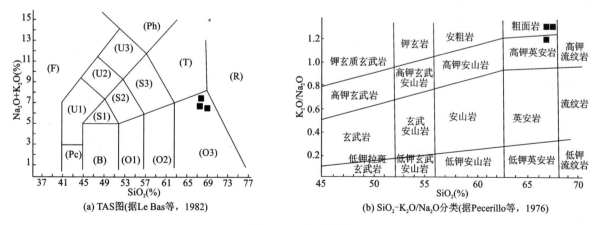

图 3-170　岩石分类

(F)似长石岩；(Pc)苦橄玄武岩；(U1)碱玄岩、碧玄岩；(U2)响岩质碱玄岩；(U3)碱玄岩质响岩；(Ph)响岩；(S1)粗面玄武岩；(S2)玄武质粗面安山岩；(S3)粗面安山岩；(T)粗面岩和粗面英安岩；(B)玄武岩；(O1)玄武安山岩；(O2)安山岩；(O3)英安岩；(R)流纹岩；$O:SiO_2$ 过饱和；$S:SiO_2$ 饱和；$U:SiO_2$ 不饱和；■ 测区样品根据 CIPW 标准矿物计算的结果(表 3-24),下拉组火山岩的固结指数 CI 为 11.9~12.57(平均 12.27),分异指数 DI 为 76.55~77.89(平均 77.12),基本属于英安岩范畴。其中样品标准矿物组合均为 Ab+An+Q+Or+Hy+Mt,并出现一定量的刚玉。A/CNK 指数在 1.12~1.14,属于硅过饱和且铝过饱和类型。

(2) 岩浆系列及源岩浆判别。

在硅-碱图[图 3-171(a)]上判别,属于亚碱性火山岩。在 AFM 图[图 3-171(b)]上进一步判别,位于钙碱性岩区;在 K_2O-SiO_2 图[图 3-171(c)]上总体位于高钾的钙碱性岩区。

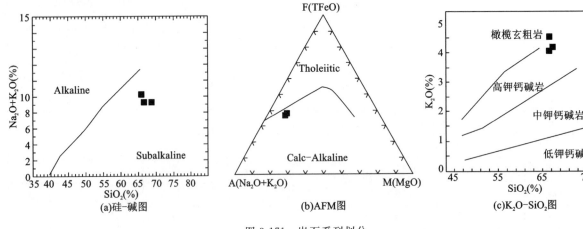

图 3-171 岩石系列划分

在里特曼-戈蒂里图(3-172)上,判别其属于造山带火山岩,所以其应为闭合边缘的岛弧、活动大陆边缘的环境。

2) 硅质岩

(1) 主量元素。

硅质岩的常量元素不仅能够用于硅质岩的硅质来源研究,而且也是沉积盆地及古地理位置研究的重要手段。下拉组硅质岩的主量元素特征见表 3-25,样品的 SiO_2 含量为 76.43%,低于纯硅质岩的 SiO_2 含量(91.0%~99.8%),其 Al_2O_3 为 0.57%,$w(Si)/w(Al)$ 为 119,接近纯硅质岩[$w(Si)/w(Al)$ 为 80~1400],表明其在纯硅质岩范围之内。Fe、Mn、Al 等主要元素的

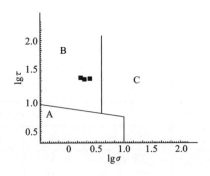

图 3-172 里特曼-戈蒂里图(据 Rittmann,1973)
A 区:稳定板内构造区火山岩;B 区:造山带火山岩;
C 区:由 A、B 区派生的火山岩

含量对于区分热液成因硅质岩与生物成因硅质岩具有重要意义。硅质岩中 Fe、Mn 的富集主要与热液的参与有关,而 Al 的富集则与陆源物质的介入有关。Bostrom 等提出,海相沉积中 Al/(Al+Fe+Mn)值是衡量沉积物中热液沉积物含量的标志,这个比值随着沉积物中热液沉积物的减少而增加。Adachi 等和 Yamamoto 等指出这个比值在 0.01(纯热液成因)到 0.60(纯生物成因)之间变化。测区早古生代硅质岩的这个比值为 0.36,接近混合型。

MnO/TiO_2 比值也可作为判断硅质来源及沉积盆地古地理位置的重要指标。其中 Mn 常作为来自大洋深部物质的标志,离陆较近的大陆坡和陆缘海沉积的硅质岩的 MnO/TiO_2 比值偏低,一般均小于 0.5;而开阔大洋中的硅质沉积物的比值则比较高,可达 0.5~3.5。表 3-26 所列硅质岩的 MnO/TiO_2 比值为 1.27,其值偏高,这可能由于它属于火山平静期的火山喷流作用所形成有关,由于热液对下伏熔岩的淋滤,导致了硅质岩中富锰,从而高于陆缘海正常沉积形成的硅质岩。

表 3-25 硅质岩主量、稀土、微量元素含量

标本编号	野外名称	主量元素(%)														
		SiO_2	TiO_2	Al_2O_3	TFe_2O_3	FeO	MnO	MgO	CaO	Na_2O	K_2O	P_2O_5	H_2O^+	H_2O^-	TCO_2	SO_3	Total
S(2004)GS-31	紫红色硅质岩	76.43	0.03	0.57	0.71	0.64	0.038	3.80	7.86	0.07	0.09	0.039	0.67	0.17	10.92	0.03	101.3

标本编号	野外名称	稀土元素($\times 10^{-6}$)														主要参数 $(La)_N/(Ce)_N$
		La	Ce	Pr	Nd	Sm	Eu	Gd	Tb	Dy	Ho	Er	Tm	Yb	Lu	ΣREE	
S(2004)GS-31	紫红色硅质岩	6.378	4.073	1.197	4.252	0.826	0.161	0.745	0.105	0.635	0.127	0.354	0.043	0.236	0.032	19.164	3.38

标本编号	野外名称	主要参数 Ce/Ce^*	微量元素($\times 10^{-6}$)											
			V	Co	Ni	Cu	Ga	Rb	Sr	Y	Zr	Tl	Bi	Th	U	Ti
S(2004)GS-31	紫红色硅质岩	0.34	7.076	1.045	4.875	6.694	0.712	2.707	40.953	5.212	4.321	0.025	0.043	0.74	0.815	180

注:主量元素单位为%,稀土及微量元素单位为10^{-6}。

(2) 微量元素特征。

微量元素中的某些元素是判别硅质岩成因的有效指标。从 Murray 等发表的微量元素资料看,洋中脊和大洋盆地硅质岩的 $w(V)$ 明显高于大陆边缘硅质岩,而 $w(Y)$ 则相反,所以洋中脊和大洋盆地硅质岩的 $w(V)/w(Y)$ 明显高于大陆边缘硅质岩。下拉组中硅质岩的微量元素分析结果见表 3-25。硅质岩的 $w(V)=7.1\times 10^{-6}$, $w(Ti)/w(V)=25.4$,与大陆边缘硅质岩[$w(V)\approx 20\times 10^{-6}$,$w(Ti)/w(V)\approx 40$]相当,而明显不同于洋中脊硅质岩[$w(V)\approx 42\times 10^{-6}$,$w(Ti)/w(V)\approx 7$]和大洋盆地硅质岩[$w(V)\approx 38\times 10^{-6}$,$w(Ti)/w(V)\approx 25$]。下拉组硅质岩的 $w(V)/w(Y)=1.36$,$w(Ti)/w(V)=25.4$,与大陆边缘硅质岩的组成大致接近,而明显不同于洋中脊硅质岩[$w(V)/w(Y)\approx 4.3$,$w(Ti)/w(V)\approx 7$]和大洋盆地硅质岩[$w(V)/w(Y)\approx 5.8$,$w(Ti)/w(V)\approx 25$]。

(3) 稀土元素特征。

硅质岩的稀土元素特征,特别是其中的 $w(Ce)/w(Ce^*)$ 值以及用北美页岩平均值(NASC)标准化的 $w(La)_N/w(Ce)_N$ 值,可用来有效地判别硅质岩的形成环境(图3-172)。洋中脊附近硅质岩的 $w(Ce)/w(Ce^*)$ 为 0.3 ± 0.13,$w(La)_N/w(Ce)_N\approx 3.5$;大洋盆地硅质岩的 $w(Ce)/w(Ce^*)$ 为 0.60 ± 0.13,$w(La)_N/w(Ce)_N$ 为 $1.0\sim 2.5$;大陆边缘硅质岩的 $w(Ce)/w(Ce^*)$ 为 1.09 ± 0.25,$w(La)_N/w(Ce)_N$ 为 $0.5\sim 1.5$。下拉组硅质岩的稀土元素分析结果见表 3-25,下拉组硅质岩用北美页岩平均值(NASC)标准化后的稀土元素配分模式见图3-173。出现了 Ce 负异常,其 $w(Ce)/w(Ce^*)$ 为 0.34,$w(La)_N/w(Ce)_N$ 为 3.38,与洋中脊附近硅质岩的稀土元素特征类似。但结合研究区出现大量的灰岩,并且局部发生白云岩化,因此仅可能为大陆边缘台地环境。Ce 负异常的出现可能与火山热液与海水发生物质交换,大量钙质的代入(硅质岩含 CaO 达 7.86%)导致稀土元素配分型式的变化有关。

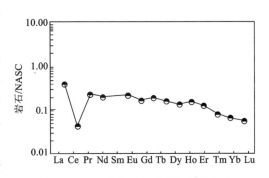

图 3-173 硅质岩稀土元素配分模式图

综合上述,火山岩和硅质岩主量、稀土、微量元素地球化学判别的结果,并考虑沉积相,确定火山岩

和硅质岩形成于大陆边缘环境。

冈底斯弧的火山岩浆带长期以来普遍被认为是晚燕山期—喜马拉雅期的火山岩浆弧,是喜马拉雅洋壳向北俯冲消亡、陆-陆碰撞作用的结果。测区二叠纪末—三叠纪初的火山活动的存在、火山岩石组合及地球化学具有岛弧和活动大陆边缘特点,说明它产出于与某个大洋相联系的大陆边缘环境。而这次造弧作用在测区的地层沉积中也有显著体现:如左左一带早三叠世地层与下伏的晚二叠世地层之间呈假整合接触,指示存在大的沉积间断;在羊尾山一带,沉积间断不明显,但沉积物由下拉组的薄层灰岩向坚扎弄组的石英砂岩夹含炭板岩的转化也反映了晚二叠世末存在一个水体快速变浅的过程。

区域上雅江带在晚古生代这一时期的火山活动主要是一套代表伸展裂陷的火山岩或基性岩墙群事件,与测区的这套火山岩特点和代表的环境显然不同,那么是不是由雅江带俯冲形成的呢?根据测区内曲松一带二叠纪—三叠纪沉积基本上是连续的,水深有逐渐增深的趋势,证实雅江洋在这一时期正在扩张,发生俯冲的可能性较小,测区内古生代的这套火山岩与雅江洋可能不存在直接联系。近年来冈底斯带一系列 1∶25 万区域地质调查图幅中都发现了石炭纪—二叠纪弧火山岩(朱杰等,2004;江元生等,2004),证实存在一次造弧作用(潘桂棠等,2004)。潘桂棠等(2004)学者据此认为冈底斯带的该造弧事件与北侧班-怒洋向南俯冲消减有关,进一步俯冲消减造成了一个弧后盆地——雅江洋的进一步打开并形成一个规模宏大的洋盆。综合测区的观察和区域对比,我们同意潘桂棠等的意见,认为测区内古生代火山岩的形成可能与古生代期间班-怒带向南的俯冲有关。

二、早白垩世则弄群火山岩

则弄群火山岩构成测区一带冈底斯弧火山岩,本次工作将之解体为三个组,由下向上依次为多爱组、托称组、朗久组,相互之间以火山喷发不整合接触,它们也代表了火山演化的三个旋回。

(一) 多爱组基-中性火山岩

位于多爱一带,在测区呈北西-南东向带状展布,并向南东侧延出图外,图区内出露面积约 1000km²。

1. 地质特征

属则弄群下部,为海相以中心式喷发为主,兼具裂隙式喷发特点的中基性钙碱性火山岩系。图区内是冈底斯岩浆弧在这一段主要的一些火山口所在位置,分布有一系列直径达几十千米的大型火山机构。岩性主要为中基性火山碎屑熔岩,在火山口附近存在中基性火山角砾岩—集块岩,从图区外的踏勘情况看,随着远离可能在北邻的图幅存在大面积的线状裂隙式喷发形成的中基性火山岩。

区域上一般认为这套中基性火山岩形成于侏罗纪末—早白垩世,据在测区内该套中基性火山岩的灰岩夹层中发现圆笠虫、固着蛤及珊瑚等化石,早白垩世捷嘎组上超不整合于其上,确定测区内这套火山岩的形成时代为早白垩世。

2. 岩石学特征

1) 岩石类型

岩石类型主要有:紫红色安山质玄武岩、紫红色安山质熔结火山角砾岩、安山质火山角砾熔岩、灰绿色安山质熔结火山角砾岩、浅灰绿色安山岩、紫红色熔结火山凝灰岩、灰绿色熔结火山角砾凝灰岩、岩屑晶屑凝灰岩及粗、细沉凝灰岩等。

(1) 变橄榄拉斑玄武岩。变余拉斑状结构,斑晶为已蚀变的橄榄石和斜长石。岩石具杏仁构造,杏仁为不规则椭圆—圆状,粒径为 0.5～3.3mm,成分上有些为方解石,有些核心为方解石、外圈为绿泥石,还有一些核部为石英,外圈为绿泥石或方解石,一些外缘还会有方解石脉。

橄榄石斑晶：自形橄榄石假象。完全伊丁石化、绿泥石化，含少量方解石，析出的磁铁矿沿边缘和裂纹分布，形成不规则网状结构，粒径为 0.9mm×1.3mm±，含量 5%。

斜长石纹晶：板状假象，彻底绿帘石化、碳酸盐化，粒径为 1.3mm±，含量小于 5%。

基质呈间隐结构，斜长微晶间为火山玻璃。斜长石微晶骸晶状长条形板状，粒径为 0.04mm×0.26mm，含量 40%。火山玻璃含量 40%，开始绿泥石化，其中分布有许多铁质粉尘（10%）。

(2) 变辉石玄武岩。斑状结构，斑晶由斜长石（<10%）和辉石（5%）构成。

斜长石斑晶：自形宽板状，切面为长方形。粒径多为 1.62mm×3.00mm，轻—中等绿泥石化和斑点绿帘石化，致使手标本上呈淡绿色。

辉石斑晶：柱状假象，纵切面为长方形。完全绿泥石化、绿帘石化，仅从晶形假象上推测原生矿物为辉石（单斜）。

基质为半晶质结构（拉斑玄武结构）由斜长石、单斜辉石、磁铁矿、火山玻璃组成。其中斜长石微晶呈自形板状，大小多为 0.13mm×0.32mm，较新鲜，含量 45%；单斜辉石呈短柱状，粒径小于 0.02mm×0.04mm，淡绿色，开始绿泥石化，含量 20%；磁铁矿呈自形—不规则等轴粒状，粒径 0.02mm±，含量 10%；火山玻璃多绿泥石化，含量 10%。

(3) 玄武安山岩。变余斑状结构，斑晶由斜长石（<10%）和辉石（10%）构成。

斜长石斑晶：自形板状，大者达 0.72mm×1.51mm，聚片双晶发育，高岭石化、帘石化。

辉石斑晶：柱状，彻底变为绿帘石集合体。见有长六边形切面，原生矿物也可能为普通角闪石。

基质为变余拉斑玄武结构，由斜长石（50%~60%）构成骨架，斜长石架间充填绿帘石、角闪石、方解石（20%）及微量辉石。有的斜长石结晶程度较差，原岩可能含有火山玻璃。

(4) 变辉石安山岩。变余斑状结构，斑晶为斜长石（15%）和已蚀变了的辉石（5%）。

斜长石斑晶：自形板状，d=0.36mm×0.72mm~1.8mm×2.9mm，多数较新鲜，少数较强烈，黝帘石化、绢云母化。

辉石斑晶：短柱状，横截面为近四边形的八边形，近于垂直的两组解理，为普通辉石。少数保留着普通辉石部分光性，多数较强烈绿泥石化。

基质：似拉斑玄武结构，斜长石微晶（60%）呈板状组成格架，多数粒径为 0.04mm×0.11mm；较强烈帘石化、高岭石化；其间充填蚀变的短柱状单斜辉石（10%）、磁铁矿（5%）和蚀变的火山玻璃（5%）。

(5) 角闪安山岩。杏仁构造，杏仁形态不规则状，大小不等，多为 0.54mm±，杏仁成分从孔壁到中心依次为褐铁矿、石英、方解石。杏仁含量 5%~6%。斑状结构，斑晶由斜长石（20%）和少数暗色矿物（5%）构成。

斜长斑晶：自形板条状，大小为 0.07mm×0.22mm~0.72mm×2.10mm，多数为 0.27mm×1.0mm，轻度绢云母化和具赤铁矿锈斑。

暗色矿物斑晶：柱状，断面长六边形，柱面大小多为 0.3mm×0.61mm，多数彻底方解石化，具一圈磁铁矿微粒（褐铁矿化）边，推测原生矿物为普通角闪石。

基质为安山结构，火山玻璃（30%）中分布有斜长石（40%）、磁铁矿（赤铁矿、褐铁矿化）微晶（<5%）。斜长石微晶多为 0.007mm×0.036mm，火山玻璃氧化呈褐红色。

(6) 安山岩。间粒间片结构，斜长石组成格架，架间充填石英、绿泥石、磷灰石等。

斜长石：长条状，大小为 0.07mm×0.44mm，大小较一致。中等—较强的高岭石化，吸附杂质呈褐色。斜长石组成格架，含量 70%。

石英：不规则粒状，d<0.1mm，充填在斜长石架间，为岩浆晚期结晶产物，含量 10%。

绿泥石：不规则片状者充填于斜长石架间；长条形假象者超出架外，有可能为普通角闪石的蚀变产物，含量 10%。

岩石含有不规则粒状磁铁矿，d=0.12mm，较均匀分布，含量小于 5%。

磷灰石细长柱状—针状，主要分布于斜长石架间，也有穿切斜长石者，含量小于 2%。

岩石还具有杏仁构造，形态为圆形，d=0.18mm±，成分以方解石为主，少量绿泥石、石英。此外岩石还轻度碳酸盐化,方解石团块均匀分布于岩石中。

(7) 含凝灰质黑云母英安斑岩。凝灰熔岩结构,岩石由凝灰质(10%)和熔岩(90%)构成。凝灰质为斜长石晶屑和英安质岩屑,碎屑状,粒径小于2mm。英安质熔岩具斑状结构,斑晶主要为斜长石、黑云母,少量石英和透长石。斜长石斑晶自形板状,聚片双晶,粒径大者达1mm×2.5mm,轻—中度高岭石化;黑云母斑晶彻底褐铁矿化,仅保留自形黑云母晶形假象,假晶粒径多为0.4mm×1.4mm;石英斑晶呈自形,粒径0.97mm。基质呈多玻微粒、霏细结构,由火山玻璃质中分布微粒、霏细质长英质及粉尘状铁质(氧化发褐色)构成,局部见长英质球粒。

(8) 石英角斑岩。岩石具斑状结构。斑晶以酸性斜长石为主,其次为透长石,蚀变的黑云母,少量磁铁矿。

斜长石斑晶:自形板状,大者达2.88mm×1.44mm,聚片双晶细密。中度—弱的绿帘石化。斜长石斑晶往往聚合在一起,形成聚斑结构,含量15%。

透长石斑晶:自形板状,大者达4.86mm×2.34mm,卡斯巴双晶,较新鲜,含量5%~7%。

黑云母斑晶:片状假象,大小多为0.40mm×1.26mm,完全绿泥石化,成为绿泥石+赤铁矿的集合体,含量3%。

基质占75%,为显微花岗结构—霏细结构,多数矿物粒径为0.02mm±。主要由石英、斜长石、透长石组成,含少量磷灰石及铁质微粒等。岩石蚀变主要表现为斜长石斑晶绿帘石化,黑云母斑晶绿泥石化,及基质中细小斑点帘石化、绢云母化。

(9) 安山玢岩。斑状结构,斑晶含量35%~45%,为呈自形—半自形板状斜长石,粒径大者达1.5mm×3.6mm,钠长聚片双晶、卡钠复合双晶,环带结构,裂纹较发育,轻微高岭石化。

基质具似拉斑玄武结构,斜长石微晶(30%~35%)搭成格架,架间充填蚀变的普通角闪石(15%)、磁铁矿(5%)和少量火山玻璃(<10%)。普通角闪石微晶呈长柱状,粒径多小于0.15mm×0.4mm,强烈次闪石化、绿泥石化。火山玻璃则发生绿泥石化蚀变。

(10) 玄武质角砾熔岩。角砾熔岩结构,其中角砾呈不规则棱角状—浑圆状,手标本上见粒径达数厘米。角砾岩性主要有变流纹斑岩、绿帘角闪石英岩等,含量60%~70%,各类角砾描述如下。

绿帘角闪石英岩角砾,构成角砾的主体:以石英为主,含少量普通角闪石、绿帘石、原岩可能为流纹岩。

变流纹斑岩角砾在角砾中数量较少,斑状结构,斑晶为石英、透长石、斜长石,斑晶含量大于20%,基质为霏细结构。

玄武岩(细碧岩)构成粘结物:变余斑状结构,原岩斑晶为斜长石和辉石。斜长石斑晶绿帘石、绢云母、绿泥石化,辉石斑晶强烈次闪石化。基质为鳞片粒状变晶结构,由绿泥石、阳起石、次闪石、黑云母组成。

角砾间的胶结物为玄武岩(细碧岩),具变余斑状结构,原岩斑晶为斜长石、单斜辉石。辉石斑晶强烈蚀变。基质为粒状鳞片变晶结构。由斜长石、绿帘石、绿泥石、角闪石组成。为钠长绿帘角闪片岩,原岩为玄武岩。

(11) 玄武质熔凝灰岩。凝灰熔岩结构,凝灰质为岩屑(40%)和晶屑(30%),多为碎片棱角状,粒径大小不等,多小于2mm,少数达2.5mm。晶屑种类以斜长石居多,少量钾长石和石英,长石晶屑多高岭石、绿泥石化。岩屑为棱角状—次圆状,粒径小于2mm,岩屑种类有玄武岩、玄武安山岩、英安岩、流纹岩等,以玄武岩屑居多已蚀变变质,绿泥石化、绿帘石化。

胶结物为变玄武岩,含量30%,具斑状结构,斑晶为斜长石,基质为间片结构,由斜长石微晶和绿泥石组成。

(12) 安山质火山角砾凝灰岩。岩石具火山角砾凝灰结构。岩石由火山角砾(40%~50%),凝灰级岩屑、晶屑(30%~40%)及火山尘(20%)组成。

火山角砾为不规则棱角状、团块状,大小多为 5.0mm×2.8mm~2.7mm×3.1mm。火山角砾具斑状结构,斑晶为斜长石,强烈绢云母化,基质为安山结构,岩性为安山岩。

岩屑多为安山岩,结构矿物组成与火山角砾类同。晶屑多为斜长石。火山尘绢云母化,铁质微粒褐铁矿、赤铁矿化。

(13)玄武安山质火山角砾岩。火山角砾结构,岩石由火山角砾(50%~60%)、火山灰(20%~30%)及火山尘(20%±)组成,火山角砾粒径大者达3cm×5cm,但在野外也曾见到20~30cm者,呈棱角状,而火山灰和火山尘则构成粘结物。薄片中主要磨制了其中一个火山角砾,现描述如下。

火山角砾呈少斑结构,斑晶为斜长石和辉石。斜长石斑晶板状,粒径0.4mm×1.5mm,聚片双晶仍清晰可见,较强的高岭石化。辉石斑晶绿泥石化,仅从富Mg的角度上看,推测其原生矿物为辉石。基质为间粒间隐结构,斜长石微晶间填角闪石、钛磁铁矿和铁质玻璃。斜长石微晶具较强高岭石化。角闪石微晶,柱状,具变余暗化边结构,绿帘石化。胶结物为火山尘、火山灰,呈灰色或黄绿色,镜下观察发生绿帘石化、阳起石化蚀变。

2)岩性组合及火山韵律

多爱组火山岩为一套浅灰绿色—紫红色—浅灰色的火山集块岩、角砾岩、熔岩、火山碎屑沉积岩夹碳酸盐岩组合,依据剖面及剖面的岩性变化(见地层部分则弄群一节)并予以综合,则弄群火山岩共划分为7个亚旋回、13个韵律,其中中心部位主要由爆发相或喷溢相组成,而边缘则主要由喷溢相和溢流相组成,而二者之间的过渡区则多数韵律在岩相上具爆发—喷溢—沉积的特点,不同地带的韵律及组合见图3-174~图3-176。整个火山机构内的韵律主要有如下几种类型。

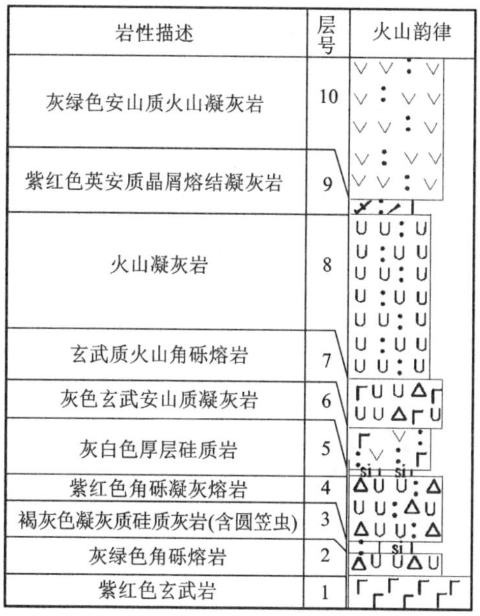

(1)熔岩—火山角砾岩(局部夹集块岩)—硅质灰岩。显示火山喷发由早期—晚期气液含量升高,由溢流—喷发转化,晚期能量减弱形成火山凝灰质和泥灰质混合沉积。

(2)粗凝灰岩—细凝灰岩或由熔结火山凝灰岩夹凝灰岩组成,显示能量逐渐减少。

岩性描述	层号	火山韵律
灰绿色安山质火山凝灰岩	10	
紫红色英安质晶屑熔结凝灰岩	9	
火山凝灰岩	8	
玄武质火山角砾熔岩	7	
灰色玄武安山质凝灰岩	6	
灰白色厚层硅质岩	5	
紫红色角砾凝灰熔岩	4	
褐灰色凝灰质硅质灰岩(含圆笠虫)	3	
灰绿色角砾熔岩	2	
紫红色玄武岩	1	

图3-174 多爱火山机构中心喷发相韵律划分

(3)熔结火山角砾岩—熔结火山凝灰岩—火山角砾岩,显示火山活动由强—弱—强。

(4)紫红色火山角砾熔岩作为开始,其后为灰绿色熔结火山角砾岩,灰绿色火山角砾熔岩,灰绿色安山岩,灰绿色玄武质安山岩,岩屑、晶屑凝灰岩等在火山活动接近尾声时产出,且常与生屑灰岩构成互层,最后为较稳定的生屑灰岩沉积层。其中有的旋回之间具较大的间断面,见有复成分砾岩层出露。此外,据三号剖面观察所得,该旋回火山活动晚期已具有向英安岩—粗安岩过渡的特点。充分显示向碱性的过渡是多阶段的,这也反映了它主要属于钙碱性火山岩的特色。

3)火山岩相及火山机构

多爱组的火山机构较为典型的主要有多爱火山机构,它也是测区内最大的火山机构,在狮泉河幅ETM图像的南缘构成一个直径达40km的巨大环形机构,该环形机构的南缘延至南邻的札达县幅,北缘被更晚形成的日阿萨火山机构所掩覆(图版7-3),测区绝大部分典中组火山岩的展布受到该火山机构的约束。在火山环形的核部位置分布有一系列的火山口,主要由爆发相的火山角砾岩或碎屑熔岩构成,产状向火山中心倾斜;向外则过渡为溢流相—喷溢相的熔岩夹碎屑熔岩,更外部完全过渡为溢流相的中基性熔岩,产状变缓,局部地段近于水平,再向外变为向外侧倾(图3-177)。

图 3-175 多爱火山机构中部喷溢—沉积相韵律划分

岩性描述	层号
捷嘎组大理石岩化生物碎屑灰岩(含圆笠虫、珊瑚)	
英安质晶屑玻屑凝灰岩	38
大理岩化灰岩	37
火山角砾熔岩	36
英安质晶屑玻屑凝灰岩	35
英安质凝灰熔岩	34
英安质晶屑玻屑凝灰岩	33
流纹质晶屑凝灰角砾熔岩	32
细沉凝灰岩	31
生物碎屑泥晶灰岩	30
细沉凝灰岩	29
硅化灰岩	28
流纹英安岩	27
火山角砾熔岩	26
安山玄武岩	25
火山角砾熔岩	24
斑状流纹岩	23
浅灰绿色火山角砾熔岩	22
暗紫红色安山质玄武岩	21
含砾粗沉凝灰岩	20
复成分砾岩	19
浅灰色沉凝灰岩	18
生物碎屑灰岩	17
沉凝灰岩	16
粗砾岩	15
粗沉凝灰岩夹细沉凝灰岩	14
火山角砾熔岩	13
大理岩	12
火山角砾熔岩	11
玄武质晶屑岩屑凝灰熔岩	10
火山角砾熔岩	9
暗紫红色熔结火山角砾岩	8
灰绿色熔结火山角砾岩	7
灰绿色安山质玄武岩	6
生物碎屑灰岩(含圆笠虫)	5
灰绿色安山质玄武岩	4
大理岩化灰岩	3
灰绿色安山质玄武岩	2
灰绿色玄武质角砾熔岩	1

图 3-176 多爱火山机构外缘喷溢—溢流相韵律划分

岩性描述	层号
玄武质安山岩(未见顶)	10
火山角砾熔岩	9
玄武质安山岩	8
凝灰熔岩	7
安山岩	6
流纹质晶屑玻屑凝灰岩	5
安山岩	4
安山质晶屑玻屑凝灰熔岩	3
玄武质安山岩	2
火山角砾熔岩	1

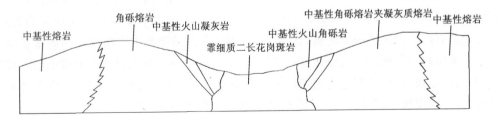

图 3-177 多爱火山机构示意图

3. 岩石化学特征

1) 岩石定名及类型

多爱组火山岩的主量、稀土、微量元素含量见表 3-26，其 SiO_2 一般在 50.86%～66.89%，其中以中基性岩为主，但酸性的英安岩也占有一定比例。此外仅在测区朗久能错一带见到的石英角斑岩，其 SiO_2 含量则达到了 77.34%。在 TAS 图（图 3-178）上多爱组火山岩的点较分散，但有两个密集区，一个位于玄武岩-粗面玄武安山岩区及附近，另一个位于粗面岩、安山岩及英安岩的分界点附近。

表 3-26 则弄群多爱组主量、稀土、微量元素含量

	样号	GS-59	GS-9	GS-50	GS-54	GS-53	GS-57	GS-1	GS-55	GS-4
	样品名称	玄武岩	玄武岩	玄武岩	玄武岩	玄武岩	玄武岩	熔火山角砾岩	玄武质安山岩	玄武质火山角砾岩
主量元素(%)	SiO_2	50.86	51.02	51.72	51.74	51.84	52.47	53.34	53.60	54.46
	TiO_2	1.05	1.07	0.81	0.97	0.98	0.71	0.99	0.82	0.81
	Al_2O_3	17.80	18.36	19.90	18.21	19.89	16.62	18.57	16.54	16.32
	Fe_2O_3	4.28	6.43	4.18	4.31	4.00	2.86	5.72	2.85	1.40
	FeO	3.26	1.80	4.17	4.60	4.96	4.35	3.05	4.18	6.83
	MnO	0.180	0.170	0.120	0.140	0.110	0.180	0.085	0.110	0.180
	MgO	3.85	2.68	3.96	4.93	2.52	6.06	3.73	4.94	5.43
	CaO	7.91	7.46	9.77	9.17	8.70	6.41	5.25	6.06	7.94
	Na_2O	3.26	4.86	2.95	3.02	3.44	3.97	6.07	3.58	2.75
	K_2O	2.66	0.84	0.58	0.72	1.17	2.74	0.39	1.16	2.09
	P_2O_5	0.480	0.320	0.160	0.250	0.220	0.140	0.210	0.200	0.170
	H_2O^+	2.08	2.44	1.10	1.82	1.78	2.74	2.11	3.82	0.91
	H_2O^-	0.29	0.36	0.31	0.17	0.37	0.30	0.20	0.40	0.03
	TCO_2	2.71	3.35	0.33	0.66	0.51	0.77	0.77	2.69	0.66
	SO_3	0.015	0.026	0.022	0.025	0.700	0.027	0.047	0.020	0.062
	LOS	4.41	4.77	1.69	2.11	2.28	3.49	2.44	6.00	1.63
	Total	100.69	101.19	100.08	100.74	101.19	100.35	100.53	100.97	100.04
主要参数	SI	22.24	16.13	25.00	28.04	15.66	30.33	19.67	29.56	29.35
	A/CNK	0.79	0.82	0.86	0.81	0.87	0.79	0.93	0.91	0.77
	σ	4.46	4.05	1.43	1.60	2.40	4.75	4.04	2.12	2.04
	TFeO/MgO	1.85	2.83	2.00	1.72	3.40	1.14	2.20	1.37	1.49
	$Mg^{\#}$	0.49	0.39	0.47	0.51	0.35	0.61	0.45	0.57	0.55
微量元素($\times 10^{-6}$)	Li	33.268	54.722	21.628	28.993	25.353	42.454	14.255	46.7	54.651
	Be	1.966	1.14	0.434	1.027	0.872	0.559	0.562	0.637	0.698
	Sc	16.137	14.861	16.072	16.111	14.713	20.401	20.804	18.349	23.335
	V	187.585	187.548	244.894	190.965	219.796	165.181	196.336	167.978	161.058
	Cr	9.573	3.06	13.432	47.534	2.564	148.851	12.221	62.378	25.363
	Co	23.979	18.9	24.456	26.835	11.609	27.276	19.509	23.186	19.645
	Ni	7.678	2.299	12.429	43.643	3.748	62.151	7.476	28.73	21.644
	Cu	18.458	10.952	87.828	38.017	19.39	10.572	6.308	3.384	27.487
	Zn	148.011	88.344	73.933	99.79	99.774	94.834	73.24	71.446	140.839
	Ga	17.84	18.375	19.17	17.794	19.619	17.153	16.204	17.091	15.607
	Rb	115.935	24.512	12.613	11.308	29.876	85.276	11.723	34.612	67.36
	Sr	724.101	594.356	454.003	516.856	630.091	558.019	342.074	568.306	207.09
	Y	20.935	24.315	13.601	16.675	19.55	13.234	18.125	13.995	21.614
	Zr	149.6667	148.2306	57.350	95.446	86.045	78.55288	77.9578	94.753	111.5317
	Nb	9.342	8.777	2.979	3.944	3.806	3.902	3.938	4.931	4.543

续表 3-26

	样号	GS-6	GS-7	GS-56	GS-22	GS-18	GS-43	GS-42	GS-10	GS-212
	样品名称	安山岩	安山岩	安山岩	黑云安山岩	多斑角闪安山岩	英安岩	英安岩	英安岩	石英角斑岩
主量元素(%)	SiO_2	55.20	56.81	61.80	62.69	63.38	63.46	65.30	66.89	77.74
	TiO_2	0.78	1.82	0.69	0.58	0.60	0.52	0.51	0.60	0.21
	Al_2O_3	16.98	15.14	16.58	15.42	15.11	15.52	15.27	12.86	10.78
	Fe_2O_3	1.17	3.42	3.43	3.40	4.14	2.54	1.42	4.17	1.76
	FeO	5.50	5.32	0.91	0.96	0.69	2.57	3.09	0.65	0.70
	MnO	0.120	0.200	0.088	0.074	0.070	0.089	0.098	0.110	0.080
	MgO	4.79	2.93	1.67	1.88	1.84	2.11	2.13	0.89	0.41
	CaO	6.50	4.75	3.17	3.36	2.32	3.49	2.49	4.26	3.38
	Na_2O	3.82	3.88	4.65	2.86	4.38	4.57	3.92	2.22	4.16
	K_2O	3.31	1.63	3.18	4.06	4.14	2.40	3.49	2.69	0.18
	P_2O_5	0.170	0.900	0.240	0.160	0.180	0.190	0.170	0.180	0.09
	H_2O^+	1.29	2.85	2.04	2.54	1.58	1.90	1.76	1.86	0.34
	H_2O^-	0.23	0.27	0.40	0.42	0.43	0.25	0.28	0.26	0.39
	TCO_2	0.37	0.51	1.91	2.31	0.51	0.88	0.88	3.33	0.28
	SO_3	0.030	0.035	0.015	0.027	0.027	0.017	0.017	0.022	0.016
	LOS	1.66	3.41	3.48	4.43	3.07	2.23	2.10	4.39	0.63
	Total	100.26	100.47	100.77	100.74	99.40	100.51	100.83	100.99	100.52
主要参数	SI	25.77	17.05	12.07	14.29	12.11	14.87	15.16	8.38	5.69
	A/CNK	0.78	0.90	0.98	1.01	0.95	0.94	1.04	0.90	0.82
	σ	4.17	2.20	3.26	2.43	3.56	2.37	2.46	1.01	0.54
	TFeO/MgO	1.37	2.87	2.39	2.14	2.40	2.30	2.05	4.95	5.57
	$Mg^\#$	0.57	0.39	0.43	0.46	0.43	0.44	0.47	0.27	0.24
	K_2O/Na_2O	0.87	0.42	0.68	1.42	0.95	0.53	0.89	1.21	0.04
微量元素($\times 10^{-6}$)	Li	20.615	43.416	24.584	22.265	25.433	17.089	26.61	8.216	4.925
	Be	0.852	1.316	1.453	1.787	2.073	0.933	1.034	1.256	1.94
	Sc	17.481	20.827	9.776	8.149	7.859	12.34	11.578	13.589	1.979
	V	146.475	83.458	70.205	79.056	69.579	69.421	74.278	27.414	14.46
	Cr	25.231	1.853	4.291	17.386	15.264	7.086	10.964	3.365	7.355
	Co	17.532	13.152	7.429	9.252	9.431	9.209	7.941	5.108	0.752
	Ni	10.233	-2.468	-0.17	47.519	10.391	19.593	18.869	4.221	3.09
	Cu	20.7	6.931	4.501	50.073	25.991	12.261	119.397	4.434	3.321
	Zn	80.882	112.404	59.517	58.541	50.26	43.406	71.525	58.061	35.522
	Ga	16.409	19.32	17.867	16.347	16.218	14.721	13.588	13.31	13.34
	Rb	109.557	50.815	102.755	170.473	166.569	41.059	71.589	71.173	6.983
	Sr	291.505	223.486	509.018	243.735	398.461	222.539	219.031	72.851	341.637
	Y	17.613	38.843	17.09	17.398	18.962	18.412	20.967	31.171	21.242
	Zr	93.1422	178.1598	158.3783	244.47	224.5354	130.3805	139.4517	141.7996	150.907

续表 3-26

	样号	GS-59	GS-9	GS-50	GS-54	GS-53	GS-57	GS-1	GS-55	GS-4
	样品名称	安山岩	安山岩	安山岩	黑云安山岩	多斑角闪安山岩	英安岩	英安岩	英安岩	石英角斑岩
微量元素 ($\times 10^{-6}$)	Cs	18.446	3.092	2.859	1.039	1.874	1.514	1.268	14.102	9.498
	Ba	421.009	318.519	163.64	162.274	171.633	264.734	146.533	359.089	147.558
	Hf	3.43	3.845	1.602	2.394	2.3	2.154	1.99	2.417	2.76
	Ta	0.844	1.035	1.084	0.675	0.734	0.513	0.693	0.718	0.718
	Tl	1.1	0.197	0.081	0.133	0.281	0.68	0.114	0.236	0.756
	Pb	15.674	11.103	10.455	17.761	25.163	11.847	20.866	7.667	40.55
	Bi	0.055	0.19	0.117	0.212	0.143	0.168	0.365	0.084	0.988
	Th	5.842	7.074	2.085	3.06	3.642	4.917	1.204	5.676	3.685
	Pb	1.349	1.383	0.467	0.918	0.952	0.953	0.264	1.413	1.05
	Bi	3.43	3.845	1.602	2.394	2.3	2.154	1.99	2.417	2.76
	Th	0.844	1.035	1.084	0.675	0.734	0.513	0.693	0.718	0.718
	U	1.1	0.197	0.081	0.133	0.281	0.68	0.114	0.236	0.756
稀土元素 ($\times 10^{-6}$)	La	28.759	22.901	9.014	14.846	15.11	12.037	9.404	17.101	12.1
	Ce	60.049	51.616	18.846	34.62	33.185	25.98	22.649	34.615	25.472
	Pr	7.755	6.318	2.551	4.742	4.538	3.518	3.088	4.53	3.385
	Nd	30.127	26.571	10.77	19.893	19.254	14.012	13.586	17.663	14.355
	Sm	6.328	6.063	2.776	4.59	4.661	3.391	3.356	3.947	3.628
	Eu	1.76	1.722	0.953	1.292	1.345	0.95	1.203	1.123	1.22
	Gd	4.959	5.784	2.79	3.801	3.928	2.79	3.968	3.067	4.309
	Tb	0.774	0.869	0.433	0.603	0.65	0.445	0.639	0.472	0.681
	Dy	4.313	5.086	2.595	3.389	3.833	2.702	3.814	2.757	4.129
	Ho	0.838	1.035	0.555	0.7	0.787	0.532	0.774	0.541	0.878
	Er	2.327	2.799	1.581	1.996	2.272	1.523	2.229	1.481	2.518
	Tm	0.327	0.422	0.22	0.282	0.31	0.214	0.301	0.196	0.397
	Yb	2.198	2.639	1.437	1.846	2.104	1.404	1.884	1.277	2.312
	Lu	0.322	0.413	0.22	0.264	0.298	0.212	0.294	0.191	0.353
	ΣREE	150.836	134.238	54.741	92.864	92.275	69.71	67.189	88.961	75.737
主要参数	δEu	0.96	0.89	1.05	0.95	0.96	0.94	1.01	0.99	0.94
	δCe	0.99	1.05	0.96	1.01	0.98	0.98	1.03	0.96	0.98
	δSr	16.06	15.20	30.66	18.96	24.03	27.91	18.88	21.74	10.40
	$(La/Sm)_N$	2.93	2.44	2.10	2.09	2.09	2.29	1.81	2.80	2.15
	$(Sm)_N$	41.36	39.63	18.14	30.00	30.46	22.16	21.93	25.80	23.71
	$(Gd/Yb)_N$	1.87	1.81	1.61	1.70	1.54	1.64	1.74	1.99	1.54
	$(La/Yb)_N$	9.39	6.22	4.50	5.77	5.15	6.15	3.58	9.61	3.75
	Ba/La	14.64	13.91	18.15	10.93	11.36	21.99	15.58	21.00	12.19
	La/Th	4.92	3.24	4.32	4.85	4.15	2.45	7.81	3.01	3.28
	La/Nb	3.08	2.61	3.03	3.76	3.97	3.08	2.39	3.47	2.66

续表 3-26

	样号	GS-6	GS-7	GS-56	GS-22	GS-18	GS-43	GS-42	GS-10	GS-212
	样品名称	安山岩	安山岩	安山岩	黑云安山岩	多斑角闪安山岩	英安岩	英安岩	英安岩	石英角斑岩
微量元素 ($\times 10^{-6}$)	Nb	4.186	11.41	8.09	13.906	14.362	6.111	6.607	7.818	18.3042
	Cs	6.373	2.56	14.174	8.771	4.398	3.158	4.176	6.536	0.632
	Ba	195.513	356.419	445.421	472.003	481.94	503.258	538.269	261.711	101.041
	Hf	2.385	4.309	4.056	6.042	5.43	3.336	3.527	3.699	5.216
	Ta	0.645	1.324	0.94	1.643	1.694	0.778	0.844	0.925	1.189
	Tl	1.145	0.736	0.502	0.4	0.316	0.293	0.511	0.284	0.061
	Pb	25.49	14.314	18.385	20.911	19.199	8.534	16.122	12.629	28.836
	Bi	0.467	0.181	0.092	0.069	0.061	0.093	0.179	0.047	0.921
	Th	2.862	7.395	11.422	30.652	31.474	8.856	9.775	9.38	21.935
	Pb	0.841	1.4	2.718	5.912	5.605	1.658	1.804	1.584	4.311
	Bi	6.373	2.56	14.174	8.771	4.398	3.158	4.176	6.536	0.632
	Th	195.513	356.419	445.421	472.003	481.94	503.258	538.269	261.711	101.041
	U	2.385	4.309	4.056	6.042	5.43	3.336	3.527	3.699	5.216
稀土元素 ($\times 10^{-6}$)	La	10.145	33.056	27.618	36.653	39.893	19.662	21.132	24.536	43.594
	Ce	22.964	74.946	56.451	71.283	73.019	39.271	43.748	52.52	78.357
	Pr	3.096	9.132	6.99	8.059	8.277	4.918	5.238	6.479	8.527
	Nd	12.328	38.301	25.639	26.937	28.663	18.65	19.234	25.341	28.471
	Sm	3.177	8.811	5.331	5.264	5.57	4.229	4.298	5.729	5.104
	Eu	1.112	3.041	1.36	1.161	1.141	1.157	1.178	1.683	0.549
	Gd	3.582	9.368	3.91	4.225	4.018	3.517	3.705	5.908	4.603
	Tb	0.622	1.456	0.614	0.628	0.626	0.568	0.602	0.971	0.677
	Dy	3.807	7.982	3.399	3.458	3.398	3.465	3.82	5.871	3.948
	Ho	0.76	1.552	0.66	0.735	0.705	0.771	0.857	1.273	0.798
	Er	2.214	4.486	1.858	2.032	2.028	2.198	2.497	3.821	2.396
	Tm	0.329	0.644	0.266	0.304	0.308	0.337	0.379	0.561	0.377
	Yb	2.002	4.055	1.828	2.038	2.035	2.312	2.421	3.516	2.513
	Lu	0.319	0.572	0.271	0.316	0.309	0.366	0.391	0.533	0.397
	ΣREE	66.457	197.402	136.195	163.093	169.99	101.421	109.5	138.742	180.3115
主要参数	δEu	1.01	1.02	0.91	0.75	0.74	0.92	0.90	0.88	0.35
	δCe	1.00	1.06	1.00	1.02	0.99	0.98	1.02	1.02	1.00
	δSr	16.52	3.95	12.40	4.96	7.84	7.68	6.96	1.87	6.40
	(La/Sm)$_N$	2.06	2.42	3.34	4.50	4.62	3.00	3.17	2.76	5.51
	(Sm)$_N$	20.76	57.59	34.84	34.41	36.41	27.64	28.09	37.44	33.36
	(Gd/Yb)$_N$	1.48	1.91	1.77	1.71	1.63	1.26	1.27	1.39	1.51
	(La/Yb)$_N$	3.63	5.85	10.84	12.90	14.06	6.10	6.26	5.01	12.44
	Ba/La	19.27	10.78	16.13	12.88	12.08	25.60	25.47	10.67	2.32
	La/Th	13.01	40.45	39.04	67.31	71.37	28.52	30.91	33.92	65.53
	La/Nb	2.42	2.90	3.41	2.64	2.78	3.22	3.20	3.14	2.38

在火山岩 SiO_2-Zr/Ti 图解(图 3-179)上判别,则多位于亚碱性玄武岩-安山岩区,少量位于英安岩区,与 TAS 图的判别结果是一致的,也与野外观察及定名基本吻合。

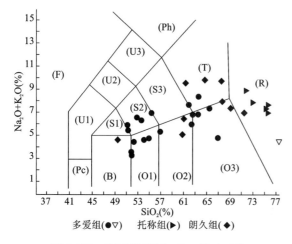

图 3-178 TAS 图(据 Le Bas 等,1982)

(F)似长石岩;(Pc)苦橄玄武岩;(U1)碱玄岩、碧玄岩;(U2)响岩质碱玄类;(U3)碱玄岩质响岩;(Ph)响岩;(S1)粗岩玄武岩;(S2)玄武质粗面安山岩;(S3)粗面安山岩;(T)粗面岩和粗面英安岩;(B)玄武岩;(O1)玄武安山岩;(O2)安山岩;(O3)英安岩;(R)流纹岩;O:SiO_2 过饱和;S:SiO_2 饱和;U:SiO_2 不饱和

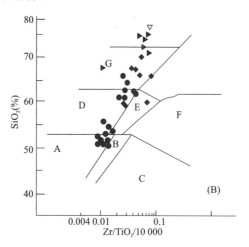

图 3-179 火山岩 SiO_2-Zr/TiO_2 图解

A. 亚碱性玄武岩类;B. 碱性玄武岩类;C. 粗面玄武岩类;D. 安山岩类;E. 粗面安山岩类;F. 响岩类;G. 英安流纹岩类、英安岩类;图例同图 3-178

根据 CIPW 标准矿物计算的结果(表 3-27),多爱组的中基性岩石的固结指数 CI 为 21.32~33.16,分异指数 DI 为 32.2~56.15,属于玄武岩—安山岩范围。标准矿物中无碱性矿物 Ac、Ne、Le 等生成,主要矿物组成一般为 Q+Hy+Or+Ab+An+Di 或 Or+Ab+An+Di+Ol,故应分属于硅过饱和类型内的正常类型亚类(含 Q 者)和铝过饱和亚类(不含 Q 者)。其中铝过饱和类型的铝饱和度也不高,仅一个样品出现少量 C(0.29),与多爱组中基性火山岩所有样品的 A/CNK 指数在 0.78~1.04 之间变化,但多数样品小于 1 相吻合,多爱组中基性火山岩总体属于次铝的岩石。多爱组内石英角斑岩的固结指数 CI 为 7.56,分异指数 DI 为 81.98,属于英安岩或英安流纹岩范围。标准矿物组合由 Q+Hy+Or+Ab+An+Di 组成,与多爱组中基性火山岩中正常亚类的相一致。

表 3-27 多爱组火山岩标准矿物(%)

样号	GS-1	GS-35	GS-4	GS-50	GS-53	GS-54	GS-55	GS-57	GS-59	GS-6	GS-7	GS-9	GS-212
Q	0	18.22	3.88	3.27	2.28	2.57	5.86	0	0	0	12.24	0	45.52
C	0	0	0	0	0	0	0	0	0	0	0.29	0	0.00
Or	2.38	19.2	12.57	3.5	7.09	4.36	7.31	16.82	16.51	19.91	9.98	5.26	1.07
Ab	52.9	25.09	23.63	25.43	29.79	26.1	32.23	34.83	28.91	32.83	33.94	43.46	35.39
An	22.93	20.28	26.4	40.08	36.2	34.73	27.27	20.13	27.32	19.69	18.93	27.26	10.26
Ne	0	0	0	0	0	0	0	0	0	0	0	0	0
Lc	0	0	0	0	0	0	0	0	0	0	0	0	0
Ac	0	0	0	0	0	0	0	0	0	0	0	0	0
Ns	0	0	0	0	0	0	0	0	0	0	0	0	0
Di	2.21	0.69	10.36	6.97	5.66	8.48	2.88	9.78	8.99	9.88	0	8.29	5.22
DiWo	1.11	0.35	5.28	3.52	2.81	4.31	1.47	5.03	4.56	5.05	0	4.15	2.54
DiEn	0.53	0.16	2.9	1.73	1.08	2.27	0.85	3.02	2.38	2.9	0	1.78	0.69
DiFs	0.56	0.18	2.18	1.72	1.78	1.9	0.56	1.74	2.05	1.92	0	2.37	1.99

续表 3-27

样号	GS-1	GS-35	GS-4	GS-50	GS-53	GS-54	GS-55	GS-57	GS-59	GS-6	GS-7	GS-9	GS-212
Hy	4.46	12.63	19.07	16.69	14.24	19	20.4	1.02	9.3	10.25	16.5	5.66	1.34
HyEn	2.17	6	10.9	8.37	5.38	10.33	12.31	0.64	4.99	6.16	7.58	2.43	0.35
HyFs	2.29	6.63	8.17	8.32	8.86	8.67	8.1	0.37	4.31	4.09	8.92	3.24	1
Ol	10.45	0	0	0	0	0	0	13.82	3.74	3.78	0	4.99	0
OlFo	4.83	0	0	0	0	0	0	8.44	1.91	2.18	0	2.02	0
OlFa	5.61	0	0	0	0	0	0	5.37	1.82	1.6	0	2.97	0
Mt	2.26	1.65	2.16	2.13	2.34	2.31	1.93	1.9	2.04	1.78	2.51	2.19	0.6
Hm	0	0	0	0	0	0	0	0	0	0	0	0	0
Il	1.94	1.78	1.56	1.57	1.91	1.88	1.66	1.4	2.09	1.51	3.58	2.15	0.4
Ap	0.47	0.47	0.38	0.36	0.49	0.56	0.47	0.32	1.1	0.38	2.03	0.74	0.2
CI	21.32	16.74	33.16	27.36	24.15	31.68	26.87	27.91	26.16	27.2	22.59	23.28	7.56
DI	55.27	62.5	40.07	32.2	39.16	33.03	45.4	51.65	45.42	52.74	56.16	48.72	81.98

2）岩浆系列及源岩浆判别

在硅-碱图（图 3-180）上多爱组的绝大多数样品位于亚碱性岩区，少量位于碱性岩区；SiO_2-Nb/Y 图对蚀变岩石碱度的判别结果更为准确，在图 3-181 上判别除两个样品位于碱性岩区，其余均位于亚碱性岩区。它验证了野外发现多爱组内火山韵律反映岩浆结晶演化由早期向晚期除存在向酸性演化的趋势外，中基性火山岩也存在向碱性演化的趋势。在 AFM 判别图（图 3-182）上几乎均位于钙碱性岩区。

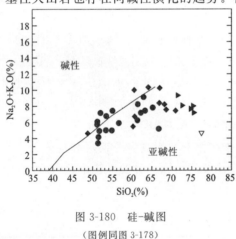

图 3-180 硅-碱图
（图例同图 3-178）

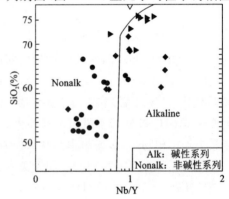

图 3-181 SiO_2-Nb/Y 硅-碱图
（图例同图 3-178）

Pearce 和 Cann（1973）认为 Ti/100-Zr-Y×3 图解可以最为有效地将板内玄武岩和其他玄武岩分开，在此图（略）上判别，多爱组的中基性岩多数位于钙碱性火山岩或弧拉斑玄武岩与洋脊玄武岩的重合区，仅个别碱度相对较高的点落入板内火山岩与钙碱性火山岩和岛弧拉斑玄武及洋脊玄武岩的分界线上或附近。火山岩 Cr-Y 图被认为是有效划分弧火山岩和其他火山岩的首选图解，在该图上（图 3-183）多爱组中基性岩的大部分点落在岛弧区，但也有一部分点 Cr 值小于 10，落在判别区外，但根据其 Y 含量均小于 $27×10^{-6}$，应属于弧火山岩，况且一般认为 Cr 浓度较其他类型的火山岩低是弧火山岩的一个判别标志（Pearce，Gade，1977；Garcia，1978；Bloxhanm，Lewis，1972），多爱组这部分 Cr 含量较低的样品也应属于弧火山岩。故由 Cr 和 Y 值，可确定测区多爱组中基性火山岩属于弧火山岩。Sun 和 McDonough（1989）认为：Ba、Th、La、Nb 是非常不相容元素，其分配系数相近，它们的比值，尤其 Ba、Th、La 与 Nb 的比值（Nb 分配系数居中）在部分熔融和分离结晶过程中保持不变，可有效地指示源区特征。李曙光（1993）据此确定了一个判定弧火山岩和洋脊洋岛火山岩的一套图解，在该图（图 3-184、图 3-185）上判别，多爱组的大部分点位于弧火山岩区，仅个别碱度相对较高的点落在区外，也证实了该火山岩属于岛弧火山岩。

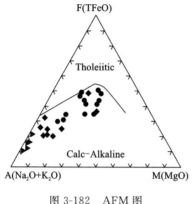

图 3-182 AFM 图

（图例同图 3-178）

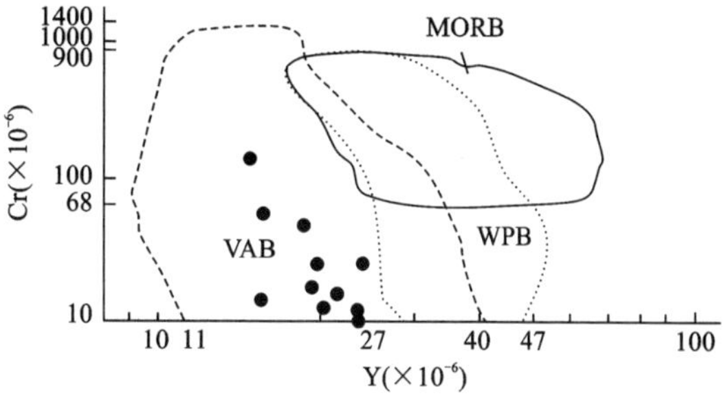

图 3-183 Cr-Y 图

图例同图 3-178；MORB：洋脊玄武岩；
VAB：火山弧玄武岩；WPB：板内玄武岩

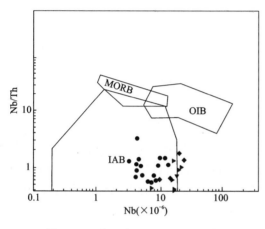

图 3-184 火山岩 Nb/Th-Nb 图解

IAB：弧火山岩；MORB：洋脊玄武岩；OIB：洋岛玄武岩；其余图例同图 3-178

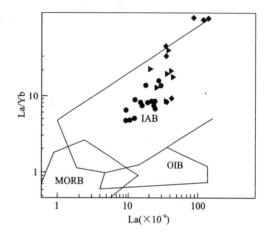

图 3-185 La/Yb-La 图解

IAB：弧火山岩；MORB：洋脊玄武岩；OIB：洋岛玄武岩；其余图例同图 3-178

在 Th/Yb-Ta/Yb 图解（图 3-186）上判别，大部分点位于岛弧钙碱性岩区，仅个别点位于岛弧钙碱性岩与橄榄安粗岩系列的分界处，总体应相当于岛弧钙碱性火山岩。对其中较基性的部分在 Zr/Y-Zr 图（图 3-187）上判别，属于大陆弧玄武岩。

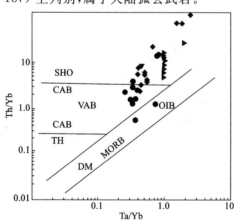

图 3-186 Th/Yb-Ta/Yb 协变图解（据 Pearce，1982）

火山弧玄武岩（VAB）、洋脊玄武岩（MORB）和板内玄武岩（WPB），其中 VAB 又可分为拉斑玄武岩（Tho）、钙碱性玄武岩（CA）、橄榄玄粗岩（Sho）三类；MORB 和 WPB 可分为拉斑玄武岩、过渡玄武岩和碱性玄武岩三类碱性火山弧玄武岩；图例同图 3-178

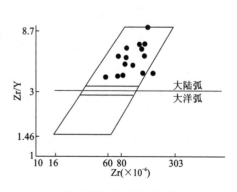

图 3-187 Zr/Y-Zr 图

（图例同图 3-178）

多爱组中基性火山岩的稀土总量一般为 $54.741\times10^{-6}\sim197.402\times10^{-6}$,多数值小于上地壳的平均值,最小值小于下地壳的平均值,指示它可能是幔源岩浆演化的产物。其稀土曲线呈向右倾斜的稀土中等分异型(图 3-188),其中轻重稀土分异显著,$(La/Yb)_N$ 为 $3.58\sim14.06$,轻稀土分异较重稀土分异显著[$(La/Sm)_N$ 为 $2.06\sim4.60$,平均值在 $3.0\pm$,$(Gd/Yb)_N$ 仅为 $1.27\sim1.99$,平均在 $1.6\pm$],δEu 多数接近1,反映无铕异常,在图 3-189 上,多爱组中基性火山岩曲线大部分与大陆弧火山岩的相似。

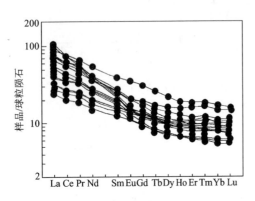 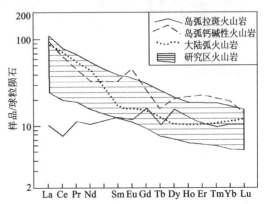

图 3-188 则弄群多爱组中基性岩稀土模式曲线　　图 3-189 则弄群多爱组中基性岩稀土模式曲线与不同环境火山岩对比(据 Culters 等,1984;Frey 等,1968)

与中基性岩略有不同,多爱组石英角斑岩显示了较明显的负铕异常($\delta Eu=0.3$ 及图 3-190),但曲线形态也与大陆弧的相似(图 3-191)。多爱组基-酸性岩的微量元素 MORB 标准化曲线(图 3-192)反映火山岩的微量元素配分呈"先隆后凹"的型式,表现为 K、Rb、Ba、Th 的显著富集,Sr、Nb、Ce、P 和 Sm 的低度富集以及从 Ti 到 Sc 的不同程度的亏损,在 Nb 处存在一个凹槽,显示与岛弧钙碱性火山岩的曲线完全相同,但大离子元素略高,反映存在类似于富集型 MORB 的岩浆源特点。

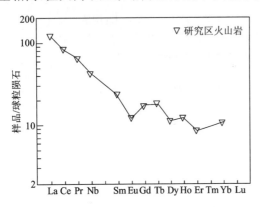 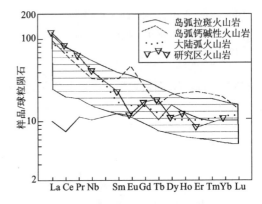

图 3-190 则弄群多爱组酸性稀土模式曲线　　图 3-191 则弄群多爱组酸性稀土模式曲线与不同环境火山岩对比(据 Culters 等,1984;Frey 等,1968)

综合上述,白垩纪代表冈底斯火山弧早期演化阶段,以中基性为主,夹有少量薄层酸性火山岩(英安岩或石英角斑岩)的多爱组火山岩是具有大陆弧性质的钙碱性火山岩,其源岩为岛弧区的亏损地幔楔受俯冲的洋壳流体的交代作用,发生部分熔融形成玄武质火山岩。由于大陆弧存在基底,地壳相对较厚,岩浆上升速度较慢,岩浆在上升过程中与陆壳发生强烈的混染,从而导致这套火山岩较岛弧略高的大离子元素含量,也正是由于陆壳的混染,而非结晶分异作用,故这套火山岩的 SiO_2 与 ΣREE 之间不存在线性相关关系。

(二)托称组酸性火山熔岩、碎屑岩

该组火山岩主要分布于托称和朗久沟一带,为一套浅灰白色调为主的酸性火山碎屑岩—火山熔岩组合,出露面积约 200km²。在层位上属则弄群中部。

1. 地质特征

托称组火山岩除该组火山岩的火山机构处外,往往大面积呈不规则状近于水平地盖在多爱组的上部,在切蚀较深的沟内部位,多爱组出露,并可见到二者呈火山喷发不整合接触关系。与多爱组相比,托称组的分布范围萎缩并明显有向北推移趋势。从它的颜色等判断,推测它形成时,岛弧局部很可能已露出水面。

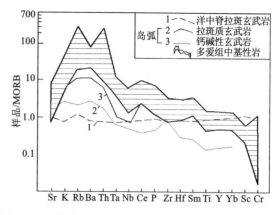

图 3-192 多爱组火山岩的微量元素 MORB 标准化图解
(图及标准数据据 Pearce,1982)

该套火山岩与下覆的多爱组呈火山喷发不整合接触,在多爱组中本次工作发现固着蛤、有孔虫等早白垩世化石,而在左左附近在该层之上发现含圆笠虫的生物碎屑灰岩盖在该套火山岩之上,之上被朗久组火山岩所覆,江拉达一带测制剖面时,也曾见到捷嘎组灰岩直接盖在托称组酸性火山岩之上,故托称组代表的火山活动的时代无疑属早白垩世。

此外,野外在多爱一带曾观察到浆混花岗闪长岩体侵入于酸性火山岩中,在岩体中有酸性火山岩捕虏体,围岩捕虏体和岩体附近的酸性火山碎屑岩发生了角岩化变质,而岩体的形成时间据前人所测年龄(锆石铀铅)为 67Ma±,也说明了这套酸性火山岩形成时间早于白垩纪末。

2. 岩石学特征

1) 火山岩岩石类型

托称组的火山岩主要是火山碎屑熔岩及火山碎屑岩,现选择几种常见的岩性叙述如下。

(1) 变黑云母英安岩。岩石具斑状结构。斑晶由斜长石 25%,黑云母 5%,少量 β-石英(<1%)和正(透)长石(<1%)组成。斜长石斑晶呈板状,大者达 1.62mm×2.63mm,发育聚片双晶,中—轻度粉尘状帘石化、绢云母化;β-石英斑晶呈自形六方双锥,港湾状熔蚀结构,横断面粒径达 0.61mm;黑云母斑晶呈片状,大者达 0.43mm×0.72mm,几乎完全蚀变成绿泥石+赤铁矿的集合体,仅部分者仍保留黑云母的褐色多色性。

基质为微粒—霏细结构,含少量玻璃质(<10%),主要为微粒霏细级长英质矿物(55%),含少量磷灰石和粉尘状铁质。长石多绢云母化,可能为斜长石。

(2) 黑云母流纹岩。斑状结构,斑晶由 β-石英(10%)、正长石(25%),少量斜长石(<5%)和黑云母(<5%)组成。β-石英斑晶呈自形,六方双锥,发育熔蚀结构,断面直径大者达 2mm±,手标本上见有 1cm×1cm 者,简单双晶或不见双晶、碳酸盐化、高岭石化;黑云母斑晶呈片状,大者达 0.47mm× 1.04mm,几乎完全绿泥石化,变成了绿泥石+赤铁矿的集合体,有的仍保留黑云母部分光性。

基质为多玻璃结构,玻璃质(55%)中分散有长英质微粒及铁质微粒,含少量磷灰石,磷灰石大者达 0.1mm×0.16mm。玻璃开始脱玻化,弱显光性,轻度绢云母化。

(3) 英安流纹岩。岩石具斑状结构。斑晶主要为石英(15%)和斜长石(20%),少量透长石(<5%)和黑云母(3%)。石英斑晶呈自形,横断面为正六边形,熔蚀结构发育,为 β-石英。横断面直径达 1.5mm±;斜长石斑晶呈板状,聚片双晶,较强烈的碳酸盐化、帘石化、绢云母化,粒径大者达 1.44mm× 1.80mm;透长石斑晶呈较自形、简单双晶,较新鲜;黑云母斑晶呈细小片状,完全绿泥石化,成为绿泥石化+赤铁矿的集合体,(001)面直径达 1.08mm±。

基质为多玻结构,玻璃质(40%)中分布少量长英质(20%)。玻璃质开始脱玻化,隐约可见光性。

(4) 流纹岩。具斑状结构,斑晶由 β-石英(10%)、透长石(5%)、斜长石(10%~15%)和少量黑云母(1%±)组成。β-石英斑晶呈自形,横截面多为六边形,港湾状熔蚀结构明显,粒径为 3.24~0.4mm;

透长石斑晶呈自形板状，粒径多为1.44mm×1.08mm，简单双晶或不见双晶，轻度高岭土化；斜长石斑晶呈自形—半自形板状，粒径为0.72mm×1.44mm～0.36mm×0.65mm，聚片双晶发育；黑云母斑晶呈片状，粒径多为0.15mm×0.58mm，已变成白云母，略保留黑云母光性，沿解理面析出磁铁矿。

基质为多玻质霏细结构，火山玻璃(25%～30%)中分布有霏细级长英质(40%)和少量磁铁矿。

(5) 流纹质凝灰熔岩。手标本中见不同颜色的部分相间排列呈条带状构成流纹构造。

岩石具凝灰熔岩结构。凝灰质主要由晶屑构成，晶屑主要由β-石英(5%)和正(透)长石(10%～15%)组成。β-石英呈自形六方锥，粒径大者达1.08mm，港湾状熔蚀结构；正(透)长石一部分为自形板状，大小为0.61mm×0.94mm，彻底高岭石化，近均质性。熔岩约占80%，熔岩中含有极少量石英斑晶，但形态呈他形粒状；基质为微粒—霏细结构，主要由石英和长石组成，其中石英粒径多为0.04mm，呈他形粒状集合体，长石呈不规则状，多高岭石化、绢云母化。

(6) 火山角砾凝灰熔岩。火山角砾凝灰熔岩结构，火山角砾约占25%，呈棱角状，手标本上见粒径大者达20mm×30mm，镜下见其岩性多为英安质，斑晶为斜长石，少量透长石，基质为霏细长英质、玻璃质；凝灰质约占40%，粒径小于2mm，由岩屑和晶屑构成，岩屑多为英安质，晶屑以斜长石为主，且轻度—中等高岭石化、绢云母化。

英安质熔岩约占35%，构成火山角砾和凝灰质的粘结物，具斑状结构，斑晶以斜长石为主，少量透长石，基质为霏细长英质、玻璃质。长石斑晶及玻璃质发生高岭石化、绢云母化蚀变。熔岩中还具杏仁构造，杏仁形态为不规则状，成分为隐晶质玉髓。

(7) 晶屑凝灰流纹岩。凝灰熔岩结构。凝灰质由晶屑碎片(30%)、岩屑(<10%)组成。晶屑碎片呈棱角状，也有自形晶酷似斑晶。粒径小于1.6mm×2.7mm，种类多为石英和钾长石透长石，少量斜长石，长石晶屑多高岭石化，有的风化，表面具褐铁矿；岩屑呈棱角状，粒径多小于2mm，手标本上见有大者达6mm的火山角砾，岩性为流纹质。

基质为多玻质流纹岩，含量60%，具霏细结构—玻璃质结构，不太明显的流纹构造。主要由石英、长石组成。岩石高岭石化、绢云母化。其中含的铁质粉尘多褐铁矿化。

(8) 流纹质熔结火山角砾岩。熔结火山角砾结构，角砾及凝灰质中的岩屑发生塑性变形并定向构成熔结火山角砾结构。

火山角砾呈棱角状，粒径多数在5～6mm，含量20%～30%，岩性多为英安流纹质，含长石斑晶，基质为霏细级长英质及变余玻质，岩屑高岭石化、绢云母化、碳酸盐化、绿泥石化；凝灰质呈碎片状、棱角状，粒度小于2mm，含量60%，成分主要为长石晶屑和英安流纹质岩屑，长石晶屑多中等—较强的高岭石化。

胶结物为流纹质熔岩，具斑状结构，斑晶以斜长石为主，少量透长石，基质为霏细质长英质和玻璃质。岩石高岭石化、碳酸盐化。但仍保留较明显的假流纹构造。

(9) 玻屑熔结凝灰岩。玻屑熔结凝灰结构。主要由塑性玻屑和玻质火山尘组成，含少量晶屑。现已重结晶，类似于霏细结构。

晶屑：较粗者为长石晶屑；$d=0.5～1.0$mm，多为钾长石，少量石英。含量5%。

塑性玻屑：仅在单偏光镜下能清楚见到塑性玻屑假象，形态为弯曲长透镜体状，$d=0.02$mm×0.21mm，塑性玻屑定向排列，在单偏光镜下仍清楚地显示熔结结构。但在正交镜下，无论是塑性玻屑还是玻质火山尘都变质结晶出长英质，呈现"霏细结构"。含量60%～70%。

(10) 晶屑玻屑凝灰岩。具晶屑玻屑凝灰结构，晶屑由长石(20%)和石英(15%)组成。长石晶屑呈棱角状，大者达0.16mm×0.36mm，多数更细小，较强烈高岭石化、绢云母化；石英晶屑呈棱角状，粒径0.04～0.29mm，还有更细小者，分布较均匀。玻质火山尘含量65%，已发生脱玻化，晶出显微粒状石英、长石，新生晶体内含少量粉尘状铁质。

(11) 含火山角砾晶玻屑凝灰岩。含火山角砾晶玻屑凝灰结构。火山角砾含量小于5%，黑色，棱角状，大小多为5mm±，手标本上见最大者达2cm×3.5cm，具斑状结构，斑晶主要为斜长石，并发生熔蚀、熔化。基质为含少量斜长石雏晶的黑色玻璃质，岩性为安山岩—英安岩。凝灰质以晶屑、玻屑为主，含少量岩屑；晶屑含量50%呈棱角状，粒径大者多为0.72～1.5mm，小者一般小于0.07mm，成分以石英为主，其次是斜长石和钾长石，少量黑云母。长石晶屑有轻度高岭石化、绿帘石化。黑云母晶屑强烈绿帘石化、绿泥石化。玻屑含量20%，呈凹面棱角状、鸡骨状等，塑性特征不明显。粒度细，多为0.025～0.16mm，且多已脱玻化和绢云母化。

(12) 流纹质霏细岩。少斑结构，斑晶为透长石5%和极少量的斜长石。透长石斑晶呈自形板状，大者达0.7mm×0.94mm，轻—中等高岭石化；斜长石斑晶呈自形板状，粒度与透长石相似，强烈高岭石化。

基质具霏细结构、玻璃质结构，霏细级长英质($d<0.02$mm)有可能是玻化形成。局部重结晶程度较高，粒度稍粗。基质绢云母化、高岭石化。

(13) 火山集块岩。具火山集块结构，火山碎屑粒径大于200mm，英安质火山角砾构成，呈形态不规则的棱角状，胶结物由同质火山熔岩构成。

2) 岩性组合及火山韵律

岩性组合主要为一套英安质、流纹质火山碎屑岩、熔岩，局部地段夹有砾岩等。图3-193是江拉达一带该组由底至顶的岩性及韵律变化，该图上主要的火山韵律有两类，一类主要由熔结火山角砾岩—熔结火山角砾凝灰岩—熔结火山凝灰岩组成的完整或不完整粒度变化，另一类为同粒级的火山碎屑岩从流纹质—英安质的反复演化。此外在捏达北火山机构和左左附近的火山机构中还见到由火山碎屑岩—沉积灰岩组成的韵律。

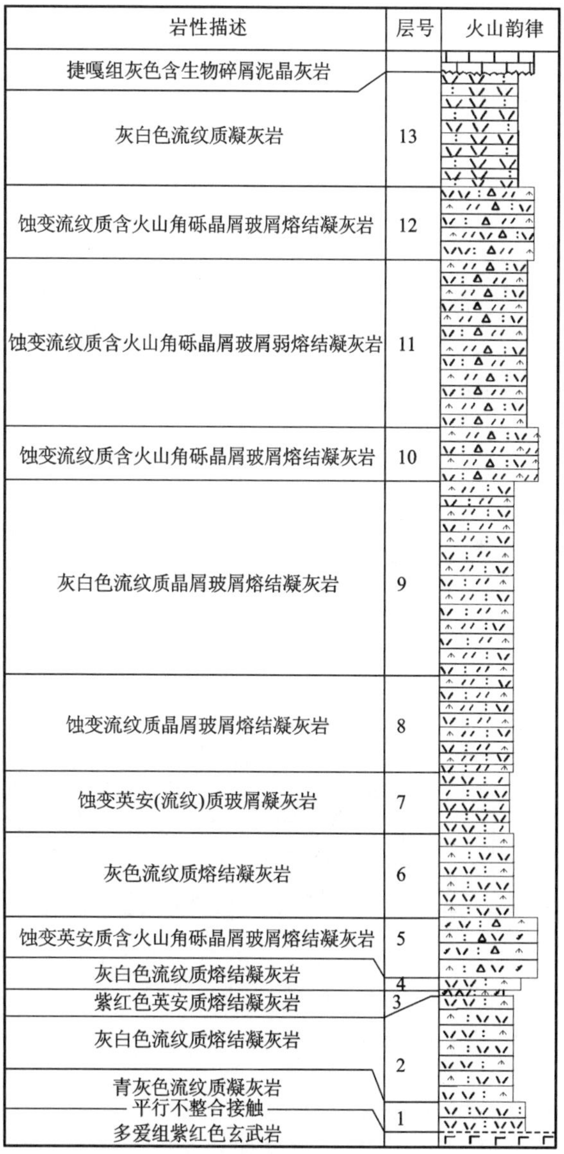

3) 火山岩相及火山机构

酸性火山岩的火山机构往往较小，并叠加在早期的火山机构之上，在图上已确定的酸性火山岩的独立火山机构约有江拉达、嘎波突正及捏达沟南等几处。

多爱火山机构是一个典型的复合火山机构，受托称组火山活动的叠加影响，在多爱环形核部一些火山口中心部位有流纹质—英安质火山角砾岩—集块岩产出，在主火口处为霏细质二长花岗斑岩侵入，而该图所反映的产状变化实质上反映了早期火山活动可能构成一个火山穹隆构造，在典中组或托称组火山喷发活动结束后，火山口曾出现塌陷。

江拉达火山机构（图版7-1）也是一个复合的火山机构。早期典中组的火山机构位于该沟夺布昂穹一带，有两个火山口，规模都很小，它也很可能是多爱火山机构的一个次级机构，但远离多爱主火山口，机构附近存在少量基性火山角砾岩等火山碎屑岩构成的爆发相，向外很快过渡为中基性碎屑熔岩。在偏北侧的一个火山口处，在酸性

岩性描述	层号	火山韵律
捷嘎组灰色含生物碎屑泥晶灰岩		
灰白色流纹质凝灰岩	13	
蚀变流纹质含火山角砾晶屑玻屑熔结凝灰岩	12	
蚀变流纹质含火山角砾晶屑玻屑弱熔结凝灰岩	11	
蚀变流纹质含火山角砾晶屑玻屑熔结凝灰岩	10	
灰白色流纹质晶屑玻屑熔结凝灰岩	9	
蚀变流纹质晶屑玻屑熔结凝灰岩	8	
蚀变英安(流纹)质玻屑凝灰岩	7	
灰色流纹质熔结凝灰岩	6	
蚀变英安质含火山角砾晶屑玻屑熔结凝灰岩	5	
灰白色流纹质熔结凝灰岩	4	
紫红色英安质熔结凝灰岩	3	
灰白色流纹质熔结凝灰岩	2	
青灰色流纹质凝灰岩	1	
平行不整合接触		
多爱组紫红色玄武岩		

图3-193 江拉达托称组火山机构韵律划分

火山阶段存在继承性喷发，在地貌上呈高耸的穹丘，由酸性的熔结火山集块—角砾岩组成，向外侧则渐变为凝灰岩。该火山机构的酸性火山碎屑岩不对称分布，主要分布在北侧，南侧偏少，在南侧可观察到二者呈火山喷发不整合接触。同时在南侧近火山口附近存在安山质火山角砾岩，略远为角砾熔岩，证实

在基性火山阶段在该位置也曾是火山口。在离火山口约 1km 处的安山质角砾熔岩中见到了呈流纹质火山角砾（具有微晶状结构），可能暗示基性和酸性两类岩浆存在有限的液态不混熔作用。在江拉达火山机构的北侧有一个新生的酸性火山机构明显切穿了早期形成的中基性熔岩，造成中基性熔岩在近火山口处形成震碎角砾岩，并被酸性火山熔岩所胶结，由火山口略向外碎裂减弱，但硅化增强，再向外变为绿泥石化蚀变。酸性的喷发相——流纹质凝灰岩分布在离火山口略远处，而在火山机构中心为火山活动末期充填的次火山岩，为霏细质的流纹斑岩，由于较高的气液含量和酸度较大，早期充填的次火山岩发生爆炸形成自碎角砾岩，并被晚期的同质火山熔岩所胶结（图 3-194）。

捏达南的火山机构是一个独立的火山机构，酸性的火山岩与基性的火山岩呈喷发不整合接触，酸性火山机构外缘为爆发相的火山凝灰岩，之后可能发生了火山机构的塌陷，从而在火山洼地内形成了以沉火山碎屑岩、砂岩为主，夹熔角砾凝灰岩的破火山口充填相，最晚期熔角砾凝灰岩侵入，并形成典型的柱状节理，在平面上则构成环形，指示了火山口的位置（图 3-195）。

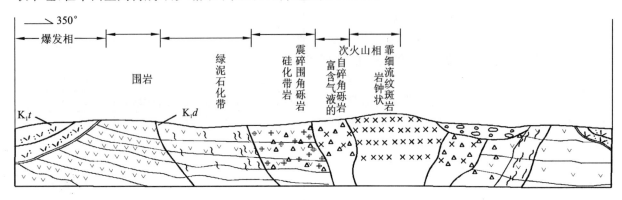

图 3-194　托称组火山机构及托称组与多爱组接触关系

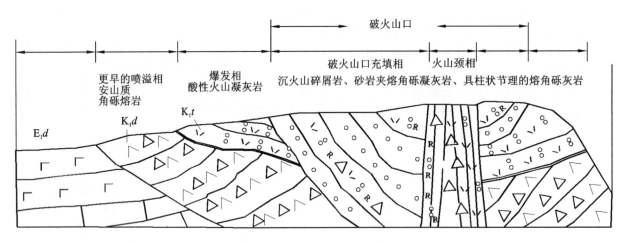

图 3-195　托称组火山机构示意图

3. 岩石化学特征

1) 岩石定名及类型

托称组主量、稀土、微量元素含量见表 3-28，其 SiO_2 含量为 69.76%～76.19%，属于酸性岩的范围。在 TAS 图（图 3-178）上，托称组火山岩的点较集中，多分布在流纹岩区，少量分布在英安岩区，这指示该组火山岩主要以流纹岩为主，与野外观察基本相符。在火山岩 SiO_2-Zr/Ti 图解（图 3-179）上判别，也获得相似的判别结果。

表 3-28 则弄群托称组主量、稀土、微量元素含量表

	样号	GS-11	GS-14	GS-26	GS-27	GS-29	GS-61	GS-62
	样品名称	流纹质晶屑玻屑凝灰岩	流纹质晶屑角砾凝灰岩	斜长流纹质凝灰岩	英安质熔结凝灰岩	英安质熔结凝灰岩	含角砾流纹岩	含岩屑英安岩
主量元素(%)	SiO_2	69.06	72.29	76.16	76.19	73.46	75.62	76.17
	TiO_2	0.48	0.27	0.17	0.18	0.20	0.19	0.13
	Al_2O_3	15.99	14.03	13.08	13.24	13.44	13.25	12.72
	Fe_2O_3	1.96	1.71	0.91	0.64	1.20	0.99	0.37
	FeO	0.97	1.01	0.43	0.57	0.56	0.47	0.65
	MnO	0.043	0.061	0.110	0.026	0.049	0.036	0.060
	MgO	0.82	0.29	0.26	0.31	0.40	0.20	0.18
	CaO	0.47	0.28	0.16	0.22	1.11	0.29	0.66
	Na_2O	3.98	4.07	1.96	1.61	3.16	2.70	3.17
	K_2O	4.01	4.92	5.70	5.52	4.70	4.60	4.48
	P_2O_5	0.180	0.073	0.024	0.023	0.061	0.047	0.034
	H_2O^+	1.43	0.86	0.62	1.12	1.32	1.39	0.85
	H_2O^-	0.28	0.16	0.18	0.33	0.65	0.36	0.37
	TCO_2	0.51	0.26	0.37	0.37	0.72	0.66	0.68
	SO_3	0.022	0.015	0.055	0.042	0.027	0.015	0.011
	LOS	1.92	0.88	0.98	1.41	1.60	1.55	1.32
	Total	100.21	100.30	100.19	100.39	101.06	100.82	100.54
	TFeO	3.83	3.62	2.24	2.11	2.66	2.36	1.92
	TFe_2O_3	4.041	3.831	2.451	2.321	2.871	2.571	2.131
主要参数	SI	6.98	2.42	2.81	3.58	3.99	2.23	2.03
	A/CNK	1.36	1.12	1.35	1.47	1.09	1.33	1.13
	σ	2.45	2.76	1.77	1.53	2.03	1.63	1.76
	TFeO/MgO	3.33	8.79	4.80	3.70	4.10	6.81	5.46
	$Mg^\#$	0.35	0.17	0.27	0.33	0.31	0.21	0.25
	K_2O/Na_2O	1.01	1.21	2.91	3.43	1.49	1.70	1.41
微量元素($\times 10^{-6}$)	Li	20.87	18.227	6.314	7.701	13.055	22.021	11.734
	Be	2.023	1.472	1.778	1.692	1.898	2.083	2.332
	Sc	3.988	5.736	1.934	2.501	3.612	1.454	2.89
	V	42.706	15.159	6.703	7.084	8.935	12.147	4.068
	Cr	6.586	3.727	1.918	1.425	3	2.255	6.162
	Co	3.76	2.521	0.697	0.774	1.739	1.157	0.754
	Ni	18.564	9.112	2.229	−1.394	1.618	7.084	10.82
	Cu	22.496	9.023	27.899	52.780	3.214	5.198	6.463
	Zn	65.18	41.449	204.518	64.05	31.692	24.61	11.655

续表 3-28

	样号	GS-11	GS-14	GS-26	GS-27	GS-29	GS-61	GS-62
	样品名称	流纹质晶屑玻屑凝灰岩	流纹质晶屑角砾凝灰岩	斜长流纹质凝灰岩	英安质熔结凝灰岩	英安质熔结凝灰岩	含角砾流纹岩	含岩屑英安岩
微量元素 ($\times 10^{-6}$)	Ga	18.5	18.244	13.148	13.062	13.895	13.689	14.175
	Rb	169.624	126.572	245.893	234.443	142.068	176.604	168.255
	Sr	303.321	72.377	72.914	67.953	92.476	38.218	65.154
	Y	7.185	31.498	9.599	14.985	17.123	13.783	19.117
	Zr	47.939	204.5857	97.294	97.983	128.6266	121.9717	99.067 48
	Nb	6.771	15.884	15.606	16.06	15.352	18.622	20.972
	Cs	11.683	5.32	4.905	6.112	4.667	6.058	4.232
	Ba	569.695	266.284	604.555	586.312	575.819	231.124	233.958
	Hf	1.641	5.298	3.07	3.211	3.426	3.655	3.418
	Ta	0.97	1.308	1.731	1.782	2.015	2.294	2.588
	Tl	2.168	0.96	2.012	1.293	0.693	1.02	0.865
	Pb	24.002	16.299	160.679	36.392	20.181	15.881	15.726
	Bi	0.134	0.325	0.416	0.398	0.072	0.264	0.208
	Th	12.894	10.908	31.966	32.826	20.211	18.331	17.735
	U	2.45	1.799	7.257	6.904	2.566	3.212	4.009
稀土元素 ($\times 10^{-6}$)	La	20.788	34.175	38.157	41.169	37.428	25.082	26.236
	Ce	44.106	82.857	75.886	79.29	69.399	45.626	52.74
	Pr	4.769	8.327	7.057	7.778	6.935	5.29	5.687
	Nd	17.265	28.721	22.261	24.672	21.681	17.71	18.533
	Sm	3.217	5.99	3.532	4.036	4.007	3.302	3.652
	Eu	0.761	0.495	0.623	0.704	0.74	0.301	0.288
	Gd	2.307	5.36	2.387	3.003	3.009	2.355	3.155
	Tb	0.323	0.94	0.346	0.456	0.505	0.386	0.555
	Dy	1.676	5.844	1.86	2.553	3.023	2.288	3.393
	Ho	0.31	1.237	0.398	0.538	0.695	0.527	0.729
	Er	0.8	3.691	1.11	1.538	1.98	1.551	2.266
	Tm	0.123	0.549	0.165	0.232	0.316	0.247	0.368
	Yb	0.755	3.774	1.135	1.549	2.259	1.772	2.565
	Lu	0.112	0.585	0.171	0.231	0.34	0.277	0.425
	ΣREE	97.31	182.55	155.09	167.75	152.32	106.71	120.59
主要参数	δEu	0.85	0.27	0.66	0.62	0.65	0.33	0.26
	δCe	1.09	1.20	1.13	1.09	1.06	0.97	1.06
	δSr	9.88	1.30	1.49	1.31	2.03	1.21	1.83
	$(La/Sm)_N$	4.17	3.68	6.97	6.59	6.03	4.90	4.64
	$(Gd/Yb)_N$	2.53	1.17	1.74	1.60	1.10	1.10	1.02
	$(La/Yb)_N$	19.75	6.50	24.11	19.06	11.88	10.15	7.34
	Ba/La	27.40	7.79	15.84	14.24	15.38	9.21	8.92
	La/Th	1.61	3.13	1.19	1.25	1.85	1.37	1.48
	La/Nb	3.07	2.15	2.45	2.56	2.44	1.35	1.25

根据 CIPW 标准矿物计算的结果(表 3-29),托称组酸性火山岩的固结指数 CI 为 2.79~6.86(平均 3.43),分异指数 DI 为 86.71~93.02(平均 91.18),属于流纹岩范围,并明显较多爱组石英角斑岩更偏酸性,也暗示二者是不同火山演化阶段的产物。托称组的标准矿物中含有大量的石英(>28%),无碱性矿物 Ac、Ne、Lc 等生成,指示属于硅过饱和类型,标准矿物中有一定数量的刚玉 C 生成,无透辉石 Di 生成,主要矿物组成均为 Q+Hy+Or+Ab+An+C,A/CNK 指数在 1.16~1.35 之间变化,说明属于铝过饱和类型。与多爱组的中基性岩和石英角斑岩相比,铝过饱和度增强。

表 3-29 托称组火山岩标准矿物(%)

样号	GS-11	GS-14	GS-26	GS-27	GS-29	GS-61	GS-62
Q	28.07	27.82	41.99	44.90	33.96	41.49	38.98
C	4.73	1.65	3.46	4.31	1.27	3.45	1.53
Or	24.25	29.43	34.09	33.15	28.3	27.67	26.87
Ab	34.39	34.79	16.75	13.82	27.18	23.21	27.17
An	1.3	0.99	0.68	0.99	5.25	1.17	3.14
Ne	0	0	0	0	0	0	0
Lc	0	0	0	0	0	0	0
Ac	0	0	0	0	0	0	0
Ns	0	0	0	0	0	0	0
Di	0	0	0	0	0	0	0
DiWo	0	0	0	0	0	0	0
DiEn	0	0	0	0	0	0	0
DiFs	0	0	0	0	0	0	0
Hy	5.15	3.95	2.31	2.13	3.07	2.16	1.72
HyEn	2.1	0.73	0.66	0.79	1.02	0.51	0.46
HyFs	3.05	3.22	1.65	1.34	2.05	1.65	1.26
Ol	0	0	0	0	0	0	0
OlFo	0	0	0	0	0	0	0
OlFa	0	0	0	0	0	0	0
Mt	0.78	0.68	0.34	0.32	0.45	0.38	0.27
Hm	0	0	0	0	0	0	0
Il	0.93	0.52	0.33	0.35	0.39	0.37	0.25
Ap	0.4	0.15	0.04	0.04	0.13	0.11	0.07
CI	6.86	5.16	2.98	2.79	3.91	2.9	2.24
DI	86.71	92.05	92.83	91.86	89.44	92.37	93.02

2)岩浆系列及源岩浆判别

在硅-碱图(图 3-180)上托称组的样品均位于亚碱性岩区,在 SiO_2-Nb/Y 图(图 3-181)上判别,仅一个点位于碱性岩与亚碱性岩的界线附近,其余均位于碱性岩区。这说明两个图存在差异,但结合标准矿物含量中无碱性矿物生成,室内鉴定也未发现碱性矿物,故我们认为硅-碱图的判别结果可能较符合实际。在 AFM 图(图 3-182)上判别均位于钙碱性岩区。在中酸性岩里特曼-戈蒂里图解(图 3-196)上位于岛弧及活动大陆边缘火山岩区,在图 Nb/Th-Nb(图 3-184)、图 La/Yb-La 图解(图 3-185)上与多爱组火山岩具有相似的阵列,但 Nb 和 La 含量明显增高,指示陆壳的混染程度增强。在 Th/Yb - Ta/Yb 协变图解(图 3-186)上,点几乎均位于岛弧橄榄玄粗岩区,而岛弧橄榄玄粗岩的出现是大陆弧有别于岛弧的特点之一。

托称组酸性火山岩的稀土总量一般为 $97.31×10^{-6}$ ~ $155.09×10^{-6}$,多数小于或接近于上地壳的平均值 $146.37×10^{-6}$,但均大于下地壳的平均值。稀土曲线呈向右陡倾的轻重稀土分异显著的模式(图 3-197、图 3-198),$(La/Yb)_N$ 为 6.50~24.11;其中轻稀土分异显著,$(La/Sm)_N$ 为 3.68~6.97;但重稀土分异弱,$(Gd/Yb)_N$ 为 1.10~2.53,稀土配分曲线与大陆弧火山岩的近于重合,也证实它属于大陆弧火山岩。托称组火山岩的 δEu 一般为 0.26~0.67,显示显著的负铕异常,但也有少量样品无铕异常,可能反映二者由不同的源区形成或岩浆演化过程不同。

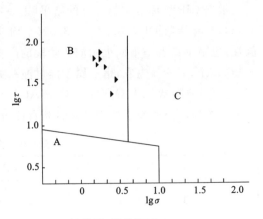

图 3-196 里特曼-戈蒂里图(据 Rittmann,1973)
A 区:稳定板内构造区火山岩;B 区:造山带火山岩;C 区:由 A、B 区派生的火山岩

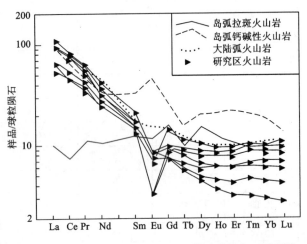

图 3-197 则弄群托称组酸性岩稀土模式曲线与不同环境火山岩对比(据 Culters 等,1984;Frey 等,1968)

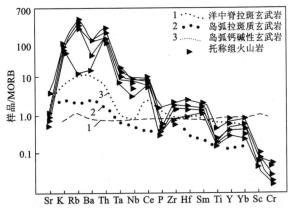

图 3-198 托称组火山岩的微量元素 MORB 标准化图解(图及标准数据据 Pearce,1982)

微量元素 MORB 标准化曲线反映托称组火山岩的微量元素配分与多爱组中基性岩及典型岛弧钙碱性岩的相似,表现为大离子元素 K、Rb、Ba、Th、Nb 的显著富集,但也有一些不同点,如曲线呈现不太明显的三隆起模式,即除大离子元素显著富集外,还具在 Ce、Zr、Hf、Sm 处形成一个小的突起,而在 Nb、Ti、P 处形成凹槽,尤其是 P 和 Ti 的亏损尤为显著,体现了托称组火山岩属于向碱性岛弧橄榄玄粗岩过渡的岩石类型,与前边 Th/Yb - Ta/Yb 协变图解的判别结果相吻合。

(三)朗久组火山岩

朗久组火山岩主要分布在左左一带,总体分布方向呈近东西向,分布面积约 $600 km^2$,从空间上明显较托称组北移。

1. 地质特征

朗久组位于则弄群的上部,在测区内它由三种不同的类型组成。一类可能形成较早,早期主要由流纹质-英安质火山碎屑岩、石英粗面质火山碎屑岩夹橄榄拉斑玄武岩组成,主要分布于左左南侧一带,发育一系列的小火山机构,在火山机构处则呈角砾熔岩或熔结火山角砾—集块岩产出,可能代表了朗久组早期较酸性的火山喷发阶段产物。第二类主要由熔岩组成,仅在近火山机构处出现火山碎屑岩,围绕嘎波峰正火山机构分布,但在南侧多被后期的岩体所吞蚀,分布零星,主要呈大面积熔岩被分布在左左北,由早期向晚期向富酸富碱的方向演化。第三类主要分布在赤勒那古沟内,其他地带偶见,主要由蚀变巨斑状玄武岩组成,其中的斜长石斑晶明显具有一些堆积的痕迹,指示形成于深部,斑晶大小及含量在空间上有一定变化(图版 10-4、10-5、10-6),可能指示它形成于火山口附近,但其夹有含圆笠虫泥灰岩(图版 10-3),之上被捷嘎组灰岩所覆(图版 10-1、10-2),证实它属于熔岩,但可能接近玢岩。朗久组与下伏多爱组及托称组火山岩呈喷发不整合接触(图 3-199),它夹有含圆笠虫泥灰岩和之上被巨厚的捷嘎组灰岩所覆,说明它形成于早白垩世。

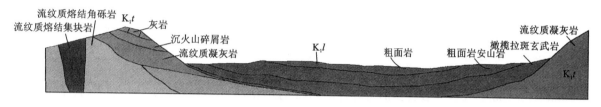

图 3-199 朗久组与托称组接触关系及托称组火山机构

2. 岩石学特征

1) 岩石类型

(1) 碱性橄榄拉斑玄武岩。变余斑状结构,斑晶由斜长石(30%)、普通辉石(5%)和蛇纹石化的橄榄石(<5%)组成。

斜长石斑晶:多为自形板状,粒径多达 0.97mm×2.56mm。具聚片双晶和不清晰的环带结构。较强烈的绢云母化、高岭石化和帘化。较大的斑晶普遍具有一圈厚 0.05~0.06mm 的净边。

普通辉石:短柱—长柱状,自形,横截面近正八边形。柱面粒径大者为 1.2mm×2.2mm。较新鲜,淡绿色调,无多色性。

橄榄石斑晶:自形晶假象粒径大者为 0.61mm×1.1mm,彻底蛇纹石化。

基质:间粒间隐结构,由斜长石微晶(15%)、普通辉石(20%)、橄榄石(2%)、磁铁矿(7%)、磷灰石(3%)及火山玻璃(5%)等组成。橄榄石蚀变较强,形成较多的方解石团块和鳞片状黑云母。

(2) 蚀变巨斑玄武岩或玄武玢岩。斑状结构,斑晶为长板条状斜长石巨斑,含量 20%~70%不等,粒径达 4mm×30mm,定向、半定向排列,显示流动构造。较强烈高岭石化、绢云母化。斜长石核部相对较新鲜,聚片双晶清晰,边部蚀变较强,与基质有一圈反应边,表明其为深部结晶产物,在宏观上曾观察到斑晶含量及大小在一定范围内有变化,可能指示斑晶形成之后曾在尚呈液体状态的熔浆中发生了重力分异现象,在这一带见到了可达 20cm 的辉石岩转石,很可能是分异作用的产物被后续岩浆带至地面。

基质为粒玄—嵌晶含长结构。由斜长石、普通辉石、绿泥石和少量磁铁矿等组成,其中斜长石和辉石的量近似相等,斜长石微晶较强烈高岭石化、帘化和星点状绢云母化。绿泥石为部分普通辉石的蚀变产物,与绿帘石共生。见有较新鲜普通辉石包含、半包含斜长石微晶,表现为嵌晶含长结构。

(3) 含斜长石巨斑玄武岩。斑状结构,斑晶为斜长石,有两期。第一期为巨斑,含量 5%,手标本上见有 1.5cm×2.0cm 的板面,薄片中粒径为 1.8mm×9.0mm,斜长石巨斑核部较新鲜,聚片双晶清晰,边部蚀变较强,在显微镜下见有反应边,与基质不平衡,说明它是深部岩浆房的产物。第二期斑晶粒径为 0.5mm×1.3 mm,含量小于 5%,核部蚀变较强,边部较干净,有一圈净化边。

基质为粒玄结构—嵌晶含长结构。由斜长石(50%)、普通辉石(30%)、磁铁矿(7%)、磷灰石(2%~3%)等组成。斜长石微晶较强烈高岭石化、绢云母化、碳酸盐化。普通辉石一部分已较强烈碳酸盐、绿泥石化,一部分仍残留部分原生普通辉石,包含、半包含斜长石微晶。磷灰石微晶细长柱形、针状,穿插斜长石微晶,显示气液含量较高。

(4) 玄武岩。变余斑状结构。斑晶为斜长石和少量已强烈蚀变的暗色矿物。

斜长石斑晶：自形—半自形板状，粒径大者达 1.44mm×2.70mm，强烈高岭石化、绢云母化，但还隐约可见聚片双晶。含量30%。

暗色矿物斑晶：已强烈绿泥石化、方解石化，推测原生矿物为普通辉石。

基质为变余拉斑玄武—粒玄结构，斜长石微晶含量25%，存在较强的高岭石化，由它搭成格架，架间充填。绿泥石、方解石、磁铁矿、磷灰石等。绿泥石、方解石为暗色矿物普通辉石的蚀变产物，含量35%；磁铁矿不规则—半自形粒状，含量5%。磷灰石细长柱状，有的穿切斜长石微晶，有变晶成因的特征，反映其形成较晚，可能形成于熔浆在地表处快速的冷凝环境。此外还含有少量的绿泥石火山玻璃。

(5) 含斜长石巨斑粒玄岩。斑状结构，斑晶为斜长石，呈较薄的宽板状，薄片中见垂直板面的粒径为 2.2mm×8.5mm，手标本上见有 2mm×15mm 者。手标本上见有板面大小者达 1cm×1.5cm，属粗—巨晶级。巨晶边部较强烈的高岭石化、绢云母细化，核部相对较新鲜，见聚片双晶带。含量5%±。

基质为粒（粗）长结构。由斜长石微晶构成格架，斜长石微晶粒度较粗，多为 0.18mm×0.79mm～0.51mm×1.30mm。多发生较强烈的高岭石化、绢云母细化，但多数隐约可见聚片双晶，含量50%。斜长石格架间充填普通辉石(50%)、磁铁矿(6%～7%)、磷灰石(2%±)等。普通辉石部分已彻底绿泥石化，一部分仍较新鲜，保留普通辉石光性。有的普通辉石粒度较大，如表面粒径达 1.4mm×2.9mm，包含或部分含多个斜长石微晶，组成嵌晶含长结构。磷石细长柱状、针状，长达 0.6mm，穿切斜长石微晶，显示后成变晶特征。

(6) 灰色粗面斑岩。斑状结构，斑晶由斜长石(>10%)、透长石(<10%)、普通角闪石(5%)、黑云母(<5%)构成。

斜长石斑晶：自形板状，较大者粒径为 1.2mm×2.2mm，见聚片双晶和环带结构，(-)2V 较大，为中长石。

普通角闪石斑晶：柱状，横截面为自形的多菱形六边形，其大小为 0.65mm×1.0mm，褐绿多色性明显。

黑云母斑晶：片状，较大者粒径为 0.8mm×2.2mm，褐黑—淡黄褐多色性。

基质具霏细结构，由长英质(其中石英<5%)组成，含微量铁质微粒及磷灰石微晶及少量火山玻璃。磷灰石呈自形长柱状，个别横截面达 0.12mm。

(7) 黑云角闪石英粗安岩。变余斑状结构。斑晶为斜长石，已蚀变的氧角闪石和黑云母。

斜长石斑晶：板状，较大者粒径为 0.58mm×2.00mm。多较强烈绢云母化、碳酸盐化、褐铁矿化，隐约见聚片双晶，含量8%。

氧角闪石：长柱状，横截面长无边。粒径较大者其横截面为 0.4mm×0.8mm。强烈绢云母化、褐铁矿化，具变余暗化边结构，含量10%。

黑云母：片状，粒径为 0.2mm×0.6mm；部分者仍保留原生黑云母光性，暗褐色—淡褐多色性。多者不同程度褐铁矿化，含量2%。

透长石斑晶：不见聚片双晶，不具绢云母化，较新鲜，含量较少。

基质呈含玻交织结构、安山结构。由长石(主要是斜长石)(65%)、磁(褐)铁矿(3%)、氧角闪石(2%)、火山玻璃(<5%)等组成。

(8) 石英粗面岩。玻基斑状结构，斑晶为 β-石英、透长石、斜长石、黑云母、普通角闪石。

β-石英斑晶：见近正六边形切面和港湾状熔蚀结构，粒度不等，大者达 2mm，含量10%。

透长石：自形板状，粒径多为 0.54mm×0.72mm。只具简单双晶，很新鲜，含量5%。

斜长石斑晶：自形板状，粒度比透长石大，可能结晶较早，粒径大者达 1.3mm×2.5mm，常见聚片双晶，很新鲜，含量20%。

黑云母斑晶：自形片状，(001)面为正六边形。较大者，(001)面的粒径为 0.36mm×1.08mm，很新鲜，褐色多色性，含量7%。

普通角闪石斑晶：较自形，横断面为不规则的近菱形六边形，较大者为 0.43mm×0.79mm。新鲜，绿色多性，含量3%。

基质：玻璃质结构，玻璃质含量55%。火山玻璃中分布少量微粒—霏细长英质、黑云母、磷灰石、粉尘状铁质微粒。

（9）黑云母粗面岩。斑状结构，斑晶以透长石为主，含量15%，少量斜长石（<5%）和黑云母（<5%）。

透长石斑晶：自形板状，较大者粒径为2.2mm×2.9mm，具卡斯巴双晶。(−)2V近于0°，为低透长石。

斜长石斑晶：自形—半自形板状，粒径较小，为0.7mm×1.3mm，聚片双晶细密，近于平行消光，为更长石。

黑云母：片状，较大者粒径为0.7mm×1.30mm，褐色多色性，具暗化边。

基质：为似玻璃交织结构。由长石（55%）、铁质微粒（3%）及火山玻璃（20%）组成。透长石、斜长微晶定向、半定向排列，其间充填铁质微粒、火山玻璃和少量磷灰石。个别磷灰石晶体较大，其横截面粒径达0.15mm。

（10）云闪辉石粗面岩。斑状结构，斑晶由透长石（20%）、斜长石（5%）、普通角闪石（5%）、黑云母（5%）和辉石（5%）组成。

透长石斑晶：自形板状，较大者粒径0.7mm×0.15mm。具卡斯巴双晶，二轴(−)2V很小，为低透长石。

斜长石斑晶：自形板状，粒度较小，多小于0.65mm×0.75mm，具聚片双晶。

普通角闪石斑晶：自形状，较大者的横切面粒径达0.9mm×1.5mm，褐绿多色性，不具暗化边。

黑云母斑晶：自形片状，横断面为八边形，较大者横断面粒径0.54mm，淡绿色调不显多色性，较大的普通辉石斑晶被黑云母交代。

基质：含量40%，呈多玻璃结构，由火山玻璃（20%）及其中分布的晶形较小的磷灰石微晶、榍石微晶和微具光性、形态不规则的长石、含粉尘状铁质构成。

（11）黑云母碱长粗面岩。斑状结构。斑晶由透长石（15%）、黑（褐）云母（10%）组成。岩石具气孔构造，气孔多为不规则圆形，孔径多为0.7mm±，含量小于10%。

透长石斑晶：自形板状，粒径最大者达2.88mm×4.68mm。较新鲜，(−)2V小。

黑（褐）云母斑晶：较自形的多片状，薄片中大者为0.83mm×1.58mm，手标本上见有更大者，暗褐红—淡褐多色性明显。熔蚀结构、暗化边结构明显，较小的云母几乎整个颗粒都暗化成磁铁矿。

基质为半晶质结构，由正透长石（>55%）、火山玻璃（20%）和少量铁质微粒组成。透长石为自形—半自形板状，粒径多为0.02mm×0.14mm，见简单双晶。局部玻璃质较小，透长石定向—半定向排列，显示为粗面结构，但总体上含玻璃质较多，透长石定向性不明显。火山玻璃含较粉尘铁质微粒，氧化后呈褐红色。

（12）黑云母石英粗面岩。斑状结构，斑晶由黑云母（5%）和正长石（透长石）（2%）组成。

黑云母斑晶：较自形的片状，较大者的粒径为0.36mm×0.61mm，具熔蚀结构不太明显的多暗化边。多数较新鲜，个别褐铁矿化，最大者为0.36mm×2.70mm。

透长石斑晶：形态为浑圆状（受熔蚀），较大者粒径为1.2mm×2.0mm。较新鲜，见卡斯巴双晶。

基质：粗面-似拉斑玄武结构，长石微晶呈半自形板状，粒径为0.015mm×0.15mm，其中透长石为多（50%），斜长石较少（20%）。长石蚀变弱，但含较多粉尘状铁质微粒。长石呈半定向或无定向分布，长石间充填黑云母、磁铁矿微晶、火山玻璃、石英、磷灰石等。黑云母微晶含量5%，部分开始风化成褐铁矿；石英为不规则粒状，有的包含长石，呈花斑状，因而其粒度较大，含量5%；磁铁矿呈不规则粒状、粉尘状，多风化或褐铁矿，因而使岩带褐色岩石具点孔构造，孔径为1mm，含量5%～10%；火山玻璃10%。

（13）黑云母粗面（斑）岩。斑状结构，斑晶由透长石（20%）、黑云母（3%）和少量角闪石构成，含极微量的榍石斑晶，榍石斑晶粒径达0.47mm×0.79mm。

透长石斑晶：自形板条状，较大者粒径达0.9mm×6.5mm，新鲜透明，常见卡斯巴双晶。

黑云母斑晶：较自形的片状，较大的粒径为0.7mm×2.7mm，青褐—淡黄褐多色性明显，熔蚀结构明显。

角闪石:只见到一颗,粒径为 0.7mm,绿帘石化。

基质呈半晶质结构。由透长石(40%)、斜长石(10%)及少量石英(<5%)、黑云母(2%)、磁铁矿和磷灰石(2%)、火山玻璃(8%)组成。含极微量的金红石。其中透长石微晶呈板条状,多见简单双晶或不见双晶。斜长石微晶板条状,见聚片双晶,石英他形微粒状,粒径多小于 0.04mm。火山玻璃不规则状,多绿泥石化。

(14) 黑云母石英碱长粗面斑岩。斑状结构,斑晶由透长石(10%)、黑云母(5%)及少量 β-石英(<5%)组成。

透长石斑晶:板状,粒径多为 3.6mm×8.3mm,手标本上见有更大者,但镜下见其为多个透长石聚合而成,较新鲜,具简单双晶,(−)2V 很小。

β-石英斑晶:自形晶,横截面为六边形。粒径为 0.9mm×3.1mm,具港湾熔蚀结构。

黑云母斑晶:片状,较大者粒径为 0.4mm×1.8mm,较新鲜,暗褐—淡黄褐多色性,具暗化边和熔蚀结构。

基质:半自形微晶结构。由透长石(70%)、石英(<5%)、黑云母(2%)、磁(褐)铁矿(3%)组成。透长石微晶呈自形—半自形板状,粒径多小于 0.1mm×0.5mm,较新鲜,具简单双晶,无定向排列;石英呈不规则粒状,粒径多小于 0.15mm,充填于透长石隙间。

(15) 黑云母碱长流纹斑岩。斑状结构,斑晶由透长石(20%)、β-石英(15%)及黑云母(2%)组成。

透长石斑晶:自形板状,粒径多为 0.5mm×1.0mm~3.6mm×5.4mm。较新鲜,常见简单双晶,(−)2V 近 0°。弱高岭石化,有的含褐铁矿。

β-石英斑晶:自形晶,横截面为正六边形。粒径为 0.5~2.5mm。港湾熔蚀结构明显。

黑云母斑晶:片状,粒径为 0.46mm×0.93mm,部分者较新鲜,暗褐绿—淡褐多色性。部分者不同程度绿泥石、褐铁矿化,交代长石和石英。

基质呈微粒—霏细结构,由石英和长石(50%),磁铁矿、赤铁矿微粒和粉尘(5%)及少量黑云母(1%)、火山玻璃(<5%)等组成。部分长英质呈放射状集合体球粒,形成球粒结构,球粒大小达 0.1mm±。

(16) 黑云角闪粗面质火山角砾岩。火山角砾结构,火山角砾含量 70%~80%,呈棱角状,手标本上见粒径大于 4cm,呈斑状结构,基质黑色。薄片中见角砾为玻基斑状结构,斑晶为透长石、普通角闪石、黑云母,基质为玻璃质结构,火山玻璃棕褐色,含少量霏细—隐晶状透长石雏晶,及粉尘铁质微粒及雏晶。

基质为同质火山岩粉碎物质,由晶屑、塑性岩屑、玻质岩屑及火山尘等组成,含量 20%~30%。晶屑碎屑呈棱角状,以透长石居多,少量普通角闪石、黑云母、磁铁矿;塑性岩屑呈撕裂状,具流纹构造,含少量斑晶,均质性。玻质岩屑为棱角状,不规则状,含少量小斑晶,不具流纹构造,基质为玻璃质。

(17) 石英粗面质熔结角砾岩。熔结凝灰角砾结构,岩石中含 40%的角砾,角砾大小不一,一般为 5~8cm,角砾明显具有定向,凝灰质构成胶结物。在凝灰质中以晶屑为主,呈棱角状碎屑,粒径相差悬殊,显示系火山物质在喷发过程中被撕裂的产物,多数粒径小于 1.5mm,按含量多少,晶屑成分依次为透长石、斜长石、石英和黑云母。岩石中含有大量的气孔,气孔、火山角砾及晶屑定向构成假流纹构造。

(18) 石英粗面质晶屑凝灰熔岩。晶屑凝灰熔岩结构,晶屑含量 45%,呈棱角状碎屑,多数粒径小于 1.3mm,主要由透长石、斜长石、石英黑云母组成。晶屑粒度相差悬殊,分选性差。晶屑成分与斑晶相同,结合野外可以认为是由于它分布在近火山口处,含有较高的气液含量,故刚喷出未固结的岩石受后期爆裂的影响而发生爆炸碎裂,还可见到一部分熔岩充填到先形成的凝灰质中的现象。熔岩起粘结作用,呈玻基斑状结构或多玻基质斑状结构。斑晶含量约 30%,由自形的 β-石英、斜长石、透长石、黑云母组成。火山玻璃淡黄色,均质性,其中含少量长英质微粒、黑云母微晶、磷灰石微晶及粉尘状铁质微粒。个别榍石较大。

2) 岩性组合及火山韵律(图 3-20Q)

可分为两部分:一部分由火山碎屑岩组成,韵律不明显,分布在日阿萨环形火山机构内;另一部分由熔岩组成，其底部具有由橄榄拉斑玄武岩向粗安岩—粗面岩的变化，向上部逐渐转化为黑云母透辉石粗面岩、黑云母霓辉石粗面岩、碱长粗面岩组成，其演化方向是向更偏碱更酸，尤其是向更偏碱的方向尤为清晰。

3）火山岩相及火山机构

朗久组的火山机构也较为发育，最典型的属嘎波突正，在ETM影像上呈一个拉长的椭圆形（图版7-2），并存在一系列更小的环形套叠在大环内，反映了不同的岩性分带。在地表拍摄的照片中，这种环形地貌和颜色分带更为清晰（图版7-5、7-6，图版8-1、8-5、8-8），在环的中心为爆发相的酸性和碱性火山碎屑岩、熔结火山碎屑岩及次火山岩，以喷溢相—溢流相为主的粗面质的火山熔岩—碎屑熔岩。在环中部熔岩和碎屑岩分界位置附近，可见到碱性的熔岩与下伏的酸性火山碎屑岩构成的喷发不整合接触现象，在爆发相构成的内环、中环的最外侧为其中碱性的斑岩局部穿切酸性角砾岩，指示二者的早晚关系，也反映了碱性火山喷溢活动继承了早期酸性火山活动的火山机构。这一火山机构被更晚的花岗斑岩侵入活动所破坏，呈一个破火山口，机构的中心位置已不太清楚。但由机构向外，火山碎屑岩的产状向外倾，显示它总体构成了一个火山穹隆。

在左左的南边还存在一个较大的火山机构——日阿萨火山环（图版7-4）。该机构直径可达5～7km，主要由碱性的火山碎屑岩组成，该机构中心由一群小的火山口组成，在每个小火山口处形成熔结火山集块岩或熔结角砾岩（具有明显的假流纹构造），再向外为火山碎屑岩。整个火山机构产状明显具有向外倾呈穹丘状（图3-201），由火山机构中心向外，不同粒度的熔结火山碎屑岩—不同粒级的火山碎屑岩构成的颜色分带非常明显（图版3-5、3-6）。在有些火山机构的中心部位可见到晚期的熔岩充填早期爆破碎裂的熔结角砾岩（图版7-7），稍向外，熔结角砾岩中火山岩浆向外流动形成的假流纹构造清晰可见（图版7-8）。

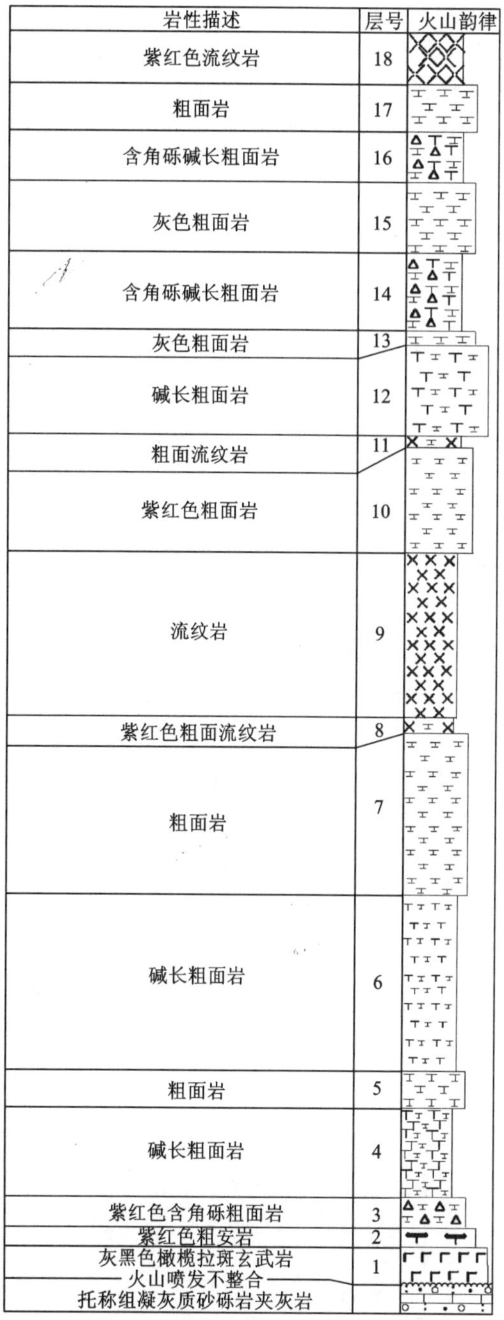

岩性描述
层号
火山韵律
紫红色流纹岩 18
粗面岩 17
含角砾碱长粗面岩 16
灰色粗面岩 15
含角砾碱长粗面岩 14
灰色粗面岩 13
碱长粗面岩 12
粗面流纹岩 11
紫红色粗面岩 10
流纹岩 9
紫红色粗面流纹岩 8
粗面岩 7
碱长粗面岩 6
粗面岩 5
碱长粗面岩 4
紫红色含角砾粗面岩 3
紫红色粗安岩 2
灰黑色橄榄拉斑玄武岩 1
火山喷发不整合
托称组凝灰质砂砾岩夹灰岩

图3-200　米如嘎波突正火山机构溢流相韵律划分

熔结集块-角砾岩
熔结角砾岩
火山角砾岩
中粗凝灰岩
中细凝灰岩

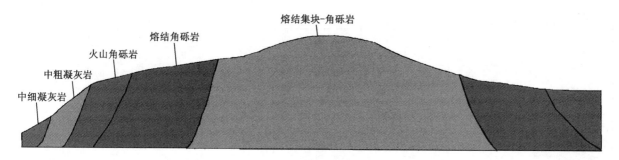

图3-201　碱性火山穹丘

遥感影像上,在日阿萨火山环与南侧的多爱环相交部位,日阿萨环将多爱环的一部分掩覆(图版7-4),野外调查证实:在此处朗久组碱性火山碎屑岩与中基性的多爱组火山岩呈火山喷发不整合接触。

在图幅中部狮泉河北岸百假一带还存在一个明显的环形火山机构——达鄂铅火山机构(图版7-3),该火山机构也是一个多期复合机构,值得一提的是该火山机构受狮泉河断裂活动的影响,被切割成两部分,并发生了明显的构造错移。

3. 岩石化学特征

1) 岩石定名及类型

朗久组火山岩的主量、稀土及微量元素含量见表3-30,其SiO_2含量变化范围较大,由48.82%~71.43%,基性岩—酸性岩均有分布。与野外观察相对应,中基性岩主要出现在该组底部附近或火山口处,而中性岩居于下部,中上部偏酸性的部分则构成了该组的主要组分。在TAS图(图3-178)上托称组火山岩的点较分散,但其中绝大多数在粗面岩、粗面英安岩区及该区与英安岩、流纹岩的分界线附近,个别点分布在玄武岩、安山岩区。在火山岩SiO_2-Zr/Ti图解(图3-179)上判别,则有较大偏离,点主要位于英安岩-安山岩区,少量位于粗安岩区。

根据CIPW标准矿物计算的结果(表3-31),朗久组火山岩的固结指数CI为6.91~25.07(平均12.90),分异指数DI为38.34~86.03(平均73.13),除个别位于玄武安山岩区和流纹岩区外,主要属于安山岩—英安岩范围。其中玄武岩不含石英和刚玉,碱性矿物Ac、Ne、Le等未出现,但出现较多的橄榄石(Ol=8.18%),标准矿物组合为Or+Ab+An+Ol+Di+Hy,A/CNK指数为0.75,说明属于硅低度不饱和的正常类型。中酸性样品均含有9.36%~28.50%的石英,标准矿物组合为Q+Or+Ab+An+Hy±Di±C。其中一些相对富铁镁质的岩石一般不含刚玉,有透辉石(Di)生成,A/CNK指数为0.85~0.97,属于硅过饱和的正常类型(或次铝岩石),而偏酸性的岩石中一般均含有数量不等的刚玉,无透辉石生成,A/CNK指数多为1.06~1.12,属于铝过饱和的类型。

表3-30 朗久组火山岩主量、稀土及微量元素含量

样号		GS-60	GS-63	GS-64	GS-81	GS-294	GS-295	GS-218	GS-219	GS-220	GS-267
野外名称		粗安岩	安山岩	粗安岩	粗安岩	暗色粗面玄武岩	碱性流纹岩	褐红色石英粗面岩	灰黑色碱玄岩	褐红色安粗岩	具堆晶结构的玄武岩
主量元素(%)	SiO_2	68.72	60.68	64.50	60.60	61.02	67.34	68.96	71.43	67.44	48.82
	TiO_2	0.39	1.10	0.78	0.48	1.00	0.98	0.38	0.38	0.66	0.25
	Al_2O_3	15.60	16.41	14.85	13.99	13.77	13.44	15.18	13.88	14.61	19.97
	Fe_2O_3	1.40	5.53	1.92	1.59	1.77	3.34	1.19	2.85	2.70	2.94
	FeO	1.26	1.92	1.53	4.74	2.73	0.86	1.45	1.03	0.65	5.14
	MnO	0.04	0.15	0.07	0.14	0.078	0.042	0.039	0.057	0.11	0.12
	MgO	0.92	1.56	2.11	5.34	2.90	1.36	1.10	0.51	0.51	3.39
	CaO	1.80	3.44	2.65	4.09	3.74	1.02	2.22	1.08	1.79	8.88
	Na_2O	3.81	4.17	3.23	2.45	2.12	2.16	3.50	5.76	2.51	3.56
	K_2O	4.01	2.19	6.74	2.72	7.56	7.70	3.96	1.36	5.52	1.01
	P_2O_5	0.15	0.37	0.45	0.12	0.68	0.62	0.19	0.13	0.18	0.14
	H_2O^+	1.47	2.23	0.80	3.24	1.82	0.52	1.18	1.49	2.17	2.87
	H_2O^-	0.43	0.71	0.36	0.64	0.25	0.70	1.27	0.94	0.99	0.29
	TCO_2	0.88	0.88	0.77	0.47	0.28	0.47	0.57	0.28	1.51	1.17
	SO_3	0.01	0.03	0.02	0.011	0.016	0.027	0.054	0.016	0.049	1.40
	LOS	1.78	2.25	0.97	3.36	2.04	0.45	1.59	1.30	3.27	3.56
	Total	100.891	101.365	100.781	100.621	99.734	100.579	101.243	101.193	101.399	99.95
	TFeO	2.52	6.9	3.26	6.17	4.32	3.87	2.52	3.59	3.08	7.79
	TFe_2O_3	2.8	7.66	3.62	6.86	4.8	4.3	2.8	3.99	3.42	8.65

续表 3-30

	样号	GS-60	GS-63	GS-64	GS-81	GS-294	GS-295	GS-218	GS-219	GS-220	GS-267
	野外名称	粗安岩	安山岩	粗安岩	粗安岩	暗色粗面玄武岩	碱性流纹岩	褐红色石英粗面岩	灰黑色碱玄岩	褐红色安粗岩	具堆晶结构的玄武岩
主要参数	SI	8.07	10.15	13.59	31.71	16.98	8.82	9.82	4.43	4.29	21.13
	A/CNK	1.12	1.06	0.85	0.97	0.75	0.98	1.08	1.08	1.09	0.86
	σ	2.38	2.29	4.62	1.52	5.20	3.99	2.14	1.78	2.64	3.59
	TFeO/MgO	2.74	4.42	1.54	1.16	1.49	2.84	2.29	7.05	6.04	2.30
	Mg#	0.40	0.29	0.54	0.61	0.55	0.39	0.44	0.20	0.23	0.44
	K_2O/Na_2O	1.05	0.53	2.09	1.11	3.57	3.56	1.13	0.24	2.20	0.28
微量元素 ($\times 10^{-6}$)	Li	31.29	24.61	21.55	48.16	18.78	10.92	25.37	24.60	17.97	
	Be	2.26	1.80	12.00	1.69	14.82	8.54	2.51	1.44	2.41	
	Sc	3.99	17.44	7.25	22.59	11.79	7.14	4.47	5.63	11.31	
	V	37.78	73.12	53.79	135.30	104.87	57.25	42.51	31.11	36.94	
	Cr	9.37	4.66	49.64	217.88	77.39	63.04	15.83	6.64	11.31	
	Co	4.66	11.99	9.04	21.07	11.22	7.10	5.28	3.24	2.71	
	Ni	2.01	2.72	34.24	37.94	37.44	21.13	9.80	0.97	2.97	
	Cu	12.76	11.20	19.09	21.57	27.01	14.43	12.02	15.53	6.99	
	Zn	43.98	98.68	60.37	62.90	75.53	50.90	42.43	32.62	59.17	
	Ga	19.60	20.82	21.38	15.04	21.83	23.21	18.78	8.34	17.53	
	Rb	148.65	53.88	468.55	94.92	558.70	546.57	139.00	32.19	160.64	
	Sr	473.53	351.44	1051.49	187.95	964.03	927.83	551.55	142.47	63.13	
	Y	10.95	39.45	14.36	19.18	21.19	20.68	8.96	16.90	40.27	
	Zr	161.08	262.46	263.41	123.25	679.85	722.18	130.57	200.42	325.65	
	Nb	9.35	19.35	31.29	9.05	40.22	44.65	7.45	13.73	23.60	
	Cs	7.26	2.28	26.28	2.77	45.84	42.62	5.09	1.69	20.59	
	Ba	896.31	495.59	2547.05	474.67	3273.72	3234.56	963.08	233.73	882.40	
	Hf	4.22	6.28	8.10	3.90	19.33	23.38	4.22	5.51	8.76	
	Ta	1.14	1.74	2.57	0.86	2.43	3.16	0.56	0.91	2.07	
	Tl	1.00	0.23	4.47	0.55	4.70	2.47	1.03	0.22	0.91	
	Pb	31.86	15.20	114.22	19.92	128.41	135.25	36.69	18.74	21.87	
	Bi	0.04	0.04	0.37	0.16	1.45	0.42	0.17	0.23	0.11	
	Th	20.68	10.04	118.53	12.68	116.28	126.62	20.60	18.57	16.05	
	U	3.26	1.85	14.62	2.27	19.82	11.79	3.35	2.09	3.38	
稀土元素 ($\times 10^{-6}$)	La	34.66	34.46	92.75	27.35	129.72	154.11	34.33	41.04	42.92	
	Ce	69.62	74.72	193.70	51.70	277.09	319.93	63.02	76.85	87.91	
	Pr	8.35	9.46	24.76	5.96	35.89	40.03	7.59	9.45	10.78	
	Nd	28.65	38.35	93.76	21.56	136.15	146.34	25.64	34.08	41.27	
	Sm	5.21	8.93	17.00	4.23	23.28	25.05	4.44	5.67	7.89	
	Eu	1.09	2.45	3.21	0.95	4.13	4.25	1.05	1.05	2.07	

续表 3-30

	样号	GS-60	GS-63	GS-64	GS-81	GS-294	GS-295	GS-218	GS-219	GS-220	GS-267
	野外名称	粗安岩	安山岩	粗安岩	粗安岩	暗色粗面玄武岩	碱性流纹岩	褐红色石英粗面岩	灰黑色碱玄岩	褐红色安粗岩	具堆晶结构的玄武岩
稀土元素 ($\times 10^{-6}$)	Gd	3.19	7.59	8.04	4.03	13.44	13.83	2.89	4.73	7.97	
	Tb	0.47	1.28	0.88	0.60	1.33	1.36	0.37	0.63	1.34	
	Dy	2.40	7.45	3.70	3.66	5.15	5.47	1.85	3.51	7.25	
	Ho	0.44	1.53	0.58	0.75	0.79	0.85	0.33	0.71	1.52	
	Er	1.24	4.45	1.43	2.21	1.97	2.18	0.91	2.20	4.56	
	Tm	0.16	0.64	0.16	0.33	0.25	0.27	0.13	0.34	0.71	
	Yb	1.12	4.15	1.02	2.12	1.49	1.67	0.83	2.20	4.55	
	Lu	0.17	0.62	0.15	0.31	0.19	0.23	0.13	0.34	0.69	
	ΣREE	156.78	196.09	441.13	125.76	630.88	715.56	143.51	182.79	221.43	
主要参数	δEu	0.82	0.91	0.84	0.71	0.71	0.70	0.89	0.62	0.80	
	δCe	1.00	1.01	0.99	0.99	1.00	1.00	0.96	0.96	1.00	
	δSr	9.64	6.22	7.32	5.13	4.67	3.98	12.44	2.57	0.98	
	(La/Sm)$_N$	4.29	2.49	3.52	4.18	3.60	3.97	4.99	4.67	3.51	
	(Gd/Yb)$_N$	2.36	1.51	6.54	1.57	7.45	6.86	2.86	1.78	1.45	
	(La/Yb)$_N$	22.18	5.95	65.35	9.24	62.36	66.30	29.50	13.40	6.76	
	Ba/La	25.86	14.38	27.46	17.35	25.24	20.99	28.06	5.70	20.56	
	La/Th	1.68	3.43	0.78	2.16	1.12	1.22	1.67	2.21	2.67	
	La/Nb	3.71	1.78	2.96	3.02	3.23	3.45	4.61	2.99	1.82	
	Sr/Y	43.24	8.91	73.22	9.80	45.49	44.87	61.56	8.43	1.57	

表 3-31 朗久组火山岩标准矿物(%)

样号	GS-218	GS-219	GS-220	GS-267	GS-294	GS-295	GS-60	GS-63	GS-64	GS-81
Q	26.74	28.5	27.06	0	9.36	21.32	25.59	16.21	11.9	16.56
C	1.52	1.26	1.68	0	0	1.02	2.07	1.76	0	0
Or	23.88	8.19	33.84	6.35	45.97	46.19	24.2	13.34	40.39	16.72
Ab	30.15	49.55	21.99	31.99	18.42	18.51	32.86	36.3	27.66	21.52
An	10.1	4.68	8.12	37.72	5.82	1.44	8.22	15.35	6.14	19.85
Ne	0	0	0	0	0	0	0	0	0	0
Lc	0	0	0	0	0	0	0	0	0	0
Ac	0	0	0	0	0	0	0	0	0	0
Ns	0	0	0	0	0	0	0	0	0	0
Di	0	0	0	6.9	7.44	0	0	0	3.67	0.42
DiWo	0	0	0	3.45	3.82	0	0	0	1.88	0.22
DiEn	0	0	0	1.52	2.28	0	0	0	1.11	0.13
DiFs	0	0	0	1.93	1.34	0	0	0	0.67	0.08
Hy	5.74	5.83	4.69	5.97	8.22	7.08	5.27	12.1	6.78	22.04
HyEn	2.8	1.3	1.32	2.63	5.17	3.45	2.35	4.02	4.23	13.75
HyFs	2.94	4.53	3.36	3.34	3.04	3.63	2.92	8.08	2.55	8.29

续表 3-31

样号	GS-218	GS-219	GS-220	GS-267	GS-294	GS-295	GS-60	GS-63	GS-64	GS-81
Ol	0	0	0	8.18	0	0	0	0	0	0
OlFo	0	0	0	3.4	0	0	0	0	0	0
OlFa	0	0	0	4.78	0	0	0	0	0	0
Mt	0.7	0.97	0.92	2.06	1.3	1.16	0.71	1.96	0.97	1.66
Hm	0	0	0	0	0	0	0	0	0	0
Il	0.74	0.73	1.3	0.51	1.95	1.89	0.76	2.15	1.5	0.95
Ap	0.42	0.29	0.41	0.32	1.53	1.37	0.33	0.83	1	0.27
CI	7.19	7.53	6.91	23.61	18.91	10.13	6.73	16.22	12.92	25.07
DI	80.78	86.24	82.9	38.34	73.74	86.03	82.65	65.85	79.95	54.81

2) 岩浆系列及源岩浆判别

在硅-碱图(图 3-180)上朗久组的样品大部分位于亚碱性岩区,少部分位于碱性岩区,在 SiO_2-Nb/Y 图(图 3-181)上判别,则多数点位于碱性火山岩区,但也有个别点位于亚碱性岩区。仅一个点位于碱性岩与亚碱性岩的界线附近,其余均位于亚碱性岩区。但考虑到其标准矿物中未出现碱性矿物,因此其大多数应属于亚碱性岩类。在 AFM 图(图 3-182)上朗久组亚碱性火山岩均位于钙碱性岩区。对朗久组内中基性的几个样品在常量元素 $MnO-TiO_2-P_2O_5$ 图解(图 3-202)上大部分位于岛弧钙碱性岩区,个别点位于洋岛玄武岩区;在 $TFeO-MgO-Al_2O_3$(图 3-203)上大部分位于岛弧及活动大陆边缘区,一个点位于扩张中心岛屿玄武岩区,它说明朗久组中基性岩形成于活动大陆边缘环境,但同时暗示朗久组火山岩源区具有类似洋岛的一些特征。

根据朗久组内中酸性岩戈蒂里指数对数值均大于 1.0,而里特曼指数的对数均小于 0.5,据里特曼-戈蒂里图解(图略)确定朗久组内中酸性岩均属于造山的火山岩。在 Nb/Th-Nb(图 3-184),La/Yb-La 图解(图 3-185)上部分火山岩落入弧火山岩区,但也有一部分偏碱性的点落在区外,反映了它与则弄群其他两个组不同的地球化学习性。在 Th/Yb-Ta/Yb 协变图解(图 3-186)上,朗久组火山岩除个别点位于岛弧钙碱性火山岩(靠近与岛弧橄榄玄粗岩线处)区外,其余均位于岛弧橄榄玄粗岩区。

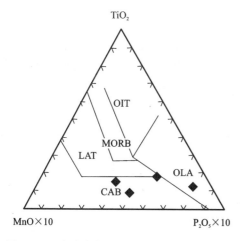 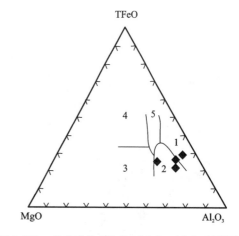

图 3-202 玄武岩的 $MnO_2-TiO_2-P_2O_5$ 判别图解　　图 3-203 玄武岩的 $TFeO-MgO-Al_2O_3$ 判别图解
(据 Mullen,1983)　　　　　　　　　　　　　　　　(据 Pearce,1977)

MORB:洋中脊玄武岩;OIT:洋岛拉斑玄武岩或海山拉斑玄武岩;　　1.扩张中心岛屿玄武岩;2.岛弧及活动大陆边缘玄武岩;
CAB:岛弧钙碱性玄武岩;LAT:岛弧拉斑玄武岩　　　　　　　　　3.洋中脊玄武岩;4.大洋岛弧拉斑玄武岩;5.大陆弧玄武岩

微量元素 MORB 标准化曲线(图 3-204)反映朗久组火山岩的微量元素配分与托称组酸性火山岩的相似,但大离子元素 K、Rb、Ba、Th、Nb 的富集更为显著,曲线呈明显的三隆起模式,即除大离子元素显著富集外，还具在 Ce、Zr、Hf、Sm 处形成一个明显的突起，而在 Nb、Ti、P 处形成凹槽，其中 Nb 槽非常显著，而 Nb 负异常的存在被认为与陆壳物质的混染有关，因此具有上述特点的岩石不可能为板内碱性火山岩，而是与来自俯冲带消减沉积物亏损 HFSE 的流体交代的地幔楔部分熔融有关，从而指示朗久组的这些火山岩系岛弧橄榄安粗岩系。综上可以确定朗久组火山岩为典型岛弧橄榄玄粗岩系，其大量发育，既标志着冈底斯弧在这一时期已变为成熟弧，也再次证明了冈底斯弧是大陆弧。

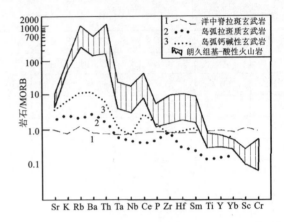

图 3-204　朗久组火山岩的微量元素 MORB 标准化图解
(图及标准数据据 Pearce,1982;样品图例同硅碱图)

朗久组基性岩的 ΣREE 暂无结果，其余中酸性岩样品的稀土总量变化范围非常大（ΣREE = $125.76\times10^{-6}\sim715.56\times10^{-6}$），多数大于上地壳的平均值。其曲线呈两类分布型式，一类曲线相对较缓，呈向右倾的呈轻重稀土中度分异型[$(La/Yb)_N$ 为 $5.95\sim9.24$]，$(La/Sm)_N$ 为 $2.49\sim4.18$，$(Gd/Yb)_N$ 为 $1.51\sim1.57$，显示轻稀土分异中等，重稀土分异弱，具弱或无负铕异常（δEu 为 $0.71\sim0.91$），稀土配分曲线与大陆弧火山岩类似，应属于典型的大陆弧火山岩。另一类火山岩稀土配分曲线呈向右陡倾的类型，$(La/Yb)_N$ 为 $13.40\sim66.30$，$(La/Sm)_N$ 为 $3.52\sim4.99$，$(Gd/Yb)_N$ 为 $2.36\sim7.45$，显示轻稀土分异中等，但重稀土分异非常显著，具弱或无负铕异常（δEu 为 $0.71\sim0.91$），曲线与埃达克岩相似。

一般认为埃达克岩的 SiO_2 含量大于等于 56%，Al_2O_3 大于 15%，MgO 通常小于 3%（很少大于 6%）；与正常的岛弧安山岩—英安岩—流纹岩相比，低重稀土元素和 Y（如 $Y\leqslant 18\times 10^{-6}$，$Yb\leqslant 1.9\times 10^{-6}$），高 Sr（大多数 $>400\times 10^{-6}$），并具有岛弧火山岩所特有的 Ti、Nb、Ta 的高场强元素（HFSES）亏损。测区朗久组的 GS-64、GS-294、GS-295、GS-218 号样品显然具有上述特点：如岩性为安山岩—粗面英安岩或流纹岩；常量元素 SiO_2 为 $61.02\%\sim 68.96\%$；Al_2O_3 有两个样品大于 15%，为 $15.18\%\sim 16.41\%$，有一个样品为 14.85%，接近 15%，但也有两个样品为 $13.44\%\sim 13.77\%$，A/CNK 值为 $0.75\sim 1.12$，多数小于 1.0；MgO 为 $0.92\%\sim 2.90\%$，均小于 3%；前面已指出朗久组的火山岩均具有岛弧火山岩所特有的 Ti、Nb、Ta 的高场强元素（HFSES）亏损，而这几个怀疑为埃达克岩的样品具有低重稀土元素和 Y，如 Y 值有三个在 $8.96\times 10^{-6}\sim 14.36\times 10^{-6}$，另两个略大于 18×10^{-6}，为 $20.68\times 10^{-6}\sim 21.19\times 10^{-6}$，Yb 值在 $0.83\times 10^{-6}\sim 1.49\times 10^{-6}$，均小于 1.9×10^{-6}，高 Sr（值为 $473.53\times 10^{-6}\sim 1051.49\times 10^{-6}$，均大于 400×10^{-6}），Sr/Y 值在 $43.24\sim 73.22$，均大于 40；从而具有与典型埃达克岩相似的地球化学特点，尤其是标志性的稀土和微量元素特点吻合良好，在 $(La/Yb)_N-Yb_N$（此处的 N 代表球粒陨石标准化）图（图 3-205、图 3-206）上位于埃达克岩区或埃达克岩与岛弧火山岩的重叠区。综上所述，说明它们是埃达克岩。

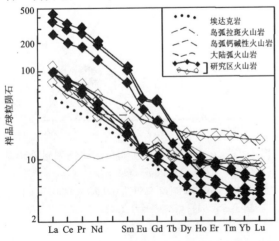

图 3-205　朗久组的稀土模式曲线与不同环境玄武岩对比
(据 Frey 等,1968;邓晋福等,2001)

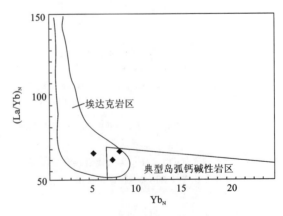

图 3-206　$(La/Yb)_N-Yb_N$ 图
(图例同图 3-205,稀土球粒陨石值据 Tompson,1989,原图据 Drummond)

（四）则弄群火山岩的演化特征及源岩浆讨论

（1）冈底斯弧火山活动具有明显的脉动特点。则弄群火山岩由早期的多爱组以中基性火山岩为主→中期托称组以酸性火山岩→晚期朗久组以碱性-亚碱性的岛弧橄榄安粗质岩为主演化，轻重稀土分异及重稀土分异程度逐渐增强，大离子元素 K、Rb、Ba、Th 愈来愈富集，微量元素标准曲线由先隆后凹逐渐变为清楚的三隆起模式（图 3-207），体现了造山带火山岩演化的特点，与夏林圻等（2001）确定的北祁连奥陶纪陆缘弧火山岩的演化规律完全相同，反映了由于俯冲诱发的交代地幔楔部分熔融作用，地幔熔融的物质加入弧壳和俯冲造成的垂向缩短联合作用导致弧壳的逐步增厚的过程。但三个阶段的火山岩演化又具有阶段性，野外工作发现三个火山岩组之间相互呈火山喷发不整合接触，尤其是晚期的碱性火山岩与早期和中期的火山岩时间差异可能更大，地球化学方面的差异也非常显著。如三个组平均的铁镁指数由 2.45—5.28—3.19，固结指数 CI 由 24.31—3.43—12.90 等，指示由多爱组→托称组→朗久组的演化并不构成一个结晶分异序列，在朗久组火山岩的基性程度较托称组有显著增加，指示了一个新的构造演化阶段的开始。而即便是多爱组→托称组，也不是简单地构成一个结晶分异序列，而是存在显著的差异，如托称组仅发育酸性火山岩，但托称组酸性火山岩 A/CNK 指数绝大多数都显著地大于 1.1，而多爱组火山岩无论是中基性岩还是酸性岩几乎都小于等于 1，指示冈底斯弧火山活动具有脉动的特点。

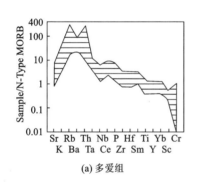 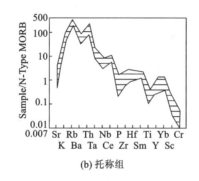 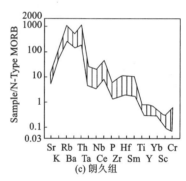

图 3-207　则弄群三个组微量元素 MORB 标准曲线对比

（2）多爱组、托称组、朗久组分别构成三个不同的部分熔融系列，指示了一个俯冲角度变陡造成的弧壳加厚的过程，而朗久组具有碱性特点的火山岩的喷出，指示了存在由于俯冲诱发弧的拉裂。

火山岩的 Rb/Ti 值可用来探讨岩浆演化过程，则弄群三个组火山岩的 Rb/Ti 值（表 3-32）存在显著差异，相互之间差数几倍至十倍，一般认为这种差异可能由下面两种过程导致：①它们来自两个独立的岩浆房，因为来源于同一岩浆房的岩石中 Rb/Ti 比值变化恒定不变；②它们来自同一个岩浆房，但由于分离结晶作用所致，因为 Rb 在分离结晶作用过程中为强不相容元素，酸性岩浆只要钾长石或云母类矿物不发生强烈分离结晶，分异的酸性岩浆将会富集 Rb，而 Ti 的主要赋存相为榍石和钛铁矿，它们主要保存在基性岩浆中，因此岩浆分离结晶作用形成的酸性岩浆和基性岩浆能够产生不同数量级的 Rb/Ti 比值。前面已经指出，朗久组火山岩的镁铁质含量明显较托称组的高，且其火山喷发由底部的碱性玄武岩开始，逐步向粗安岩—粗面岩—粗面英安岩转化，与托称组以酸性火山活动为主的阶段显著不同，显然其中的玄武岩不可能由形成托称组的酸性岩浆分异形成，它应拥有自己的独立岩浆房。其碱性玄武岩的出现，指示了一次新的地幔熔融及相应的火山演化旋回的开始，那么需要讨论的就是多爱组和托称组之间的关系。在 Th/Yb - Ta/Yb 图［图 3-208（a）］上显示二者均由富集型幔源（此处即交代型地幔源）形成，其 La/Ce 值（表 3-32）相近，指示源区是一致的，故二者之间的差异可能与结晶分异或源区不同比例的熔融有关。

根据托称组火山岩较多爱组具酸性，具有 Eu 异常，ΣREE 含量相近［图 3-208（b）］，LREE 较多爱组略高，似乎可得出托称组是多爱组结晶分异形成的结论，但在 La/Sm - La、Ce/Yb - Ce 关系图［图 3-208（c）、 (d)]指示二者并不构成结晶分异序列,而是分别构成斜率近于相等的两个部分熔融系列;图 Y/Nb - Zr/Nb 图[图 3-208(e)]上显示,多爱组相对托称组更偏离富集型幔源,而更具有一些亏损幔源的特点,它指示托称组形成时,板块俯冲角度可能更陡,弧壳更厚,弧区亏损地幔楔下交代流体可能更富碱性,也反映了托称组和多爱组可能构成两个不同的岩浆演化系统。一般认为酸性岩不可能由地幔直接生成,如果它与多爱组由源区不同比例部分熔融形成,则它除较多爱组富ΣREE外,应该更富碱,但化学分析指示它的里特曼指数明显较多爱组低,因此我们认为托称组可能是由于岛弧交代地幔部分熔融的玄武质岩浆底侵造成地壳部分熔融及岩浆混合的结果,而多爱组较低的 Sr 值、较高的 Y 和 Yb 值则指示其岩浆形成的深度远小于榴辉岩或榴闪岩形成的条件,而具有较高的热流值。很可能由上地壳部分熔融形成,当然其中也混有一部分下地壳熔融物质的可能性,如其中的一个样品除 Sr 值略小于埃达克岩的一般值外,其他常量和微量元素都符合下地壳部分熔融形成的埃达克岩条件。

表 3-32 则弄群各组地球化学指数比较

多爱组									
样号	GS-59	GS-9	GS-50	GS-54	GS-53	GS-57	GS-1	GS-55	GS-4
样品名称	玄武岩	玄武岩	玄武岩	玄武岩	玄武岩	玄武岩	熔火山角砾岩	玄武质安山岩	玄武质火山角砾岩
Rb/Ti	0.02	0.00	0.00	0.00	0.01	0.02	0.00	0.01	0.01
La/Ce	0.48	0.44	0.48	0.43	0.46	0.46	0.42	0.49	0.48
样号	GS-6	GS-7	GS-56	GS-22	GS-18	GS-43	GS-42	GS-10	GS-212
样品名称	安山岩	安山岩	安山岩	黑云安山岩	多斑角闪安山岩	英安岩	英安岩	英安岩	石英角斑岩
Rb/Ti	0.02	0.00	0.02	0.05	0.05	0.01	0.02	0.02	0.01
La/Ce	0.44	0.44	0.49	0.51	0.55	0.50	0.48	0.47	0.56
托称组									
样号	GS-11	GS-14	GS-26	GS-27	GS-29	GS-61	GS-62		
样品名称	流纹质晶屑玻屑凝灰岩	流纹质晶屑角砾凝灰岩	斜长流纹质凝灰岩	英安质熔结凝灰岩	英安质熔结凝灰岩	含角砾流纹岩	含岩屑英安岩		
Rb/Ti	0.06	0.08	0.24	0.22	0.12	0.16	0.22		
La/Ce	0.47	0.41	0.50	0.52	0.54	0.55	0.50		
朗久组									
样号	GS-60	GS-63	GS-64	GS-81	GS-294	GS-295	GS-218	GS-219	GS-220
野外名称	粗安岩	安山岩	粗安岩	粗安岩	暗色粗面玄武岩	碱性流纹岩	褐红色石英粗面岩	灰黑色碱玄岩	褐红色安粗岩
Rb/Ti	0.06	0.01	0.10	0.03	0.09	0.09	0.06	0.01	0.04
La/Ce	0.50	0.46	0.48	0.53	0.47	0.48	0.54	0.53	0.49

在 La/Sm - La、Ce/Yb - Ce 关系图[图 3-208(c)、(d)]上,朗久组火山岩构成两个序列,一部分是由埃达克岩构成的分异结晶系列(将在下文单独讨论),另一部分,也就是一般由粗安岩—碱性流纹岩构成了部分熔融系列,其岩浆中碱度变化与 SiO_2 无明显的相关关系,但玄武岩的碱度最高,而 A/CNK 值最低,故这种岩性的差异可能与幔源岩浆混染了不同比例的壳源物质有关。最早喷出的碱性玄武岩—粗面安山岩可能与区域上雅江带所代表的大洋在这一时期加速俯冲有关,从而导致流体对弧区地幔楔交

代的加强,很可能交代流体也更偏碱性,从而诱导产生了碱性的玄武岩。由于其更富流体,活动性强,从而喷出地表,其流体含量较高,故岩石结晶较好,发育大量的斜长石大连晶及晶体的堆晶结构。之后由于弧区地壳持续增厚和后续岩浆上升能量的衰减,产生的碱性岩浆上升速度更缓慢,从而诱发下或上地壳的部分熔融,并与新生成的岩浆相混合,在粗面英安岩中见到碱性玄武岩的捕房体,可能指示二者曾发生了有限的混合。

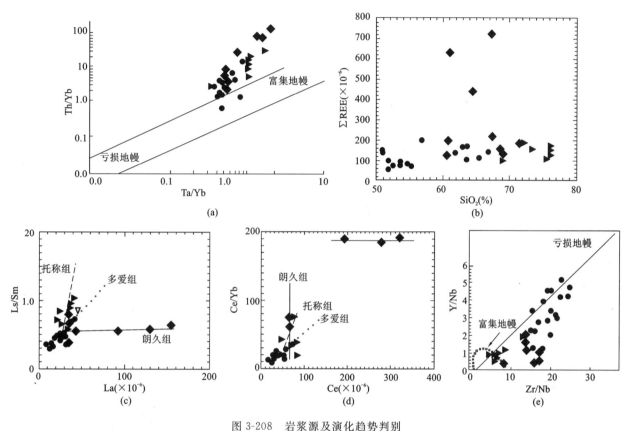

图 3-208 岩浆源及演化趋势判别
(a)Th/Yb - Ta/Yb 图解;(b)SiO$_2$ -ΣREE 图解;(c)La/Sm - La 图解;(d)Ce/Yb - Ce 图解;
(e)Y/Nb - Zr/Nb 图解;(a)、(e)图据 Wilson,1989;图例同图 3 - 178

朗久组富碱的玄武岩的出现,该组中异常高的 Ba 含量,指示弧壳由于俯冲诱发的交代地幔楔的上隆,弧开始弱的裂谷化趋势,但从后续缺乏玄武质岩浆喷发,火山韵律的研究指示岩浆向愈来愈酸性的方向演化,指示这种裂解的趋势很弱,未能形成新的扩张中心,即测区一带的冈底斯弧不存在弧后盆地。

(3) 朗久组下地壳熔融的埃达克岩的形成标志着冈底斯弧在俯冲阶段就形成了厚大于 40km 的地壳,冈底斯一带中新生代地壳加厚和隆升远早于新生代。

目前一般将埃达克岩的成因分为两类:一类由俯冲洋壳的部分熔融形成,这类埃达克岩由于上升过程中与地幔发生物质交换而一般富镁,在 An - Ab - Or 图解上一般位于奥长花岗岩区;另一类由下地壳部分熔融形成,与玄武质岩浆的底侵活动有关,这类埃达克岩的 MgO 一般小于 3.0%,而 Mg$^\#$ 小于 0.45 或 0.50,An - Ab - Or 图解上一般位于花岗岩-花岗闪长岩区。测区朗久组埃达克岩的 MgO 在 0.92%～2.92%,显然与下地壳部分熔融形成的埃达克岩相似,但其 Mg$^\#$ 为 0.39～0.54,在硅-镁图解(图 3-209)上部分位于板片熔融形成的埃达克岩区,还有一部分位于板片熔融和下地壳熔融形成的埃达克岩的重叠区,但这很可能是由于这类岩石中铁质的含量偏低所致。考虑到由低钠的洋壳部分熔融形成的埃达克岩一般 Na$_2$O>K$_2$O,而朗久组埃达克岩 K$_2$O/Na$_2$O 一般在 1.05～3.57,显示钾远大于钠含量,A/CNK 值大部分近于 1,在 An - Ab - Or 图解(图 3-210)上四个样品位于花岗岩区,一个样品位于花岗闪长岩区,无落入奥长花岗岩区者,指示它不可能由俯冲板片部分熔融形成,也与具有较低钾含量的安第斯弧下地壳部分熔融形成的 O 型埃达克岩不同,而与中国东部白垩纪的 C 型埃达克岩相似,钾的含量偏高,则可能与上升过程较缓慢,与上地壳发生了混染有关。此外在 La/Sm - La、Ce/Yb - Ce 关系图[图 3-208(c)、(d)]上,埃达克岩构成结晶分异序列,地球化学数据显示随酸度的增加,LREE 显著增加,LREE 最高的样品表现出弱的负铈异常(图 3-205)相吻合,指示埃达克岩在上升过程中发生了结晶分异。

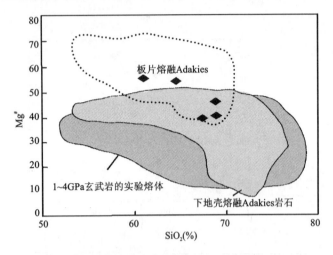

图 3-209 埃达克岩的 SiO_2 - $Mg^\#$ 图解
(据陈国荣等,2004;潘桂棠等,2001;王希斌等,1987;文世宣,1979,1984;魏春生,2000;图例同图 3-178)

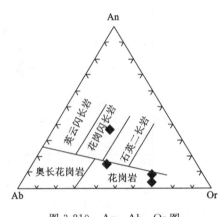

图 3-210 An - Ab - Or 图
(据 O'Conner,1965)

总之朗久组部分火山岩常量元素 SiO_2 含量大于 61.02%;MgO≤2.90%,具有岛弧火山岩所特有的 Ti、Nb、Ta 高场强元素(HFSES)亏损,高 Sr(Sr≥473.53×10^{-6}),低 Y(Y 一般小于或近似等于18×10^{-6}),Yb 值<1.49×10^{-6},Sr/Y≥43.24 的特征,指示它们并非地幔橄榄岩部分熔融的幔源岩浆系列,而是一套陆壳岩石在特定条件下局部熔融的壳源中酸性岩石系列,由于石榴石优选富集 Y 和重稀土,而斜长石的分解将使熔体中大量富集 Sr,因此本区火山岩的特殊地球化学特征,表明它们应源自于石榴石稳定的相当于榴辉岩相的源区类型。它反映了随着弧区地壳的加厚,下地壳将由角闪岩相转变为榴辉岩相,地壳厚度将大于 40km。

青藏高原隆升机制一直是地学研究的前沿问题。众所周知,高原的隆升与地壳的厚度密切相关,地壳厚度越大,地表高度越高。因此确定地壳的厚度并且查明高原地壳增厚过程能够反映高原隆升的信息。然而,青藏高原的地壳是何时增厚的并且增厚的动力学过程等都是不清楚和有争议的。通常认为青藏高原在 13Ma 左右地壳增厚并开始了隆升或隆升时间更晚,但也有少数学者认为青藏高原的地壳加厚开始更早,如 Dewey 设想 30—45Ma 地壳已加厚到 65km,高原开始隆升到 3000m,Chung 指出藏东地区在 40Ma 前开始了地壳增厚和隆升。近年来,部分国内学者认为羌塘腹地 44—32Ma 的火山岩系地壳增厚形成的埃达克岩,从而提出一个与前者相类似的结论:即藏北地壳开始增厚的时间可能在 40Ma±。但青藏高原真是从 40Ma±开始增厚的吗?在青藏高原是否还存在较 40Ma±更早、但至今尚未发现的与地壳隆升有关的"C"型埃达克岩,无疑是学者们关注的一个焦点。工作区冈底斯弧区早白垩世埃达克岩的发现,反映青藏高原的增厚在白垩纪早期就已开始。

三、早白垩世乌木垄铅波岩组火山岩

(一)地质特征

对狮泉河带的研究最早而有系统资料的当推郭铁鹰等在 1980—1991 年的工作,可惜限于当时蛇绿岩的填图方法,未能将狮泉河带在地质图上明确表述出来,但仍提供了许多重要信息和线索,如指出:

"狮泉河带内的火山岩存在洋脊玄武岩和造山的火山岩两种类型","日土拉梅拉剖面的拉梅拉组第2层中含有植物碎屑和植物化石,并鉴定了植物化石的种属"(郭铁鹰等,1991),它暗示了狮泉河带并非整体都是一个深水盆地,而是一个存在水上暴露面(可能代表微岛链或岛弧)的更为复杂的一个带。

基于多岛洋活动论和对老资料的重新认识,我们在填图中注意了对狮泉河带内一些微地体的地质特征、地球化学和反映大地构造相的识别工作,从而在狮泉河带内填绘出一系列的角砾状安山岩、流纹岩、粗安岩、粗面岩、碱长流纹岩及火山碎屑流沉积(图版14-6),局部地带发育潮坪或滨海相的砂岩(图版14-7、14-8),并发现了植物根化石,它们构成微地体——岛屿,这些岛屿在狮泉河带内的有序展布构成了三条主要的岛链带——南、中、北岛链带,但在一些地带的岛链也存在复合分支现象,如最北侧的丁勒岛弧与中岛链日阿岛屿的连接。上述岛(弧)链将狮泉河带分隔成一系列的小盆地。不同于狮泉河带内各亚带地层呈现无序结构,韧性变形、褶皱、构造置换等现象极为发育,岛弧链区的地层(乌木垄铅波岩组)则呈有序结构、构造相对不发育。以同温淌嘎断裂为界,东西两侧岛链区各岛屿特征不同。对于岛链总体特征及与狮泉河各带的关系在第四章蛇绿岩和第二章地层中已作列述,这里不再详细讨论。但根据组成微岛屿的火山岩组合指示这些火山岩不可能是洋岛火山岩,而是属于与造山有关的钙碱性岩弧火山岩,即这些微岛弧组成岛弧链与狮泉河各亚带一起构成多岛弧盆系统。

有些学者在该项目野外验收中曾据这些火山岩为岛弧成因,因而怀疑这些火山岩可能是则弄群所代表的弧分裂形成的,但实质上二者间在岩石学方面存在一些显著的差异。

则弄群一般具有:①基—中—酸—碱的阶段演化特点显著。各阶段的火山沉积均较厚,展布有一定规模,早期阶段的火山岩与晚期阶段的火山岩之间存在火山喷发不整合接触关系,指示火山喷发的早期阶段和晚期阶段之间存在一个明显的时间差;②晚期火山口除部分重叠或继承老的火山口外,还明显出现一些新的火山口,并具有火山口和火山喷发由早期向晚期向北偏移的特点;③单个火山机构处的沉积分带总体呈圆形,灰岩夹层较多,但几乎未发现硅质岩,碎屑岩多磨圆较好,说明总体水不深。

乌木垄铅波岩组则具有:①火山演化虽总体也具有由中性—碱性—酸性的演化特点,但单个微岛弧处乌木垄铅波岩组总厚度和各阶段沉积均较薄,早期—晚期的火山活动均多由同一个火山机构形成,火山演化的阶段性不明显,如在羊尾山附近的一个微岛弧上就曾见到这样一个火山层序,由底向顶如下:

7. 英安质-流纹质熔结凝灰岩　　　　　　　　　　　　　　　　　　　　　　　　　　　　10m
6. 英安质凝灰岩　　　　　　　　　　　　　　　　　　　　　　　　　　　　　　　　　25m
5. 流纹质熔结凝灰岩　　　　　　　　　　　　　　　　　　　　　　　　　　　　　　　10m
4. 英安质凝灰岩　　　　　　　　　　　　　　　　　　　　　　　　　　　　　　　　　6m
3. 安山质熔结凝灰岩　　　　　　　　　　　　　　　　　　　　　　　　　　　　　　　20m
2. 浅绿色英安质玻屑熔结细凝灰岩,具气孔构造,向上渐变为凝灰岩　　　　　　　　　　60m
1. 安山质晶屑玻屑凝灰岩　　　　　　　　　　　　　　　　　　　　　　　　　　　　　20m

②与则弄群一样,由单个火山机构处向外,也存在沉积分带现象,但不同于则弄群分带常呈近圆形,乌木垄铅波岩组的分带常呈线形,在微岛弧的南侧往往由熔结火山岩(局部有次火山岩)—凝灰岩—凝灰质砂岩—潮坪相的砂岩夹生物碎屑灰岩、含炭页岩组成,并逐渐过渡为台地相的灰岩、海相溢流玄武岩等;但南侧则一般较陡,由岛弧向南多由熔结火山岩—火山角砾岩组成,并很快过渡为火山碎屑流(浊流沉积)沉积,最大的火山碎屑块体可达1m(图版14-6),且大块体多有塑性变形,非常类似于火山弹,反映在喷出后很快沿斜坡向下滚落,在滚落过程中发生了变形。有些部位未见到粗火山碎屑流沉积,但在紧邻岛弧位置的深水区,多存较厚的细凝灰质沉积,它指示了这些微岛弧多具有南陡北缓的特点。

综合上述,岩石学方面的特点,反映尽管乌木垄铅波岩组和则弄群均为弧火山岩,但乌木垄铅波岩组火山岩形成于小岩浆房,其中一侧濒临深水区,而则弄群则形成于一个更稳定、规模宏大的岩浆房,构造运动的节律清晰,两类弧火山岩形成于两个不同的构造环境和机制,乌木垄铅波岩组不可能是则弄群代表的弧分裂的结果。

(二) 火山岩岩石学特征

组成微岛弧的火山岩岩性有角砾状安山岩、流纹岩、粗安岩、粗面岩、碱长流纹岩及火山碎屑沉积。

1. 角砾凝灰安山岩

角砾凝灰熔岩结构(图版14-4),岩石由角砾(20%)、凝灰质(10%)和安山质组成,其中角砾主要由安山质岩屑组成,少量为斜长石斑晶晶屑,有明显爆裂熔蚀现象,据斜长石具环带和消光角可判定属中长石。凝灰质主要为晶屑,少量为玻屑。熔岩具有斑状结构,斑晶呈自形结构,由斜长石和少量的石英集合体组成。

2. 斑状粗安岩

斑状结构,岩石由斑晶和基质两部分构成,斑晶为黑云母,透长石和磷灰石。基质主要由微粒—霏细结构的晶屑组成(60%),但也有一些粗安岩的基质具粗面结构,基质中一般含少量铁质微粒(<5%)和火山玻璃(<10%)。此外,岩石中还含少量(5%)气孔,气孔呈不规则状,气孔粒径在0.5~1.5mm。

透长石斑晶:自形板状,粒径大者达2.52mm×5.40mm,简单双晶或不具双晶,二轴(-)2V小,为低透长石,弱—中等高岭土化,含量10%。

黑云母斑晶:片状,粒径大者达0.79mm×1.18mm,少数较新鲜,多数绿泥石、赤铁矿、褐铁矿化,含量小于5%。

磷灰石斑晶:粒径达0.05~0.47mm,有的横截面(正六边形)粒径达0.16mm。

基质中的晶屑一般由长英质组成,石英多在20%±,但具有粗面结构的粗安岩中,可不含石英,几乎全由具定向的透长石组成。

3. 英安岩

斑状结构,岩石由斑晶和基质两部分组成,斑晶粒径在0.04mm×0.2mm~0.29mm×3.60mm,主要由长石、黑云母、普通角闪石等组成,由于强烈的风化,多已彻底蚀变为绢云母、方解石、褐铁矿集合体,另一些变成方解石集合体,仅呈原矿物的假象。值得注意的是,在火山岩中还含有一些颗粒较大的磷灰石斑晶,粒径达0.12mm×0.68mm。基质具多玻结构,火山玻璃中分布有许多长石、石英及铁质微粒。由于脱玻化和变质结晶,基质中结晶出众多不规则的石英团块,团块大小在0.22mm±。

4. 流纹岩

斑状结构,斑晶由石英和透长石组成。石英斑晶主要为β-石英,自形六方锥状,港湾状熔蚀,粒径0.35~1.60mm,含量为10%;透长石斑晶,自形板状,粒径达1.8mm,简单双晶,弱高岭土化,含量10%。

基质由微粒—霏细质的长英质(50%)和火山玻璃(25%)组成,含少量铁质微粒(5%),铁质微粒氧化成赤铁矿致使岩石呈褐红色。

5. 流纹质角砾熔岩

角砾熔岩结构,角砾形态多为不长透镜体状,大小为1.5mm×10mm,个别达5mm×30mm,成分多为流纹岩质;基质为含斑霏细结构,斑晶为石英,基质为霏细级长英质,绢云母化强烈。

6. 流纹质火山角砾岩

火山角砾结构,主要由火山碎屑组成,其中火山角砾约占70%,形态为棱角状,部分浆屑呈火焰石状,大小为2~10mm,成分主要为流纹岩,并含有少量的玄武岩、玄武安山岩等;火山凝灰质含量20%,成分与角砾成分相同;熔岩含量小于10%,起胶结作用。

7. 流纹质熔结凝灰岩

熔结火山凝灰结构,变余斑状结构,斑晶约20%,基质占80%。

变斑晶由石英、斜长石和黑云母组成。

石英斑晶:不规则粒状—自形粒状,粒径达1.5mm,见有正六边形切面,且熔蚀结构明显,应为高温β-石英,有的聚合成聚斑结构,含量5%~8%。

斜长石斑晶:板状,大者达1.0mm×1.5mm,常聚合在一起呈聚斑结构,强烈绢云母化,含量6%。

黑云母斑晶:不规则片状,大者达1mm,不同程度地蛭石化、白云母化,并析出磁铁矿、绿帘石等,含量5%。

基质:微粒结构(熔结球粒),主要矿物粒径小于0.04mm,主要由石英、钾长石、斜长石组成(70%),其中长石绢云母、高岭土化。基质碳酸盐化较强,方解石呈麻点状、小团块状均匀分布于基质中,含量10%。

8. 凝灰质砂岩

呈变余砂状结构,粒度可为细—粗,但一般分选都较好,磨圆差,呈棱角状。碎屑成分多由白色或绿色凝灰质、长石或石英组成,胶结物为钙质及铁质,含量多为10%±,其成分及磨圆反映了碎屑来自近源的火山物质。

(三)地球化学特征

1. 岩石定名

所挑选的8个样品SiO_2含量一般为58.67%~77.51%(表3-33),属于中酸性岩的范畴,在TAS图(图3-211)上,明显可分为两个点群,其中中性岩的四个样品一个点位于安山岩区、一个点位于粗安岩区,另3个位于安山岩区,但其中2个点明显靠近粗安岩,反映了偏碱性,与野外定名基本相符。而酸性岩主要落在流纹岩区,个别落入英安岩区处。在Middlemost(1972)的硅-碱分类图(略)上,中性岩的3个点位于安山岩区,1个位于粗安岩区;酸性岩分布区与TAS图一致;在邱家骧硅-碱图(略)和火山岩SiO_2-Zr/Ti图解(图3-212)上判别,与TAS图的判别结果基本一致。

表3-33 乌木垄铅波岩组主量元素及微量元素分析结果

地质体		卧布玛奶弧地体	卧布玛奶弧地体	卧布玛奶弧地体	一亚带北	弧间	乌木垄铅波弧	乌木垄铅波弧	乌木垄铅波弧
采样地点		婆肉共沟	婆肉共沟	婆肉共沟	典角对岸	乌木垄铅波沟	乌木垄铅波沟	XXV剖面第17层	乌木垄铅波沟
样品名称		斑状粗安岩	斑状粗安岩	黑云母碱长流纹岩	安山岩	流纹岩	灰白色斑状英安岩	流纹岩	流纹岩
样号		GS-70	GS-69	GS-171	GS-34	GS-173	GS-174	GS-176	GS-177
主量元素(%)	SiO_2	58.67	60.65	61.74	62.19	69.40	71.20	76.84	77.51
	TiO_2	0.98	1.04	0.43	0.48	0.93	0.79	0.05	0.06
	Al_2O_3	13.21	13.25	13.05	16.72	14.34	12.07	11.3	11.69
	Fe_2O_3	2.39	4.07	3.26	1.53	0.61	1.05	0.98	0.98
	FeO	2.52	1.29	4.57	2.61	0.70	4.13	1.01	0.52
	MnO	0.087	0.067	0.120	0.080	0.020	0.120	0.04	0.053
	MgO	2.36	1.76	4.51	2.93	2.07	1.77	0.39	0.50

续表 3-33

	地质体	卧布玛奶弧地体	卧布玛奶弧地体	卧布玛奶弧地体	一亚带北	弧间	乌木垄铅波弧	乌木垄铅波弧	乌木垄铅波弧
	采样地点	婆肉共沟	婆肉共沟	婆肉共沟	典角对岸	乌木垄铅波沟	乌木垄铅波沟	XXV剖面第17层	乌木垄铅波沟
	样品名称	斑状粗安岩	斑状粗安岩	黑云母碱长流纹岩	安山岩	流纹岩	灰白色斑状英安岩	流纹岩	流纹岩
	样号	GS-70	GS-69	GS-171	GS-34	GS-173	GS-174	GS-176	GS-177
主量元素(%)	CaO	5.02	4.34	3.83	3.84	0.48	1.40	0.4	0.23
	Na_2O	1.79	6.11	3.22	6.28	1.01	2.64	2.61	2.78
	K_2O	7.36	0.81	0.22	0.80	7.76	1.92	4.9	4.91
	P_2O_5	0.550	0.610	0.074	0.200	0.094	0.190	0.037	0.017
	H_2O^+	1.68	2.14	3.08	1.24	0.16	1.41	0.84	0.29
	H_2O^-	0.44	0.57	0.14	0.25	1.05	0.20	0.4	0.19
	TCO_2	3.85	4.36	1.54	1.17	0.77	0.66	0.38	0.77
	SO_3	0.042	0.075	0.012	0.030	0.150	0.010	0.038	0.010
	LOS	4.70	5.82	4.98	2.05	2.46	2.71	0.96	0.69
主要参数	SI	14.37	12.54	28.58	20.71	17.04	15.38	3.94	5.16
	A/CNK	0.66	0.70	1.04	0.92	1.31	1.35	1.09	1.13
	σ	5.34	2.71	0.63	2.61	2.91	0.74	1.67	1.71
	TFeO/MgO	1.98	2.81	1.66	1.36	0.60	2.87	4.85	2.80
	$Mg^\#$	0.48	0.39	0.52	0.57	0.75	0.39	0.27	0.39
	K_2O/Na_2O	4.11	0.13	0.07	0.13	7.68	0.73	1.88	1.77
微量元素($\times 10^{-6}$)	Li	48.752	19.402	34.064	28.686	48.046	35.044	25.223	20.921
	Be	13.603	4.113	0.483	1.278	9.819	1.063	5.377	5.151
	Sc	12.468	13.756	23.875	8.681	11.913	10.558	4.656	3.865
	V	101.267	108.178	135.161	32.464	77.671	68.857	5.605	1.319
	Cr	102.64	83.305	46.616	49.393	63.258	59.861	5.696	20.021
	Co	14.436	11.787	17.832	12.616	1.128	9.017	1.413	1.422
	Ni	55.892	44.186	22.730	26.25	8.239	16.421	3.388	15.302
	Cu	36.131	32.78	6.941	21.855	9.335	10.270	5.533	11.113
	Zn	82.818	78.935	65.941	80.687	32.609	64.350	26.165	24.944
	Ga	21.921	20.239	12.795	17.435	21.16	15.086	14.573	13.939
	Rb	589.689	80.507	5.715	15.621	540.827	71.741	363.865	325.915
	Sr	618.89	788.96	230.985	676.354	278.195	193.414	24.004	23.923
	Y	18.977	21.779	10.651	8.511	5.243	35.358	43.119	46.112
	Zr	415.568	456.440	40.365	100.4618	403.253	786.148	70.403	67.772
	Nb	31.738	33.351	1.456	4.884	32.191	19.97	25.748	35.019
	Cs	141.331	3.287	1.577	4.038	59.558	2.702	11.559	11.341

续表 3-33

	地质体	卧布玛奶弧地体	卧布玛奶弧地体	卧布玛奶弧地体	一亚带北	弧间	乌木垄铅波弧	乌木垄铅波弧	乌木垄铅波弧
	采样地点	婆肉共沟	婆肉共沟	婆肉共沟	典角对岸	乌木垄铅波沟	乌木垄铅波沟	XXV剖面第17层	乌木垄铅波沟
	样品名称	斑状粗安岩	斑状粗安岩	黑云母碱长流纹岩	安山岩	流纹岩	灰白色斑状英安岩	流纹岩	流纹岩
	样号	GS-70	GS-69	GS-171	GS-34	GS-173	GS-174	GS-176	GS-177
微量元素 ($\times 10^{-6}$)	Ba	2135.287	148.894	53.681	283.347	1622.822	450.151	66.301	22.614
	Hf	11.334	12.172	1.138	2.544	11.679	17.71	3.701	2.852
	Ta	2.547	2.916	0.15	0.628	2.922	2.403	3.805	6.435
	Tl	5.25	0.984	0.028	0.177	7.277	0.348	1.681	1.395
	Pb	86.301	63.03	6.544	17.315	30.099	25.576	29.625	19.442
	Bi	0.22	0.97	0.069	0.385	3.316	0.188	0.139	0.013
	Th	115.547	127.613	0.636	5.856	57.142	21.968	22.235	21.694
	U	15.583	27.179	0.233	1.531	12.401	3.146	7.225	5.795
稀土元素 ($\times 10^{-6}$)	La	87.045	81.594	3.749	18.393	30.303	49.637	19.276	20.26
	Ce	188.941	186.482	8.35	33.628	72.754	103.071	40.783	45.124
	Pr	24.521	25.767	1.094	4.564	8.742	11.416	4.893	5.001
	Nd	99.098	106.701	4.718	17.272	31.568	41.5	17.224	16.613
	Sm	20.137	21.757	1.275	3.617	4.821	8.546	4.551	4.437
	Eu	3.372	3.335	0.476	1.053	1.1	1.443	0.056	0.024
	Gd	10.064	11.141	1.684	2.571	2.323	6.992	5.135	5.502
	Tb	1.144	1.261	0.282	0.348	0.287	1.137	0.998	1.018
	Dy	4.582	5.222	1.798	1.837	1.205	6.69	6.791	6.872
	Ho	0.756	0.821	0.398	0.35	0.206	1.312	1.454	1.451
	Er	1.858	2.013	1.196	0.886	0.583	4.032	4.647	4.552
	Tm	0.228	0.256	0.179	0.129	0.085	0.595	0.745	0.718
	Yb	1.506	1.645	1.26	0.811	0.618	3.915	5.036	5.078
	Lu	0.208	0.221	0.19	0.126	0.091	0.601	0.795	0.735
	∑REE	443.46	448.216	26.649	85.585	154.686	240.887	112.3833	117.385
主要参数	δEu	0.72415	0.654874	0.993126	1.055666	1.004901	0.5707	0.035416	0.01485
	δCe	1.002697	0.99715	1.010892	0.899884	1.095956	1.061601	1.029597	1.099117
	$(La/Sm)_N$	2.790565	2.421042	1.898228	3.282821	4.057809	3.749607	2.73451	2.947767
	$(Sm)_N$	131.6144	142.2026	8.333333	23.64052	31.5098	55.85621	29.74314	29
	$(Gd/Yb)_N$	5.528187	5.602674	1.105627	2.622517	3.109552	1.477429	0.843538	0.896324
	$(La/Yb)_N$	41.45906	35.57893	2.134251	16.26793	35.17205	9.094406	2.745633	2.861853
	$(Yb)_N$	8.858824	9.676471	7.411765	4.770588	3.635294	23.02941	29.62264	29.87059
	$(Ce)_N$	308.7271	304.7092	13.64379	54.94771	118.8791	168.4167	66.63864	73.73203

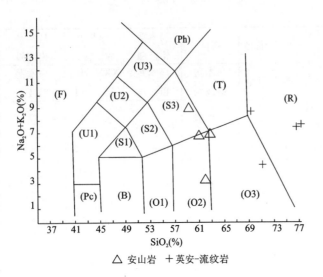
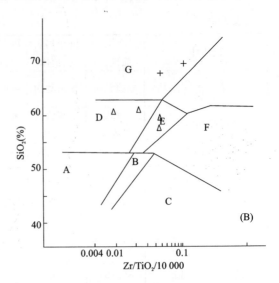

图 3-211 TAS 图(据 Le Bas,1982)

(F)似长石岩;(Pc)苦橄玄武岩;(U1)碱玄岩、碧玄岩;(U2)响岩质碱玄类;(U3)碱玄岩质响岩;(Ph)响岩;(S1)粗面玄武岩;(S2)玄武质粗面安山岩;(S3)粗面安山岩;(T)粗面岩和粗面英安岩;(B)玄武岩;(O1)玄武安山岩;(O2)安山岩;(O3)英安岩;(R)流纹岩;O:SiO₂ 过饱和;S:SiO₂ 饱和;U:SiO₂ 不饱和

图 3-212 火山岩 SiO_2-Zr/TiO_2 图解

A.亚碱性玄武岩类;B.碱性玄武岩类;C.粗面玄武岩类;D.安山岩类;E.粗面安山岩类;F.响岩类;G.英安流纹岩类、英安岩类;图例同图 3-211

根据 CIPW 标准矿物计算的结果(表 3-34、表 3-35),乌木垄铅波岩组的几个安山岩—粗安岩 Q 值为 8.80~24.11,Hy 值为 4.71~22.44,DI 值多为 2.38~13.41,但无 Ac 生成,指示尽管碱度较高,但不属于过碱性岩,A/CNK 值在 0.66~1.04,平均值为 0.83,属于次铝的岩石,故这些岩石属于 SiO_2 过饱和的正常类型。计算得到的斜长石牌号在 28~39 之间(更长石-长石)。酸性岩的 Q 值为 30.71~41.84,Hy 值为 0,DI 值为 0,指示属于碱度正常类型;A/CNK 值为 1.09~1.35,平均值为 1.22,属于过铝的岩石。计算得到的斜长石牌号在 4~20 之间(钠-更长石)。

表 3-34 乌木垄铅波岩组 CIPW 标准矿物计算结果(%)

样号	GS-70	GS-69	GS-171	GS-34	GS-173	GS-174	GS-176	GS-177
Q	8.80	12.69	24.11	9.18	30.71	41.84	40.99	40.82
C	0.00	0.00	0.73	0.00	3.67	3.60	1.06	1.42
Or	45.93	5.11	1.37	4.85	47.13	11.68	29.43	29.28
Ab	15.96	55.12	28.70	54.39	8.77	22.94	22.40	23.69
An	6.55	6.75	19.62	15.42	1.90	6.00	1.78	1.03
Ne	0.00	0.00	0.00	0.00	0.00	0.00	0.00	0.00
Lc	0.00	0.00	0.00	0.00	0.00	0.00	0.00	0.00
Ac	0.00	0.00	0.00	0.00	0.00	0.00	0.00	0.00
Ns	0.00	0.00	0.00	0.00	0.00	0.00	0.00	0.00
Di	13.41	10.32	0.00	2.38	0.00	0.00	0.00	0.00
DiWo	6.81	5.18	0.00	1.22	0.00	0.00	0.00	0.00
DiEn	3.63	2.39	0.00	0.70	0.00	0.00	0.00	0.00
DiFs	2.96	2.75	0.00	0.46	0.00	0.00	0.00	0.00
Hy	4.71	4.96	22.44	11.31	5.31	10.54	3.69	3.24

续表 3-34

样号	GS-70	GS-69	GS-171	GS-34	GS-173	GS-174	GS-176	GS-177
HyEn	2.60	2.31	11.89	6.81	5.31	4.55	0.99	1.26
HyFs	2.12	2.66	10.55	4.50	0.00	5.99	2.70	1.98
Ol	0.00	0.00	0.00	0.00	0.00	0.00	0.00	0.00
OlFo	0.00	0.00	0.00	0.00	0.00	0.00	0.00	0.00
OlFa	0.00	0.00	0.00	0.00	0.00	0.00	0.00	0.00
Mt	1.42	1.52	2.01	1.09	0.39	1.44	0.48	0.35
Hm	0.00	0.00	0.00	0.00	0.09	0.00	0.00	0.00
Il	1.96	2.11	0.86	0.93	1.81	1.54	0.10	0.11
Ap	1.27	1.42	0.16	0.45	0.20	0.43	0.09	0.04
CI	21.50	18.91	25.32	15.71	7.52	13.52	4.26	3.71
DI	70.68	72.92	54.18	68.43	86.61	76.45	92.81	93.79

表 3-35　峦布达嘎西侧次火山侵入体主量元素及微量元素分析结果

样号	主量元素(%)											
GS-273	SiO_2	TiO_2	Al_2O_3	Fe_2O_3	FeO	MnO	MgO	CaO	Na_2O	K_2O	P_2O_5	H_2O^+	H_2O^-
	70.84	0.17	14.16	0.68	2.77	0.081	0.40	1.31	3.14	5.54	0.084	0.72	0.24
	主量元素(%)			微量元素($\times 10^{-6}$)								
	TCO_2	SO_3	LOS	Li	Be	Sc	V	Cr	Co	Ni	Cu	Zn	Ga
	0.76	0.011	1.08	93.776	2.494	5.068	31.172	16.856	2.616	9.870	23.543	64.994	18.509
	微量元素($\times 10^{-6}$)											
	Rb	Sr	Y	Zr	Nb	Cs	Ba	Hf	Ta	Tl	Pb	Bi	Th
	229.554	95.388	20.837	185.776	14.967	12.625	437.085	5.648	0.922	0.941	40.422	0.328	20.227
	微量元素($\times 10^{-6}$)		稀土元素($\times 10^{-6}$)									
	U	La	Ce	Pr	Nd	Sm	Eu	Gd	Tb	Dy	Ho	Er	Tm
	2.387	56.481	110.967	13.261	49.500	8.147	1.020	6.766	0.890	4.210	0.747	1.935	0.261
	稀土元素($\times 10^{-6}$)		主要参数									
	Lu	SI	A/CNK	σ	TFeO/MgO	$Mg^\#$	K_2O/Na_2O	δEu	δCe	δSr	$(La/Sm)_N$	$(Sm)_N$	$(Gd/Yb)_N$
	0.216	3.19	1.04	2.71	8.46	0.06	1.76	0.43	0.99	1.19	4.49	53.25	3.57

2. 岩浆系列及源岩浆判别

在硅-碱图[图 3-213(a)]上,除一个中性岩样品落入碱性岩区外,其余中性岩均落入非碱性区。在 Ol-Ne′-Q′图解[图 3-213(c)]上均位于亚碱性区,SiO_2-Nb/Y 图上[图 3-213(b)],有两个中性岩和一个酸性岩样品(173 和 69 及 70)落入碱性岩区,其余在亚碱性岩区。在 K_2O-SiO_2 图(图 3-214)上,安山岩的 4 个点有三个位于低钾安山岩区,有 1 个落入白榴岩系列区,但实际上这个样品据其他特点判断,高的钾质可能由火山岩与地下水的改造造成。综合上述,这些中酸性岩石属于亚碱性-弱碱性岩石,总体与岛弧拉斑质-钙碱性火山岩相当。

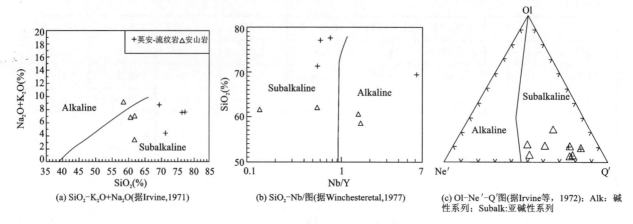

图 3-213　乌木垄铅波岩组火山岩硅-碱图(图例同图 3-211)

中酸性岩的稀土配分模式(图 3-215)可分为四种类型:第一类安山岩的轻重稀土分异弱,$(La/Yb)_N$ 为 2.13,曲线向右缓倾,ΣREE 含量低,为 26.649×10^{-6},略大于地幔(7.485×10^{-6}),属于低钾的岛弧拉斑玄武岩系列,由地幔部分熔融生成;第二类代表性岩石为流纹岩(其中部分安山岩也很类似,但由于分析样品偏少,故未完全反映出这一趋势),稀土分异中等$(La/Yb)_N$ 为 9.09,其 $(La/Sm)_N$ 为 3.75,指示轻稀土分异显著,但重稀土弱分异,$(Gd/Yb)_N$ 仅为 1.48,ΣREE 为 154.686×10^{-6},略大于上地壳(146.37×10^{-6}),δEu 为 0.57,具有中等强度的负铕异常,曲线与岛弧钙碱性系列岩石的相似;第三种类型由两个流纹岩样品组成,稀土弱分异$(La/Yb)_N$ 为 2.75~2.86,轻稀土弱分异,$(La/Sm)_N$ 为 2.73~2.95,$(Gd/Yb)_N$ 仅为 0.84~0.90,ΣREE 为 $112.383\times10^{-6}\sim117.385\times10^{-6}$,大于下地壳平均值($66.94\times10^{-6}$),但远小于上地壳的平均值,指示它不可能由上地壳部分熔融形成,具有非常显著的铕异常,δEu 为 0.01~0.04,说明它是岩浆高度结晶分异作用的产物,很可能是下地壳或地幔熔融形成的岩石分异形成,极显著的铕异常指示它的结晶分异历程漫长,很可能是地幔分异形成的;第四种类型由三个安山岩样品和一个流纹岩样品组成,轻重稀土分异显著,$(La/Yb)_N=16.26\sim41.46$,曲线向右陡倾,轻稀土中等分异,$(La/Sm)_N=2.42\sim4.06$,但重稀土内分异显著,$(Gd/Yb)_N=2.62\sim5.63$,ΣREE 差异较大,有的仅 $85.585\times10^{-6}\sim154.686\times10^{-6}$,但也有一部分在婆肉共沟处采集的碱性火山岩 ΣREE 值为 $443.46\times10^{-6}\sim448.216\times10^{-6}$,远大于上地壳。它们的稀土曲线与岛弧和大陆弧的显著不同,而与埃达克岩的相似,其中较酸性的一个,其稀土曲线与平均埃达克岩的几乎完全重合。

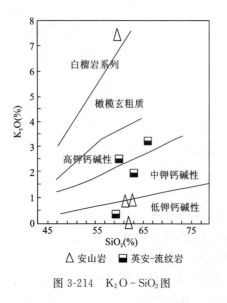

图 3-214　K_2O-SiO_2 图

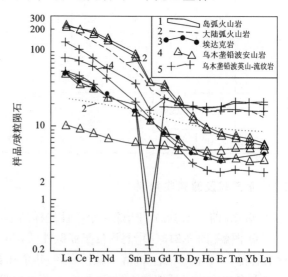

图 3-215　乌木垄铅波岩组火山岩的稀土模式曲线

Sun 和 McDonough(1989)认为：Ba、Th、La、Nb 是非常不相容元素，其分配系数相近，它们的比值，尤其 Ba、Th、La 与 Nb 的比值(Nb 分配系数居中)在部分熔融和分离结晶过程中保持不变，可有效地指示源区特征；Gill(1981)指出，造山的安山岩 La/Th 值为 2～7，La/Ba 为 15～80，La/Nb 为 2～5 之间。研究区的火山岩 La/Th 值为 2～7，La/Ba 为 15～80，以此相判别，尽管一些参数判别的结果相互矛盾，但仍可确认大部分岩性属于弧火山岩，但也有一部分未落入弧火山岩区，在火山岩 Th-Hf-Ta 图解(图 3-216)和 P_2O_5-TiO_2 图(图 3-217)上判别，结果也是如此，尤其是负铕异常最显著的两个酸性岩和稀土问题最高的两个安山岩，它可能指示了这两个样品与地壳发生了混染。

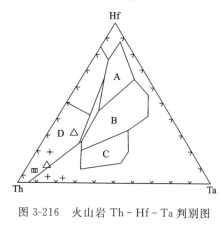

图 3-216 火山岩 Th-Hf-Ta 判别图
(据 Wood，1980)

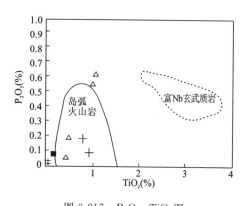

图 3-217 P_2O_5-TiO_2 图
(图例同图 3-211，原图据杨坤光等，2002)

微量元素 MORB 蛛网图(图 3-218)显示：稀土丰度略低的中性岩样品分别相当于岛弧拉斑玄武岩系列—岛弧钙碱性玄武岩系列。而稀土丰度偏高的两个样品则接近岛弧玄粗质-大陆弧玄武岩。与前面的岩墙杂岩和大洋玄武岩派生的安山岩不同，这些安山岩中的一部分有极高的 Th 含量，如在婆肉共沟内所采的两个样品 Th 为 $115.547×10^{-6}$～$127.613×10^{-6}$，是其他地带中酸性岩的数倍至十倍。

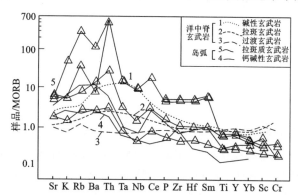

图 3-218 乌木垄铅波岩组安山岩的微量元素 MORB 标准化图解
(图及标准数据据 Pearce，1982；样品图例同图 3-211)

酸性岩的微量元素标准化图中(图 3-219)具有富 Rb、Th、Ta、Ce，贫 Zr 和重稀土的特点，在 Rb、Th、Ce 处形成几个突起，在 Ba、Nb、Zr 处形成几个凹槽，曲线总体与火山弧的相似，但在乌木垄铅波沟处发育有一定面积的流纹岩和峦布达嘎附近发育的次火山岩，其曲线也具有一些同碰撞花岗岩的特点，结合前面的稀土特点和地质特征(有规模的酸性流纹岩多与熔结凝灰岩、熔结角砾岩、熔结集块岩共生，且熔结火山碎屑岩往往是主体)，可能指示它们系弧地幔熔融后高度结晶分异的产物，但其中一部分结晶分异作用可能发生在上地壳，与上地壳有物质和能量的交换，从而导致上地壳少量重熔，二者混染形成了一个高位岩浆房(代表了弧火山岩的根)，也使混染较强、最为酸性的部分偏离了岛弧火山岩的阵列。中性岩—酸性岩的 MgO 含量和 $Mg^{\#}$ 与 SiO_2 相关性较差，支持存在上地壳物质的混染这一推想。而盆地闭合过程的弧-弧碰撞，造成了最晚期最酸性的流纹岩—熔结流纹岩或流纹斑岩次火山侵入体等具有同碰撞花岗岩性质的"火山根"被挤到地表就位,由于狮泉河各亚带所代表的洋盆闭合后的构造运动减弱(郎山组变形微弱)和岛弧整体刚性远较蛇绿混杂岩强,因此一些次火山侵入体的原始就位形态未受到破坏。在峦布达嘎西显著的"富士山"就是明证。

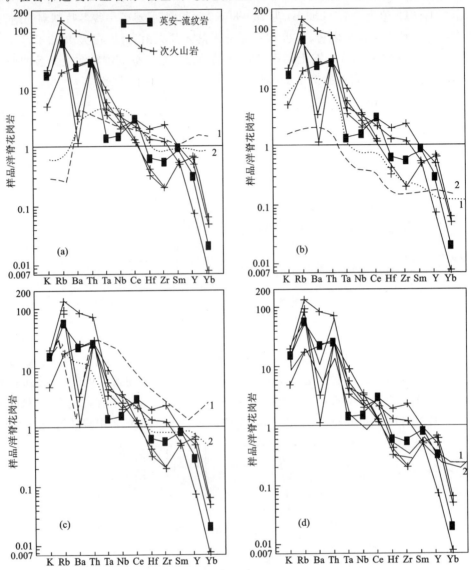

图 3-219 英安-流纹岩微量元素与不同类型花岗岩分面目形式的对比
(据《花岗岩类区填表图方法指南》,1991,洋脊花岗据 Pearce,1984,图例同图 3-211)

(a)样品 1(Tuscsany)、2(Mar45°)各属洋脊花岗岩;(b)样品 1(纽芬兰)、2(牙买加)各属火山弧花岗岩;
(c)样品 1(Ascension)、2(Skaergaard)属板内花岗岩;(d)样品 1(中国西藏)、2(阿曼)属同碰撞花岗岩

3. 关于埃达克岩的讨论

在前文中已提到乌木垄铅波岩组中一部分火山岩具有与埃达克岩相类似的稀土曲线,鉴于埃达克岩具有重要的意义,有必要对其特点作进一步的讨论。

埃达克岩的原始定义是:形成于火山弧环境,由俯冲的年轻($\leqslant 25Ma$)大洋板片熔融所形成的火成岩。它具有如下独特的地球化学特征:$SiO_2 \geqslant 56\%$,$Al_2O_3 > 15\%$,MgO通常小于3%(很少$>6\%$);与正常的岛弧安山岩—英安岩—流纹岩相比,低重稀土元素和Y(如$Y \leqslant 18 \times 10^{-6}$,$Yb \leqslant 1.9 \times 10^{-6}$),高Sr(大多数$> 400 \times 10^{-6}$),并具有岛弧火山岩所特有的 Ti、Nb、Ta 的高场强元素(HFSES)亏损。岩石类型为中酸性钙碱性岩石,缺失基性端元,岩石组合为岛弧安山岩、英安岩、钠质流纹岩及相应的侵入岩;主要矿物组合为斜长石+角闪石±黑云母±辉石±不透明矿物。这种岩石最先在美国阿留申群岛中的埃达岛被发现,之后一系列俯冲洋壳形成的埃达克岩被厘定。但随后,人们发现秘鲁的 Blanca、北美西部的半岛山脉等岛弧地带的增厚地壳可以形成埃达克岩。

测区乌木垄铅波岩组 GS-69、GS-70、GS-173、GS-34 号样品属于粗安岩—流纹岩,前文已经指出它们具有岛弧火山岩的一些特点,但它们也具有一些与一般岛弧火山岩不同的独特地球化学特征:如低重稀土元素和 Y(如 Y 多数在 $5.243\times10^{-6}\sim21.779\times10^{-6}$,多数小于或接近于 18×10^{-6},Yb 为 $0.618\times10^{-6}\sim1.645\times10^{-6}$,均小于 1.9×10^{-6}),高 Sr(大多数值在 $618.89\times10^{-6}\sim788.96\times10^{-6}$,$>400\times10^{-6}$,仅 173 号样品为 278.195×10^{-6},低于此值,但也接近于一些学者统计的埃达克岩平均下限 360×10^{-6}),δSr 均大于 1。其中 34 号样品也符合 $SiO_2\geqslant56\%$,$Al_2O_3>15\%$ 这一条,其余的样品 Al_2O_3 含量略偏小,所有样品中除 69、70 号样品具有弱的铕异常($\delta Eu=0.65\sim0.72$)外,其余均无铕异常(δEu 近于 1),前文已指出这些火山岩的稀土配分模式与典型埃达克岩的相似。综合上述特征,可以确定这些火山岩属于埃达克岩,其源区中斜长石已经消失,角闪石不稳定,而石榴石则是重要的残留相,与源岩在榴辉岩相条件下的熔融有关。

在埃达克岩 SiO_2-$Mg^{\#}$ 图解(图 3-220)上判别,则 34 号属于板片熔融形成的埃达克岩,它具有较低的 ΣREE 丰度(85.585×10^{-6}),它证实了一亚带曾存在向南的俯冲。采于婆肉共沟的 69、70 号样品被投在下地壳熔融形成的埃达克岩和玄武岩在 $1\sim4GPa$ 条件下的实验熔体范围内,且其中一个样品富钾而另一个样品富钠,故推测它可能由增厚的弧壳部分熔融形成,但与之伴生的碱长流纹岩 ΣREE 丰度仅 26.649×10^{-6},远低于下地壳丰度,而 MgO 高达 4.51%,远高于研究区安山岩的值,除 Sr 值略低外,其 Y 和 Yb 值均属于埃达克岩范畴,它无疑来自下地幔,很可能正是下地幔物质底侵造成弧壳的部分熔融,从而形成埃达克岩。那么这一时期中岛弧链的地壳厚度至少应大于 40km,而很可能正是由埃达克岩代表的拉裂开始,逐步形成了三亚带所代表的小洋盆。

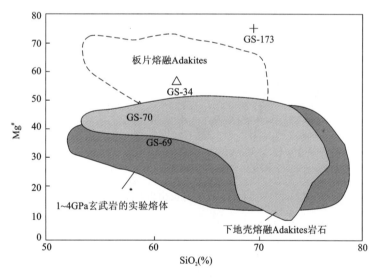

图 3-220　乌木垄铅波岩组埃达克岩 SiO_2-$Mg^{\#}$ 图

4. 乌木垄铅波岩组火山岩的时代及成因讨论

在峦布达嘎西侵入乌木垄铅波岩组火山岩、形似富士山的次火山侵入体钾-氩同位素年龄为 88Ma(实际年龄至少不小于此值),确定该套火山岩形成时间应远早于林子宗群火山岩(林子宗群近底部的玄武岩的年龄为 60Ma 左右),二者之间巨大的地球化学差异[乌木垄铅波岩组火山岩为钙碱系列,代表板块俯冲消减部位,而林子宗群为拉斑系列,代表陆内的伸展(详见本章第四节林子宗群火山岩)],也说明它不是林子宗群。在地层中有关部分中已指出,在乌木垄铅波岩组灰岩夹层中存在固着蛤、有孔虫等早白垩世化石,郎山组角度不整合于乌木垄铅波岩组火山岩之上,因此可以确定乌木垄铅波岩组火山岩形成于早白垩世,与狮泉河带形成的时间相当。

地质和岩石地球化学也显示它与狮泉河带几乎近于同时形成,并在成因上具有密切联系,是由于狮泉河带内俯冲形成的。乌木垄铅波岩组具有弧火山岩的性质和一亚带南侧的典角西、乌木垄铅波沟口附近、卧布玛奶三处发现两种类型的埃达克岩,而一般认为俯冲形成的埃达克岩时代不超过25Ma,可以证实乌木垄铅波岩组形成的时代与狮泉河带内的洋盆时间相近,是狮泉河带内一系列小洋盆的俯冲形成了乌木垄铅波岩组的火山岩,也正是由于俯冲造成了岛弧的拉裂和弧间安山质壳和弧后盆地安山玄武岩壳的形成及盆地的最终闭合,熔结流纹岩——次火山岩所代表的火山根的就位。

乌木垄铅波岩组火山岩的形成时代与冈底斯弧火山岩相近,但它却并非冈底斯弧拉裂的产物。前文已指出,乌木垄铅波岩组具有与南侧冈底斯弧显著不同的地质和岩石组合特点,在岩石化学上由于它与则弄群火山岩均属于弧火山岩,故具有一些相似的弧火山岩地球化学特点:如富轻稀土及大离子元素,微量元素曲线形态基本一致(图3-221)。但二者也具有一些显著的不同点:如乌木垄铅波岩组为岛弧,火山岩既存在岛弧拉斑质,也存在岛弧钙碱性和岛弧橄榄玄粗质火山岩;而冈底斯弧火山岩地球化学特征显示为陆缘弧,火山组合缺乏岛弧拉斑质火山组合,由岛弧钙碱性-岛弧橄榄玄粗岩系列岩石构成,其中岛弧钙碱性岩石实际上也已部分具有岛弧橄榄玄粗岩系的部分特点,其大离子元素的隆起相对于乌木垄铅波岩组火山岩相应类型岩石更显著,轻重稀土分异更显著,说明它更富K、Rb、Ba、Th等大离子元素和轻稀土元素La等(尤其是二者的最低值和最高值部分)。这与它形成于陆缘环境,相对乌木垄铅波岩组火山岩构成的洋内微岛弧具有更大的地壳厚度、性质上更接近于陆壳有关。此外二者酸性岩的稀土曲线(图3-222)显著不同,指示存在不同的岩浆演化历程,它们是两套不同的弧火山岩。

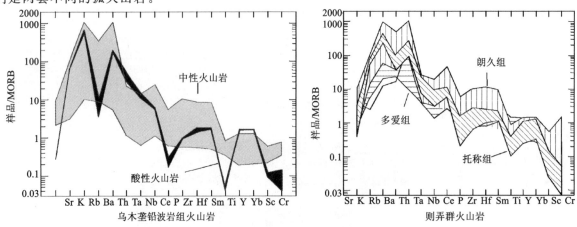

图3-221 乌木垄铅波岩组与则弄群火山岩微量元素MORB标准曲线

此外,一般认为弧后盆地是岛弧发育成熟后拉裂的产物,前面已指出朗久组碱性火山岩是冈底斯弧发育成熟的标志,但朗久组火山岩仅早期出现碱性玄武岩,之后岩石酸度明显增加,说明拉裂的强度在逐渐降低,在测区内的详细地质填图并未在冈底斯弧火山岩区发现具有洋脊性质的岛弧蛇绿岩组合,它说明冈底斯弧内的拉裂仅相当于裂谷发育的早期,但这一裂谷很快夭折了,未形成弧后盆地。因此乌木垄铅波岩组也就不可能是冈底斯弧拉裂的产物,不可能属于冈底斯弧火山岩。

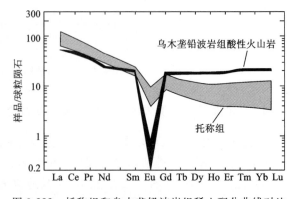

图3-222 托称组和乌木垄铅波岩组稀土配分曲线对比

综合上述,乌木垄铅波岩组是一套在岩石组合、规模、演化特点方面均明显不同于则弄群的一套弧火山岩,二者的不同源于二者所处的构造环境不同,诱发它们形成的洋盆的规模存在显著差异,如雅江洋是一个大洋盆地,俯冲深度较大,弧形成于陆缘;而狮泉河带所代表的洋盆是一些小洋盆,与岛弧在洋壳基础上形成有关。

四、古新世林子宗群火山岩

林子宗群火山岩主要分布在狮泉河盆地南缘的夺波那中一带,面积约 80km²。

(一) 地质特征

这套火山岩在以往工作中均未提及,本次工作发现后,根据该套火山岩早期主要为基性熔岩,晚期主要为中酸性夹基性火山岩,并出现大量碎屑岩,分别代表了两个火山岩浆活动旋回。测区内的林子宗群火山岩与下伏的则弄群多爱组、托称组、捷嘎组呈角度不整合接触,上覆的日贡拉组角度不整合于其上,本次工作在典中组底部中基性岩和年波组上部火山碎屑岩中分别测获 60.1Ma 和 58.4Ma 的钾-氩法全岩同位素年龄,证实测区该套火山岩主要形成于古新世。

(二) 岩石学特征

1. 火山岩岩石类型

1) 橄榄拉斑玄武岩

具拉斑玄武岩结构。岩石由斜长石(55%)、辉石(35%)、伊丁石(橄榄石)(3%)、蚀变的火山玻璃(3%)、钛磁(褐)铁矿(4%)组成。岩石蚀变较强烈。

斜长石:板条状,粒径多为 0.15mm×0.65mm,少数大者达 0.36mm×1.38mm,可归为小斑结晶。常见聚片双晶和环带结构,按消光角法草测属基性斜长石,普遍蚀变,少数者蚀变很强,蚀变矿物为绢云母、黝帘石、绿帘石、方解石等。

辉石:短柱状—不规则粒状,多数粒径小于 0.04mm×0.12mm。少数粒径较大,达 0.43mm×0.80mm,可归为小斑晶。多半较新鲜,普通辉石光性明显,少部分绿泥石、碳酸盐化。

伊丁石:蚀变较强,多为不规则状,少数者保留橄榄石晶形假象,粒径为 0.26mm×0.43mm,多呈小斑晶状。

火山玻璃:多绿泥石、碳酸盐化。

2) 玻基斑状玄武岩

岩石具变余斑状结构,杏仁构造。杏仁体为不规则形—圆形,粒径多小于 2mm,含量约 10%。杏仁成分有两类:一类为石英+绿泥石,另一类为方解石+绿泥石。此外,还存在没有充填物的气孔。

斑晶由斜长石(45%)和蚀变的暗色矿物(5%)构成。其中斜长石斑晶呈较自形的板状,常见聚片双晶,粒度不等,至少有两期,最大者达 1.4mm×4.9mm,并含熔蚀的火山玻璃斑块,沿解理纹分布;暗色矿物斑晶已彻底蚀变为蛇纹石和伊丁石,多呈橄榄石晶形假象,证实原生矿物为橄榄石。

基质约占 50%,具变余间隐结构。少量斜长石微晶间为火山玻璃和磁铁矿微粒。火山玻璃脱玻化后析出斜长石雏晶,斜长石雏晶无定向性、隐约成格架状(高倍镜下)。

3) 玄武安山岩

具斑状结构,斑晶由斜长石(5%)、强烈蚀变的氧角闪石 3(%)和少量辉石(1%)组成。其中斜长石斑晶呈板状、板条状。较大者粒径为 1.1mm×1.7mm,隐约见聚片双晶和环带结构,较强烈粘土化及斑块方解石化;氧角闪石斑晶呈长柱状,横截面呈长六边形假象,变余暗化边结构,内部已蚀变成方解石、斜长石、褐铁矿的综合体,较大的柱面达 0.61mm×3.35mm;普通辉石斑晶呈短柱状,粒径为 0.3mm×0.7mm,一部分较新鲜、普通辉石光性明显,仅沿边部和解理纹被方解石交代。另一部分彻底变为绿泥石。

基质呈玻基交织结构。火山玻璃中分布斜长石微晶、雏晶(40%)、磁(褐)铁矿微粒(10%)及少量暗化的氧角闪石、绿泥石化的普通辉石(2%)等组成。

4) 安山岩

具杏仁状构造,斑状结构。斑晶为斜长石(60%)和蚀变的暗色矿物(3%)组成。斜长石斑晶呈板状,较大者达 1.3mm×2.2mm,常见聚片双晶和环带结构,弱的碳酸盐化、高岭石化;暗色矿物斑晶呈长柱状、彻底绿泥石化,部分者进一步白云母化,横截面见有长六边形假象,原生矿物可能为角闪石。

基质具似拉斑玄武结构。斜长石微晶(60%)无定向分布,其间充填磁铁矿(5%)、蚀变绿泥石的暗色矿物或不规则状绿泥石(3%)及变余的火山玻璃(<15%)等组成,磁铁矿不同程度褐铁矿化。

5) 安山-英安质火山角砾凝灰岩

岩石具火山角砾凝灰岩结构。火山角砾含量15%,形态呈棱角状,由晶屑和岩屑组成,其中晶屑以斜长石为主,少量石英、钾长石、微量磁铁矿屑,岩屑成分与火山角砾类似;凝灰质含量65%,与角砾成分相同;火山尘含量20%,呈黑色,多为长石、石英质,含较多铁质粉尘,且铁质粉尘多赤铁矿、褐铁矿化,致使岩石呈褐色。岩石碳酸盐化、高岭石化较强。

6) 英安岩

具斑状结构,斑晶为强烈蚀变的长石(<3%)和黑云母(2%)组成。长石斑晶呈板状假象,粒径最大者达 0.61mm×0.97mm,强烈绢云母化、方解石化,斜长石光性已不复存在,据蚀变矿物推测多为斜长石;黑云母斑晶呈片状—不规则状假象,粒径为 0.22mm×0.43mm,彻底绿泥石化。

基质具多玻结构,由微粒石英、霏细级长英质雏晶(40%)及蚀变的火山玻璃(50%)组成,原岩火山玻璃中含较多铁质微粒粉尘(5%)。基质已碳酸盐化、高岭土化、绢云母化。

7) 熔结凝灰岩

熔结凝灰结构、斑状结构,斑晶主要由 β-石英斑晶(10%)和高岭土化钾长石(10%)组成。其中 β-石英斑晶呈自形晶,粒径大者为1mm,可见港湾状熔蚀结构和一圈石英反应边,反应边的石英含有较多杂质,透长石斑晶呈自形板状,粒径为 1.4mm×2.5mm,彻底高岭土化。

基质呈细粒—微粒结构。主要由石英(40%)和钾长石(20%)组成。石英不规则状,多个颗粒相连(熔结在一起),显得"粒度"较大,与斑晶不同的是,含有较多火山粉尘。钾长石多为不规则状,彻底高岭石化。岩石含不少褐铁矿斑块(<20%),系碳酸盐矿物集合体风化而成。

8) 英安质熔结凝灰岩

具熔结凝灰结构、微晶结构。岩石由碱性长石(50%)、石英(18%)、斜长石(30%)和少量黑云母(1%)、磁铁矿(1%)等组成。

钾长石:多为半自形板状,见简单双晶。较强烈高岭石化。粒径多小于 0.06mm×0.12mm。

斜长石:多为半自形板状,粒径与钾长石相似。较大者见聚片双晶。较强烈高岭石化、绢云母化。

黑云母:片状,粒径为 0.015mm×0.108mm,褐绿—淡褐多色性。

石英:不规则粒状,粒径小于 0.05mm。

岩石具气孔构造,形态多为不规则状,粒径为 0.26mm±。

9) 凝灰质砂质砾岩

含粗砂细粒砂状结构。粗砂约占 15%,呈次棱角状、次圆状,粒径大者达1mm±,成分多为硅质岩(燧石岩)、流纹岩岩屑;细砂约占60%,形态多呈次棱角状或次圆状,成分多为长石,已强烈高岭石化。基底式胶结,杂基及胶结物为泥质和褐铁矿。

2. 岩性组合及火山韵律

典中组的岩性主要为中基性火山岩,并夹有极少量酸性火山岩。中基性火山岩以玄武质或安山质熔岩为主(>70%),次之为同质凝灰熔岩(20%)。酸性火山岩主要为英安质火山碎屑岩(约3%),往往出现在单个韵律的顶部。

典中组可分为 10 个韵律,归并为 5 个亚旋回。第一个亚旋回包括 2 个韵律,单个韵律反映为由早期基性火山活动向晚期的中基性或中性火山活动过渡,火山岩相由溢出相向喷溢相演化。第二个亚旋回仅由一个韵律组成,由早期—晚期,岩浆活动由基性—中性—酸性,火山岩相由溢出相—喷溢相—爆发相变化。第三个旋回由2个韵律组成,第一个韵律由基性熔岩—基性碎屑熔岩组成,第2个韵律由中性熔岩—中性碎屑熔岩反复交替构成。这两个韵律主要体现了一种火山岩相由溢出相向喷溢相的常规演替,但两个韵律总体上还是体现了一种由基性向中性的演化规律。第四个亚旋回仅有1个韵律组成,早期中性火山熔岩—晚期酸性熔岩过渡。第五个亚旋回由2个火山韵律组成,单个韵律由早期向晚期,由基性—中基性—中性演化,火山岩相由溢出相向喷溢相的演变。第六个亚旋回由2个火山韵律组成,第一个韵律火山活动由基性—中性—酸性演化,火山岩相由溢出相向爆发相演进。第二个韵律由单一的基性熔岩构成,其中基性熔岩的比例在该韵律中相当高。

总而言之:典中组代表一次火山喷发活动的单个火山韵律多具有由基性—中性—酸性(或基性—中性)、由熔岩—凝灰熔岩或火山碎屑岩演化的规律。它反映了单次火山活动随着结晶分异,岩浆逐渐向酸性过渡,粘度增大,气液含量增高,导致由溢出相向喷发相转化。而整个火山活动则由基性—中性或基性—中性—酸性两种火山亚旋回交替组成,它反映了两种不同的结晶分异过程。酸性岩浆含量较低,玄武岩中出现橄榄石以及拉斑玄武结构,标志着岩浆源较深或源岩较基性,主要是地幔低度部分熔融的产物。从它具有由基性—酸性演化的特征,似乎具有弧火山岩的某些特点,但年波组和帕达那组明显具有由酸性—中基性演化的大陆火山岩的特点,因此,此性质还有待于地球化学的进一步研究。

年波组火山岩可分为两段,下段火山活动强烈,可划分为4个亚旋回;上段火山活动稍弱,也可划分出4个亚旋回。

年波组上段岩性主要为紫红色安山岩、玄武安山岩、安山质角砾熔岩、杏仁状安山岩及少量安山质集块岩、浅灰色英安质熔结凝灰岩;下段火山岩主要以中基性火山岩为主,基性、酸性火山岩为辅的岩石组合。并夹有少量的紫红色凝灰质砂质砾岩、紫红色中层状凝灰质含砾粗凝灰岩等与紫红色岩屑长石中砂岩、细砂岩。

年波组下段火山岩可划分为4个亚旋回,亚旋回1由1个韵律组成,由中性碎屑熔岩向酸性熔岩演化;亚旋回2由3个韵律组成,单个韵律反映的一次火山活动具有由酸性—中性—基性的演化规律,火山岩相以溢出相的熔岩为主,反映了岩浆源不断加深,地壳伸展的动力学环境;亚旋回3由2个韵律组成,单个韵律由中性碎屑熔岩—中基性的熔岩组成,火山岩相由喷溢相向溢出相转化,也反映了一种岩浆源不断加深的地球动力学环境;亚旋回4由2个韵律组成,韵律1由偏基性的中性熔岩—酸性的火山碎屑岩组成,韵律2由中性碎屑熔岩—酸性火山碎屑熔岩组成,它们由中基性向酸性演化的规律可能反映了一种深部结晶分异的趋势。安山质集块岩的出现,可能也标志着经过多次分异后,岩浆池内的岩浆中气液含量已非常高,可能酸度也非常高,它可能标志着裂解活动在显著减弱。

年波组上段火山岩也可划分为4个亚旋回(5—8亚旋回)。亚旋回5由1个韵律组成,由酸性火山碎屑爆发—沉积碎屑活动岩演变,反映了火山活动逐渐减弱。亚旋回6由1个韵律组成,火山活动由中性—酸性演变,火山岩相均为爆发相。亚旋回7由4个韵律组成,第一个韵律由火山碎屑沉积岩—玄武岩组成,第二个韵律由火山碎屑沉积岩—安山岩—玄武岩组成,第三个韵律与第一个相同,第四个韵律由英安岩—安山岩—玄武岩组成,该亚旋回总体反映了一种火山源区不断加深,火山活动不断增强的演化趋势,反映了裂解活动增强,它也说明通过年波组亚4和亚5后,火山活动再度增强,可能显示了一个新的裂解旋回的开始。亚旋回8由5个韵律组成,第一个韵律由基性碎屑熔岩—酸性熔岩组成,第二个韵律由基性熔岩—酸性熔岩组成,第三个韵律为基性熔岩—中性熔岩,第四个韵律由基性熔岩—中酸性—酸性火山碎屑岩构成,这种由早期向晚期,酸度不断增大,岩相由溢出相向爆发相的转化,反映了一种深部岩浆池中的结晶分异趋势。它可能同时也说明了岩浆活动在逐渐减弱。年波组上段和下段均由反映伸展和结晶分异的两类韵律组成,主要反映了大陆裂解的动力学环境。不同点在于上段的火山活动较下段弱得多,夹有许多火山碎屑沉积岩,它可能反映经过长时间的伸展后,一个与现代狮泉河盆地相似或更大的湖盆正在形成,水动力作用在逐步增强。

3. 火山岩相及火山机构

在测区内未发现林子宗群火山岩的火山机构,根据林子宗群火山岩主要以熔岩为主,尤其是由底至顶均分布有中基性的熔岩,相对具有较高的碱度,因此认为林子宗群火山岩可能主要是裂隙式火山溢流作用的产物,主要是溢流相,这在典中组非常典型。但在典中组各韵律的晚期,由于岩浆酸性程度增强,也出现一些少量的爆发相,但由于这一时期狮泉河盆地地壳正处于拉伸的应力场,故未形成中心式的火山机构;年波组形成时熔岩中角闪增多,标志着拉伸变弱,火山物质上涌受阻,但总体仍属裂隙式喷溢的特点。这可能是测区内未发现林子宗群火山岩中心式火山机构的原因。

(三)地球化学特征

1. 岩石定名及类型

林子宗群各组内都不同程度地含有一些中性岩及酸性岩,为了便于地球化学性质的判别,我们主要挑选了其中的中基性岩部分(表3-36)。所选的中基性岩SiO_2在50.22%~62.67%,属于中基性岩范畴。在TAS图(图3-223)上一部分位于玄武岩、玄武安山岩区,另一部分位于粗面玄武安山岩、粗面安山岩及粗面岩区。在K_2O/Na_2O-SiO_2图(图3-224)上判别,一部分位于低钾拉斑玄武岩-安山岩区间,一部分则位于玄武岩、玄武安山岩及英安岩区。

表3-36 林子宗群主量、稀土、微量元素含量

	样号	GS-146	GS-148	GS-149	GS-260	GS-262	GS-264	GS-265
	野外名称	安山岩	蚀变安山岩	玄武岩	橄榄拉斑玄武岩	变玄武岩	变玄武安山岩	橄榄拉斑玄武岩
主量元素(%)	SiO_2	62.67	54.56	50.92	51.08	50.22	58.22	53.44
	TiO_2	1.08	1.24	1.49	0.65	0.94	0.66	1.06
	Al_2O_3	15.57	16.21	17.26	17.06	16.56	16.69	17.39
	Fe_2O_3	5.49	5.44	4.33	3.86	6.29	5.07	6.75
	FeO	0.89	3.98	4.91	3.95	3.16	1.26	1.47
	MnO	0.18	0.19	0.28	0.11	0.14	0.08	0.10
	MgO	0.98	3.26	3.71	5.21	3.48	2.51	3.32
	CaO	2.71	5.90	3.92	9.64	9.21	5.04	7.57
	Na_2O	5.24	3.82	6.03	2.38	2.33	4.66	4.06
	K_2O	2.90	0.28	0.87	0.98	0.28	3.21	2.12
	P_2O_5	0.44	0.29	0.42	0.12	0.28	0.41	0.33
	H_2O^+	0.94	2.69	3.08	2.84	3.76	2.33	2.63
	H_2O^-	0.48	0.78	0.72	0.64	0.75	1.71	1.41
	TCO_2	1.69	2.20	2.56	1.58	2.67	0.22	0.27
	SO_3	0.01	0.01	0.02	140.00	155.00	252.00	182.00
	LOS	1.73	4.84	5.85	4.16	6.20	2.44	2.83
	Total	101.27	100.85	100.52	240.10	255.07	354.07	283.92
	TFeO	5.83	8.87	8.81	7.42	8.82	5.82	7.54
	TFe_2O_3	6.48	9.86	9.79	8.25	9.80	6.47	8.38

续表 3-36

	样号	GS-146	GS-148	GS-149	GS-260	GS-262	GS-264	GS-265
	野外名称	安山岩	蚀变安山岩	玄武岩	橄榄拉斑玄武岩	变玄武岩	变玄武安山岩	橄榄拉斑玄武岩
主要参数	SI	6.32	19.43	18.69	31.81	22.39	15.02	18.74
	A/CNK	0.93	0.94	0.96	0.76	0.79	0.82	0.76
	σ	3.37	1.45	6.01	1.40	0.94	4.07	3.66
	TFeO/MgO	5.95	2.72	2.37	1.42	2.53	2.32	2.27
	Mg$^\#$	0.23	0.40	0.43	0.56	0.42	0.44	0.44
	K_2O/Na_2O	0.55	0.07	0.14	0.41	0.12	0.69	0.52

微量元素($\times 10^{-6}$)										
	Be	Sc	V	Cr	Co	Ni	Cu	Zn	Ga	Rb	Sr
GS-146	1.64	14.25	42.82	15.47	5.72	10.88	19.57	77.34	18.41	90.99	311.82
GS-148	1.03	22.45	184.22	20.20	21.72	12.27	63.01	106.75	20.82	2.71	466.42

微量元素($\times 10^{-6}$)										
	Y	Zr	Nb	Cs	Ba	Hf	Ta	Be	Tl	Pb	Bi
GS-146	34.13	231.13	14.85	15.28	451.49	5.43	1.43	1.64	0.49	14.98	0.10
GS-148	21.26	102.20	4.30	2.09	166.75	2.68	0.43	1.03	0.01	10.77	0.05

微量元素($\times 10^{-6}$)			稀土元素($\times 10^{-6}$)							
	Th	U	La	Ce	Pr	Nd	Sm	Eu	Gd	Tb	Dy
GS-146	7.58	1.74	31.64	65.22	8.29	33.03	7.28	2.25	6.64	1.09	6.39
GS-148	2.41	0.63	13.58	31.63	4.16	18.53	4.68	1.49	4.37	0.72	4.12

稀土元素($\times 10^{-6}$)						主要参数				
	Ho	Er	Tm	Yb	Lu	ΣREE	δEu	δCe	δSr	Nb/Zr	La/Nb
GS-146	1.28	3.83	0.54	3.42	0.53	171.42	0.99	0.99	6.35	0.064	2.13

微量元素($\times 10^{-6}$)										
	Be	Sc	V	Cr	Co	Ni	Cu	Zn	Ga	Rb	Sr
GS-148	0.83	2.37	0.34	2.11	0.32	89.24	1.01	1.03	18.60	0.042	3.16

主要参数					
	$(La/Sm)_N$	$(Gd/Yb)_N$	$(La/Yb)_N$	Ba/La	La/Th
GS-146	2.81	1.61	6.64	14.27	4.18
GS-148	1.87	1.71	4.61	12.28	5.64

根据 CIPW 标准矿物计算的结果(表 3-37),林子宗群火山岩的固结指数 CI 为 13.09～33.3(平均 18.91),分异指数 DI 为 31.69～75.32(平均 51.12),基本属于玄武岩-安山岩范畴。其中多数样品标准矿物组合为 An+Ab+Hy+Di+Q+Or,A/CNK 指数为 0.76～0.94,属于硅过饱和类型中的次铝类型;少数标准矿物组合为 Ab+An+Ol+Hy+Or,并出现少量的刚玉(C=0.17),A/CNK 指数为 0.96,属于硅低度不饱和、铝过饱和的类型。

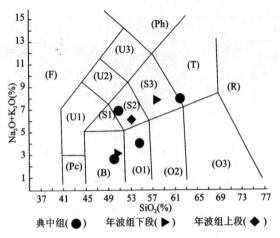
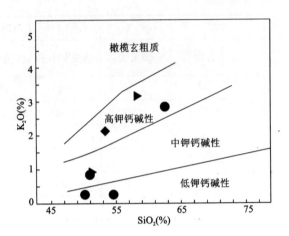

图 3-223　TAS 图（据 Le Bas 等，1982）

典中组(●)　年波组下段(▶)　年波组上段(◆)

图 3-224　$K_2O - SiO_2$ 图

（图例同图 3-223）

(F)似长石岩；(Pc)苦橄玄武岩；(U1)碱玄岩、碧玄岩；(U2)响岩质碱玄类；(U3)碱玄岩质响岩；(Ph)响岩；(S1)粗面玄武岩；(S2)玄武质粗面安山岩；(S3)粗面安山岩；(T)粗面岩和粗面英安岩；(B)玄武岩；(O1)玄武安山岩；(O2)安山岩；(O3)英安岩；(R)流纹岩；O：SiO_2 过饱和；S：SiO_2 饱和；U：SiO_2 不饱和

表 3-37　林子宗群火山岩标准矿物（%）

样号	GS-146	GS-148	GS-149	GS-260	GS-262	GS-264	GS-265
Q	12.45	10.61	0	4.35	9.34	3.84	0.15
C	0	0	0.17	0	0	0	0
Or	17.55	1.75	5.48	6.12	1.79	19.49	12.92
Ab	45.32	34.06	54.29	21.22	21.31	40.43	35.35
An	10.61	27.67	18.1	34.74	36.64	15.5	23.61
Ne	0	0	0	0	0	0	0
Lc	0	0	0	0	0	0	0
Ac	0	0	0	0	0	0	0
Ns	0	0	0	0	0	0	0
DiWo	0.22	0.6	0	6.26	4.61	3.22	5.47
DiEn	0.06	0.26	0	3.49	2.04	1.5	2.62
DiFs	0.16	0.34	0	2.52	2.55	1.69	2.76
HyEn	2.45	8.34	0.36	10.26	7.37	4.95	5.93
HyFs	6.42	10.69	0.38	7.43	9.22	5.58	6.26
OlFo	0	0	6.67	0	0	0	0
OlFa	0	0	7.95	0	0	0	0
Mt	1.68	2.55	2.61	2.04	2.53	1.59	2.12
Hm	0	0	0	0	0	0	0
Il	2.1	2.49	3.02	1.3	1.93	1.29	2.07
Ap	0.98	0.67	0.98	0.28	0.66	0.92	0.74
CI	13.09	25.25	20.98	33.3	30.27	19.81	27.23
DI	75.32	46.41	59.77	31.69	32.44	63.77	48.42

2. 岩浆系列及源岩浆判别

在硅-碱图[图 3-225(a)]上判别,一部分属于亚碱性火山岩,一部分属于碱性火山岩,但它多位于碱性和亚碱性火山岩分界线附近;在玄武岩磷-碱图[图 3-225(b)]上判别,则一部分位于亚碱性岩区,一部分位于强碱性岩区;在 $K_2O/Na_2O - SiO_2$ 图(图 3-226)上判别,则一部分位于低钾—中钾的钙碱性岩区,但也有一部分位于高钾的钙碱性岩区。在 $TFeO/MgO - SiO_2$ 图[图 3-225(c)]上判别,则除个别点位于钙碱性岩区外,其他均位于拉斑玄武岩区。考虑到岩矿鉴定中未发现碱性矿物出现,标准矿物计算也无碱性矿物生成,故综合上述,测区的林子宗群火山岩虽相对较富碱,但仍应属于拉斑质玄武岩或钙碱性玄武岩系列,以拉斑玄武岩为主。在常量元素 $TFeO - MgO - Al_2O_3$ 图解(图 3-227)上判别,则测区的点均位于岛弧或活动大陆边缘区,个别在扩张中心岛屿处,在 $TiO_2 - MnO - P_2O_5$(图 3-228)上判别,结果相似,但反映出点均位于岛弧拉斑质一侧或接近拉斑质与钙碱质分界结附近的趋势。

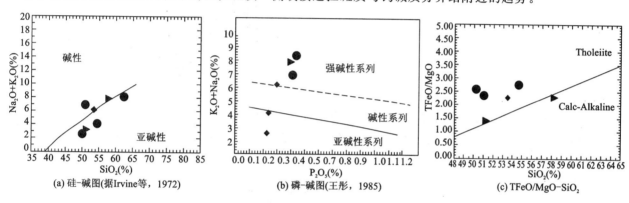

图 3-225 林子宗群大碱度划分(图例同图 3-223)

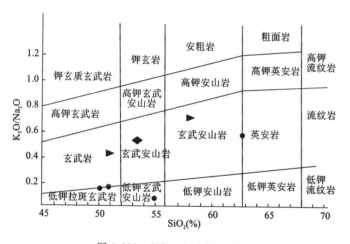

图 3-226 $SiO_2 - K_2O/Na_2O$ 图
(Barber 等,1974,转引自 Pecerillo 等,1676;图例同图 3-223)

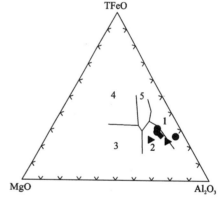

图 3-227 玄武岩 $TFeO - MgO - Al_2O_3$ 判别图解
(据 Pearce,1977)

1.扩张中心岛屿玄武岩;2.岛弧及活动大陆边缘玄武岩;3.MORB;4.大洋岛弧拉斑玄武岩;5.大陆弧玄武岩;图例同图 3-223

林子宗群的样品目前仅两个(一个为玄武安山岩,一个为粗面岩)有微量元素分析测试结果,在微量元素 $Nb - Zr - Y$ 判别图解(图 3-229)上判别,点落入板内碱性火山岩、板内拉斑质火山岩、火山弧玄武岩区。在 $Zr/Y - Y$ 图解(图 3-230)上判别,均落入板内玄武岩区,但在 $Zr/Y - Ti/Y$ 图解(图略)上判别,则落入非板内玄武岩区。此外两个样品的 Cr、Ni 值都很低(Cr 仅为 $15.47 \times 10^{-6} \sim 20.20 \times 10^{-6}$,Ni 为 $10.88 \times 10^{-6} \sim 12.27 \times 10^{-6}$),具有岛弧火山岩的特点。上述常量和微量元素指示林子宗群火山岩具有岛弧和板内火山岩的双重特性,至少反映其源岩是富集型幔源,是受到流体交代的岛弧地幔源。

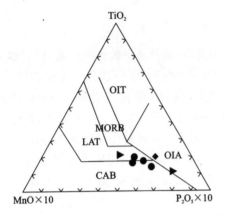

图 3-228 玄武岩 $TiO_2-MnO_2-P_2O_5$ 判别图解
（据 Mullen,1983）
MORB：洋中脊玄武岩；OIT：洋岛拉斑玄武岩或海山拉斑玄武岩；OIA：洋岛碱性玄武岩；CAB：岛弧钙碱性玄武岩；LAT：岛弧拉斑玄武岩；图例同图 3-223

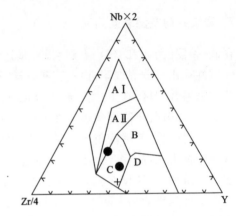

图 3-229 Nb-Zr-Y 判别图解（据 Meschede,1986）
AⅠ：板内碱性玄武岩；AⅡ：板内碱性玄武岩和板内拉斑玄武岩；B：E 型 MORB；C：板内拉斑玄武岩和火山弧玄武岩；样品图例同图 3-223

林子宗群的稀土总量在 $89.24×10^{-6}\sim171.42×10^{-6}$，大于下地壳平均值，其中玄武安山岩稀土总量与岛弧拉斑玄武岩相接近，而粗面岩则与大陆拉斑玄武岩相接近。LREE/HREE 为 $4.88\sim6.23$ 之间，$(La/Yb)_N$ 为 $4.61\sim6.64$，曲线为轻重稀土分异型，δEu 近于 1，无铕异常，曲线总体与大陆弧火山岩的相似（图 3-231），可能也指示了它的源区为富集型幔源。但轻稀土分异弱，指示其形成的构造环境可能与大陆弧存在一定差异。

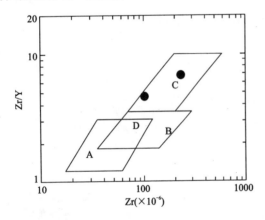

图 3-230 Zr/Y-Y 判别图解（据 Pearce 和 Norry,1979）
A. 火山弧玄武岩；B. MORB；C. 板内玄武岩；D. MORB 和火山弧玄武岩；样品图例同图 3-223

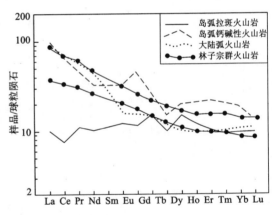

图 3-231 林子宗群火山岩稀土配分模式

林子宗群火山岩的微量元素 MORB 标准化曲线（图 3-232）也明显具有岛弧火山岩特点，如微量元素配分呈"先隆后凹"的型式，表现为 Sr、K、Rb、Ba、Th 的显著富集，Nb、Ce、P 和 Sm 的低度富集以及从 Ti 到 Sc 的不同程度的亏损，在 Nb 处存在一个凹槽，显示与岛弧钙碱性火山岩的曲线完全相同，反映存在类似于富集型 MORB 的岩浆源特点。

La、Nb 和 Zr 是一组耐熔强亲岩浆元素，深部作用过程中（如地幔分离、地幔部分熔

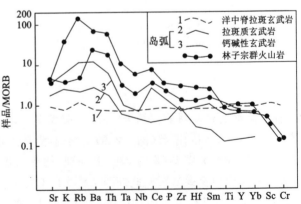

图 3-232 林子宗群火山岩的微量元素 MORB 标准化图解
（图及标准数据据 Pearce,1982）

融、岩浆分离结晶和地壳混染等），由于它们化学性质的相似性，La/Nb、Nb/Zr 比值只有很小的变化，从而可以反映岩石形成的大地构造环境。大陆地幔的 La/Nb>1.1，被认为是地球早期历史中大陆地壳分离的结果(Hofman，1986)，林子宗群火山岩的 La/Nb>2.0，显然形成于大陆地幔，根据武莉娜等(2003)对一系列数据的处理，确定活动陆缘及岛弧玄武岩与大陆板内玄武岩和陆-陆俯冲碰撞环境形成的玄武岩的区别是 Nb/Zr<0.04，林子宗群火山岩的 Nb/Zr 为 0.042～0.064，不可能为岛弧和活动陆缘的火山岩，而只能是后者。武莉娜等(2003)根据统计结果，认为板内碱性火山岩的 La/Nb 值较陆-陆俯冲碰撞环境形成的火山岩略低，一般为大于 1.1，而后者一般大于 2，据此林子宗群火山岩属于后者的可能性较大。

林子宗群火山岩地球化学特点明显具有多解性，林子宗群的确具有一些大陆弧火山岩的特点，但这并不意味着它形成于大陆弧环境。目前地质学家认识到钙碱性火山岩成因具多元特点，不仅限于板块俯冲条件下，在陆内伸展条件下也能形成(Hooperetal，1995；Bestetal，1991；Meyeretal，1991；Axenetal，1993；邵济安等，2001)，或板块俯冲一段时间之后也能形成，即滞后型的弧火山岩(赵崇贺等，1992；Hooperetal，1993)。因此，决定钙碱性火山岩地球化学特征不仅与其构造背景有关，还与源区性质有关。显然，仅依赖地球化学图解的判断尚不能解决火山岩形成的构造环境，必须结合区域构造综合分析。尹安(2001)根据大量的区域地质、沉积和古生物、火成岩同位素资料分析认为："印度板块和亚洲板块最初碰撞可能开始于晚白垩世(70Ma)"，测区冈底斯弧一带大量分布、与碰撞事件有关的巨斑状花岗岩形成于 68～67Ma，因此 60～58Ma 的林子宗群火山岩形成时，板块碰撞已发生，它不可能是与俯冲有关的弧火山岩。那么它的地球化学中反映出弧的信息就很可能与源区有关。邓万明等(1996)认为可可西里一带发现的中新世钾玄岩具有富集型 MORB 源的火山岩是消减带沉积物参与了地幔化学动力学的再循环过程并将其作为源区的一个特征被保留下来的结果，测区林子宗群火山岩的富集型 MORB 源的特点与之相类似，并都处于同一个板块俯冲已结束的陆内造山环境，其源区特点也必然是俯冲阶段俯冲板片在深部脱水形成的流体交代地幔的结果。

林子宗群火山岩具有大陆板内火山岩的一些特点，但与可可西里一带中新世的板内火山岩不同，林子宗群的玄武岩仅部分具有碱性，据岩矿鉴定，更多的玄武岩是橄榄拉斑玄武岩，碱性程度和稀土丰度都较板内火山岩低。但根据测区内林子宗群火山岩位于狮泉河新生代盆地边缘，年波组和帕达那组中有大量的陆源碎屑沉积，说明林子宗群火山岩与狮泉河盆地在新生代的形成具有重要的关系，狮泉河盆地早期可能是一个拉分盆地，林子宗群火山岩的形成应该代表这一地带的地壳局部拉伸的构造应力环境(图3-233)。而其较低的碱度和钾含量则可能与这一带地壳当时厚度还较小有关。其形成的背景是南部的印度地块下插至冈底斯弧之下，迫使俯冲带上盘向上仰冲，从而在更北侧形成了局部拉伸的环境(可能还与这时印度大陆下插至此，并扰动地幔有关)，地壳减压，地幔热隆上涌，并发生部分熔融形成大陆拉斑质玄武岩，可能壳源层也发生了部分熔融，从而使更晚形成的年波组和帕达那组中含有较多的酸性岩，从这一点来看，典中组的拉裂应是最强的，之后拉裂强度不断减弱直至停止活动。

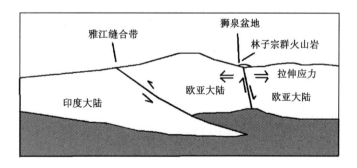

图 3-233 林子宗群火山岩与狮泉河拉分盆地成因

林子宗群的成因是较复杂的，除上述的推测外，另外一些学者如莫宣学等(2003)认为林子宗群火山岩记录了由新特提斯俯冲消减末期过渡到印度、亚洲大陆碰撞的信息，而滞留型的弧火山岩的再次俯冲也是另一种可能的成因。

五、渐新世—中新世日贡拉组火山岩

日贡拉组火山岩在测区内主要呈层状,沿狮泉河盆地展布,由于其产状极缓,故出露零星。

(一)地质特征

日贡拉组的火山岩可分为两部分:日贡拉组偏底部的酸性火山凝灰岩及顶部附近的粗面岩。

酸性火山凝灰岩位于日贡拉组底部,厚约数米,在羊尾山和夺波那中一带均有分布;其不整合于林子宗群火山岩之上,之上被日贡拉组的砂砾岩所覆。粗面岩则主要产于狮泉河镇东南部,朗久电站西北部,沿狮泉河-左左断裂带(即区域上隆格尔断隆带的西延部分)的北侧分布,分布面积约 $10km^2$,主要岩性为紫红色—灰绿色粗面岩,局部在粗面岩底部存在粗安岩。单层厚 10 余米,沿走向厚度有变化,最厚处可达 300m,最薄处仅 2~3m,在日贡拉组砂砾岩中呈夹层产出(图 3-234)。

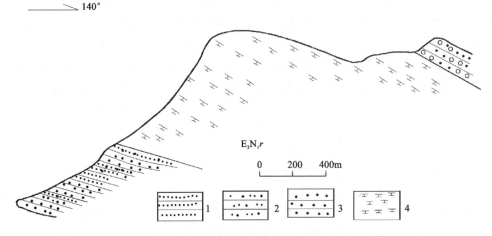

图 3-234　噶尔县朗久日贡拉组火山岩路线剖面图
1.砂岩;2.砂砾岩;3.砾岩;4.粗面岩

在朗久电站西分布的粗面岩—粗安岩中发育有陆相熔岩的特征构造——柱状节理(图版 10-7),在其与下伏岩层红色砾岩的接触处,砂砾岩因受烘烤发生变质,颜色变为褐红色,受烘烤深度达 50~80cm(图版 10-8)。

《1:100 万日土幅区域地质调查报告》中,前人曾据火山岩和下伏及上覆的砂砾岩之间界面呈波状弯曲,认为该套火山岩与下伏地层呈不整合接触,实质上从前人所做的素描图及本次工作野外实际调查及对拍摄的照片再三研究均发现,二者接触处的波状弯曲很小,而这种波状弯曲的界面在陆相地层中实际上是非常发育的,代表一系列微小的沉积间断,不应作为不整合看待,作为日贡拉组的夹层更合适一些。据中国科学院(1976)在测区内的日贡拉组上部层位中采获中新世的植物化石,推测日贡拉组内火山岩的形成时代为中新世。

(二)岩石学特征

日贡拉组底部火山岩的岩性为流纹岩或流纹质晶屑凝灰岩,顶部的粗面质火山岩主要为粗面岩,局部存在粗安岩。

1. 流纹岩

无斑隐晶结构,含少量(<5%)的斜长石、钾长石、石英斑晶。基质呈微晶结构,长石(75%)呈半自形板状—他形粒状,粒径多为 $0.03mm×0.07mm$,多中等高岭石化,与他形石英构成交生状的文象状球粒,球粒可达 0.22mm。

2. 流纹质晶屑凝灰岩

黄褐色,中细粒凝灰质结构,岩石由晶屑(70%)及玻屑(30%)组成,晶屑中斜长石及钾长石二者含量近似相等,约占晶屑总量的70%,而石英占30%。

3. 粗面岩

紫红色,风化面呈浅灰绿色,呈斑状结构,斑晶含量约40%,由钾长石、斜长石及黑云母组成,基质约60%,与斑晶组成相同。

(三)地球化学特征

1. 岩石定名及类型

本次工作在日贡拉组火山岩中共取了5块地化样品,获得日贡拉组的SiO_2含量为63.66%~72.40%(表3-38),属于中酸性岩的范围。在TAS图(图3-235)上,日贡拉组的点较集中,主要分布在粗面岩和英安岩、流纹岩区。与野外观察基本相符。

根据CIPW标准矿物计算的结果(表3-39),日贡拉组酸性火山岩的固结指数CI为3.20~14.88(平均10.29),分异指数DI为79.65~93.34(平均83.46),属于英安流纹岩范围。日贡拉组的标准矿物中含有大量的石英(10.22%~28.35%),无碱性矿物Ac、Ne、Le等生成,指示属于硅过饱和类型。根据最酸性的两个样标准矿物中有少量刚玉C(1.60%~1.37%)生成,无透辉石Di生成,主要矿物组成为Q+Or+Ab+An+Hy+C,A/CNK指数为1.09~1.11,说明属于铝弱过饱和亚类;而略偏中性的三个样则有透辉石生成,无刚玉,主要矿物组成为Or+Ab+An+Hy+Q+Di,A/CNK指数为0.84~0.89,属于正常类型或次铝型。

表3-38 日贡拉组火山岩主量及标准矿物含量

	样号	04GS-5	04GS-6	04GS-7	GS-85	GS-69		样号	04GS-5	04GS-6	04GS-7	GS-85	GS-69
	采样地点	朗久	朗久	朗久	羊尾山(日贡拉组)	夺波那中剖面第46层	参数	K_2O/Na_2O	1.89	1.98	44.71	1.19	1.23
	野外名称	粗面岩	粗面岩	粗面岩	流纹质凝灰岩	黄白色流纹质熔结凝灰岩		Q	10.12	9.53	11.29	28.35	27.26
主量元素(%)	SiO_2	64.22	63.66	63.82	69.94	72.40	CIPW标准矿物(%)	C	0	0	0	1.6	1.37
	TiO_2	0.73	0.66	0.67	0.30	0.26		Or	39.61	41.75	41.56	24.45	30.59
	Al_2O_3	14.61	14.97	14.95	14.43	14.40		Ab	29.92	30.17	27.97	29.25	35.49
	Fe_2O_3	1.82	1.94	1.83	1.07	0.66		An	4.48	4.62	6	7.92	1.96
	FeO	2.59	2.23	2.16	2.21	0.88		Ne	0	0	0	0	0
	TFeO							Lc	0	0	0	0	0
	TFe_2O_3							Ac	0	0	0	0	0
	MnO	0.08	0.07	0.07	0.076	0.026		Ns	0	0	0	0	0
	MgO	2.15	1.58	1.71	1.07	0.25		Di	4.25	3.85	2.38	0	0
	CaO	2.46	2.40	2.26	1.65	0.46		DiWo	2.16	1.93	1.2	0	0
	Na_2O	3.51	3.51	3.24	3.40	4.14		DiEn	1.12	0.9	0.6	0	0
	K_2O	6.64	6.94	6.88	4.06	5.10		DiFs	0.97	1.01	0.58	0	0
	P_2O_5	0.45	0.48	0.43	0.072	0.060		Hy	8.04	6.62	7.46	6.84	2.28

续表 3-38

	样号	04GS-5	04GS-6	04GS-7	GS-85	GS-69		样号	04GS-5	04GS-6	04GS-7	GS-85	GS-69
	采样地点	朗久	朗久	朗久	羊尾山（日贡拉组）	夺波那中剖面第46层	参数	K_2O/Na_2O	1.89	1.98	44.71	1.19	1.23
	野外名称	粗面岩	粗面岩	粗面岩	流纹质凝灰岩	黄白色流纹质熔结凝灰岩		Q	10.12	9.53	11.29	28.35	27.26
主量元素(%)	H_2O^+	0.56	0.72	0.87	1.44	0.86	CIPW标准矿物(%)	HyEn	4.3	3.12	3.77	2.72	0.63
	H_2O^-	0.30	0.33	0.38	0.57	0.38		HyFs	3.74	3.5	3.69	4.12	1.65
	TCO_2	0.24	0.84	1.25	0.85	0.94		Ol	0	0	0	0	0
	SO_3	0.30	0.33	0.38	0.011	0.065		OlFo	0	0	0	0	0
	LOS	0.87	1.75	2.16	1.65	1.33		OlFa	0	0	0	0	0
	Total	100.66	100.66	100.90	101.15	100.88		Mt	1.19	1.12	1.09	0.85	0.42
主要参数	SI	12.87	9.75	0.30	9.06	2.27		Hm	0	0	0	0	0
	A/CNK	0.84	0.85	10.81	1.11	1.09		Il	1.4	1.28	1.3	0.58	0.5
	σ	4.85	5.29	0.89	2.07	2.90		Ap	0.99	1.07	0.96	0.16	0.13
	TFeO/MgO	1.97	2.52	4.92	2.97	5.90	参数	CI	14.88	12.87	12.23	8.27	3.2
	Mg#	0.48	0.42	0.45	0.38	0.23		DI	79.65	81.45	80.82	82.05	93.34

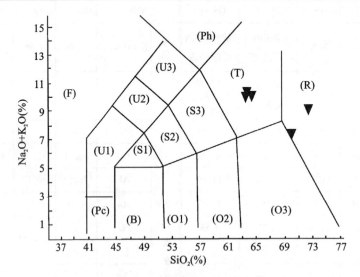

图 3-235 TAS 图（据 Le Bas 等，1982）

O:SiO_2过饱和；S:SiO_2饱和；U:SiO_2不饱和；(F)似长石岩；(Pc)苦橄玄武岩；(U1)碱玄岩、碧玄岩；(U2)响岩质碱玄类；(U3)碱玄岩质响岩；(Ph)响岩；(S1)粗岩玄武岩；(S2)玄武质粗面安山岩；(S3)粗面安山岩；(T)粗面岩和粗面英安岩；(B)玄武岩；(O1)玄武安山岩；(O2)安山岩；(O3)英安岩；(R)流纹岩

表 3-39 日贡拉组火山岩稀土、微量及标准矿物含量

样号		GS-285	GS-269	样号		GS-285	GS-269	样号		GS-285	GS-269
采样地点		羊尾山(日贡拉组)	夺波那中剖面第46层	采样地点		羊尾山(日贡拉组)	夺波那中剖面第46层	采样地点		羊尾山(日贡拉组)	夺波那中剖面第46层
样品名称		流纹质凝灰岩	黄白色流纹质熔结凝灰岩	样品名称		流纹质凝灰岩	黄白色流纹质熔结凝灰岩	样品名称		流纹质凝灰岩	黄白色流纹质熔结凝灰岩
微量元素 ($\times 10^{-6}$)	Li	54.22	9.46	微量元素 ($\times 10^{-6}$)	Cs	5.28	6.10	稀土元素 ($\times 10^{-6}$)	Gd	4.36	8.41
	Be	2.22	1.40		Ba	750.80	531.89		Tb	0.62	1.25
	Sc	5.65	10.76		Hf	3.46	8.11		Dy	3.73	7.37
	V	28.44	44.24		Ta	0.95	1.05		Ho	0.76	1.53
	Cr	11.26	12.05		Tl	0.83	1.26		Er	2.35	4.62
	Co	3.95	1.05		Pb	19.03	15.53		Tm	0.34	0.68
	Ni	0.44	7.70		Bi	0.29	0.08		Yb	2.26	4.69
	Cu	5.02	9.15		Th	21.69	13.47		Lu	0.35	0.71
	Zn	37.93	25.64		U	2.93	3.04		ΣREE	185.80	224.47
	Ga	14.96	18.03	稀土元素 ($\times 10^{-6}$)	La	45.05	42.37	主要参数	δEu	0.74	0.69
	Rb	168.09	139.57		Ce	82.70	86.58		δCe	1.02	0.97
	Sr	138.53	73.59		Pr	8.81	11.31		δSr	0.03	0.02
	Y	21.16	38.09		Nd	28.18	44.06		$(La/Sm)_N$	5.66	3.05
	Zr	98.67	282.49		Sm	5.14	8.96		$(Gd/Yb)_N$	1.60	1.49
	Nb	12.95	16.94		Eu	1.14	1.95		$(La/Yb)_N$	14.33	6.49

2. 岩浆系列及源岩浆判别

在硅-碱图(图3-236)上日贡拉组的样品酸性者位于亚碱性岩区,略偏中性者位于碱性岩区,但靠近分界线。在 K_2O-SiO_2 图(图3-237)上判别,位于高钾钙碱性及橄榄玄粗岩区。在 $\lg\tau-\lg\sigma$ 图解(图3-238)上,日贡拉组的所有点均位于C区,即属于派生的火山岩区,与它碱性程度相对较高相符。

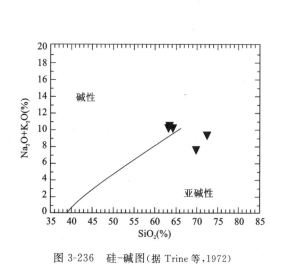

图 3-236 硅-碱图(据 Trine 等,1972)

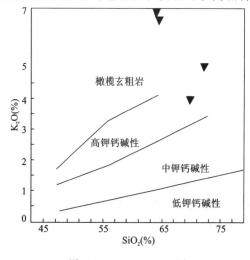

图 3-237 K_2O-SiO_2 图

日贡拉组三个粗面岩的稀土及微量分析结果尚未到,两个英安-流纹岩的稀土总量在 $185.80\times 10^{-6}\sim 224.47\times 10^{-6}$,多数小于或接近于下地壳的平均值($146.37\times 10^{-6}$),但均大于上地壳的平均值。稀土曲线呈向右陡倾的轻重稀土分异显著的模式(图3-239),$(La/Yb)_N$ 为 $6.49\sim 14.33$;其中轻稀土分

异显著,$(La/Sm)_N$ 为 3.05～5.66;但重稀土分异弱$(Gd/Yb)_N$ 为 1.49～1.60,稀土配分曲线与大陆弧火山岩的近于重合。两个酸性火山岩的 δEu 为 0.69～0.74,显示弱的负铕异常,说明在演化过程中发生过斜长石晶出的结晶分异作用。

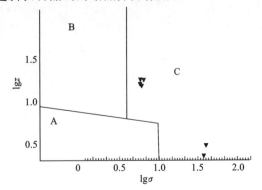

图 3-238 里特曼-戈蒂里图(据 Rittmann.1973)
A 区:稳定板内构造区火山岩;B 区:造山带火山岩;
C 区:由 A、B 区派生的火山岩

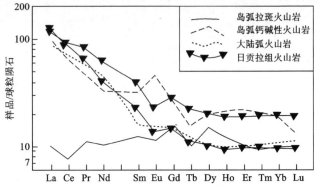

图 3-239 日贡拉组火山岩稀土配分模式

据两个英安-流纹岩的微量分析结果在 Th-Hf-Ta 图解(略)上投点,均位于岛弧区。微量元素 MORB 标准化曲线(图 3-240)反映日贡拉组火山岩的微量元素配分曲线呈明显的三隆起模式,即除大离子元素 K、Ba、Th、Nb 等的显著富集外,还在 Ce、Zr、Hf、Sm 处形成一个明显的突起,而在 Nb、Ti、P 处形成凹槽,其中 Nb 槽较微弱。Nb 负异常的存在被认为与陆壳物质的混染有关,因此具有上述特点的岩石不可能为板内碱性火山岩,而是与来自俯冲带消减沉积物的亏损 HFSE 的流体交代的地幔楔部分熔融有关,从而指示日贡拉组的这些火山岩具有岛弧橄榄安粗岩系的特点,与前边常量元素的判别相吻合。

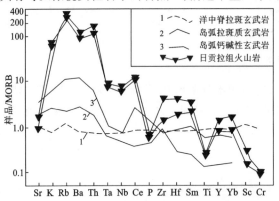

图-240 日贡拉组火山岩的微量元素 MORB 标准化图解
(图及标准数据据 Pearce,1982)

在前文林子宗群火山岩一节中已指出,欧亚板块与印度板块在 68～67Ma 闭合,测区日贡拉组火山岩形成于中新世—上新世早期,它不可能与板块俯冲有关,它具有的岛弧火山岩特点可能与源区有关,野外调查未见到玄武岩,样品的 MgO 含量均小于 2.15%,$Mg^\#$ 均小于 0.48,故它不可能是地幔直接部分熔融的结果,而更可能是地壳熔融产生的。结合 $lg\tau - lg\sigma$ 图解(图 3-238)的判别结果,它具有岛弧火山岩的特点可能与具有岛弧特点的弧壳岩石的部分熔融有关。

区域上,在羌塘及可可西里一带发现了大量与测区日贡拉组时代相近(44—10Ma),缺乏基性火山活动的中酸性火山岩(邓万明等,1996;邓万明,1998;谭富文等,2000;李光明等,2000),据地球化学对比,认为上述在羌南发现的高钾火山岩具有下地壳镁铁质岩石部分熔融的特点,即可归属于张旗的 C 型埃达克岩。测区日贡拉组火山岩具有与之相类似的岩石组合,也缺乏同时代的基性火山活动,很可能也是由下地壳部分熔融形成的,标志着测区地壳在这一时期已明显增厚。但这一时期青藏高原内的差异性隆起尚不显著,故在测区的日贡拉组地层的物源主要来自捷嘎组灰岩。测区内与新生代大规模的隆起有关的乌郁群砾岩才真正反映了青藏高原在新生代最大规模的隆起时期和差异性升降活动。

第四章 变 质 岩

图区内变质岩极为发育,时代各异,变质岩石类型多样,变质相系有葡萄石-绿纤石相—角闪岩相均发育,涉及的变质作用类型有区域变质作用、动力变质作用、热接触变质作用、气液变质作用等,其中前两者是本章讨论的重点。根据董申保等(1986)变质地质单元的划分原则,参考西藏地矿局(1993)的划分方案,并考虑到尽可能与构造分区相吻合,将测区划分为如下几个变质分区和小区(表4-1、图4-1)。

表 4-1 测区变质分区

拉轨岗日变质分区(Ⅰ)	雅鲁藏布江变质带(Ⅱ)			冈底斯变质区(Ⅲ)			班公错-怒江变质带(Ⅳ)		
	雅鲁藏布江南变质亚带(Ⅱ$_1$)	仲巴-札达变质地体(Ⅱ$_2$)	雅鲁藏布江北变质亚带(Ⅱ$_3$)	阿依拉变质小区(Ⅲ$_1$)	左左小区(Ⅲ$_2$)	羊尾山变质小区(Ⅲ$_3$)	狮泉河变质亚带(Ⅳ$_1$)	坦嘎变质小区(Ⅳ$_2$)	班公湖变质亚带(Ⅳ$_3$)

第一节 区域变质岩

测区的区域变质作用可以分为区域动力热流变质作用、区域低温动力变质作用、俯冲变质作用、埋深变质作用。其中前三者是研究区最主要的变质作用类型,而埋深变质作用在测区的拉贡塘组等浊积地层中曾发育,但由于后期变质的叠加,特征已极不明显,本书不再讨论。

一、区域动力热流变质作用

区域动力热流变质作用的变质地质体可分为表壳岩系和变质深成侵入体两部分。表壳岩由元古宇拉轨岗日岩群、念青唐古拉岩群、聂拉木岩群等组成,其中拉轨岗日岩群分布在雅鲁藏布江变质带仲巴-札达变质地体内,构成测区表壳岩系的主体,念青唐古拉岩群见于冈底斯变质区阿依拉变质小区;聂拉木岩群主要分布在楚鲁松杰附近国境线处。在翁波岩基中呈大小不等的捕虏体或残留体存在。变质深成侵入体主要分布在仲巴-札达变质地体内,在阿依拉山一带有零星分布。

(一)变质岩石类型及原岩建造

1. 变质岩石类型

区域动力热流变质作用的岩石类型有:片岩、斜长角闪岩、变粒岩、角闪岩、大理岩、石英岩、片麻岩等。在曲松热嘎拉剖面处,由于受到糜棱岩化改造,多改变为糜棱岩或糜棱岩化的岩石,但早期变质矿物仍残存,可以确定该套变质岩石曾遭受了区域动力热流变质作用改造。此外,由本次工作的热嘎拉剖面起点向北,在测区马林山口附近还发育蓝晶石黑云母片麻岩(郭铁鹰等,1991)。

(1)条带状混合岩化石榴二云母片岩:变余鳞片粒状变晶结构,岩石由石英(35%~65%)、白云母(20%~40%)、黑云母(15%~20%)、石榴石(<2%)组成。石英和云母定向排列,显示较强烈的糜棱线理,岩石含少量石榴石变斑晶,现已蚀变为绿泥石和少量石榴石残晶,原石榴石假象呈眼球状、碎裂状,在一些矿物中见到压力影,表明石榴石为糜棱岩化前期产物。

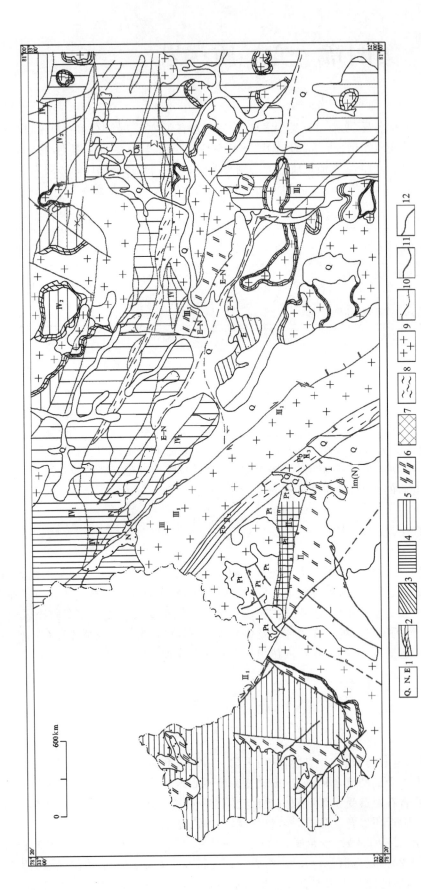

图 4-1 狮泉河幅、斯诺乌山幅变质地质图

1.新生界未变质地层；2.燕山期—喜马拉雅期接触变质岩；3.喜马拉雅期早期低绿片岩相变质岩；4.燕山早期低绿片岩相(千枚岩相)；5.燕山晚期低绿片岩相(千枚岩相)；6.印支期低绿片岩相(千枚岩相)；7.新元古代区域动力热流角闪岩相变质；8.新元古代(角闪岩相)混合岩；9.燕山期—喜马拉雅期花岗岩；10.角度不整合；11.断裂；12.边界断裂；Ⅰ：雅鲁藏布江变质带(Ⅰ₁：仲巴—札达变质地体；Ⅰ₂：雅鲁藏布江南变质亚带；Ⅰ₃：雅鲁藏布江北变质亚带)；Ⅱ：冈底斯变质带(Ⅱ₁：狮泉河变质小区；Ⅱ₂：坦嘎变质亚带；Ⅳ₃：班公错变质亚带)；Ⅲ：班公错—怒江变质带(Ⅲ₁：羊尾山变质小区；Ⅲ₂：阿依拉变质小区；Ⅲ₃：拉轨岗日变质小区)；Ⅳ：左左拉变质小区

(2) 含黑云母白云母片岩：鳞片粒状变晶结构，岩石由石英(60%)、白云母(30%)、黑云母(5%)、长石(<5%)等组成。石英和长石变余碎屑状，镶嵌粒状，碎粒状。白云母多呈"云母鱼"状，云母鱼相连构成云母条带，显示糜棱面理和片理构造，黑云母一部分由长英质碎屑变质重结晶排挤出的泥质条带变质重结晶而成，少部分分布于白云母边缘，由白云母变质重结晶而成。

(3) 石榴斜黝帘石黑云角闪片岩：鳞片粒状变晶结构，主要由角闪石(35%)、黑云母(10%)、石英(40%)、斜黝帘石(25%)、铁铝榴石(10%)等组成。其中角闪石为普通角闪石，石英为镶嵌粒状，斜黝帘石为板状—不规则粒状，铁铝榴石为碎裂状的等轴粒状，黑云母片状，受应力作用多发生变形，弯曲，透镜体化，相连成条带，显示片理和糜棱面理的构造。

(4) 含炭质角闪云母片岩：鳞片柱粒状变晶结构，岩石由石英(20%)、黑云母(15%)、斜长石(20%)、普通角闪石(13%)、斜黝帘石(10%)、绢云母(10%)、炭质(7%)及其他(<5%)组成。原岩为基性岩(或基性凝灰岩)经角闪岩相变质变成片岩，后被糜棱岩化叠加，炭质可能是糜棱岩化时方解石的分解产物。

(5) 黄色大理岩：鳞片粒状变晶结构，岩石主要由方解石(<85%)、石英(10%)、白云母(>5%)组成。岩石经糜棱岩化作用，方解石呈长形粒状定向排列，石英呈透镜体状，白云母呈透镜体状，相连成条带状，各种条带平行排列，显示糜棱线理构造，原岩可能为泥灰岩。该岩性层向顶部渐变为白云质大理岩。

(6) 二云母片岩：鳞片粒状变晶结构，主要由石英(35%)、白云母(35%)、黑云母(15%)、斜长石(5%)、绿泥石(5%)、其他矿物(<5%)组成。其中石英呈晶粒状，集合体呈透镜体状，夹于白云母条带之间。

(7) 糜棱岩化绢云千枚质板岩：千枚状构造，岩石由石英、绢云母、绿泥石、长石、磁铁矿组成。石英镶嵌，显然为变晶成因，绢云母鳞片状，排列定向性极强，绿泥石绢云母共生，长石为不规则粒状，既有斜长石又有钾长石，镜下为显微片理构造。石英含量为45%~50%，长石小于10%，绢云母35%~40%，绿泥石5%，磁铁矿少量。

(8) 片麻岩：青灰色、灰白色、褐黄色，糜棱结构、变余似斑状结构，眼球状、透镜状构造，由30%~40%碎斑和60%~70%碎基构成，矿物成分由石英(30%)、钾长石(40%)、斜长石(10%)、白云母(15%)、黑云母(3%)及其他(电气石、石榴石等)矿物(2%)组成。

碎斑：粒径为$0.25mm \times 0.54mm \sim 0.71mm \times 1.44mm$，成分以钾长石为多，其次为石英、斜长石、白云母、黑云母。其中呈"云母鱼"状，大部分白云母与黑云母伴生，明显为交代黑云母而成，也有一部分白云母为糜棱岩化时变质结晶而成。碎斑定向性很强，长轴与糜棱线理完全一致。

碎基：由更细的石英、长石及云母组成，长英粗细条带相间排列，云母条带与长英条带相间排列；云母片强烈定向，形成强烈的糜棱面理、线理。波状消光，变形纹、云母鱼、核幔等显微构造变形异常发育。

2. 原岩建造

根据变质岩中的矿物组合，确定其原岩主要由富含泥质(云母高达40%)的陆源碎屑岩夹少量海相碳酸盐岩沉积组成，而大理岩中不同程度地含有云母、石英，反映了原岩可能为泥灰岩，故其主要沉积环境应为泥坪或泥坪-台地的过渡环境。而角闪片岩等则由偏碱性的基性火山岩变质形成。

根据变质基性火山岩在大部分判别图上位于钙碱性火山岩区，而在微量元素MORB标准化图上呈大隆起的特征，与岛弧碱性火山岩相似(见第三章第一节火山岩)，在$K_2O/Y \times 10^{-4} - Ta/Yb$协变图(略)上位于MORB与WPB的过渡区，因此它可能代表一个岛弧的扩张轴部或弧后盆地。故根据岩性的大致堆叠顺序，可确定其沉积环境早期可能为岛弧，由于岛弧的拉裂，发生基性火山喷发，之后水体可能变深，但总体仍可能较浅，而靠顶部的大理岩中白云石的出现及之上的英岩质碎斑岩的出现，反映水体较浅的滨海环境或浅水潮坪的出现。由底向顶总体可能反映了它所代表的海盆由拉伸逐渐趋向萎缩的演化过程。

根据曲松一带的变质深成侵入体与表壳岩系在接触面附近产状明显存在不协调，而变质深成侵入体肉眼观察显示微弱的片麻状构造，定向性弱，总体呈块状构造，仅由于后期糜棱岩化的叠加而发育板劈理，其矿物组成主要为石英、斜长石及钾长石（微斜长石），其中微斜长石晶形及双晶非常清晰，有残留的原生连晶现象，综合上述确定原岩为酸性侵入岩。据热嘎拉剖面上表壳岩与变质深成侵入体接触处，表壳岩的混合岩化现象较强，随着远离变质深成侵入体，混合岩化减弱，且因混合岩化而注入的脉体也发生了糜棱岩化，故该层为糜棱岩化混合岩，反映混合岩化发生在糜棱岩化之前，结合表壳岩和变质深成侵入体内均残留有早期变质形成的石榴石，说明侵入活动在石榴石代表的区域动力热流变质作用之前。

根据变质深成侵入体的矿物组合主要由石英及钾长石构成，斜长石少量，云母约占20%，其中主要为白云母，但白云母对黑云母有交代现象，可能是糜棱岩化过程中铁质的流失所致，故据岩矿鉴定判别糜棱岩化片麻岩的原岩可能属钾长花岗岩类。但在该变质深成侵入岩体边缘的曲松伊米斯山口附近，采获的地球化学样品指示可能该岩体还存在中性的花岗闪长岩（据SiO_2含量为64.86%，见表3-2），其可能的原岩系列为花岗闪长岩—二长花岗岩—钾长花岗岩。根据第五章岩浆岩部分对它所做的地球化学判别，该侵入体最可能形成于岛弧或活动陆缘造山环境，岩体侵位的时间根据锆石表面年龄确定为584.0Ma，比区域上认为形成特提斯构造域基底的泛非运动的5.5亿年（潘桂棠等，2004）略早，很可能代表了板块碰撞前的俯冲造山阶段。

（二）变质矿物组合、变质温压及变质时间讨论

1. 变质矿物组合及变质温压

野外观察和岩矿鉴定证实，该套区域热流变质岩遭受了后期糜棱岩化改造，故各岩性中变质矿物共生组合可分为多期。其中区域动力热流变质矿物主要呈残斑存在，构成如下的变质矿物组合：

①石榴石＋钾长石＋斜长石＋黑云母（片麻岩）
②蓝晶石＋黑云母＋石英（片麻岩）
③石榴石＋角闪石＋斜长石（斜长角闪岩）
④角闪石＋斜长石（斜长角闪岩）
⑤白云母＋黑云母＋石英＋斜长石（片岩）
⑥方解石＋白云母±白云石±石英（大理岩）

根据前人资料（郭铁鹰等，1991），在噶尔那不如的斜长角闪岩中存在共生矿物组合：⑦堇青石＋十字石＋石榴石＋角闪石＋斜长石。其中角闪岩相变质矿物共生组合如图4-2所示，从图中反映出共生组合⑤与组合①是不平衡的，与岩矿鉴定发现白云母交代黑云母相一致，也反映区域热流动力变质的变质相是不均一的。

区域动力热流变质作用的特征变质矿物有：蓝晶石、石榴子石、十字石、钾长石、角闪石、黑云母、白云母等。其中石榴石呈粒状变余残斑，中心多较干净，与后期黑云母有交代作用，析出磁铁矿；黑云母呈棕褐色，呈长条带状晶体，白云母也呈较大的片状，角闪石呈褐色，反映了属于中高级变质的特点。此外，在热嘎拉剖面上反映由南向北变质程度增高，具有由云母带—石榴石带—蓝晶石带的分带现象，很可能曾构成一个进变质序列，指示它具有区域动力热流变质作用的特点，变质矿物组合总体显示属高绿片岩相—低角闪岩相。前人早已指出：石榴石成分变化的趋势在

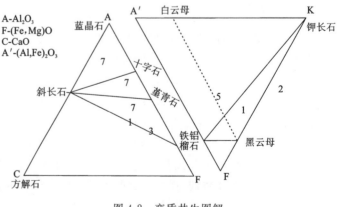

图4-2 变质共生图解

所有压力类型中都是相似的,即 MgO 降低,FeO 含量增高。但随着温度的进一步增高,MgO 含量增高。曲松一带区域动力热流变质形成的石榴石主要由铁铝榴石(79.98%)组成,锰铝榴石和镁铝榴石含量均极低(分别为 2.05% 和 3.03%),由此指示该石榴石可能主要相当于中级变质岩系,同变质相的石榴石成分综合图解上它位于麻粒岩相—角闪岩相、绿帘角闪岩相的分界线附近。

郭铁鹰等(1991)在测区内札西岗、噶尔那不如、阿依拉山南坡等地采用角闪石-斜长石温度计(表 4-2)测定了斜长角闪岩的变质温压,测获变质温度多为 543.5~620℃,压力为 0.25~0.40GPa,其变质温压区间也在一般的高绿片岩相—低角闪岩相变质温压范围(0.2~1.0GPa,500~640℃,据贺高品、杨振升等,1991)内,与根据变质矿物组合所作的判定一致。据本次工作测定的石榴石及角闪石组分(表 4-1、表 4-2),根据 Grahan 和 Powell 的石榴石与角闪石计算公式:

$$T = (2880 + 3280 X_{\text{garca}})/(\ln K_D + 2.426)$$

其中

$$K_D = (X_{\text{Fe}}/X_{\text{Mg}})^{\text{Gar}}/(X_{\text{Fe}}/X_{\text{Mg}})^{\text{Hb}}$$

表 4-2 区域动力热流变质矿物化学成分及变质温压

	标本编号	80-53	81-65-2T	82-0-5	82-0-9	82-218-4
	标本名称	角闪岩	角闪岩	斜长角闪岩	角闪片岩	斜长角闪岩
	标本产地	札西岗	底雅	噶尔那不如	噶尔那不如	阿依拉山南坡
角闪石化学成分(%)	Na	0.32	0.15	0.33	0.41	0.68
	K	0.11	0.03	0.1	0.11	0.08
	Ca	2.29	1.95	1.97	1.97	1.88
	Mg	2.91	3.33	2.56	2.93	2.77
	Fe^{2+}	0.96	1.89	2.42	1.99	1.93
	Fe^{3+}		0.41			
	Mn	0.03	0.03	0.08	0.04	0.03
	Al	1.51	0.43	1.28	1.64	2.21
	Ti	0.21	0.01	0.13	0.1	0.19
	Cr	0.01	0.02	0	0	0.01
	Ni	0	0.15	0	0	0
	Si	6.64	7.5	6.79	6.58	6.15
	O	22	22	22	22	22
	OH	1.96	2	2	2	2
	F	0.04				
斜长石化学成分(%)	K	0		0.01	0.01	0.01
	Na	0.15		0.85	0.64	0.64
	Ca	0.98		0.31	0.49	0.55
	Al	1.81		1.18	1.41	1.28
	Si	2.12		2.75	2.54	2.6
	An	86.7		26.9	43	45.8
角闪石-斜长石温压计	温度(℃)	545	<450	535	590	620
	压力(GPa)	0.33	0.20	0.27	0.25	0.4

求得变质温度为631℃,相当于低角闪岩相上限,考虑到薄片观察指示采用的角闪石与石榴石之间为不平衡共生,故原来的温度可能更高,估计可能达到高角闪岩相下限,与区域上动力热流变质的峰期温度相近。

在二叠系底部砾岩内含有片麻岩砾石,指示区域动力热流变质发生于二叠纪之前;区域上除测区外,这套老变质岩在雅江地层区内未再出现,但据其变质程度与青藏高原其他地层区中新元古界地层相近,而区域上该地层区内仅具浅变质的下古生界地层(中国地质调查局等,2004),与测区内这套中—高级变质岩系的变质程度迥异。根据上述推测测区这期变质作用发生的时间早于早古生代。前人一般认为青藏高原区域动力热流变质形成于同一时间,区域上形成特提斯构造域基底的泛非运动时间在5.5亿年(潘桂棠等,2004),测区内的区域动力热流变质作用可能也发生于这一时间。

二、俯冲变质作用

本次工作测区内发现的高压或中高压相系岩石主要分布在台丁拉—天巴拉一线,岩性为榴闪岩和角闪岩,与郭铁鹰等(1991)在测区马嘎一带发现高压的变粒岩、在测区外的老武起拉发现的接近高压相的岩石,一起沿阿依拉深断裂分布构成一个高压变质带,可能指示与雅江带向北的俯冲有关。此外在曲松热嘎拉沟也发现含高压蓝闪石的变质岩石。其成因尚有待于进一步的研究。

(一)变质岩石类型及变质矿物世代

阿依拉山一带的榴闪岩(b-659、b-661、b-1616)一般具变余粗粒状变晶结构,变质矿物组合明显可分为两期,第一期由粗粒状的石榴石和斜长石组成,呈变余碎斑出现,石榴石边部有反应边结构(图版24-1),中部为过渡新生矿物:纤维状、放射状的斜长石和蓝闪石,其中蓝闪石呈深蓝—天蓝多色性,最外侧的环边由褐色的普通闪石组成,应属于变成矿物。中圈的放射状蓝闪石和斜长石与石榴石具有交代缝合线结构(图版24-2),而与其外围的褐色角闪石之间则界线较圆滑而模糊,反映渐变过渡关系。也有一些岩石中未见到蓝闪石,仅由环带中心的石榴石和外侧的褐色角闪石组成,甚至一些矿物中石榴石已完全消失,由褐色角闪石组成,仅呈菱形十二面体石榴石假象,指示反应较充分的情形,但在个别斜黝帘石晶体核心部位仍可见到残余的蓝绿色的蓝闪石或蓝闪石质角闪石。

该岩石中有两期变质,早期可能由石榴石和斜长石等组成,第二期变质由蓝闪石或蓝闪石质普通角闪石+斜长石+磁铁矿组成,褐色普通闪石代表了蓝闪石或蓝闪石质角闪石的终极变质矿物。

在曲松一带发现的蓝闪石质斜长角闪岩(b-1556),具斑状变晶结构,变斑晶为铁铝榴石,呈等轴粒状,受变形呈眼球状(图版24-3),粒径多为0.75mm,淡褐色,正极高突起,均质性,轻度绿帘石化、绿泥石化,含量为10%。基质为鳞片柱状变晶结构,糜棱结构,片理构造,由少量黑云母、斜长石、磁铁矿等组成;角闪石呈长柱状,受糜棱岩化作用而呈长透镜体状,粒径多为0.18mm×0.90mm,带蓝紫色调,富含铝质,为蓝闪石质普通角闪石,属压力矿物,含量35%,角闪石定向排列,显示片理构造和糜棱面理构造。此外,蓝闪石质普通角闪石还明显切穿了早期的石榴石斑晶和黑云母晶体(图版24-4),石英受变形多被拉长,集合体也呈长透镜体状。岩石中含少量斜长石,同样受变形呈眼球状,黑云母局部有交切石榴石的现象,也受变形呈透镜体状,粒度比角闪石细,多风化为褐铁矿,磁铁矿也呈长透镜体状,长轴平行片理和糜棱面理。根据矿物组成和野外呈层产出的特点,推测其原岩为中基性火山岩,之后变为角闪片岩,再变为糜棱岩。第一期变质矿物为石榴石+黑云母+斜长石+石英,该组合矿物明显受到后期矿物的交代,故它应代表着区域动力热流变质作用,前面已经指出,它形成于中低压环境中高温条件下;第二期变质矿物由定向的黑云母+斜长石+角闪石+石英组成,反映了石炭纪早期由于伸展走滑所造成的韧性变形;而第三期变质矿物由蓝闪石质普通角闪石+斜长石+石英组成,反映了一个明显的增压过程。根据野外观察在该岩石中有新生的硬绿泥石粗大晶体穿切糜棱面理和相邻的糜棱岩化片岩中有片状无定向的黑云母晶体(褐色)生成,可能指示还存在第四期变质,它是一个减压增温的过程。

(二) 俯冲变质岩的地球化学特征

在火山岩一章中已指出曲松热嘎拉一带的蓝闪石质斜长角闪岩的原岩——基性火山岩的地球化学性质与岛弧橄榄安粗岩系相似,是古岛弧或陆缘弧在俯冲增厚后,在地幔柱流作用下拉裂形成。故这里主要讨论在天巴拉沟一线发现的含蓝闪石质榴闪岩的地球化学特征。

天巴拉沟一线的榴闪岩的主量、稀土及微量元素分析值见表4-3,其 SiO_2 含量为 46.96%~51.20%,属于基性岩范畴,在国际地科联推荐的 TAS 图[图4-3(a)]和火山岩 SiO_2-Zr/Ti 判别图解[图4-3(b)]上,均落在玄武岩或亚碱性玄武岩区,两个样品的 A/CNK 值为 0.62~0.89,属于次铝的岩石类型,其中后期蚀变叠加较弱的榴闪岩,相对更贫铝。在 Irvine(1971)的硅-碱图(图4-4)上,落入亚碱性区内。

表4-3 阿依拉山榴闪岩主量、稀土及微量元素

样号	野外名称	主量元素(%)															主要参数		
		SiO_2	TiO_2	Al_2O_3	Fe_2O_3	FeO	MnO	MgO	CaO	Na_2O	K_2O	P_2O_5	H_2O^+	H_2O^-	TCO_2	SO_3	LOS	SI	σ	TFeO/MgO
GS-288	蚀变榴闪岩	51.20	1.29	14.50	1.06	9.32	0.25	9.26	6.51	0.48	3.44	0.17	0.76	0.36	0.28	0.12	2.14	39.30	1.87	1.11
GS-289	榴闪岩	46.96	1.76	14.26	0.63	11.33	0.20	9.80	10.30	2.54	0.15	0.14	0.26	0.12	0.28	0.022	1.27	40.08	1.83	1.21

样号	主要参数			微量元素(×10⁻⁶)											
	A/CNK	Mg#	K_2O/Na_2O	Li	Be	Sc	V	Cr	Co	Ni	Cu	Zn	Ga	Rb	Sr	Y
GS-288	0.89	61.87	7.17	167.716	4.235	42.004	283.707	238.419	42.156	70.822	129.721	133.182	16.256	279.869	35.708	35.571
GS-289	0.62	59.72	0.06	10.405	0.795	50.342	285.591	226.591	45.707	84.366	88.051	95.990	16.805	3.921	59.736	36.892

样号	微量元素(×10⁻⁶)										稀土元素(×10⁻⁶)				
	Zr	Nb	Cs	Ba	Hf	Ta	Tl	Pb	Bi	Th	U	La	Ce	Pr	Nd	Sm
GS-288	83.704	3.322	39.477	255.587	2.7072	0.279	1.773	5.019	0.237	0.712	1.778	3.455	9.105	1.571	8.440	3.247
GS-289	90.154	1.345	0.987	48.452	2.779	0.093	0.046	6.868	0.095	0.168	0.214	2.038	6.270	1.241	7.566	3.212

样号	稀土元素(×10⁻⁶)													
	Eu	Gd	Tb	Dy	Ho	Er	Tm	Yb	Lu	δEu	δCe	δSr	(La/Sm)$_N$	(Gd/Yb)$_N$	(La/Yb)$_N$
GS-288	1.021	5.037	0.956	6.433	1.387	4.239	0.655	4.090	0.62	0.77	0.96	4.07	0.69	1.02	0.61
GS-289	1.276	5.315	0.994	6.652	1.501	4.483	0.677	4.388	0.665	0.94	0.97	8.64	0.41	1.00	0.33

SiO_2-Nb/Y 图被认为可适用于变质的火山岩,根据两个样品 Nb/Y 值为 0.04~0.1,均远小于 0.7,也属于亚碱性岩区(图略)。在 AFM 图(图4-5)上判别位于拉斑玄武岩一侧。两个样品的 TiO_2 值为 1.29~1.76,较低的一个与变质过程中 Ti 的带出有关,二者的平均值与洋脊玄武岩(1.5%)相当,而

远高于岛弧玄武岩平均值(0.83),显示不可能为岛弧火山岩,在常量元素 $MgO-TFeO-Al_2O_3$ 图(图略)和 $TiO_2-MnO\times10-P_2O_5\times10$ 图(图略)上判别,均属于洋脊-洋岛玄武岩。

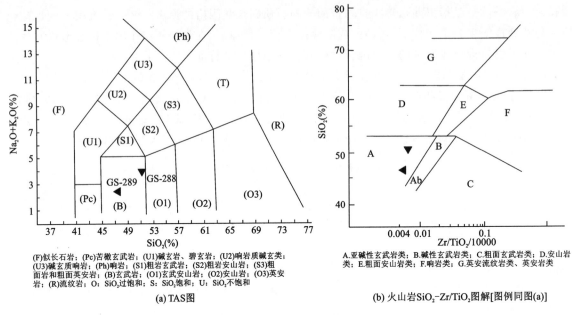

(F)似长石岩;(Pc)苦橄玄武岩;(U1)碱玄岩、碧玄岩;(U2)响岩质碱玄类;(U3)碱玄质响岩;(Ph)响岩;(S1)粗岩玄武岩;(S2)粗岩安山岩;(S3)粗面岩和粗面英安岩;(B)玄武岩;(O1)玄武安山岩;(O2)安山岩;(O3)英安岩;(R)流纹岩;O:SiO_2过饱和,S:SiO_2饱和,U:SiO_2不饱和

(a) TAS图

A.亚碱性玄武岩类;B.碱性玄武岩类;C.粗面玄武岩类;D.安山岩类;E.粗面安山岩类;F.响岩类;G.英安流纹岩类、英安岩类

(b) 火山岩 SiO_2-Zr/TiO_2 图解[图例同图(a)]

图 4-3 岩石分类图

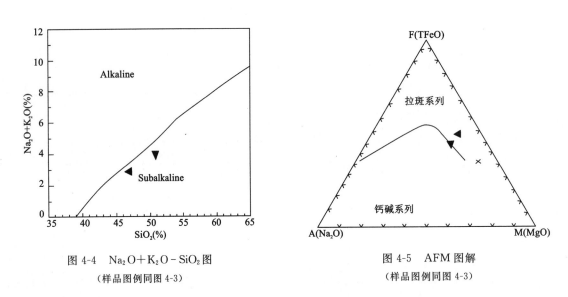

图 4-4 $Na_2O+K_2O-SiO_2$ 图
(样品图例同图 4-3)

图 4-5 AFM 图解
(样品图例同图 4-3)

在微量元素 Ti-Zr-Sr 图(图 4-6)上位于弧火山岩和洋脊玄武岩的重叠区,在 Ti-Zr 判别图解(图 4-7)上进一步区分,位于洋脊玄武岩区;在 Nb-Sr-Zr 判别图解(图 4-8)上判别,位于正常洋脊玄武岩区。

两个样品的稀土曲线均呈重稀土弱富集的左倾型,稀土分异微弱,尤其是更能反映原岩特征的重稀土近于水平,负铕异常不明显,曲线总体与正常洋脊玄武岩相当(图 4-9、图 4-10)。微量元素 MORB 标准曲线的高场强部分也与洋中脊拉斑玄武岩相当(图 4-11)。运用 Holness 的 $(La/Sm)_N$ 与板块扩张速度的图解,求得榴闪岩所代表的洋壳扩张速度为大于 100mm/a。

综上所述,我们认为榴闪岩代表了一个大洋环境,代表了一个西段曾存在的大洋盆的遗迹,其地球化学特点及俯冲速度与测区夏浦沟一线及区外的达机翁一带的弧前蛇绿岩截然不同。一般认为它可能代表印度陆块北缘物质卷入俯冲,在之后的抬升过程中被带至地表的产物。其时代可能与拉轨岗日岩群相近。

第四章 变质岩

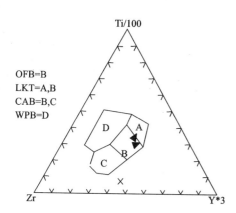

图 4-6 Ti-Zr-Y 判别图解（据 Pearce 和 Cann,1973）
A:THB(岛弧拉斑玄武岩);B:MORB(洋脊玄武岩)、CAB(钙碱性玄武岩)、THB;C:CAB;D:WPB(板内玄武岩);样品图例同图 4-3

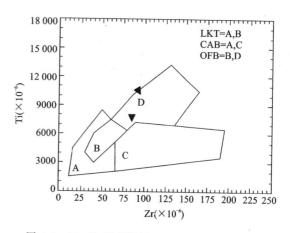

图 4-7 Ti-Zr 判别图解（据 Pearce 和 Cann,1973）
A:THB(岛弧拉斑玄武岩);B:MORB(洋脊玄武岩)、CAB(钙碱性玄武岩)、THB;C:CAB;D:MORB;样品图例同图 4-3

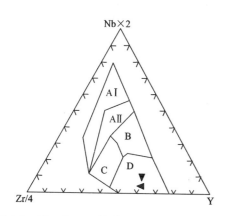

图 4-8 Nb-Zr-Y 判别图解（据 Meschede,1986）
AⅠ:板内碱性玄武岩;AⅡ:板内碱性玄武岩和板内拉斑玄武岩;B:E 型 MORB;C:板内拉斑玄武岩和火山弧玄武岩;样品图例同图 4-3

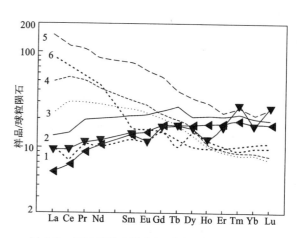

图 4-9 榴闪岩稀土模式与不同环境玄武岩对比
（据 Frey 等,1968）

1.弧岛拉斑玄武岩;2.正常洋中脊玄武岩;3.洋岛(夏威夷)拉斑玄武岩;4.洋岛(夏威夷)碱性玄武岩;5.洋岛碱性玄武岩;6.大陆弧玄武岩;其余图例同图 4-3

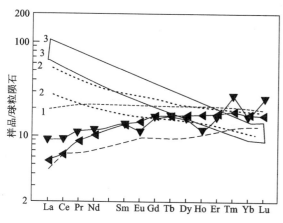

图 4-10 榴闪岩稀土模式曲线与不同类型洋脊玄武岩对比（据 Lencex 等,1983）

1.N-MORB(正常洋中脊玄武岩);2.T-MORB(过渡洋中脊玄武岩);3.P-MORB(富集洋中脊玄武岩);其余图例同图 4-3

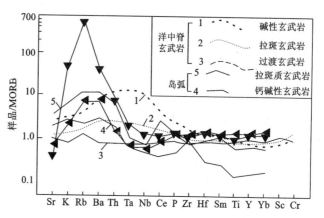

图 4-11 榴闪岩的微量元素 MORB 标准化图解
与不同环境的洋脊玄武岩对比

（图及标准数据,据 Pearce,1982;样品图例同图 4-3）

(三)矿物化学及变质温压

20世纪80年代,郭铁鹰等在沿阿依拉断裂一线的测区内麻尔嘎一带发现存在高压的变质岩系,并在该构造带上的老武起拉一带也发现了高压的角闪岩,他们对之作了进一步的电子探针分析,采用石榴石和黑云母温压计计算出麻尔嘎一带高压变质的温度为726℃,压力0.88GPa;根据斜长石-角闪石温压计测获的温度为470~520℃,压力为0.65~0.80GPa(分析数据计算及结果见表4-4),其中一对不平衡矿物组合如石榴石和斜长石组合,郭铁鹰等(1991)求得其变质压力为1.894GPa,但认为与矿物共生组合(黑云母+斜长石+石英+斜黝帘石+阳起石+石榴石+堇青石+白云母)不符。

表 4-4 前人发现的高压变质矿物成分及温压

标本编号		82-218-2	81-78-4	81-78-3				
标本名称		角闪岩	变质花岗岩	黑云母变粒岩				
标本产地		老武起拉	麻尔嘎	麻尔嘎				
化学成分(%)		角闪石			石榴石			黑云母
					a	b	c	
Na		0.52	0.13	0.13				0.02
K		0.06	0.18	0.18				0.67
Ca		1.81	1.96	1.96	0.62	0.61		
Mg		3.44	3.16	3.16	0.25	0.23	0.25	1.43
Fe^{2+}		1.54	1.56	1.56	1.6	1.64	1.6	1.13
Fe^{3+}					0	0.22	0	
Mn		0.04	0.04	0.04	0.47	0.53	0.47	0.02
Al		1.7	1.22	1.22	2.1	1.9		1.58
Ti		0.09	0.04	0.04	0.01	0.01		0.08
Cr		0	0	0	无	无		
Ni		0.01	0	0	无	无		
Si		6.57	7.11	7.11	2.95	2.87		2.77
O		22	22	22	12.01	11.95		10
OH		2	2	2				2
化学成分(%)		斜长石						
K		0.01	0.02	0.02				
Na		1.04	0.64	0.64				
Ca		0.04	0.26	0.26				
Al		0.95	1.29	1.29				
Si		3	2.74	2.74				
An		3.7	28.3	28.3				
温度(℃)	角闪石-斜长石温压计	470	450	450	石榴石-斜长石压力计			石榴石-黑云母温压计 726
压力(GPa)		0.65	0.8		0.760	0.819	1.894	0.880

本次工作在前人工作基础上进一步进行了分析,各单矿物电子探针分析结果见表 4-5、表 4-6。下面对之分别予以讨论。

1. 石榴石

在含蓝色角闪石的样品中共分析了 3 个点,一个位于曲松热嘎拉一带(详见上一节)。与曲松一带区域动力热流变质的石榴石不同,阿依拉山断裂一线的天巴拉沟的石榴石成分明显富镁,指示它的形成温度较曲松一带高得多。Соболёв(1970)根据 1000 多粒石榴石的统计结果及数理分析指出:石榴石的成分不仅取决于它形成的温压条件,还与它的原岩成分有关,天巴拉沟一带的石榴石成分与他统计的变质基性岩麻粒岩相组分完全相同(表 4-7),在他设计的不同变质相石榴石系列成分综合图解(图 4-12)上,位于榴辉岩相与麻粒岩相或榴辉岩相与角闪岩相的重叠区。由此反映它的峰期变质温度至少达到了麻粒岩相的下限。

表 4-5 角闪石电子探针分析(%)

序号	1	2	3	4	5	6	7	8	9	10	11
样号	1556Hb-1	1556Hb-2	1556Hb-4	b659-Hb-2	b1556Hb-2b	2b659-Hb-2-2	2b659-Hb-1	b659-Hb-1	b659-Hb-3	2b-59-Hb-3	1556Hb-3
说明	蓝色角闪石	蓝色角闪石(中心)	蓝色角闪石	蓝色角闪石(边缘)	蓝色角闪石(边缘)	蓝色角闪石	蓝色角闪石	蓝色角闪石(中心)	普通角闪石	普通角闪石	普通角闪石
SiO_2	42.47	42.06	43.01	43.44	42.22	41.63	43.31	44.4	46.31	46.37	44.29
TiO_2	0.39	0.39	0.38	0.08	0.41	0.67	0.47	0	1.7	1.9	0.49
Al_2O_3	17.28	17.67	17.11	14.55	18.08	17.43	14.66	14.44	11.03	9.99	14.66
Cr_2O_3	0	0.03	0	0.02	0	0	0	0	0	0	0
FeO	16.25	16.13	15.28	13.43	14.74	10.77	10.51	14.05	11.48	9.77	15.79
NiO											
MgO	7.7	7.26	7.72	10.41	7.32	12.48	14.05	10.22	12.2	15.08	8.73
MnO	0.03	0	0	0.19	0.03	0	0	0.13	0.06	0	0.08
CaO	11.2	11.19	10.92	11.63	10.59	10.8	11.28	12.15	12.26	10.63	11.52
K_2O	0.37	0.27	0.25	0.03	0.3	0.28	0.4	0.02	0.23	0.3	
Na_2O	1.59	1.73	1.63	1.8	1.73	3	3	1.93	1.44	2.42	1.5
Total	97.28	96.73	96.3	95.58	95.42	97.06	97.68	97.32	96.5	96.39	97.36
Si	6.273 979	6.251 201	6.387 585	6.440 677	6.320 478	6.072 933	6.275 462	6.486 789	6.7706	6.710 497	6.527 418
Al^{IV}	1.7260	1.7488	1.6124	1.5593	1.6795	1.9271	1.7245	1.5132	1.2294	1.2895	1.4726
Al^{VI}	1.2826	1.3464	1.3825	0.9832	1.5105	1.0697	0.7790	0.9732	0.6712	0.4144	1.0738
Cr	0.0000	0.0035	0.0000	0.0023	0.0000	0.0000	0.0000	0.0000	0.0000	0.0000	0.0000
Fe^{3+}	0.2200	0.1840	0.0892	0.3687	0.0410	0.0912	0.1465	0.3257	0.0749	0.3294	0.1621
Ti	0.0433	0.0436	0.0425	0.0089	0.0462	0.0735	0.0512	0.0000	0.1870	0.2068	0.0543
Mg	1.6958	1.6086	1.7092	2.3009	1.6336	2.7141	3.0349	2.2259	2.6591	3.2534	1.9181
Mn	0.0038	0.0000	0.0000	0.0239	0.0038	0.0000	0.0000	0.0161	0.0074	0.0000	0.0100
K	0.0697	0.0512	0.0474	0.0057	0.0573	0.0521	0.0739	0.0000	0.0037	0.0425	0.0564
Al	3.0086	3.0952	2.9949	2.5425	3.1900	2.9967	2.5035	2.4864	1.9006	1.7039	2.5464

续表 4-5

序号	1	2	3	4	5	6	7	8	9	10	11
样号	1556Hb-1	1556Hb-2	1556Hb-4	b659-Hb-2	b1556Hb-2b	2b659-Hb-2-2	2b659-Hb-1	b659-Hb-1	b659-Hb-3	2b-59-Hb-3	1556Hb-3
说明	蓝色角闪石	蓝色角闪石(中心)	蓝色角闪石	蓝色角闪石(边缘)	蓝色角闪石(边缘)	蓝色角闪石	蓝色角闪石	蓝色角闪石(中心)	普通角闪石	普通角闪石	普通角闪石
Fe^{2+}	1.7876	1.8210	1.8087	1.2966	1.8044	1.2227	1.1271	1.3910	1.3288	0.8530	1.7841
Na	0.4554	0.4985	0.4694	0.5175	0.5021	0.8485	0.8428	0.5467	0.4082	0.6790	0.4286
Ca	1.7727	1.7819	1.7376	1.8475	1.6986	1.6880	1.7512	1.9019	1.9205	1.6482	1.8191
Ni	0	0	0	0	0	0	0	0	0	0	0
氧离子	23	23	23	23	23	23	23	23	23	23	23
化学分类	含亚铁准闪角闪石	含亚铁准闪角闪石	含亚铁准闪角闪石	含亚铁准闪角闪石	含亚铁准闪角闪石	含亚铁韭闪石	韭闪角闪石	含亚铁准闪角闪石	浅闪角闪石	浅闪角闪石	含亚铁准闪角闪石

表 4-6 石榴石电子探针分析(%)及计算结果

样号	说明	SiO_2	TiO_2	Al_2O_3	Cr_2O_3	FeO	NiO	MgO	MnO	CaO	K_2O	Na_2O	Total	Si	Al
b-659-Ga1	中心	39.26	0.04	22.14	0.09	21.4	0	4.76	1	10.4	0	0	99.09	3.0450	2.0202
2b-659-Ga1	中心	39.03	0.04	21.68	0	22.94	0	4.49	0.96	8.41	0	0	97.55	3.0803	2.0129
1556-Ga1	边缘	38.78	0.19	21.32	0	31.72	0	0.8	0.8	6.52	0	0	100.13	3.0867	1.9964

样号	Ti	Cr	Mg	Fe	Mn	Ca	Alm	Spe	Alm+Spe	Gro	Andr	Ura	Gro+Andr+Ura	Pyr	Fe/Mg
b-659-Ga1	0.0023	0.0055	0.5538	1.3832	0.0655	0.8642	1.4447	0.0685	1.5131	0.9027	0.0000	0.0058	0.9084	0.5784	2.4977
2b-659-Ga1	0.0024	0.0000	0.5315	1.5087	0.0640	0.7111	1.6076	0.0682	1.6759	0.7578	0.0000	0.0000	0.7578	0.5664	0.5938
1556-Ga1	0.0113	0.0000	0.0955	2.1040	0.0538	0.5560	2.2468	0.0575	2.3042	0.5938	0.0000	0.0000	0.5938	0.1020	0.5938

注:Alm 为铁铝榴石;Spe 为锰铝榴石;Gro 为钙铝榴石;Andr 为钙铁榴石;Ura 为钙铬榴石;Pyr 为镁铝榴石

根据石榴石-角闪石地质温度计求得石榴石与蓝色角闪石构成的矿物对变质温度在 831~941℃,如以 941℃ 为变质温度计算,则获得的变质压力在 1.9418GPa。考虑到该公式主要适用于 850℃ 下的计算,故取 850℃ 为该期变质作用的温度为宜,则据石榴石-斜长石压力计求得压力为 1.669GPa,略低于郭铁鹰等计算得到的 1.894。上述压力与大别山榴辉岩退变质初期的压力相当,温度却明显高于大别山榴辉岩退变质初期的温度。大别山榴辉岩矿物呈细粒,而测区榴闪岩矿物形态与地幔岩相近,也从另一面反映出测区榴闪岩变质矿物组合可能形成于较大别山退变质细粒榴辉岩更高的温度条件下。

此外,测区天巴拉沟一带高压条件下形成的石榴石与柴北缘榴辉岩相的石榴石组分接近,可能也暗示了它可能形成于与之相接近的温压条件下,即它可能是高温高压变质产物受后期改造的残余。

2. 角闪石

角闪石电子探针分析结果见表 4-5、表 4-6。根据计算结果指示曲松热嘎拉一带的蓝色角闪石和变通角闪石均属于亚铁准闪角闪石类,而天巴拉沟一带的蓝色角闪石成分属于含亚铁准闪角闪石—韭闪角闪石,考虑到它的光性特征,推测电子探针结果中钠的分析可能不准,将之归入冻蓝闪石一类中可能更为合适。

图 4-13 和图 4-14 显示:天巴拉沟的一部分蓝色角闪石和普通角闪石属于麻粒岩相条件下形成,但也有一部分为角闪岩相产物。由 Raase 的角闪石压力型 Al^{VI} - SI 变异图解(图 4-15),求得除天巴拉沟一带石榴石环带最外侧形成的棕色角闪石属低压型外,其他角闪石均属于高压型。

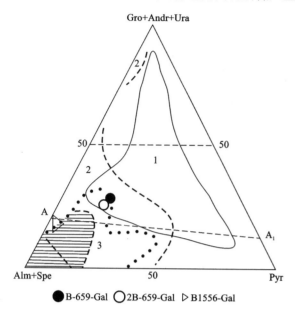

图 4-12 不同变质相的镁铝榴石-铁铝榴石系列成分区间的综合图解

1.榴辉岩(包括榴辉蓝晶石);2.麻粒岩相;3.角闪岩相;4.绿帘角闪岩相和角岩相;AA_1:此线以下的石榴子石与无钙的铁镁矿物共生,此线以上的石榴子石与含钙的铁镁矿物共生

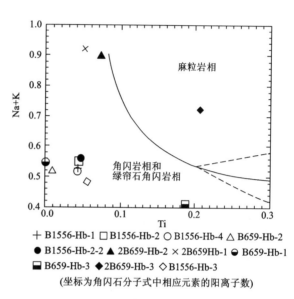

图 4-13 角闪石中(Na+K)-Ti 的变异图解

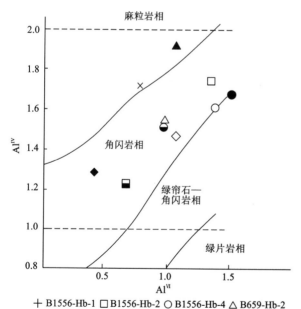

图 4-14 角闪石 Al^{IV} - Al^{VI} 的变异图解

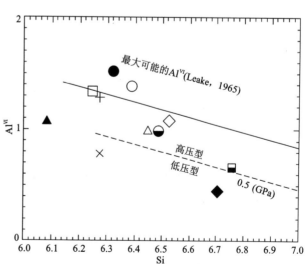

图 4-15 角闪石压力型的 Al^{VI} - Si 变异图解

(据 Raase,1974;图例同图 4-14)

3. 天巴拉沟的斜长石

早期斑晶为钙长石,中期与蓝色角闪石平衡者为高钠长石,晚期与棕色角闪石平衡者为高拉长石,反映温度由高→低→高的变质过程。根据不同的平衡配比(表4-7、表4-8),在图4-16、图4-17中求得的斜长石斑晶与蓝色角闪石之间的不平衡温度在750~850℃;钠长石与蓝色角闪石平衡共生温度为415~430℃或480℃(两个图解略有误差,但在一般的温度计算公式误差范围内),压力大于0.8GPa,而由钠长石与棕色角闪石不平衡共生组合构成的压力则为0.6~0.8GPa,而晚期的高拉长石与棕色角闪石平衡组合温度大于650℃,压力略小于0.4GPa。上述温压变化反映一个温度降低→升高而压力不断降低的过程。

表4-7 测区榴闪岩与典型麻粒岩相的石榴石对比(%)

样号	铁铝榴石(Alm)	锰铝榴石(Spe)	钙铝榴石(Gro)	钙铁榴石(Andr)	钙铬榴石(Ura)	镁铝榴石(Pyr)	Ca组分
b-659-Ga1	50.30	2.38	31.43		0.0058	20.14	31.43
2b-659-Ga1	57.10	2.42	26.92		0	20.12	26.92
1556-Ga1	79.98	2.05	21.14		0	3.63	21.14
麻粒岩相中的变质基性岩石榴石	55±15.4	2.5±2.2	17.5±8.6	3.1±5.1		21.5±16.8	20.5±7.4
柴北缘西段榴辉岩相的变质泥质岩	44~62		15~33			12~30	

注:柴北缘数据,据杨经绥等,1998。

表4-8 斜长石电子探针分析(%)及计算结果

样号	说明	SiO_2	Al_2O_3	FeO	MnO	CaO	K_2O	Na_2O	Total	Si	Al
b-659-Pl-1	斜长石	45.45	35.43	0.37	0.01	18.94	0.02	0.88	101.1	2.0789	1.9066
2b-659-Pl-1	斜长石	56.21	27.16	0.05	0	9.34	0	6.93	99.69	2.5391	1.4433
2b-659-Pl-2	斜长石斑晶	66.53	20.94	0	0	2.55	0.09	10.99	101.10	2.9015	1.0744
1556-Pl-1	斜长石(基质)	60.45	25.17	0.03	0	6.4	0.18	8.43	100.66	2.6796	1.3126
1556-Pl-2	斜长石斑晶	62.64	23.95	0	0	5.17	0.03	9.76	101.55	2.7451	1.2348
1556-Pl-2	斜长石斑晶	60.93	25.06	0.01	0	6.44	0.07	8.74	101.25	2.6857	1.2995

样号	说明	Fe	Mn	Na	Ca	K	An	长石类型	石榴石-斜长石压力计(压力单位:GPa)
b-659-Pl-1	斜长石基质	0.0141	0.0004	0.0779	0.9282	0.0012	92	钙长石	
2b-659-Pl-1	斜长石基质	0.0019	0.0000	0.6059	0.4520	0.0000	43	高中长石	0.8777
2b-659-Pl-2	斜长石残斑晶	0.0000	0.0000	0.9277	0.1192	0.0050	11	高更长石	1.9418~1.6690
1556-Pl-1	斜长石(基质)	0.0011	0.0000	0.7233	0.3040	0.0102	30	高更长石	
1556-Pl-2	斜长石斑晶	0.0000	0.0000	0.8278	0.2428	0.0017	23	高更长石	
1556-Pl-2	斜长石斑晶	0.0004	0.0000	0.7456	0.3041	0.0039	29	高更长石	

据图4-16、图4-17,求得曲松热嘎拉沟一带的斜长石与角闪石之间的温度多在515~540℃之间,压力大于0.8GPa。综合上述,反映测区内存在两条蓝闪石矿物代表的高压变质带,尤其是沿天巴拉沟一线出现的高压变质带实际上是由麻粒岩相榴辉岩退变质形成的。其变质矿物组合的一系列变化反演了退变质的温压轨迹。但曲松一带的蓝闪石成因还较为复杂,是与雅江南带在三叠纪末—侏罗纪向北的

俯冲有关,还是与更早(早于晚古生代)的俯冲有关,或是在雅江带北支发生陆-陆俯冲后,它是否一起被卷入并俯冲下去所形成还有待于今后进一步的研究。

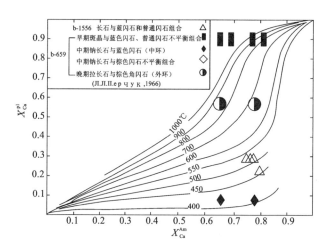

图 4-16 角闪石-斜长石地质温度计

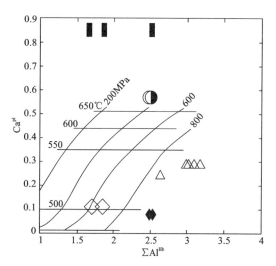

图 4-17 普通角闪石-斜长石地质温度计

(图例同图 4-16)

三、区域低温动力变质作用

在不同的变质带内都发育有区域低温动力变质岩,其变质地质体包括上古生界地层和中生界地层,部分新生界的地层,如林子宗群典中组。根据变质地层之间的角度不整合接触关系可以确定区域低温动力变质作用可分为早中生代、晚中生代、新生代三期。其中早中生代的区域低温动力变质岩在各地层区组成不同,其中雅鲁藏布江变质带的曲松东北部出露最全,由石炭系、二叠系、三叠系、侏罗系地层构成;在冈底斯变质区的羊尾山一带,仅分布有石炭系、二叠系、三叠系,在班公错-怒江变质带坦嘎变质小区等由侏罗系变质地层构成,主要与雅江南带和班-怒带北部分别代表的两个洋盆在侏罗纪的闭合有关。晚中生代变质岩主要发育在测区班公错-怒江变质带和冈底斯变质区,由狮泉河蛇绿岩及所夹岩块、冈底斯弧火山岩等组成,与狮泉河带和雅江北带的先后闭合有关。

区域低温动力变质岩的岩石类型主要为变砂岩、板岩、变质火山岩或大理岩。在该变质岩系中最明显的特点是均伴生有褶皱构造。其中在蛇绿岩带内多表现为强烈的紧闭褶皱构造,而在其他地层内,不同时期的区域低温动力变质岩几乎均表现为两翼宽缓、核部陡的 IA 型褶皱,都发育劈理和片理。特征的变质矿物主要有钠长石、绿泥石、绿帘石、次闪石、阳起石、方解石、石英、绢云母等,变质矿物组合反映系低绿片相变质,郭铁鹰等(1991)在测区拉梅拉山口的阳起石岩中测获的变质温度小于450℃,在一般认为的低绿片岩变质温压范围 350~500℃、0.2~0.8GPa 内(贺高品等,1991),与根据变质矿物组合判定的结果一致。

第二节 动力变质作用

测区的动力变质岩有相对较宽的不规则面状和沿构造带的窄的线状构造带两种类型。由于糜棱岩化往往是不均匀的,而测区缺乏超糜棱岩,变质原岩可据碎斑成分确定,故不再讨论变质原岩的恢复,但在个别线状动力变质带内,随变质程度的增加,玄武岩随着糜棱岩化而发生褪色,并有新的长英质矿物生成,导致个别误判的现象。

一、曲松面状动力变质带

前者主要分布在曲松一带,变质地质体由中新元古界早中三叠世地层组成,在中新元古界地层中早期主要体现为退变质,变形以塑性为主,宏观上发育糜棱线理(图版25-1、25-2)、云母鱼、云母膝折[图4-18(a)]、核幔构造、石英杆状构造;之后随着抬升造成的温压降低,碎裂发生粒化现象,产生眼球状碎斑构造[图4-18(b)]、压力影[图4-18(c)]等变形组构,糜棱面理对早期的片理构造局部可观察到切割现象。在石炭系—早中三叠系地层中则可能表现为一种递进的变质作用,且变质程度明显具有由底向上、由老向新降低的趋势。变形在宏观上表现为一系列顺层伸展断层和同构造分泌的石英脉或碳酸盐脉,由顺层伸展造成的揉皱(图版25-3、25-4、25-5、25-6),进一步的变形导致的布丁构造(图版25-4)、书斜状构造及δ旋转构造(图版25-5)等。微观上显示为普遍具有显微鳞片粒状变晶结构、千枚状构造。

(一) 变质岩石类型列述

中新元古界地层主要体现为早期角闪岩相变质矿物组合石榴石、黑云母、白云母等;由于受到糜棱岩化的影响,出现碎裂现象,并发生黑云母白云母化、石榴石向绿泥石、绿帘石退变,角闪石斜黝帘石化。具体岩石在区域动力热流变质部分已作了描述,这里不再赘述。

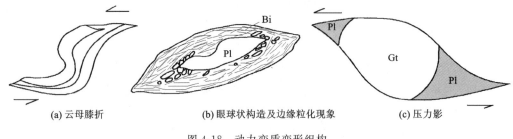

(a) 云母膝折　　(b) 眼球状构造及边缘粒化现象　　(c) 压力影

图4-18　动力变质变形组构
Pl:斜长石;Gt:石榴石;Bi:云母

在石炭纪—早中三叠世地层中的动力变质岩主要为变砂岩、板岩、钙质板岩,偶见大理岩,在该套变质岩系偏底部有较多的千枚状板岩—千枚岩。多具有变余层理构造,有些甚至可见到原生沉积的粒序及构成的基本层理。

千枚岩:显微鳞片粒状变晶结构,显微片状构造,岩石由石英、白云母、黑云母、绿泥石、长石、磁铁矿等组成。石英、长石多呈他形细粒状变晶或变余碎屑状,显微片状的白云母、黑云母及绿泥石构成定向组构。

大理岩:细粒鳞片粒状变晶结构,岩石由方解石、石英、绢云母、磁铁矿—褐铁矿组成。

钙质板岩:顺层面的板劈理极为发育,由方解石、石英、绢云母、铁质组成,其中方解石大部分呈等轴粒状,少部分呈长形粒状,长轴平行板劈理面。绢云母断续相连呈条带状。

变砂岩和砂板岩与千枚岩的组构相似,仅变余构造更为明显,部分薄片中出现绿色绢云母。

(二) 变质矿物组合及变质温压讨论

动力变质岩的变质矿物组合主要有:

　　黑云母＋白云母＋石英＋斜长石(钠长石)
　　黑云母＋白云母＋石英＋绿泥石
　　黑云母＋白云母＋石英＋绿泥石＋钾长石
　　黑云母＋白云母＋绢云母＋石英＋绿泥石＋钾长石
　　方解石＋石英＋绢云母

根据上述变质矿物组合,反映曲松一带的动力变质岩形成于低绿片岩相中低压相系变质条件下,压力可能在0.2~1.0GPa,温度为350~500℃,根据黑云母呈褐色多色性,绢云母出现较少,可能多数形成温度接近低绿片岩的上限。由区域动力热流变质岩—动力变质岩,据薄片中观察到云母及石英对石榴石的交代、绿泥石对石榴石的交代、黑云母被白云母交代、普通角闪石斜黝帘石化等现象,得到退变质的主要变质反应有:

$$石榴石+钾长石 \rightarrow 黑云母+白云母+石英$$

$$白云母+黑云母+石英 \rightarrow 钾微斜长石+绿泥石$$

$$铁铝榴石+H_2O \rightarrow 绿泥石+石英$$

(三) 与构造作用的关系

区域动力热流变质岩在曲松一带动力变质过程中的退变质和古生代地层的进变质,同期的变形构造指示存在顺层的伸展滑脱,根据观察石炭系及之后地层的塑性变形明显弱于中新元古界地层,尤其是拉轨岗日岩群的三岩组的动力变形最强,可能代表主滑脱面,根据区域研究,仲巴-札达陆块内还应存在早古生代地层,但在测区这部分地层可能被断失了。在石炭系地层中未见到下伏地层的砾石,而在二叠系地层的底部存在底砾岩,底砾岩的成分中含有大量下伏中新元古界地层糜棱岩化产物,可能指示拉伸尽管开始于石炭系,但很可能二叠系早期才是伸展最为强烈的时期,区域上这一时期强烈的裂谷火山活动也印证了这一点。根据二叠系底部砾岩砾石呈长条状,一些砾石明显发生了碎裂并有强烈的塑性变形(图版 25-7、25-8),反映这一时期的动力变质作用并非一期,而是由多个阶段构成。在晚三叠世地层中顺层滑脱的韧性变形组构不发育,指示测区该期动力变质变形的时间上限不超过中三叠世末。根据该期动力变质变形的特点和发育的时间,可能指示它与雅江南带在这一时期的打开成洋有关。

二、线状动力变质带

测区动力变质岩主要分布在几个板块缝合带处或一些区域性大断裂附近,主要有波博动力变质带(雅江带南支)、天巴拉-夏浦沟动力变质带(雅江带北支)、噶尔曲动力变质带、俄儒动力变质带。垂直各带的构造观察显示,各线性动力变形带内都存在如下的规律:各带内构造面理发育,但每带内的变形和变质都是不均匀的,具有强弱带相间出现的特点,岩性总体以碎裂岩和糜棱岩化岩石为主,少量可达到糜棱岩,其中塑性变形程度以天巴拉-夏浦沟动力变质带和噶尔曲动力变质带最强。变形组构在俄儒动力变质带内发育最全、最有特色。该动力变质带可能发育在区域低温动力变质作用的晚期,当水平方向的缩短达到极限时,很可能这时岩层的强度也达到了极限,从而发生了韧性变形,塑性层如砂岩、变质超基性岩发生塑性流变(图版 26-1、26-2),形成了一些尖棱褶皱,而其中的能干夹层如灰岩、玄武岩等,则被拉断,在塑性层(基质)中呈岩片出现(图版 26-3)。在较厚的由能干层组成的地段,塑性变形明显减弱,可显示为小揉皱(图版 26-4、26-5),但局部地带同构造分泌的石英脉可出现杆状构造(图版 26-6)。在一些较厚的能干层,尤其是玄武岩组成的地段,玄武岩也发生构造透镜体化,各透镜体之间由发生塑性变形的玄武质(可能主要由强烈绿泥石化的部分构成)充填,而玄武岩透镜体有时可呈书斜状构造。

(一) 变质温压讨论

动力变质的特征变质矿物一般由绢云母、绿泥石、绿帘石、阳起石等组成,根据特征变质矿物显示它的变质相应属于中压低绿片岩相。但在阿依拉山南坡的天巴拉一带的透闪石片岩的出现可能指示局部地带的动力变质条件与高绿片岩相—低角闪岩相相当。

(二) 变质时代探讨

阿依拉岩基变形较发育,侵入于岩基的二云母花岗岩未变形,故据岩体的侵位时间确定动力变质的时间在 67~31Ma 之间。阿依拉岩基的变形组构早期主要以片麻理为主,晚期变为糜棱岩和碎裂岩化,指示了一个温度和压力逐渐降低的过程,故变质变形可能开始于岩体侵位后不久,但随着温度逐渐减弱,变质让位于变形,变形也逐渐向脆性变形转化,在31Ma二云母花岗岩侵位、北东-南西向构造发育时,塑性变形已很微弱。

波博动力变质带的形成可能与早侏罗世末雅江带南支的闭合有关。而狮泉河带内俄儒动力变质带的形成与狮泉河带闭合有关,略晚于区域低温动力变质。根据早白垩世郎山组角度不整合于狮泉河带之上,而郎山组未遭受动力变质和变形微弱,指示动力变质带的形成时间早于郎山组沉积之前。根据七一桥一带104Ma的花岗岩侵入郎山组,指示俄儒动力变质带的发育时间应早于104Ma。

第三节 接触变质作用

测区内的接触变质作用主要发育在测区内乌木垄岩基(日土岩基南部)、翁波岩基、郎弄浆混序列各岩体的周围。其中与乌木垄岩基有关的接触变质作用最为发育,热接触变质带的规模较大,在遥感图像上可观察到明显的变质晕圈,野外填图证实了这一点,但在实际填图中无法划分递增变质带,仅反映出随着靠近岩体,出现绿泥石、黑云母、透闪石,个别地带出现钙铝榴石;在翁波岩基靠近楚鲁松杰的山顶附近,观察到二云母花岗岩的侵入导致二叠系砂岩变质形成角岩,出现黑云母等变质矿物,近岩体处发生混合岩化;在七一桥岩体外围形成钙铝榴石、透辉石、绿泥石等变质矿物;在朗久浆混岩体的外围也出现钙铝榴石和黑云母等变质矿物。在鲁玛大桥一线,据前人观察资料,随着远离朗久浆混岩体,矽卡岩带具有磁铁矿矽卡岩—透辉石矽卡岩—符山石透辉石矽卡岩—石榴石符山石矽卡岩—透辉石大理岩—蛇纹石大理岩—大理岩的空间变化(据《1:100万日土幅区域地质调查报告》)。在嘎里约一带由于接触变质,角砾状玄武安山岩中出现红柱石和硬绿泥石。在阿依拉岩基的围岩捕虏体中接触变质也有发育,如在夏浦沟的安山岩中出现绿泥石化和新生的钾长石晶体,在天巴拉沟变质辉橄岩受酸性岩体侵入影响形成的金云母透闪石片岩。超基性岩枝由于受断裂的影响和后期剥蚀较强,接触变质带多已被断失或剥蚀掉,非常不发育。

在一些火山机构的围岩中也发生了接触变质,如江拉达沟中部的火山机构(图3-193)处,围岩受次火山侵入体的影响出现绿泥石化,在日贡拉组底部,砂岩受碱性火山熔岩流影响发生角岩化(图版9-8)。

根据接触变质出现的变质矿物组合指示总体可分为绿泥石带(绿泥石或蛇纹石)、黑云母带、石榴石带三个部分,但一般一个岩基处仅发育一至两个带,鲁玛大桥铁矿附近有多个带并存的现象,但分布很窄,宽小于100m。郭铁鹰等(1991)对测区江巴的一带的钙铝榴石矽卡岩(石榴石带)采用石榴石-透辉石温度计获得变质温度大于562℃,相当于高绿片岩相。测区的绿泥石带和黑云母带的变质温压无测试数据,推测可能与一般认为的低绿片岩相在低压条件下的形成温度相当。

第四节 变质事件期次

变质事件是建立在变质岩石序列的基础之上,依据其形成的自然过程,将其具有密切共生关系的一套原岩建造,划归为一个特定的地质单元,排在特定的时间位置上。

一、变质事件期次划分的依据

(1) 两套变质岩系之间存在明显的区域性不整合。早白垩世郎山组与下伏的狮泉河蛇绿混杂岩之间的角度不整合,古新世—始新世林子宗群与早白垩世则弄群之间的角度不整合,这几个区域性角度不整合,就代表了测区三个阶段四次规模较大的变质事件。

（2）两套相邻变质岩系之间虽未见明显不整合，但变质作用类型截然不同，而且界线又比较清楚。如测区中新元古界地层与晚古生代地层尽管呈断层接触，但二者在变质程度及类型上存在重大差异，不是一次变质作用形成，区域上早古生代地层与中新元古界地层间存在角度不整合。再如狮泉河带北侧晚侏罗世末—早白垩世早期的狮泉河蛇绿混杂岩群与班-怒带南缘的拉贡塘组沉积之间的角度不整合（狮泉河带在形成时切割了坦嘎一带的拉贡塘组）。

（3）有确切的同位素年龄数据而能说明两套变质岩所属不同变质事件（或变质期），并与地质资料吻合，或者同一岩石内不同时期不同类型变质 $P-T$ 轨迹反映的先后次序。

（4）变质岩系的原岩建造、时代及变形样式完全不同，也可作为划分变质事件的辅助依据。

二、变质事件期次的划分

测区的变质作用与特提斯演化密切相关，根据变质变形特征可以划分为 6 期 3 个阶段。

1. 与原特提斯构造演化有关的变质作用

测区内发育一期，可能在震旦纪末，变质地质体为中新元古界地层及震旦纪深成侵入体，变质相为高绿片岩相—角闪岩相，属区域动力热流变质作用。该期变质与原特提斯洋消减、冈瓦纳大陆的最终汇聚有关。根据潘桂棠等（2004）发表的数据，区域上这期变质的绝对年龄可能为 5.5 亿年。

2. 新特提斯洋构造演化阶段

该阶段测区内发育多期变质。第一期变质地质体为曲松一带的中新元古界、石炭系、二叠系—早中三叠世地层，变质作用为动力变质作用，变质相属绿片岩相，与石炭世开始、早二叠世活动最为剧烈的伸展构造有关，这次拉伸最终造成了雅江南带的打开成洋。

第二期变质地质体为中新元古界地层、古生界地层、三叠系地层，与三叠世末—早侏罗世初雅江带南支的闭合有关。

第三期变质地质体主要为拉贡塘组和班-怒蛇绿岩、木嘎岗日岩群，在晚侏罗世班-怒带闭合时，它们与班-怒蛇绿岩一起发生了区域低温动力变质作用，变质相为低绿片岩相。在拉贡塘组中伴有复杂的褶皱构造。

第四期变质地质体涉及测区几个侏罗世末—早白垩世形成的蛇绿混杂岩及之前形成的所有地质体，但主要体现在晚侏罗世—早白垩世的狮泉河带及班-怒带向南与狮泉河带斜接的那部分蛇绿混杂岩中，属于区域低温动力变质，变质相为低绿片岩相，并造成了蛇绿混杂岩内强烈的褶皱和构造混杂。它与狮泉河带所代表的洋盆在早白垩世中晚期的闭合有关。俄儒动力变质带形成于该期低温动力变质的末期。

第五期为一系列的接触变质作用，与狮泉河带闭合后造成的一系列弧-弧碰撞诱发的岩浆侵入活动有关，变质地质体为乌木垄岩基、江巴一带七一桥浆混花岗岩的围岩，变质相主要属绿片岩相。

第六期变质作用的主要地质体为中新元古界地层和夏浦沟蛇绿混杂岩群等，先是雅江带北支闭合造成印度陆块北缘物质快速俯冲在深部形成高压相系榴闪岩，之后是夏浦沟蛇绿岩遭受了区域低温动力变质，稍后是由于阿依拉和郎弄浆混体的侵入造成的接触变质，紧随其后由于降温引起沿夏浦沟—天巴拉一线的动力变质。典中组的浅变质和变形等，实质上是第六期区域变质作用的延续。之后，变质作用主要是一些与岩体侵入或火山喷发有关的分布非常有限的接触变质。

第七期变质作用为与 31Ma± 的淡色花岗岩的形成有关的接触变质作用，该期岩体的接触变质带多具一定规模，接触变质带以出现硬绿泥石、富铝矿物红柱石为特征，相当于低压条件下的绿片岩相变质。曲松一带糜棱岩化的老变质岩中叠加了这一期变质，如野外观察到一些新生的硬绿泥石粗大晶体穿切糜棱面理、镜下发现一些新生的大片黑云母无定向，并穿切糜棱面理，与遥感显示曲松热嘎拉一带地下有隐伏岩体相吻合。该期变质在测区的构造演化上也具有重要意义，它与测区内北东向-南西向或近南北向的伸展断裂的发育有密切的关系，在地貌上形成地堑（曲松盆地和嘎里约西侧的小盆地）。

第五章　地质构造及构造演化史

构造包括建造和改造两个部分，集此两个方面的信息与一体的构造建造单元是组成大地构造演化过程的一系列基本地质事件的产物，基本地质事件包括沉积作用、岩浆作用、变形变质作用等。

测区位置独特，位于帕米尔构造结东翼，由南向北横跨喜马拉雅板片、雅鲁藏布江结合带和冈底斯-念青唐古拉板片、班-怒带四大构造单元于此开始收敛的部位(图5-1)。由于测区经历了稳定陆壳的形成、离散拉张、挤压会聚、碰撞造山及高原隆升的漫长演化历程，形成了不同时期、不同构造背景下的建造构造组合。中生代地层构成了测区地层的主体，上古生界及新生界地层次之；燕山早、晚期及喜马拉雅期侵入岩发育；断裂构造、褶皱构造作用强烈，矿产丰富。测区地质构造十分复杂，形成了不同尺度、不同层次及不同成因的构造彼此共存的复杂构造格局，既有浅层次的脆性变形，亦有较深层次的韧性或脆-韧性变形构造。构造形迹主要有断裂、褶皱、劈片理、节理、线理等，变形特征在区内明显具有非透入性和不均匀性，由于岩石的变形习性、变形机制及变形的物理化学条件的不同形成了不同的构造群落和构造样式。构造方向有东西向、北西-南东向、近南北向和北东-南西向四组，其中北西-南东向构造和近东西向构造是测区构造的主体。测区的构造改造、叠加现象非常显著。尤其是受中特提斯阶段印度板块和北强烈顶撞的影响，在碰撞带附近强烈改造测区东西向构造，使之发生弧形弯曲呈北西向(图5-2)。

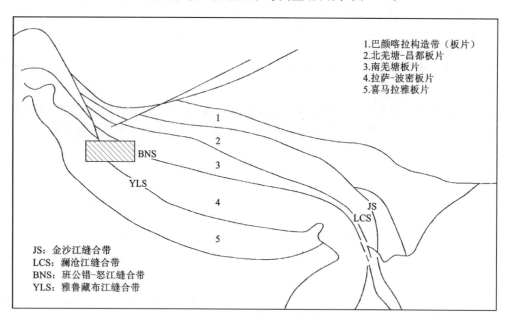

图 5-1　测区大地构造位置示意图

第一节　构造分区

经过几十年来许多老一辈地质学家的努力，青藏高原的总体地质构造格架已基本清楚，但局部地带板块构造的精细划分则存在争议，这一方面是由于以往调查程度所限，还有一个不同点在于专家们划分标准的不同。潘桂棠等(2002)指出："全球岩石圈构造演化分为大陆岩石圈和大洋岩石圈两种构造演化

第五章 地质构造及构造演化史

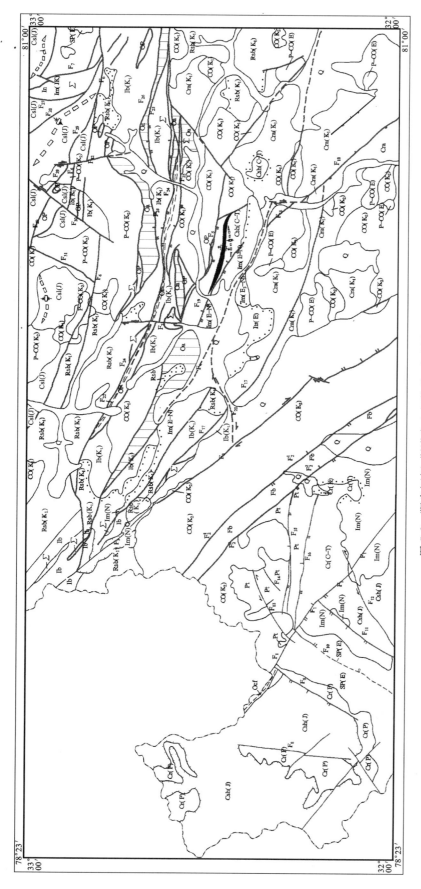

图 5-2 狮泉河幅、斯诺乌山幅构造-建造图

札达微陆块;Im(N):古新世断陷盆地沉积;Cr(K):被动陆缘滨浅海沉积(齐尼桑马群);Cr(T):三叠纪陆缘沉积(土隆群)。雅江带北支;Fb:弧前盆地(夏浦沟岩浆弧);Q:第四纪;Im(E—N):渐新世—上新世磨拉石断陷盆地(日贡拉组、乌郁群);Itr(E):古新世裂谷盆地(林子宗群);Cra:早白垩世陆缘弧火山岩;Csh(C-T):古生代—早中生代滨海陆棚海沉积;CO(K₂):晚白垩世末同碰撞花岗岩(郎弄浆混系列);郎弄浆混系列(阿依拉浆混系列);P-CO(E):早第三纪后碰撞花岗岩(格格肉超单元、噶尔超单元);Rsb(K₁):早白垩世晚期一晚白垩世残海盆地(郎山组、多尼组);Ib(K₁):早白垩世早期多岛弧(狮泉河蛇绿混杂岩);早白垩世早期大洋岛弧(乌木查铅波岩组);Σ:超基性岩片;Op:蛇绿岩片。班—怒带;Im(JK):晚侏罗世末—早白垩世裂谷盆地(测区南支);CsI:中晚侏罗世斜坡-深海沉积岩(木嘎岗日群、拉贡塘组);CO(K₁):早白垩世同碰撞花岗岩(三宫浆混系列);P-CO(E):晚白垩世后碰撞花岗岩(乌木查超单元);SP:与抬升有关的超过铝花岗岩;——断裂;—·—角度不整合;----边界断裂;F₁₈:断裂编号

体制,这两种构造演化体制既有平行发展、相互影响、互有联系的一面,也有通过大陆岩石圈裂离和大洋岩石圈俯冲消减实现两种机制互相转换的一面,并认为多岛弧盆系的形成演化是大洋岩石圈构造体制向大陆岩石圈体制转化的标志,并指出应首先将板块结合带和挟持于其间的陆块或岩浆弧作为一级构造单元,划分出测区的构造单元的骨架,然后再在大洋构造体制中划分出板块结合带、洋内岛弧带或弧地体等不同级别的构造单元。在大陆构造体制中划分出陆块、地块、断隆带、陆缘弧、近陆岛弧、弧后盆地等。"

一、测区的大地构造分区

依据上文潘桂棠等(2002)的构造分区划分原则,根据测区建造和构造组合,考虑到侏罗纪—白垩纪时期中特提斯构造演化是测区主构造期、根据填图发现雅江带南北支在测区的存在或部分存在、研究区狮泉河带及邻近的班-怒带可能分别代表同一大洋在侏罗纪和白垩纪两次成洋的事实,参考成都地矿所(2002)青藏高原大地构造划分意见,对测区及相邻地带的大地构造划分如下(图5-3)。

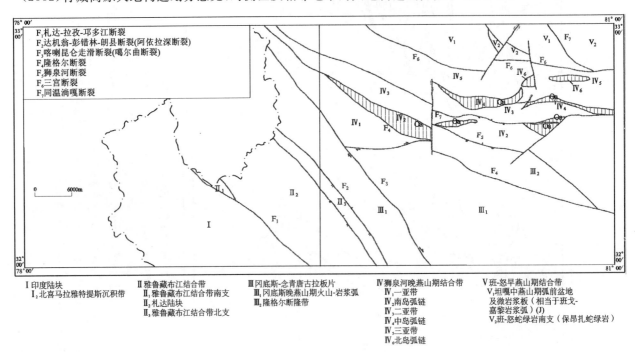

图 5-3 测区构造分区

Ⅰ 印度陆块
  Ⅰ$_2$北喜马拉雅特提斯沉积带
Ⅱ 雅鲁藏布结合带
  Ⅱ$_1$雅鲁藏布江结合带南支
  Ⅱ$_2$札达陆块
  Ⅱ$_3$雅鲁藏布江结合带北支
Ⅲ 冈底斯-念青唐古拉板片
  Ⅲ$_1$冈底斯晚燕山期火山-岩浆弧
  Ⅲ$_2$隆格尔断隆带
Ⅳ 狮泉河晚燕山期结合带
  Ⅳ$_1$一亚带
  Ⅳ$_2$南岛弧链
  Ⅳ$_3$二亚带

Ⅳ₄ 中岛弧链

Ⅳ₅ 三亚带

Ⅳ₆ 北岛弧链

Ⅴ 班公湖-怒江早燕山期结合带（仅对图区内或紧邻图区的该带南部作了划分）

Ⅴ₁ 坦嘎中燕山期弧前盆地及微岩浆弧（相当于班戈-嘉黎岩浆弧）(J)

Ⅴ₂ 班公湖-怒江蛇绿混杂岩南支（热帮错北呈南东东向展布的蛇绿混杂岩带）(JK)

需要说明的是：根据测区内及邻幅新发现班-怒带南支在邻幅出现分叉并在本图内与狮泉河带斜接，与那曲—班戈一带班-怒带复合分支现象非常相似，很可能反映狮泉河带是班-怒带多岛弧洋演化过程中的一环，是班-怒带的一部分，它们二者在时间上可能有少部分的重复，总体很可能代表班-怒带在西段两次成洋的历史，而测区内热帮错一带的班-怒蛇绿岩则可能是时间上介于北侧的班-怒带主体和狮泉河带之间的过渡部分，可能与狮泉河带的关系更为密切，但为了与邻幅接图，同时也由于本项目缺乏对区域上两者之间延展的进一步研究，为了不引起混淆，故仍将二者作为两个带分别提出，而本书所指的班-怒带南支也仅指测区内与狮泉河带斜接的热帮错—保昂扎一带分布的蛇绿岩，而并非一般意义上所指的狮泉河-嘉黎蛇绿岩带。

测区的航磁异常与构造分区具有良好的对应性，如熊盛青等（2001）将测区一带分为四个磁异常区，测区具体的磁异常特征如下。

1. 喜马拉雅平静负磁场区

磁异常强度 $-20 \sim 150 \text{nT}$。

2. 雅鲁藏布江线性正磁异常区

该异常区分南北两个带。北带强度大、垂向延伸较深、横向延伸远；南带则强度小、垂向延伸短、横向规模小。但上述二带在测区内横向延展均较连续。

3. 冈底斯剧烈变化的正负磁异常区

磁异常强度 $-30 \sim 200 \text{nT}$，最大强度 1200nT 以上，NWW 向展布，构成一系列正负相间的串珠状磁异常条带。沿狮泉河—申扎出现有一条东西向串珠状正磁异常带，且以此串珠状正磁异常带为界，冈底斯剧烈变化的正负磁异常区可分为两个磁场区，北部为宽缓负磁异常，南部为剧烈变化的正负磁异常。

4. 班公湖-怒江线性正负峰伴生的航磁异常带

图区内仅跨入一角，测区内主要受岩体侵入的影响，而主要显示为正异常，即使在东北侧一带也是如此，反映沿该带可能有大规模的中酸性岩浆侵入活动，部分岩体可能隐伏在地下。

在上述划分中，狮泉河带尽管被归入冈底斯区，但其航磁异常明显与冈底斯带南侧不同，应该作为一个独立的带，故航磁异常与测区的构造划分具有良好的对应性。

二、边界断裂特征

1. 札达-拉孜-邛多江断裂（F_1）

在研究区内可分为两部分：北西侧为糜棱岩化带，北东侧为脆性断裂。在研究区内该糜棱岩化带及带内的蛇绿岩东南缘止于札达盆地边缘的翁波岩基，北西缘延入印控克什米尔地区，出露宽约 5km。带内分布有构造肢解的波博蛇绿岩，该蛇绿岩遭受了燕山期末花岗闪长岩—二长花岗岩岩体侵入活动的改造。在糜棱岩带内的岩体和蛇绿岩残留体均发生了糜棱岩化，而带外的岩体则变形较弱，反映糜棱岩化与岩体侵入近于等时或略晚。蛇绿岩带内的玄武岩随糜棱岩化程度的增强，存在弱板劈理化玄武岩—板岩—板状千枚岩—片麻岩（图版12-5）的变化。

北东侧的脆性断裂：它切割了三叠系、侏罗系、第三系札达群地层，可能属多期活动断层，从断层附近存在拖曳褶皱，指示最新的构造性质为逆断层。

2. 达机翁-彭错林-朗县断裂（F_2）

该断裂（区内前人称之为阿依拉深断裂）具有多期活动特征，研究区内由南东向北西，本次工作在测区最北侧的夏浦沟、中北部的藏子冻嘎曲、中部的天巴拉、北侧台丁拉一带均发现了蛇绿岩或其残片，蛇绿岩残片受到了后期构造或岩体侵入的改造，发生了混合岩化及糜棱岩化。其中天巴拉沟和夏浦沟两处可为代表。

1) 天巴拉沟

在此处，变质的蛇绿岩残片糜棱岩化略早，在变形强带处超基性岩形成叶蛇纹石片岩（图版11-6a），弱带处由变形强的面理构造和弱的透镜体构成S-C组构（图版11-6b），在混合岩化过程中（可能还伴有糜棱岩化），强构造带混合岩化形成混合片麻岩（图版11-6c），弱构造带内变形较弱的构造透镜体则保留了原岩的成分或变形（图版12-1），从一些透镜体中残留构造及变质变形关系显示蛇纹岩可能主要由细粒辉橄岩变质形成。

玄武岩在空间上构成一个透镜体（图版12-2），与东侧的变质超基性岩间存在一走向近南北、倾向西的高角度正断层。玄武岩已发生脆性-韧性变形，且距围岩浆混花岗闪长岩愈近，混合岩化和糜棱岩化愈强，变形强处已近于混合片麻岩，但变形较弱地带由色率仍可判定原岩系玄武岩（图版12-3），并夹有薄层赤铁碧玉岩。在糜棱岩化较强的混合片麻岩中发现两期片麻理交切现象，反映山前地带的深断裂曾多次活动。

2) 夏浦沟

在夏浦沟出露的蛇绿岩组分有变质辉橄岩、细碧岩化玄武岩、赤铁碧玉岩、玄武质角砾岩及上覆的硅质岩等，其中细碧岩化玄武岩、赤铁碧玉岩、玄武质角砾岩及硅质岩遭受变形较弱，仅呈顶垂体产于浆混巨斑状花岗闪长岩中（图版11-1），与岩体接触变质较弱，并多限于边部，构造恢复显示曾发育Ⅱ型褶皱，在硅质岩及火山岩中虽有劈理置换层理现象，但层理仍很清晰，基本属于中构造层次的产物。在剖面上偏北东侧的糜棱岩化变质辉橄岩出露宽达数百米（图版11-2），受酸性岩体侵入造成的混合岩化改造较强，在岩体中呈一系列的透镜体存在，并随着与岩体混合岩化现象的增强，由透镜核部向边部硅化增强，边缘附近出现围岩组分——钾长石新生晶体。而在岩体一侧可看到大量硅化蛇纹岩捕虏体。超基性岩透镜体和围岩均具有较强的糜棱岩化，反映浆混巨斑状花岗闪长岩侵位过程中应力较强，故超基性岩发生韧性变形过程应发生在地下中深构造层次。

在糜棱岩化变质辉橄岩和南侧的细碧岩化玄武岩等之间存在宽约百米的韧性变形带，从钾长石巨斑晶被搓碎及定向反映为逆断层，倾角较陡，达75°，倾向西，走向与蛇绿岩带一致，呈北北西。可能代表了两板块在缝合带位置"焊合"后，在原俯冲带位置——构造软弱部位发生了破裂，沿断裂再度发生了南西盘向北东盘的俯冲和走滑，从而造成北东盘阿依拉山主体的快速隆升，这一过程发生时，浆混巨斑状花岗闪长岩体尚未完全冷却。

3) 断裂期次

第一期（F_2^1）可能与岩体形成的时间相当或略早，以叶蛇纹石片岩的形成为代表，并可能代表两大陆板块在这一时期的碰撞造成挤压，很可能还存在一些走滑活动，从而导致稍晚时刻阿依拉岩基的侵位，阿依拉岩基整体多存在弱的片麻理也反映了挤压应力较强的特点。在岩体边部强糜棱岩化带的存在（其内的岩体矿物成分被强烈压碎并重新定向，以及两期面理的切割）反映这一断层在岩体侵位后还活动过，但变形已主要限于窄的线性带内，一般被认为与向北西的俯冲有关。在阿依拉山南坡处，北侧的花岗岩与第四系冰碛物之间存在一正断层（F_2^2），表现为夏浦沟支沟与主沟交会处存在几十至近百米的高差，及一系列沟口的冰碛物与沟口北东侧的花岗岩接触界线总体呈一直线，断层两侧基岩内的捕虏体变质存在差异等,由于沟中的这一冰碛物一般被认为是中更新世庐山冰期的产物,因此正断层的形成应不早于中更新世。

3. 狮泉河断裂(F_5)

该断裂构成冈底斯火山岩浆弧与狮泉河蛇绿岩带之间的界线。狮泉河以西呈北西向,以东为近东西向,总体构成向南西凸的弧状形态。沿主断带有蛇绿岩片构造侵位,并伴有燕山晚期中酸性侵入岩体或浆混杂岩侵入,局部被古近系—新近系沉积覆盖,断裂倾向北东,倾角60°,发育碎裂岩带,碎裂岩带内的矿物明显压扁拉长,有派生次级断裂。该断裂属压性逆断层,并具有多期活动性。在航磁等值线平面图上,沿该断裂带为明显串珠状正磁异常带,最大强度900nT,为已知蛇绿岩形成,两侧航磁异常特征明显不同,异常带上延20km后仍有强烈显示,证明为超壳源深断裂。

4. 三宫断裂(F_6)

该断裂构成班-怒带和狮泉河带的分界。沿走向东西两侧均沿出测区外。该断裂向北东倾伏,倾角50°。在西侧它构成分割南盘早白垩世多尼组和北盘侏罗系拉贡塘组(上盘)的分界断层,两侧构造变形明显不同,如南侧地层主要呈向北倾的单斜层,而北侧则发育一系列的紧闭褶皱构造;该断裂向东在康多嘎布一带被近南北向断裂所切错,向西则构成区内呈北西—南东东向展布的班-怒带南支蛇绿岩与狮泉河蛇绿岩相接的边界断裂。该断裂主要是一个逆断层,同时具有右旋走滑的特点。

第二节 构造单元的建造和构造变形特征

不同的构造单元具有不同的建造和改造特征,即具有不同的构造建造单元,它是划分大地构造单元的基础,根据建造和构造的不同,测区可划分为四个一级构造单元。

一、印度陆块(Ⅰ)

以札达-拉孜-邛多江断裂(F_1)为界,测区西南角属于印度陆块,进一步划分属于北喜马拉雅特提斯沉积带。

1. 建造特征

印度陆块主要由太古代基底岩系聂拉木岩群($PtN.$)、古生代盖层浅变质岩系色龙群(PS)、中生代才里群(JC)台地碳酸盐岩沉积及晚中新世—早更新世札达群(N_2QP_1Zd)断陷盆地河湖堆积组成,并伴有喜马拉雅早期含电气石二云母花岗岩的侵位。

聂拉木岩群在测区主要为一套片岩、斜长角闪岩、片麻岩,根据恢复的古沉积相显示为一套浅海相的沉积,其中火山岩夹层的地球化学行为指示属古岛弧或陆缘弧拉裂的产物。色龙群为一套浅变质岩系,岩石类型由灰绿色砂板岩、变砂岩组成,夹少量碳酸盐沉积,主要反映为浅海—滨海相陆源碎屑沉积建造;才里群为一套台地相碳酸盐岩建造,其内部沉积建造反映水体变化不大。札达群为河湖相固结—半固结的砂砾岩、砂岩及砾岩断陷盆地沉积。

2. 变形构造特征

印度陆块的构造变形(改造)较为强烈,表现为不同时期、不同方向、不同性质的断裂或裂隙及褶皱构造。由于受多期复杂的构造变形改造、叠加,使早期的构造特征大部分消失,残留的早期构造特征被包容于晚期的构造中而不易发现。

1) 断裂构造

该一级构造单元内断裂构造发育,除边界断裂呈北西向外,主要为近南北向(F_8)或北东向断裂构造(F_9、F_{10}、F_{11}、F_{12}),其中近南北向构造较少,但可能发育较早,它代表了碰撞前的印度陆块固有的构造特征,明显与边界断裂北侧的构造形态不同,由于受两国边界问题的困扰,未能进入楚鲁松杰一带对这部分断裂进行实测了解。根据郭铁鹰等(1991)的工作,这类断层在印度陆块的鲁巴等地也有发育,推测可能属正断层。北东向断裂构造是测区内印度陆块的主体断裂构造,以翁波北东-南西向断裂构造组最为典型,垂直区域构造线方向,个别与区域构造线略斜交者(如 F_{12})主要呈走滑断层。

翁波北东-南西向断裂:该断裂由一系列与之同向的正断层(F_{10}、F_{11})组成,在翁波岩基北西侧的 F_9 可能也与之同时形成,并具有多期活动性。其中公路两侧构成最主要的两条断层,地貌特征非常明显(图5-4)。最早的活动与翁波岩基电气石白云母花岗岩的侵入和札达盆地的形成有关,体现在它控制了翁波岩基电气石白云母花岗岩、二云母花岗岩的展布方向,并构成札达盆地的北西缘边界断裂。这一期构造岩浆活动切穿了曲松深断裂和阿依拉深断裂两个区域性的北西向构造,反映北东向(垂直区域构造线方向)代表左行剪切和伸展的构造方向。从遥感图像反映,该翁波岩基所代表的北东-南西向构造岩浆带在穿过曲松深断裂后仍然存在,但可能隐伏于地下,宽达几十千米,曲松热嘎拉一带红柱石热接触变质和电气石的形成指示深部有隐伏的岩体,在阿依拉山南的天巴拉沟和北坡典角等地,已发现未变形的白云母花岗岩脉穿入糜棱岩化带或具弱片麻理的花岗闪长岩,它证实了这一看法。第二期的活动体现在它控制了山前冰碛物(海拔在5600多米,可能系庐山冰期或大理冰期的产物)的展布、楚鲁松杰附近山顶海拔5800m处夷平面的发现、山岗—底雅沿线河谷处地堑构造的存在及它对第四系的三级阶地及河谷的控制,说明该构造在第四纪曾活动过,尤其是在托林组沉积后,中更新统庐山冰期沉积前,翁波岩基相对曲松盆地曾发生过快速的差异性升降,之后差异性的升降主要发生在沿河的地堑处,从而形成了三级阶地,而在离河谷较远的两侧沟谷内,则由于隆升较快,未见阶地发育。

图5-4 翁波北东向断裂组二主断裂构成的小地堑

在这一地带发育翁波淡色花岗岩岩基,它是中下部地壳,很可能是聂拉木岩群重熔形成的花岗岩。与区域上在高喜马拉雅处与区域构造线近于平行展布的淡色花岗岩不同,该岩体呈北东-南西向展布,因此它不可能与沿藏南拆离构造发生的沿区域构造线方向的走滑有关,它的时间(31Ma)明显较藏南一带24~10Ma的淡色花岗岩(尹安,2001)早。喜马拉雅的浅色花岗岩通常被认为是地壳的局部重熔岩浆就地侵位的产物,深反射再次证实了地壳中存在多个低速带(图5-5及后文图5-41),这类岩浆的温度不需特别高,甚至在500~700℃时即开始局部重熔,沿断层面的滑动、冲断滑脱、局部减压是这些岩浆局部重熔的主因。它在深层次上反映两大陆在晚白垩世末碰撞后,印度次大陆并没有因此而停止其向北的运动,时至今日,这一状态并无多大改变;而青藏高原受到周缘刚性地块的围限,其内部的变形已不足以吸收周围所施加的应力,在空间上只有向上发展,从而沿垂直区域构造线方向的北东-南西方向发生了深部物质的大规模上涌,而浅部的裂陷实质上是青藏高原抬升,尤其是深部物质上涌造成浅部壳层的拉裂作用,它实质上仍是一个统一的挤压应力场机制下的产物,并不代表着青藏高原在这一时期存在拉裂。而之后形成多级阶地和沿河分布的小地堑实质上仍是青藏高原向上挤出活动的继续。

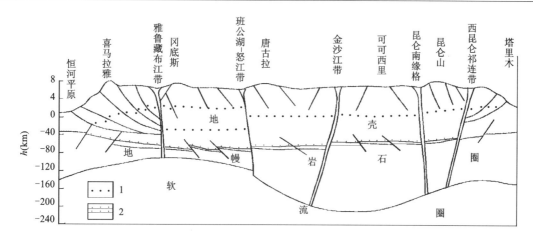

图 5-5 青藏高原南北向岩石圈结构示意剖面图(据潘裕生,1999)
1.地壳低速层;2.壳-幔过渡层

2) 褶皱构造

该构造单元内褶皱构造较发育,多以露头尺度或更小尺度的褶皱为主,对于填图尺度的区域性褶皱,由于楚鲁松杰一带无法进入,故对古生代地层中的褶皱构造形式了解不足,现发现的主褶皱构造为札达盆地。札达盆地是印度陆块的主要物质组成部分,其边界形态明显受控于断裂构造,本次工作发现札达盆地北西缘断裂附近侏罗系地层倾角较陡,而盆地南部该套地层总体产状较缓,从盆地边缘到中心明显不同的产出状态,显然存在构造的掀斜作用,根据与邻幅资料的交流,在盆地的南东侧札达县城附近也存在一条高角度的正断层,它指示该盆地总体构成一个地堑式断裂构造,实际上在翁波岩基附近由曲松—底雅的公路旁边也存在类似的地堑构造,如在河谷附近存在札达群河湖相砂砾岩(图 5-6),而在部分较高的地带,则札达群的沉积已被剥蚀。

在札达盆地内侏罗系地层总体较平缓,但局部也存在一些宽缓的褶皱,如查嘎沟附近由侏罗系的聂聂雄拉组和拉弄拉组构成一个宽缓的向斜构造。除上述外在断裂附近侏罗系地层也发育紧闭褶皱、尖棱褶皱、不对称的掩卧褶皱和顺层褶皱(图 5-7)。尤其在构造复合部位(NE 和 NW)岩石变形强烈;可见岩层揉皱[图 5-8(a)]和拖褶现象[图 5-8(b)]。

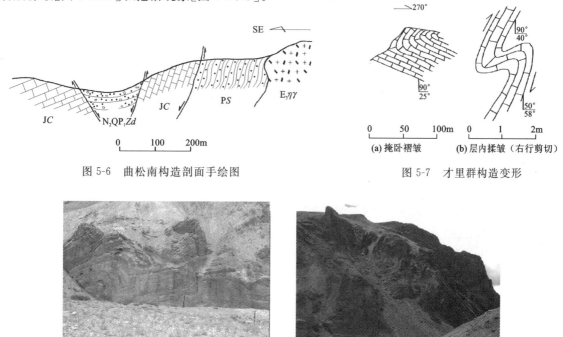

图 5-6 曲松南构造剖面手绘图　　　　图 5-7 才里群构造变形

图 5-8 才里群褶皱构造

二、雅江结合带(Ⅱ)

1. 雅江结合带南支(Ⅱ₁)

雅江结合带南支的蛇绿岩仅呈残片存在于花岗岩之中,该蛇绿岩的组分有玄武岩、硅质岩及极少量蛇纹岩等,根据对玄武岩地球化学分析指示它代表了一个小洋盆,其时间据区域对比可能属晚三叠世—早中侏罗世。对它的构造变形在边界断裂部分已作介绍,在此不再赘述。

2. 札达微陆块(Ⅱ₂)

南以札达-拉孜-邛多江断裂为界,北以达机翁-彭错林-朗县断裂为界,与区域主构造线一致,呈北西-南东向展布,区域上称之为仲巴-札达陆块。其地层主要有前寒武纪基底岩系拉轨岗日岩群,古生代盖层(纳兴组、曲嘎组)、中生代(穷果群及曲龙共巴组)碳酸盐岩台地、帕达那组及中新世—更新世(札达群)断陷盆地河湖相堆积物组成,并伴有古生代变质花岗岩和燕山晚期花岗闪长岩—二长花岗岩的侵入活动。

1)建造特征

拉轨岗日岩群为一富含泥质的陆源碎屑岩夹海相碳酸盐岩建造,大理岩中不同程度地含有云母、石英反映了原岩可能为泥灰岩,为泥坪或泥坪—台地的过渡环境,早期存在基性火山喷发,而靠近顶部的大理岩中白云石的出现则反映了它所代表的海盆由早期向晚期存在一个由伸展—萎缩的演化过程。纳兴组为一套含炭砂岩和板岩,属于滨海-三角洲相沉积;曲嘎组为变砾岩夹变砂岩,分为上、下两段,二者互呈透镜体共存,且互相间有侵蚀的痕迹,反映了分选非常好的海滩砂岩沉积建造。穷果群为一套灰岩夹泥钙质板岩,局部构成互层的局限台地碳酸盐岩夹泥岩建造,含有大量的黄铁矿晶体,反映了盆地的半封闭特征。曲龙共巴组以碳酸质碎屑沉积为主,下部夹有大量的深水泥质页岩,上部出现大量的陆源砂岩,反映水体动荡、由深至浅的进积环境,为滨浅海相沉积。帕达那组为一套滨海砂砾岩沉积建造,局部地带有含海百合茎灰岩存在,它角度不整合于三叠系等下伏地层之上,可能代表了雅江带在白垩纪时的被动陆缘或盆地闭合阶段的残海沉积。札达群的半固结—固结砂砾岩反映了断陷盆地河湖相沉积建造的特征。

在该微陆块内存在两—三期酸性岩侵入活动,一期为震旦纪变质深成侵入体,它由花岗闪长岩—二长花岗岩—钾长花岗岩组成,根据它的地球化学性质反映它具有火山弧——同碰撞花岗岩的特点,可能指示它与形成基底的原特提斯洋俯冲消减闭合有关。燕山期花岗岩与阿依拉山一带分布的浆混花岗岩特征相似,很可能形成时间相当或略晚,代表了两大板块碰撞后,碰撞带附近地幔物质上涌和沿碰撞带板块发生相对滑移的摩擦生热、碰撞后的应力松弛导致减压等因素诱发地壳部分熔融,二者在深部混合后上侵。由于札达陆块构成该边界高角度逆冲断层的下盘,应力较北侧强,故札达陆块该期花岗岩远不如冈底斯火山岩浆弧区发育。

2)构造变形特征

札达微陆块上构造变形较为强烈,主要表现为不同时期、不同性质的断裂及不同尺度的褶皱。由于受多期构造的变形、改造及叠加作用,仅体现最新构造层次的特性,而原始构造特征几乎已消失或残存于最新构造中而不易发现。

(1)断裂构造特征。该二级构造单元内断裂构造较为发育,主要有北西向、北东向和近东西向三组不同规模、不同性质及不同时期的断裂。从断裂的彼此切割关系分析,最早一期断裂为近东西向逆冲断裂,第二期为北西向断裂,最晚为北东向断裂,其中以近东西向断裂最发育。

第一期近东西向断裂受燕山晚期岩浆岩的侵位破坏及北西、北东向走滑断裂的切割而断续分布。这一期断裂构造活动强烈,规模较大,多数地层之间的边界断裂属于此期断裂,从而构成曲松拆离构造。它主要由中新元古界地层及盖层石炭系、二叠系、下中三叠统等地层组成,主要的拆离断层发育在基底和盖层之间,由中新元古界的糜棱岩化千枚岩组成,厚达数百米以上,基底也发生了强烈的糜棱岩化(图版25-1)。盖层内的石炭系显示了构造面理对褶皱的置换现象,而二叠系地层中底部的砾岩则代表了盆地伸展初期的粗碎屑沉积,该沉积砾石组分复杂,既有原地组分(下伏地层的砾石),也有糜棱岩化的老变质岩砾石(图版25-7、25-8)。二叠系地层和早中三叠世地层中均发育有顺层滑动形成的拆离断层,出现一系列的顺层滑动形成的小褶皱(图5-9),但多限于层内,基本不穿层,其中早中三叠世地层中形成大量的构造分泌脉——方解石脉,并由于伸展造成褶皱—石香肠化—构造透镜[图5-10(a)、图5-10(b);图版25-3、25-4、25-5、25-6]。

上述东西向断裂构造最主要的有邦切断裂(F_{15})等,此外沿曲松-天巴拉公路一线实际上也是一个隐伏的近东西向断裂(F_{16})。邦切断裂是一个多期活动断裂。呈东西向延伸,向西延伸至伊米斯山口岩体就尖灭,向东至齐尼桑巴一带被第四系掩盖而走向不明,长达数十千米。断裂主要沿中新元古界地层和变质深成侵入体之间的界线分布,局部地带有复合分支现象。该断层是一个多期活动断层,据剖面上断裂面附近的显微构造观察,指示它早期存在右旋走滑和伸展,断面向南倾,部分混合岩化较强的部分可能被断失,地形标志为负地形。在邦切一带观察发现其切割断面向北西倾,倾角为75°,沿断裂可见10cm宽的破碎带,由断层泥和围岩碎裂组成,断裂上盘的断层擦痕指示断裂上盘逆冲的运动学标志,可能反映在后期总体挤压的背景下,该断裂极向发生转变,变为逆断层(图5-11)。

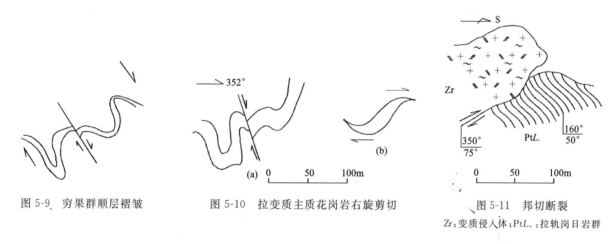

图5-9 穷果群顺层褶皱　　图5-10 拉变质主质花岗岩右旋剪切　　图5-11 邦切断裂
　　　　　　　　　　　　　　　　　　　　　　　　　　　　　　Zr:变质侵入体;PtL.:拉轨岗日岩群

达尔宗断裂:呈北东-南西向展布,长约5km,有一个出露宽度10m的构造破碎带,岩石类型有断层泥、断层角砾岩及碎块,碎块一般小于5cm,原岩为泥质板岩。断层产状为230°∠50°,为一向北西倾斜的逆冲断裂(图5-12)。

(2)褶皱构造特征。该构造单元的褶皱构造比较发育,不同的地质单元岩石习性、变形机制不同,所形成的褶皱类型和发育程度不同。元古宙拉轨岗日岩群中的褶皱多已被后期的糜棱岩化改造。仅局部可见到露头尺度的箱型褶皱和尖棱褶皱(图5-13)。札达陆块内的石炭系、二叠系、三叠系地层主要构成忙泽荡嘎复式背斜构造,该褶皱枢纽向北东凸出,褶皱宽度明显具有北窄南宽的特点,体现右旋的构造特点,它指示由于受印度陆块向北东楔入的影响,枢纽轴北侧物质向南东侧滑移[图5-14(a)],在路线上观察到除在背斜核心附近地层倾角较陡外,多数地带倾角较缓,构成一个顶薄褶皱[图5-14(b)],这一点在石炭系地层中尤为明显[图5-15(a)],而且石炭系地层在剖面位置夹有较多炭质页岩等软弱层的部位褶皱非常强烈,明显具有塑性流动的特点,局部接近于紧闭褶皱,但这实质上是由于石炭系地层中夹有较多非能干层造成的,并不指示它形成于中深构造层次,实质上它也同样形成于中浅构造层次内。

在忙泽荡嘎复式背斜形成过程中,也伴随有新生脉体(石英脉)的顺层褶皱[图5-15(b)]。根据翁波岩基的岩脉穿入该褶皱和白垩系帕达那组角度不整合覆于其上,反映该构造形成于札达群沉积之前。推测很可能与侏罗纪雅江带南支代表的洋盆闭合后,印度板块向北的挤压有关。

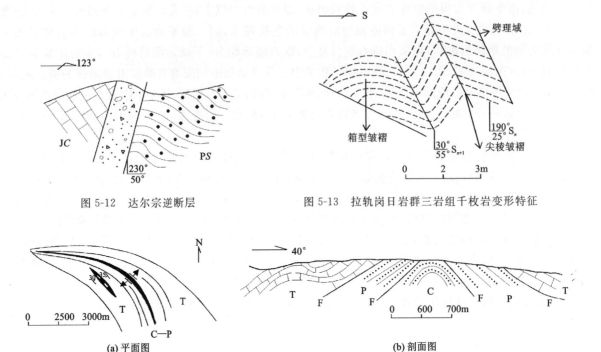

图 5-12　达尔宗逆断层

图 5-13　拉轨岗日岩群三岩组千枚岩变形特征

(a) 平面图　　(b) 剖面图

图 5-14　忙泽荡嘎复式褶皱剖面形态

T:三叠系灰岩夹板岩;P:二叠系砂砾岩;C:石炭系砂岩夹岩屑页岩

(a) 顶薄褶皱　　(b) 石英脉揉皱（左旋剪切）

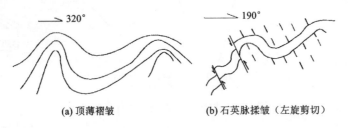

图 5-15　纳兴组构造变形

3）线理和面理构造

札达陆块的中新元古代—古生代地层、中生代三叠系地层及中新元古代变质深成侵入岩中大量发育线理和面理构造,主要为与顺层伸展有关的线理构造,大多数地层中主要是板理构造,但在中新元古界地层中大量发育糜棱线理(图版 25-1、25-2),局部地带构成眼球状构造和 S－C 组构[图 5-16(a)]。原始的层面仅在大理岩和其他岩性接触界面上可观察到,由于受后期构造的叠加,多数地带已无法恢复第一期变形组构,而根据后期变质矿物对第一期变斑晶石榴石的交代,指示区域动力热流变质作用中形成的变质矿物及片麻理构造受到了后期糜棱岩化的改造,局部可见到片理和线理有小的夹角,且根据对许多地带糜棱线理的观察,糜棱线理也存在两期,早的一期倾角较陡,而另一期则主要近于水平[图 5-16(b)]。在曲松石炭系地层中见到了三期线理的交切现象(图 5-17)。

3. 雅江结合带北支(Ⅱ$_3$)

雅江结合带北支沿札达-拉孜-邛多江断裂(测区内前人称之为阿依拉深断裂)一线分布,主要地层有夏浦沟蛇绿混杂岩、第三系野马沟组沉积及山前第四系冰碛砾岩等。其中夏浦沟蛇绿岩组分有变质辉橄岩、细碧岩化玄武岩、赤铁碧玉岩、玄武质角砾岩及上覆的硅质岩等。夏浦沟一带细碧岩化玄武岩、赤铁碧玉岩、玄武质角砾岩及硅质岩遭受变形较弱,仅呈顶垂体产于浆混巨斑状花岗闪长岩中;天巴拉沟一线则以一条断裂为界,偏南侧出露蛇绿岩,北侧尚出露榴闪岩,分布在天巴拉一线—台丁拉一线,并可能与郭铁鹰等(1991)在老武起拉发现的高压变质岩构成一个断续出现的高压变质带。

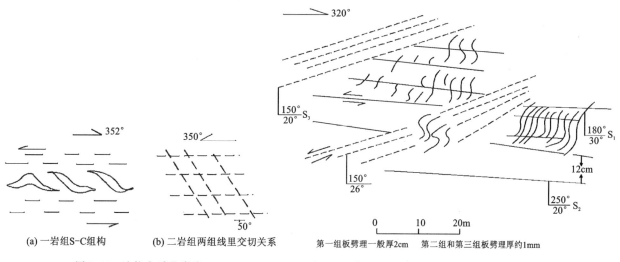

图 5-16 让拉变质花岗岩　　图 5-17 曲松石炭系地层中三组板劈理切错关系示意图

根据对测区夏浦沟一带蛇绿岩中火山岩的地球化学分析证实,它是不同于亏损的 MORB 地幔端元和富集型大洋岛(DIB)地幔端元的深海沉积物质,经地幔再循环形成的另一端元产物,铅同位素变异图指示本区火山岩成分点具有类似于希腊的武里诺斯(Vorinos)边缘盆地成因火山熔岩的特点,是中特提斯洋岛格局中的某种岛弧环境下形成的产物。在测区内雅江带北支在地表不存在与东段日喀则相类似的洋脊洋岛型蛇绿岩壳。

而榴闪岩的温压根据变质矿物对求得温度在 850℃ 左右,压力不低于 1.669GPa,而蓝闪石则可能为冻蓝闪石,其与钠长石平衡温度在 415～430℃ 或 480℃,压力大于 0.8GPa,而最晚形成的棕色角闪石和拉长石的平衡组合温度大于 650℃,压力略小于 0.4GPa。上述温压变化反映了一个温度降低—升高,而压力不断降低的过程。

地球化学指示至少一部分榴闪岩的原岩可能是玄武岩,由正常地幔熔融形成,所代表的洋壳的扩张速度大于 100mm/a,代表了一个西段曾存在的大洋盆的遗迹,其地球化学特点及俯冲速度与测区夏浦沟一线及区外的达机翁一带的弧前蛇绿岩截然不同。根据它所处的构造位置,故可认为它代表雅江带北支处一个古洋盆的信息。

对于雅江结合带北支的变形特征在前文边界断裂部分已作了说明,在此不再重复。

三、冈底斯-拉萨-腾冲陆块(Ⅲ)

它是冈底斯-念青唐古拉板片的西延部分,是一个具有活动大陆边缘性质的地壳板片,北以狮泉河断裂(F_4)为界,南以札达-拉孜-邛多江断裂为界。区内主要出露的地层有拉嘎组、昂杰组、下拉组、坚扎弄组、淌那勒组、则弄群、捷嘎组、竞柱山组、林子宗群、日贡拉组、乌郁群等,部分地段被第四系掩盖。并伴有燕山晚期—喜马拉雅早期的大规模中酸性侵入岩的侵位活动。

根据组成冈底斯-拉萨-腾冲陆块的构造建造单位不同,将其分为冈底斯—下察隅晚燕山期火山岩浆弧带和左左断隆带两个二级构造单元。

1. 冈底斯—下察隅晚燕山期火山岩浆弧带(Ⅲ$_1$)

1) 建造特征

该单元的建造可分为弧火山岩建造、残海盆地沉积、上叠盆地沉积和中酸性侵入岩建造四个部分。

(1) 弧火山岩建造。本带火山岩极为发育,其中早白垩世则弄群火山岩构成了冈底斯弧火山岩,本次工作将其解体为三个组,由下到上依次为多爱组、托称组和朗久组,三者间为火山喷发不整合接触,分别代表了火山演化的三个旋回,即由多爱组的岛弧拉斑—岛弧钙碱性中基性火山岩—托称组岛弧钙碱性火山岩—朗久组橄榄玄粗岩系的演化规律。多爱组基性火山岩地球化学性质反映属于大陆弧火山岩，且火山演化明显具有晚期火山活动向北侧，即大陆方向偏移的趋势，证实则弄群火山岩是一个发育在大陆基底之上的陆缘弧火山岩，它的形成与雅江带北支所代表的大洋盆地向北的俯冲有关。冈底斯弧火山岩由早及晚地球化学性质的变化和相互之间呈火山喷发不整合接触，指示了火山活动具有脉动的特点；多爱组、托称组、朗久组分别构成三个不同的部分熔融系列，指示了一个俯冲角度变陡造成的弧壳加厚的过程；朗久组具有碱性特点的火山岩的喷出，指示了存在由于俯冲诱发的弧的拉裂。朗久组上部下地壳熔融形成的埃达克岩的产出，标志着冈底期弧在俯冲阶段就形成了厚大于40km的地壳，冈底斯一带中新生代地壳加厚和隆升的起点远早于新生代。

（2）残海盆地碳酸盐岩建造。该部分由早白垩世捷嘎组和晚白垩世竞柱山组组成，其中早白垩世捷嘎组灰岩为一套台地碳酸盐岩沉积，竞柱山组为滨海相的砂砾岩夹少量灰岩构成的碎屑岩沉积，其砂砾石组分多为灰岩。这种沉积相的变化，反映了冈底斯弧逐渐隆起，海水逐步退出测区的历程。

（3）上叠盆地陆源沉积。该阶段的沉积由两部分组成，一部分为多阶段的喷发岩建造反映盆地多次伸展，其中古新世林子宗群的大陆拉斑质基性-酸性火山岩建造反映盆地最初的拉裂，而上部所夹的河流相碎屑沉积反映这一时期的盆地是在总体隆升的背景上局部发育的裂陷盆地，其中的粗碎屑沉积已具有磨拉石建造的特点。日贡拉组火山岩主要呈夹层产于日贡拉组陆源碎屑河湖相沉积中。在日贡拉组底部附近岩性为流纹岩或流纹质晶屑凝灰岩，顶部出现粗面岩，局部存在粗安岩，反映了狮泉河-朗久盆地在后期沿隆格尔断裂再度发生伸展。它们都反映了一个局部的地壳裂陷活动。

上新世的乌郁群构成一套典型的山间磨拉石建造，与日贡拉组沉积的碎屑相比较简单，物源相距远近不同，它的碎屑组分包括了各种火山碎屑岩及次火山岩、灰岩等，在上部还出现了大量深成侵入岩体的碎屑，反映了这一时期地壳存在大规模抬升。

进入新生代，沉积物与其所处的地形高度等有密切的关系，如在河流上游发育多级冰蚀阶地或冰碛物，而在下游则构成多级河流或河湖相台地，反映山岳冰川存在的条件下不同高度的沉积分异。

（4）侵入岩建造。冈底斯中酸性侵入岩主要为燕山晚期—喜马拉雅早期，侵入最高层位为早白垩世，其上不整合覆盖层最低层位是第三纪地层，侵入年龄104～38.1Ma。冈底斯侵入岩具如下特点：①侵入岩带分布时代上似有由北向南变新的趋势，而岩浆活动更强烈；②岩石化学属硅酸过饱和和铝过饱和的正常系列，其中三宫、七一桥、郎弄及阿依拉岩基（体）含有较多的深源暗色包体和析离体，而$Mg^\#$指数大于0.5，表明地幔物质组分的加入，为岩浆混合产物；③多数岩体具地层残留顶盖及围岩捕虏体；④构成冈底斯岩浆弧的侵入岩主要岩类有细粒石英闪长岩、英云闪长岩、花岗闪长岩、二长花岗岩、黑云母角闪二长岩、黑云母角闪二长闪长岩等。

2）构造变形特征

该单元构造形迹主要表现为不同规模、不同性质的断裂及各种尺度的褶皱构造。

（1）断裂构造。该区主要断裂构造为噶尔曲走滑断裂（F_3），该断裂在山前地带普遍存在的向北东倾的低角度片麻理可能反映了与岩体侵入的强烈压力有关，标志着该岩体是强力就位的（穿起），这一侵入的时间是晚白垩世末（68～67Ma）；而山前局部的强糜棱岩化的形成时间则可能与阿依拉山南坡处的晚期线状糜棱岩化带一致。测区阿依拉一带的一些46.5～41.8Ma的花岗岩全岩钾-氩年龄可能并不代表岩体的侵位年龄[尹安（2000）指出：冈底斯岩浆带一些45～31Ma的年龄对印度大陆北部大洋岩石圈的俯冲终止可能并不具有年龄约束]，而反映这一时期走滑造成的韧性剪切。与北侧雅江带处呈逆断层不同，在阿依拉山北侧的断裂这一时期已呈正断层，北边向上仰冲、南侧断陷，从而加速了阿依拉山在这一时期快速隆升。

第四纪以来该断裂仍在活动，在沟口处，受该断裂的控制，庐山冰期及大理冰期的沉积物多分布在沟口呈串珠状（说明断裂在这一时期再次开始活动），同时该断裂也切割了中更新统庐山冰期及大理冰期的沉积物，在他江和嘛尼卡拉一带沟系流向在出口处突然向东南拐，沟口的中轴线明显偏离沟口的冰碛物中轴线（一般偏移5km±），在札西岗附近见到宽达数百米的断层破碎带，带内的断层泥强烈高岭土化，阿依拉一侧的噶尔曲河支沟入沟口与主河道存在约50m的高差（图版27-1），都反映了正断层和右行滑移的特点。同时据中国强震资料（1901—1967），噶尔曲断裂一线是西藏自治区境内强震最为集中的断裂之一，反映它至今仍在活动，而F_{17}则很可能是该断裂在这一时期活动诱发形成的次级断裂。

此外在冈底斯弧区还发育一些北西—北西西向的断裂,如 F_{18} 等。它们多数为一些断面向北倾的逆断层,如江拉达沟口附近捷嘎组和则弄群火山岩之间的接触断层、捏达沟东侧则弄群向林子宗群地层的逆掩等。它们的发育时间较早,多形成于冈底斯弧俯冲挤压阶段,但在后期可能多次活动。

冈底斯弧区另一期重要的断裂构造是沿北东向—北东东向发育的走滑断裂,同时它还具有正断层性质,断层面可能多数向西倾。该期断裂切错了北西西向断裂,多具有右行走滑的特点,其中以狮泉河-鲁玛大桥断裂(F_{20})最为典型。该断裂破碎带宽达 200m 以上,主要发育在灰岩和岩体的接触带附近,在灰岩中呈破碎带,带内的角砾具有大大小小相间排列的特点,指示应力的不均匀,带内的擦痕及小揉皱指示系右行走滑。

(2)褶皱构造。该区褶皱构造较为明显,主要表现为填图尺度、露头尺度的褶皱构造。

在填图尺度上,则弄群火山岩发育一系列的大型或更小一级的火山机构,以中心式喷发为主,兼具裂隙式喷发特点,区域上组成冈底斯岩浆弧特有的火山穹隆和火山洼地。火山穹隆首推多爱火山环形机构,该火山机构在平面上呈环状(图版7-3,图区内仅出露其中的大部分,南侧延入邻幅)。在火山环形的核部位置分布有一系列的火山口,主要由爆发相的火山角砾岩或碎屑熔岩构成,产状向火山中心倾斜;向外则过渡为溢流相—喷溢相的熔岩夹碎屑熔岩,再向外完全过渡为溢流相的中基性熔岩,产状变缓,局部地段近于水平,再向外变为向外侧倾。其次,米入嘎波突正也是一个典型的火山穹隆(图版7-2),这一火山机构被更晚的花岗斑岩侵入活动所破坏,呈一个破火山口,机构的中心位置已不太清楚。但由机构向外,火山碎屑岩及更外层的熔岩产状向外倾,显示它总体构成了一个火山穹隆。除上述二者外,在左左的南边还存在一个较大的火山机构——日阿萨火山环(图版7-4)。该机构直径可达 5~7km,主要由碱性的火山碎屑岩组成,该机构中心一群小的火山口也表现为火山穹隆(图版8-1)。

最为明显的火山洼地为捏达北的火山机构,这是一个独立的火山机构,酸性的火山岩与基性的火山岩呈喷发不整合接触,酸性火山机构外缘为爆发相的火山凝灰岩,之后可能发生了火山机构的塌陷,从而在火山洼地内形成了以沉火山碎屑岩、砂岩为主,夹熔角砾凝灰岩的破火山口充填,最晚期熔角砾凝灰岩侵入,并形成典型的柱状节理,在平面上则构成环形,指示了火山口的位置。

此外火山岩沉积后,受区域构造的影响,也形成了一些褶皱构造,如夺布昂穷背斜[图5-18(a)]。该背斜位于测区东南侧夺布昂穷一带,背斜核部呈近东西向延伸,核部为则弄群多爱组,两翼为则弄群托称组,北翼产状为230°∠45°,南翼产状为30°∠40°,向南延伸不远就被花岗斑岩侵位截断,说明该背斜形成于岩体侵位之前,时代为燕山晚期。此外,冈底斯岩浆弧沉积盖层捷嘎组发育宽缓褶皱[图5-18(b)],这些褶皱一般具枢纽轴向北西,轴面倾向北东,向北西方向倾伏的特点。

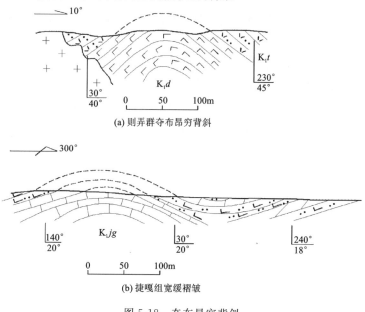

图 5-18 夺布昂穷背斜

在林子宗群典中组地层中也发育褶皱构造,它在两翼较舒缓,在核部较陡。

在典中组褶皱构造形成之后,冈底斯火山岩浆弧带之后的地层再未发生褶皱,它们构成一些重要的盆地(如狮泉河盆地),盆地内的第三系地层主要经受了构造的掀斜作用,在盆地边缘产状较陡,而向盆地中心产状逐渐变缓。第四系地层则几乎未变形。

2. 隆格尔断隆带($Ⅲ_2$)

测区内主要出露于冈底斯火山-岩浆弧和狮泉河蛇绿混杂岩之间,很可能构成隆格尔断隆带西延的部分。由下二叠统拉嘎组、中上二叠统昂杰组、下拉组、坚扎弄组和下三叠统淌那勒组及上新世乌郁群组成。不同时代、不同的物质组分、不同的生物面貌代表不同的沉积建造,是不同演化阶段和不同构造背景下的产物。

1) 沉积建造特征

拉嘎组为一套由石英细砂岩和钙质砂岩组成的韵律组合,反映了滨海相陆源碎屑沉积建造。昂杰组主要为一套碳酸盐岩夹碎屑岩建造,偶夹泥质岩,在测区朗久电站一带发现礁灰岩相组合,显示由朗久电站向羊尾山(由东向西)水体变深的特性,反映碳酸盐岩台地边缘生物礁相—碳酸盐岩台地的转换。下拉组由一套中厚层—薄层硅质灰岩、砂屑灰岩夹硅质条带组成,其底部偶夹页岩,为一套开阔陆棚-台地相沉积建造。坚扎弄组为一套中粒石英砂岩、中细粒钙质岩屑杂砂岩夹薄层泥岩,反映滨海相沉积建造。淌那勒组由砂屑白云岩、砾屑白云岩、含砾砂屑白云岩组成,反映潮坪-局限碳酸盐岩台地相沉积建造。乌郁群为一套山间磨拉石沉积建造,它角度不整合盖在下伏的不同地质体上。

2) 构造变形特征

该单元构造形迹较为发育,从区域一露头尺度均有不同程度的表现,主要为断裂和褶皱构造。

断裂构造:主要由北西向和北东向两组不同性质、不同规模和不同生成时间的断裂构造样式。其中北西向断裂构造为主导,走向延伸与区域主构造线一致,这些断裂多向北倾,上盘具有向南逆冲性质,而北东或北西向断裂构造多数为层间或次级构造,个别发生右(左)行走滑,多数具正断层的特点。

隆格尔-纳木错断裂(F_4、F_{19}):它是冈底斯弧区的第二个重要断裂。该断裂由一系列的同向断裂组成,航磁资料显示为一明显线性分布的正磁异常,强度100nT,但异常带上延10km后即行消失,为壳断裂。其主断裂构成狮泉河—左左—赤左一线的断陷盆地边界,呈北西-南东向展布,倾向北东,倾角60°,在狮泉河及左左一带二叠系灰岩逆冲至乌郁群沉积之上,在上盘底部发育压性碎裂岩系列(图5-19,图版27-2、27-3)。

该断裂早期性质为正断层(F_4),断裂面向南倾,现显示为沿狮泉河—左左—革吉新公路沿线的狭长负地形,沿断裂一线在朗久电站的地热泉和赤左—左左之间部分地带发现碳酸盐岩热水爆裂形成的角砾岩也指示了该断裂的存在。断裂南侧的断陷,造成了北侧的古生代—早中生代地层的出露。至少日贡拉组的火山岩明显受到该断裂的控制。该断裂也是一个多期活动断裂:在朗久电站附近的日贡拉组火山岩、由火山喷气作用形成的硅质岩夹砂岩构成的第四系阶地以及朗久电站附近热泉现在仍在喷出热水指示它不仅是一个多期活动断裂,而且至今仍在活动。实际上在断隆内局部也还残存该期伸展断裂的痕迹,如在淌那勒一带三叠系与二叠系之间的断层早期就是一个正断层(图5-20,图版27-4、27-5)。该断层面较陡,并沿垂向呈波曲状略向南倾,在断层面处发育断层破碎带,带内分布有断层角砾岩和断层泥,其中断层角砾多分布于破碎带偏顶部,个体较大,下细上粗,为100cm×30cm~8cm×15cm不等,多呈长的椭球状,棱角不明显,排列无序,成分为下伏的下拉组硅质砂屑灰岩;断层泥充填在前述大的断层角砾之间,但主要集中在断层破碎带偏下部,成分中粉—泥级碎屑物质极少,主要为一些粒径多小于2mm的细角砾,角砾成分除硅质砂屑灰岩外,尚含有大量的硅质岩碎屑(下伏的硅质砂屑灰岩中的硅质条带或硅质结核被碾碎所致)。上述特征反映该断层为一正断层,可排除角度不整合的可能。此外根据沿走向追索发现的侧伏角近于水平的断层擦痕和阶步,判断该断层后期沿水平方向发生过右行走滑。

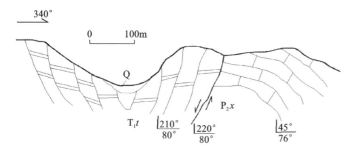

图 5-19 淌那勒一带三叠系与二叠系之间的断层接触

Q:第四系;T_1t:早三叠世淌那勒组;P_2x:晚二叠世下拉组

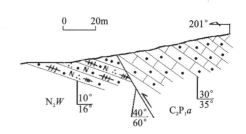

图 5-20 隆格尔-纳木错断裂

N_2W:乌郁群;C_2P_1a:昂杰组

在第四纪以来,由于受青藏高原周缘刚性板块楔入的影响,青藏高原加速隆升,其内部开始了向上的挤出,狮泉河-朗久盆地的边缘断裂——隆格尔断裂发生了极性的反转,变为向北倾的逆断层,古生代地层及中生代地层反而向乌郁群地层上逆掩(图版 27-2、27-3)。

褶皱构造:在该地层区大的褶皱构造不太发育,根据在左左—淌那勒一带调查的情形判断,测区内的古生代地层构成一个背斜和一个向斜,其中背斜相对形态较完整,推测核心沿昂布—惹衣果一线分布,由二叠系下拉组构成,两翼由早三叠世淌那勒组构成。在背斜南翼的早三叠世地层中存在一个向斜,但仅出露向斜核心和南翼(南翼由二叠系的下拉组和昂杰组组成),向斜北翼被断失,该向斜明显具有核心较紧闭,而两翼较舒缓的特点(图 5-21),属于顶薄褶皱。由于断层造成背斜和向斜之间大量的地层缺失和重复。需要说明的是,由于褶皱时的应力可能不平行于层面,即发生剪切褶皱作用,从而导致沿走向和剖面倾向均发生了一系列不对称的扭折(图 5-22),局部地带扭折的进一步发育导致了岩层发生小的断裂和错动(图 5-23、图 5-24)。根据应力分析,测区羊尾山一带的古生代地层可能系昂布-惹衣果背斜构造的北翼部分,但可能在狮泉河蛇绿岩就位之前就已沿狮泉河—那桑的构造发生过右行滑移和旋转,滑移距离达 4km 以上。

图 5-21 膝折构造

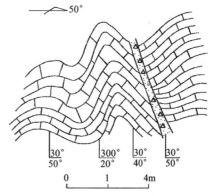

图 5-22 下拉组灰岩尖棱褶皱

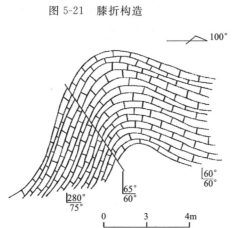

图 5-23 下拉组灰岩小褶皱

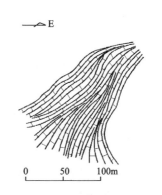

图 5-24 昂杰组灰岩层面扭曲

四、狮泉河晚燕山期结合带（Ⅳ）

狮泉河带向西逐渐与什约克缝合带汇合，向东至少可延至古昌一带，沿走向达470km以上（熊盛青等，2001）；南与左左断隆或冈底斯—下察隅燕山期火山岩浆弧间以深大断裂相隔；北界以往认为在狮泉河附近不清楚，但本次调查显示：在热帮错东约十几千米处，狮泉河带的北界与班-怒带的南界仅数千米之遥。

1. 建造特征

狮泉河带内部结构较为复杂，可进一步划分为四个蛇绿混杂岩亚带、三个岛弧链，由南向北依次为一亚带、南岛弧链、二亚带、中岛弧链、三亚带、北岛弧链，但局部亚带之间又具有复合现象，从而构成与班-怒带类似的多岛弧盆格局。各亚带和岛弧链构造线方向多呈NWW—EW。各蛇绿混杂岩亚带一般由基质和构造肢解的岩片组成，韧性变形、褶皱、构造置换等现象极为发育，地层呈现无序结构；岛弧链区的地层（乌木垄铅波岩组）则呈有序结构、构造相对不发育。以同温淌嘎断裂为界，东西两侧岛弧链区岛弧特征不同。地质特征及地球化学特征指示狮泉河带内的岛弧火山岩——乌木垄铅波火山岩具有岛弧的性质，与冈底斯弧区的则弄群均为弧火山岩，但乌木垄铅波岩组火山岩形成于小岩浆房，其中一侧濒临深水区，而则弄群则形成于一个更稳定、规模宏大的岩浆房，构造运动的节律清晰，两类弧火山岩应形成于两个不同的构造环境和机制；尽管两类弧火山岩地球化学对比指示它们均具有弧火山岩的特点，但则弄群相应岩性具有较乌木垄铅波火山岩更富的大离子元素含量，二者酸性岩的地球化学特征也明显不同，显示二者具有不同的岩浆演化过程，乌木垄铅波岩组不可能是则弄群代表的弧分裂的结果。对各亚带内蛇绿岩拟层序的调查显示盆地结构有一定差异。尤其是一亚带、二亚带与三亚带及科桑那嘎沟处发育的蛇绿岩明显不同。地球化学特征指示狮泉河带各亚带的玄武岩代表的洋盆是小洋盆，类似于弧后盆地，而其源区可能是复杂的多组分混合物，主要组分可能是亏损软流圈的地幔组分（即N-MORB源），消减带流体的加入对它的影响也很显著，同时可能还含有极少量来自更深部的富集洋岛玄武岩源的地幔柱组分。而由一亚带→二亚带→三亚带K、Rb、Ba、Th、Ta含量增高，而Nb-Ce槽愈来愈清晰，标志着洋盆在逐渐缩小，消减流体作用在增强。但在二亚带弧前和弧间形成的玄武岩则Nb槽弱或无，贫Cr、Ni和所有稀土元素，尤其是重稀土元素Y和Yb仅是二亚带另一样品的一半，并低于弧间形成的玄武岩样品值，可能暗示它由弧前扩张脊在极低的熔融程度下形成，俯冲倾角较缓，交代流体作用非常微弱。而科桑那嘎沟处由安山质熔岩构成的蛇绿岩壳的地球化学特征与一、二、三亚带处的蛇绿岩明显不同，以样品最全、熔岩性质与该弧间蛇绿岩最接近的三亚带与之相对比，稀土特征存在明显差异，它反映了将狮泉河带划分成一系列的蛇绿岩小盆地是合适的，它们构成了一个多岛弧盆系统。

狮泉河蛇绿混杂岩的沉积盖层为郎山组，为一套碳酸盐岩台地边缘生物礁相-碳酸盐岩台地相建造，下部存在河流相的砂砾岩，成分为蛇纹岩、火山熔岩、碎屑岩、硅质岩等，反映属于前陆盆地沉积，反映狮泉河盆地由洋盆转化为前陆盆地，而且标志着碰撞造山作用的开始。

2. 构造变形特征

狮泉河带内的构造变形分外强烈，不同规模、不同性质的小尺度褶皱极为发育，断裂构造错综复杂，彼此交切错位，构成一幅十分复杂的构造图案（图版13-1）。

断裂构造：除南北两条边界断裂外，带内发育近东西—北西向、北东及南北向三组断裂，且将带内不同的地质体分割，使其呈构造叠置岩片状（图版16-5）产出。三组不同性质、方向及规模的断裂构造中尤以近东西向断裂构造最为发育，也是测区主构造线，这些近东西向断裂（F_{23}、F_{24}、F_{25}、F_{26}）多倾向北，倾角较陡（50°～70°），并具有向南逆冲和左行走滑特点，在近噶尔曲走滑断裂附近受到噶尔曲断裂的改造，而转向北西，它可能代表了狮泉河闭合过程中带内的走滑活动，它使南侧的冈底斯弧区相对它发生向东南方向的滑移；近东西向断裂受大规模燕山晚期—喜马拉雅早期岩浆侵位破坏及北西向和北东或南北向断裂切割而断续分布,该方向断裂典型的有得勒宫断裂和俄儒脆-韧性剪切带。

(1) 俄儒脆-韧性剪切带(F_{22}):该带总体发育于砂板岩内(图5-25),总体产状北倾,带内发育S-C组构、强烈的构造面理置换,但明显具有不均匀性和非透入性,强变形层和弱变形层相间发育,局部地段跨入玄武岩中,玄武岩表现为褪色,且随着褪色的增强,岩性由具眼球状、条带状构造的糜棱岩化玄武岩逐渐向长英质糜棱岩转化(图版27-7)。

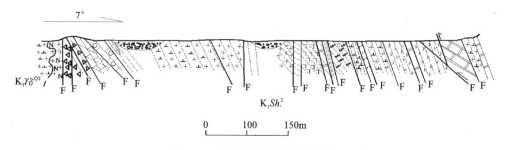

图5-25 俄儒韧性剪切带构造剖面

对带内S-C组构、左行斜列和不对称拖曳的调研表明:该韧性剪切带具有左行滑移特点,但在局部也见到右行滑移的证据,可能反映该带具有多期活动性。

(2) 得勒宫断裂(F_6):它沿甲岗—得勒宫一线分布,由一系列断裂构成,断裂主要呈逆断层,向北倾,倾角较陡,产状约为310°∠70°,其中一条断裂在日阿附近构成灰岩(北盘)和南侧凝灰质砂板岩之间的分界断裂,灰岩中发育与断裂同向的密集劈理,断裂附近的灰岩存在明显的压碎和重结晶现象,其中压碎形成的眼球状构造指示断裂上盘(北盘)向上逆冲,而砂板岩内发育小的揉皱,指示除向上逆冲外,还存在水平方向的左行滑移。

根据上述断裂的发育情形,早期狮泉河带构造侵位的初期可能主要是塑性变形,砂岩或超基性岩等能干性较弱的岩层发生塑性流动变形构成基质,而能干性较强的岩层如玄武岩、硅质岩、灰岩夹层或沉积混杂入的岩块则发生断裂,从而构成岩块,形成一种基质夹岩块的构造混杂(图版15-2、16-3、26-3)。但在局部地带也存在大片由玄武岩组成的构造岩片。实质上在玄武岩内也见到了大量同质的构造透镜和基质,它指示了能干性强的岩层在强大的压力下也部分发生了塑性流动变形(图版26-4、26-5),而部分强带处玄武岩发生退变质,局部出现石英构成的杆状构造(图版26-4、26-5),可能代表退变质变形的终极产物。在变形的后期,由于隆升造成的减压,脆性断裂构造开始发育,在岩片之间和基质内均形成大量的脆性构造。

南北向断裂发育较上述断裂略晚,它切割近东西向—北西向断裂,一般呈现沿该断裂方向发育的负地形,很可能指示了青藏高原隆升过程中地表浅部的拉张作用如拉梅拉—日松的公路沿线断裂,但个别断裂可能发育更早,有可能在洋盆阶段就已发育,如同温淌嘎断裂。同温淌嘎断裂呈近南北向,长十几千米,隐伏于第四系中,但沿断裂两侧的蛇绿岩、弧地体均被切错,且个别地质体两侧不对应,沿断裂断续分布有近南北向展布的超基性岩,反映该断裂系超壳深断裂。

北东向断裂是最晚发育的断裂,它切割了上述几组断裂,多呈左行走滑平移断层出现,主要的断裂有沿婆肉共沟发育的断裂,它切错了早期的近东西向断裂,错距达数百米。

褶皱构造:狮泉河带内砂岩中大量发育褶皱构造,但褶皱构造的规模都较小,且由于断裂破坏,往往难以恢复。但露头尺度的褶皱构造极为发育,常见的褶皱构造有直立褶皱(图5-26)、尖棱褶皱(图5-27,图版15-3、27-7)、斜歪褶皱(图5-28)、石香肠构成的紧闭褶皱(图5-29)及顺层剪切褶皱(图5-30)等。除上述变形外,还存在构造置换(图5-31)及反映应力剪切特征的构造变形,有玄武岩的构造透镜体斜列(图5-32)、变砂岩透镜体(图5-33)、蛇纹岩构造角砾(图5-34)、板劈理扭皱构造(图5-35)及构造透镜体(图5-36),反映了不同性质的应力特征。

狮泉河带内已强烈变形,而乌木垄铅波岩组的变形略弱于狮泉河带,局部在由次火山岩和火山岩组成的部分中基本未变形,次火山岩的火山机构较清晰(图版27-6),而砂岩则变形较强,这很可能与二者的能干性差异有关。前者由于火山喷发造成岩浆上升过程中对岛弧地带的火山机构一带具有粘结作用,使其刚性增加,而远火山口的岛弧表面沉积岩则与狮泉河带内的浊积砂岩能干性接近而与狮泉河带同时发生了变形。郎山组变形微弱并角度不整合于狮泉河蛇绿岩及乌木垄铅波岩组之上,底部发育底砾岩说明郎山组形成时狮泉河带内的构造混杂过程已完成。那么,在乌木垄铅波等地,尤其是在拉梅拉一带的乌木垄铅波岩组火山岩及砂岩中发现的产状近直立的生物碎屑灰岩不可能是郎山组构造混杂至蛇绿岩中的产物,而是乌木垄铅波岩组与狮泉河蛇绿岩在盆地闭合过程中一起变形时,这一时期形成的一些点礁被卷入。

作为狮泉河蛇绿混杂岩的郎山组沉积盖层变形构造较弱,仅见填图尺度的宽缓褶皱(图 5-37,图版 13-1、13-2),与下伏蛇绿混杂岩带变形极不协调,明显反映变形形成于不同的构造层次及显著的沉积间断。

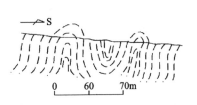

图 5-26　乌木垄铅波岩组直立褶皱

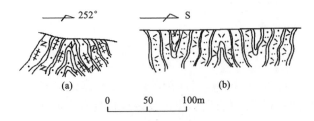

图 5-27　尖棱褶皱(乌木垄铅波岩组)

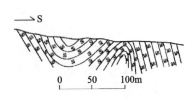

图 5-28　D151 硅质岩斜歪褶皱

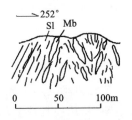

图 5-29　石香肠构成紧密褶皱

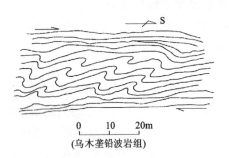

图 5-30　千枚状板岩顺层剪切褶皱

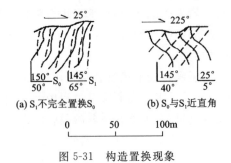

图 5-31　构造置换现象

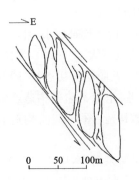

图 5-32　构造透镜体斜列(左旋剪切)

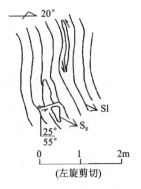

图 5-33　狮泉河三亚带变砂岩透镜体

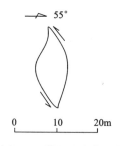

图 5-34 狮泉河三亚带蛇纹岩构造角砾左旋剪切

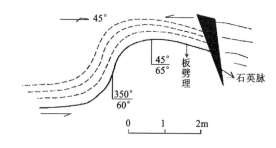

图 5-35 板劈理扭皱构造（左旋剪切）

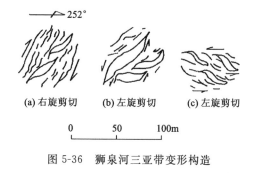

图 5-36 狮泉河三亚带变形构造

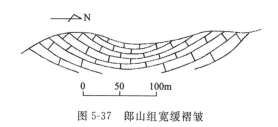

图 5-37 郎山组宽缓褶皱

五、班公湖-怒江早燕山期结合带（Ⅴ）

1. 坦嘎微岩浆弧（V_1）

1）建造特征

本构造单元属于班公湖-怒江结合带的次级构造单元，南以得勒宫断裂为界，北界延出图外，出露的地层为侏罗系拉贡塘组一套浅变质浊积岩系，属于大陆斜坡相浊流沉积建造，测区内明显可分为南北两部分，南部主要由钙质砂岩组成，含大量钙质并发育重荷模、槽模等，北侧则主要由具粒序层理的砂岩、砂砾岩及少量硅质岩组成，但更北侧接近北邻图幅处，又出现钙质砂岩，可能反映盆地水深具有南北两侧浅、中间深的特点。

在坦嘎西侧存在大量的岩体，航磁指示岩体可向东延伸。该岩体据测区内的同位素资料，其中浆混（或称之为壳幔混源）的部分主要形成于 115～124Ma（早白垩世），而大量由壳源熔融形成的二长-钾长花岗岩则形成于 78～85Ma 之间（晚白垩世）。

2）构造变形特征

本二级构造单元构造变形表现为一系列的褶皱构造和冲断层。褶皱构造非常强烈，在填图尺度和露头尺度上均有表现。如岩相变化指示：沿坦嘎沟一线存在一个向斜枢纽，向斜两翼由钙质砂岩组成，而在向斜核心部位则主要是一套长石砂岩，局部地带发育硅质泥岩的深水沉积物质。在该向斜两翼明显存在大量的小褶皱（图版 27-8），构成复式向斜构造。在乌木垄沟一带也存在一个类似的复式向斜。上述复式向斜枢纽在水平面上明显存在 S 形扭动，反映上述复式褶皱曾叠加了晚期的左行滑动，而这样的应力场正是狮泉河带内一系列近东西向剪切断裂的特征。拉贡塘组内存在一系列走向近南北的产状，而狮泉河带内走向近南北向的产状极少，可能指示坦嘎一带的复式向斜在狮泉河带闭合过程中叠加了左行走滑形成的褶皱构造，而狮泉河带内的构造样式较之简单也从另一方面证实狮泉河带的形成较之略晚。

该构造单元内存在一系列的断裂构造，可分为三组，第一组呈北西—近东西向，形成较早，主要沿褶皱枢纽方向或与之近于平行发育，将拉贡塘组分割为一系列的断片，倾向多向北，多为逆断层，如 F_{29} 等（图 5-38）。第二组主要呈北东向（F_{30}、F_{31}），属左行走滑断层，切割早期形成的近东西向构造。第三组呈北北西向（如 F_{32}），属右行走滑断层，推测形成时间与第二组相当。

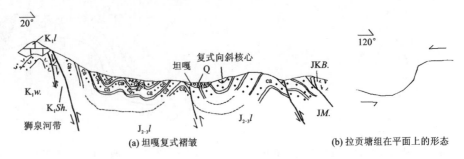

图 5-38 拉贡塘组褶皱

Q:第四系;K_1l:郎山组;$K_1w.$:乌木垄铅波岩组;$K_1Sh.$:狮泉河蛇绿混杂岩;JKB.:班-怒蛇绿混杂岩南支;$J_{2-3}l$:拉贡塘组;JM.:木嘎岗日岩群

2. 班-怒带南支(V_2)

它由木嘎岗日岩群和班-怒蛇绿混杂岩组成,木嘎岗日岩群主要是一套由钙质砂岩组成的浊积岩,沉积构造有粒序层理、水平层理、小型爬升层理、槽模及地震造成的液化流动现象,表现为震积砂岩呈岩墙状切穿板理面。

测区内的班-怒蛇绿混杂岩整体由木嘎岗日岩群的砂岩构成基质,而蛇绿岩则在砂岩中呈岩片产出,同时,蛇绿岩内又由变质超基性岩构成基质,而玄武岩、硅质岩等则构成岩片,相互之间由韧性断层分割。根据对测区内班-怒蛇绿混杂岩地球化学特点所做的分析,指示测区内的这部分蛇绿混杂岩可能代表狮泉河—班-怒带在晚侏罗世末—早白垩世拉裂过程中形成的裂谷—小洋盆的过渡类型,可能与地幔柱流作用有关,由于地壳减薄尚不足,故岩石明显具有碱性或含有一些陆壳的特征,总体与洋岛玄武岩相当。晚期盆地萎缩,从而形成含角砾的具有岛弧拉斑质的火山岩。

该带内的构造变形极为发育,主要以断层为主,多呈北西向,主要向北东倾,也有少量向南西倾,几乎均为逆断层,总体呈一系列向南西逆掩的断层组,局部构成向上挤出的构造样式。

除上述断裂外,在该构造单元内发育近南北向的断裂,并具有多期活动性。如保昂扎近南北向构造。沿该裂存在厚数米不等的碎裂岩带,断层倾向西,倾角近75°~80°,从碎裂岩内的小构造判断,早期主要呈右行滑移断层。该断裂后期再度发生活动,主要体现为沿该带发生左行走滑,切错近东西向的构造,同时带有明显的正断层特色,造成西盘地势明显较东盘低,而且由于减压增温,造成下盘沿该带处二云母花岗岩的侵入和围岩发生红柱石角岩化,这一侵入活动发生时间可能与翁波岩基的侵入时间相当,但根据区域上这一期花岗岩活动具有北早南晚的特点,可能较31Ma略早。该断层在第四纪可能仍存在活动,从而造成断层两侧明显的地形差异和该断层下盘碎裂岩的剥蚀泥化。

在该断裂带内褶皱构造较发育,但多数较宽缓,测区内总体构成一个不完整的向斜构造(见附图地质图中的剖面图)。

木嘎岗日岩群内的构造置换发育(图 5-39),不仅可见到S_1置换S_0,还可见到S_2置换S_1现象。

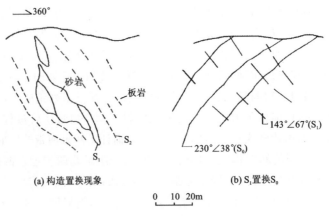

图 5-39 木嘎岗日岩群中的构造置换现象

第三节　构造层次分析及大地构造相

一、构造层次分析

区域性的角度不整合及构造样式的差异,构成构造层次划分的依据。

下部构造层次:主要由中新元古界及震旦系地层组成,具片理及片麻理构造,以流变作用为主。

中构造层次变形:石炭系地层、拉贡塘组和狮泉河蛇绿混杂岩带的变形主要是一种中构造层次的变形,但它可能相当于中构造层次的底部部分,故部分地带具有一些深构造层次的特征,如韧性剪切带。

浅构造层次变形:曲松一带二叠系—三叠系地层中的宽缓褶皱,则弄群、郎山组、典中组中的褶皱变形。

表构造层次变形:羊尾山附近二叠系地层中的膝折和沿走向的扭折,各类断裂及拖曳褶皱。

二、大地构造相的划分

大地构造相的概念最初由许靖华(1991)提出。大地构造相是山脉形成的基本要素,其定义以地层学、古地理古构造格架、变形方式及变形程度为基础。其后,Robertson(1994)则定义为:大地构造相是具有一套岩石的一构造组成,其特征是以系统地确认造山带为地史时期的一定大地构造环境。他划分出四种基本构造环境(离散、会聚、碰撞、走滑),每种环境下分若干组,共计29种大地构造相。这是目前所提出来的一个最为系统的大地构造相划分方案,该方案是按造山作用的全过程的不同阶段(离散、会聚、碰撞、走滑)进行细分,每种以一定大地构造环境的物质建造为基础,能较全面地反映造山带的组成、结构与演化。

对大地构造相的划分我们采用Robertson(1994)的划分方案。在深入剖析建造与改造的基础上,以造山带演化不同阶段、不同部位出现的构造古地理单元和物质建造为主线,划分不同演化阶段的大地构造相。由于测区造山带的形成经历了漫长而复杂的构造演化,并且具有相应的不同造山旋回的物质建造组合,形成了不同时期的相同大地构造相并置或重叠的现象,因此在划分大地构造相时,充分研究了各构造旋回形成的大地构造相,这样更有利于认识造山带形成演化的全过程。大地构造相的命名和代号表示,按造山旋回期不同阶段出现的构造古地理单元、盆地类型或物质建造与改造类型命名,代号用其英文名称的2~3个缩写英文字母表示,为便于标识,我们在代号之后用括号加上时代。

不同的大地构造相出现在不同的大地构造背景中,因此在大地构造相的划分过程中,应进行不同造山旋回期不同阶段(离散、会聚、碰撞、走滑)大地构造背景的鉴别。通过对测区沉积作用、岩浆作用(建造特征)和构造作用、变质(改造特征)的综合分析与研究,划分出离散、会聚、碰撞和走滑四种大地构造背景,每种大地构造背景下划分若干大地构造相,但同时有以下三点需要说明。

第一点,许靖华(1991)和Robertson(1994)的方案均是针对威尔逊旋回的造山带,而中国的造山带明显具有非威尔逊旋回(多岛洋、软碰撞、多旋回)的特点,考虑到班-怒带、狮泉河带、雅江带整体构成一个多岛弧盆系统,其闭合过程也是一个明显的非威尔逊旋回,为此在划分大地构造相时,以中特提斯洋演化阶段为主线,进行了非威尔逊旋回下构造相划分的尝试,如将图幅最北侧乌木垄一带的花岗岩划分为同碰撞花岗岩[$CO(K_1)$]和晚碰撞花岗岩[$PCO(K_2)$]两个部分,分别反映与狮泉河带闭合和闭合后的走滑有关的造山活动,而测区阿依拉—左左一带的花岗岩也存在同碰撞花岗岩和晚碰撞花岗岩两类,但它的形成则与雅江带代表的洋盆闭合和之后沿陆块之间的走滑有关,时代上较北侧乌木垄一带晚,分别用$CO(K_2)$和$PCO(E)$表示。

第二点,不同时期各地带的大地构造性质常存在变化,为便于区别,将不同大地构造分区的不同相列在一起,以便于区别和对比;对于一部分位置的大地构造性质存在争议或证据不足,本书采用模糊处理的办法。如札达陆块靠近雅江带南支的部分中晚三叠世一般被认为是活动陆缘沉积(任纪舜,2004),但在本测区内的曲龙共巴组明显为一套潮坪-滨海相沉积,未见到浊积岩系,因而本书笼统以陆缘表示之。

第三点,测区内的小洋盆如狮泉河带曾存在小洋盆扩张脊等离散大陆边缘的特征,但在后期的演化中很快转化为由一系列弧后盆地及微岛弧(洋内弧)构成的多岛弧盆系,这时期它已具有活动陆缘的一系列构造单元,并在更晚时期由于闭合过程中的刮削作用而形成混杂堆积,即构成消减杂岩,为了简化和便于理解,我们仅将其中的多岛弧盆和大一点的岛弧表示出来,各大地构造相的基本特征及分布情况如图5-2所示。

第四节 新构造运动

一般认为,新构造运动自第三纪开始,在测区刚好对应于印度大陆和欧亚大陆碰撞后的陆内构造活动期,在这一时期构造活动极为强烈。新构造运动主要体现在如下几个方面。

一、高原隆升的沉积、火山岩浆及构造效应

1. 高原隆升的沉积效应

在整个新生代,由于南侧印度大陆的楔入和俯冲断层向后退移,测区一带的青藏高原在逐步隆升,但一些断陷或裂陷盆地内在不同时期仍沉积了山间河湖相碎屑物质。如古新世林子宗群上部的陆相河湖沉积。之后在渐新世—中新世,由于沿北西向断裂发生的走滑活动形成沿狮泉河镇—左左分布的断陷-走滑盆地,沉积了河湖相的砂砾岩,局部地带有陆相灰岩形成。上新世北东向—近南北向的断陷发育,形成札达盆地河湖相沉积,而在狮泉河一带则形成乌郁群河湖相沉积。第四系以来,由于隆升在不同地带形成三级阶地,在上游沉积物多表现为冰碛或冰水碛,而在中下游则多为河流相或河湖相阶地。此外,第四系以来在上述新构造阶段形成的河湖相沉积均是山间断陷河湖相沉积。根据不同地层之间具有角度不整合面,指示了沉积具有阶段性、隆升具有脉动特点。

2. 高原隆升的岩浆效应

这一时期的岩浆活动可分为三个时期,早期为由于南侧印度大陆向北楔入北侧欧亚陆块的地幔中,扰动地幔造成地幔物质上涌溢出形成测区的林子宗群裂谷火山岩,根据报道,在冈底斯中段也存在相似的岩浆活动,可能指示这一活动具有区域性,是地幔物质加入地壳的典型表现。之后沿板块结合带或与之相平行发育的一系列区域断层发生的走滑作用形成了一系列后碰撞花岗岩,如在左左一带分布的50～48Ma的格格肉超单元(二长花岗岩—钾长花岗岩)和噶尔超单元(浅色二长闪长岩—二长岩)、沿左左—狮泉河一带形成的中新世早期的粗面质英安岩等火山活动。而在渐新世,由于地壳向上挤出造成垂直区域构造线方向的伸展,地壳发生断裂,因减压而部分熔融形成翁波岩基淡色花岗岩、保昂扎断裂东侧的淡色花岗岩等。

3. 高原隆升的地貌效应

对应于高原隆升,在测区阿依拉山以北发育三级阶地,最高的一级夷平面在5800～6000m,仅发育在乌木垄岩基的顶部附近,第二级位于5500～5600m处,构成测区内大部分山系的顶部(图版28-1、28-2),而第三级夷平面高度在5200～5300m处(图版28-3),第四级夷平面高度在4800～5100m处(图

版28-4);在阿依拉山以南的翁波岩基处则存在一级高达5800m的夷平面(图版28-5),而札达盆地顶部的高程仅4500m(图版28-6)。

4. 古新世以来的褶皱和断裂活动

古新世以来高原内部强烈的褶皱可能主要发育于中深构造层次,且这一时期形成的中深构造层次大部分并未剥露,而地表主要反映了这一时期浅表构造层次形成的一些褶皱和断裂,根据本项目的调查,测区古新世典中组明显发生了褶皱构造,而之后的盆地沉积均仅表现为构造掀斜作用。第四系以来的各阶地均保持了近于水平的产状。

古新世以来的断裂活动多数是早期形成的断裂在重新活动,如北西向断裂和近东西向断裂多次活动,沿这些断裂块体之间发生走滑活动,从而诱导产生了一系列的岩浆活动,同时还形成一些沿构造分布的盆地,如沿噶尔曲一线及狮泉河镇—左左一线分布的走滑盆地。但进入第四系以来,这些盆地由于更为强烈的挤压而造成向上挤出,盆地发生构造极性反转,老地层逆掩至第三系地层之上,如隆格尔断裂。但也有一些地带,如阿依拉沿线的噶尔曲走滑断裂,由于这一时期南侧陆块的俯冲而造成北侧向上仰冲,而在弧背浅部发生引张,从而表现为正断层。除上述外,一些北东向—南北向构造在这一时期也发生了活动,它们多表现为正断层,如札达盆地主要受控于两侧的北东向正断层,它们主要与青藏高原块体向上挤出过程中沿北西向压缩,而在垂直区域构造线方向上浅部地壳发生引张有关,但它们多被围限在北西向的区域断层限定的块体内,这可能与不同块体之间物理性质存在较大的差异有关,当然札达盆地是一个例外,但在札达-拉孜-邛多江断裂处仍发生了构造方向的转换,如北东向构造在北侧可能迁就了早期的近东西向构造,同时曲松一带国防工事中曾见到札达群沉积中存在许多由角砾岩构成的现代活动断层,北西向和近北东向的均有分布,指示在札达群沉积之后,这些构造还曾多次活动。这类近南北向的地壳浅部拉裂形成的小盆地在保昂扎一带也有分布。

5. 构造活动与地震的关系

测区内的地震与一系列北西向断裂有密切的关系,其中沿噶尔曲活动断裂一线地震活动更是极为强烈,据中国强震资料(1901—1967),噶尔曲断裂一线是西藏自治区境内强震最为集中的断裂之一。

二、青藏高原隆升过程及动力学浅析

1. 青藏高原的隆升自何时开始

青藏高原隆升机制一直是地学研究的前沿问题。众所周知,高原的隆升与地壳的厚度密切相关,地壳厚度越大,地表高度越高。因此确定地壳的厚度并且查明高原地壳增厚过程能够反映高原隆升的信息。然而,青藏高原的地壳是何时增厚的并且增厚的动力学过程等都是不清楚和有争议的。通常认为青藏高原在13Ma左右地壳增厚并开始了隆升或隆升时间更晚,但也有少数学者认为青藏高原的地壳加厚开始更早,如Dewey设想45～30Ma地壳已加厚到65km,高原开始隆升到3000m,Chung指出藏东地区在40Ma前开始了地壳增厚和隆升。近年来,部分国内学者认为羌塘腹地44～32Ma的火山岩系地壳增厚形成的埃达克岩,从而提出一个与前者相类似的结论:即藏北地壳开始增厚的时间可能在40Ma±。但据工作区内冈底斯弧区早白垩世埃达克岩的发现,无疑反映青藏高原的地壳增厚在白垩纪早期就已开始。

2. 青藏高原的隆升

主要是晚上新世—中更新世之前形成的,现今青藏高原具有隆升速率加快和频次增加的现象。

根据在测区相邻地带的札达盆地内发现三趾马化石及一系列动植物对比,前人认为在中新世,青藏高原的海拔高度约为1100m,青藏高原现今平均高达4500m的海拔高度是3Ma以来形成的。测区内中国科学院曾在曲松一带的札达群地层中采获大量的木本阔叶植物孢粉组合,也支持了上述认识的正确性。而札达盆地由早期托林组的细碎屑河湖相沉积向香孜组以粗碎屑为主的沉积物的转变,可能反映在香孜组沉积的早期曾存在非常快速的隆升,但隆升的幅度由于缺乏相应的衡量标准,而难以确定;另一个隆升相对较强烈的阶段发生在香孜组沉积之后、中更新世湖相沉积及庐山冰期沉积之前,青藏高原在这一阶段曾发生了强烈的隆升,且不同块体间的相对隆升速率也相差较大,根据对不同夷平面拐点高度的对比,阿依拉山至少相对隆升了近700m,而在曲松一带则翁波岩基至少相对于札达盆地隆升了近1500m,构成测区现今地貌的各部分在这一时期已形成,且之后变化不大。而在这之后,尽管相对隆升速率在逐步加快,单位时间内的频次增加,但据第三级阶地顶很少高于现代河床20m以上,确定在这段时间内隆升的幅度不大。狮泉河一带的沙化的诱因正是中更新世之前阿依拉山的相对快速隆升。由于隆升造成山前地带的下切,导致噶尔曲自鲁玛大桥附近袭夺了狮泉河的水系,造成狮泉河的快速下泄,水流缓流状态下形成的湖泊大量消失、地下水大量补给地表水、废弃河湖地段沙化,是造成狮泉河一带较措勤、改则各县更为干旱少雨气候的主要原因,当然南侧喜马拉雅山隆起及阿依拉山快速隆起,造成对印度洋湿热季风的阻挡也是其中的一个原因。

3. 孢粉及沉积相的分析

根据孢粉及沉积相的分析,主要对狮泉河盆地新生代以来的气候环境变化探讨如下。

狮泉河盆地在渐新世时,可能与南侧的札达曲松一带气候差异不大,高度可能也相近,均主要属于亚热带气候,化学风化较强;上新世早期狮泉河一带冈底斯弧区可能隆升速度较快,从而造成以粗碎屑为主的沉积,而曲松一带则为细碎屑夹粗碎屑沉积,反映这一时期两者可能存在高度差异;但这一时期两地气候的分异可能不大,但从主要岩石呈灰白色,可能指示气候已转冷;第四纪以后的多个冰期在上游形成多级冰碛阶地,而在下游则形成冰水湖相沉积。根据对婆肉共沟湖相阶地的调研,指示早中更新世测区狮泉河一带仍存在大片松杉等组成的森林,而晚更新世,森林仍有相当面积,直到1000年前,盆地周缘尚有少量树木,而现代干旱的气候仅是全新世以来形成的。联系到古格王朝历史上曾经西移至原噶尔县旧址一带,部分学者据史料认为当时阿里地区的人口在十几万,而现今仅有数万,指示了近数百年来,这里的气候环境在急剧恶化。

4. 青藏高原地壳增厚过程中,壳幔相互作用对地壳增厚有重要贡献

探讨青藏高原隆升过程,不能忽视青藏高原现今地壳结构,根据近二十年来的一些地球物理调查,已初步弄清了青藏高原现今地壳结构及构造应力场特征,如自晚白垩世末,印度陆块与欧亚大陆碰撞后形成的构造应力场至今仍在活动,而且应力场的方向至今仍变化不大,青藏高原现今地壳厚度大致为70~80km,具有厚壳薄幔特征,青藏高原深部导电性增强(图5-40),并被认为存在壳幔混合层(杨晓松、金振民等,1999),根据地震层析技术确定印度大陆下岩石圈地幔在向北迅速加深时发生拆离(图5-41、图5-42),基于印度洋底的条带状磁异常及其测年结果、古地磁采样测定的结果、震源地震矩张量反演求出的震源力及滑移速度、GPS及大地测量的结果,确定印度大陆的岩石圈地幔相对拉萨地块向北推进将至少在500km以上(据赵文津等,2001)。而青藏高原中浅部地壳结构通过在高原中东部开展的INDEPTH深剖面也已基本确立(图5-42),由于上述成果主要是在青藏高原中东部取得的,而据前人研究,青藏高原西部地壳结构较东部复杂,故综合测区地质特征并借鉴相邻地带一些前人的资料,试编制了测区的一个浅部构造剖面(图5-43)以供他人参考。

青藏高原地层增厚及隆升机制是一个极其复杂和具有争议性的问题,目前存在着多种模式(三阶段模式、叠加压扁热动力模式、拆沉模式、陆内俯冲模式和断块隆升模式等),本项目不愿在此对前人模式予以评论,仅就测区工作情况对白垩纪—第三纪以来地壳加厚过程说明此次取得的成果,即地幔物质的加入在俯冲阶段和碰撞早期对地壳的增厚有重要贡献。厚壳薄幔与地幔物质不断加入地壳及横向上地

壳的缩短等综合作用有关。其中地幔物质加入地壳的依据有：俯冲过程中冈底斯弧区的大量火山物质源自于地幔的部分熔融，而在碰撞过程中由乌木垄岩体—狮泉河七一桥岩体—左左朗弄-阿依拉岩体，混源花岗岩的规模不断增强，指示地幔物质加入的规模在不断增加，即使在碰撞后，地幔物质还曾通过裂谷加入地壳，形成林子宗群火山岩。而日贡拉组的粗面质火山岩很可能也是地幔物质底侵造成下地壳部分熔融形成的，上述事实反映地幔物质对地壳增厚的显著贡献和地幔物质不断加入地壳是薄幔形成的重要原因。

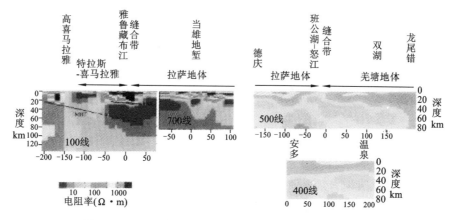

图 5-40 LIMS 数据-TM 反演电性结构（据赵文津等，2002）

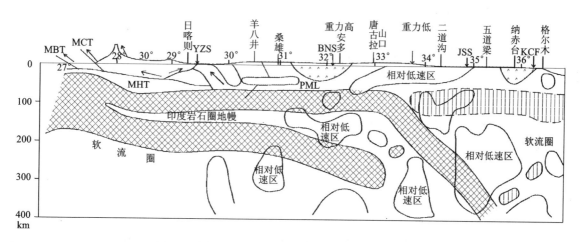

图 5-41 地震波确定的藏南构造模式（据赵文津等，2002）

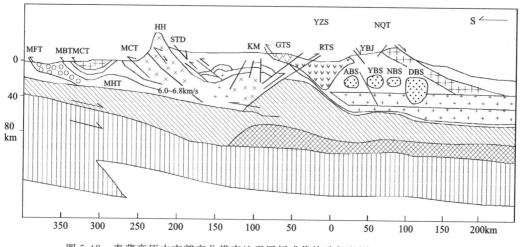

图 5-42 青藏高原中南部高分辨率地震层析成像构造解释图（据赵文津等，2002）

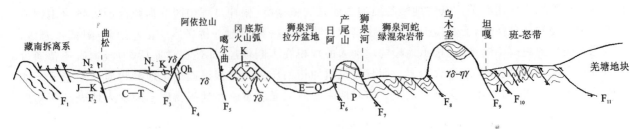

图 5-43 研究区及相邻地带地壳浅表层结构

F_1:藏南拆离系;F_2:曲松深断裂;F_3:达机翁-彭错林-朗县断裂(阿依拉深断裂);F_4:阿依拉南坡山前正断层;F_5:喀喇昆仑右行走滑断裂(噶尔曲断裂);F_6:隆格尔断裂;F_7:狮泉河断裂;F_8:得勒宫断裂;F_9:班-怒带南缘断裂;F_{10}:班-怒带北缘断裂

第五节 地质发展史

在综合测区沉积事件、火山岩浆事件、变质事件及构造事件的基础上,我们将测区的地质发展史划分为基底形成阶段、特提斯洋演化阶段、碰撞闭合及陆内造山阶段三部分。

一、基底形成阶段

元古宙发育的原特提斯洋的俯冲消减作用,导致了曲松一带发育的该时期岛弧的拉裂,形成弧间或弧后盆地[图 5-44(a)],早期存在基性火山喷发,但随后海盆由拉伸逐渐趋向萎缩,沉积物由泥坪向潮上带的白云质大理岩—滨海的石英砂岩演变。可能在元古宙末,冈瓦纳大陆的最终汇聚造成了曲松一带钾长花岗岩的侵入和随后的区域动力热流变质作用[图 5-44(b)]。此外,根据在雅江带北支附近发现的榴闪岩原岩具有大洋玄武岩特征,结合曲松一带岛弧火山岩的存在,可能暗示原特提斯大洋曾存在过向南的俯冲。

二、特提斯洋演化阶段

特提斯洋是一个多岛弧盆洋,一个带的拉开和一个带的闭合往往是近于同时的,故在叙述的过程中我们将主要以雅江带的演化为主线展开。

1. 雅江带南支拉裂成洋

测区早古生代的沉积被断失或未出露,晚古生代测区特提斯喜马拉雅带和冈底斯区主要是一套浅海沉积夹冰融滑塌的杂砾沉积,沉积环境可能主要相当于广海沉积,也大致在晚古生代,由于古特提斯大洋(也可能仅为小洋盆)发生向南的俯冲,从而形成冈底斯弧区的火山喷发,区域上石炭纪、测区内二叠纪—三叠纪之交火山岩的存在,区域上冈底斯带印支期花岗岩的发现、测区内冈底斯弧花岗岩内残留锆石年龄为 232.6Ma,均反映了古特提斯洋向南俯冲所导致的岛弧火山岩浆作用的存在,造弧作用还使弧区抬升,从而导致测区左左—羊尾山一带三叠系地层与二叠系地层之间的平行不整合。向南的俯冲还导致南侧雅江带南支附近的裂陷活动,冈瓦纳大陆北缘开始拆离,测区的曲松拆离构造的发育可能也自这一时期始或在这一时期最为强烈。伸展造成区域上大量裂谷玄武岩的溢出,如 Pajal 玄武岩及姜叶玛组上部大量的玄武岩均形成于这一时期[图 5-44(c)]。测区内曲松一带未发现火山活动,但随着地壳的伸展,而发生海侵,且海水在逐步加深,从而在早中三叠世形成深海类复理石沉积。并可能在中晚三叠世拉出洋壳,形成曲松一带的洋脊玄武岩,这一洋盆形成后,发生了向北的俯冲。

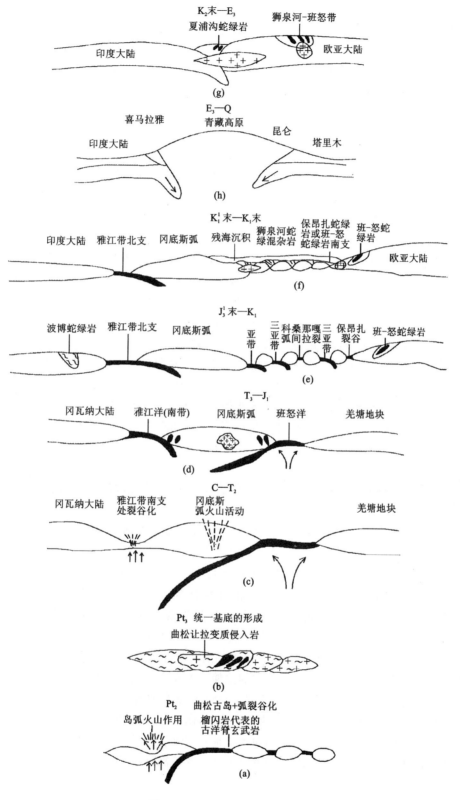

图 5-44　测区构造演化模式图

2. 雅江带南支大洋的闭合

晚三叠世曲松一带大洋向北的俯冲、班-怒带代表的古特提斯洋向南的俯冲造成了洋盆的萎缩和冈底斯一带的隆起[图 5-44(d)]，冈底斯带普遍缺失上三叠统—侏罗系沉积。而曲松一带的局限盆地由于洋盆萎缩,海水变浅,沉积相由局限盆地—潮坪相—滨海相转化。盆地很可能在晚三叠世末—早侏罗世闭合,从而形成雅江南带的蛇绿岩(测区一带为波博蛇绿混杂岩),区域上东侧可能闭合更晚,如桑桑一带蛇绿混杂岩至中侏罗世才就位(任纪舜,2004),但整个盆地并未闭合,仅转化为海盆。而班-怒带所代表的特提斯洋盆则直到晚侏罗世才闭合,形成班-怒蛇绿岩带。

3. 雅江带北支大洋的拉开及俯冲闭合

晚侏罗世末—早白垩世早期,地幔柱能量的再度增强,导致雅江北带所代表的大洋打开,测区冈底斯弧花岗岩中获得132.8~138.2Ma的锆石表面年龄可能是对这期岩浆熔融事件的反映。测区狮泉河带打开的时间与之相当或略早(据放射虫资料),并与之在典角北的国境线附近连通。而之后地幔柱能量的萎缩首先导致狮泉河带处洋盆的萎缩,从而在狮泉河一带形成一个多岛弧盆系统,其中二亚带向北的俯冲曾形成类似沟弧盆的体系[图5-44(e)]。大致在早白垩世早期,雅江北带处代表的大洋于早白垩世开始发生向北的俯冲,从而在测区形成则弄群陆缘火山弧沉积,随着俯冲的进一步进行,火山弧的岩浆性质存在由岛弧钙碱质中基性-中酸性—岛弧橄榄玄粗质的转化,岛弧橄榄玄粗质火山岩的出现反映岛弧曾出现拉裂,但粗玄岩仅出现在朗久组下部,而顶部缺乏玄武岩,指示未发育成弧后盆地。而在冈底斯弧前地带由于向北的俯冲诱发弧前向南西的扩张,形成一套弧前的蛇绿岩——夏浦沟蛇绿岩。在岛弧的北侧,雅江带的俯冲造成了狮泉河带的进一步萎缩,形成具有复杂结构的多岛弧盆系统,并于早白垩世闭合,之后沉积了早白垩世末的捷嘎组和郎山组残海沉积[图5-44(f)]。晚白垩世海水基本已退出测区狮泉河一带,但测区的阿依拉山南坡地带可能还有海盆存在。受狮泉河带闭合的影响,带内的微弧地体与北侧的羌塘陆块及南侧的拉萨地块发生碰撞从而导致由三宫—七一桥浆混花岗岩的侵位。受拉萨地体与羌塘地体间走滑作用的影响,在测区北侧的乌木垒一带形成了规模宏大的壳源花岗岩。早白垩世晚期冈底斯陆缘弧缺乏火山活动,可能指示测区雅江北带洋盆向北俯冲作用的结束,大洋盆地在晚白垩世可能已转化为海盆。

三、印度大陆和欧亚大陆的碰撞闭合及陆内造山隆升阶段

大约在69Ma,两大陆发生硬碰撞,造成测区内夏浦沟一线的弧前蛇绿岩的构造侵位和阿依拉浆混花岗岩系列的侵位[图5-44(g)],地壳逐步加厚。南部的印度地块下插至冈底斯弧之下,迫使俯冲带上盘向上仰冲,从而在更北侧短暂形成了局部拉伸的环境,而形成林子宗群裂谷火山岩,但形成的小盆地很快关闭了。之后由于挤压导致地壳加厚增温,很可能加上走滑减压造成50Ma的重熔花岗岩(钾长-二长花岗岩)侵位,进一步的减压造成了48Ma的二长闪长岩-石英二长岩的侵位。渐新世末—中新世,狮泉河走滑盆地内形成山间湖相—河流相沉积,并伴有火山喷发。在31Ma,翁波电气石二云母花岗岩侵位,它可能也是区域上近南北向构造(测区内北东-南西向构造)开始发育的时间,反映了强烈的挤压导致向上挤出过程中垂直区域构造线方向的拉伸。上新世,在札达断陷盆地形成过程中,整个青藏高原曾发生过广泛的夷平,表现在阿依拉山顶部近6000m处和翁波岩基顶部5800m处的古夷平面。在札达群沉积之后,于早更新世可能曾经发生快速的隆升,隆升幅度达3000m以上,可能狮泉河盆地边缘断裂性质的转换和古生代—中生代地层向狮泉河盆地的逆掩也发生于这一时期,它与周缘刚性块体的楔入造成的青藏高原整体隆升有关[图5-44(h)]。之后青藏高原也曾发生过阶段性的整体隆升,但相对隆升幅度不超过百米。

第六章 结　束　语

一、取得的主要地质成果

（一）地层

（1）在测区仲巴-札达地层小区厘定出拉轨岗日岩群，并将之分为表壳岩系和变质深成侵入体两部分。根据锆石铀铅同位素测试结果，确定表壳岩的沉积年龄为1283Ma，深成侵入的时间为584Ma。

（2）根据牙形鉴定结果，确定在左左—羊尾山一带存在二叠系—三叠系地层沉积；并确定冈底斯带存在完整的吴家坪阶和长兴阶沉积。

（3）将则弄群火山岩解体为多爱组、托称组、朗久组三个组，岩性分别为中基性火山碎屑岩—熔岩、酸性火山碎屑岩、碱性火山碎屑岩、碎屑熔岩、碎屑岩，三个组之间为喷发不整合，反映了弧火山活动具有脉动特点。

（4）根据在多爱组中发现固着蛤、珊瑚化石，在托称组内发现圆笠虫化石，在微角度不整合于则弄群的捷嘎组中发现大量固着蛤、圆笠虫、珊瑚等化石，说明则弄群弧火山岩的形成时间为早白垩世。

（5）根据在基质中采获的放射虫化石确认狮泉河蛇混岩带的形成时间是晚侏罗世—早白垩世，综合狮泉河带变形过程中卷入的礁体的年龄，确定狮泉河蛇绿岩形成及构造侵位时间主要在早白垩世。

（6）通过综合研究，在狮泉河带、冈底斯火山弧带发现与俯冲有关及地壳增厚有关的两类埃达克岩，从而证实狮泉河带存在俯冲。

（7）发现测区拉贡塘组可划分为两部分，下部主要为具有深海复理石特点的碎屑岩，上部为水深略浅的钙质砂屑浊积岩。

（8）将才里群解体为两个组，根据采获的菊石和珊瑚化石确认测区内的两个组形成时间均为中侏罗世。

（二）火山岩

（1）在测区不同时代的地层中发现火山岩，利用硅酸盐、稀土、微量元素及同位素样品，确定中新元古界斜长角闪岩为岛弧橄榄玄粗质火山岩；古生代火山岩形成于活动大陆边缘；早白垩世则弄群火山岩为陆缘弧火山岩，形成与雅江带在白垩纪早期向北的俯冲有关；林子宗群火山岩为具有陆缘弧—板内双重信息的火山岩，形成时间为60～58Ma；中新世日贡拉组火山岩夹层为粗面质火山岩，从而为重溯测区的构造演化提供了重要依据。

（2）确定则弄群弧火山岩具有脉动活动的特点，火山弧的岩浆性质存在由岛弧钙碱质中基性-中酸性—岛弧橄榄玄粗质的转化；针对则弄群火山岩进行了双重填图，填绘出了多爱等一系列不同级别的火山机构。

（三）岩浆岩

（1）对测区中新生代的侵入岩进行了岩石学、岩石化学、地球化学研究，划分出了同源岩浆演化序列和浆混系列；根据测区的中新生代深成侵入活动与狮泉河带和雅江带的闭合及之后的陆内走滑活动有关，划分为两个岩浆带，并划分了一系列的亚带。

（2）根据项目测获同位素数据，确定阿依拉浆混系列和郎弄浆混岩石系列的形成时间为晚白垩世末68～67Ma(单颗粒锆石U-Pb法),米敢顶岩基存在两期侵入活动,早期为115Ma(单颗粒锆石U-Pb法),晚期为84～78Ma;确定测区内噶尔超单元侵入活动时间为50Ma,格格肉超单元侵入活动时间为48Ma(Ar-Ar法),据前人资料获得翁波岩基年龄为31Ma,从而建立了测区完整系统的岩浆岩划分及年代格架。

(3) 确认由乌木垄岩体—狮泉河七一桥岩体—左左郎弄-阿依拉岩体,这些在67～115Ma之间,与狮泉河带及雅江带先后碰撞闭合过程有关的浆混花岗岩,具有由早及晚、活动由北向南迁移、规模不断增大的演化特点,指示碰撞能量的增强和地幔物质加入的规模在不断增加,反映地幔物质的加入对地壳增厚的贡献在这一阶段是愈来愈显著。

(四) 变质岩

确定测区存在以区域变质作用为主的多期变质作用,尤其是在拉轨岗日岩群中发现含蓝闪石质角闪石的变质岩石,在阿依拉山岩体中发现榴闪岩捕虏体,而榴闪岩中据岩矿鉴定存在蓝闪石质角闪石,可能指示存在两个高压变质带分别与雅江蛇绿岩带南北支相配套,反映雅江带南北支都是向北俯冲的。

(五) 构造

(1) 发现雅江结合带南北支在图区的存在,从而解决了雅江结合带北支经图区外老武起拉向北西延伸形迹不明等问题。

(2) 证实狮泉河带内存在洋脊蛇绿岩套,并首次将其划分为三个蛇绿岩亚带,相互之间由三个呈平行分布的岛弧链分隔,从而构成一个早白垩世的多岛弧盆系统。狮泉河带闭合过程为岛弧造山过程,俯冲极向主要向北。

(3) 确认班-怒带的南支向北与狮泉河带斜接。

(4) 发现曲松一带第三纪以来,近北北东向构造对电气石二云母花岗岩的产出及札达盆地第三系以来沉积的控制作用。

(5) 确定区内噶尔曲断裂(区域上称之为喀喇昆仑走滑断裂)为多期活动断裂,挽近表现为正断层,兼具右行走滑,对区内噶尔小盆地的形成具有控制作用。

(6) 对测区三级阶地古生物和同位素研究表明,测区在晚中更新世—晚更新世曾有较快速的隆升,晚更新世末隆升速率变慢,但进入全新世—距今约1300年之间,隆升速率又再次加快,这一时期的隆升速率远高于更新世时。不仅如此,根据测区所获的一系列阶地的年龄及第三系沉积的厚度及时间间隔,指示青藏高原构造运动之间的时间间隔在缩短,频次在增加,可能进入了一个不稳定的构造发展阶段。

二、存在的不足及今后工作建议

(1) 楚鲁松杰一带由于处于国境线处,各种因素导致无法进入,其填图主要依靠遥感解译。

(2) 本次工作厘清了测区内狮泉河带与班-怒带的关系,但由于仅限于对图区及相邻地带资料的综合研究,对班-怒带和狮泉河带的认识尚难免存在不足或错误之处,且限于工作时间,错漏在所难免,今后有必要通过进一步的地质科研工作予以深化。

(3) 则弄群弧火山岩的绝对年龄,采用钾-氩法获得的年龄值与古生物及地质认识等存在矛盾,有必要在今后工作中采用其他同位素方法予以确定。

(4) 在测区内发现的高压变质岩,其成因及形成时间等有待于进一步的科研工作来厘定。

主要参考文献

陈国荣,陈玉禄,张宽忠,等.班戈幅地质调查新成果及主要进展[J].地质通报,2004,23(5~6):520-524.
成都地质矿产研究所.1∶50万青藏高原及邻区地质图[M].北京:地质出版社,1988.
成都地质矿产研究所.青藏高原及邻区地层的初步划分方案[M].北京:地质出版社,2002.
崔盛芹.论全球性中—新生代陆内造山作用与造山带[J].地学前缘,1999,6(4):283-294.
邓万明.青藏高原北部新生代板内火山岩[M].北京:地质出版社,1998.
邓希光,丁林,刘小汉.藏北羌塘中部冈玛日—桃形错蓝片岩的发现[J].地质科学,2000,35(2):227-232.
董申保,等.中国变质作用及其与地壳演化的关系[M].北京:地质出版社,1986.
范影年.西藏石炭系[M].重庆:重庆出版社,1988.
方德庆,梁定益.北羌塘盆地中部上侏罗统研究新进展[J].地层学杂志,2000,24(2):163-167.
方宗杰,宗海.西藏阿里地区二叠纪双壳类化石[J].古生物学报,1996,35(3):322-331.
房立民,扬振升.变质岩区1/5万区域地质填图方法指南[M].武汉:中国地质大学出版社,1991.
高秉璋,等.花岗岩区1/5万区域地质填图方法指南[M].武汉:中国地质大学出版社,1991.
高坪仙.花岗岩类岩石形成的构造背景及成因类型综述[J].国外前寒武纪地质,1995(3):48-62.
郭华,吴正文,冯明.榴辉岩的存在是板块俯冲碰撞的标志吗[J].地学前缘,1995,2(1~2):139.
郭铁鹰,梁定益,张宜智,等.西藏阿里地质[M].武汉:中国地质大学出版社,1991.
Hugh R Rollison.岩石地球化学[M].杨学明,杨晓勇,陈双喜,译.合肥:中国科学技术大学出版社,2000.
胡承祖.狮泉河-古昌-永珠蛇绿岩带的特征及其地质意义[J].成都地质学院学报,1990,17(1):23-30.
胡善亭,孙克勤,赵东甫.板块构造与花岗岩的成因分类[J].山东地质,1994,10(2):72-77.
黄汲清,陈国铭,陈炳蔚.特提斯—喜马拉雅构造域初步分析[J].地质学报,1984(1):1-17.
纪友亮,张世奇,张宏,等.层序地层学原理及层序成因机制模式[M].北京:地质出版社,1998.
季绍新,余根峰,邢文臣.试论青藏高原岩浆活动史及其与板块构造的关系[J].火山地质与矿产,2001,22(1):31-40.
赖绍聪,邓晋福,赵海玲.青藏高原北缘火山作用与构造演化[M].西安:陕西科学技术出版社,1996.
李昌年.火成岩微量元素岩石学[M].武汉:中国地质大学出版社,1992.
李继亮,孙枢,郝杰,等.论碰撞造山带的分类[J].地质科学,1999,21(3):129-138.
廖国兴.西藏班公湖-怒江板块缝合带东段地质特征[M].北京:地质出版社,1983.
刘宝珺,曾允孚.岩相古地理基础和工作方法[M].北京:地质出版社,1985.
刘燊,迟效国,李才,等.藏北新生代火山岩系列的地球化学及成因[J].长春科技大学学报,2001,31(3):232-235.
刘燊,李才,杨德明,等.西藏措勤盆地晚中生代构造-岩相演化[J].长春科技大学学报,2000,30(2):134-138.
刘先文,刘平.藏南喜马拉雅碰撞构造研究综述[J].世界地质,1994,3(1):129-136.
刘新秒.后碰撞岩浆岩的大地构造环境及特征[J].前寒武纪研究进展,2000,23(2):121-127.
刘增乾.青藏高原大地构造与形成演化[M].北京:地质出版社,1990.
刘肇昌.板块构造学[M].成都:科学技术出版社,1985.
罗建宁,彭勇民,潘桂棠.东特提斯板块会聚边缘与岛弧造山作用[J].岩相古地理,1996,16(3):1-16.
罗建宁,王小龙,李永铁,等.青藏特提斯沉积地质演化[J].沉积与特提斯地质,2002(1):7-15.
罗建宁.青藏高原新一轮1∶25万区域地质调查工作的建议[J].沉积与特提斯地质,2002,22(2):103-105.
罗建宁,朱忠发,等.青藏高原区域地层划分对比[R].成都环境地质与资源研究所,1998.
罗建宁,徐文凯,等.青藏高原地层特征研究[R].成都环境地质与资源研究所,1999.
罗照华,柯珊,谌宏伟.埃达克岩的特征、成因及构造意义[J].地质通报,2002,21(7):436-440.
马宗晋,李存悌,高祥林.全球新—中生代构造的基本特征[J].地质科技情况,1996,15(4):21-25.
莫宣学,邓晋福,董方浏,等.西南三江造山带火山岩-构造组合及其意义[J].高校地质学报,2001,7(2):121-137.
潘桂棠,陈智梁,李兴振,等.东特提斯地质构造形成演化[M].北京:地质出版社,1997.
潘桂棠,丁俊,王立全,等.青藏高原区域地质调查重要新进展[J].地质通报,2002,21(11):787-794.
潘桂棠,李兴振.青藏高原及邻区大地构造单元初步划分[J].地质通报,2002,21(11):701-708.
潘桂棠,王立全,李兴振,等.青藏高原区域构造格架及其多岛弧盆系的空间配置[J].沉积与特提斯地质,2001,21(3):1-26.
潘桂棠,徐强,王立全.青藏高原多岛弧-盆系格局机制[J].矿物岩石,2001,21(3):186-189.
潘桂棠,郑海翔,徐耀荣,等.初论班公湖-怒江结合带[M].北京:地质出版社,1983.
Pearce Ja.玄武岩判别图"使用指南"[J].国外地质,1984(4):11-13.
青海省生物研究所.西藏阿里地区动植物考察报告[M].北京:科学出版社,1979.

邱家骧,王方正,马昌前,等.应用岩浆岩石学[M].武汉:中国地质大学出版社,1991.
Roberts M P,Clemens J D,杨秋剑,等.高钾、钙碱性Ⅰ型花岗岩类的成因[J].地质地球化学,1995(6):66-70.
Robert P Rapp,肖龙,Nobu Shimzu.中国东部富钾埃达克岩成因的实验约束[J].岩石学报,2002,18(3):293-302.
任纪舜,牛宝贵,刘志刚.软碰撞、叠覆造山和多旋回缝合作用[J].地学前缘,1999,6(3~4):85-94.
宋全友,陈清华.青藏措勤盆地下白垩统则弄群火山岩岩石地球化学特征[J].中国石油大学学报,1999,23(5):17-19,23.
宋子新,钱祥麟.花岗岩成因机制研究综述[J].地质科技情报,1996,15(3):19-25.
孙勇,卢欣祥,韩松,等.北秦岭早古生代二郎坪蛇绿岩片的组成和地球化学[J].中国科学(D辑),1996,26(SI):49-55.
涂绍雄,汪雄武.20世纪90年代国外花岗岩类研究的某些进展[J].岩石矿物学杂志,2002,21(2):107-118,130.
王乃文.青藏印度大陆及其与华夏大陆的拼合[M].北京:地质出版社,1984.
王绍兰,王冠民.西藏地区措勤盆地下二叠统昂杰组沉积相分析[J].石油实验地质,1999,21(3):215-218.
王希斌,鲍佩声,邓万明,等.西藏蛇绿岩[M].北京:地质出版社,1987.
文世宣.西藏北部地层新资料[J].地层学杂志,1979(1~4):150-157.
魏春生.A型花岗岩成因模式及其地球动力学意义[J].地学前缘,2000,7(1):238.
魏家庸,等.沉积岩区1:5万区域地质填图方法指南[M].武汉:中国地质大学出版社,1997.
温显德,陈清华.中—新生代西藏冈底斯岛弧演化的节律特征[J].地学前缘,1997,4(3~4):109-110.
西藏自治区地质矿产局.1:150万西藏板块构造建造图[M].北京:地质出版社,1984.
西藏自治区地质矿产局.西藏自治区区域地质志[M].北京:地质出版社,1993.
西藏自治区地质矿产局.西藏自治区岩石地层[M].武汉:中国地质大学出版社,1997.
许靖华,崔可锐,施央申.一种新型的大地构造模式和弧后碰撞造山[J].南京大学学报,1994(3):381-389.
夏斌,陈根文,梅厚均,等.西藏吉定蛇绿岩铂族元素地球化学及其对地幔过程的制约[J].中国科学(D辑),2001,31(7):578-586.
夏斌,郑榕,洪裕荣,等.西藏达机翁蛇绿岩的岩石地球化学特征及其构造环境[J].地质地球化学,1997(1):46-52.
夏斌.喜马拉雅及邻区蛇绿岩和地体构造图说明书[M].兰州:甘肃科学技术出版社,1993.
夏代祥.班公湖-怒江、雅鲁藏布江缝合带中段演化历程剖析[M].北京:地质出版社,1986.
夏林圻,夏祖春,任有祥,等.祁连山及邻区火山作用与成矿[M].北京:地质出版社,1998.
夏林圻.造山带火山岩研究[J].西北地质,2001(3):349-353
夏文臣,周杰,等.陆内软碰撞带的鉴别及伸展裂谷海盆地的聚合封闭过程[J].地质科学,1995,30(1):29-40.
熊盛青,周伏波,姚正煦,等.青藏高原中西部航磁调查[M].北京:地质出版社,2001.
熊盛清,周伏洪,等.青藏高原中西部航磁概查取得重要成果[J].中国地质,2001,28(2):21-24.
杨坤光,刘强.花岗岩构造与侵位机制研究进展[J].地球科学进展,2002,17(4):546-550.
杨坤光,杨巍然.碰撞后的造山过程及造山带巨量花岗岩的成因[J].地质科技情报,1997,16(4):17-23.
杨晓松,金振民.部分熔融与青藏高原地壳加厚的关系综述[J].地质科技情报,1999,18(1):24-28.
杨经绥,许志琴,李海兵,等.柴北缘地区榴辉岩的发现及潜在的地质意义[J].科学通报,1998,43(14):1544-1549.
杨志华,李勇,苏生瑞,等.论陆内造山作用和陆内造山带[J].矿物岩石学,2001,21(3):169-173.
杨遵仪,聂泽同,等.西藏阿里古生物[M].武汉:中国地质大学出版社,1991.
殷鸿福,张克信.中国西部造山带1:250 000填图方法研究论文集[M].武汉:中国地质大学出版社,1999.
尹安.喜马拉雅—青藏高原造山带地质演化[J].地质学报,2001,22(3):193-197.
雍永源,贾宝江.板块剪式汇聚加地体拼贴——中特提斯消亡的新模式[J].沉积与特提斯地质,2000,20(1):85-89.
游再平.西藏丁青蛇绿混杂岩$^{40}Ar/^{39}Ar$年代学[J].西藏地质,1997,18:24-30.
余光明,王成善,张哨楠.西藏班公湖-丁青断裂带侏罗纪沉积盆地的特征[J].中国地质科学院成都地质矿产研究所所刊,1991(13):33-43.
曾融生,丁志峰,吴庆举.喜马拉雅—祁连山地壳构造与大陆-大陆碰撞过程[J].地球物理学报,1998,41(1):49-61.
战明国.花岗岩类分类与定位机制研究进展与方向[J].中国区域地质,1998,17(2):182-189.
张家声.造山后伸展研究的新进展[J].地学前缘,1995,2(1~2):67-85.
张克信,陈能松,等.东昆仑造山带非史密斯地层序列重建方法初探[J].地球科学,1997,22(4):343-345.
张克信.全球二叠系—三叠系界线层型研究成果报道[J].地质科技情报,2003(1):16-17.
张旗,周国庆.中国蛇绿岩[M].北京:科学出版社,2001.
张旗,等.蛇绿岩与地球动力学研究[M].北京:地质出版社,1996.

张荣祖,郑度,杨勤业,等. 西藏自然地理[M]. 北京:科学出版社,1982.
赵崇贺,赵延明,冯玉锟,等. 西藏阿里地区西部超镁铁岩的地质特征[J]. 地球科学,1983(1):159-171,192.
赵文津,赵逊,史大年,等. 喜马拉雅和青藏高原深剖面INDEPTH研究进展[J]. 地质通报,2002,21(11):691-700.
赵政璋,李永铁,叶和飞. 青藏高原大地构造特征及盆地演化[M]. 北京:科学出版社,2001.
赵宗溥. 大陆碰撞构造剖析[J]. 地质科学,1994,29(2):120-129.
郑一义,徐开志,杨丙中,等. 阿里地区的蛇绿岩—混杂岩的地质特征和区域构造的关系[J]. 长春地质学院学报,1983(4):29-38.
郑有业,许荣科,何建社,等. 兹格塘错幅地质调查新成果及主要进展[J]. 地质通报,2004,23(5~6):538-542.
中法合作喜马拉雅科考队. 喜马拉雅地质Ⅱ[M]. 北京:地质出版社,1981.
朱华平,张德全,刘平,等. 冈底斯构造带区域地质调查成果与进展[J]. 地质通报,2004(1):45-60.
中国地质调查局,成都地质矿产研究所. 青藏高原及邻区地质图说明书(1:1 500 000)[M]. 北京:地质出版社,2004.
中国科学院青藏高原综合科学考察队. 西藏地层[M]. 北京:科学出版社,1984.
朱同兴. 从弧后盆地到前陆盆地的演化——以西藏北部羌塘中生代盆地分析为例[J]. 沉积与特提斯地质,1999(23):5-19.
Ajona F G, Maury R G, Bellon H, et al. High Field strengthe element enrichment of Pliocene—Pleistocene island arc basalts, Zamboanga Peninsula, Western Mindanao(Philippines)[J]. Journal of Petrology, 1996, 37(3):726-6693.
Bailey J C. Geochmical criteria for a refined tectonic discrimination of ogogenic andesites[J]. Chem. Geol, 1981, 32(1~4):139-154.
Condie K C. Geochemical changes in basalts and andesites across the Archean-proterozoic boundary: identification and significance[J]. Lithos., 1989, 23:1-18.
Coulon C, Maluski H, Bollinger C, Wang S. Mesozic and Cenozonic volcanic roxks from central and southern Tibet: $^{39}Ar/^{40}Ar$ dating, petrological characteristics and geodynamical significance[J]. Earth planet. Sci. Lett., 1986, 79:281-302.
Defant M J and Drummond M S. derivation of some modern arc magmas by melting of young subducted lithosphere[J]. Nature. 1990, 347:662-665.
Defant M J, Jackson T E, Drummond M S, et al. The geo-chemistry of young volcanism throughout western Panama and southeastern Costa Rica: an overview[J]. Geol Soc(London), 1992, 149:569-579.
Gill J B. Origenic andisites and plate tectonics[M]. Berlin:Springer. 1981.
Guillon Robles A, Cajmus T, Bellon H, et al. Late Miocene adakite and Nb-enriched basalts from Vizcaino Peninsula, Mexico:Indicators of East Pacific Rise subduction below southern Baja Californià[J]. Geology, 2001, 29:531-534.
Pearce J A. Role of the sub-continental lithophere in magma genesis at active continental margins[C]//Hawkesworth C J, Norry M J. Continental basalts and mantle xenoliths. Nantwich:Shiva, 1983:230-249.
Pearce J A, Cann J R. Tectonic setting of basic volcanic rocks determined using trace elementanalysis[J]. Earth Planet Sci. Lett., 1973, 19:290-300
Richard J A. Use and abuse of the terms calcalkine and calcalkalic[J]. Journal of Petrology, 2003, 44:929-935.
Sajona F G, Maury R C, Bellon H, et al. Initiation of subduction and the generation of slab melts in western and eastern Mindanao, Philippines[J]. Geology, 1993, 21:1007-1010.
Sun S S, McDonough W F. Chemlcal and isotopics systematics of oceanic basalts, implication for mantle composition and processes[C]//"Magmatism in the Oceanic Basin"oded by Saunders A D. Norry M J. Geol. Soc. Special Publ., 1989, 42:313-345.
Taylor S R, Mclennan S M. The continental crust:its composition and evilution[M]. Oxford:Blankwell, 1985.
Thorpe R S. Orogenic Andisites and related Rocks[M]. Chichester:John Wiley &·Sons, 1982
Winchester J A, Floyd P A. Geochemical magma type discrimination: application to altered and metamorphosed basic igmeous rocks[J]. Earth Planet. Sci. Lett., 1976, 28(3):459-469.
Wood D A. Thw application of a Th-Hf-Tadiagram to problems of tectonomagmatic classification and to establishing the nature of crustal contamination of basaltsic lavas of the British tertiary volcanic province[J]. Earth Planet. Sci. Lett. 1980, 42:77-97.
Xu R H, Schâer U, Allère Cj. Magmatism and metamorphism in the Lh sa block(Tibet): a geochronological study[J]. Geol., 1985, 93:41-57.

图版说明及图版

图版 1（二叠纪牙形化石）
[均为电镜照片，标本保存在中国地质大学（武汉）地层古生物教研室]

1 *Hindeodus* sp. Sscelement　侧视，×200，登记号：7011，朗久电站剖面第 3 层（HS-40）

2 *Hindeodus* sp. Paelement　侧视，×240，登记号：7012，朗久电站剖面第 3 层（HS-40）

3 *Hindeodus typicalis*（Sweet）Paelement　侧视，×240，登记号：7006，朗久电站剖面第 1 层（HS-44）

4 *Enantiognathus ziegleri*（Diebel,1956）　侧视，×160，登记号：7013，朗久电站剖面第 3 层（HS-40）

5 *Xaniognathus* sp.　×150，登记号：7004，朗久电站剖面第 1 层（HS-44）

6 *Lonchodina* sp.　侧视，×200，登记号：7005，朗久电站剖面第 1 层（HS-44）

7 *Clarkina changxingensis*（Wang et Wang Z H,1981）　口视，×150，登记号：7009、7010，朗久电站剖面第 3 层（HS-40）

8 *Hindeodus* sp. Scelement　8×220，登记号：7029，朗久电站剖面第 1 层（HS-44）

9 *Clarkina liangshanensis*（Wang,1981）　口视，×60，登记号：7003，羊尾山剖面第 13 层（HS-64）

10、11、12 *Hindeodus* sp. Paelement
  10 ×160，侧视，登记号：7007，朗久电站剖面第 1 层（HS-44）
  11 ×100，口视，登记号：7008，朗久电站剖面第 1 层（HS-44）
  12 ×150，侧视，登记号：7028，朗久电站剖面第 1 层（HS-44）

13a、13b *Neogondolella bitteri* Kozur　口视
  13a ×100，登记号：7001，羊尾山剖面第 13 层（HS-64）
  13b ×130，登记号：7002，羊尾山剖面第 13 层（HS-64）

图版 2（早三叠世牙形）
[均为电镜照片，标本保存在中国地质大学（武汉）地层古生物教研室，1—12 号样品均采自噶尔县左左乡淌那勒组实测剖面第 3 层（HS-27）]

1、2、3、4 *Pachycladina obliqua* Staesche,1964
  1 ×270，侧视，登记号：7020
  2 ×120，侧视，登记号：7021
  3 ×240，侧视，登记号：7025
  4 ×240，侧视，登记号：7027

5a、5b *Neohindeodella triassic* Müller,1956
  5a ×200，侧视，登记号：7022
  5b ×200，侧视，登记号：7023

6 *Parachirognathus ethingtoni* Clark,1959　侧视，×220，登记号：7019

7 *Pachycladina tridentata* Wang Z H et Cao,1981，侧视，×120，登记号：7014

8、9 *Cornudina angularis* Wang Z H et Cao,1981
  8 ×180，侧视，登记号：7018
  9 ×150，侧视，登记号：7026

10、11、12 *Pachycladina symmetrica* Staesche,1964
  10 ×100,侧视,登记号:7015
  11 ×180,侧视,登记号:7016
  12 ×300,侧视,登记号:7017

图版 3（放射虫化石）
[均为电镜照片,标本保存在中国地质大学(武汉)地层古生物教研室]

1、2、3 *Pantanellium squinaboli* (Tan)(Berriasian—Barremian)

4 *Thanarla conica* (Squinabol)

5 *Thanarla pseudomulticostata* (Tan)

6 *Thanarla gracilis* (Squinabol)

7 *Thanarla brouweri* (Tan)

8—21 *Pseudodictyomitra carpatica* (Lozyniak)

22、23、24 *Pseudodictyomitra* sp.

25、26 *Crolanium puga* (Schaaf)

27 *Xitus* sp.

28 *Sethocapsa uterculus* (Parona)

29 *Mirifusus dianae minor* Baumgartner

30、31 *Mirifusus* sp.

32 *Praeconosphaera* sp.

33、34、35、36、37 *Holocryptocanium* sp.

38 *Alievium regulare* (Wu et Li)

39 *Godia* sp.

图版 4（捷嘎组中的化石）

1 第 22 层中腹足类化石 HS(2002)-23

2 第 22 层中腹足类化石 HS(2002)-24

3 第 22 层中双壳类化石 HS(2002)-22

4 第 23—24 层 60m 螺化石 HS(2002)-17

5 第 23—24 层 60m 螺化石 HS(2002)-17-1

6 第 29—30 层 60m 螺化石 HS(2002)-18

7 第 34—35 层 15m 固着蛤化石 HS(2002)-19

8 第 34—35 层 30m 珊瑚化石 HS(2002)-20

图版 5（郎山组点礁）

1 (礁前)由角砾状藻灰岩团构成,系藻礁受风浪破碎后重新胶结

2、3 反映由迎水面向内侧,(礁体)珊瑚骨架岩珊瑚个体由大变小

4 (礁体)障积岩

5 (礁体)障积-粘结岩

6 礁坪-礁后角砾状灰岩

图版 6（1—4 为拉贡塘组,5—6 为木嘎岗日岩群）

1 拉贡塘组砂岩中发育的小型爬升层理、水平层理

2 拉贡塘组泥硅质岩水平纹理及楔状爬升层理
　　3 坦嘎沟 D856 点拉贡塘组中粗粒厚层变长石石英砂岩与薄层变石英砂岩组成的层序，垂直层面厚层中发育置换层理及劈理
　　4 拉贡塘组变形特征
　　5 木嘎岗日岩群砂岩具正粒序，水下振荡引起裂隙
　　6 木嘎岗日岩群石英砂岩具水下冲刷现象

图版 7（火山机构）
　　1 江拉达环形火山机构
　　2 米入嘎波突正环形火山机构
　　3 达鄂铅环形火山机构
　　4 日阿萨环形火山机构
　　5、6 米入嘎波突正火山机构的环形地貌
　　7 晚期的熔岩充填早期爆破碎裂的熔结角砾岩
　　8 火山岩浆向外流动形成的假流纹构造

图版 8（则弄群火山岩）
　　1 色调反应火山岩岩性变化
　　2 D266 点南东 940m 凝灰质火山集块岩
　　3 捷嘎组灰岩与则弄群火山岩角度不整合接触
　　4 托称组（红）与朗久组喷发不整合接触
　　5 朗久组内颜色条带反应的岩性差异
　　6 多爱组火山岩成层状
　　7 嘎波突正主火山机构，近中心部分见有熔渣状火山玻璃
　　8 石英粗面岩（左）与灰白色熔结火山角砾岩界线

图版 9（则弄群火山岩）
　　1 英安质流纹岩中的流纹构造
　　2 粗面岩（黑色）与流纹岩界线
　　3 流纹岩中的葡萄状硅质结核
　　4、5 沉凝灰岩中发育水平斜层理
　　6 火山角砾岩与凝灰岩界线
　　7 凶弄沟口多爱组与托称组接触界线（黄色为大理岩化灰岩，黑色为玄武岩）
　　8 1219 点处黑色为为熔结火山角砾岩（火山中心）与红色石英粗面岩

图版 10
　　1 捷嘎组灰岩角度不整合于朗久组橄榄玄武岩之上（7）
　　2 剥蚀残留的圆笠虫生物碎屑灰岩（未变质）角度不整合覆于巨斑状玄武岩顶部
　　3 白色条带为含圆笠虫灰岩，色暗红者为具巨斑结构的玄武岩
　　4、5、6 为巨斑状玄武岩中的斜长石堆积结构（斑晶分别占 10%、60%、80%），个别照片中粗斑晶环斑状构造肉眼可见
　　7 日贡拉组中层状熔岩的柱状节理
　　8 日贡拉组陆相熔岩溢流导致下伏的砂岩烘烤变质

图版 11（曲松两条蛇绿岩）

1 玄武岩及赤铁碧玉岩（灰黑色）在浆混花岗闪长岩体中呈顶垂体（夏浦沟）
2 变质超基性岩（黑）呈顶垂体赋存于浆混巨斑状花岗闪长岩（红）中（夏浦沟）
3 受到岩体（红）侵入改造的超镁铁质岩（黑）（天巴拉沟）
4 榴闪岩（石榴石由辉橄岩中的辉石变质生成）（天巴拉沟）
5 榴闪岩遭混合岩化褪色，并有脉体穿切现象（天巴拉沟）
6 蛇纹岩化细粒辉橄岩糜棱岩化、混合岩化现象（天巴拉沟）
  6a 韧性变形强带中出现叶蛇纹石片岩
  6b 糜棱线理与蛇纹石透镜体构成 S-C 组构
  6c 韧性变形强带混合岩化形成混合片麻岩

图版 12（曲松两条蛇绿岩）

1 韧性变形弱带保留蛇纹岩的残留透镜体（天巴拉沟）
2 糜棱岩化玄武岩（黑）在浆混巨斑状花岗闪长岩中呈捕房体（天巴拉沟）
3 玄武岩因糜棱岩化发生褪色（天巴拉沟）
4 糜棱岩化玄武岩中两组面理交切现象（天巴拉沟）
5 武岩糜棱岩化变形（波博山口）
  5a 出现弱的劈理
  5b 出现板劈理
  5c 出现切层的构造分泌脉
  5d 在新生的岩体中呈残留体

图版 13（狮泉河蛇绿岩）

1 狮泉河带内郎山组（白）不整合于蛇绿混杂岩（色杂而深）
2 狮泉河带内郎山组底砾岩（白）不整合于乌木垄铅波岩组流纹质火山碎屑岩之上，底砾岩在纵向上呈透镜状
3 狮泉河带内郎山组底部河流相砾岩，构成叠瓦状构造
4 狮泉河带内蛇纹岩基质（黑）与硅质岩、火山岩岩块（红）
5 班-怒带南支内超镁铁堆晶岩系，黄色部分已石英菱镁盐化
6 班-怒带构造混杂，红色为超基性岩基质，绿色为玄武岩岩块
7 橄榄辉石岩中巨大的辉石晶体
8 玄武岩枕状构造

图版 14（狮泉河蛇绿岩）

1 枕状玄武岩中的气孔构造
2 枕状安山岩
3 枕状英安岩中色率反映的圈层
4 乌木垄铅波岩组安山质角砾熔岩
5 条带状硅质岩
6 火山碎屑流中大小不等、形态、磨圆相差悬殊的火山碎屑
7 海山-潮坪砂岩岩片中的低角度楔状交错层理
8 乌木垄铅波岩组中大型低角度斜层理

图版 15（狮泉河蛇绿岩）
1 砂板岩基质中的灰岩岩块
2 D1469 点砂板岩基质中的石英菱镁岩岩块
3 砂板岩基质中的牵引褶皱
4 千枚状板岩中的砂岩透镜体
5 砂板岩基质中的石英菱镁岩岩块
6 条带状硅质岩与细碧岩化玄武岩岩块
7 砂板岩基质中发育的密集板劈理
8 板岩的板理与原始沉积层理垂直相交

图版 16（狮泉河蛇绿岩）
1 混杂岩地貌
2 砂屑灰岩岩块中的正粒序
3 砂板岩基质中的灰岩岩块
4 石英菱镁岩岩块与板岩基质为断层接触
5 石英菱镁岩岩块与灰岩岩块为断层接触
6 石英菱镁岩岩块地貌
7 硅质岩岩块
8 玄武岩岩块

图版 17（侵入岩）
1 三宫浆混花岗闪长岩与钙质砂岩的侵入界线
2 三宫浆混花岗闪长岩脉穿入拉贡唐组砂板岩中
3 三宫浆混花岗闪长岩中的眼球状闪长质包体
4 三宫浆混花岗闪长岩中的角闪石包体
5 三宫浆混花岗闪长岩中的角放射状闪石包体
6 三宫浆混不均一的花岗闪长岩
7、8 三宫浆混花岗闪长岩中的围岩捕虏体

图版 18（侵入岩）
1 三宫浆混英云闪长岩中的石英捕虏晶集合体
2 三宫浆混英云闪长岩发育近垂直节理的石英脉
3 三宫浆混石英闪长岩脉动侵入于花岗闪长岩中
4 七一桥浆混现象
5、6 七一桥浆混花岗闪长岩侵入于朗久组粗面岩中
7、8 七一桥浆混花岗闪长岩与淌那勒组侵入界线

图版 19（侵入岩）
1 七一桥浆混花岗闪长岩中的包体
2 七一桥浆混英云闪长岩与大理岩的侵入界线
3 七一桥浆混石英闪长岩中的暗色包体
4 乌哥桑单元二长花岗岩与拉贡塘组侵入界线
5 乌哥桑单元二长花岗岩岩脉穿插于拉贡塘组中

6 乌哥桑单元二长花岗岩与三宫浆混花岗闪长岩的接触关系
7 乌哥桑单元二长花岗岩中的围岩捕房体
8 乌哥桑单元二长花岗岩中的石英闪长岩捕房体

图版 20（侵入岩）

1 乌哥桑单元二长花岗岩中的角闪石析离体
2 乌哥桑单元黑云母二长花岗岩中的熔融残留体
3 乌哥桑单元黑云母二长花岗岩熔融残留体中的角山石捕房晶
4、5 阿依拉岩浆混合-互包现象
6 岩浆混合-长石捕房晶
7 岩浆混合-石英捕房晶具暗化边
8 眼球状石英捕房晶

图版 21（侵入岩）

1 闪长质包体中的岩体捕房体
2 二长花岗岩与斜长片麻岩的断层式侵入接触
3 花岗闪长岩与斜长片麻岩的接触关系
4 花岗闪长岩与二长花岗岩的脉动接触关系
5 花岗闪长岩中的围岩捕房体
6 石英闪长岩与二长花岗岩的脉动侵入界线
7、8 郎弄浆混体中的鱼状包体

图版 22（侵入岩）

1 郎弄浆混体中的线状包体
2 郎弄浆混体中的纺锤状包体
3 郎弄浆混体中的包体中的长石捕房晶
4 郎弄浆混体中的闪长质包体中的石英捕房晶
5 郎弄浆混体中的互包现象
6 郎弄浆混花岗闪长岩中的微细粒包体
7 达果弄巴勒单元二长花岗岩中的灰岩残留顶盖现象
8 达果弄巴勒单元二长花岗岩中细粒石英二长岩包体

图版 23（侵入岩）

1 波色单元钾长花岗岩侵入于玄武岩中
2 波色单元钾长花岗岩侵入于熔结凝灰岩中
3 玛儿单元角闪二长岩与多爱组侵入接触关系
4 玛儿单元角闪二长岩中的透长石巨晶
5 让拉变质花岗岩的片麻状构造
6 让拉变质花岗岩具糜棱岩化绕曲变形
7 翁波含石榴石二云母花岗岩中的黑云母片岩捕房体
8 翁波黑云母片岩见二云母花岗岩岩脉

图版 24（变质结构）

1 反应边结构（b-659）：核心为淡褐红色的石榴石残晶（Ga），向外放射状晶体为蓝闪石（Glaucophanc）和斜长石（Pl），最外圈为褐色角闪石（Hb）

2 交代缝合线结构（b-659）：纤维状蓝色蓝闪石交代淡褐红色的石榴石，二者呈锯齿状接触，蓝闪石中有石榴石的残块

3 眼球状的石榴石残斑及压力影（b-1556）

4 蓝色角闪石、云母交代石榴石残斑构成交代结构（b-1556）

图版 25（变形组构）

1、2 糜棱线理构造

3 顺层伸展造成的揉皱

4 同构造分泌脉

5 书斜状构造及 δ 旋转构造

6 顺层伸展造成的揉皱

7、8 二叠系底部砾岩碎裂及塑性变形

图版 26（变形组构）

1、2 糜棱面理和线理构造

3 砂岩基质和碳酸盐岩片

4、5 强能干层中的变形

6 杆状构造

图版 27

1 噶尔曲断裂山前断层崖

2 昂杰组（高山）逆掩至乌郁群（低洼处）上的平面形态（隆格尔断裂）

3 昂杰组（上盘）逆掩至乌郁群（下盘）之上的剖面形态，地质锤处为断裂面（隆格尔断裂）

4、5 淌那勒一带三叠系与二叠系之间的断层接触

6 富士山中心为次火山侵入体，周围为冰蚀台地，更外侧为乌木垄铅波岩组火山碎屑岩

7 狮泉河韧剪带内的糜棱组构和新生的铁矿物

8 拉贡塘组背斜核部陡，向翼部变缓

图版 28

1 狮泉河一带山顶组成的 5500～5600m 夷平面

2 狮泉河一带 5200～5300m 夷平面

3、4 狮泉河一带 4800～5100m 夷平面

5 翁波一带 5800～6000m 夷平面

6 札达盆地内残峰组成的 4500m 夷平面

7 土林地貌

8 孤峰残丘

图版 29

1 乌郁群与下伏日贡拉组呈不整合接触

2 婆肉共沟湖相沉积

3 湖蚀洞穴
4 山谷冰川
5 冰斗冰川
6 山岳冰川地貌
7 冰积物
8 冰积小砾石呈梳状排列

图版 30
1 且拉拉巴铁矿化点
2 高达10余米的朗久热泉喷头
3 朗久热田发育的泉华台地
4 朗久热田电站
5 狮泉河及支流内繁茂的红柳
6 奔跑中的藏野驴群
7 沙化
8 湖泊观赏

图版 31
婆肉共沟剖面孢粉化石

图版1

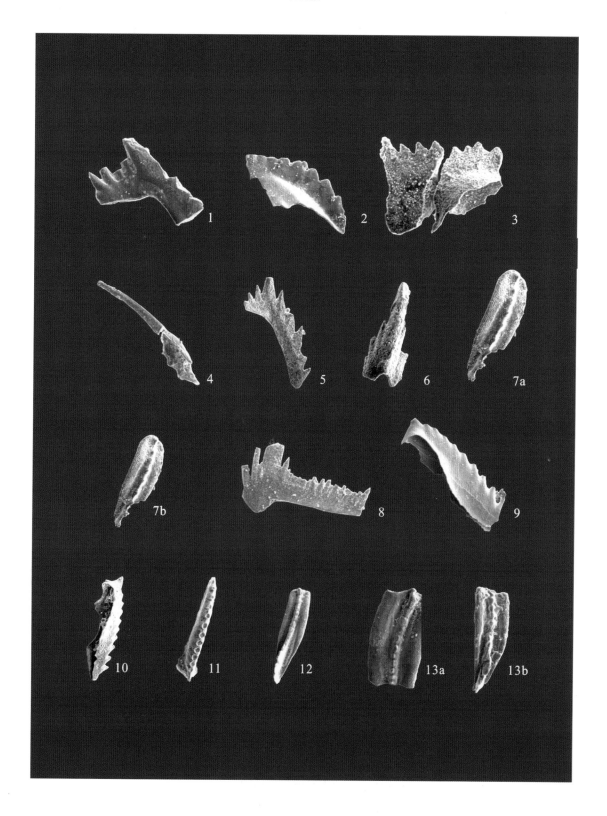

图版2

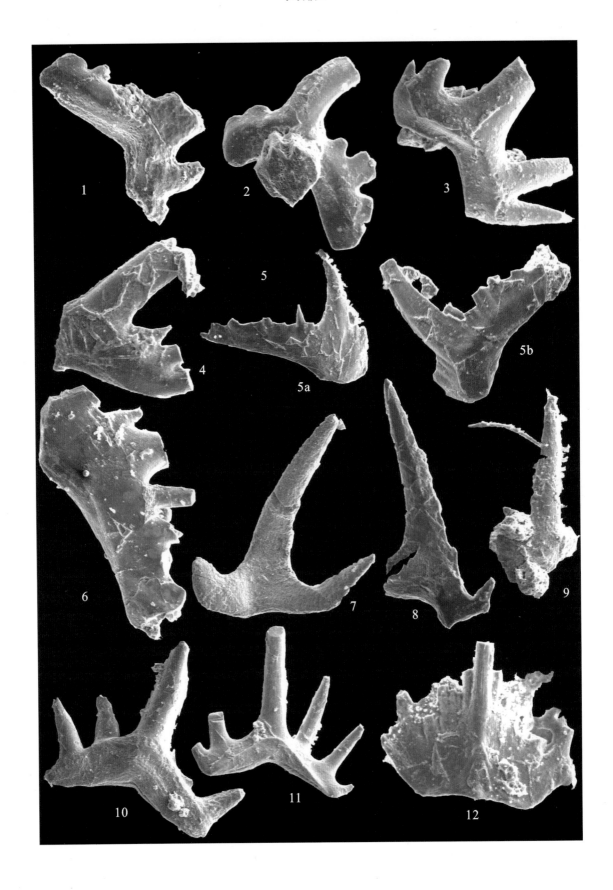

图版3

图版4

图版5

图版6

图版7

图版8

图版9

图版10

图版11

图版12

图版13

图版14

图版15

图版16

图版17

图版18

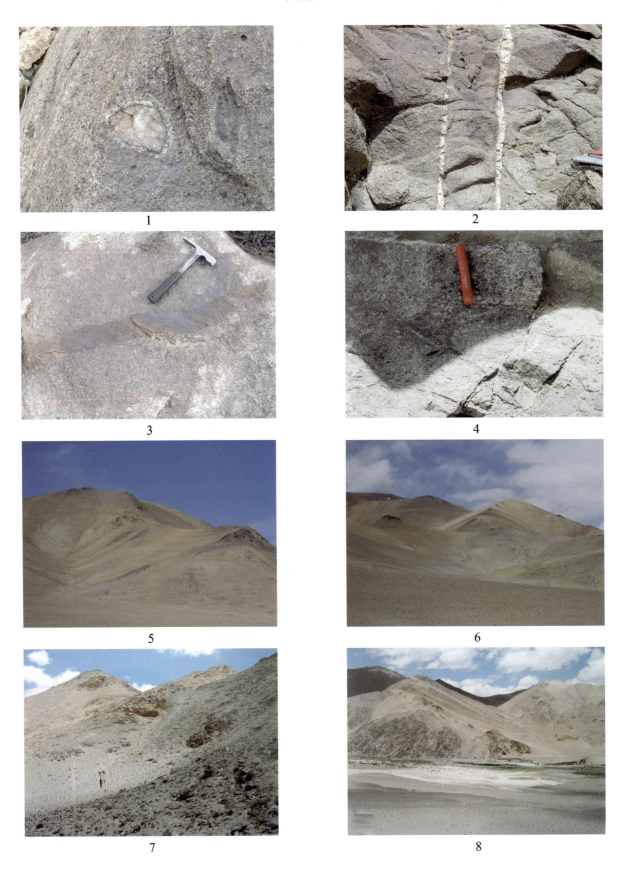

图版19

图版20

图版21

图版22

图版23

图版24

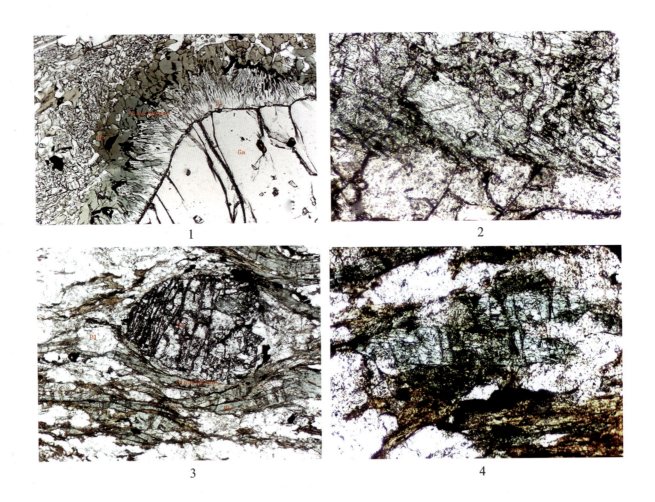

1 2
3 4

图版25

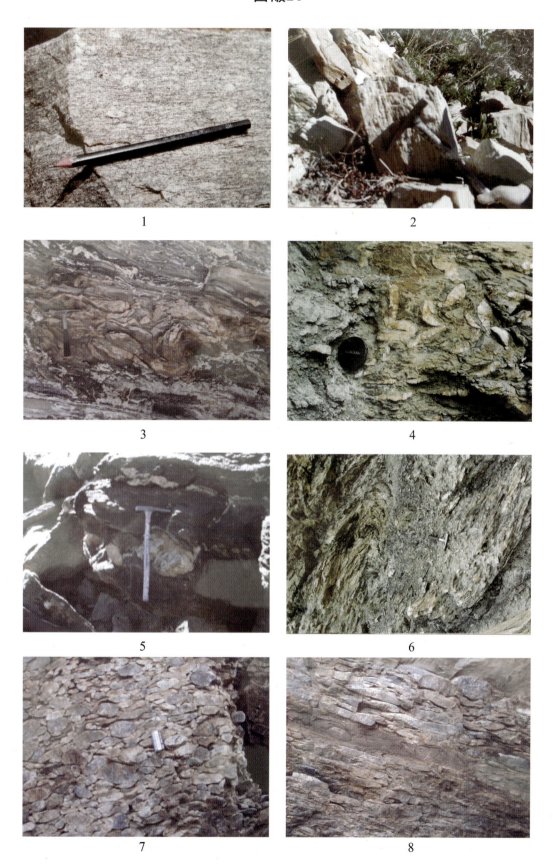

图版26

图版27

图版28

图版29

图版30

图版31

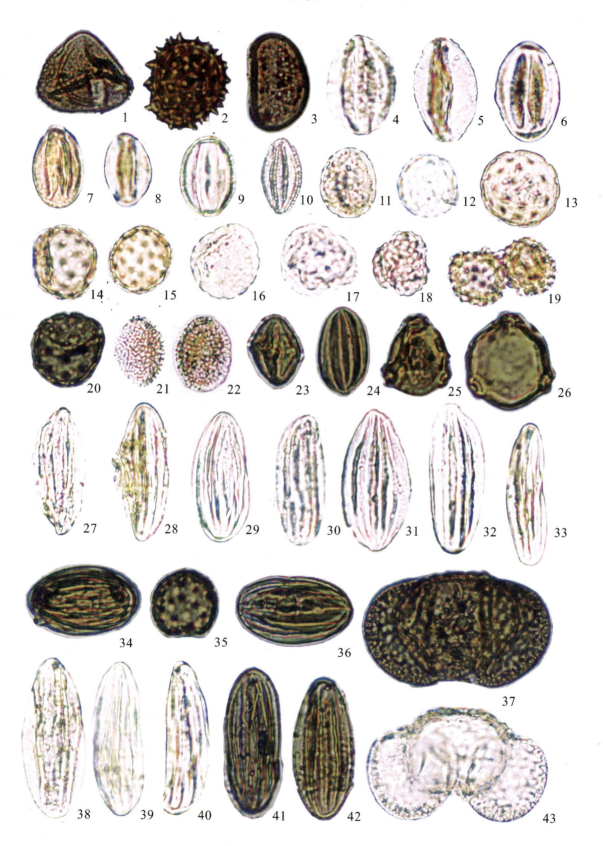